생화학 약어 모음

A	adenine
aaRS	aminoacyl–tRNA synthetase
ACAT	acyl-CoA:cholesterol acyltransferase
ACP	acyl-carrier protein
ADA	adenosine deaminase
ADP	adenosine diphosphate
AIDS	acquired immunodeficiency syndrome
ALA	δ-aminolevulinic acid
AMP	adenosine monophosphate
ATCase	aspartate transcarbamoylase
ATP	adenosine triphosphate
BChl	bacteriochlorophyll
bp	base pair
BPG	D-2,3-bisphosphoglycerate
BPheo	bacteriopheophytin
BPTI	bovine pancreatic trypsin inhibitor
C	cytosine
CaM	calmodulin
CAM	crassulacean acid metabolism
cAMP	cyclic AMP
CAP	catabolite gene activator protein
CDK	cyclin-dependent protein kinase
cDNA	complementary DNA
CDP	cytidine diphosphate
CE	capillary electrophoresis
Chl	chlorophyll
CM	carboxymethyl
CMP	cytidine monophosphate
CoA or CoASH	coenzyme A
CoQ	coenzyme Q (ubiquinone)
COX	cyclooxygenase
CPS	carbamoyl phosphate synthetase
CTP	cytidine triphosphate
D	dalton
d	deoxy
DAG	1,2-diacylglycerol
DCCD	dicyclohexylcarbodiimide
dd	dideoxy
ddNTP	2′,3′-dideoxynucleoside triphosphate
DEAE	diethylaminoethyl
DHAP	dihydroxyacetone phosphate
DHF	dihydrofolate
DHFR	dihydrofolate reductase
DNA	deoxyribonucleic acid
DNP	2,4-dinitrophenol
dNTP	2′-deoxynucleoside triphosphate
E4P	erythrose-4-phosphate
EF	elongation factor
ELISA	enzyme-linked immunosorbent assay
EM	electron microscopy
emf	electromotive force
ER	endoplasmic reticulum
ESI	electrospray ionization
ETF	electron-transfer flavoprotein
F1P	fructose-1-phosphate
F2,6P	fructose-2,6-bisphosphate
F6P	fructose-6-phosphate
FAD	flavin adenine dinucleotide, oxidized form
FADH·	flavin adenine dinucleotide, radical form
$FADH_2$	flavin adenine dinucleotide, reduced form
FBP	fructose-1,6-bisphosphate
FBPase	fructose-1,6-bisphosphatase
Fd	ferredoxin
FH	familial hypercholesterolemia
fMet	*N*-formylmethionine
FMN	flavin mononucleotide
G	guanine
G1P	glucose-1-phosphate
G6P	glucose-6-phosphate
G6PD	glucose-6-phosphate dehydrogenase
GABA	γ-aminobutyric acid
Gal	galactose
GalNAc	*N*-acetylgalactosamine
GAP	glyceraldehyde-3-phosphate
GAPDH	glyceraldehyde-3-phosphate dehydrogenase
GDH	glutamate dehydrogenase
GDP	guanosine diphosphate
Glc	glucose
GlcNAc	*N*-acetylglucosamine
GMP	guanosine monophosphate
GPI	glycosylphosphatidylinositol
GSH	glutathione
GSSH	glutathione disulfide
GTF	general transcription factor
GTP	guanosine triphosphate
Hb	hemoglobin
HDL	high density lipoprotein
HIV	human immunodeficiency virus
HMG-CoA	β-hydroxy-β-methylglutaryl-CoA
hnRNA	heterogeneous nuclear RNA
HPLC	high performance liquid chromatography
Hsp	heat shock protein
HTH	helix–turn–helix
Hyl	5-hydroxylysine
Hyp	4-hydroxyproline
IDL	intermediate density lipoprotein
IF	initiation factor
IgG	immunoglobulin G
IMP	inosine monophosphate
IP_3	inositol-1,4,5-trisphosphate
IPTG	isopropylthiogalactoside
IR	infrared
IS	insertion sequence
ISP	iron–sulfur protein
kb	kilobase pair
kD	kilodalton
K_M	Michaelis constant
LDH	lactate dehydrogenase
LDL	low density lipoprotein
LHC	light-harvesting complex
MALDI	matrix-assisted desorption-ionization
Man	mannose
Mb	myoglobin

mRNA	messenger RNA
MS	mass spectrometry
MurNAc	*N*-acetylmuramic acid
NAD^+	nicotinamide adenine dinucleotide, oxidized form
NADH	nicotinamide adenine dinucleotide, reduced form
$NADP^+$	nicotinamide adenine dinucleotide phosphate, oxidized form
NADPH	nicotinamide adenine dinucleotide phosphate, reduced form
NAG	*N*-acetylglucosamine
NAM	*N*-acetylmuramic acid
NANA	*N*-acetylneuraminic (sialic) acid
NDP	nucleoside diphosphate
NER	nucleotide excision repair
NeuNAc	*N*-acetylneuraminic acid
NMN	nicotanamide mononucleotide
NMR	nuclear magnetic resonance
nt	nucleotide
NTP	nucleoside triphosphate
OEC	oxygen-evolving center
OMP	orotidine monophosphate
ORF	open reading frame
P or p	phosphate
PAGE	polyacrylamide gel electrophoresis
PBG	porphobilinogen
PC	plastocyanin
PCNA	proliferating cell nuclear antigen
PCR	polymerase chain reaction
PDB	protein data bank
PDBid	PDB identification code
PDI	protein disulfide isomerase
PE	phosphatidylethanolamine
PEP	phosphoenolpyruvate
PEPCK	PEP carboxykinase
PFGE	pulsed-field gel electrophoresis
PFK	phosphofructokinase
2PG	2-phosphoglycerate
3PG	3-phosphoglycerate
PGI	phosphoglucose isomerase
PGK	phosphoglycerate kinase
PGM	phosphoglycerate mutase
Pheo	pheophytin
P_i	orthophosphate
PIC	preinitiation complex
PIP_2	phosphatidylinositol-4,5-bisphosphate
PK	pyruvate kinase
PKA	protein kinase A
PKB	protein kinase B
PKU	phenylketonuria
PLP	pyridoxal-5′-phosphate
pmf	protonmotive force
PMP	pyridoxamine-5′-phosphate
PNP	purine nucleotide phosphorylase
Pol	DNA polymerase
PP_i	pyrophosphate
PRPP	5-phosphoribosyl-α-pyrophosphate
PS	photosystem
PTK	protein tyrosine kinase
PTP	protein tyrosine phosphatase
Q	ubiquinone (CoQ) or plastoquinone
QH_2	ubiquinol or plastoquinol
r	ribo
R5P	ribose-5-phosphate
RER	rough endoplasmic reticulum
RF	release factor
RFLP	restriction fragment length polymorphism
RIA	radioimmunoassay
RNA	ribonucleic acid
RNAi	RNA interference
rRNA	ribosomal RNA
RS	aminoacyl–tRNA synthetase
RT	reverse transcriptase
RTK	receptor tyrosine kinase
Ru5P	ribulose-5-phosphate
RuBP	ribulose-1,5-bisphosphate
S	Svedberg unit
S7P	sedoheptulose-7-phosphate
SAM	*S*-adenosylmethionine
SCID	severe combined immunodeficiency disease
SDS	sodium dodecyl sulfate
SNAP	soluble NSF attachment protein
SNARE	SNAP receptor
snRNA	small nuclear RNA
snRNP	small nuclear ribonucleoprotein
SOD	superoxide dismutase
SRP	signal recognition particle
SSB	single-strand binding protein
STAT	signal transducer and activator of transcription
T	thymine
TAF	TBP-associated factor
TBP	TATA box–binding protein
TCA	tricarboxylic acid
THF	tetrahydrofolate
TIM	triose phosphate isomerase
TNBS	trinitrobenzenesulfonic acid
TPP	thiamine pyrophosphate
tRNA	transfer RNA
TTP	thymidine triphosphate
U	uracil
UDP	uridine diphosphate
UDPG	uridine diphosphate glucose
UMP	uridine monophosphate
UTP	uridine triphosphate
UV	ultraviolet
VLDL	very low density lipoprotein
V_{max}	maximal velocity
XMP	xanthosine monophosphate
Xu5P	xylulose-5-phosphate
YAC	yeast artificial chromosome
YADH	yeast alcohol dehydrogenase

기초생화학 제2판

Fundamentals of Biochemistry

윤문영 지음

자유아카데미

머리말

그동안 출판되어 온 생화학 관련 서적은 수많은 논문들을 통하여 집약되나 대부분 영어로 되어 있다. 생화학 책이 한글로 된 경우는 어휘가 미비하여 대부분이 과거 일본식의 한글 용어로 되어 있어 학생들이 읽고 이해하기 어려운 경우가 많았다. 이에 본 교재는 새로이 생화학을 공부하는 사람들을 위해 새롭고, 쉽고, 유익한 관점에서 책을 저술하는 데 심혈을 기울였다. 따라서 영어에 익숙하지 않은 학생들이 생화학 지식을 충분히 이해할 수 있도록 이 책을 집필하였다.

최근 급속히 새롭게 발전되어 가는 생명과학 분야의 지식과 지난 20년간 학생들을 가르친 노하우를 본 교재에 포함시켰다. 따라서 본 교재는 모든 생명과학 분야인 화학, 의학, 약학, 생물학, 농학, 식품 영양학, 간호학 및 환경 관련 학문 등을 공부하려는 사람들에게 생화학의 기초 지식을 전달하는 책이 될 것으로 생각한다. 이에 생명 현상을 다루는 가장 기본적인 책으로, 유기화학 및 물리화학 등의 기본이 없어도 쉽게 이해할 수 있도록 구성되어 있다.

전반부에는 생화학 이해에 가장 기본이 되는 탄수화물, 단백질, 지질, 핵산 등 4대 물질에 대한 기능 및 구조에 대한 설명을 하였으며, 후반부에는 이들 물질에 대한 대사 작용을 설명하였다. 그리고 마지막으로 최근 발전 진보되고 있는 분야인 정보 경로(information pathway) 분야에 관한 부분을 일부 간략하게 기술하였다.

개정판에서는 초판에 존재하는 몇몇 오류들을 수정하였으며, KS 표기법에 맞추어 최신 화학용어로 교정하였다. 또한 생화학과 관련된 최신 이슈를 함께 언급하여 기초생화학의 체계를 갖추었다. 출간 후 수정사항이 있을 경우에는 자유아카데미 홈페이지(www.freeaca.com) 자료실에 제공 예정이다.

마지막으로 항상 응원과 격려를 보내 주는 아들 성(Michael) 및 찬(Tony)에게 사랑과 감사를 보낸다. 또한 William Atkins(미국 Univ. of Washington)의 자문에 감사하며, 개

정판을 내는 데 많은 도움을 준 본 연구실의 박사과정 문지영 학생을 비롯한 모든 학생들에게도 감사의 마음을 전한다. 또한 본 교재를 저술할 수 있도록 도와주신 자유아카데미 관계자 분들께 감사드린다. 끝으로 새로이 생화학 공부를 시작하려는 학생들에게 본 교재는 새로운 길라잡이가 될 것으로 기대한다.

2015년 12월

한양대학교 윤문영 교수

차례

01

02

05

단백질 51

06

효소: 촉매 단백질 61

07

지질 77

08

탄수화물(당) 89

09

핵산 109

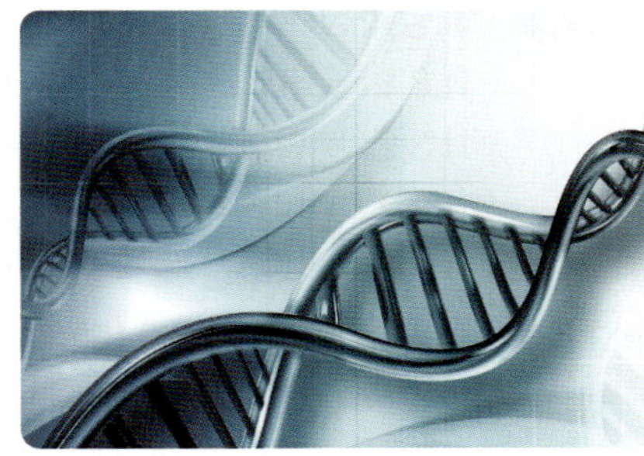

10

물질대사에서의 에너지 변화 125

11

탄수화물 대사 135

12

시트르산 회로 161

13

전자 운반 연쇄와 산화적 인산화 반응 173

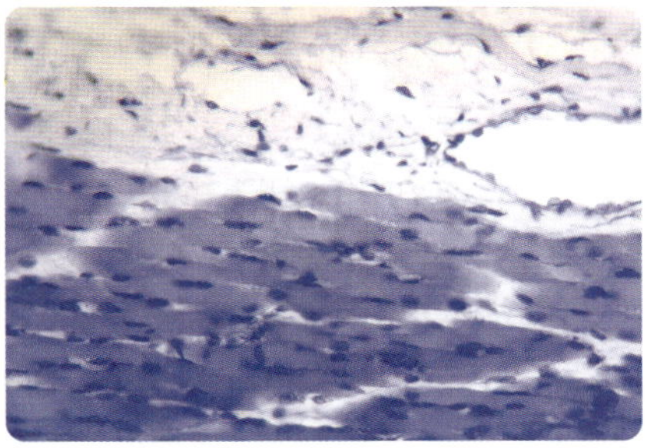

14

질소 대사 185

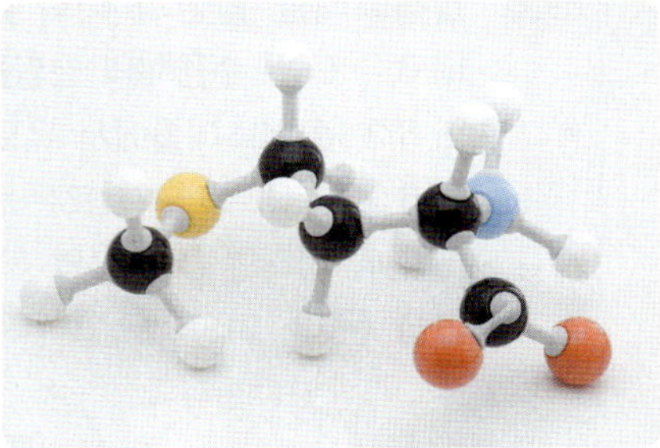

15

지질 대사 197

16

핵산 분해와 합성 215

17

DNA 대사 227

18

RNA 대사 239

19

단백질 합성 253

20

핵산 기반 생물공학 기술 269

01 생화학(生化學)이란 무엇인가?

학습 목표
- 생화학이란 어떠한 학문인가를 이해한다.
- 생화학의 활용 분야와 추구하는 목표를 이해한다.
- 생명체의 기본 단위인 세포의 구조와 소기관들의 기능을 이해한다.

주요 용어
- 생화학, 기관, 조직, 세포, 생물과 무생물

1.1 생화학이란?

생화학(biochemistry)은 **생명 화학**(life chemistry)이다. 즉, 생명체를 구성하고 있는 분자들의 구조와 그들 사이에서 일어나는 화학 작용들로써 생명 현상을 설명하는 학문이다. 그렇지만 생화학은 많은 종류의 생물들을 연구 대상으로 하고 있고, 그것이 추구하는 목표에 이르기 위해서 생물학, 화학, 물리학 및 수학 등에서 얻은 기본 지식과 개념을 이용하기 때문에 다양한 응용성을 가진 학문이라 할 수 있다. 생화학의 발전은 병의 원인 규명과 의약품의 개발은 물론이려니와 생명을 위협하는 환경 문제 해결과 새로운 품종 개발과 같은 농업 기술의 발전에 매우 중요한 구실을 하고 있으므로, 최근에 와서 생화학은 커다란 관심 속에 활발하게 연구되고 있는 학문의 하나가 되었다.

생화학이 오늘날과 같이 발전한 데에는 두 요인이 크게 이바지하였다. 그 하나는 모든 물질들에 적용되는 **물리학의 기본 법칙**(physics basic law)이 생체를 구성하고 있는 물질들 역시 지배하고 있다는 개념이 확고하게 정립된 것이다. 즉, 생체에서 일어나는 모든 현상들은 무생물계에서 일어나는 화학 반응들을 지배하는 것과 같은 자연 법칙들을 바탕으로 하여 구명될 수 있다는 것이다. 그러므로 생체에서 일어나는 작용들을 이해하려면 각각의 **화학 반응을 이해**(chemistry understanding)하지 않고서는 불가능하다.

생화학 발전에 크게 이바지한 또 하나의 요인은 생체에서 일어나는 작용을 매우 신속하고 정확하게 조사 및 분석할 수 있는 효과적인 기술들이 발전되었다는 것이다. 생체로부터 어떤 물질들을 분리 정제하여 순수한 상태로 얻는 기술들은 말할 것도 없고, 새로운 유전자를 다른 생체에 집어 넣어서 생체의 형질을 바꾸는 기법들이 발견되었다. 이러한 **분자 생물학 기술**(molecular biology techniques)들의 개발로 풀기 어려운 문제들을 연구하고 해결할 수 있게 되었다.

분자 생물학 (molecular biology) 단백질 효소의 생합성을 지배하는 DNA의 구조와 특성을 바탕으로, 중요한 생명 현상을 설명하려는 생물학의 한 분야

1.2 생화학이 추구하는 목표

생화학은 생체의 구조 · 조직 및 기능들을 분자의 관점에서 설명하고자 하는 것을 목표로 하고 있다. 따라서 생화학자들이 관심을 가지고 연구하는 주요한 문제들은 다음과 같다.

- 생체의 구성 성분들의 화학 구조는 어떠한가?
- 화학 구조의 상호작용이 어떻게 세포, 조직 및 기관들과 같은 조직된 구조물들이 조립될 수 있게 하는가?
- 생체는 살기 위해 어떻게 주위에서 에너지를 얻어내는가?
- 생체는 성장과 번식에 필요한 정보를 어떤 방법으로 저장하고 전달하는가?
- 세포 또는 유기체가 번식하고, 노화하고 죽을 때 일으키는 화학 변화들은 무엇일까?
- 살아 있는 세포에서 일어나는 화학 반응들을 조절하는 것은 무엇일까?

이러한 의문들은 생화학자들이 연구할 문제들이다.

생화학을 다음과 같이 세 분야로 나눌 수 있다. 첫째, 생체의 구성 성분들의 화학 구조와 그들의 생물학적 기능 사이의 관계를 연구하는 **구조 화학**(structural chemistry)으로서, 먼저 생체 물질들의 특성 및 기능을 이해해야 한다. 둘째, 생체에서 일어나는 화학 반응들을 총체적으로 연구하는 **대사**(metabolism)이다. 대사는 생체에 필요한 성분 물질들과 에너지가 얻어지는 경로들을 연구하는 분야이다. 셋째, 생물학적 정보를 저장하고 전달할 때 일어나는 화학 반응들과 이 반응들에 관여하는 화학 물질들에 관한 연구를 하는 것인데, 이것은 유전과 유전 정보의 전달을 연구하는 **분자 유전학**(molecular genetics)의 분야이기도 하다.

구조 화학 (structural chemistry) 분자나 결정의 구조를 밝혀 물질의 성질 등을 연구하는 화학

1.3 물리적 기초

생명체는 생명체의 주위와 평형에 도달하지 못한다. 살아 있을 때는 주위에서 에너지를 섭취하므로 농도가 높다. 그러나 죽음에 이르면 농도가 낮아지면서 분해된다. 결국 죽음으로써 주위와 평형을 이룬다.

생체 내의 물질은 항상 일정하게 있는 것이 아니고 다른 반응에 의해 소멸되고 생성된다. 생성과 소멸이 정확히 같이 일어나는데 이를 **동적 평형 상태(dynamic steady state)**라고 한다(그림 1.1). 당(glucose)은 한 번 식사를 할 때마다 생성되고 몇 시간 동안 에너지, 이산화 탄소, 물 등의 물질로 바뀐다. 그런데 혈액 속에서 당의 농도가 일정하게 유지되어야만 생체 내의 필요한 에너지와 물질을 공급할 수 있다.

동적 평형 상태
(dynamic steady state)
겉으로 보기에는 아무런 변화가 없는 것처럼 보이지만 실제로는 변화가 계속 일어나는 경우에 대하여 특정 화학 반응의 정반응과 역반응 속도가 같으므로 반응 물질과 생성 물질의 농도가 일정하게 유지되는 상태

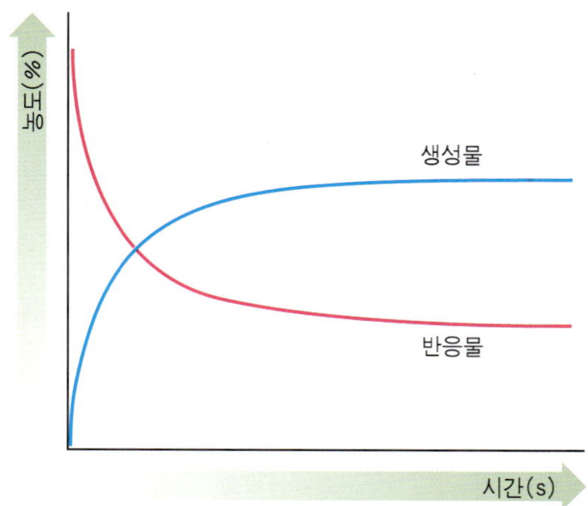

그림 1.1 | **동적 평형 상태**

1.3.1 생물과 무생물의 차이

생물과 무생물은 몇 가지 점에서 차이가 있다. 첫째, 생물은 **복잡(complexity)**한 구조로 되어 있으며, **조직적(organization)**이다. 반면 무생물은 구조가 간단하고 비조직적이다. 둘째, 생물은 주위 환경에서 **에너지 섭취(energy uptake)**를 하지만, 무생물은 에너지 섭취를 하지 못한다. 셋째, 생물은 **자기 복제**(self-replication)와 **자기 조립**(self-assembly)을 한다. 반면 무생물은 자기 복제 및 조립을 못하기 때문에 정적(static)이며, 생물체는 **동적**(dynamic)이다(그림 1.2).

(a) 생물 (b) 무생물

그림 1.2 | **생물과 무생물의 차이**

1.3.2 생명체

인간은 단 한 개의 세포로 이루어진 수정란으로부터 시작하여 수많은 세포 분열과 증식, 분화를 거쳐서야 비로소 다세포체인 생체, 개체(생명체, 인간)로서 존재하게 된다. 즉, 유사세포가 모여서 조직이 만들어지며, 이 조직이 여러 개 모여서 특정 기능을 가지고 있는 기관이 된다. 그리고 이 기관들이 체계적으로 결합해서 개체를 만드는 것이다.

생명의 가장 기본이 되는 단위는 **세포(cell)**이며, 여러 종류의 미세한 소기관으로 되어 있다. 이러한 세포들은 생체 분자, 즉 단백질, 지질, 탄수화물, 핵산 등으로 되어 있다. 또한 이들 생체 분자들은 여러 종류의 원자가 질서정연하게 결합하여 만들어진 것이다. 이러한 생체는 **원자(atom)**로 출발하여 **분자(molecular)**, **세포 내 소기관(organelle)**, **세포(cell)**, **조직(tissue)**, **기관(organ)**, **개체(body)** 등의 여러 과정을 거쳐서 만들어졌다고 할 수 있다(그림1.3).

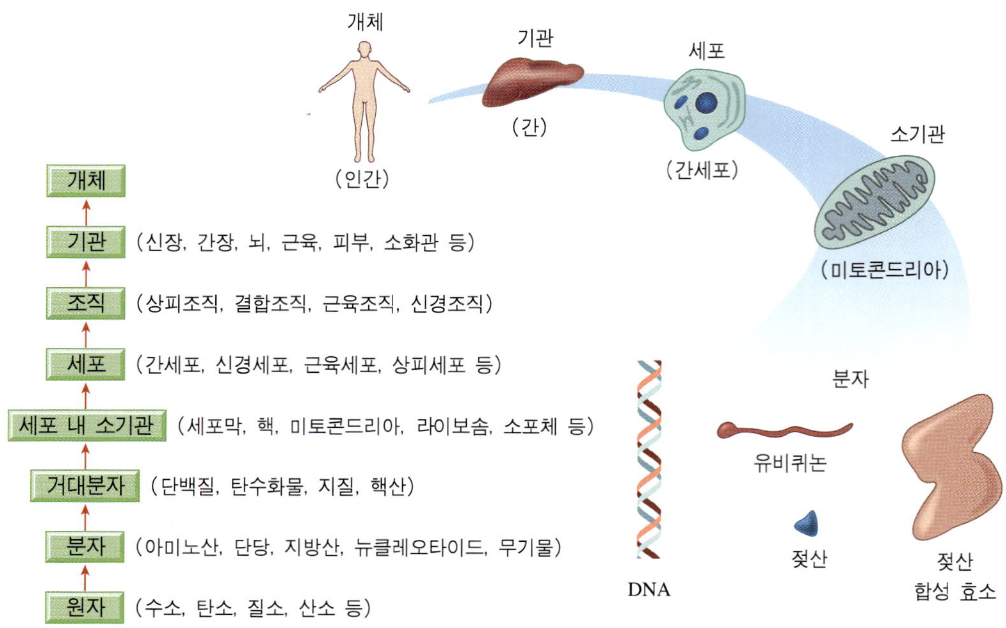

그림 1.3 | 다세포 생물을 구성하는 과정

1.4 세포

1.4.1 세포

세포는 모든 살아 있는 생명체의 기본 단위이다. 조직이 그 기능을 발휘하기 위해서는 세포가 모여야 한다. 사람의 체내에 있는 세포의 직경은 평균 약 10~30 μm이기 때문에 육안으로는 보이지 않는다. 세포는 개체의 형태를 결정하는 기능을 가지고 있는 최소 단위로서, 성인은 약 60조 개의 세포로 구성되어 있다. 세포는 모양을 가지며, 단단하고, 주위 환경에 의해 변하지 않으며, 삼투압을 통하여 물질 교환을 일으킨다.

세포가 여러 개 모여 생명체인 개체를 이루지만, 한 개의 세포 자체만으로도 생명체에 필요한 모든 일을 할 수 있는 설계도가 세포 속에 들어 있다. 따라서 세포는 '생명의 최소 단위(the smallest unit of life)'라고 말할 수 있다.

생체를 이루는 기본 단위인 **세포(cell)**는 모든 생물들에서 단 한 개의 세포로 존재하거나 많은 세포들의 집합체로 존재한다. 어떤 생물에서 얻는 세포든 세포는 모두 크기가 비슷하다. 대부분 세균의 지름은 약 1~10 μm이며, 고등생물의 세포의 지름은 세균의 세포

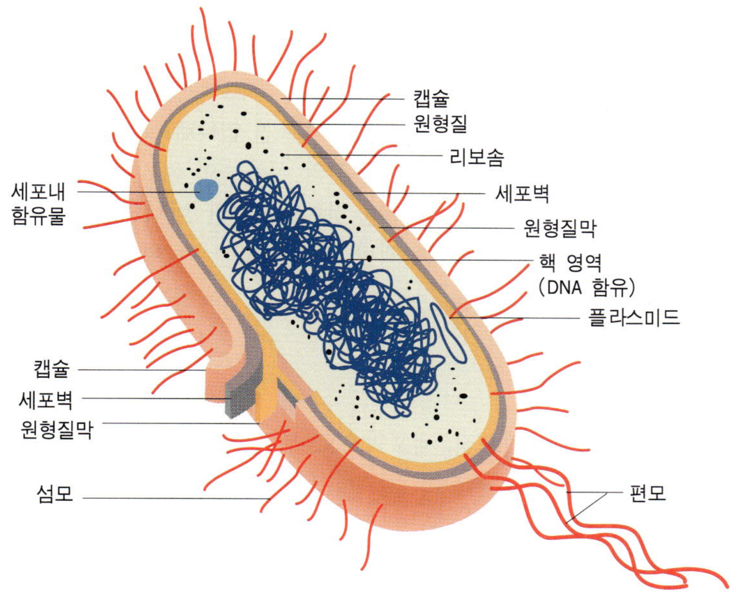

그림 1.4 | **원핵세포: 전형적인 세균의 세포를 그림으로 나타낸 것이다.**

보다 약 5~10배밖에 더 크지 않다. 물론 예외도 있다. 아주 작은 세균은 그 직경이 0.2 μm밖에 안 되지만, 척추동물의 신경세포의 길이는 1 m가 넘는 것도 있다.

세포는 구조의 차이에 따라 **원핵세포(prokaryote)**와 **진핵세포(eukaryote)**로 분류할 수 있다. 원핵세포들은 언제나 단세포 생물이며, 여기에는 세균, 녹조류와 같은 원시조류, 그리고 고생박테리아(archaebacteria)가 포함된다.

원핵세포(prokaryote)는 막으로 둘러싸여 있으며, 보통은 단단한 **세포벽(cell wall)**이 막을 둘러싸고 있다. 막 안쪽에는 **세포질(cytosol)**이 존재하는데, 세포질에는 여러 가지 물질들이 용해되어 있거나 현탁되어 있다. 원핵세포에서는 세포질이 막으로 구분되어 있지 않다. 유전 정보는 핵막이 없이 세포질에 노출된 상태로 있는 한 개 또는 한 개 이상의 DNA 분자에 들어 있다. 이러한 상태의 DNA를 **플라스미드(plasmid)**라고 한다. 세포액에는 단백질 합성의 분자 장치인 **리보솜(ribosome)**들이 현탁되어 있다. 원핵세포는 그 표면에 원핵생물이 다른 세포에 부착할 때 사용하는 **섬모(pilus)**와 **편모(flagellum)**를 가질 수도 있다.

그 밖의 모든 세포를 **진핵세포(eukaryote)**라고 한다. 진핵세포에는 다세포 생물인 식물, 동물, 곰팡이뿐 아니라 원생동물과 효모와 조류 등 몇 가지 단세포 생물도 포함된다. 전형적인 동물세포와 식물세포의 구조를 그림 1.5에 나타내었다.

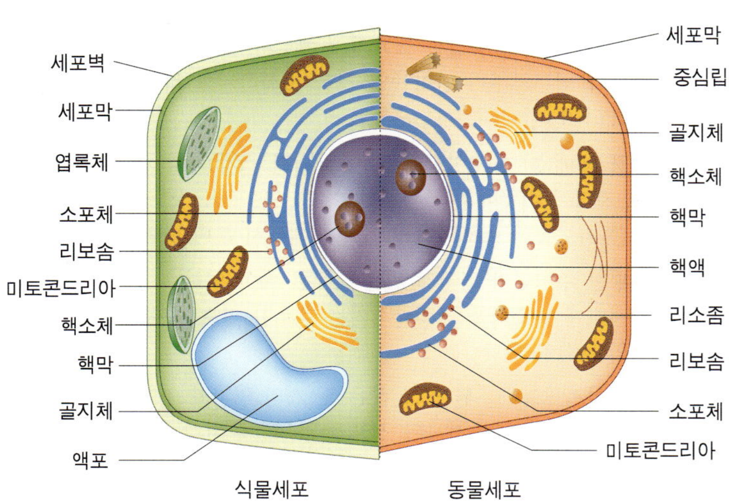

그림 1.5 | **동물 세포와 식물 세포의 그림**

그림 1.5에서 보는 바와 같이, 식물세포와 동물세포에는 각각 특이한 세포 소기관들이 있다. 예를 들면, 동물세포는 **리소좀(lysosome)**이라는 세포내 소화를 돕는 세포 소기관을 가지고 있고, 식물세포는 광합성을 하는 세포 소기관인 **엽록체(chloroplast)**와, 대사를 돕는 **퍼옥시솜(peroxisome)**을 가지고 있다. 대부분의 식물들이 가지는 또 다른 공통의 특징은 물이 들어 있는 **액포(vacuole)**가 있다는 것이다. 뿐만 아니라, 동물세포는 **원형질막(plasma membrane)** 하나로 둘러싸여 있지만, 식물세포는 막 바깥쪽으로 단단한 세포벽을 가지고 있다.

1.4.2 세포 내 주요 소기관

세포는 그 역할로부터 세포핵, 세포질, 세포막으로 분류할 수 있다(표 1.1).

(1) 세포핵

세포핵(cell nucleus)은 세포의 기능이나 중요성 등에 비추어 볼 때 가장 중요한 중심체라고 말할 수 있다. 즉, 유전 정보의 관리 및 지령 센터의 기능을 가지고 있다. 유전 정보가 기록되어 있는 DNA와 단백질이 결합한 **염색체(chromosome)**를 포함하고 있으며, 단백질 합성에 필요한 세 종류의 RNA를 합성한다. 이들은 구멍이 뚫린 핵막에 싸여 있지만, 이 구멍을 통하여 여러 종류의 분자들이 출입한다.

(2) 세포질

세포질(cytosol)의 주성분은 물(H_2O)이다. 이 중에는 Na^+, K^+ 등의 무기 이온과 단백질, 지질, 당질 등의 유기 화합물이 포함되어 있다. 이 세포질은 세포 내에서의 주요한 화학 반응 장소이기도 하다. 세포 자신은 그 기능을 충실히 하기 위해서 세포 내부를 다시 막으로 분할하여 각 기능들을 분담하고 있다.

세포를 한 개의 개체라고 하면, 세포질의 구조물은 기관에 해당된다. 따라서 세포질은 '세포 내 소기관의 총칭'이라고 말할 수 있다.

표 1.1 세포 내 소기관의 종류와 그 역할

기관	구조와 역할
미토콘드리아	• 핵의 $\frac{1}{10}$ 이하의 크기로서, 이중막으로 싸여진 소체 • 세포에 필요한 거의 모든 에너지를 공급한다. • 산소 호흡에 관계하는 에너지 생산계(TCA 회로, 전자 전달계), 지방산 산화계가 있다.
리소좀	• 미토콘드리아와 동일한 크기의 소체로서, 많은 분해 효소를 포함하고 있다. • 세포가 외부로부터 받아들인 것을 소화하기도 하고, 자신이 죽었을 경우 자기소화(消化)한다.
소포체	• 세포 내에 터널 모양으로 길게 둘려진 소강(小腔)으로서, 세포 내의 수송로이며, 지질이 이곳에서 합성된다. • 가끔 리보솜이 소포체에 많이 부착되어서 분비 단백질을 합성한다.
골지체	• 평평한 주머니가 겹쳐져 있는 구조를 하고 있다. • 단백질에 탄수화물을 결합시키는 효소가 다수 존재하며, 세포 내 수송 중계 기지의 역할을 한다.
리보솜	• 단백질과 RNA로 된 크고 작은 두 개의 입자가 결합해 있다. • 핵의 DNA로부터 전사된 정보(mRNA)에 따라서 단백질을 합성하는 공장 역할을 한다.

표 1.2 세포를 구성하는 화학 원소

세포 내 구성 원소	
원소	조성 비율(%)
H	63
O	25.5
C	9.5
N	1.4
Ca	0.31
P	0.22
Cl	0.08
K	0.06
S	0.05
Na	0.03
Mg	0.01
그외: Mn, Fe, Co, Cu, Zn, Mo, Ni, Si	인체에 극미량 존재하지만 필수적인 역할을 함

1.4.3 세포를 구성하는 화학 원소들

지구에 사는 생물들은 주로 탄소(C), 수소(H), 산소(O), 질소(N) 등 몇 가지 안 되는 원소들로 구성되어 있으며, 세포를 구성하는 물질들의 거의 99%가 이 네 가지 원소로 이루어져 있다. 표 1.2에서 보는 바와 같이, 이 원소들의 생체에서의 조성은 지각에서의 조성과 두드러지게 다르다. 이 사실은 생체에 있는 화학 물질들이 특별하다는 것을 나타낸다. 생체를 구성하는 물질의 70%는 물이다. 물을 뺀 나머지는 거의 전부가 탄소 화합물이다. 탄소, 수소, 질소, 산소들은 서로 공유 결합으로 결합하는 성질이 강하기 때문에 다양한 유기 화합물을 만드는 특성을 가지고 있다. 그러므로 이 네 가지 원소는 생명체에 필수적이다.

생명체는 이 네 가지 원소들 이외에도 여러 가지 원소들을 구성 성분으로 가지고 있다. 인(P)과 황(S)은 탄소, 수소, 산소, 질소와 공유 결합을 형성할 수 있다. 황은 단백질의 중요한 구성 성분이며, 인은 에너지 대사와 핵산의 구조에서 중요한 구실을 한다.

1.5 세포막

1.5.1 세포막이란?

생체는 많은 세포로 이루어져 있다. 인체에는 약 60조 개의 세포가 있다. 세포질 내에서 화학 반응들이 효과적으로 일어나기 위해서는 필요한 물질들이 세포 내에 적당한 농도로 존재하여야 하며, 효소가 있어야 한다. 그리고 반응 생성물은 빨리 다른 곳으로 옮겨져야 한다. 세포는 이러한 것들을 만족시키기 위한 적합한 좋은 구조를 가지고 있다. 우선 세포 주위에는 세포질과 외계를 경계 짓는 **원형질막[plasma membrane** 또는 **세포막(cell membrane)**]이 있어서 세포 내의 환경을 일정하게 유지시키는 역할과, 세포 내외로 물질의 운반을 조절하기도 한다. 많은 세포 소기관들도 **막(membrane)** 구조를 가지고 있다. 일반적으로 원형질막과 세포 소기관을 구성하고 있는 여러 종류의 막들을 모두 **생체막(biomembrane)**이라고 한다.

표 1.3 세포막의 화학 조성

성분(마른무게 %)		적혈구막	미엘린	미토콘드리아막
당류		8	<1	<1
단백질		49	30	76
지질	인산지질	31	30	23
	당지질	2	19	–
	콜레스테롤	10	21	0.2

1.5.2 세포막의 종류와 구조

바깥쪽과 세포를 구별하는 **원형질막(plasma membrane)**은 다양한 모양과 기능을 가지고 있다. 원핵세포에서는 세포 내의 경계는 하나밖에 없으며, 원형질막에 의해서 외계와 격리되어 있다. 진핵세포의 원형질막은 고도로 기능이 분화된 세포 소기관에도 있으며, 각 소기관은 이러한 막에 의해서 둘러싸여 있다. 핵은 이중의 핵막으로 둘러싸여 있으며, 핵막에는 구멍이 뚫려 있다. 미토콘드리아는 가늘고 긴 구상을 하고 있으며, **이중막 구조(double layer membrane)**를 가지고 있다. 이외에 소포체막, 리소좀막, 골지체막 등이 있다. 이들 세포 소기관의 막 조성은 종류에 따라 조금씩 다르지만, 막의 기본 구조는 원형질막과 거의 같은 모양이다. 세포막은 보통 60~100 Å의 두께이다. 그 주성분은 지질과 단백질이며, 소량의 당도 들어 있다. 많은 막들은 거의 같은 양의 단백질과 지질을 함유하고 있다. 세포막의 조성은 막의 종류에 따라서 조금씩 다르다(표 1.3).

> **옹스트롬** Å(angstrom)
> 빛의 파장이나 물질내의 원자간 거리 등을 나타내는 데 사용. 원자, 분자의 크기나 결정의 격자 간격은 1 Å 정도. 1868년 스웨덴의 물리학자 옹스트룀이 태양의 흡수선을 측정할 때, 그 파장을 기록하는 데 이용함.

세포막의 지질은 특히 **인지질(phospholipid)**이 많으며, 콜레스테롤이 그 다음으로 많다. 그리고 인지질을 분리하면 **포스파티딜 콜린(phosphotidyl choline)**이 약 40%로 가장 많고, 그 다음으로 포스파티딜 에탄올아민과 스핑고미엘린이 많다. 미토콘드리아 내막에는 콜레스테롤은 거의 없고 인지질의 일종인 카디오리핀이 부분적으로 존재하고 있다. 인지질은 강한 친수성인 인산 극성 부분(머리)에 결합한 두 개의 비극성 지방산 사슬(꼬리)을 가진 것이 특징이다(그림 1.6).

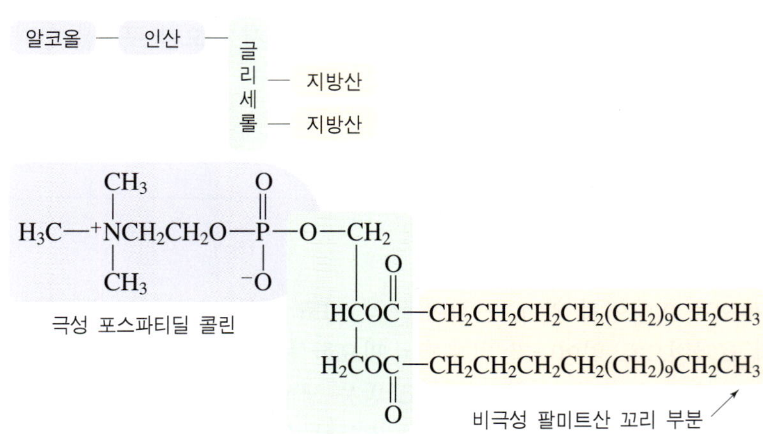

그림 1.6 | 막 인지질(포스파티딜 콜린)의 구조

> hydrophilic
> hydro = water (물)
> philic = loving (사랑하는)
> phobic = hating (싫어하는)

물 안에서의 인지질과 당지질의 배열을 보면, 극성인 머리 부분은 물에 대한 친화력을 가질 것이고, 비극성인 탄화수소 꼬리는 물을 피할 것이다. 그 결과 막은 **친수성(hydrophilic)**의 표면과 **소수성(hydrophobic)**의 내부를 갖게 된다. 인지질과 당지질이 물에서 가질 수 있는 유리한 구조는 마이셀 구조보다는 이분자층(bilayer)의 막이다.

막단백질에는 촉매로 작용하는 효소들뿐 아니라 물질의 운반, 정보의 수용과 전달, 구조 유지 등에 관여하는 여러 종류의 단백질들이 있으며, 막의 기능은 막단백질에 의해서 이루어진다. 막지질은 막단백질의 용매로서 작용하고, 단백질의 기능이 충분히 잘 발휘될 수 있도록 환경을 만들어 주고 있다. 막단백질은 생체막에서의 위치에 따라서 **내부 단백질(integral protein)**과 **표면 단백질(peripheral protein)**로 나누어진다(그림 1.7).

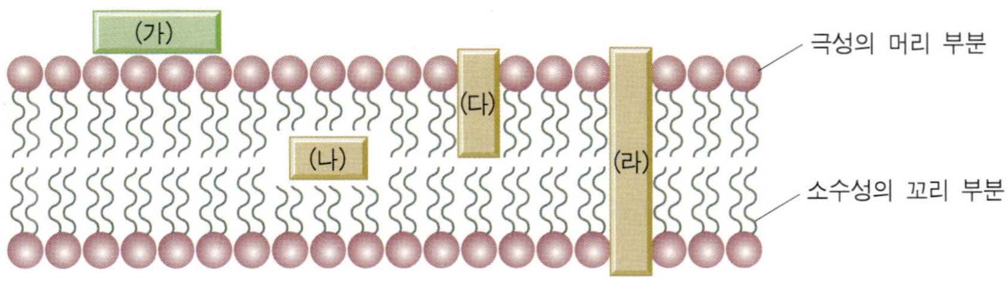

그림 1.7 | **지질 이분자층의 모델: (가)는 표면 단백질, (나), (다), (라)는 내부 단백질이다.**

막 성분들은 완전히 비공유 결합으로 서로 결합되고 있기 때문에 직접 화학적인 방법으로 막의 구조를 결정하는 것은 어렵다. 막 구조에 대해서 제안되어 있는 몇 개의 모형 중 Singer와 Nicolson이 제안한 **유동 모자이크 모형(fluidic mosaic model)**은 막에 대해서 알려져 있는 대부분의 성질들을 설명하는 데 가장 적합하다(그림 1.8).

유동 모자이크 모형
(fluid mosaic model)
지질층에 떠 있거나 잠겨있는 단백질의 유동적인 행동을 나타냄. 극성 머리에 두 개의 탄화수소 꼬리가 안쪽으로 향해있는 구조로 인해 막의 바깥은 친수성을, 내부는 소수성을 띰.

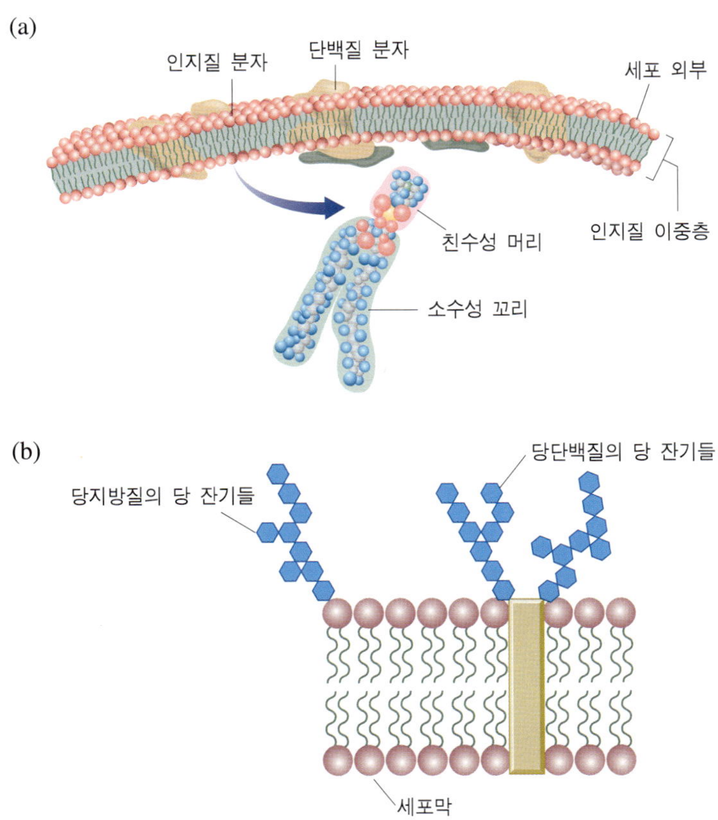

그림 1.8 | **유동 모자이크 모형: (a) 생체막의 유동 모자이크 모형. (b) 당단백질과 당지질의 잔기들은 보통 포유동물 원형질막의 세포 바깥 표면에 있음.**

생체막은 인지질로 된 이분자층을 형성하고 있으며, 막단백질은 유동성이 있는 지질이 이분자층의 바다에 빙산과 같이 떠 있다고 생각하면 된다. 즉, 생체막은 단단히 고정된 구조를 가지고 있는 것이 아니고, 단백질들이 움직이면서 돌아다니는 것이 가능한 **동적 구조(dynamic structure)**를 가지고 있다. 그러나 막 내에서 단백질이나 지질의 분자가 한쪽

막 면으로부터 다른 막 면으로 확산하는 일은 거의 없다. 이렇게 막은 바깥쪽과 안쪽이 서로 다른 구조를 가지고 있다.

연습 문제

1. 생화학이란 무엇을 연구하는 학문인지 설명하시오.

2. 모든 생체에서 아주 많이 존재하는 원소들에는 어떤 것들이 있는지 설명하시오.

3. 진핵세포와 원핵세포 사이의 차이점들을 설명하시오.

4. 생화학자들의 연구 결과는 어디에 이용되는지 설명하시오.

5. 원핵생물과 진핵생물의 근본적인 차이는 무엇인지 설명하시오.

6. DNA는 세포의 어느 부분에 있는지 설명하시오.

7. 세포 소기관 중 리소좀의 역할에 대하여 설명하시오.

8. 세포 소기관 중 미토콘드리아의 역할에 대하여 설명하시오.

9. 생물과 무생물의 차이점을 생화학적으로 설명하시오.

10. 세포를 '열린계(open system)' 라고 말할 수 있는 이유는 무엇인지 설명하시오.

02 물

학습 목표
- 생체 내에서의 물의 분포와 종류를 이해한다.
- 물의 구조와 화학적 성질을 이해한다.
- 생체 내에서의 물의 중요성을 이해한다.

주요 용어
- 체액, 세포내액, 세포외액, 삼투압, 교질 삼투압, pH, 용매, 산, 염기, 완충 작용, 전해질

2.1 물

용매(solvent)
용질을 녹여 용액을 만드는 물질로, 용액 또는 고용체를 형성할 때 녹이는 물질(용질)의 매체가 되는 물질

사람은 체중의 약 70%가 물로 되어 있다. 그리고 매일 섭취하는 각종 영양소들은 소화기관의 소화액으로 분해되어 흡수되지만 이들 모두의 **용매(solvent)**는 물(H_2O)이다. 각 조직으로 산소, 영양소, 호르몬의 운반이나 조직으로부터의 CO_2 가스나 노폐물의 방출 등도 물이 담당하고 혈장이나 조직액도 물로 구성되어 있다. 세포 중에는 에너지 대사, 단백질의 합성, 핵산의 합성 등이 이루어지고 있는 세포 내 각 소기관 사이에 정보 전달 물질이 물에 많이 녹아 있다.

이 장에서는 이러한 내부 환경 유지, 즉 항상성(homeostasis)에 주된 역할을 하는 물의 기능과 구조에 대해서 알아본다.

2.1.1 체액의 구분과 조성

(1) 체액의 구분

체내에서 전해질이나 영양소 등을 포함하고 있는 액체를 **체액(body fluid)**이라고 한다. 이 체액은 **세포내액(intracellular fluid)**과 **세포외액(extracellular fluid)**으로 나눌 수 있다. 세포내액은 체중의 약 40%, 세포외액은 체중의 약 20%가 된다. 세포외액은 혈관이나 임파관 내에 있는 맥관내액이 약 5%, 세포 사이에 존재하는 조직액(간질액)과 체강내액(뇌척추액, 관절액, 안방액, 소화액 등)이 약 15% 존재한다.

- 체액
  - 세포내액(40%)
  - 세포외액(20%)
    - 맥관내액(5%) — 혈액, 임파관액
    - 맥관외액(15%) — 조직액, 체강내액

이러한 체액의 균형은 성별, 체형, 연령에 따라 각기 다르다. 지방세포는 수분을 많이 포함하고 있지 않지만, 남성은 여성보다 체중에 비해서 수분이 많으며, 야윈 사람은 뚱뚱한 사람보다 수분이 많다. 그리고 신생아는 체중의 약 70%, 성인 남자는 약 60%, 성인 여자는 약 50%의 수분 함량을 갖는다. 그러나 60세 이상이 되면 남자는 약 50%, 여자는 약 45%로 수분 함량이 낮아진다.

(2) 체액의 조성

대표적인 체액의 전해질에는 양이온으로서 Na^+, K^+, Ca^{2+}, Mg^{2+}이 있으며, 음이온으로는 염화 이온(Cl^-), 탄산수소 이온(HCO_3^-), 인산 이온($H_2PO_4^-$, HPO_4^{2-}, PO_4^{3-}), 황산 이온(SO_4^{2-}), 단백질, 유기산 등이 있다. 이들 양이온과 음이온의 농도는 모두 동일하다. 그리고 어떠한 체액도 전기적으로는 중성이다. 체액 중에서 비전해질인 것으로는 인지질, 콜레스테롤, 트리아실글리세롤, 글루코스, 요소, 요산, 크레아티닌 등이 있다.

삼투압(osmotic pressure)
농도가 다른 두 액체를 반투막으로 막아 놓았을 때, 용질의 농도가 낮은 쪽에서 농도가 높은 쪽으로 용매가 옮겨가는 현상에 의해 나타나는 압력

혈장(plasma)
혈액 속의 유형 성분인 적혈구, 백혈구, 혈소판 등을 제외한 액체 성분으로 담황색을 띠는 중성의 액체

(3) 혈장과 조직액

혈액으로부터 세포로 공급되는 산소, 영양소, 호르몬, 그리고 세포로부터 혈액 내로 들어오는 노폐물과 CO_2 등은 모두 조직액을 매개로 해서 행해지고 있다. 모세혈관의 정맥 쪽에 있는 조직액의 수분을 혈관 내부로 끌어내는 삼투압을 **교질 삼투압(colloid osmotic pressure)**이라고 한다. 이 삼투압의 대부분을 담당하고 있는 것이 **혈장(plasma)** 중의 알부민이다. 이러한 이유에서 간경화증 등에 의한 알부민 합성의 저하, 또는 만성적으로 알부민을 소변으로 배출시키는 네프로제증후군(nephrotic syndrome) 등에 의한 알부민혈증은 교질 삼투압의 저하를 일으켜서 조직액의 정맥 내로 환류 기능이 장애를 받아 부종(浮腫, edema)을 일으킨다.

(4) 세포내액과 세포외액

세포내액과 세포외액을 비교하면 그 조성에 현저한 차이가 있음을 알 수 있다(표 2.1). 세포내액에는 양이온으로 K^+와 Mg^{2+}가 많고, Na^+, Ca^{2+}는 얼마 되지 않는다. 음이온으로는 $HPO_4{}^{2-}$와 단백질이 많지만, Cl^-, $HCO_3{}^-$는 조금밖에 되지 않는다. 한편 세포외액은 양이온으로 Na^+와 Ca^{2+}가 많다. 그리고 음이온으로는 Cl^-와 $HCO_3{}^-$를 많이 포함하고 있다.

표 2.1 체액의 전해질 조성(mEq/H_2O)

양이온	세포외액	세포내액	음이온	세포외액	세포내액
Na^+	142	14	Cl^-	103	4
K^+	5	157	$HCO_3{}^-$	27	10
Ca^{2+}	5	0.05 이하	$HPO_4{}^{2-}$	2	110
Mg^{2+}	3	26	단백질	17	70
			기타	6	

이와 같이 세포내액과 세포외액의 조성의 차이는 세포내막에 이온의 **선택적 투과성(selective permeability)** 과 **수송 펌프(transport pump)** 가 존재하기 때문이다. 이온의 확산, 침투, 여과, 전위균배 등 물리·화학적 전위의 균배가 에너지의 소비 없이 이루어지는 것을 **수동 수송(passive transport)** 이라고 한다. 이와는 반대로 에너지를 필요로 하는 것을 이온의 **능동 수송(active transport)** 이라고 한다. 농도균배는 전위균배와 반대로 이온을 수송하는 기구로서 **Na^+-K^+ 펌프(Na^+-K^+ pump)** 가 많이 알려져 있다. 이 펌프는 ATP를 에너지원으로 사용해서 세포 바깥쪽으로부터 K^+ 이온을 세포 내로 운반함과 동시에 Na^+ 이온을 세포 바깥쪽으로 운반하는 기능을 가지고 있다.

선택적 투과성
(selective permeability)
세포막의 특징으로서, 분자의 크기에 의해서만 물질의 투과가 결정되는 것이 아닌 선택적으로 투과시키는 성질

2.1.2 물의 동태

건강한 성인의 1일 수분 섭취량과 배설량은 거의 일정하며, 서로 평형을 유지하고 있다(표 2.2).

표 2.2 성인의 1일 물 섭취량과 배설량

섭취량(mL)		배설량(mL)	
음료수	1,150	소변	1,400
음식물	1,000	대변	200
대사수	350	땀, 증기	900
		(피부로부터, 폐로부터)	(500, 400)
계	2,500	계	2,500

(1) 물의 섭취

수분은 대부분 음료수와 음식물에 포함되어 있으며, 성인 남성을 기준으로 1일 약 2,200 mL가 체내로 흡수된다. 또 하나 중요한 수분 생성 경로는 체내에서 영양소들이 산화되면서 생성되는 물이다. 이것을 연소수 또는 **대사수(metabolism water)** 라고 한다. 영양소 100 g이 산화될 경우 탄수화물은 60 mL, 지질은 107 mL, 단백질은 41 mL의 대사수가 만들어진다. 1일 영양소의 대사량을 탄수화물 500 g, 지방 20 g, 단백질 70 g으로 가정하면 이들이 대사 과정을 통해 생성되는 대사수는 350 mL가 된다. 따라서 매일 음식물에 포함

되어 있는 물과 체외로부터 섭취하는 물의 양을 합하면 약 2,500 mL가 된다.

(2) 물의 배설

성인 남성을 기준으로 1일 물의 배설량은 그 섭취량과 관련이 있다. 소변으로 약 1,400 mL, 대변 속에 포함되어 있는 수분이 약 200 mL가 된다. 또한 폐 또는 피부로부터 무의식적인 가운데 땀과 증기로 배출되는 것이 약 900 mL이다. 이것은 매일 환경 조건에 따라서 조금씩 달라진다. 앞에 설명한 배설액 전체를 합하면 약 2,500 mL로서 수분 섭취량과 배설량이 거의 같다.

신기능부전 (renal failure)
신부전이라고도 하며, 이는 신장 기능에 장애가 있어 제 기능을 못하는 신장의 상태를 일컫는 질환

소변은 대사 과정에서 만들어진 노폐물을 물에 용해시켜서 체외로 배설시키기 위해 필요한 최소한의 양으로, 약 400~500 mL/day가 된다. 따라서 소변의 생성이 정지되거나 극도로 감소하면 신기능부전(신부전)이 의심된다고 말할 수 있다. 신부전이 일어나면 소변의 주성분인 요소, 즉 단백질 대사의 최종 산물인 요소(urea)를 체외로 배설시키는 것이 어려워져 결국 체내에 축적된다. 이러한 병태를 요독증(尿毒症, uremia)이라고 한다.

(3) 대사 과정

건강한 성인의 수분 섭취량과 배설량보다 아주 많은 양의 물이 체액 상호간에 교류하고 있다. 이를 **내액교류(inner fluid exchange)**라고 한다. 예를 들면, 소화관으로부터 1일 3~8 L의 소화액이 분비되지만 거의 완전히 장으로 흡수된다(표 2.3). 그리고 신장의 사구체로부터는 1일 약 170 L의 물이 여과되고 있다. 이 중 99% 이상이 세뇨관(small urine tube)으로 재흡수되고, 소변으로는 약 1.5 L 정도만 배출된다.

표 2.3 소화액의 분비량(1일)

소화액의 종류	분비량(mL)
타액	500~1,500
위액	1,000~2,400
담즙	300~500
췌액(이자액)	700~1,000
장액	1,000~3,000
계	**3,500~8,400**

2.2 물의 구조와 성질

물의 물리적 성질은 다른 용매들의 물리적 성질들과 뚜렷하게 다르다. 예를 들면, 산소의 수소화물이라고 볼 수 있는 물(H_2O)은 비슷한 황의 수소화물(H_2S)이나 질소의 수소화물(NH_3)보다 더 높은 녹는점과 끓는점 그리고 더 큰 증발열과 표면 장력을 가지고 있다(표 2.4).

표 2.4 산소, 황 및 질소의 수소화물들의 몇 가지 물리적 성질

수소화물	녹는점(°C)	끓는점(°C)	증발열(cal/g)
H_2O	0	100	540
H_2S	−85	−60	132
NH_3	−78	−33	327

물의 이러한 성질은 액체 상태의 물에서 물 분자들 사이에는 강한 인력(응집력)이 작

용하고 있음을 가리킨다. 이러한 성질은 물 분자가 **쌍극자(dipole moment)** 의 성질을 가지기 때문에 생긴다. 물 분자에서 전기 음성도(electronegativity)가 큰 산소 원자가 두 수소 원자들로부터 결합에 관여하는 전자들을 끌어당기기 때문에 산소와 수소 사이의 두 결합은 편극된다. 따라서 두 수소 원자핵 둘레에는 부분 양전하(δ^+)가 생기고 산소 원자핵 둘레에는 부분 음전하(δ^-)가 생긴다. 이러한 부분적 편극으로 인하여 물 분자는 쌍극성 분자(쌍극자)가 되며(그림 2.1), 분자들 사이에 정전기적 인력이 생긴다.

쌍극자(dipole moment)
분자 중에서 음양의 전하 분포가 균일하지 않고 양전하의 중심과 음전하의 중심이 일치하지 않는 경우에 그 분자는 쌍극자가 있다고 함. 그 크기를 쌍극자 모멘트로 나타냄.

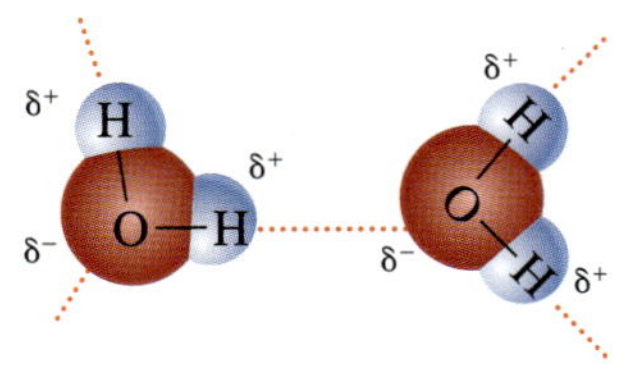

그림 2.1 | 물 분자의 구조

이러한 약한 정전기 인력이 수소 결합의 원인이 된다. 산소의 전자들이 **정사면체형 구조(tetrahedral structure)** 와 거의 비슷한 배열을 하기 때문에, 이론적으로 한 개의 물 분자는 네 개의 다른 물 분자와 수소 결합으로 결합할 수 있다(그림 2.2).

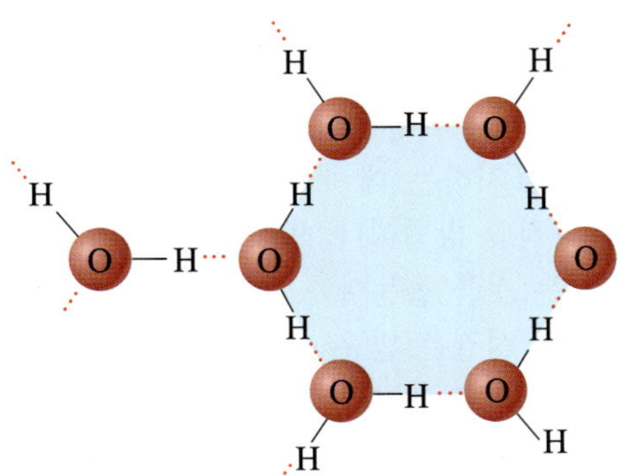

그림 2.2 | 얼음의 수소 결합: 얼음에서 물 분자가 방향성을 가진 수소 결합들로 규칙적으로 배열(얼음 상태)

실제로는 물 분자 하나에 평균 3~4개의 물 분자가 결합한다는 것이 밝혀져 있다. 물 분자들이 수소 결합에 의해서 정사면체형인 방향으로 배열되기 때문에 물은 규칙적인 구조를 가진 용매이다(그림 2.3).

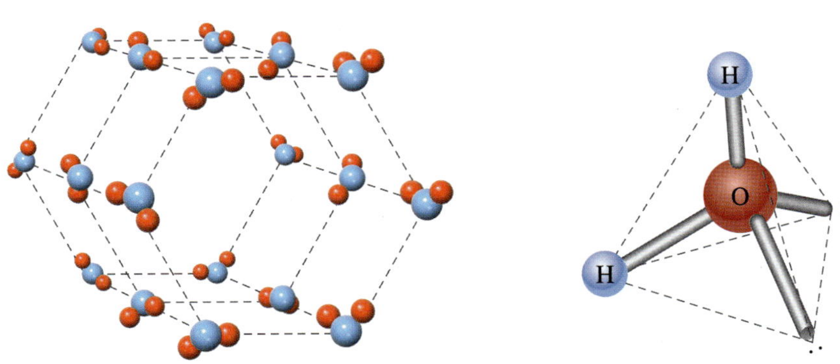

그림 2.3 | 얼음의 물분자 배열: 붉은 원은 산소 원자, 푸른 원은 수소 원자. 산소와 수소 사이의 점선은 수소 결합을 나타냄.

물의 비열은 1.0 cal/°C·g으로, 다른 물질에 비해 크다. 이는 물이 수소 결합에 의해 분자간 결합이 강하게 붙들려 있어 분자간 결합이 끊어지기 힘들기 때문이다. 따라서 물의 온도를 높이는 데에는 많은 열이 필요하고, 온도를 낮출 때는 많은 열이 방출되므로, 다른 액체에 비해 쉽게 가열되지도 않고 쉽게 식지도 않는다. 또한 물은 물 분자 사이에 강한 수소 결합이 존재하므로 표면 장력이 크다. 표면 장력이 클수록 액체 방울의 모양은 구형

표면 장력(surface tension)
액체가 그 표면을 작게 만들려는 성질. 액체 표면에 있는 분자들이 분자간의 인력으로 액체 내부로 끌려서 액체 표면의 분자수를 최소로 하려는 경향 때문에 생기는 현상으로서 액체의 표면에 있는 분자는 분자간 인력에 의하여 옆과 아래로는 당겨지지만 위로는 당겨지지 않음.

을 이룬다. 따라서 액체 내부의 분자는 이웃한 분자에 의해 상하좌우 대칭적인 방향으로 인력이 작용하여 힘의 균형을 이룬다. 반면, 액체 표면의 분자는 힘의 균형을 이루지 못하고 아래 방향으로만 작용한다. 따라서 액체 표면의 분자는 내부로 끌려 들어가는 힘을 받게 되어 액체의 표면적을 작게 하려는 경향을 가지게 된다(표 2.5).

표 2.5 물과 기름의 물성 비교표

성질	온도(°C)	물	기름
점도(cSt)	0	1.79	5.83
	50	0.65	2.33
	100	0.28	1.01
표면 장력(dyne/cm)	0	75.64	2.0×10^{-5}
	50	67.91	5.0×10^{-3}
	100	58.85	3.0×10^{-1}
비열(cal/°C·g)	상온	1.0	0.4 ~ 0.5
열전도율(cal/cm/sec/°C)	상온	1.4×10^{-3}	0.3×10^{-3}

2.3 물의 생물학적 중요성

앞에서 본 물의 몇 가지 보기 드문 물리적 성질들은 생체에 이로운 성질이 된다. 물의 큰 증발열과 비중은 체온을 일정하게 유지하는 데 매우 중요하다. 물의 증발로 빼앗기는 칼로리는 생체가 열을 발산하는 효과적인 방법이다. 또한, 물은 비열이 크기 때문에 열을 잘 흡수하여 체온을 일정하게 유지하는 것을 돕는다.

물이 4°C에서 **최대 밀도**를 가지는 성질은 많은 생물들에게 매우 중요하다. 0°C에서 물이 얼면 밀도가 작아지기 때문에 물 위로 뜨게 된다. 얼음 아래에 있는 물의 온도는 언제나 0°C 이상이 되므로 수중생물은 겨울 동안에도 정상의 환경에서 살 수 있다(그림 2.4).

그림 2.4 | 물의 밀도 그래프

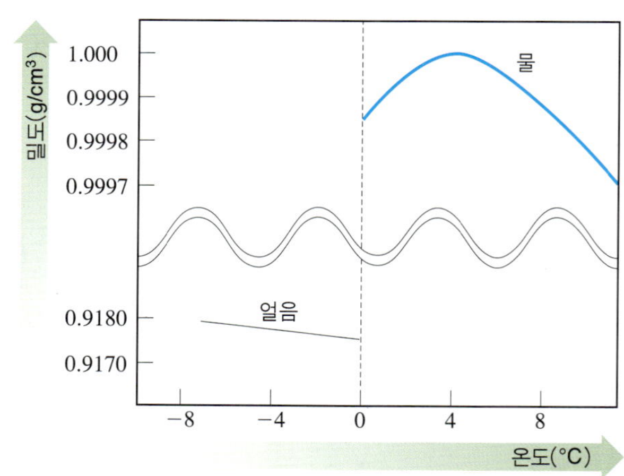

2.4 용매로서의 물

물이 염(salt)들과 같은 이온 결합 화합물들을 용해하는 훌륭한 용매가 되는 이유는 이온성 성분들과 물 쌍극자들 사이의 인력이 이온성 성분들 사이의 인력보다 훨씬 크기 때문이다. 당류(sugar)와 간단한 알코올(alcohol)과 같은 비이온 결합 극성 화합물들도 물에 매우 잘 녹는다. 비이온 결합 화합물의 하이드록시기(OH^-)와 같은 극성 작용기들은 물

분자들과 쉽게 수소 결합을 형성하므로 물 분자들 사이로 분산될 수 있다.

극성(친수성) 원자단과 비극성 원자단 둘 다를 가진 **양쪽성 분자** 또는 **양극성 분자(amphoteric molecule)**가 물에 녹을 때는 흥미로운 현상이 일어난다. 극성 머리(카복실기가 이온화하여 만드는 음이온 부분)와 비극성 꼬리(탄화수소 부분)를 가지는 지방산의 이온들과 인지질들은 양쪽성 분자이다(그림 2.5).

amphoteric = amphophilic
ampho = both (양쪽성)
philic = loving (사랑하는)

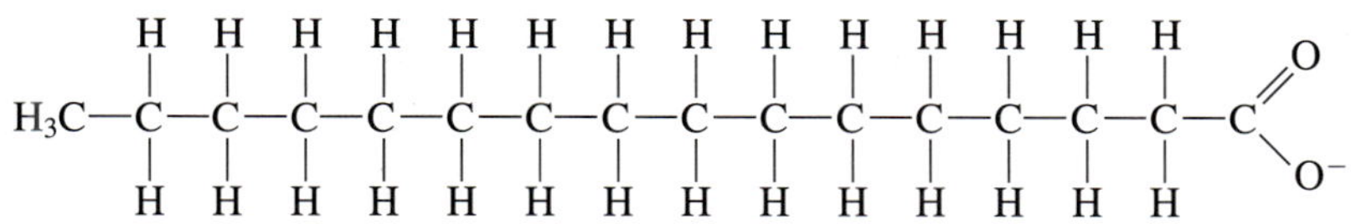

팔미트산 음이온(팔미트산의 이온화형)

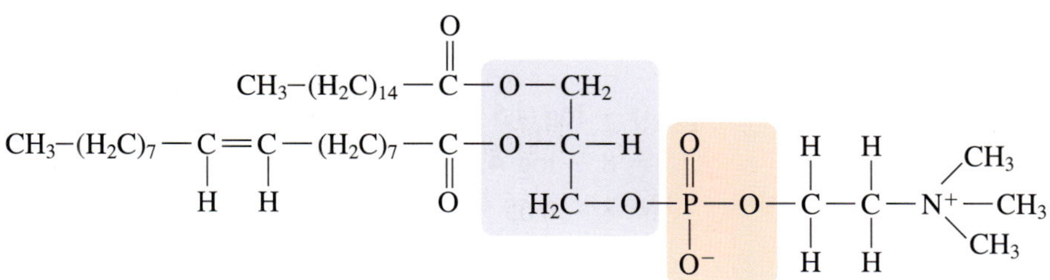

포스파티딜 콜린

그림 2.5 | **탄소 16개의 팔미트산 음이온(위)과 인지질의 하나인 포스파티딜 콜린(아래)**

양쪽성 분자들은 수용액에서 **마이셀(micelle)**과 **지질 이분자층막(bilayer membrane)**을 만든다(그림 2.6). 마이셀과 지질 이분자층에서 극성 부분은 수용액 쪽으로 노출되고, 비극성 부분들은 안쪽으로 모여서 응집된다. 마이셀과 지질 이분자층의 형성과 구조는 세포막, 핵막, 미토콘드리아 막 및 엽록체 막과 같은 여러 가지 생체막들의 형성과 구조를 이해하는 데 매우 중요하다.

마이셀(micelle)
양쪽성 분자들이 모여 원형을 이루어 내부는 수용성, 외부는 지용성을 띠는 물질

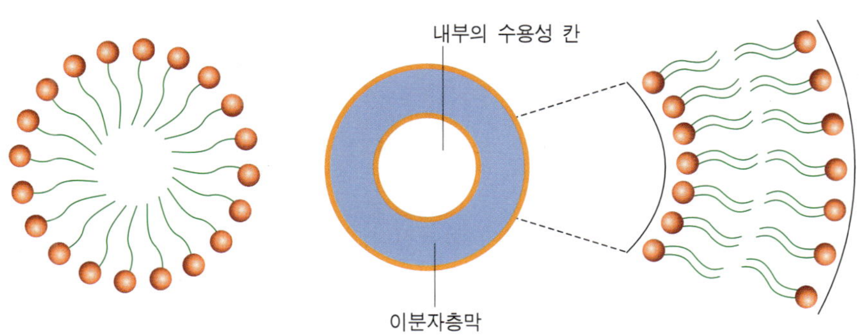

그림 2.6 | **이온화된 지방산 분자들로 형성된 마이셀(왼쪽)과 인지질로 형성된 막소포의 이분자층막(오른쪽): 극성 부분은 붉은색의 구로 나타내었고, 비극성의 사슬 부분들은 녹색의 파상선으로 나타냄.**

2.5 수소 이온 농도 (pH)

H^+의 농도는 pH 또는 $[H^+]$ ([ ]는 몰 농도(M)를 의미함)가 널리 사용되고 있다. pH 값은 mol/L로 나타내며, 이 H^+ 농도의 대수에 마이너스를 붙인 것이다. 즉,

$$
\begin{aligned}
1\ \text{mol/L} &= 10^{0}\ \text{mol/L} \rightarrow \text{pH } 0 \\
0.1\ \text{mol/L} &= 10^{-1}\ \text{mol/L} \rightarrow \text{pH } 1 \\
0.01\ \text{mol/L} &= 10^{-2}\ \text{mol/L} \rightarrow \text{pH } 2 \\
0.001\ \text{mol/L} &= 10^{-3}\ \text{mol/L} \rightarrow \text{pH } 3 \\
&\vdots \\
&\quad 10^{-14}\ \text{mol/L} \rightarrow \text{pH } 14\text{가 된다.}
\end{aligned}
$$

pH는 $[H^+]$ 농도의 역대수(reverse algebra)이기 때문에 식으로 나타내면 다음과 같다.

$$\text{pH} = +\log\frac{1}{[H^+]} = -\log[H^+] \tag{1}$$

정상인의 혈액은 $[H^+]$ 이 45 nmol/L~35 nmol/L (n은 '나노'라고 읽으며, 10^{-9}을 의미하는 단위)에 있다. 즉, 45 nmol은 4.5×10^{-8} mol/L이므로 위의 식 (1)에 대입시키면 다음과 같다.

$$
\begin{aligned}
\text{pH} &= -\log(4.5 \times 10^{-8}) \\
&= 8 - \log 4.5 \\
&= 8 - 0.65 \\
&= 7.35
\end{aligned}
$$

이와 같이 35 nmol도 계산해 보면 35 nmol/L는 3.5×10^{-8} mol/L로서 식 (1)에 대입하면 다음과 같다.

$$
\begin{aligned}
\text{pH} &= -\log(3.5 \times 10^{-8}) \\
&= 8 - \log 3.5 \\
&= 8 - 0.55 \\
&= 7.45
\end{aligned}
$$

pK 값은 pH 값과 비슷하다. 예를 들면, 약산 용액 (HA)이 해리되면 다음과 같다.

$$HA \rightleftarrows H^+ + A^-$$

생성한 각 물질의 농도곱을 비해리 물질 농도로 나누면 일정하게 된다(질량 작용 법칙). 해리 상수를 K_a라고 하면 다음과 같다.

$$K_a = \frac{[A^-][H^+]}{[HA]}$$

이 식의 대수를 취하면 다음과 같은 식이 얻어진다.

$$\log K_a = \log\frac{[A^-]}{[AH]} + \log[H^+]$$

혹은

$$-\log[H^+] = -\log K_a + \log\frac{[A^-]}{[AH]}$$

즉, (1) 식으로부터

$$\text{pH} = \text{p}K_a + \log\frac{[A^-]}{[AH]}$$

가 얻어진다. 이는 다음과 같이 쓸 수 있다.

$$\text{pH} = \text{p}K_a + \log\frac{[\text{짝염기}]}{[\text{짝산}]} \tag{2}$$

표 2.6 pH 척도

H^+ 농도 (M)	pH		H^+ 농도 (M)	pH	
1.0	0	산성	1×10^{-7}	7	중성
0.1	1	↑	1×10^{-8}	8	↓
0.01	2		1×10^{-9}	9	
0.001	3		1×10^{-10}	10	
1×10^{-4}	4		1×10^{-11}	11	
1×10^{-5}	5		1×10^{-12}	12	
1×10^{-6}	6		1×10^{-13}	13	
			1×10^{-14}	14	염기성

가 된다. 이 식을 **헨더슨-하셀바흐 식(Henderson-Hasselbalch equation)**이라고 한다. 이 식은 산-염기 평형의 기본이 되는 공식이다. 즉, 식 (2)로부터 pH는 약산과 짝염기의 농도비에 의해서 결정된다는 것을 알 수 있다.

pH는 pH 미터로 측정한 수소 이온의 **활동도(activity)**를 나타내는 것이지만, 이온의 활동도와 농도를 보통은 구별하지 않고 사용한다.

표 2.6에서 알 수 있는 바와 같이, pH 값들은 광범위하게 다른 $[H^+]$를 작은 정수로 나타내는 편리한 방법이다.

활동도(activity)
활량, 활동 농도라고도 하며 일종의 열역학적 농도로 몰농도에 활동도 계수를 곱한 값이고 활동도 계수는 이온 강도로부터 구함.

염기성

0에서 14까지의 pH 척도는 1 M에서 1×10^{-14} M까지의 $[H^+]$에 해당한다. pH 값 7 (순수한 물의 $[H^+]$)을 중성 pH로 간주한다. $[H^+]$가 증가하면 (즉, pH 값이 7 이하로 감소하면) **산성(acidic)** 조건을 나타내고, $[H^+]$가 감소하면 (즉, pH 값이 7 이상으로 증가하면) 염기성(base) 또는 **알칼리성(alkali)** 조건을 나타낸다. pH 값을 나타내는 숫자들은 대수함수임을 명심해야 한다. pH가 한 단위 증가하거나 감소한다는 것은 $[H^+]$가 10배로 감소하거나 증가한다는 뜻이다.

2.6 생체 내에서의 수소 이온 농도

생체계에서 물의 환경은 매우 일정한 수소 이온(H^+) 농도를 유지하고 있다. 생화학 반응들은 수소 이온 농도의 변화에 매우 민감하므로 적절한 H^+ 농도를 유지하는 것은 모든 생명체들에 있어 매우 중요한 일이다. 대사 활동으로 생기는 여러 가지 생체 분자들은 생체의 H^+의 양을 끊임없이 변화시키게 된다. 만일 H^+의 농도 변화를 조절하는 기구가 없다면, 대사를 구성하는 많은 반응들의 효율적인 조절 기능이 상실될 것이다. 이렇게 되면 생명 작용들이 멈추게 될 것이다. 그러므로 생명체가 필요로 하는 물의 계들을 올바르게 알려면 H^+ 환경을 정확하게 조절하는 기구를 이해하는 것이 필요하다.

물은 극소량만이 수소 이온(H^+)과 수산화 이온(OH^-)으로 해리하므로 물 자체가 생체계에 기여하는 수소 이온의 농도는 극히 작다. H^+은 양성자 상태로 있는 것이 아니라 물 분자와 결합하여 하이드로늄 이온(H_3O^+)으로 된다.

$$H_2O + H_2O \rightleftarrows H_3O^+ + OH^-$$

그러나 편의상 H_2O의 해리를 아래와 같이 적는다.

$$H_2O \rightleftarrows H^+ + OH^-$$

질량 작용 법칙에 따라 물의 해리 평형식을 다음의 식으로 나타낼 수 있다.

해리(dissociation)
분자가 그 분자를 구성하고 있는 각각의 원자나 이온, 또는 보다 작은 분자들로 나누어지는 현상. 예를 들어, 염산(HCl)은 물에 녹아 H^+와 Cl^-의 두 이온으로 나누어지는 것을 들 수 있고, 생물체 내에서 일어나는 헤모글로빈의 산소 운반도 해리 반응의 하나임.

$$K_{eq} = \frac{[H^+][OH^-]}{[H_2O]}$$

> **평형 상수**
> (equilibrium constant)
> 가역 반응에서 평형 상태에 도달하였을 때, 반응 물질과 생성 물질의 농도 곱의 비는 항상 일정
> $$aA + bB \rightleftarrows cC + dD$$
> $$K = \frac{[C]^c [D]^d}{[A]^a [B]^b}$$

평형 상수(equilibrium constant), K_{eq}의 값을 알면 H^+의 농도를 계산할 수 있다. H_2O의 해리에 대한 평형 상수는 25°C에서 1.8×10^{-16} M (mol/L)이다. 순수한 H_2O의 농도는 55.5 M이다. 이 값은 1,000 g (H_2O 1 L의 무게)을 18 g (H_2O의 그램 분자량)으로 나누어서 얻은 값이다. 해리는 조금밖에 일어나지 않으므로, 보통 이 55.5 M을 위의 평형식에서 해리하지 않은 물의 농도($[H_2O]$)라고 볼 수 있다. 또한 이 값은 묽은 수용액의 H_2O의 농도라고 볼 수도 있다. 왜냐하면 묽은 수용액에서 물의 실제 농도는 순수한 물의 농도와 큰 차이가 나지 않기 때문이다.

K_{eq}과 $[H_2O]$의 값을 위 식에 대입하면 다음과 같은 **이온곱(ion product)**이 얻어진다.

$$[H^+][OH^-] = K_{eq} \times [H_2O] = (1.8 \times 10^{-16})(55.5) = 1.0 \times 10^{-14}\ M^2$$

물이 해리되면 $[H^+] = [OH^-]$이므로, 위 식에서 다음과 같은 식이 얻어진다.

$$[H^+]^2 = 1.0 \times 10^{-14}\ M^2$$
$$[H^+] = 1.0 \times 10^{-7}\ M$$

그러므로 **순수한 물의 $[H^+]$는 1.0×10^{-7} M**이다.

2.7 브뢴스테드-로우리의 산과 염기

> **루이스 산-염기**
> (Lewis acid and base)
> ① 산: 비공유 전자쌍을 받아들이는 물질(분자 또는 이온)
> ② 염기: 비공유 전자쌍을 내놓는 물질(분자 또는 이온)

> **아레니우스 산-염기**
> (Arrhenius acid and base)
> ① 산: 수용액에서 이온화하여 H^+를 내는 물질
> ② 염기: 수용액에서 이온화하여 OH^-를 내는 물질

> **브뢴스테드-로우리 산-염기**
> (Brønsted-Lowry acid and base)
> ① 산: 양성자를 내어놓는 물질(분자 또는 이온)
> ② 염기: 양성자를 받아들일 수 있는 물질(분자 또는 이온)

산-염기 평형에서 물이 산 또는 염기의 역할을 한다는 것은 **브뢴스테드-로우리의 산-염기(Brønsted-Lowry's acids-bases)**에 관한 새로운 이론으로 설명하면 가장 잘 이해될 수 있다. 이 이론에 따르면 산은 다른 물질에 수소 이온(양성자, H^+)을 주는 물질이고, 염기는 다른 물질로부터 수소 이온을 받아들이는 물질이다. 몇 가지 예를 다음에 나타내었다.

$$NH_3 + HCl \rightleftarrows NH_4^+ + Cl^-$$
$$H_2O + HCl \rightleftarrows H_3O^+ + Cl^-$$
$$NH_3 + H_2O \rightleftarrows NH_4^+ + OH^-$$

첫 번째 예에서 염기 NH_3가 산 HCl과 반응하여 새로운 산-염기쌍을 만든다. 두 번째 예에서는 HCl이 수소 이온을 물에 주는 산으로 작용하고, 물은 수소 이온을 받아들이므로 염기이다. 하이드로늄 이온(H_3O^+)과 염화 이온(Cl^-)이 각각 산과 염기임을 주목하라. 유리된 H^+은 안정된 화학종이 아니다. 수용액에서 수소 이온은 언제나 수화되어 하이드로늄 이온으로 존재한다는 것을 잊지 말자. 세 번째 반응식에서 NH_3는 염기이며, 산인 H_2O에서 수소 이온을 받아서 산(NH_4^+)과 염기(OH^-)를 형성한다. 물은 염기와 반응하느냐 또는 산과 반응하느냐에 따라서 산으로도 또는 염기로도 작용할 수 있다.

산이 수소 이온을 주고 나면 산 분자의 나머지 화학종은 수소 이온을 받아들일 수 있는 염기가 된다. 염기가 수소 이온을 받아서 만든 화학종은 다시 수소 이온을 내놓을 수 있는 산이 된다. 이러한 한 쌍의 산-염기를 **짝산(conjugate acid)** 또는 **짝염기(conjugate base)**라고 한다. 위의 첫 번째 예에서 NH_3와 NH_4^+은 서로 짝염기와 짝산이고, HCl과 Cl^-은 서로 짝산과 짝염기이다. 표 2.7에 몇 가지 브뢴스테드-로우리의 산과 그들의 짝염기를 나타내었다. 생체 분자들 중에는 수소 이온을 주거나 받아들이는 것들이 많으므로 생체계의 H^+ 농도에 영향을 미치게 된다.

표 2.7 몇 가지 산과 짝염기

산	짝산	짝염기
아세트산(acetic acid)	CH_3COOH	CH_3COO^-
프로피온산(propionic acid)	CH_3CH_2COOH	$CH_3CH_2COO^-$
피루브산(pyruvic acid)	$CH_3COCOOH$	CH_3COCOO^-
인산(phosphoric acid)	H_3PO_4	$H_2PO_4^-$
	$H_2PO_4^-$	HPO_4^{2-}
	NH_4^+	NH_3
	H_2O	OH^-

2.8 강산과 약산

일반적으로 산은 강산과 약산으로 분류된다. **강산(strong acid)**이란 자신의 양성자(수소이온)에 대한 친화력이 매우 약하므로 물에서 완전히 해리되는(즉, 이온화하는) 물질을 말한다. 강산에는 HCl과 H_2SO_4와 같은 무기산들이 포함된다. 다른 한편, **약산(weak acid)**은 자신의 양성자에 대한 친화력이 매우 커서 물에서 쉽게 해리되지 않는다. 약산의 해리는 H^+ 농도에 영향을 미치므로 물에서 약산이 선별적으로 해리되는 일은 생체 안에서 일어나는 반응들에 있어 대단히 중요하다.

2.9 약산의 이온화

유기산인 아세트산(acetic acid)의 해리는 다음과 같은 식으로 나타낸다.

$$CH_3COOH \rightleftarrows H^+ + CH_3COO^-$$

다음 식은 일정한 온도에서 평형 상태에서 일어나는 이온화 정도를 계산하는 데 사용할 수 있다.

$$K'_a = \frac{[H^+][CH_3COO^-]}{[CH_3COOH]}$$

이 식은 K_a 대신에 K'_a(겉보기의 이온화 상수)을 사용한 것을 제외하고는 물의 해리를 설명하기 위해서 사용한 식과 공통점을 가지고 있다. K'_a에서 위쪽의 프라임 표시는 이온화 상수가 참값(이 계가 이상 용액에서 하는 행동으로부터 벗어난 것을 보정한 값)이 아니라 겉보기값(반응물과 생성물의 농도에 기초한 값)이라는 것을 나타내기 위해서 사용한 것이다. 1 M의 아세트산($K'_a = 1.8 \times 10^{-5}$ M)이 25°C에서 이온화하는 양을 계산해 보자. 이온화해서 생긴 $[H^+]$와 $[CH_3COO^-]$를 x라 하고, 이온화하지 않고 남아 있는 아세트산의 농도($[CH_3COOH]$)를 1 M이라 가정하면 쉽게 계산할 수 있다. 아세트산은 극소량만이 이온화하므로 이온화해서 감소되는 아세트산의 양을 무시할 수 있다.

> **이온화 상수 (ionization constant)**
> $HA + H_2O \rightarrow H_3O^+ + A^-$,
> $K = \frac{[H_3O^+][A^-]}{[HA]}$

$$x^2 = 1.8 \times 10^{-5}\ M^2$$
$$x = 4.2 \times 10^{-3}\ M,\ 즉\ 0.0042\ M$$

그러므로 25°C에서 아세트산의 1 M 용액은 0.4%만이 이온화한다. 이 용액의 pH는 2.38 ($-\log 0.0042$)이다.

2.10 이온화의 평형식

생화학에서는 산의 이온화 평형식을 흔히 헨더슨–하셀바흐 식이라는 다른 식으로 나타낸다. 그 식은 다음과 같이 얻어진다.

1. K'_a 식을 $[H^+]$를 계산할 수 있도록 재배열한다.

$$[H^+] = K'_a\frac{[HA]}{[A^-]}$$

2. 이것을 대수함수로 바꾼다.

$$\log[H^+] = \log K'_a + \log\frac{[HA]}{[A^-]}$$

3. 식 전체를 음의 함수로 만든다.

$$-\log[H^+] = -\log K'_a - \log\frac{[HA]}{[A^-]}$$

4. $-\log[H^+]$를 pH라 하고, $-\log K'_a$을 pK'_a라 하고, $-\log\frac{[HA]}{[A^-]}$를 $\log\frac{[A^-]}{[AH]}$로 고친다.

5. 헨더슨–하셀바흐 식을 아래와 같이 나타낼 수 있다.

$$pH = pK'_a + \log\frac{[A^-]}{[AH]}$$

이 식은 어떤 용액의 pH를 계산하는 데 사용할 수 있고, 또 일정한 pH의 용액을 만드는 데 필요한 산과 염기의 양을 계산하는 데 사용할 수 있다.

2.11 강염기에 의한 약산의 적정

아세트산과 같은 약산을 강염기로 적정하면 산이 완전히 이온화된다. 적정 과정을 그래프로 그려서 잘 살펴보면 산과 그 짝염기는 생물학에서 매우 쓸모 있는 성질을 가지고 있음을 알게 된다. 아세트산(CH_3COOH)을 수산화 소듐($NaOH$)으로 적정하면 pH 변화가 가장 크게 일어나는 점은 적정을 시작하는 점과 적정이 끝나는 점이다(그림 2.7). pH 변화가 가장 적게 일어나는 구역은 적정의 **중간점(mid-point)**, 즉 정확하게 0.5 당량의 염기가 첨가되었을 때이다. 이 점에서는 해리되지 않은 아세트산(CH_3COOH, HA)의 농도와 그 음이온(CH_3COO^-, A^-)의 농도가 같아진다. HA와 A^-가 이러한 특정한 농도를 가질 때 pH(4.76)는 pK'_a 값과 같다. $[A^-] = [HA]$이면(헨더슨–하셀바흐 식에서) $\log\frac{[A^-]}{[HA]}$ 항이 log 1, 즉 0이 된다. 따라서 pK'_a은 pH와 같아진다.

> **완충 (buffering)**
> 어떤 용액에 소량의 강산 또는 강염기를 첨가시켜 수소 이온 농도(pH)의 변화를 유도하고자 할 때, 산도의 변화를 최소화하려고 견디는 현상

아세트산과 그 짝염기인 아세트산 음이온이 함께 존재하는 용액이 pH의 변화에 저항하는 능력을 **완충 지대(buffering region)**라 하며, 이 능력은 앞에서 이미 보았듯이 해리하지 않은 산과 그의 음이온이 같은 몰농도로 있을 때 가장 크다. 아세트산의 경우 완충지대(보통 $pK_a' \pm 1$)는 pH 5.76~pH 3.76이다. 이러한 용액에 산을 가하면 다음의 반응으로 중화된다.

$$CH_3COO^- + H^+ \rightleftarrows CH_3COOH$$

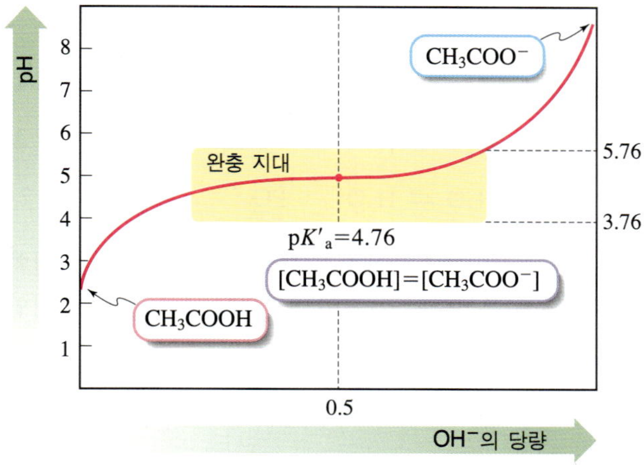

그림 2.7 | 아세트산을 NaOH로 적정해서 얻은 곡선

만일 염기를 가하면 다음 반응으로 중화된다.

$$CH_3COOH \rightleftarrows CH_3COO^- + H^+ \xrightarrow{OH^-} HOH$$

산을 가하거나 염기를 가하였을 때 pH 변화에 저항할 수 있는 용액을 **완충 용액(buffer solution)** 이라고 한다. 약산은 pH에 따라 산이 될 수도 있고 염기가 될 수도 있다.

2.12 해리할 수 있는 생체 분자들

많은 생체 분자들은 수용액의 pH 변화에 따라서 해리의 정도가 달라진다(표 2.8).

표 2.8 생체에 있는 몇 가지 산과 산의 pK_a 값들

산의 이름	해리하지 않은 산의 분자식	pK_{a1}	pK_{a2}	pK_{a3}
폼산(formic acid)	$HCOOH$	3.75		
아세트산(acetic acid)	CH_3COOH	4.76		
피루브산(pyruvic acid)	$CH_3COCOOH$	2.50		
락트산(lactic acid)	$CH_3CHOHCOOH$	3.86		
석신산(succinic acid)	$HOOCCH_2CH_2COOH$	4.21	5.63	
말산(malic acid)	$HOOCCH_2CHOHCOOH$	3.40	5.26	
탄산(carbonic acid)	H_2CO_3	6.25	10.3	
시트르산(citric acid)	$HOOCCH_2C(OH)(COOH)CH_2COOH$	3.09	4.75	5.41
인산(phosphoric acid)	H_3PO_4	2.12	7.21	12.66

아세트산(CH_3COOH)은 유기산 중 하나이다. 대부분의 유기산들은 약산이어서 생체계에서 수용액의 pH를 완충하는 데 광범위하게 사용된다. 해리할 수 있는 몇 가지 생체 화합물들과 그들의 pK'_a 값들을 표 2.8에 실었다. 이온화의 특성(pK'_a 값)은 각 화합물의 독특한 성질임을 알 수 있다. 몇몇 화합물들은 해리를 한 번 이상 한다. 시트르산은 선택적으로 이온화하는 세 개의 카복실기를 갖고 있으므로 세 개의 pK'_a 값을 가진다.

인산(H_3PO_4)은 해리될 수 있는 양성자의 수가 세 개인 화합물의 예이다. H_3PO_4는 $H_2PO_4^-$의 짝산이고, $H_2PO_4^-$은 H_3PO_4의 짝염기이면서 HPO_4^{2-}의 짝산이라는 것에 주목하라.

$$H_3PO_4 + H_2O \rightleftarrows H_3O^+ + H_2PO_4^- \qquad pK'_{a1} = 2.12$$

$$H_2PO_4^- + H_2O \rightleftarrows H_3O^+ + HPO_4^{2-} \qquad pK'_{a2} = 7.21$$

$$HPO_4^{2-} + H_2O \rightleftarrows H_3O^+ + PO_4^{3-} \qquad pK'_{a3} = 12.66$$

차례로, HPO_4^{2-}은 $H_2PO_4^-$의 짝염기이면서 PO_4^{3-}의 짝산이다. 이와 같이 $H_2PO_4^-$와 HPO_4^{2-}는 산과 염기의 특성을 둘 다 가지고 있는데, 이 특성은 무기인산의 생물학적 기능에 매우 중요하다.

2.13 산-염기 평형의 이상

산혈증 (acidosis)
혈액의 pH가 정상 이하로 떨어지는 상태

알칼리혈증 (alkalosis)
혈액의 pH가 정상 범위를 넘어서 알칼리성으로 이동한 상태, 또는 pH가 거의 변동이 없어도 알칼리에 대한 정상적인 완충능이 감소한 경우에 나타나는 증상

체액의 pH는 완충 용액으로서 7.35~7.45 사이에 항상 일정하게 유지되고 있지만, 산·염기의 평형이 깨지면 pH의 변동이 거의 없어도 정상적인 완충 능력이 떨어진다. 만약 혈액의 pH가 정상 이하로 떨어지면 **산혈증(acidosis)**이라 부르며 당뇨병, 신부전증 등을 유발한다. 혈액의 pH가 정상 이상으로 올라가면 **알칼리혈증(alkalosis)**이라 부르며 사지마비 및 경련을 일으킨다(표 2.9).

표 2.9 산혈증과 알칼리혈증의 혈액 변화

종류	pH 변화	혈액 변화
호흡기성 산혈증	↓	P_{CO_2} ↑
호흡기성 알칼리혈증	↑	P_{CO_2} ↑
대사성 산혈증	↓	P_{CO_2} ↑
대사성 알칼리혈증	↑	P_{CO_2} ↑

※ P_{co_2}는 혈장 중에 용해되어 있는 CO_2의 부분 압력이다.

2.14 생체 내에서의 완충 작용

체내에서는 탄수화물이나 지질 등이 대사되어서 완전히 연소되면 TCA 회로를 거쳐 CO_2가 생성된다. 그리고 CO_2가 물에 녹으면 산이 되므로, 항상 우리 체내에는 다량의 산이 생성된다. 또 단백질 대사에서는 황산 이온(SO_4^{2-})이 만들어지고, 인지질이나 핵산으로부터는 인산 이온(PO_4^{3-})이 생성된다. 그리고 식사를 통해서 생성된 산이나 알칼리가 소화관 점막으로 흡수되어 혈액으로 들어간다. 그렇지만 생체 내의 혈액은 pH 7.35~7.45 사이를 항상 유지하고 있다. 이와 같이 어느 정도의 산이나 염기가 생체 내로 들어가도 pH가 일정하게 그 범위를 유지시키는 작용을 **완충 작용(buffer action)**이라고 한다.

2.14.1 혈액 내에서의 완충

혈액 내에서의 완충 작용은 약산과 짝염기가 조합되어 일어나는데 다음과 같이 세 개의 혈액 내 완충계가 존재한다.

① 탄산수소(중탄산) 완충계: $H_2CO_3 \rightleftarrows H^+ + HCO_3^-$
② 인산계: $H_2PO_4^- \rightleftarrows H^+ + HPO_4^{2-}$
③ 단백질계: $H \cdot protein \rightleftarrows H^+ + protein^-$

예를 들면, 탄산수소(중탄산) 완충계의 완충 기구는 다음과 같다. 생체 내에서는 호기적 대사에 의해 다량의 CO_2가 생성되어 다음과 같은 반응이 일어난다.

$$CO_2 + H_2O \rightleftarrows H_2CO_3 \rightleftarrows H^+ + HCO_3^-$$

탄산(H_2CO_3)과 탄산수소 이온(HCO_3^-)이 한 개의 완충계를 만들고 있다. pH 7.4의 경우 탄산의 해리 상수는 6.10이기 때문에 이것을 헨더슨-하셀바흐 식에 대입하면 다음과 같다.

$$7.4 = 6.10 + \log \frac{[HCO_3^-]}{[H_2CO_3]} \tag{3}$$

$$1.3 = \log \frac{[HCO_3^-]}{[H_2CO_3]}$$

$$= \log \frac{20}{1} \tag{4}$$

식 (4)는 $\frac{[HCO_3^-]}{[H_2CO_3]}$의 농도비가 20 : 1이면 $[HCO_3^-]$와 $[H_2CO_3]$의 값이 변화하여도 혈액의 pH가 7.4로 유지된다는 것을 의미한다. 이와 같이 혈액 속의 탄산수소염은 예비 알칼리로서 강력한 완충 능력을 발휘하고 있다.

호기적 대사
(aerobic metabolism)
분자상 산소의 소비를 수반하는 대사의 총칭. 호기적 조건에서는 당질, 지방산, 아미노산 등의 분자는 최종적으로 공통의 대사 경로인 구연산 사이클에 의해서 완전히 분해됨.

혐기적 대사
(anaerobic metabolism)
분자상 산소의 소비를 동반하지 않는 에너지 대사. 산화 환원 반응도 포함되지만 산소를 최종 전자 수용체로 사용하지 않기 때문에, 대신 유기 중간체를 환원하여 소위 발효 산물을 만들고 CO_2로의 완전 산화는 되지 않음.

2.14.2 폐에 의한 조절

대사의 결과로 조직에 발생한 CO_2의 대부분은 확산되어 모세혈관 내의 적혈구 속으로 들어가며, 적혈구에 포함되는 탄산탈수효소의 작용에 의해 탄산수소 이온(HCO_3^-)이 된다. 탄산수소 이온은 다시 혈장으로 나와 혈장 중에 있는 소듐 이온(Na^+)과 결합하여 탄산수소 소듐($NaHCO_3$)이 된 후 폐로 운반된다. 그리고 이는 역반응에 의해 다시 CO_2가 되어서 폐에서 체외로 배출된다.

적혈구 (red blood cell)
붉은색 납작한 원반 모양의 혈액 세포로 혈관을 통해 전신 조직에 산소를 공급하고 이산화 탄소를 제거

2.14.3 신장에 의한 조절

근위 및 원위 세뇨관에서 탄산수소 이온(HCO_3^-)의 재흡수는 H^+의 분비에 의해 일어난다. 세뇨관 세포는 다량의 탄산탈수소를 포함하고 있으며, 세포 내의 CO_2와 H_2O에 의해 H_2CO_3가 만들어지고, H^+와 HCO_3^-도 공급한다. 이 세뇨관 세포 내에서 H^+의 분비는 세뇨관강으로부터 Na^+의 수송과 공역하고 있는 것이다. 소변 원액 중의 Na^+이 재흡수되면 상피세포 내에서의 H^+은 세뇨관강으로 분비된다. 세뇨관강으로부터 세포 내로 유입된 Na^+은 세포 내의 HCO_3^-과 함께 $NaHCO_3$가 되어서 혈장으로 방출된다.

세뇨관 (renal tubule)
혈액 여과의 요생성 기능을 갖는 신장을 구성하는 주요 구조물. 크게 요를 분비하는 선의 종말부에 해당하는 네프론과 도관인 집합관의 두 부분으로 구성

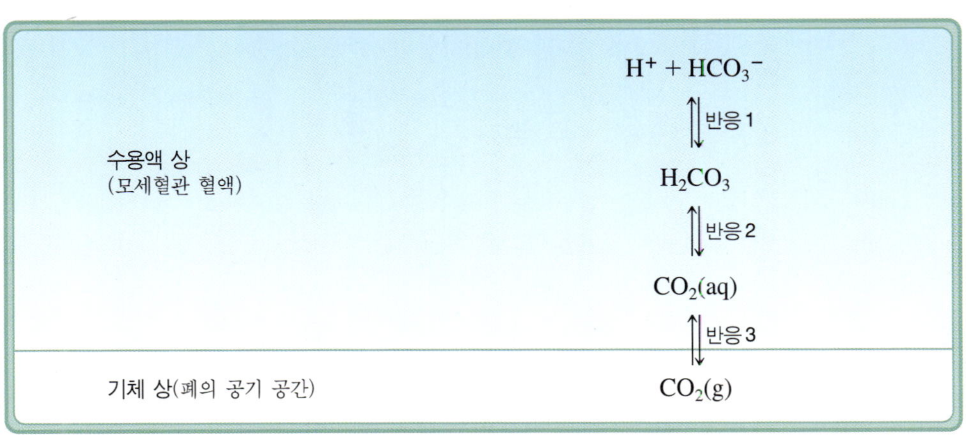

그림 2.8 | 탄산수소염 완충 시스템

원위 세뇨관에서는 세뇨관 세포 내에 있는 글루타미네이스가 촉매한다. 재흡수된 글루타민은 글루탐산과 암모니아(NH_3)가 된다. 이 암모니아는 세포막을 통과해서 세뇨관강으로 방출되며, 분비된 H^+과 반응하여 암모늄 이온(NH_4^+)이 된다. 또한 이것은 염산, 황산, 인산과 결합해서 H^+을 배설시킨다.

2.15 전해질의 역할

2.15.1 산-염기 평형의 유지

생체는 필요 이상으로 산이나 염기를 생산하기도 하고, 외부로부터 들어오기도 한다. 그러나 체액의 pH가 7.4 부근에서 유지되는 것은 혈액, 폐, 신장 등에 존재하는 완충제에 의해 조절되기 때문이다.

2.15.2 신경 및 근육 활동의 유지

신경 및 근육세포는 전기적, 화학적 자극에 반응을 해서 흥분하는 세포이다. 이들의 세포가 신경 및 근육 활동을 하기 위해서는, 세포 내는 음성 전하(-70 mV 내지 -90 mV의 정지막 전위)의 상태가 되지 않으면 정상적으로 기능을 하지 못한다. 또한 세포가 흥분할 때는 활동 전위의 발생에 있어 K^+, Na^+, Ca^{2+} 등의 전해질이 중요한 역할을 한다.

2.15.3 삼투압의 유지

삼투 작용 이온은 세포막과 같이 반투막의 압력, 즉 **삼투압(osmotic pressure)**을 형성한다. 예를 들면, 신장의 세뇨관에서는 Na^+ 이온은 능동적, Cl^- 이온은 수동적으로 관 내로부터 관 외로 수송된다. 이로 인해 소변액은 약한 장력을 가져 삼투압차를 가져오게 된다. 이러한 이유로 물은 이들 이온과 함께 관 외로 유출된다. 또한 앞서 설명한 교질 삼투압도 음성으로 하전된 혈장 단백질을 생성시켜 내부 환경 유지에 중요한 역할을 담당하고 있다.

반투막
(semipermeable membrane)
혼합물 중 용액·콜로이드 용액·혼합 기체 등 일부 성분만 통과시키고 나머지 성분은 통과시키지 않는 막, 반투막은 콜로이드 입자는 통과시키지 못하지만 물 분자나 이온 등은 통과시킴.

연습 문제

1. 다음 수용액의 pH를 계산하시오.
   ① 10^{-4} M HCl
   ② 10^{-8} M HCl
   ③ 2 mM HCl
   ④ 10^{-3} M H_2SO_4
   ⑤ 3 mM H_2SO_4
2. $[H^+]$가 다음과 같을 때 각 용액의 pH를 계산하시오.
   ① 4×10^{-8} M
   ② 3×10^{-3} M
   ③ 4×10^{-2} M
3. (1) 0.1 M의 NaOH 50 mL와 0.1M의 CH_3COOH 200 mL ($pK'_a = 4.76$)를 섞었을 때 생기는 수용액의 pH를 계산하시오.
   (2) 이 용액에 0.2 M의 NaOH 25 mL를 더 첨가했을 때 pH를 계산하시오.
4. 물의 특성을 설명하시오.
5. 물이 용매로서 우수한 능력을 갖는 특성을 설명하시오.
6. 0.6% (w/v) 의 pH 값을 완전히 해리된다고 가정하고 계산하시오.
7. 완충 용액에 의해 발생하는 완충 작용 중 인체 내에서 일어나는 완충 작용의 대표적인 예를 쓰시오.
8. 우리가 항상 마시는 물이 필수적으로 갖추어야 할 조건들을 찾으시오.
9. 짝산–짝염기의 관계에 대하여 설명하시오.
10. 물에서 에탄올은 에테인보다 왜 더 잘 용해되는지 설명하시오.

03 화학의 이해

학습 목표
- 생화학이란 어떠한 학문인가를 이해한다.
- 생화학의 활용 분야와 추구하는 목표를 이해한다.
- 생명체의 기본 단위인 세포의 구조와 소기관들의 기능을 이해한다.

주요 용어
- 단일 결합, 이중 결합, 삼중 결합, 이차 대사물, 삼차원 구조, 입체 화학, 구성, 형태, 기하 이성질체, 시스–트랜스 이성질체, 비대칭 탄소, 거울상 이성질체

생화학은 화학의 차원에서 생물의 형태와 기능을 설명하는 데 목적이 있다. 살아 있는 생물의 구성은 무생물과 조성이 다르다. 생물은 99% 이상이 수소, 산소, 질소, 탄소 원소로 구성되어 있고, 총 30개 이하의 원소가 관여한다.

3.1 기초 화학

3.1.1 생체 분자의 골격은 탄소

> **헤모글로빈 (hemoglobin, Hb)**
> 척추동물의 호흡 색소인 헴 분자 4개가 글로빈 단백질 4개와 결합된 4량체의 산소 운반 단백질. 산소와 결합력이 강해서 공기 중의 산소 분압화에서 쉽게 산소화되어 산화헤모글로빈을 이루고 산소 분압이 낮으면 쉽게 산소를 방출해서 환원형으로 되돌아가는 성질이 있어서 혈중의 산소 운반체로서 중요한 역할을 함.

대부분의 살아 있는 생물의 구성 요소는 상대적으로 작은 분자로 되어 있다. 가벼운 원소는 상대적으로 강한 결합을 형성하므로 몸의 구성을 적절하게 유지할 수 있다(그림 3.1). 예를 들어 헤모글로빈을 구성하는 네 개 분자의 철은 전체 질량의 0.3%를 차지하며, 이것은 헤모글로빈의 기능에 필수적인 물질이다. 대부분의 원소(주황색)는 세포와 조직의 구성 성분이고, 1일 섭취 요구량은 g 단위이다. 미량 원소(노란색)의 필요량은 대단히 적으며, 사람에서는 철, 구리, 아연은 1일에 몇 mg 정도 필요하고, 그 밖의 원소들은 좀 더 적게 필요하다. 식물과 미생물에 필요한 원소도 여기에 표시한 것과 유사하며, 다만 원소들의 획득 방식은 다르다.

그림 3.1 | 주기율표-동물의 생명과 건강에 필수적인 원소

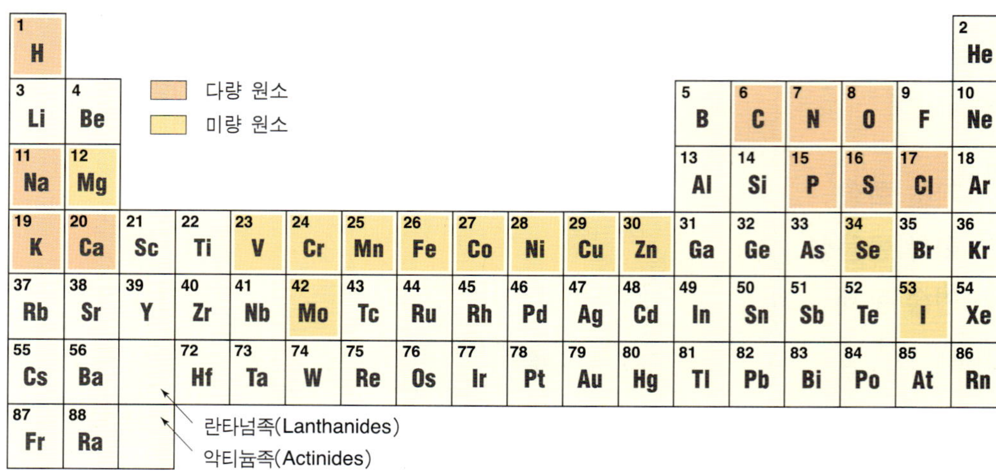

살아 있는 조직의 화학은 세포 무게의 50%를 차지하는 탄소로 구성되어 있다. 탄소는 수소와 **단일 결합(single bond)**을 한다. 반면 산소와 질소 원소와는 단일 결합 또는 이중 결합을 한다(그림 3.2).

그림 3.2 | 탄소 결합의 다양성

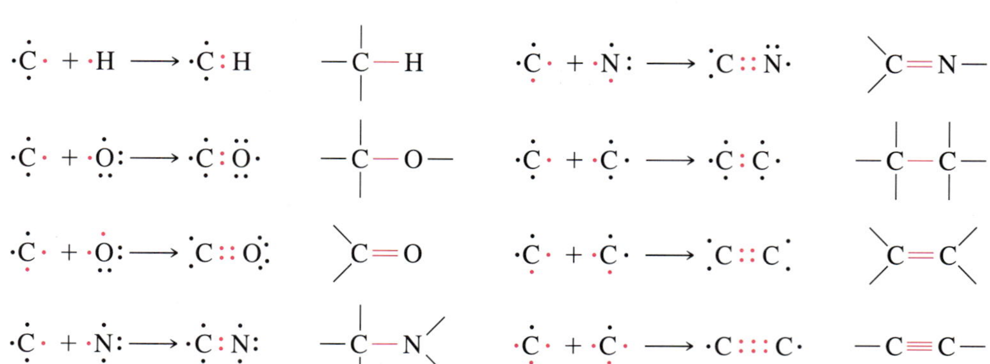

탄소 원자는 최대 네 개의 탄소와 안정적인 결합을 할 수 있다. 탄소는 두 개 또는 세 개의 전자쌍을 공유하므로 **이중 결합(double bond)** 또는 **삼중 결합(triple bond)**을 할 수 있다. 네 개의 단일 결합을 형성하는 탄소는 정사면체 모양을 가진다(그림 3.3). 정사면체는 109.5°의 각도를 가지며, 평균 결합 길이는 0.154 nm이다. 단일 결합을 하는 탄소는 큰 크기의 원자 또는 전하를 가진 원자가 결합되어 있지 않은 이상 자유 회전이 가능하다. 이중 결합은 상대적으로 0.134 nm로 짧고, 축은 중심으로 회전이 거의 일어나지 않는다. 세포 속에서 탄소만이 폭넓게 다른 크기, 모양, 구성으로 분자를 만든다(다른 원소들은 거의 한 가지 형태로만 분자를 만듦).

대부분의 생체 분자는 탄소와 수소 결합에서 수소 대신 치환된 탄화수소의 유도체이다. 이러한 유도체가 다양한 유기 화합물을 만들고 작용기로 치환된다. 전형적인 예로서, 하나 이상의 하이드록시기(—OH)를 가지는 알코올, 아민(:NR_3, R=H, alkyl group), 아미노기(—NH_2), 폼일기(—CHO), 카보닐기(—CO—), 카복실기(—COOH) 등이 있다(그림 3.4).

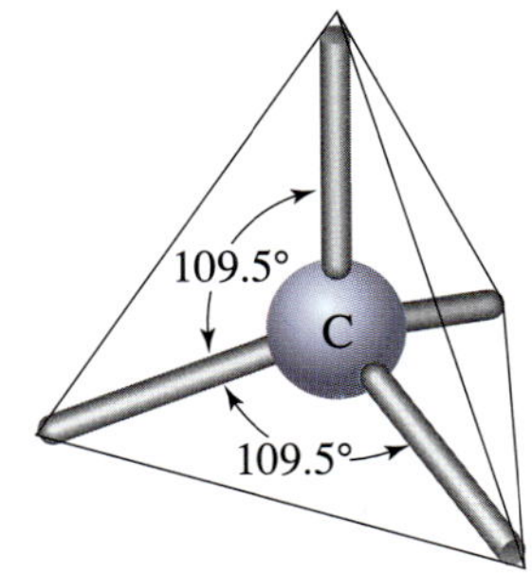

그림 3.3 | **탄소의 정사면체 구조**

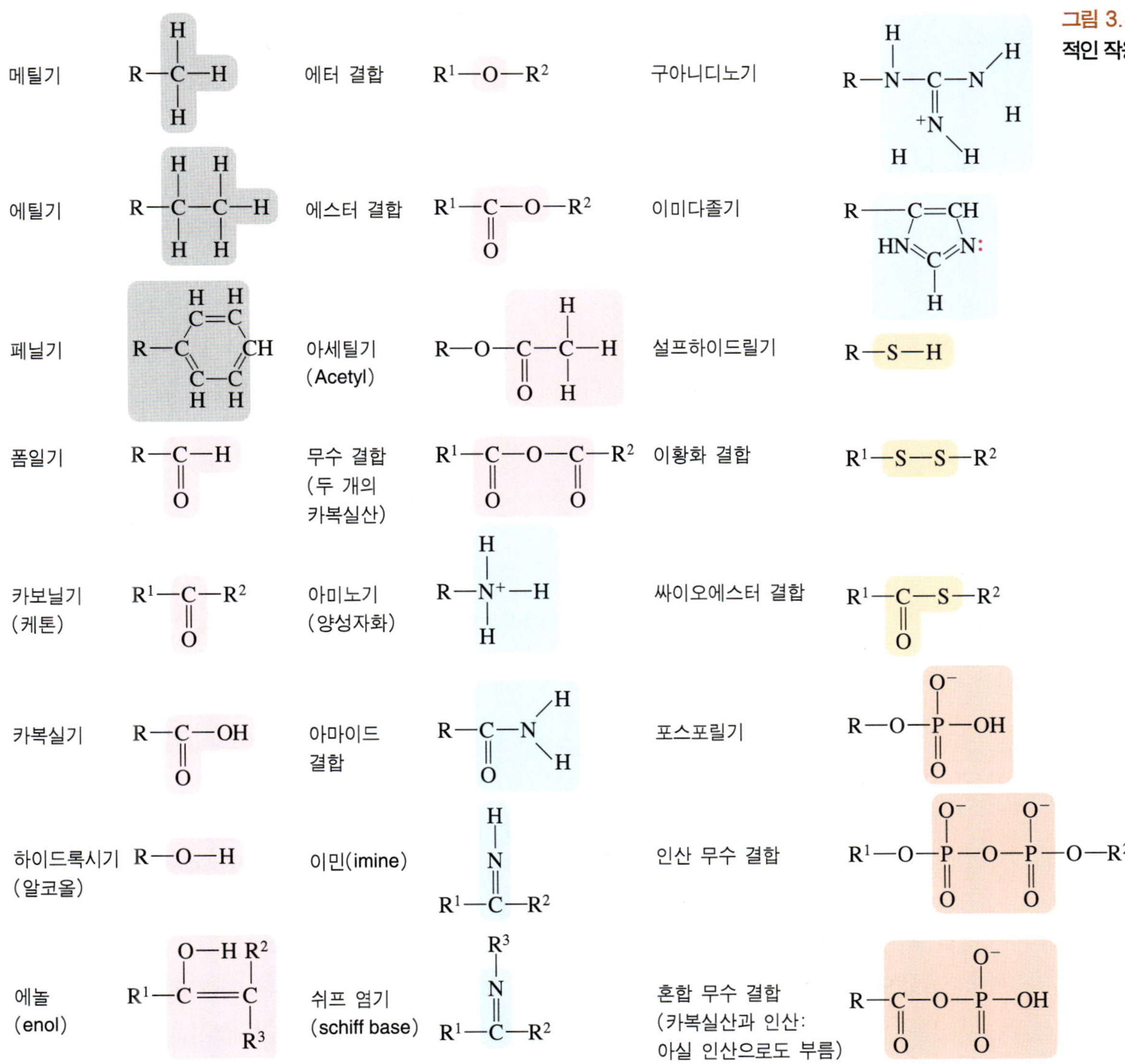

그림 3.4 | **생체 분자의 전형적인 작용기**

많은 생체 분자들이 각각의 화학적 특징과 반응성을 가지는 하나 이상의 작용기를 가진다. 예를 들어, 아세틸 코엔자임 A는 여덟 개의 작용기를 가진다(그림 3.5).

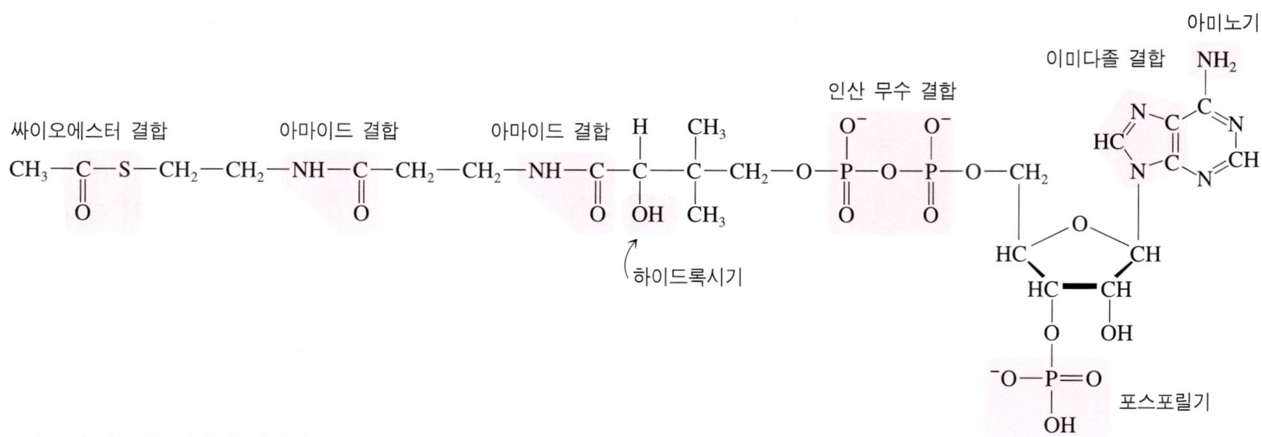

그림 3.5 | 여러 작용기를 가진 예: 아세틸 코엔자임 A

3.1.2 세포는 작은 분자들의 집합체

> **이차 대사물**
> (secondary metabolite)
> 정상적인 성장, 발생 및 번식에 직접 관여하지 않는 물질

세포 속의 유기 분자들은 보통 분자량이 100~500이며, 수천 가지가 있다. 이들은 아미노산, 핵산, 당, 당의 유도체, 탄산 등이다. 이들 분자들은 보통 극성이며, 전하를 띠고, 수용성이다. 그리고 마이크로몰(μM)에서 밀리몰(mM) 농도를 가진다. 이들은 플라스마 막에 의해 세포 속에 갇혀 있다. 일반적인 작은 생체 분자 이외에 발견되는 분자를 **이차 대사물(secondary metabolite)** 이라고 한다. 이들은 식물에는 있으나 동물에는 없는 물질로서, 모르핀(morphine; 아편), 니코틴(nicotine), 카페인(caffeine) 등이 있다(그림 3.6).

그림 3.6 | 이차 대사물들의 구조 예

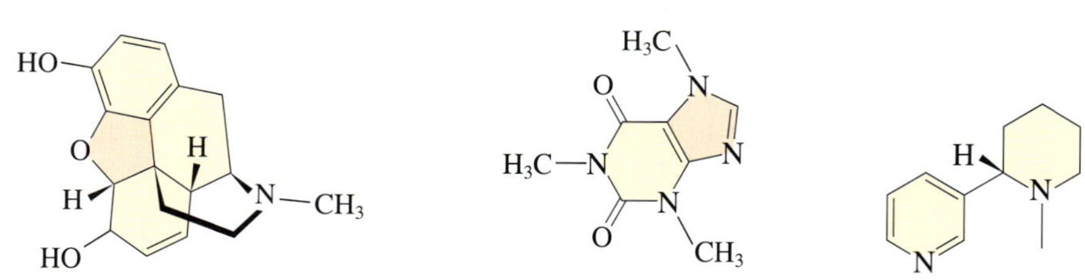

생체에서 분자량이 5000 달톤(dalton, Da) 이상 되는 거대분자(단백질, 핵산, 탄수화물 등)는 상대적으로 간단한 전구체를 가진다. 표 3.1은 *E. Coli* 세포에서 생체 분자의 주요 성분을 보여 주고 있다. 단백질, 핵산, 탄수화물은 단량체들의 집합체로 분자량이 1백만 달톤 이상이 된다. 지질은 분자량이 750~1500 달톤 정도이며 세포막에서 단백질과 비공유 결합으로 서로 뭉쳐 존재한다. 단백질과 핵산은 단량체 배열(sequencing)을 할 수 있고, 여기에는 특정 정보를 공유한다. 따라서 이들 분자를 **정보 거대분자(informational macromolecular)** 라고 한다.

표 3.1 ***E. Coli*에서 분자의 주요 성분**

대장균 세포의 구성 분자 성분들			
		세포 총 중량 중 백분율(%)	대략적인 다른 분자 종의 수
물		70	1
단백질		15	3,000
핵산	DNA	1	1 ~ 4
	RNA	6	> 3,000
다당류		3	10
지질		2	20
단량체 소단위와 중간 물질들		2	500
무기 이온들		1	20

대장균 (Escherichia coli[*E.coli*])
사람을 포함해서 포유류의 장관을 기생 장소로 하고 있는 장내세균으로, 통성 혐기성 그람음성의 간균이며 글루코스를 분해하여 산을 생산

3.1.3 삼차원 구조

생체 분자의 중심은 삼차원 공간에서 분자의 입체적 구조(**입체 화학, stereochemistry**)가 가지는 공유 결합 및 작용기이다. 탄소 함유 화합물은 원자가 같은 화학 결합을 가지지만, 공간 배열이 다른 구성(configuration)의 **입체 이성질체(stereoisomer)**로 존재한다. 이 경우에 분자 사이의 상호작용은 매우 **입체 특이성(stereospecificity)**을 가진다.

첫째, 다른 구성(configuration)은 이중 결합(double bond)을 가진 구조나 **카이랄 중심(chiral center)**이 있을 때를 나타낸다. 이 경우는 결합이 깨져야만 이성질체 간에 동일한 구조를 나타낼 수 있다 (그림 3.7).

입체 이성질체 (stereoisomer)
분자 내의 원자 또는 원자단의 공간 배치가 달라서 생기는 이성질체로, 광학 이성질체와 기하 이성질체의 총칭

카이랄 중심 (chiral center)
정사면체 구조를 취하는 분자에서 중심 원자에 결합하는 4개의 원자 또는 원자단이 모두 다를 때 그 중심에 있는 분자

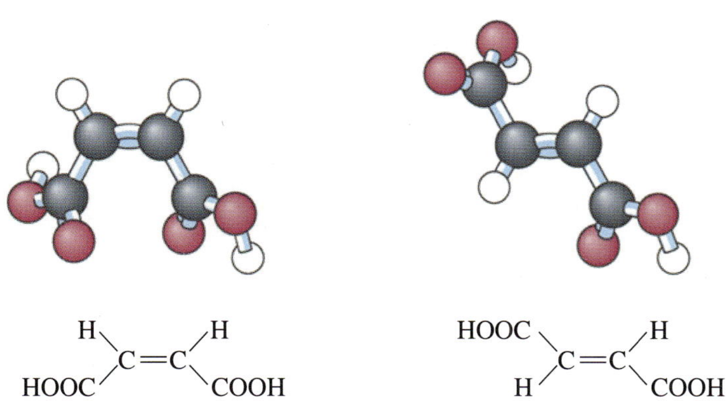

말레산(시스) 퓨마르산(트랜스)

그림 3.7 | 기하 이성질체의 형태

그림 3.7은 말레산(maleic acid)과 이성질체인 퓨마르산(fumaric acid)의 이중 결합을 가진 다른 구성(configuration)을 나타낸다. 이러한 화합물은 **기하 이성질체(geometric isomers)** 또는 **시스-트랜스 이성질체(cis-trans isomers)**이다. 이들 사이는 단지 치환기들의 배치만 이중 결합을 중심으로 다르다(라틴어로서 *cis*는 '같은 쪽', *trans*는 '가로지른 곳'을 말함). 말레산은 *cis* 이성질체이고, 퓨마르산은 *trans* 이성질체이다. 이들은 각자 독특한 화학 성질을 띠고 있는데, 비슷한 화학 구조식임에도 불구하고 효소 결합 부위가 완전히 다른 생물학적 특징을 가지고 있다.

두 번째 형태의 **입체 이성질체(stereoisomer)**는 탄소 원자에 네 개의 다른 치환기가 붙는 경우인데, 두 개의 다른 형태(conformation)로 배열된다(그림 3.8). 이 경우는 화학적

그림 3.8 | **분자의 비대칭 구조**

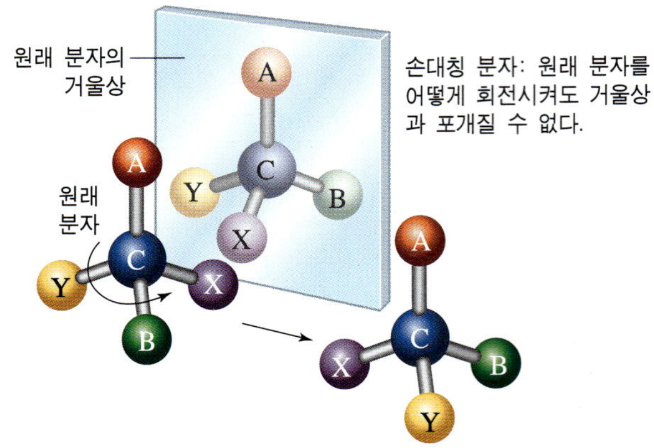

성질이 같거나 비슷하지만, 물리 및 생물학적 성질은 다르다. 네 개가 치환된 탄소는 **비대칭 탄소(asymmertic carbon)**가 되며, 이 탄소를 **카이랄 탄소(chiral carbon** 또는 **chiral center**라고 함)라고 한다(그리스어인 chiral 의미는 '손'으로 오른손과 왼손이 구조적으로 관계가 있음을 말함). 하나의 카이랄 탄소를 가진 분자는 두 개의 광학 이성질체를 가진다. 하나의 분자에 두 개 이상(n)의 카이랄 탄소를 가지는 경우 그 분자는 2^n개의 입체 이성질체를 가진다. 서로 거울상을 가지는 입체 이성질체를 **거울상 이성질체(enantiomer)**라 하고, 서로 거울상을 가지지 않는 입체 이성질체를 **부분 입체 이성질체(diastereomer)**라고 한다.

형태(conformation)는 구성(configuration)과 구분되는 것으로, 결합의 깨짐이 없이 공간적 배열을 다르게 갖는 분자이다. 이 경우는 단일 결합의 자유 회전으로 인한 공간적 배치를 말한다. 예를 들어 C—C 결합은 자유 회전이 가능하다. 에테인(ethane)의 경우 여러 형태가 가능하다. 두 가지 형태가 관심을 끄는데, 이 중 **엇갈린 형태(staggered conformation)**가 다른 형태들보다 안정하다. 반면 **가려진 형태(eclipsed conformation)**는 가장 불안정한 형태이다. 이 둘은 자유롭게 교환이 가능하므로 각각 분리하여 얻을 수 없다(그림 3.9).

그림 3.9 | **형태의 예로서의 에테인**

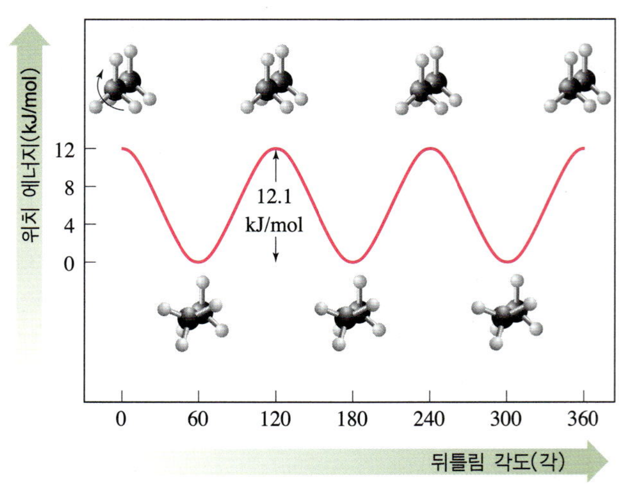

그 이유는 생체 물질이 상호작용할 때, 입체 화학적으로 정확히 **'들어맞기(fit)'** 때문이다. 형태(conformation)와 구성(configuration)의 기여는 삼차원 구조의 상호작용에 매우 중요하다. 예를 들어, 효소는 기질과, 호르몬은 수용체, 항체는 항원 사이에서 이러한 입체적 결합으로 이루어진다(그림 3.10).

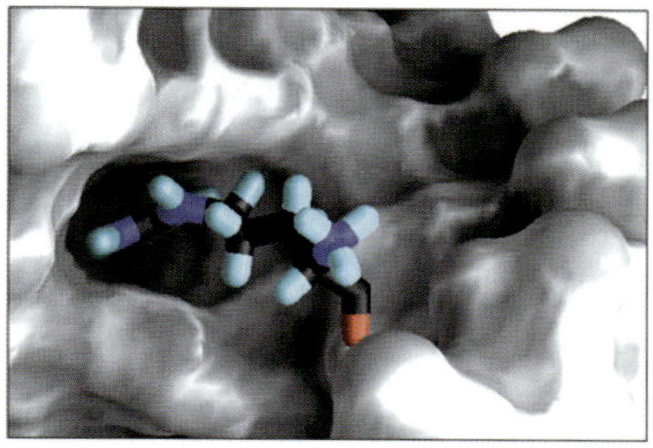

그림 3.10 | **거대분자와 작은 분자 사이의 상호 보완적인 구조**

입체 특이성(**stereospecificity**)은 효소 반응을 비롯한 살아 있는 세포의 분자들만이 가지는 특징이다. 만약 효소가 반응하는 이성질체 중 하나에 상호작용하면 다른 이성질체에는 결합하지 않을 것이다. 이것은 왼쪽 장갑이 오른손에 맞지 않는 것과 같다(그림 3.11).

입체 특이성 (stereospecificity)
효소가 입체 이성질체 기질 중 어느 한쪽만의 반응만 촉매하는 효소의 특징을 나타냄.

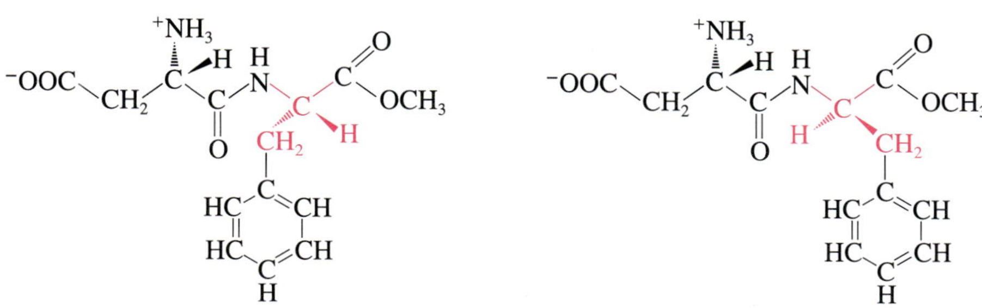

L-아스파틸-L-페닐알라닌 메틸 에스터
(아스파탐)(단맛)

L-아스파틸-D-페닐알라닌 메틸 에스터
(쓴맛)

그림 3.11 | **사람에게 다른 영향을 주는 입체 이성질체**

3.2 화학 반응성

작용기(**functional group**)를 가진 생체 물질들은 반응성이 매우 크므로 반응을 예측할 수 있다. 작용기는 전자의 배치를 변화시키고 이웃한 원자의 기하학적 구조도 바꾸므로 전체 분자의 화학 반응성에 영향을 미친다. 세포 안의 신진대사 과정에서 화학 결합의 형성과 파괴는 에너지를 방출한다. 효소는 생체 물질의 작용기를 인지하고 일정한 형태로 반응한다. 이 반응들은 몇 가지 형태로 나타낸다.

3.2.1 원자의 결합 강도와 전기 음성도

같은 두 원자가 **공유 결합**(**covalent bond**)으로 이루어져 있으면 같은 크기의 전자를 공유하고, 이들은 **비극성**(**nonpolar**)이 된다. 다른 크기의 전자를 가진 두 개의 원자가 결합을 하면 이들은 **극성**(**polar**)을 띤다. 만약 산소(O)와 탄소(C)가 결합한다면 둘 사이는 전자 크기가 다르기 때문에 한쪽으로 쏠리게 된다. 이 경우는 산소가 **전자 친화도**[**electron affinity**, 일명 **전기 음성도**(**electronegativity**)]가 크므로 산소 쪽으로 쏠린다. 전자 친화도가 매우 차이가 나면 약한 쪽이 전자를 포기하므로, 이 경우는 이온 결합(ionic bond)을 한다. 예를 들어, Na(전기 음성도 0.9)와 Cl(전기 음성도 3.0)은 이온 결합을 한다.

전기 음성도 (electronegativity)
분자 내 원자가 그 원자의 결합에 관여하고 있는 전자를 끌어당기는 정도를 나타내는 척도

이온 결합 (ionic bond)
양이온과 음이온의 정전기적 인력으로 결합하여 생기는 화학 결합

화학 결합의 세기는 결합에 포함된 원자의 전기 음성도, 결합 거리, 핵의 전하 등에 의존 한다(표 3.2). 또한 공유하는 전자수가 결합의 세기에 영향을 미친다. 즉, 삼중 결합은 이중 결합보다, 이중 결합은 단일 결합보다 강한 결합을 형성한다.

표 3.2 특정 원소의 전기 음성도

원소	F	O	Cl	N	Br	S	C	I	Se	P	H	Cu	Fe	Co	Ni	Mo	Zn	Mn	Mg	Ca	Li	Na	K
전기 음성도	4.0	3.5	3.0	3.0	2.8	2.5	2.5	2.5	2.4	2.1	2.1	1.9	1.8	1.8	1.8	1.8	1.6	1.5	1.2	1.0	1.0	0.9	0.8

결합의 세기는 **결합 에너지(bond energy)**로 표현된다. 결합 에너지는 두 원자가 결합하고 있을 때 주위를 감싸고 있는 전자에 의해 결합하거나 깨질 때 필요한 에너지를 의미한다.

화학 반응에서 결합은 깨지고 새로운 것이 형성된다. 결합이 깨질 때 필요한 에너지와 결합이 형성될 때 필요한 에너지의 차이를 **엔탈피 변화(enthalpy change, ΔH)**라고 한다. 만약 반응에서 열이 흡수되면 ΔH는 양수(+)가 되며, 열이 발산되면 ΔH는 음수(−)가 된다.

엔탈피 (enthalpy)
물질의 상태에 따라 정해지는 상태량으로 물질이 가지고 있는 에너지양. 내부 에너지와 외부에 대해 이루어지는 일 에너지의 합

3.2.2 세포 안에서 일어나는 다섯 가지 반응 형태

세포 내에서는 효소 촉매 반응, 당의 흡수로부터 아미노산이나 지질로 변화, 각종 산화 반응에 의한 연료로부터 에너지 흡수, 단백질과 같은 거대분자의 합성 등 수많은 반응이 일어난다. 우리는 모든 반응을 다 알 필요가 없다. 왜냐하면 생체내 반응들은 몇 가지 형태로만 나타나기 때문이다. 일반적으로 생체 안에서 일어나는 대부분의 반응은 다섯 가지 범주 내에서 일어난다.

(1) 산화-환원 반응

산화-환원 반응(oxidation-reduction reaction)은 한 반응물이 산화(전자를 잃음)되고 동시에 다른 반응물은 환원(전자를 얻음)되는 형태이다. 탄소의 산화 형태는 아래에 보는 바와 같이 다섯 종류가 있다. 탄소가 산소와 공유 결합을 이루며 산화 형태로 나타난다. 생체에서 일어나는 산화-환원 반응 형태는 두 개의 전자를 얻고 잃는 반응이다. 아래 젖산 탈수소화 반응의 예로 젖산은 전자를 두 개 잃어 피루브산(pyruvate)이 되고, 반면 피루브산은 전자를 두 개 얻어 젖산이 된다. 이 가역적인 반응은 젖산 탈수소효소(lactate dehydrogenase) 이외에도 조효소인 NADH/NAD^+에 의해 촉매된다.

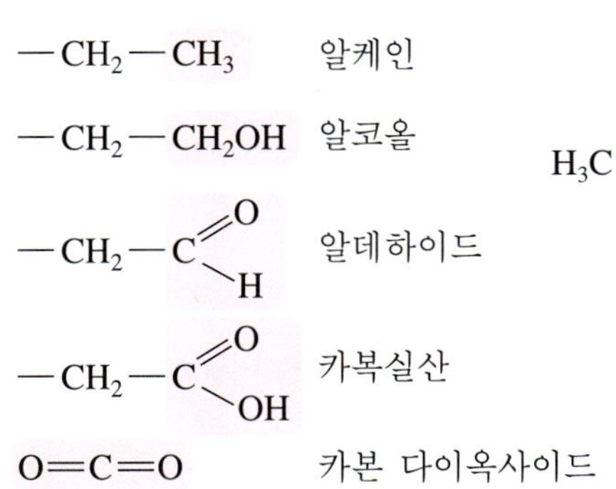

〈탄소의 산화 형태〉

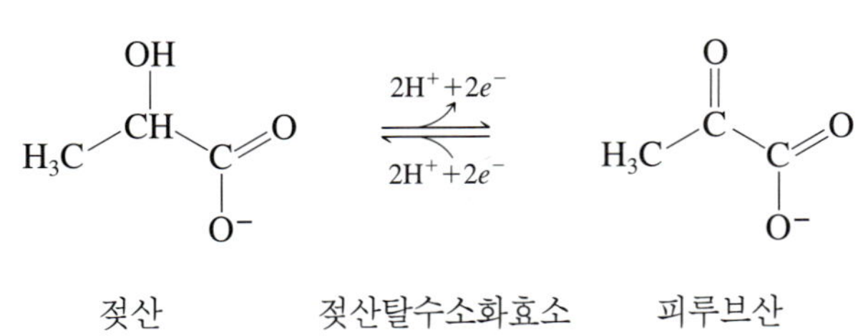

〈젖산의 탈수소화 반응〉

(2) C—C 결합의 형성 및 파괴 반응

치환 반응(displacement reaction)은 친핵성 반응(nucleophilic reaction, 전자 풍부)과 친전자성 반응(electrophilic reaction, 전자 부족) 사이의 반응 형태이다. 친핵체(nucleophile)는 주로 산소, 질소, 황을 포함한다. 친전자체(electrophile)는 주로 양성자(proton), 금속(metal)을 포함한다. 탄소는 친핵체 또는 친전자체로 작용한다.

친핵체의 작용에 의한 메커니즘은 두 개로 구분된다. 첫째 S_N1은 불안정한 탄소 양이온 중간체(carbocation, C^+)를 먼저 형성하는 반응이다. 즉, 이탈기(leaving group)가 친핵체가 오기 전에 먼저 떠나는 반응이다. 둘째 S_N2은 5배위 중간체(penta-intermediate)를 먼저 형성한 다음 친핵체가 들어오고 이탈기가 떠난다.

친핵체 (nucleophile)
핵을 좋아하는 물질. 음으로 편극되고 전자가 풍부한 원자를 가지고 있어서 양으로 편극되어 있고 전자가 부족한 원자에 한 쌍의 전자를 줌으로써 결합을 형성

친전자체 (electrophile)
전자를 좋아하는 물질. 양으로 편극되고, 전자가 부족한 원자를 가지고 있어 친핵체로부터 한 쌍의 전자를 받아들여 결합을 형성함.

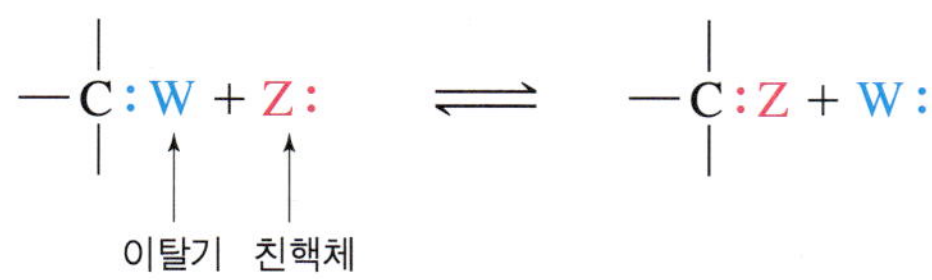

(a) S_N1 반응

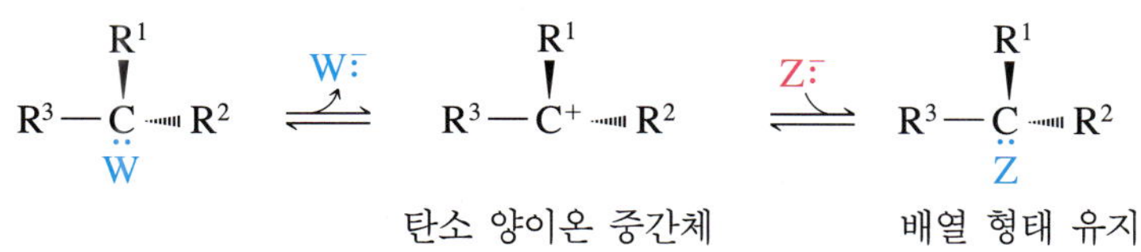

(b) S_N2 반응

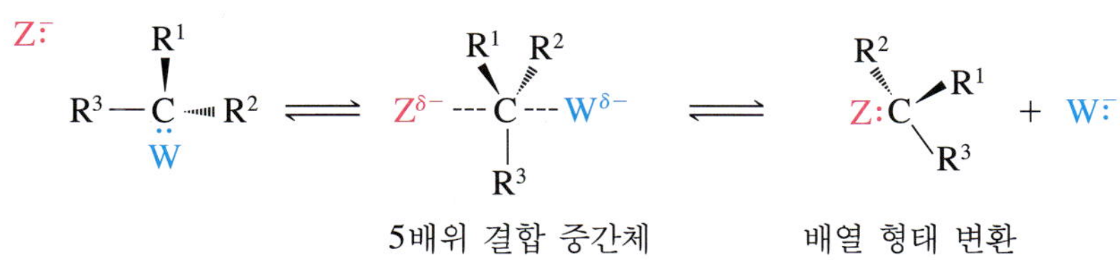

(3) 내부 재배열 반응

내부 재배열 반응(internal isomeric reaction)은 이중 결합의 이동, 즉 이중 결합의 *cis-trans* 재조합, 이성질화에 의한 전자의 재배치를 말한다. 예를 들어, 이성질화효소(isomerase)가 관여하는 반응으로 글루코스-6-포스포테이트가 프럭토스-6-포스포테이트로 재배치하는 반응은 포스포헥소스 이성질화효소에 의하여 일어난다.

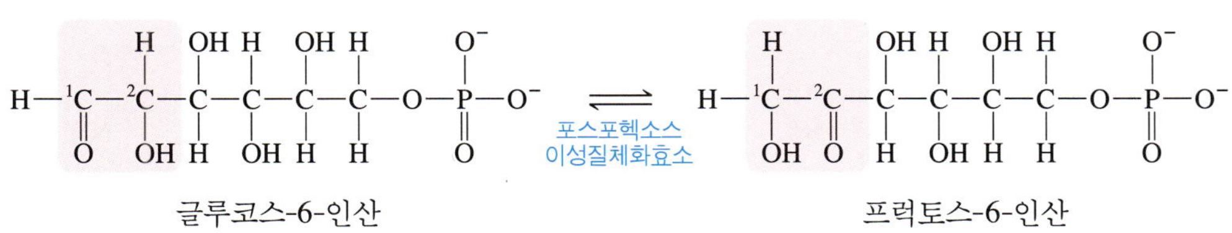

(4) 반응기 전달 반응

반응기 전달 반응(reactor transfer reaction)은 친핵체 공격으로 중간체를 활성화(좋은 이탈기로 만듦)시킨다. 단백질 인산화효소(protein kinase), 전달효소(transferase), 아미노기 전달효소(aminotransferase) 등이 있다.

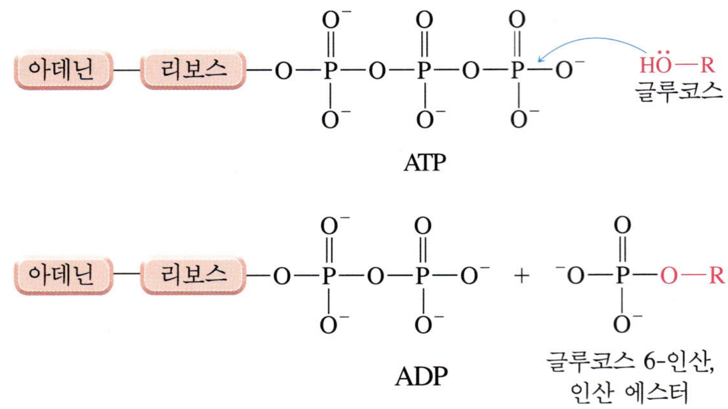

(5) 중합 반응

중합 반응(condensation reaction)은 합성 반응을 말한다. 즉, 두 개의 반응기 사이에 중합을 일으키는 반응을 말한다. 대표적으로 합성효소(synthetase)가 있다. 아래 (a)는 두 개의 아미노산 사이의 합성 반응을 보여 주고 있고, (b), (c)는 단백질 합성 반응을 보여 준다.

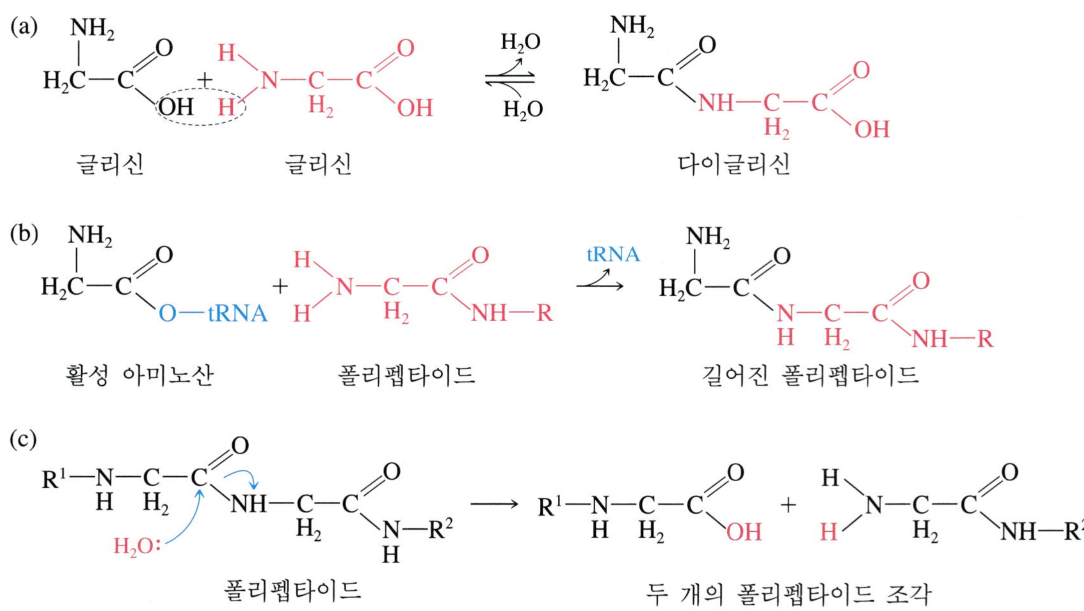

연습 문제

1. 생명체는 무엇으로 구성되어 있는지 설명하시오.
2. 분자는 원자로 구성되어 있으며, 원자들은 서로 특정한 힘으로 결합하여 존재한다. 원자 간 세 가지 결합 형태와 특징을 설명하시오.
3. 생물의 구성 요소 중 가장 많은 비율로 탄소가 함유되어 있다. 상대적으로 왜 탄소가 다른 원소(산소나 질소)보다 생물의 구성 요소에 많이 포함되어 있는지 구조적인 관점과 기능에 대하여 다른 원소들과 비교하여 서술하시오.
4. 에테인(ethane)의 경우 여러 형태 배열이 가능한데, 그중 엇갈린 형태(staggered)가 다른 형태들보다 구조적으로 안정한 이유를 에너지 관점과 연관시켜 설명하시오.
5. 카이랄 탄소란 무엇인지 분자의 입체적 구조를 통해 설명하시오.
6. 식물에는 있으나 동물에는 존재하지 않는 이차 대사물의 예를 들고, 각각의 구조를 그리시오.
7. 생체 물질들이 세포 내에서 반응 시 각각의 물질 내 작용기에 따라 영향을 끼치게 된다. 몇 가지 대표적인 예를 들고, 어떤 영향을 끼치는지 설명하시오.
8. 세포 안에서 일어나는 다섯 가지 반응 형태가 무엇인지 각각의 예를 들어 설명하시오.
9. 친핵체의 작용에 의한 메커니즘은 두 개로 구분된다. 각각 무엇인지 비교하여 설명하시오.

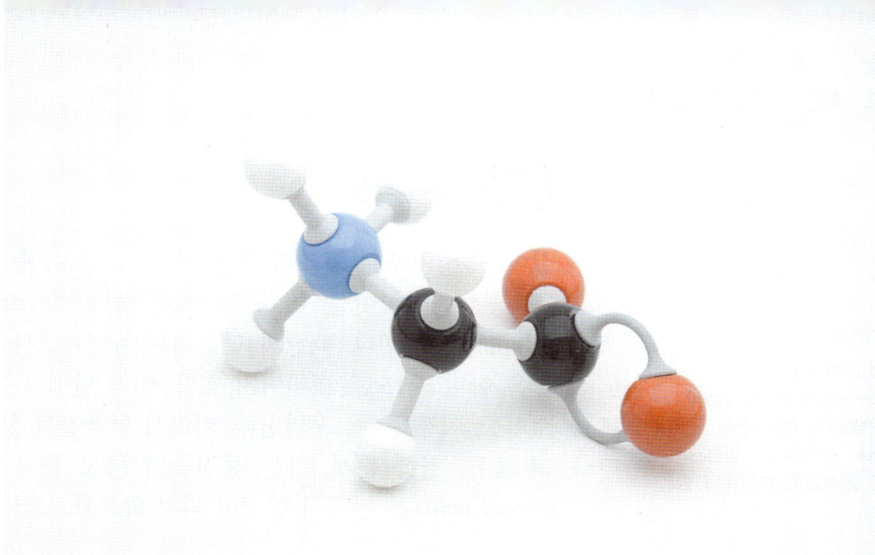

04 아미노산 및 펩타이드

학습 목표
- 아미노산의 종류와 그 특성을 이해한다.
- 펩타이드의 종류와 특성을 이해한다.

주요 용어
- 아미노산, 아미노산 잔기, 곁사슬, 쯔비터 이온, 시스테인, 올리고펩타이드, 폴리펩타이드, 펩타이드 결합

4.1 아미노산

살아 있는 세포는 구조의 성분, 촉매, 호르몬, 수용체, 유전 정보의 저장을 위한 거대분자를 생성한다. 이들 거대분자들은 단량체(소단위체)로부터 구성되는 **생체고분자(biopolymer)**이다. 핵산의 단량체는 뉴클레오타이드, 탄수화물은 당의 유도체이고, 단백질은 아미노산으로 이루어져 있다. 어떤 단백질은 아미노산뿐만 아니라 다른 물질(헴, 탄수화물, 지질 등)을 포함한다. 따라서 단백질의 삼차원 구조 및 생물학적 성질은 아미노산의 종류, 결합 순서, 다른 물질들의 구성 등에 따라 결정된다. **필수 아미노산(essential amino acid)**은 몸에서 합성이 되지 않으므로 건강 유지나 성장을 위해 섭취되어야 한다.

> **필수 아미노산**
> (essential amino acid)
> 단백질의 기본 구성 단위로 체내에서 합성할 수 없는 아미노산으로 음식물로 섭취해야 함.

4.1.1 아미노산과 그 종류

아미노기($-NH_2$)와 카복실기($-COOH$)를 가지고 있는 화합물을 **아미노산(amino acid)**이라고 한다. 자연에서 약 300종류의 아미노산이 발견되지만, 단백질에서는 20개만으로 구성된다. 단백질의 가수분해는 20개의 L-α-아미노산을 생성한다. 같은 20개의 아미노산이 식물, 동물, 박테리아 등 생명체의 단백질을 구성한다. 이 아미노산은 단백질을 구성하는 기본 단위이다. 모든 아미노산의 공통된 구조는 카복실기 옆의 α-위치의 탄소에 아미노기가 붙어 있다는 점이다. 따라서 아미노산은 그림 4.1과 같은 공통된 구조를 가지며, R의 부분을 **결사슬(side chain)** 또는 **작용기(functional group)**라고 한다.

> **작용기** (fuctional group)
> 유기 화합물의 성질을 결정하는 원자단으로 몇 개의 원자가 결합. 화합물이 어떤 성질을 가지는지 결정하는 역할을 함.

그림 4.1 | 아미노산의 구조

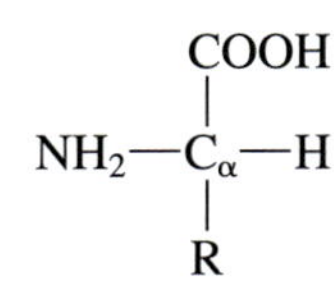

위의 구조식은 Fischer의 투영법으로 나타낸 것이다. 이들 아미노산의 입체 구조는 모두 L-형이다. 아미노산은 기억하기 쉽게 다섯 개의 부류로 분류했으며, 이 결사슬 부분의 특성에 따라 분류한 것을 그림 4.2에 나타내었다. 괄호 내에는 삼문자와 일문자의 기호들이 표기되어 있다. 그리고 공간 채움 모형에서 검은색은 탄소, 붉은색은 산소, 흰색은 수소, 푸른색은 질소, 노란색은 황 원자를 나타낸다.

그림 4.2 | 단백질을 구성하는 아미노산 결사슬의 특성에 따라 분류한 아미노산의 구조와 공간 채움 모형들

분류 I: 비극성 지방족 결사슬을 가지고 있는 아미노산들

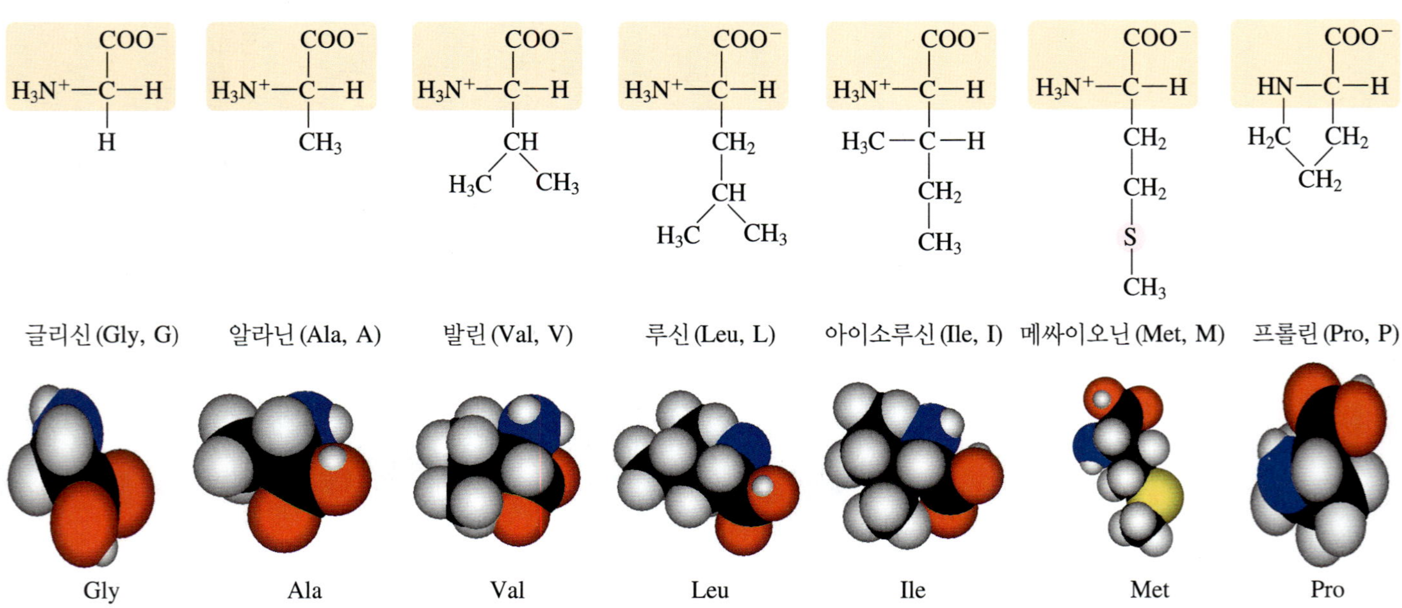

분류 II: 음전하 산성 아미노산과 이들의 유도체

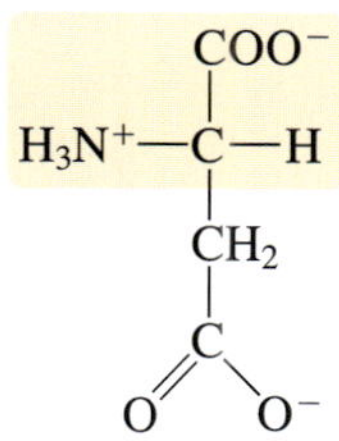

아스파트산 (Asp, D)

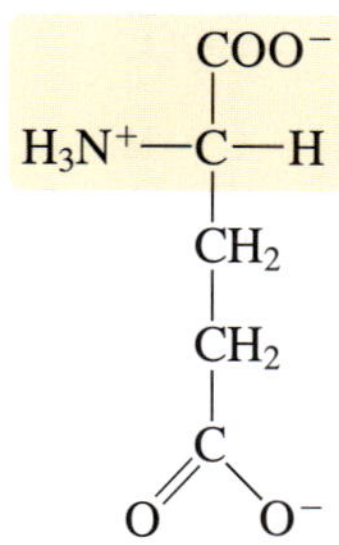

글루탐산 (Glu, E)

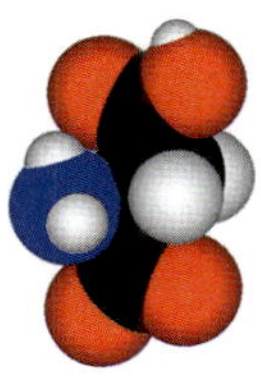

Asp

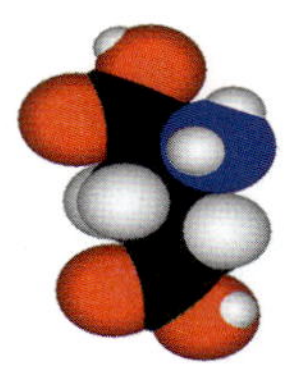

Glu

분류 III: 양전하 염기성 곁사슬을 가지고 있는 아미노산들

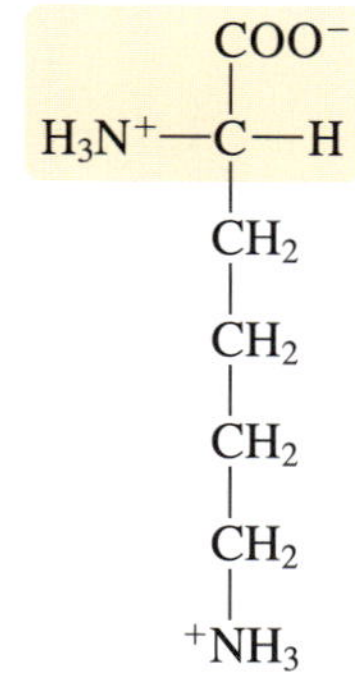

라이신 (Lys, K)

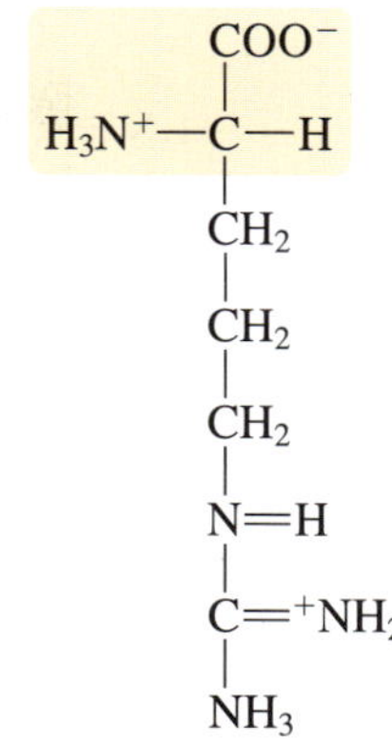

아르지닌 (Arg, R)

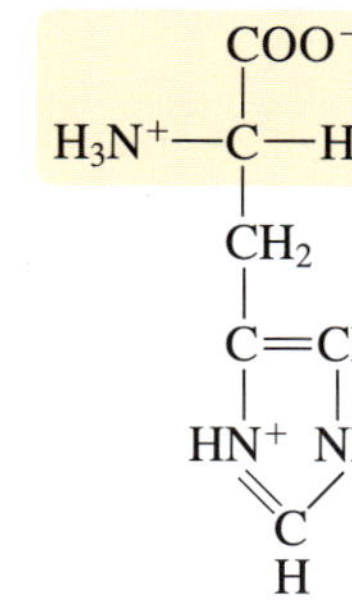

히스티딘 (His, H)

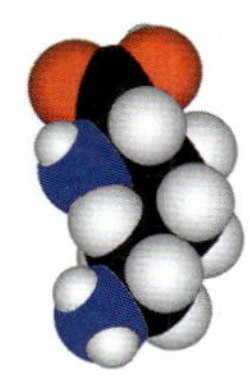

Lys

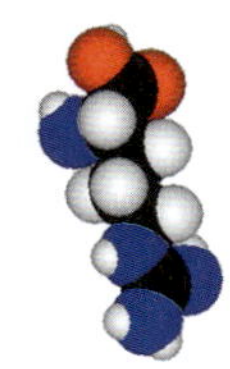

Arg

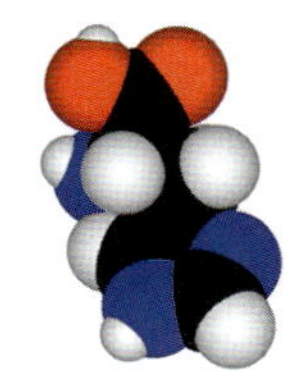

His

분류 IV: 극성 (전하를 띠지 않는) 곁사슬을 가지고 있는 아미노산들

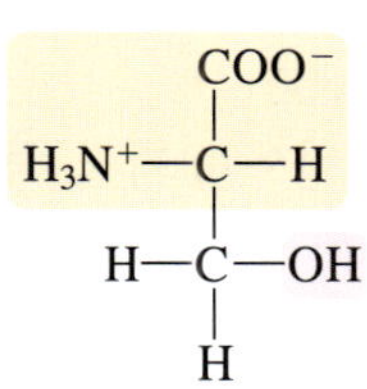

세린 (Ser, S)

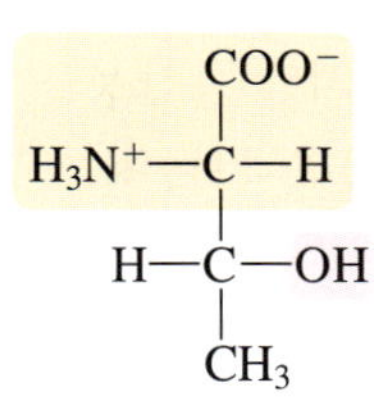

트레오닌 (Thr, T)

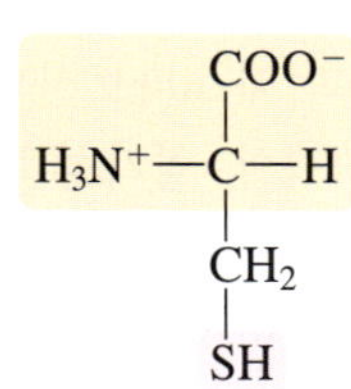

시스테인 (Cys, C)

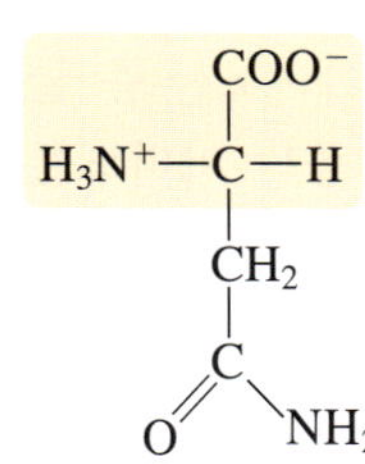

아스파라진 (Asn, N)

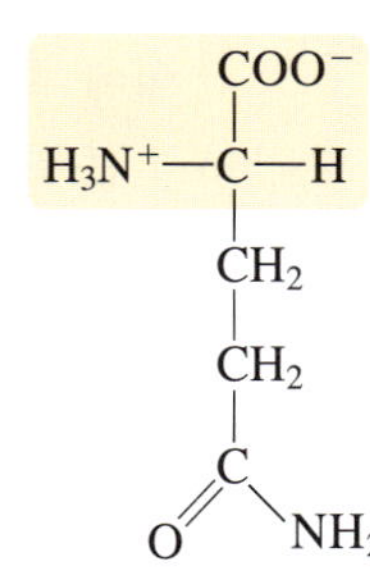

글루타민 (Gln, Q)

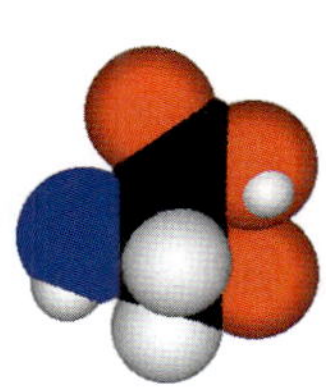

Ser

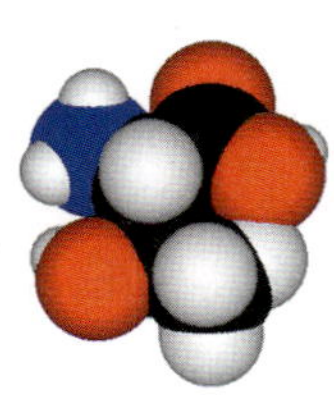

Thr

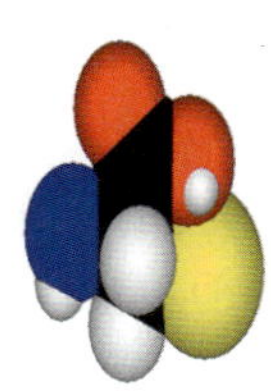

Cys

Asn

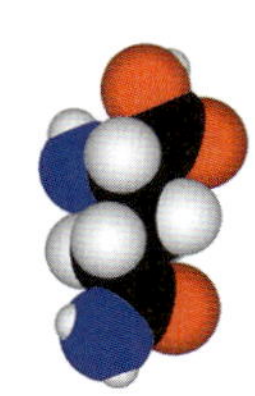

Gln

분류 V: 방향족 곁사슬을 가지고 있는 아미노산들

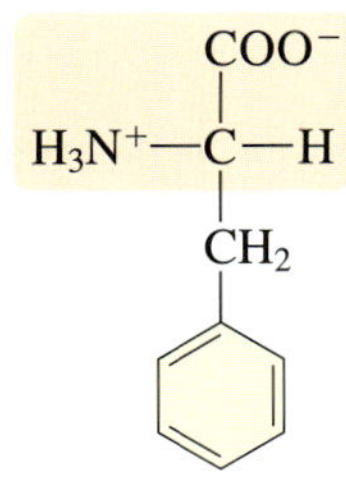

페닐알라닌(Phe, F)

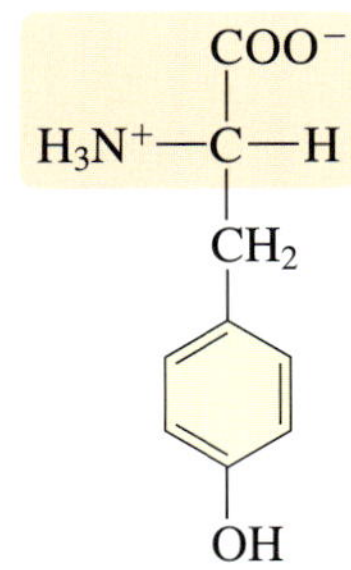

타이로신(Tyr, Y)

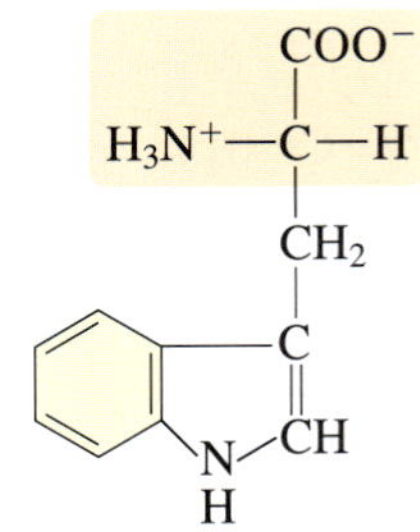

트립토판(Trp, W)

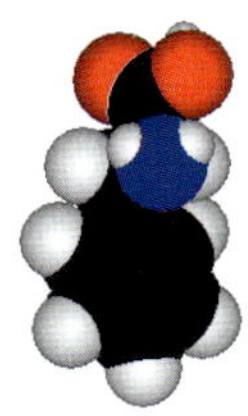

Phe

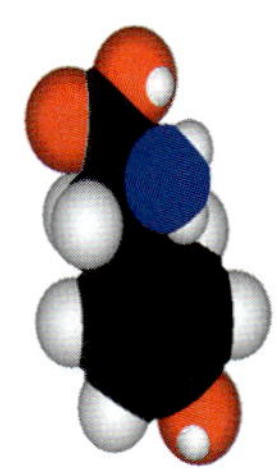

Tyr

Trp

분류 I 의 아미노산들은 모두 아미노기와 카복실기를 기본적으로 갖고 있다. 가장 간단한 아미노산은 글리신이며, R=H이다.

분류 I 의 아미노산은 모두 곁사슬 R과 C와 H만으로 된 탄화수소이며, **소수성(hydrophobic)** 이다.

> **소수성(hydrophobic)**
> 물에 대해 친화력이 없는 성질로, 물에 용해되지 않고 무극성, 즉 탄화수소와 같은 매질에 용해되는 성질

분류 Ⅱ는 곁사슬에 카복실기를 가진 아미노산으로 **친수성(hydrophilic)** 을 가지고 있다. 이에 속하는 아미노산 중 글루탐산과 아스파트산의 곁사슬은 산성을 나타낸다.

분류Ⅲ의 3종의 아미노산은 곁사슬에 염기성(basic)을 나타내는 질소 원자를 가진 작용기가 있다. 이들은 아미노기(amino group), 구아니딘기(guanidine group), 이미다졸 고리(imidazole ring)이며, 이 분류Ⅲ의 아미노산은 **염기성 아미노산(basic amino acid)** 이라고 한다.

분류 Ⅳ의 아미노산은 하이드록시기(−OH), 싸이올기(thiol, −SH), 또는 아마이드기(−$CONH_2$)를 가진다. 글루타민과 아스파라진은 각각 글루탐산과 아스파트산의 곁사슬에 있는 카복실기가 아마이드기로 된 아미노산이며, 곁사슬은 산이나 염기의 성질을 갖지 않는다. 시스테인은 소수성의 아미노산이다.

분류Ⅴ는 방향족 고리를 가지는 아미노산이다. 타이로신은 페놀성 하이드록시기를 가지는 약산성의 곁사슬을 가지고 있다. 트립토판과 페닐알라닌은 **중성 아미노산(neutral amino acid)** 이다. 이들 방향족 아미노산의 곁사슬은 소수성(hydrophobic)이다.

단백질의 구성 성분은 아니지만 생리적으로 중요한 역할을 하는 아미노산의 구조를 그림 4.3에 나타냈다. β-알라닌(alanine)은 β 위치에 아미노기가 붙은 β-아미노산이다. L-호모시스테인(L-homocysteine)과 L-호모세린(homoserine)은 L-시스테인과 L-세린의 곁사슬에 메틸렌기(−CH_2−) 한 개가 더 추가된 구조를 가진다.

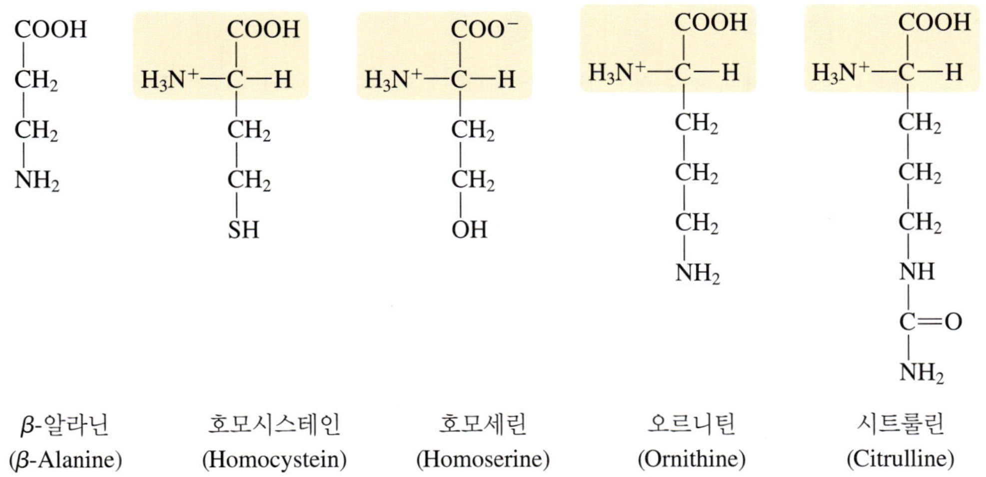

그림 4.3 | 단백질에는 함유되어 있지 않지만 생체 내에서 중요한 역할을 하는 아미노산

4.1.2 아미노산의 성질

아미노산은 산성인 카복실기와 염기성인 아미노기를 동시에 가진 **양쪽성 (amphoteric)** 물질이다. 이들 작용기는 pH 7 부근에서 분자 내 염을 만들기 때문에 아미노산의 성질은 단순한 카복실산이나 아민의 성질과 아주 다르다. 아미노산이 분자 내에서 염을 만들 때 카복실기는 양성자 (H^+) 를 해리하고 아미노기가 이 양성자를 받아 그림 4.4 (b) 의 구조로 변한다. 이러한 구조를 가지고 있는 분자를 **쯔비터 이온 (zwitter-ion)** 이라고 한다.

양쪽성 (amphoteric)
산성과 염기성 모두로 반응하는 것을 말함. 아미노산, 물, 단백질 등이 해당하고 아연, 주석, 알루미늄, 베릴륨 등은 양쪽성 산화물을 만듦.

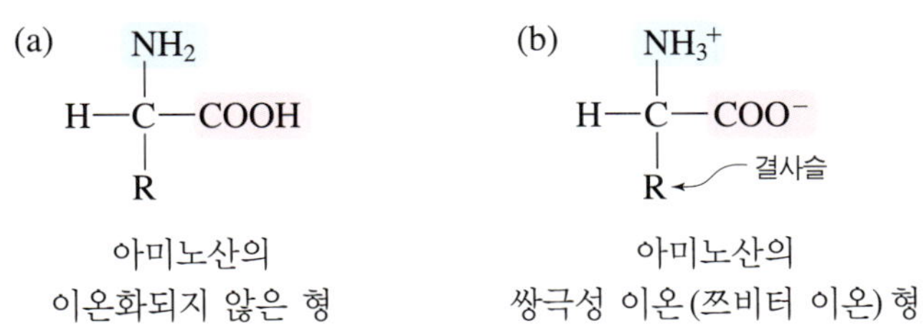

그림 4.4 | α-아미노산의 이온화하지 않은 형과 생체에서 존재하는 쯔비터 이온형의 구조

쯔비터 이온 구조를 가지는 아미노산의 성질을 단순한 카복실산과 아민의 구조와 비교해 보자. 아세트산 (CH_3COOH) 은 끓는점이 118°C이고, 25°C 부근에서는 자극성 냄새가 나는 액체이다. 한편 메틸아민 (CH_3NH_2) 의 끓는점은 −6.3°C이며, 25°C 부근에서는 기체 상태가 되며, 암모니아와 비슷한 자극성이 강한 냄새가 난다. 둘 다 (CH_3COOH와 CH_3NH_2) 유기 용매에 용해된다. 아세트산의 메틸기에 있는 수소를 아미노기로 치환하거나 아니면 메틸아민의 메틸기에 있는 수소를 카복실기로 치환하면 아미노산 중 가장 간단한 글리신 (H_2N-CH_2COOH) 이 된다. 글리신은 백색의 결정으로서 물에 용해되지만, 유기 용매에는 거의 용해되지 않는다. 이와 같이 아미노산은 한 개의 분자를 카복실기와 아미노기, 즉 산성과 염기성을 나타내는 두 개의 작용기를 가지고 있기 때문에 특수한 성질을 나타낸다. 아미노산을 물에 녹여 pH를 낮추면 카복실기는 해리되지 않고 아미노기에 양성자가 부가된 그림 4.5 (a) 의 상태로 된다. 그러나 다시 pH를 높여서 중성 부근 (pH 6~7) 으로 가져오면 카복실기가 양성자를 해리하여 쯔비터 이온 (그림 4.5 (b)) 으로 된다. 여기서 pH를 더 높이면 암모늄 이온 (NH_3^+) 의 양성자가 해리하여 그림 4.5 (c) 의 상태로 된다. 아미노산의 카복실기의 pK_a는 2.0~2.36이며, 일반적으로 카복실산보다 강한 산이라 할 수 있다. 암모늄 이온의 pK_a는 9.2~9.8이다.

그림 4.5 | 아미노산의 pH에 따른 상태의 변화

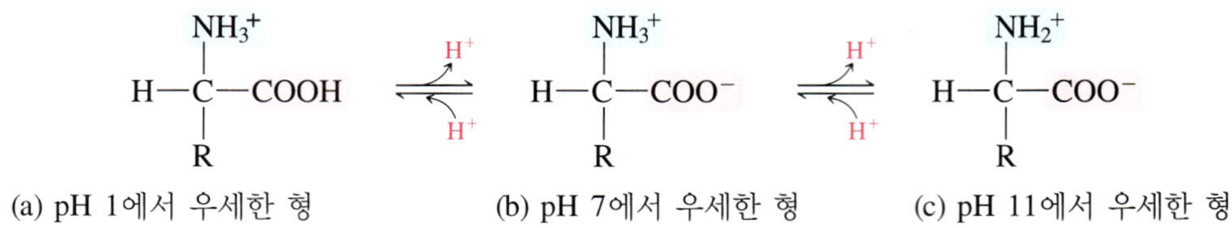

글리신의 적정 곡선을 그림 4.6에 나타내었다. 글리신을 물에 용해하면 pH는 6~7이 된다. 이 용액을 염산으로 적정하면 그림 4.6에 나타난 바와 같이 pH 값은 작아진다. 아미노산 당량(equivalent weight)의 반에 해당하는 염산 용액을 첨가하였을 때 곡선의 **변곡점(inflection point)**을 보인다. 이때의 pH 값은 2.4 부근이며, 글리신의 카복실기는 1/2 당량만큼 해리되어 있다. pK_a의 정의에 의해 이때의 pH = pK_{a1}이므로 글리신의 카복실기의 pK_{a1} 값은 2.4이다. 이와 같은 방법으로 NaOH 용액을 사용하여 적정하면, 글리신 용액의 pH는 상승한다. 1/2 당량의 NaOH 용액을 첨가하였을 때 변곡점의 값은 pH 9.6이 되며, 암모늄 이온(NH_4^+)이 1/2 당량만큼 해리된다. pH 9.6은 pK_{a2}이다. 이와 같이 아미노산을 산 또는 염기로 적정하면 분자의 카복실기와 아미노기의 해리에 의해 두 개의 변곡점을 보인다. 두 개의 변곡점(pH = 2.4, 9.6)의 중심에 해당하는 pH = 6 ((2.4 + 9.6)/2)은 등전점(pI)이다. 글리신은 등전점 pH = 6에서 중성이다.

변곡점 (inflection point)
그래프가 위로 볼록인 상태에서 오목인 상태로, 또는 위로 오목인 상태에서 볼록인 상태로 변하는 점. 아미노산 적정 곡선의 변곡점으로부터 아미노산의 해리 상수(pK_a)와 등전점(isoelectric point; pI)을 알 수 있음.

그림 4.6 | 글리신의 적정 곡선: 산 또는 염기로 적정하면 아미노산 분자 중에 있는 카복실기와 아미노기의 해리에 의해 두 개의 변곡점을 가짐.

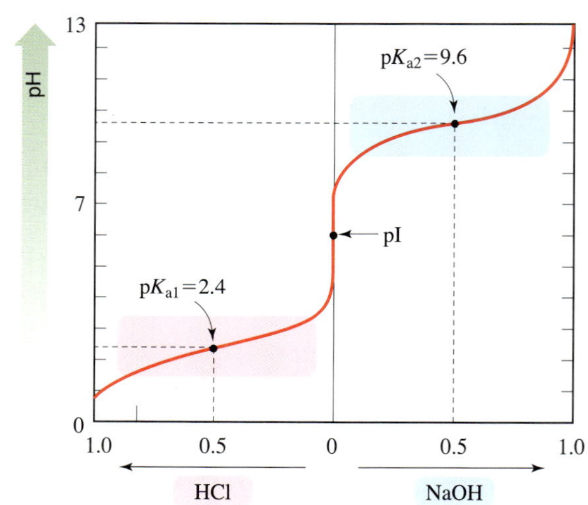

4.2 펩타이드

아미노산의 아미노 및 카복실기가 펩타이드 결합을 형성할 때 결합에 참여하는 아미노산을 **아미노산 잔기(amino acid residue)**라고 한다.

4.2.1 펩타이드의 종류

두 분자의 아미노산의 카복실기와 아미노기가 그림 4.7에 나타낸 것과 같이 축합하여 아마이드 결합(amide bond)으로 연결된 아미노산의 이합체를 **다이펩타이드(dipeptide)**라고 한다. 20개 이하 아미노산으로 구성된 펩타이드를 **올리고펩타이드(oligopeptide)**라고 하며, 20개 이상 100개 이하를 **폴리펩타이드(polypeptide)**, 100개 이상을 보통 단백질이라고 한

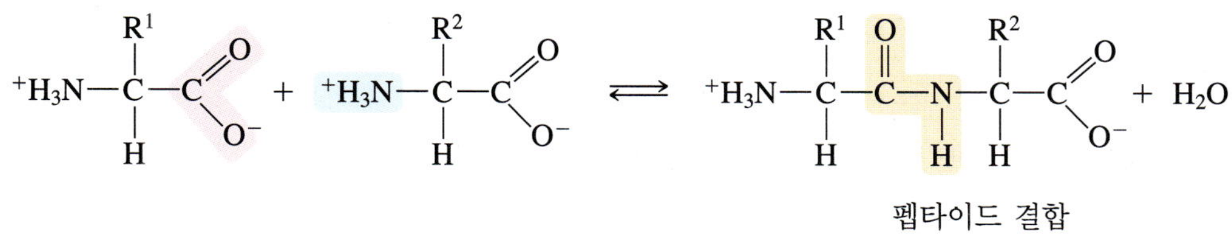

그림 4.7 | 펩타이드 결합의 형성

다. 아미노산과 아미노산 사이의 **아마이드 결합(amide bond)**을 생화학에서는 **펩타이드 결합(peptide bond)**이라고 한다.

> **아마이드 결합(amide bond)**
> 아미노기와 카복실기에서 물이 빠져 이루어지는 결합

여러 개의 아미노산이 펩타이드 결합으로 연결된 고분자를 폴리펩타이드(polypeptide)라고 하는데, 아미노산 복합체인 단백질은 긴 사슬의 펩타이드라고도 한다(그림 4.8). 폴리펩타이드와 단백질의 경계는 명확하지 않다. 분자량 10,000 이상이고 아미노산 잔기의 수가 100 이상인 폴리펩타이드를 보통 단백질이라고 한다. 그러나 이와 같은 구별은 애매모호하다. 예를 들면, 인슐린의 분자량은 6,000이며, 펩타이드 호르몬으로 분류되는 경우가 있으나 단백질이라고도 한다. 단백질의 분자량은 수만 정도이나 큰 것은 수십만에서 백만에 달한다.

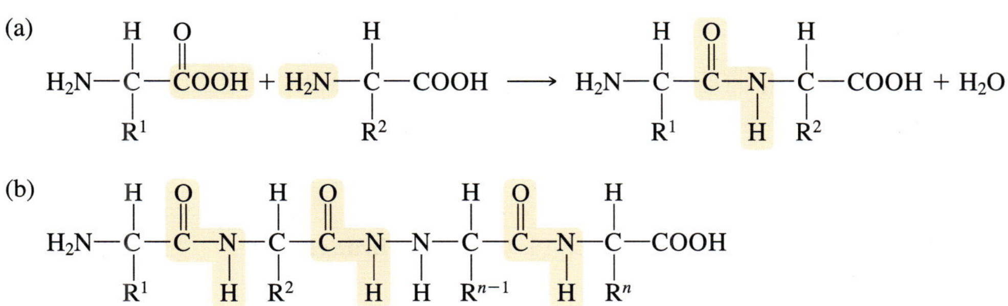

그림 4.8 | 펩타이드 결합(a)과 폴리펩타이드(b)의 구조

4.2.2 펩타이드 구조

펩타이드 구조는 간단히 α-NH_2와 α-COOH를 α-탄소와 뼈대 구조(backbone structure)로 표시할 수 있다. 그런 다음 α-탄소 원자에 곁사슬을 그려 넣으면 된다.

(1) 적절한 길이로 지그재그로 그리고 N-말단 잔기의 아미노기를 넣는다.

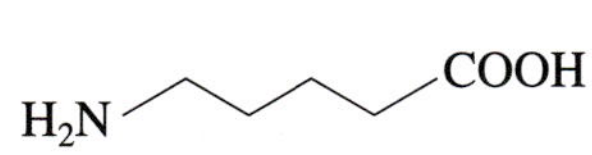

(2) α-탄소, α-카복실기, α-아미노기를 그려 넣는다.

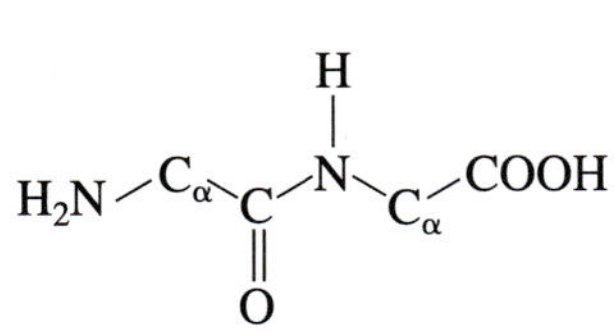

(3) 곁사슬(R-작용기)과 α-수소를 α-탄소 원자에 그려 넣는다.

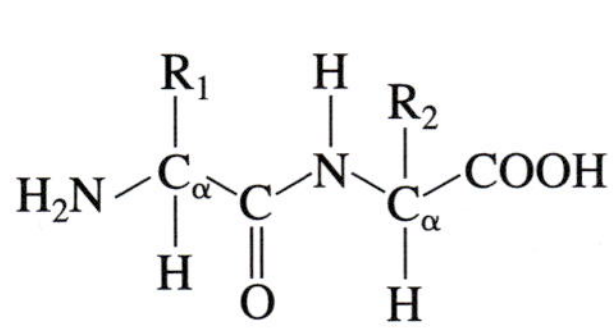

4.2.3 펩타이드 일차 구조의 결정

폴리펩타이드를 구성하는 모든 아미노산 잔기의 숫자, 구조, 순서를 알면 그것으로 일차 구조(primary structure)를 결정할 수 있다. 폴리펩타이드는 100개 이상의 아미노산 잔기를 포함하므로 아미노산 배열을 표시할 때 아래에서와 같이 삼문자나 일문자의 약자로 표시한다.

Phe - Arg - Gly - Ser - Lys - Glu-Ala 또는 F－R－G－S－K－E－A

겸상적혈구빈혈증
(sickle cell disease)
적혈구를 암호화하는 DNA 서열에 변이가 일어나 적혈구의 모양이 낫 모양으로 변형되는 질병. 적혈구의 변형으로 산소와의 결합력이 감소함.

폴리펩타이드(단백질)의 직선 배열에서 하나의 잔기가 바뀌게 되면 폴리펩타이드의 생물학적 활성을 잃거나 활성이 감소된다[예를 들면, 겸상적혈구빈혈증(sickle cell disease)]. 많은 유전적인 대사 질병은 이러한 한 잔기의 변형에 의해 일어난다.

펩타이드 결합은 생체의 pH에서는 전하가 없다. 생체의 pH 7.4에서는 펩타이드 결합을 형성할 때 전하를 잃거나 얻지 않는다. 반면 C-말단기와 N-말단기 및 극성 잔기의 α-탄소에 붙은 작용기는 전하를 가진다.

4.2.4 펩타이드의 형태 변화

폴리펩타이드는 형태 변화(공간적 배열 변화)가 가능하다. 공간적 배열 변화는 입체적 장애, 전기적 상호작용, 수소 결합 및 소수성 결합 등에 의해 일어난다. 이 결과 특이적인 형태가 생체 활성을 위해 요구된다.

브라디키닌(bradykinin)
혈관의 확장과 평활근의 수축을 일으키는 물질로 혈액 내에서 발견되는 폴리펩타이드

작은 펩타이드(2~100개 아미노산 함유)가 생체 활성에 영향을 미치는 경우도 있다. 예를 들어, 근육 긴장에 관여하는 호르몬인 **브라디키닌(bradykinin)**은 혈장 단백질에서 방출된다. 이것은 9개의 아미노산으로 구성되어 있다.

R—P—P—G—F—S—P—F—R

글루타싸이온(glutathione)
생체에서 뽑아낸 최초의 결정성 폴리펩타이드. 자연계에 널리 분포하여 거의 모든 생체 내의 산화 환원 반응에 중요한 역할을 함.

단백질이나 호르몬의 정확한 이황화 결합(—S—S—) 형성을 위해 참여하는 **글루타싸이온(glutathione)**은 세 개의 아미노산으로 구성된 펩타이드이다.

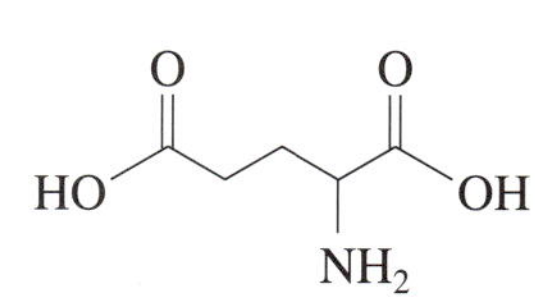

글루타싸이온(glutathione)

아스파탐(aspartame)
페닐알라닌과 아스파트산을 합성해 만든 아미노산계의 인공 감미료

아스파탐(aspartame)은 설탕보다 200배의 단맛을 가지는 인공 감미료이다. 이것은 두 개의 아미노산으로 구성된 유도체이다.

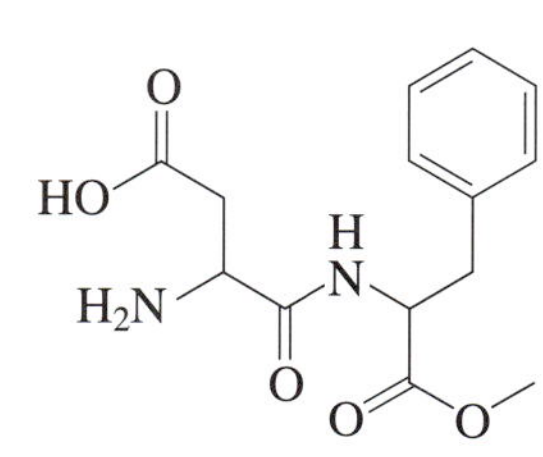

아스파탐(aspartame)

연습 문제

1. 아미노산의 구조를 설명하시오.
2. 아미노산의 성질을 쯔비터 이온과 관련하여 설명하시오.
3. 20종류의 아미노산을 화학적 특성에 따라 분류하시오.
4. 펩타이드 결합에 대해 설명하시오.
5. 펩타이드의 일차 구조는 무엇이 결정하는지 설명하시오.
6. 설탕보다 200배의 단맛을 가지는 인공 감미료를 설명하시오.
7. 펩타이드의 공간적 배열의 변화를 일으키는 요인에는 어떤 것이 있는지 설명하시오.
8. 펩타이드의 종류를 설명하시오.
9. 펩타이드의 화학 구조를 올바른 순서로 단계별로 그리시오.
10. 단백질에는 함유되어 있지 않지만 생체 내에서 중요한 일을 하는 아미노산에는 어떠한 것이 있는지 설명하시오.

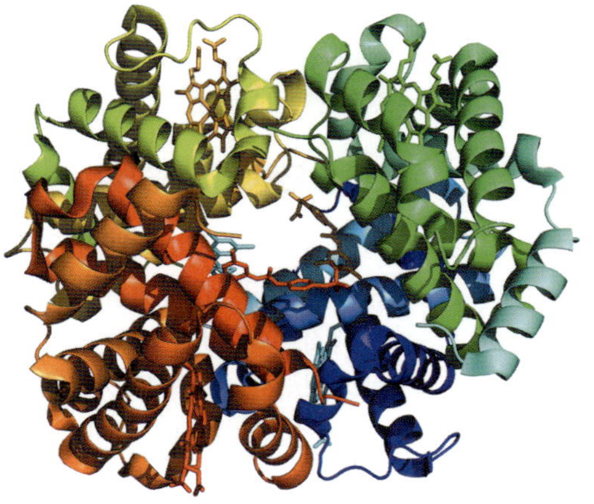

05 단백질

학습 목표
- 단백질의 종류와 그 기능을 이해한다.
- 단백질의 일차, 이차, 삼차, 사차 구조와 특성을 이해한다.
- 단백질 분석법을 이해한다.

주요 용어
- 단백질, 구상 단백질, 섬유상 단백질, α-나선 구조, β-병풍 구조, 단백질의 일차 구조, 이차 구조, 삼차 구조, 사차 구조, 단순 단백질, 복합 단백질, 변성, 산, 염기

5.1 단백질

5.1.1 단백질의 종류

단백질은 기본적으로 어떻게 분류되는가? 먼저 단백질 분자의 형상(overall shape)으로 분류하면 구상 단백질과 섬유상 단백질로 분류할 수 있다.

단백질은 본질적으로 폴리펩타이드 사슬이 주성분인 물질이기 때문에, 분자 전체를 풀어 헤치면 어느 것이든 가늘고 긴 분자의 화합물이다. 이 사슬 모양의 펩타이드 구조가 분자 내의 수소 결합과 곁사슬들 사이의 소수성 및 친수성 상호작용에 의해 전체로서의 둥근 입체 구조를 가지게 되는데, 이것을 **구상 단백질(globular protein)**이라고 한다. 효소, 인슐린, 디프테리아 독소와 같은 생리활성 단백질들은 거의 대부분이 구상 단백질에 속한다.

사슬 모양의 단백질이 일정한 방향으로 배열한 구조를 취할 경우 이것을 **섬유상 단백질(fibrous protein)**이라고 한다. 이들 단백질은 동물의 섬유상 조직과 결합 조직에 많이 존재하며, 근육의 마이오신(myosin), 액틴(actin), 혈액 내의 피브리노젠(fibrinogen), 결합 조직 내의 엘라스틴(elastin), 콜라젠(collagen), 머리카락의 케라틴(keratin), 명주실의 피브로인(fibroin) 등이 여기에 속한다.

> **피브리노젠**(fibrinogen)
> 혈장 속에 존재하며 혈액 응고에 중심적인 역할을 하는 단백질. 일련의 과정을 거쳐 혈액 중에 트롬빈이라는 효소를 생성하여 이것이 펩타이드 결합을 절단함.

그리고 더 세분화한 분류로는 단백질의 조성(component)에 의한 방법이 있다. 단백질을 가수분해했을 경우, 분해 생성물로서 아미노산만 얻어지는 경우, 즉 아미노산만으로 된 단백질을 **단순 단백질(simple protein)**이라고 한다. 이와는 반대로 아미노산 이외의 구성 성분(헴, 비타민 유도체, 지질, 탄수화물 등)을 함유하고 있는 단백질을 **복합 단백질(conjugate protein)**이라고 한다. 단순 단백질은 옛날부터 용해도에 따라 표 5.1과 같이 분류하였고, 접합 단백질은 아미노산 이외의 구성 물질에 따라 표 5.2와 같이 분류된다. 복합 단백질은 **보결 원자단(prosthetic group)**을 함유한다.

이 보결 원자단에 의한 단백질은 여러 종류가 있다. 예를 들면, 헤모글로빈은 철과 핵색소를 같이 함유하기 때문에 **금속 단백질(metal protein)**이라고도 한다.

표 5.1 단순 단백질의 분류

알부민(albumin)	• 중성염 용액, 산성 또는 알칼리성의 물에 녹는다.
글로불린(globulin)	• 순수한 물에는 잘 녹지 않는다. 그러나 묽은 염용액, 산 또는 알칼리 용액에 녹는다.
글루테인(glutein)	• 물에 녹지 않고 묽은 산, 또는 묽은 알칼리 용액에 녹는다.
프롤라민(prolamin)	• 70~80%의 알코올 속에 녹으나 순수한 물 또는 무수 에탄올에는 녹지 않는다. 묽은 산, 묽은 알칼리 용액에 녹는다.
히스톤(histone)	• 물 또는 묽은 산에 잘 녹는다. 암모니아수에는 녹지 않는다. • 비교적 저분자량의 단백질로서 염기성 아미노산(Lys, His, Arg)을 많이 함유하고 있다. 세포핵에 많다.
프로타민(protamin)	• 물, 묽은 산 또는 묽은 암모니아수에 녹는다. 히스톤과 같은 모양이며, 저분자량의 염기성 단백질이다. 세포핵에 많다.

5.2 단백질의 구조

단백질과 같이 복잡한 고분자 화합물은 다음과 같이 네 단계로 나눈 구조를 사용하여 전체 구조를 나타낸다. 이들 구조는 일차 구조, 이차 구조, 삼차 구조, 사차 구조라고 한다.

표 5.2 복합 단백질의 종류

핵산단백질 (nucleoprotein)	• 핵산을 함유하고 있다. 바이러스는 간단한 생물이지만, 이 핵산단백질로 분류할 수가 있다.
당단백질 (glycoprotein)	• 당을 함유하고 있다.
지방단백질 (lipoprotein)	• 지방질을 함유하고 있다.
색소단백질 (chromoprotein)	• 색소를 함유하고 있다. • 헤모글로빈 (hemoglobin), 사이토크롬 (cytochrome), 플라보프로테인 (flavoprotein) 등이 이에 속한다.
금속 단백질 (metal protein)	• 금속을 함유하고 있다. 효소에 많이 존재한다.

5.2.1 일차 구조

20종의 아미노산이 어떠한 서열로 펩타이드 결합을 하고 있는가와 시스테인 잔기에 의한 교차 결합은 어떻게 연결되어 있는가를 표시한 것을 **일차 구조 (primary structure)** 라고 한다. 그림 4.8과 같이 한 가닥의 폴리펩타이드 사슬을 일차 구조라고 한다. 단백질 분자의 왼쪽 말단은 아미노기가, 오른쪽 말단은 카복실기가 있다. 이들을 각각 ***N*-말단 (*N*-terminal)**, ***C*-말단 (*C*-terminal)** 이라고 한다. 그리고 아미노산을 배열시키는 경우 통상 왼쪽에 *N*-말단을, 오른쪽에 *C*-말단을 쓴다. 1954년에 영국의 F. Sanger에 의해서 처음으로 인슐린의 일차 구조가 결정된 후 오늘에 이르기까지 많은 단백질의 일차 구조가 밝혀지게 되었다. 그림 5.1은 인슐린의 일차 구조를 나타낸 것이다.

인슐린은 두 가닥의 폴리펩타이드 사슬이 두 개의 이황화 (disulfide, —S—S—) 결합으로 연결된 구조를 가지고 있다. 그림 5.1에서 각 아미노산 잔기를 약자로 표시하였다. 21개의 아미노산 잔기를 가지고 *N*-말단에 Gly, *C*-말단에 Asn을 가진 폴리펩타이드 사슬을 A 사슬이라고 하며, 이 사슬 내에 한 개의 이황화 결합을 가진다. 30개의 아미노산 잔기를 가지고 *N*-말단에 Phe를 가진 폴리펩타이드 사슬을 B 사슬이라고 한다. A 사슬의 7번 위치와 B 사슬의 7번 위치의 Cys이, 그리고 A 사슬의 20번 위치와 B 사슬의 19번 위치의 Cys 잔기가 이황화 결합을 하고 있다.

그림 5.2는 달걀 흰자에 있는 라이소자임의 일차 구조를 나타낸 것이다. 라이소자임 (lysozyme) 분자는 129개의 아미노산으로 된 한 가닥의 폴리펩타이드로서, 네 군데에 이황화 결합이 있다. *N*-말단은 Lys이며, *C*-말단은 Leu이다. 단백질의 일차 구조를 결정할 때 맨 먼저 단백질의 대략적인 분자량을 정하며, 그 다음 단순 단백질인 경우 그 구성 아미노산의 종류와 함유량 (아미노산 조성) 을 결정한다. 아미노산의 조성은 단백질을 산 또는 알칼리를 이용하여 아미노산으로 가수분해시킨 후 이온 교환 수지 칼럼 크로마토그래피의 원리를 이용한 아미노산 자동 분석 장치를 사용하여 결정한다. 일단 아미노산의 조성을 알면 다음에 고분자의 단백질을 가능한 저분자의 펩타이드 (작은 펩타이드) 로 분해

> **라이소자임 (lysozyme)**
> 리소좀에서 분비하는 효소로서 세균의 세포벽에 작용하여 세포벽을 분해하는 작용을 함.

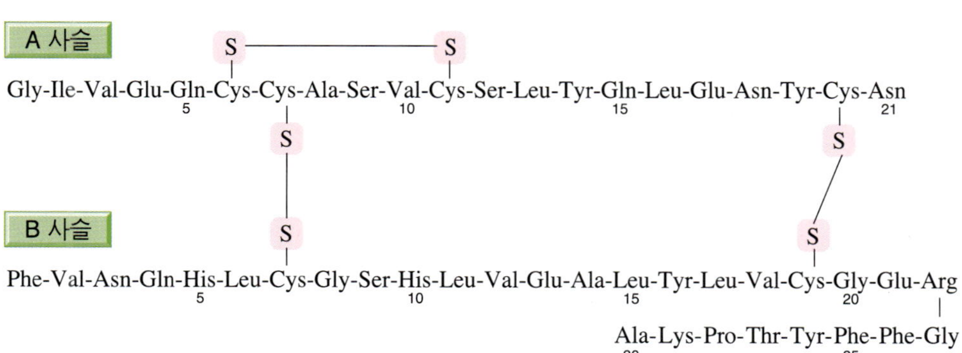

그림 5.1 | 소에서 생합성되는 인슐린의 아미노산 결합 순서

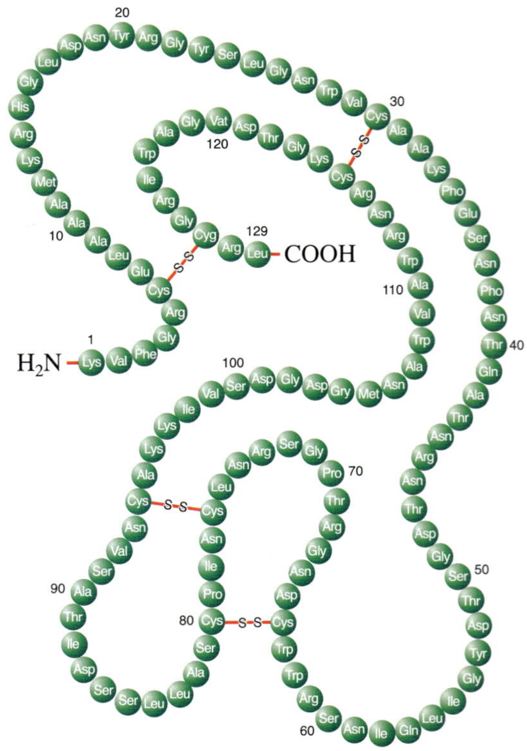

그림 5.2 | 달걀의 흰자에 존재하는 라이소자임의 일차 구조

하여 아미노산 서열을 결정한다. 고분자 단백질로부터 분해된 여러 개의 저분자 펩타이드들의 아미노산 서열을 결정하면 단백질 분자 내에서 펩타이드들이 어떻게 배열되었는지를 알 수 있다. 이는 공통된 아미노산 배열 부분부터 먼저 찾아서 연결시켜 나간다. 마치 수수께끼의 스무고개를 해결하듯이 추정하며 배열해 가면 최종적으로는 단백질 전체의 아미노산 서열을 알 수 있게 된다. 폴리펩타이드 내의 아미노산의 서열은 보통 말단부터 결정된다.

5.2.2 이차 구조

앞에서 설명한 바와 같이 단백질은 본래 사슬 상태의 분자이다. 이 가늘고 긴 분자의 입체 구조는 어떻게 되어 있을까? 기본이 되는 펩타이드 사슬의 입체 구조는 그림 5.3에 나타낸 바와 같이 α 위치의 탄소 원자 두 개와 펩타이드 결합의 C=O기, N−H기가 동일 평면에 존재하며, N−H와 C=O는 트랜스의 구조를 하고 있다.

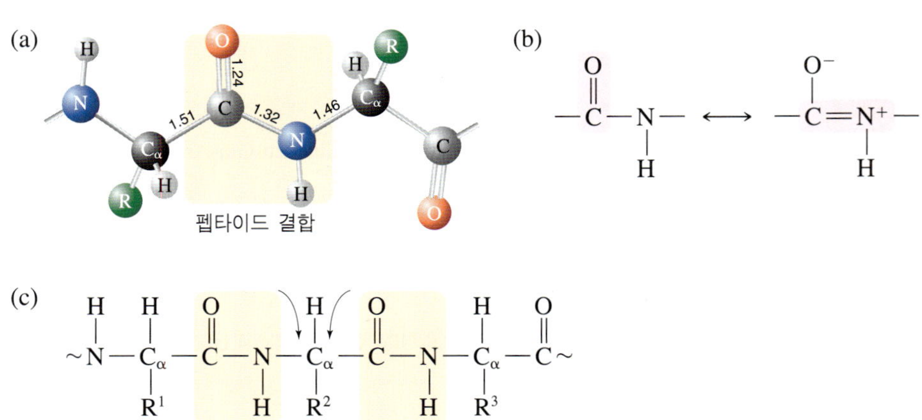

그림 5.3 | 펩타이드의 물리 · 화학적인 특성: (a) 펩타이드 결합은 경직된 평면적 단위. (b) 탄소-질소 결합이 부분적인 이중 결합 성질을 가지고 있기 때문에 펩타이드 결합은 평면적임. (c) 펩타이드 결합과 α-탄소 원자를 연결하는 결합 둘레에는 큰 회전 자유도가 있음.

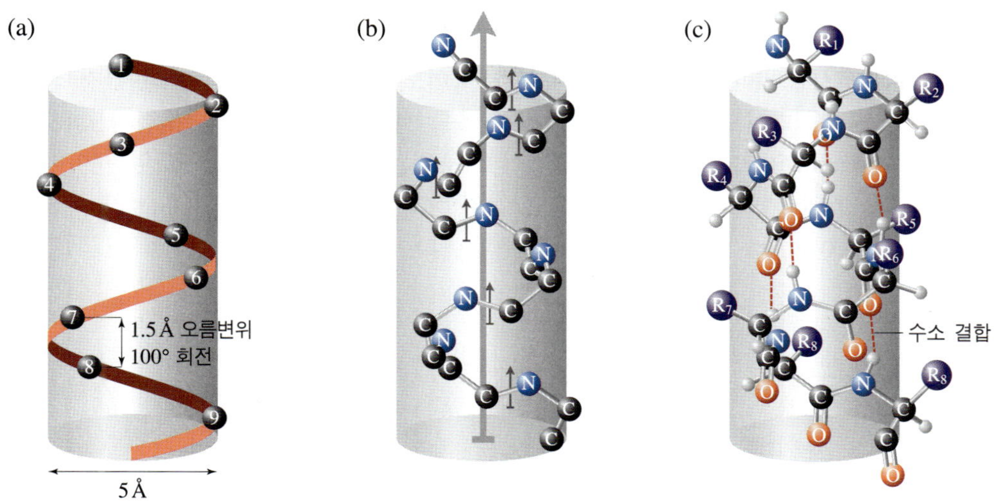

그림 5.4 | 오른손성의 α-나선 구조의 모형: (a) α-탄소 원자만을 나선 구조의 줄 위에 나타내었음. (b) 뼈대의 질소(N), α-탄소(Cα), 카보닐 탄소(C) 원자들만을 나타내었음. (c) 전체 나선 구조로 NH와 CO 원자단 사이의 수소 결합(붉은색 점선)이 나선 구조를 안정시킴.

펩타이드 사슬 내의 펩타이드 결합의 기본 구조가 유지되면서 펩타이드 사슬 간 또는 분자 내에서 이루어지는 수소 결합의 결과로 형성되는 삼차원 구조를 단백질의 **이차 구조**(**secondary structure**)라고 한다. 1951년에 Pauling과 Corey는 단백질의 이차 구조에 α-나선(α-helix) 구조와 β-병풍(β-pleated sheet) 구조가 있다는 것을 밝혔다.

그림 5.4(a)와 (b)는 **α-나선 구조**를 대략적으로 나타내었다. 펩타이드 사슬은 원통 표면 아래에서 위쪽으로 올라가면서 오른손 방향으로 회전하는 형태를 이룬다. 그리고 그림 5.3에서 사각형으로 선을 두른 펩타이드 결합은 동일 평면상에서 원통 표면의 상하 방향으로 수소 결합하고 있다. 곁사슬 R과 α 위치의 수소 원자는 원통 표면으로부터 경사져 바깥쪽으로 튀어나와 있다. 전형적인 α-나선 구조는 3.6개의 아미노산 잔기마다 하나의 수소 결합을 가진다. 이 사이의 거리는 0.54 nm이다. 그림 5.4(c)는 L-아미노산으로 되어 있는 펩타이드의 오른손성 α-나선 구조를 더 상세히 나타낸 것이다.

펩타이드 결합은 트랜스형으로 동일평면상에 있으며, 주름 잡힌 평면상에서 이웃에 있는 사슬의 펩타이드 결합과 수소 결합을 하고 있다. 곁사슬은 산봉우리 또는 계곡에 해당하는 부분으로서 아래쪽에 붙어 있는 구조가 된다. 이와 같이 주름 잡힌 구조를 **β-병풍 구조**(**β-pleated sheet**)라고 한다.

β 구조는 폴리펩타이드 사슬이 일정한 방향으로 배열됨으로써 펩타이드 결합들이 분자 간의 수소 결합을 이루는 구조이며, 섬유상의 단백질에서 흔히 볼 수 있다. 그림 5.5(a)에 나타낸 바와 같이 *N*-말단과 *C*-말단의 방향이 가지런히 된 구조를 **평행 β 구조**(**parallel β structure**)라고 한다. 또 (b)처럼 서로 엇갈리는 방향으로 배열된 것을 **역평행 β 구조**(**antiparallel β structure**)라고 한다.

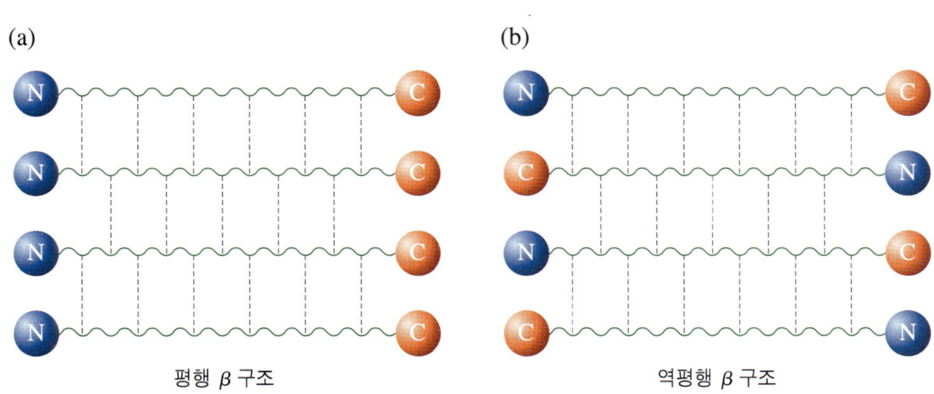

그림 5.5 | 단백질의 이차 구조:
(a) 평행 β 구조
(b) 역평행 β 구조

5.2.3 삼차 구조

반데르발스 힘
(van der Waals force)
분자들 사이에 작용하는 가장 보편적인 인력으로 원자 사이의 화학 결합력(이온 결합, 공유 결합, 금속 결합 등)에 비해 매우 약함.

폴리펩타이드 사슬 내에서 멀리 떨어져 있는 아미노산 잔기들 사이의 여러 가지 상호작용의 결과 폴리펩타이드는 중첩된 삼차원 구조를 형성한다. 이것을 단백질의 **삼차 구조(tertiary structure)**라고 한다. 단백질의 삼차 구조는 단백질을 구성하고 있는 아미노산의 곁사슬들 간의 상호작용 또는 주사슬들 간의 상호작용에 의해 형성된다. 상호작용에는 반데르발스 힘(van der Waals force), 수소 결합, 이온 결합, 공유 결합들이 있다(그림 5.6).

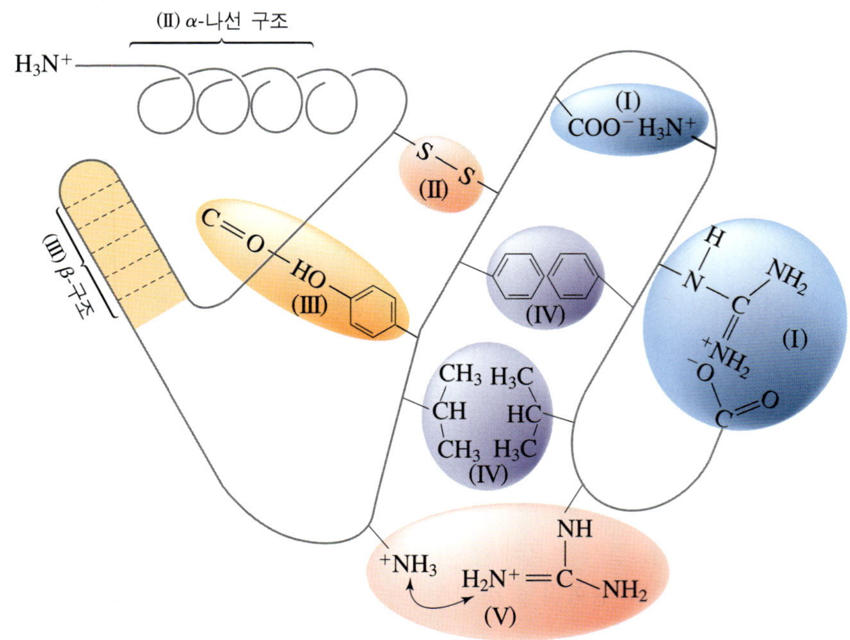

그림 5.6 | **단백질의 삼차 구조 형성에 미치는 요인들: (I) 이온 결합, (II) 공유 결합, (III) 수소 결합, (IV) 소수성의 상호작용, (V) 이온의 반발 작용**

그림 5.6에서 (I)은 이온 결합, (II)는 공유 결합, (III)은 수소 결합이다. 이 수소 결합의 일부는 이차 구조의 나선 구조와 역평행한 β 구조를 이루는 데 관여한다. (IV)는 소수성 원자단들 사이의 상호작용, (V)는 같은 종류의 이온들 사이의 반발 작용을 나타낸다. 이들 상호작용의 결과로 생리활성 단백질은 일정한 삼차 구조를 형성한다.

그림 5.7은 일차 구조의 모형도로, 앞에서 설명한 라이소자임의 삼차 구조이다. 왼쪽 아랫부분의 *N*-말단에 있는 1번의 라이신으로부터 *C*-말단에 있는 129번의 루신까지 펩타이드 사슬은 휘어져서 일정한 삼차 구조를 형성하고 있다. 짧은 실선으로 연결된 부분은 이황화 결합이다. 사선이 있는 나선형 부분은 나선 구조를 나타낸다. 라이소자임의 나선 구조는 전형적인 나선 구조가 아니고, 세 개의 아미노산 잔기가 한 개의 단위가 되어 조금 찌그러진 나선 구조이다. 또 40번에서 55번 부근까지는 β 구조를 이루고 있다.

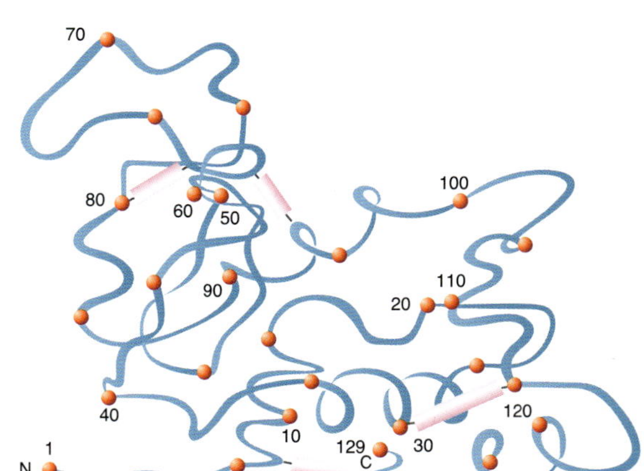

그림 5.7 | **라이소자임의 삼차 구조**

5.2.4 사차 구조

2개 이상의 소단위체(subunit)에 해당하는 폴리펩타이드나 단백질이 수소 결합과 같은 상호작용에 의해 연결되어서 고분자량의 단백질을 형성하고 있을 때, 이를 단백질의 **사차 구조(quaternary structure)**라고 한다(그림 5.8).

그림 5.8 | 단백질의 이합체 단위

사차 구조를 형성하고 있는 소단위체의 단백질들이 동일한 종류인 경우도 있고 여러 종류인 경우도 있다. 예를 들면, 척추동물의 혈액에서 산소를 운반하는 기능을 가지고 있는 헤모글로빈은 종류에 따라 다르지만, 분자량이 약 15,000인 α 사슬 두 가닥과 분자량이 약 15,800인 β 사슬 두 가닥으로 구성된 사합체의 상태로 존재한다(그림 5.9).

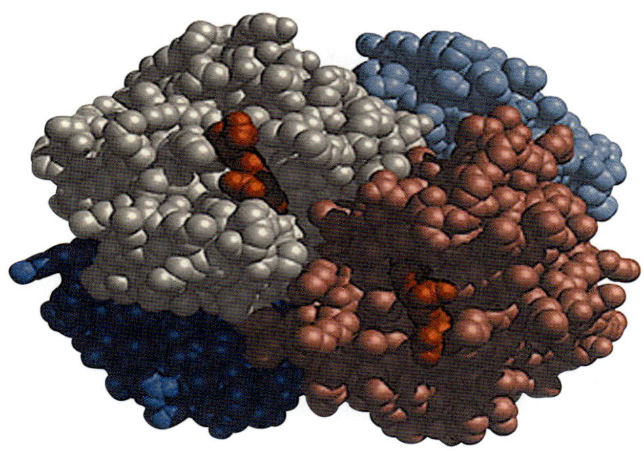

그림 5.9 | 헤모글로빈의 사차원 구조: 네 개의 소단위체들은 서로 다른 색으로 나타내었다. 각각은 산소와 결합하는 헴 원자단(붉은색)을 함유한다.

5.3 단백질의 물리 · 화학적 성질

5.3.1 단백질의 변성

달걀을 가열하면 굳어지고, 우유를 따뜻하게 하면 표면에 막이 생기는 현상은 일상생활에서 자주 볼 수 있다. 단백질의 수용액에 물과 섞이는 용매(에탄올, 아세톤 등)를 가하면 단백질의 일부는 침전된다. 물과 섞이지 않는 용매(에터, 클로로폼 등)와 단백질 수용액을 흔들어 섞으면 용매와 물층의 경계에 단백질이 막을 형성해서 석출되는 경우가 있다. 이러한 현상은 단백질 분자의 **형태 변화(conformation change)**에 기인하는 것이다.

단백질이 생체 내에서 유지하고 있는 본래의 입체 구조가 변하여 고유의 성질을 잃게 되는 것을 **변성(denaturation)**이라고 한다. 단백질의 변성은 온도에 의한 변화, pH에 의한 변화, 요소(urea)나 구아니딘 염산염(guanidin, HCl)과 같은 수소 결합의 상태를 변화시키는 물질에 의한 변화, 또는 용매(에탄올, 아세톤 등) 등을 부가함으로써 입체 구조의 변화가 일어난다(그림 5.10, 5.11, 5.12). 변성도는 단백질의 종류에 따라 각기 다르다. 예를 들면, 알코올, 아세톤 등을 부가해서 침전시켜도 변성되지 않는 단백질이 있는가 하면

적외선 (infrared ray)
태양이 방출하는 빛을 프리즘으로 분산시켜 보았을 때 적색선의 끝보다 더 바깥쪽에 있는 전자기파

자외선 (ultraviolet ray)
가시광선보다 짧은 파장으로 눈에 보이지 않는 빛으로 화학 작용이 강하다. 사람의 피부를 태우거나 살균 작용을 하며, 과도하게 노출될 경우 피부암에 걸릴 수 있음.

70~80°C의 고온에서도 장시간 변성되지 않고 견딜 수 있는 단백질도 있다. 단백질의 변성은 비가역적(irreversible)인 것과 가역적(reversible)인 것이 있다. 그리고 이 변성은 단백질 분자 내의 α-나선 구조, β-병풍 구조 등에 있는 수소 결합이 파괴되어 무작위적 구조로 되기 때문에 생기는 현상이다. 이렇게 변성된 단백질의 생리활성은 대부분의 경우 없어지며 용해도, 광회전도, 적정 곡선, 적외선과 자외선의 흡수(분광학적 변화), 가수분해효소에 대한 내성 등이 변화한다.

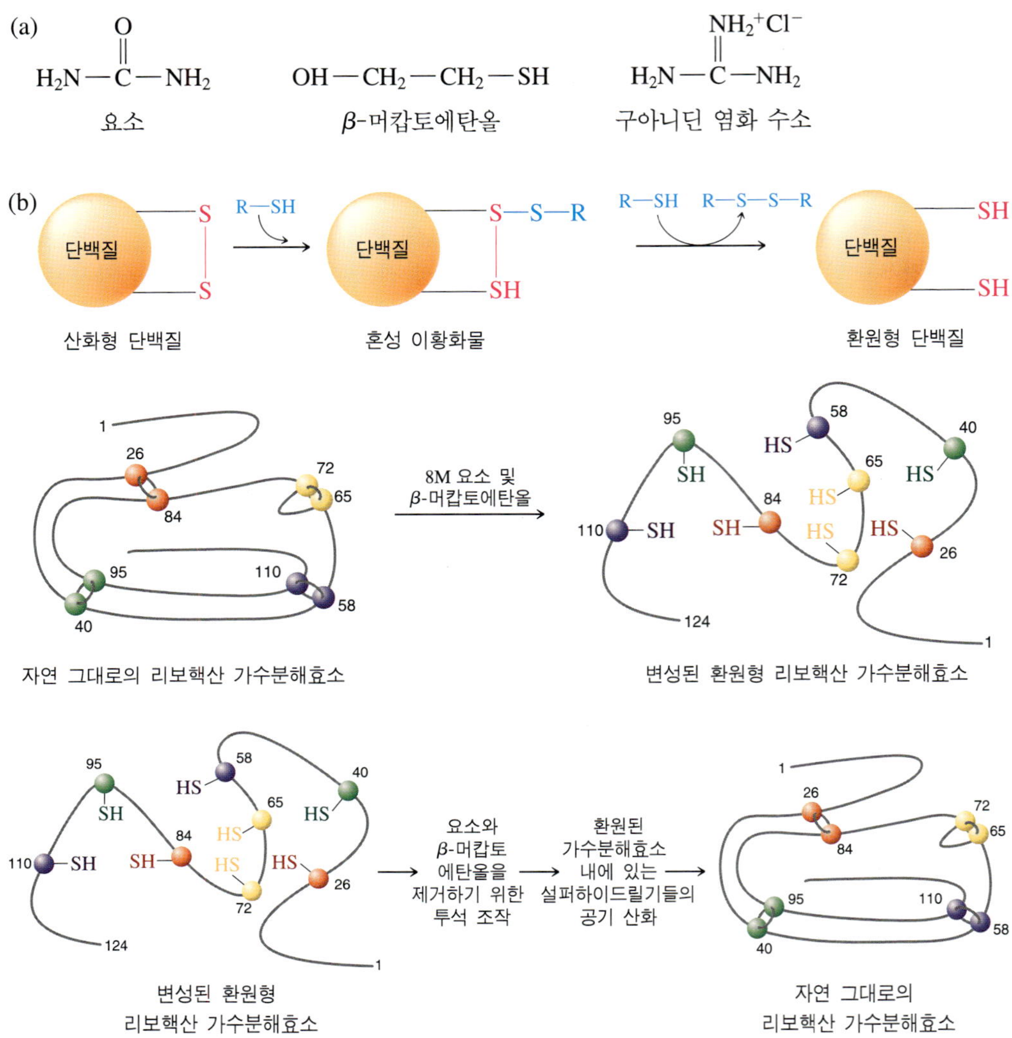

그림 5.10 | 단백질 구조 변화
(a) 단백질의 수소 결합, 이황화 결합을 변화시켜 단백질을 변성시킬 수 있는 화합물, (b) β-머캅토에탄올 등에 의한 단백질(이황화 결합)의 환원(변성화 반응)과 단백질의 재산화(재원형화 반응)

5.3.2 단백질 분자 내의 해리 가능한 작용기

단백질에는 성분 아미노산의 종류에 따라 양성자를 방출하는 카복실기, 페놀성 OH기, SH기, 중성에서 수소 결합하는 OH기, 펩타이드 결합, 염기성의 아미노기, 구아니딜기, 이미다졸 고리, 그 밖의 수소성 원자단 등 여러 가지 작용기들이 있다(표 5.3). 이 작용기들의 성질은 고분자 상태의 단백질 분자에 존재할 때와 저분자의 단위체인 아미노산 분자에 존재할 때를 비교하면 다소 성질이 다르다. 산성 아미노산 잔기가 많은 단백질은 분자 전체가 당연히 산성을 나타내며, 염기성 잔기가 많은 경우는 분자 전체가 염기성을 나타낸다. 아미노산은 산 또는 알칼리로 적정하면 카복실기 또는 아미노기의 적정 곡선을 나타내게 되며, 이 적정 곡선으로부터 **pK_a** 또는 **등전점(isoelectric point)**을 알 수 있다. 그러나 변성되지 않은 단백질의 적정 곡선은 저분자의 아미노산의 것과는 달리 불규칙적인

등전점 (isoelectric point)
단백질 분자 표면의 평균 실효하전, 즉 단백질 분자의 전기 이중층의 전위가 0이 되는 pH

표 5.3 단백질에 있는 이온화할 수 있는 작용기들의 pK_a 값

원자단	산 ⇌ 염기 + H^+	전형적인 pK_a*
말단 카복실기	$-COOH \rightleftharpoons -COO^- + H^+$	3.1
아스파트산과 글루탐산	$-COOH \rightleftharpoons -COO^- + H^+$	4.4
히스티딘	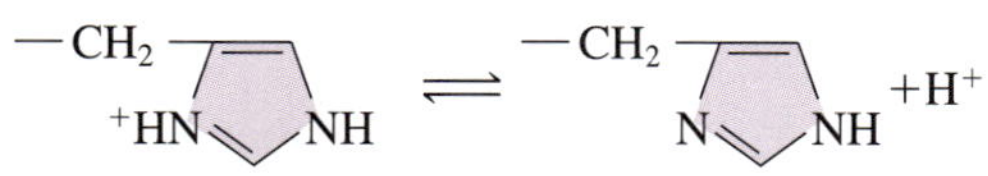	6.5
말단 아미노기	$-NH_3^+ \rightleftharpoons -NH_2 + H^+$	8.0
시스테인	$-SH \rightleftharpoons -S^- + H^+$	8.5
타이로신	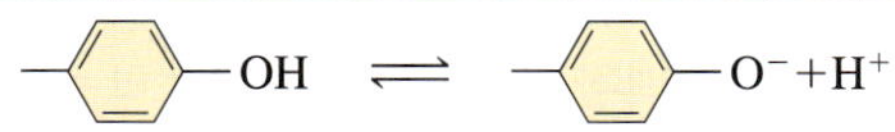	10.0
라이신	$-NH_3^+ \rightleftharpoons -NH_2 + H^+$	10.0
아르지닌	$-NH-C(=NH_2^+)NH_2 \rightleftharpoons -NH-C(=NH)NH_2 + H^+$	12.0

*pK_a 값은 온도, 이온의 세기 및 이온화하는 원자단의 미세 환경에 따라 달라진다.

모양을 가진다. 예를 들면, 알칼리의 소비량이 시간이 경과함에 따라 함께 변화한다. 이것은 이들 작용기가 그 단백질 내에서 주위의 환경에 따라 그 성질이 변하기 때문이다. 구체적인 예를 들면, 소수성의 곁사슬로 둘러싸인 카복실기는 양성자를 방출하기 어렵게 된다. 즉, 소수성 환경에서는 pK_a의 값이 더 커진다. 그뿐 아니라 수소 결합의 상태에 따라 이들 작용기의 pK_a 값은 변화한다.

5.4 아미노산과 단백질의 분석

효소 활성이나 생리활성을 가진 물질인 단백질은 생화학의 중요한 연구 대상이다. 단백질과 그 구성 아미노산의 분석 및 정량은 생화학 관련 분야에서 중요한 기술의 하나이다. 흔히 이용되는 아미노산과 단백질의 분석법을 알아보자.

5.4.1 닌하이드린 반응

아미노산이나 아미노 화합물을 닌하이드린과 반응시키면 아미노기의 산화 반응이 일어나 적자색(red purple) 내지 청자색(violet)으로 변한다. 아미노산 분석기, 종이 크로마토그래피, 얇은막 크로마토그래피 등으로 아미노산을 분석할 때 자주 이용하고 있다. 아미노산의 발색은 보통 자색이지만 히스티딘과 글리신은 적회색이며, 페닐알라닌, 타이로신, 아스파트산들은 푸른색, 프롤린은 노란색으로 발색한다. 이 **닌하이드린 반응(ninhydrine reaction)법**을 이용하면 0.2~2.0 μg의 아미노산을 검출할 수 있다.

> **닌하이드린(ninhydrin)**
> 인단트라이온(indantrione)의 수화물로 암모니아와 일차 및 이차 아민의 존재 여부를 알아내는 데 사용. 아미노산과 반응하면 청자색을 나타내어 아미노산의 발색 시약으로 사용함.

5.4.2 뷰렛법

알칼리성 수용액 중에서 2가의 구리 이온과 **뷰렛[biuret, $NH_2-CO-NH-CONH_2$**가 카밤오일화(carbamoyl, $-CONH_2$) 된 화합물]은 착화합물을 형성하여 적자색(red purple)을 띠게 된다. 단백질의 알칼리성 수용액에 황산 구리를 가하면 단백질 분자 내에 많이 존재하는 펩타이드 결합과 구리 이온이 뷰렛 구리 이온 착화합물을 만들어, 자홍색(magenta) 또는 청자색(violet)의 용액이 된다. 단백질 이외의 물질(뷰렛)이 색깔 반응을 나타내는 것은 극히 적기 때문에, 이 색깔 반응을 이용하여 단백질을 정량할 수 있다. 착색한 용액은 파장 540~560 nm에서의 흡광도를 측정함으로써 시료의 단백질을 정량할 수 있다(비색정량법).

5.4.3 페놀 시약법

페놀류와 반응하여 발색하는 시약을 **페놀 시약(phenol reagent)**이라고 한다. 특히 Folin 시약이 단백질의 정량에 많이 이용되고 있다. Folin 시약은 주로 몰리브데넘산 소듐(sodium molybdate), 텅스텐산 소듐(sodium tungstic acid) 및 인산으로 구성되며, 환원제와 반응하면 복잡한 착화합물인 인몰리브데넘산 블루(phosphomolybdic acid blue)를 형성하여 푸른색을 띠게 된다. 단백질 분자에 있는 페놀의 일종인 타이로신, 트립토판은 산화되기 쉽고 환원제로서 작용하기 때문에 이들 아미노산을 함유하는 단백질은 Folin 시약으로 발색, 정량할 수 있다. Folin의 방법을 뷰렛법과 병행해서 감도를 향상시킨 Lowry법도 단백질의 정량에 많이 이용되고 있다.

5.4.4 자외선 흡수 스펙트럼을 이용하는 방법

방향족 아미노산인 트립토판, 타이로신, 페닐알라닌은 자외선 파장 280 nm 부근의 빛을 흡수한다. 이들 아미노산이 단백질에 함유되어 있는 경우, 이 단백질 용액의 흡광도를 280 nm에서 측정하여 단백질 농도를 산출할 수 있다. 이 방법은 간단하지만 시약 중에 자외선을 흡수하는 물질이 공존하고 있는 경우에는 이용할 수 없다.

연습 문제

1. 단백질의 입체 구조를 유지하고 있는 힘들은 어떠한 것들이 있는지 설명하시오.
2. 단백질의 일차, 이차, 삼차 및 사차 구조를 설명하시오.
3. 단백질의 변성은 구조와 기능에 어떠한 변화를 가져오는지 설명하시오.
4. 단백질의 종류에는 크게 두 가지가 존재한다. 그것이 각각 무엇이며, 그것들이 가지는 특성이 무엇인지 서술하시오.
5. 단백질이 특정 조건에 의해 변성된 후, 이것이 충분한 시간이 지난 후 다시 원상태로 재원형화될 수 있는지에 대하여 설명하시오.
6. 단백질이 여러 개의 소단위체로 만들어졌을 때의 장점은 무엇인지 기술하시오.
7. 아스파라진에서 수소 결합의 공여체와 수용체는 각각 무엇인지 설명하시오.
8. 아미노산과 단백질을 분석하는 방법에는 어떠한 것들이 있는지 설명하시오.
9. Ala, Gly, His, Lys, Phe의 아미노산으로 만들 수 있는 펩타이드의 수는 얼마나 되는지 설명하시오.
10. 여섯 개의 소단위체로 구성된 단백질들에 가능한 회전대칭이 어떤 종류가 있는지 설명하시오.

06

효소: 촉매 단백질

학습 목표
- 효소의 명명법을 이해한다.
- 효소의 종류와 반응 메커니즘을 이해한다.
- 효소의 반응 속도와 그 최적 조건을 이해한다.
- 보조효소의 종류와 반응 시 그 역할을 이해한다.

주요 용어
- 효소, 완전효소, 효소 명명법, 기질, 반응 속도, 촉매 반응, K_m, 억제제, 보조효소, CoA, NADH, $FADH_2$, ATP

6.1 효소의 구조와 성질

6.1.1 효소에 대한 이해

효소는 주로 단백질로 이루어져 있다. 단백질의 분류에서 설명한 것과 같이(5장 참조), 단백질은 단순 단백질과 복합 단백질로 존재한다. 효소 단백질도 단순 단백질 또는 복합 단백질 형태로 존재한다. 복합 단백질로 분류되는 효소의 경우 단백질 이외의 작은 분자 화합물과 결합해서 활성을 가지는 것도 많다. 이 작은 분자 화합물을 **보조효소(coenzyme)** 라고 하며, 이러한 효소의 단백질 부분을 **결손효소(apoenzyme)** 라고 한다. 결손효소와 보조효소가 결합해서 활성을 가질 때 이것을 **완전효소(holoenzyme)** 라고 한다. 보조효소가 결손효소와 단단하게 공유 결합하여 용액 내에서 결손효소로부터 해리하지 않을 경우 이 보조효소를 **보결 원자단(prosthetic group)** 이라고 한다. 금속 원소로서 보조효소 활성을 가지고 있는 것을 **활성제(activator)** 라고 한다. 효소를 구성하는 단백질이 몇 분자 모여서 복합체를 형성하여 활성을 가지는 경우가 있는데 이러한 효소를 **중합체형 효소(oligomeric enzyme)** 라고 한다.

> **보결 원자단**(prosthetic group)
> 복합 단백질의 단백질에 결합되어 있는 비단백질성 분자 또는 분자단으로 핵단백질의 핵산 부분, 예) 당단백질의 당 부분, 헤모글로빈이나 사이토크롬의 헴, 플라보 단백질 (탈수소효소 등) 의 플라빈 부분(조효소 역할), 리포단백질의 인지질 부분

효소의 입체 구조와 활성의 관계를 서모라이신(thermolysin)이라는 단백질 가수분해효소를 예로 들어 설명하고자 한다. 서모라이신은 세균(*Bacillus thermoprotelyicus*)으로부터 분비되는 단백질 가수분해효소(protease)이다. 이 효소는 고온에서 안정하고, 일차 구조와 X선 결정 분석법을 사용하여 0.2~0.3 nm의 분해능으로 삼차 구조가 밝혀져 있다.

서모라이신은 316개의 아미노산 잔기로 이루어져 있으며, *N*-말단은 아이소루신이며, *C*-말단은 라이신이다. 그리고 네 개의 Ca 원자와 한 개의 Zn 원자를 한 분자 내에 함유하고 있다. 그림 6.1에 X선 분석에 의해 얻어진 서모라이신 분자의 펩타이드 사슬의 형태를 나타내었다.

4개의 붉은 원은 Ca을 의미하며, 파란 원은 Zn을 의미한다. 아미노산 잔기는 오른쪽 상단에 있는 1번(*N*-말단)의 아이소루신으로부터 왼쪽 하단의 316번(*C*-말단)의 라이신까지 β 구조와 나선 구조로 전체가 연결되어 있다. 그림 6.1의 미세한 구조는 무시하고 전체적으로 크게 보면, 이 단백질 분자는 갈라진 틈이 있는 구형으로 볼 수 있다. 이렇게 갈라진 한가운데에는 Zn 이온이 존재한다. 위쪽의 *N*-말단을 포함한 반은 β 구조가, 아랫부분은 나선 구조가 주를 이루고 있다. Ca 이온은 이러한 형태를 안정하게 유지시키는 데 필요한 것으로 생각된다. 그러나 Zn은 활성 자리(active site)이고, 146번과 142번의 히스티딘 잔기에 있는 이미다졸 고리와 166번의 글루탐산 잔기의 카복실기들과 배위 결합을 한 구조로 존재한다. 이 Zn은 서모라이신의 활성, 즉 단백질의 펩타이드 결합을 가수분해하는 반응에 직접 관여하고 있다.

가수분해 반응이 시작되면 기질인 단백질 분자의 펩타이드 사슬은 이 효소 분자의 입에 해당하는 갈라진 부분의 중앙 부분에 들어가서, 활성 자리에 있는 Zn 이온과 아미노산 곁사슬에 있는 작용기의 상호작용에 의해서 가수분해된다.

6.1.2 효소의 종류와 명명법

> **체계명**(systematic name)
> 국제생화학연맹의 효소위원회에서 효소의 분류와 명명에 대한 규칙을 제정함. 6개의 큰 군으로 나누고, 각 군은 다시 분해 또는 연결되는 화학 결합을 기준으로 세 차례에 걸쳐 작은 군으로 나눔.

효소의 이름은 일반적으로 기질의 이름에 **~에이스(-ase)** 라는 어미를 붙여서 명명한다. 예를 들면, '아밀레이스(amylase)'는 아밀로스(anylose)를 가수분해하는 효소이며, 요소 가수분해효소(일명, 유레이스, urease)는 요소(urea)를 암모니아와 탄산으로 가수분해하는 효소이다. 그 밖에 관용명으로 허용되고 있는 트립신, 키모트립신, 카탈레이스와 같이 이름만으로는 기질을 알 수 없는 효소명들도 있다. 현재는 국제생화학연맹의 효소위원회가 정해 놓은 **체계명(systematic name)** 이 공식적으로 사용되고 있다. 관용명이 추천명으로

그림 6.1 | **서모라이신 분자의 삼차 구조: ●–아미노산의 α 탄소, ●–Ca 원자, ●–Zn 원자. Zn 원자에서 나오는 노란색 점선은 아미노산 잔기와의 배위 결합을 나타낸다.**

된 것도 많이 있다. 효소 명명법에 따르면 효소는 그것이 촉매하는 반응에 따라 크게 여섯 종류로 분류된다.

1) 산화환원효소(oxidoreductase): 산화–환원 반응에 관여하는 효소이다. 작용하는 작용기에 따라 더 세분된다.
2) 전달효소(transferase): 작용기를 전달하는 효소이다. 예를 들면, 메틸기를 a 물질로부터 b 물질로 옮기는 반응을 촉매하는 효소이다. 전달하는 작용기의 종류에 따라서 더 세분화된다.
3) 가수분해효소(hydrolase): 가수분해 반응을 촉매하는 효소이다. 예를 들면, 에스터 결합이나 아마이드 결합과 같이 가수분해되는 결합의 종류에 따라서 다시 세분화된다.
4) 분해효소(lyase): 제거 반응으로 C–C, C–O 또는 C–N 결합의 분해를 촉매하는 효소, 또는 그 역반응을 촉매하는 효소이다.
5) 이성질화효소(isomerase): 이성질화 반응을 촉매하는 효소이다. 예를 들면, 광학 활성 화합물을 라셈화하는 반응을 촉매하는 라셈화효소가 있다.
6) 연결효소(ligase): ATP 가수분해 반응과 짝지어서 C–O, C–S, C–N, C–C 등의 결합이 형성되도록 촉매하는 효소이다. 각종 생성 효소가 여기에 속한다.

분해효소 (lyase)
가수분해와 산화 이외의 다양한 화학 결합을 끊는 것을 촉매하는 효소. 한 방향의 반응으로 오직 하나의 기질을 요구함.

촉매하는 반응의 본질에 따라 명명된 효소들은 각기 효소 번호, 추천명, 체계명으로 효소표에 수록되어 있다. 예를 들면, 요소 가수분해효소(urease)는 아래의 반응을 촉매하는 효소이다.

$$NH_2CONH_2 + H_2O \rightleftarrows CO_2 + 2NH_3$$

이것은 세 번째 부류의 가수분해효소(hydrolase)에 속하는 3.5.1.5라는 효소 번호를 가지게 된다. 따라서 체계명은 요소 아미도가수분해효소(urea amidohydrolase)가 된다.

α-아밀레이스(α-amylase)는 다당류인 글리칸의 α-(1 → 4) 결합을 가수분해하는 효소이다. 이 α-아밀레이스는 요소 가수분해효소와 같은 부류인 가수분해효소에 속하고, 효소 번호는 3.2.1.1이다. 그리고 체계명은 1, 4-α-D-글루칸 글루카노가수분해효소(1, 4-α-D-glucan glucanohydrolase)이다.

6.1.3 아이소자임

동일한 개체 내에 존재하면서 기질 특성은 같지만 기질 친화성(K_m 값), 저해제에 대한 저해율, 온도 안정성 등의 효소의 특성과 효소 단백질의 물리 · 화학적 특징(전하 상태, 분자량 등), 면역학적 성질이 다른 효소 집단을 **아이소자임(isoenzyme** 또는 **isozyme)**이라고 한다. 이미 잘 알려진 대표적인 아이소자임에는 젖산다이하이드로게이스(1~5)형, 알칼리포스포테이스(4종류), 아밀레이스(2종류), 아스파라진산아미노트랜스페레이스(4종류) 등이 있다.

6.2 효소 반응의 성격

6.2.1 효소 반응의 특징

다음으로는 효소가 촉매하는 생화학 반응과 일반적인 화학 반응은 어떻게 다른지, 그리고 효소 반응은 어떠한 특징이 있는지 등을 설명하고자 한다.

콩과식물의 일종인 작두콩에서 얻은 요소 가수분해효소는 요소를 암모니아와 이산화탄소로 가수분해하는 반응을 촉매하는 효소이다. 1 mg의 요소 가수분해효소는 25°C의 pH 6.7 인산 완충액에서 1분 동안에 100 mg의 요소를 가수분해하여 암모니아와 이산화탄소를 생성한다. 요소와 요소 가수분해효소의 분자량은 각각 48 달톤과 483,000 달톤이다. 1분자의 요소 가수분해효소는 1초 동안에 20,527개 요소 분자의 가수분해 반응을 촉매한다. 요소는 실온의 산성 또는 알칼리성 수용액에서도 안정한 물질이다. 그리고 pH 7 부근에서는 수용액을 100°C로 가열해도 가수분해되지 않는다.

요소 가수분해효소 없이 요소를 가수분해하려면 그 수용액을 알칼리성 또는 산성의 조건에서 오랜 시간 가열해야 한다. 그러나 요소 가수분해효소를 사용하면 중성의 용액과 실온에서 요소를 가수분해하는 것이 가능하다. 작두콩 요소 가수분해효소는 요소 분자만을 가수분해한다. 요소와 유사한 구조를 가진 물질들은 가수분해하지 않는다. 예를 들면, 메틸요소(methylurea, $CH_3NHCONH_2$)는 요소 가수분해효소로 가수분해되지 않는다. 이와 같이 기질의 구조가 조금만 달라도 그 물질에 대해서는 전혀 활성을 갖지 않거나 활성

> **달톤** (dalton)
> 단백질 등 고분자 물질의 질량을 표시하는 단위로 기호는 Da. 탄소 동위체 ^{12}C 1원자의 질량이 12달톤이므로, 1달톤은 1.661×10^{-24}(= 아보가드로수의 역수) g에 해당함. 수치적으로는 분자량과 같으나, 분자량은 1몰당 상대 질량이므로 달톤을 분자량의 단위로 사용하지 않음.

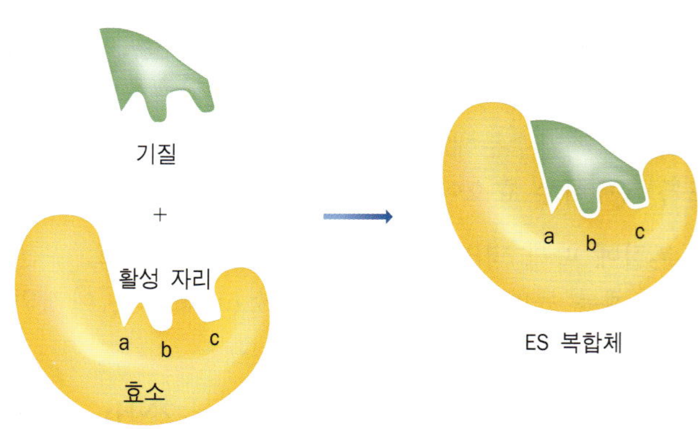

그림 6.2 | 기질과 효소의 결합에 관한 자물쇠-열쇠 모형

이 크게 저하되는 효소의 성질을 **기질 특이성**(**substrate specificity**)이라고 한다.

효소의 작용이 기질 특이성을 가지는 것을 설명하기 위해서 Emil Fischer는 **자물쇠-열쇠 모형**(**lock and key model**)을 제안하였다. 이 모형에 따르면 효소의 구조와 기질의 구조는 서로 **상보적**(**complementary**)이며, 열쇠와 자물쇠와 같은 관계에 있다는 것이다(그림 6.2). 따라서 효소의 구조에 상보적이지 않은 구조를 가진 기질은 효소와 결합하지 못하므로 효소의 작용을 받지 못한다. 기질이 효소 작용을 받으려면 먼저 효소와 결합해서 효소-기질 복합체(enzyme-substrate complex)를 만들어야 한다.

자물쇠-열쇠 모형은 많은 효소들의 특이성을 잘 설명해 주지만 모든 효소 작용들에 적용되지는 않는다. 이러한 성질들을 설명하기 위해서 효소와 기질의 결합이 이미 정해져 있는 효소와 기질의 상보적인 생김새에 의해서 이루어지는 것이 아니라 기질 분자가 효소 분자에 접근할 때 효소의 생김새가 기질의 구조에 알맞게 맞춰진다는 것이다. 이 동적 인식 과정을 **유도 적합**(**induced fit**)이라고 한다(그림 6.3).

유도 적합 (induced fit)
효소가 기질과 결합하면 모양을 바꿈. 활성 자리는 기질이 결합해야 기질에 상보적인 모양을 만듦.

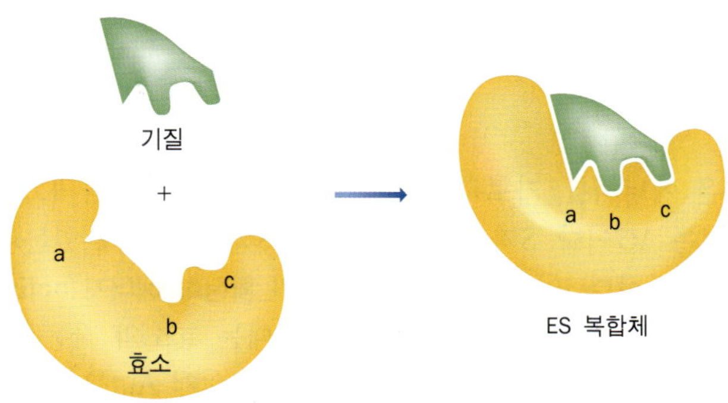

그림 6.3 | **기질과 효소의 결합에 관한 유도 적합 모형**

효소의 기질 특이성은 효소 반응의 큰 특징들 중의 하나이다. 대개 효소들의 특이성은 엄격하지만 그렇지 않은 경우도 있다. 예를 들면, 효소의 종류에 따라서는 여러 종류의 기질에 활성을 가지는 것도 있다.

효소는 광학 활성을 가진 아미노산이 축합해서 이루어진 고분자 화합물이기 때문에 광학 활성을 가지며, 기질 분자의 광학 이성질체를 식별하는 효소로 작용한다. 동물의 젖산 탈수소효소(lactic dehydrogenase)를 한 번 살펴보자. 이 효소는 아래에 나타낸 반응을 촉매한다.

$$\underset{\text{피루브산}}{\begin{matrix} COOH \\ | \\ C{=}O \\ | \\ CH_3 \end{matrix}} + NADH + H^+ \rightleftharpoons \underset{\text{L-(+)-젖산}}{\begin{matrix} COOH \\ | \\ HO{-}\overset{*}{C}{-}H \\ | \\ CH_3 \end{matrix}} + NAD^+$$

pH 7.0 부근에서 반응은 오른쪽으로 일어난다. 보조효소 NADH를 사용해서 피루브산(pyruvate)을 환원시키고, L-(+)-젖산(lactate)을 생성한다. L-(+)-젖산의 *표는 비대칭 탄소를 의미한다. 여기서 주의할 것은 생성된 젖산이 모두 우회전성을 나타내는 광학 활성의 젖산이라는 것이다. 그러나 일반적으로 피루브산의 카보닐기를 환원제로 화학적으로 환원하면 L-(+)-젖산만의 환원 생성물을 얻을 수 없다. 오히려 같은 양의 D-(−)-젖산이 50% 혼합된, 광학 활성을 나타내지 않는 라셈체인(±)-젖산(lactate)을 얻게 된다. 이와 같이 대부분의 효소들은 광학 이성질체를 정확하게 식별해서 반응을 촉매한다. 따라서 생물체 내에 존재하는 비대칭 탄소를 가진 거의 모든 유기 화합물은 반응 후에 특이적인 광학 활성을 나타낸다.

6.2.2 효소 반응의 속도

앞에서 설명한 바와 같이, 효소 반응은 매우 빠르게 일어난다. 우리는 이 사실을 열역학적으로 어떻게 설명할 것인가? 기질 S로부터 생성물 P가 생성될 때의 에너지 변화를 간단히 그림 6.4에 나타내었다.

그림 6.4 | **촉매 반응과 비촉매 반응의 자유 에너지 비교. (---) 촉매 반응 경로, (—) 비촉매 반응 경로**

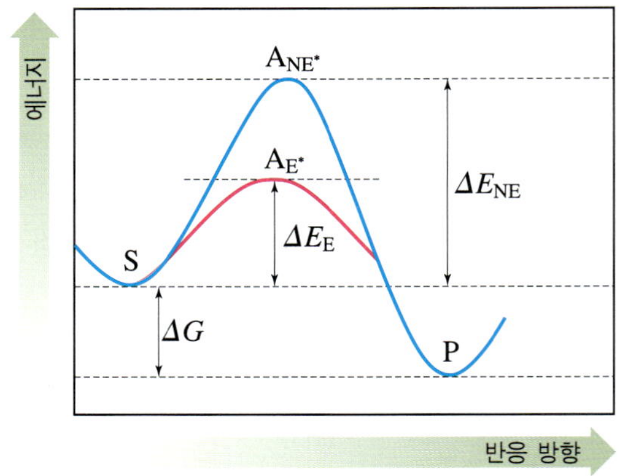

그림에서 세로축은 에너지를, 가로축은 반응의 진행 상태를 나타내고 있다. S와 P 사이의 자유 에너지 차이는 ΔG이다. S가 P로 변화할 때 S와 P 사이에 있는 높은 에너지 상태의 언덕 A_{NE}*를 넘어야 한다. 이때 S는 ΔE_{NE}만큼의 **활성화 에너지(activation energy)**를 필요로 한다. 효소가 S로부터 P로의 반응을 촉매할 때는 효소의 작용으로 활성화 에너지의 언덕이 A_{NE}*의 위치에서 A_E*의 위치로 낮아져 S는 쉽게 A_E*를 넘어서 P로 변화한다. 이때 ΔG의 값에는 변화가 없다. 따라서 평형 상수에는 변화가 없지만 반응 속도는 크게 증가한다.

활성화 에너지
(activation energy)
반응을 일으키기 위해 필요한 최소한의 에너지

효소가 촉매하는 간단한 반응을 아래에 나타내었다.

$$S + E \underset{k_{-1}}{\overset{k_{+1}}{\rightleftarrows}} ES \xrightarrow{k_{+2}} P + E$$

S는 기질, E는 효소, ES는 효소-기질 복합체, P는 생성물을 나타낸다. k_{+1}, k_{-1}, k_{+2}는 각각의 반응 속도 상수이다. 이 식에서 S는 P로 되기 전에 효소와 결합하고 효소-기질 복합체 ES를 만들어 활성화 에너지의 언덕을 넘어서 생성물 P와 효소 E로 변화한다. 기질 농도 [S]가 충분히 클 때 효소 농도 [E]를 증가시키면 ES의 농도 [ES]가 크게 되고, 기질이 생성물로 변환되는 속도가 커진다. 그러면 효소 농도를 일정하게 해서 기질 농도 [S]를 변화시키면 생성물 P가 생성되는 속도는 어떻게 변화할까? 그림 6.5에 이 변화를 나타

그림 6.5 | **효소 반응의 초기 속도와 기질 농도**

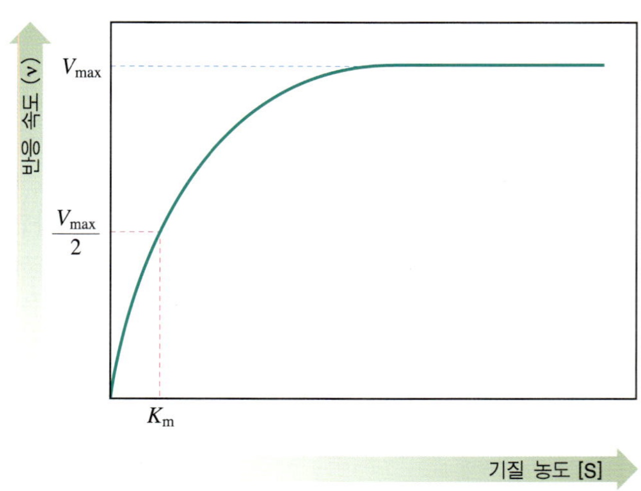

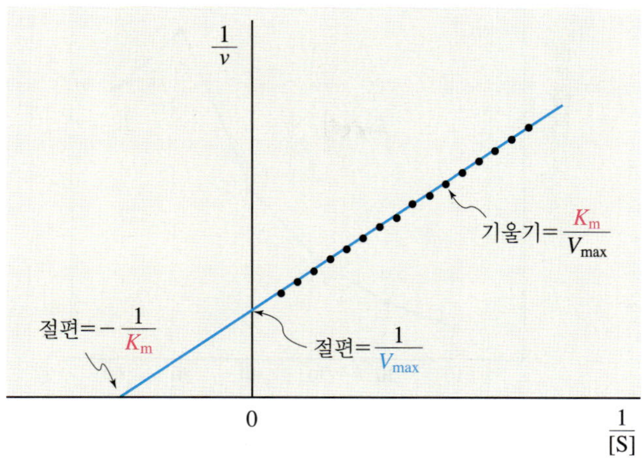

그림 6.6 | **효소 반응 과정의 이중 역수 그림**

내었다.

기질 농도 [S]가 낮을 때 속도 v는 농도에 비례해서 직선적으로 증가하고, 기질 농도 [S]가 충분히 클 때는 반응 용액 내에 존재하는 효소가 모두 ES 복합체가 되어서 일정한 최대 속도 V_{max}에 도달한다. ES의 생성 속도와 분해 속도가 같은 정상 상태에서 P가 생성되는 속도 v와 [S]의 관계를 식으로 나타내면 아래와 같다.

$$v = \frac{V_{max}[S]}{K_m + [S]} \quad \left(K_m = \frac{k_{-1} + k_{+2}}{k_{+1}} \qquad V_{max}\text{는 최대 속도} \right)$$

이 식을 **미하엘리스-멘텐 식**(**Michaelis-Menten equation**)이라고 한다. 그리고 K_m을 미하엘리스 상수라고 한다. K_m은 [mol/L]의 농도 차원(dimension)을 가지고, 그림 6.5에 나타낸 것과 같이 [S] = K_m일 때 반응 속도는 $V_{max}/2$, 즉 최대 속도의 1/2이 된다. 미하엘리스 상수 K_m은 각종 효소의 성질을 나타내는 중요한 상수이다. K_m은 k_{+2}가 k_{-1}에 비해서 무시해도 좋을 정도로 작을 때 ES의 해리 상수(K_d)에 가깝다. 이때 K_m 값이 크다는 것은 ES가 S와 E로 분해하기 쉽다는 의미이다. 실제로 K_m 또는 V_{max}의 값을 결정할 때 농도 [S]와 V_{max}의 값을 그림 6.5와 같이 만들어서 그 값을 구하는 것은 어렵기 때문에 다음과 같은 방법을 이용한다.

미하엘리스 상수
(Michaelis constant)
효소의 성질을 나타내는 중요한 상수로서, k_2가 k_{-1}보다 매우 작을 때 K_d(dissociation constant)에 가까워짐.

미하엘리스-멘텐 식의 역수를 취해서 $1/v$을 세로축으로 하고 $1/[S]$을 가로축으로 하여 실제로 얻어진 값을 넣어서 그린다. $1/v$과 $1/[S]$은 일차식의 직선 관계가 성립되고, 그림 6.6과 같은 직선이 된다. 이러한 도표를 그리는 것을 **라인위버-버크 도면**(**Lineweaver-Burk plot**)이라고 한다. 이 경우 세로축과 직선이 만나는 점이 $1/V_{max}$의 값이고, 가로축과 만나는 점이 $-1/K_m$의 값이 된다.

6.2.3 효소 반응 속도와 온도

효소에 의한 기질의 분해 반응도 어떤 면에서는 유기 화학 반응이라고 말할 수 있다. 화학 반응은 일반적으로 1°C 변화하면 그 반응 속도는 약 10% 변화한다고 한다. 따라서 효소가 있는 조건에서 온도가 10°C 상승할 경우 반응 속도는 2배씩 증가한다. 그러나 효소가 촉매로 작용하는 반응에서는 어느 온도를 넘어서면 반대로 속도가 저하된다(그림 6.7). 왜 그럴까? 그것은 효소가 단백질이기 때문이다. 단백질은 어느 일정한 온도(효소의 종류에 따라 다르지만 일반적으로 50~60°C)를 넘으면 변성을 일으켜 단백질 고유의 기능을 잃게 된다. 효소 또한 단백질이므로 어느 일정한 온도를 넘으면 고유의 기능인 효소로서의

그림 6.7 | 반응 온도와 효소 반응 속도

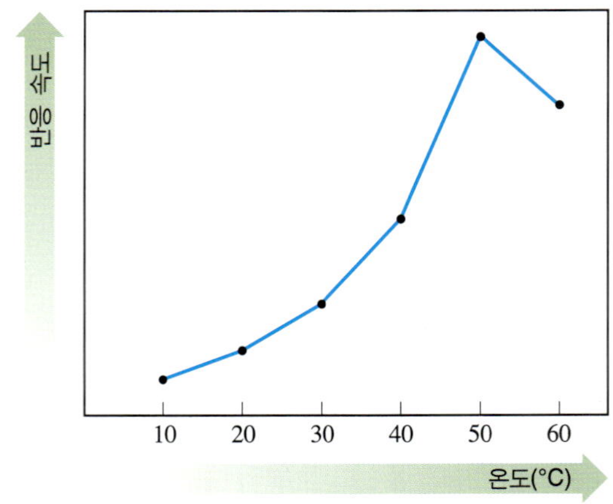

활성 (activity)
효소의 능력을 나타내는 지표로서, 기질과 반응하여 능력을 나타내는 경우 효소가 활성을 가진다고 함.

촉매 활성을 잃어버리게 된다. 특히 효소가 촉매로서의 활성을 잃어버린 것을 **활성 잃음 (activity lose)** 이라고 한다.

생체 내에서 체온과 효소 활성의 관계는 중요하다. 예를 들면, 심장수술 등을 할 때 환부의 표면 온도를 0°C 정도까지 낮춰서 수술을 한다. 그 이유는 심장조직 내에 있는 각종 효소들의 반응 속도를 느리게 하기 위해서이다. 한 가지 더 예를 들면, 물고기들은 변온동물이 아니지만 추운 겨울에는 운동성이 매우 느리고 여름에는 활발한 데, 이것은 각종 효소들의 온도에 따른 활성 변화 때문이다.

6.2.4 pH와 활성

효소는 그 활성을 충분히 발현하기 위해서 기질과 결합해야 한다. 단백질의 일반적 성질은 pH가 바뀌면 단백질의 입체 구조가 변화한다고 알려져 있다. 효소도 단백질이기 때문에 반응 용액의 pH를 바꾸면 그림 6.8과 같이 효소의 입체 구조가 변화하여 기질과의 결합이 불가능하게 되거나 활성이 저하되기도 한다.

그림 6.8 | 반응 용액 pH와 효소-기질의 결합성

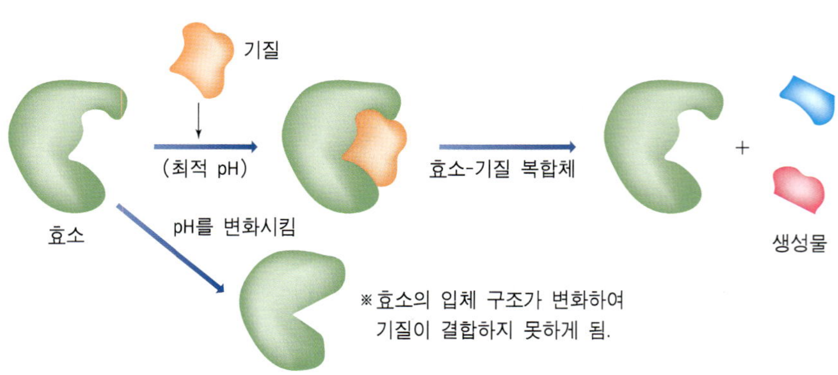

이와 같이 pH에 의한 효소 활성 변화 현상을 증명하는 예가 있다. 만약 몸속의 위가 상태가 좋지 않아 위산이 부족할 경우, 위 속의 pH는 1~2에서 상승하여 pH 3~4가 된다. 단백질 분해효소인 펩신(pepsin)의 적정 pH는 1~2이지만 pH가 3~4로 상승하였기 때문에 펩신의 활성이 저하하여 특히, 식사 때 함께 먹은 육류의 소화가 충분히 되지 않아서 위가 고통스럽게 되는 것이다. 이러한 경우에는 구연산(citric acid) 용액을 마셔 위 속의 pH를 펩신의 최적 pH 부근까지 낮추어 주면 펩신의 소화 활성이 활발하게 살아나서 소화가 쉬워진다. 한편, 이와는 반대로 위산과다의 경우는 위 속의 pH가 너무 낮아져서 펩신의 활성이 충분히 발현되지 않는다. 이때는 탄산수소 소듐(baking soda, $NaHCO_3$) 수용

액을 마셔서 pH를 올려 주면 좋다. 그림 6.9는 다양한 단백질 분해효소들의 최적 pH를 보여 주고 있다.

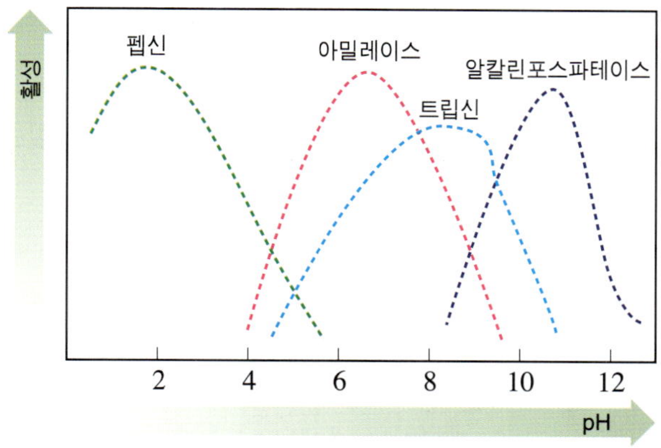

그림 6.9 | 펩신, 아밀레이스, 트립신, 알칼린포스파테이스의 최적 pH

6.2.5 효소의 억제제

효소의 활성을 없애거나 저하시키는 물질을 **효소 억제제(enzyme inhibitor)** 라고 한다. 생명 현상을 유지하기 위한 생화학 반응들은 모두 효소에 의해서 촉매된다. 따라서 강한 효소 억제제는 당연히 생물에 대한 독성 물질 또는 생리활성 물질 중에도 있을 수 있다. 항생 물질의 많은 것들은 일종의 효소 억제제이다. 임상적으로 실용화되고 있는 항생 물질들은 숙주인 동물에 기생하는 병원 미생물의 효소계를 선택해서 억제하므로, 그것을 선택 독성이 강한 물질이라고 말할 수 있다. 2015년 6월, 앤드루 메세커 퍼듀대 생명과학과 교수팀은 메르스 바이러스가 스스로를 복제하는 데 필요한 효소의 작용을 억제하는 물질을 찾아냈다. 연구진은 메르스 바이러스의 경우 단백질 분해효소 표면에 제3의 분자가 달라붙으면서 쌍둥이 분자와의 결합이 촉진된다는 사실을 알아냈다. 이 부위에 다른 물질을 붙이면 효소의 기능을 무력화시킴으로 메르스 바이러스의 복제를 막을 수 있다. 이 절에서는 효소 억제제의 종류와 이들이 효소의 반응 속도와 반응성에 어떻게 영향을 미치는지를 설명하고자 한다.

효소 억제제 (enzyme inhibitor)
효소가 작용하는 메커니즘 중 한 구간을 방해하여 효소의 작용을 막는 물질. 구조적인 측면에서도 다양한 종류의 억제제가 존재함.

(1) 비가역적 억제제

비가역적 억제제(irreversible inhibitor)는 효소와 강하게 결합하며, 온화한 조건에서는 효소와 분리되지 않는다. 예를 들면, 억제제가 효소와 공유 결합을 만드는 경우이다. 다이아이소프로필포스포플루오린산(diisopropyl-phosphofluoridate, DIPF)은 피부로 침투하는

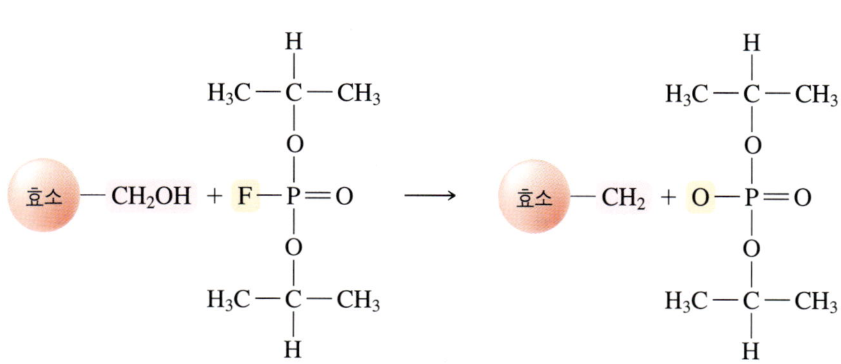

다이아이소프로필
포스포플루오린산
(DIPF)

그림 6.10 | 다이아이소프로필포스포플루오린산(DIPF)에 의한 키모트립신과 아세틸콜린, 에스터 가수분해효소의 비활성화

대단히 독성이 강한 인산 화합물이다(그림 6.10). DIPF는 키모트립신, 아세틸콜린, 에스터 가수분해효소 등 가수분해효소들의 활성 자리에 있는 세린 잔기의 OH기와 쉽게 인산 에스터 결합을 형성해서 비가역적으로 효소 활성을 억제한다.

(2) 가역적 억제제(reversible inhibitor)

가역적 억제제(reversible inhibitor) 중 경쟁적 억제제는 효소와 기질이 결합하여 복합체를 만들 때 기질의 결합을 방해한다. 반면 비경쟁 억제제는 기질의 결합을 방해하지 않는다(그림 6.11).

그림 6.11 | **경쟁 억제제와 비경쟁 억제제 결합의 차이**

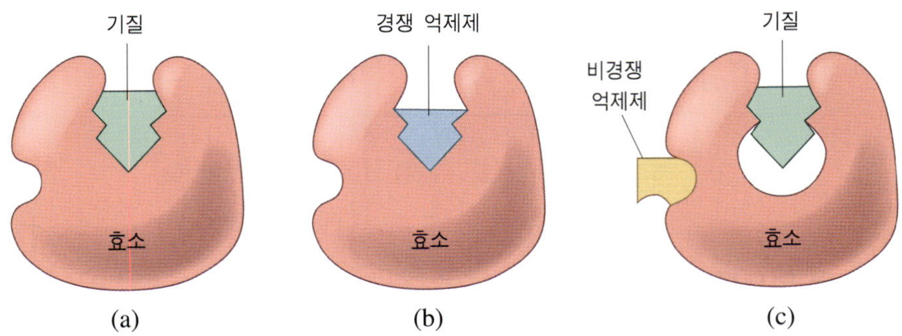

1) 경쟁 억제제: 억제제가 기질과 효소 분자의 같은 자리에 결합하여 기질의 결합을 막는 억제제를 **경쟁 억제제(competitive inhibitor)**라고 한다. 이 경우 기질 S와 억제제 I는 효소 분자의 같은 결합 자리에 결합하기 위해서 서로 경쟁한다. 그 결과 ES 또는 EI 복합체가 생성된다. 이때 기질과 억제제가 동시에 효소에 결합한 ESI 복합체는 형성되지 않는다.
   경쟁 억제제의 경우 기질을 다량으로 첨가하면 억제는 일어나지 않는다. 억제제를 넣어서 기질의 농도를 변화시키면서 v를 측정한 값으로 라인위버-버크 도면(Lineweaver-Burk plot)을 하면 최대 속도 V_{max}는 변화하지 않지만, K_m의 값은 커진다(그림 6.12).

그림 6.12 | **경쟁 억제제가 있을 때와 없을 때의 효소 반응 과정을 이중 역수로 구성한 그림: V_{max}는 변하지 않지만, K_m은 증가함.**

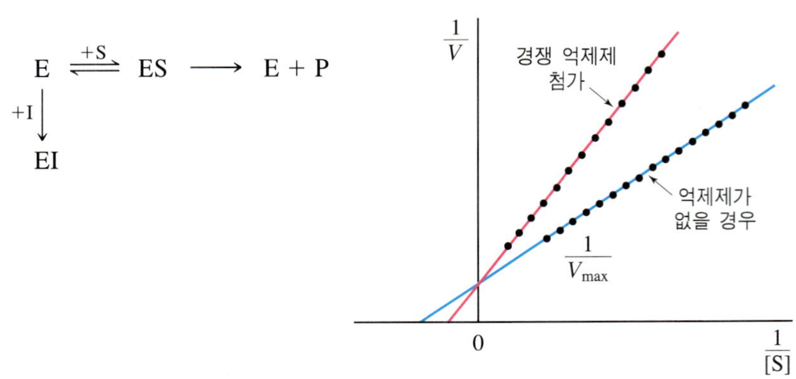

2) 비경쟁 억제제: **비경쟁 억제제(noncompetitive inhibitor)**는 효소 또는 효소-기질 복합체의 양쪽에 결합이 가능한 저해제이다. 이 경우 ES, EI, ESI의 3종류의 복합체가 반응 용액에 존재하며, ES만이 생성물을 생성한다. 이때 기질을 다량으로 넣어도 억제는 멈추지 않는다. 즉, 최대 속도 V_{max}는 감소하지만 K_m는 변화하지 않는다(그림 6.13).

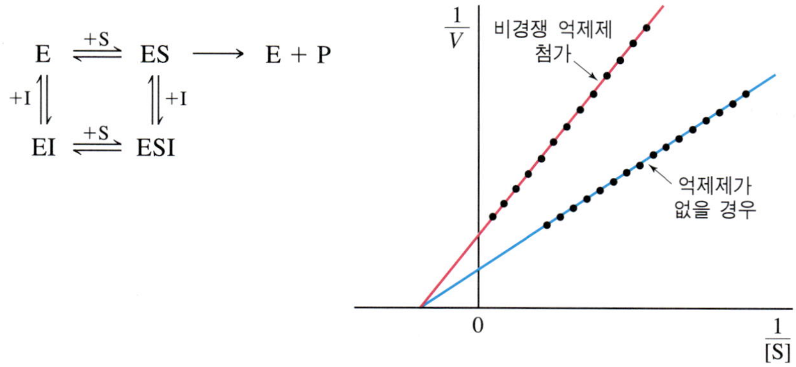

그림 6.13 | 경쟁 억제제가 존재할 때와 없을 때의 효소 반응 과정을 이중 역수로 구성: K_m은 비경쟁 억제물에 의하여 변하지 않지만, V_{max}는 감소함.

6.2.6 입체성 다른자리 효소

생명 현상이 원활하게 유지되고 있는 생체 내에서 대사물질들은 조금도 낭비 없이 알뜰하게 에너지로서 소비되거나 아니면 저장물로서 비축된다. 이러한 생명 현상을 유지하기 위해서 각 반응에 관여하는 효소의 양이나 활성은 조금도 손실 없이, 그리고 최적의 조건을 유지하면서 전체가 잘 조화된 체계를 이루고 있다.

어떤 물질 A가 중간체 B, C, …를 거쳐서 H가 되는 생합성 경로를 한 번 생각해 보자. 각 반응이 E1, E2, …, En의 효소에 의해 촉매된다고 가정하면, 이때 최종 생산물 H는 그림 6.14에서 점선으로 나타낸 것과 같이 효소 E1을 억제하며, 그 생성량을 조정하는 방식의 **되먹임 억제(feedback inhibition)** 또는 **최종 생산물 억제(end-product inhibition)** 라고 하는 현상이 일어난다.

> **되먹임 억제 (feedback inhibition)**
> 여러 단계로 이루어진 효소계에서 최종 단계의 생성물이 처음 단계의 효소를 억제하며 작용하는 것. 반응이 어느 정도 진행되면 정지하고, 생성물은 일정한 농도를 유지함.

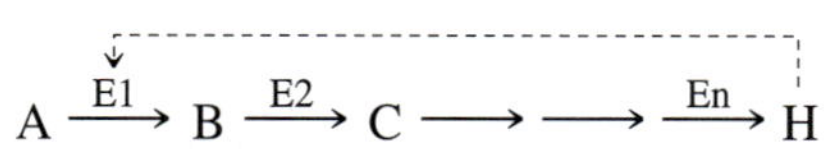

그림 6.14 | 입체성 다른자리 효소에 의한 되먹임 억제 효과

이러한 경우 H는 효소 단백질 E1의 활성 자리가 아닌 다른 자리에 결합하여 E1의 형태를 변화시킴으로써 활성을 억제한다. 이러한 효소 E1을 **입체성 다른자리 효소(allosteric enzyme)** 라고 한다. 한편, 효소와 결합해서 이러한 **입체적 다른자리 효과(allosteric effect)** 를 부여한 물질을 **효과물질(effector)** 또는 **조정물질(modulator)** 이라고 한다.

> **입체적 다른자리 효과 (allosteric effect)**
> 단백질에 작은 분자가 결합하면 단백질의 입체적인 구조가 변하여 다른 부위의 기능 자체가 달라짐.

입체성 다른자리 효소의 종류는 많으며, 그 작용도 다양해서 기질 또는 그 밖의 대사물질이 효과물질로서 결합해 입체성 다른자리 효소의 반응을 억제하거나 촉진시킨다. 효과물질의 존재 하에 입체성 다른자리 효과의 반응 초기 속도 v와 기질 농도 [S]의 관계를 알아보면 미하엘리스-멘텐 식에 맞지 않을 경우가 많다. 억제의 양식도 경쟁적으로 또는 비경쟁적으로 일어나지 않는다. 입체성 다른자리 효소의 전형적인 v-[S]의 관계를 그림 6.15에 나타내었다.

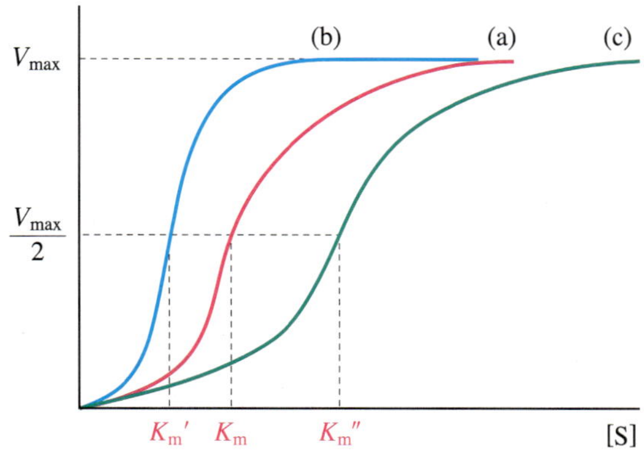

그림 6.15 | 입체성 다른자리 효소의 반응 속도 V와 기질 농도 [S]와의 관계, V_{max}는 최대 속도: (a)는 작용물질이 존재하지 않는 경우, (b)는 촉진 효과가 있는 효과물질을 첨가한 경우, (c)는 억제 효과가 있는 효과물질을 첨가한 경우

일반 효소와 같이 쌍곡선을 나타내지 않고 **S자형(sigmoidal curve)**의 곡선을 나타낸다. 이 그림의 경우 효과물질에 따라서 K_m 값이 각각 다르다. 한편 K_m이 변화하지 않고 v가 변화하는 유형의 입체성 다른자리 효소도 있다. 그리고 아미노산 생합성 경로의 되먹임 조절 메커니즘에 관여하는 입체성 다른자리 효소도 많이 연구되어 있다.

6.3 보조효소

효소 중에는 단백질만으로서도 활성을 가지는 것이 있는가 하면(효소 단백질), 활성을 가지기 위해 작은 분자 유기 화합물이 필요한 효소도 있다. 이때 효소가 활성을 가지도록 하는 데 꼭 필요한 작은 분자 유기 화합물을 **보조효소(coenzyme)**라고 한다. 실제 효소 반응 시 보조효소는 기질에 있는 반응기를 다른 기질에 전달하는 중요한 중간 역할을 한다(그림 6.16).

그림 6.16 | **효소 반응 시 보조효소의 역할: PAL-P (pyridoxal phosphate)의 아미노기 이동**

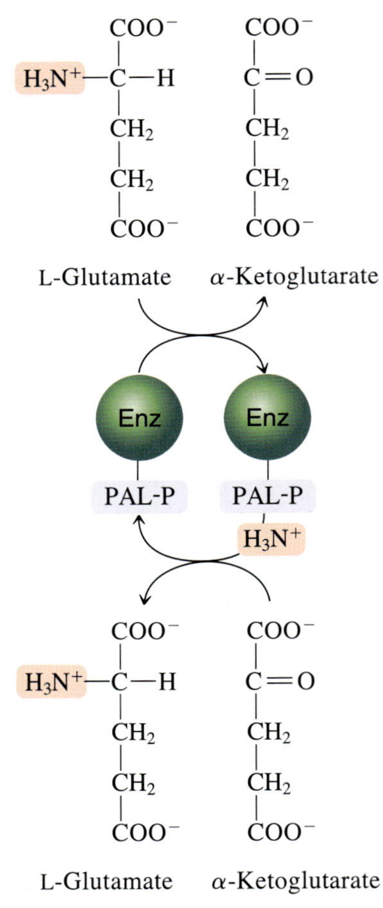

> **결손효소(apoenzyme)**
> 완전효소 중에서 보조효소를 제외한 나머지 단백질 부분. 보조효소(coenzyme)와 결손효소가 합쳐져 완전효소(holoenzyme)가 됨.

보조효소가 떨어져 나감으로써 활성을 가지지 못하는 효소 단백질을 **결손효소(apoenzyme)**라고 한다. 이 결손효소와 보조효소가 결합하여 효소의 기능을 가지게 된 효소를 **완전효소(holoenzyme)**라고 한다. 여기서 'apo-'란 '떨어진, 떨어져 나간'이란 뜻이고, 'holo-'란 '완전한, 완전하다'라는 뜻이다.

6.3.1 NAD^+와 $NADP^+$

NAD^+ (nicotinamide adenine dinucleotide)와 $NADP^+$ (nicotinamide adenine dinucleotide phosphate)는 니코틴아마이드(nicotinamide)와 아데닐산(adenylate)을 함유하는 물질로서

산화-환원 반응을 촉매하는 탈수소효소의 보조효소이다. 이 NAD^+와 $NADP^+$는 아데닐산과 니코틴아마이드 뉴클레오타이드가 무수인산결합을 하고 있다. 이러한 무수인산결합은 뉴클레오타이드를 함유하는 보조효소들에서 자주 볼 수 있는 구조이다(그림 6.17).

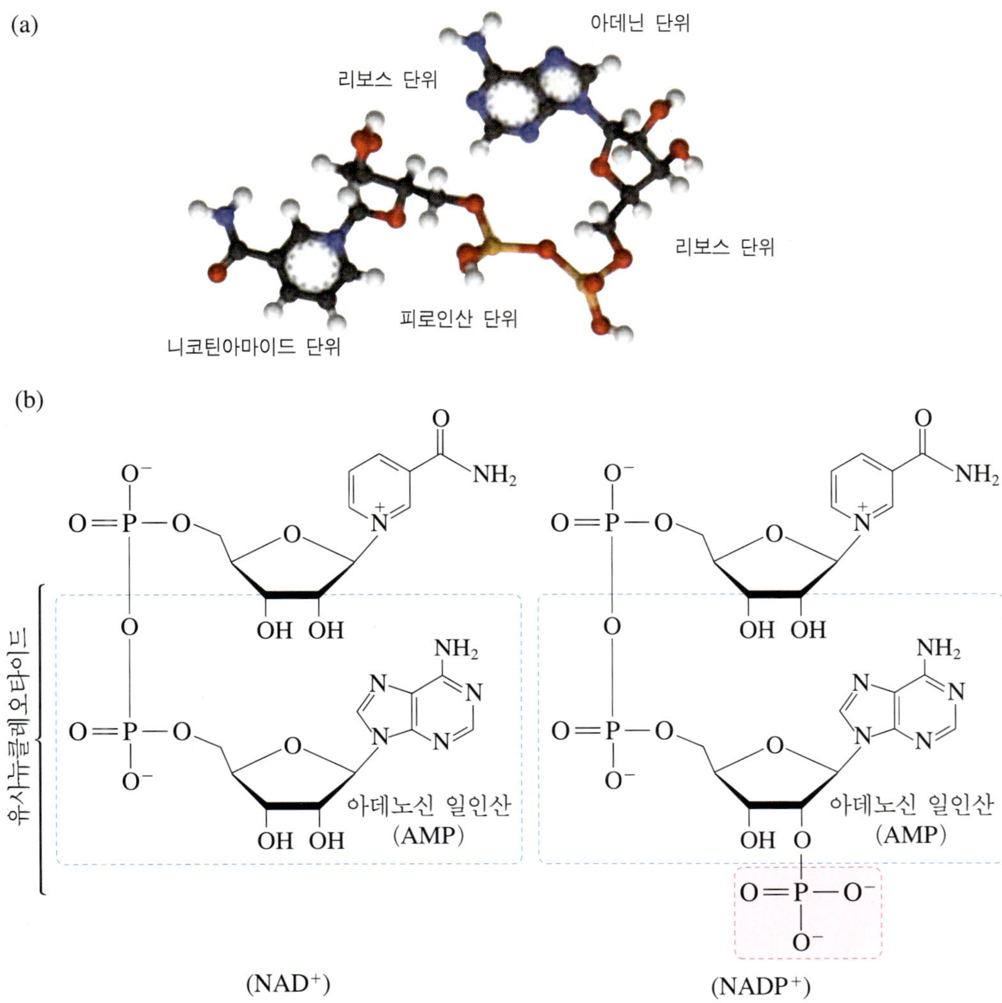

그림 6.17 | (a) 젖산 탈수소효소 복합체에 존재하는 NAD^+ 모형, (b) NAD^+와 $NADP^+$의 구조

NAD^+가 보조효소의 역할을 담당하고 있는 것을 알코올 탈수소효소(alcohol dehydrogenase)를 예를 들어서 설명해 보자. 알코올 탈수소효소는 에탄올로부터 수소를 제거하여 아세트알데하이드가 생성되는 반응을 촉매하는 효소이다. 이 반응은 가역적으로 일어난다. 보조효소 NAD^+ 분자에 있는 니코틴아마이드 부분의 피리미딘 고리가 알코올 분자로부터 생성된 수소화 이온(H^-)에 의해 환원되어 NADH가 생성된다. 이 반응이 오른쪽 방향으로 진행될 때, 즉 에탄올의 산화가 일어날 때는 에탄올 분자와 NAD^+는 알코올 탈수소효소 분자상에서 반응 후 아세트알데하이드와 NADH가 되어 결손효소로부터 분리된다.

$NADP^+$는 NAD^+ 분자의 아데노신 당 부분에 있는 2′-OH가 인산과 에스터화한 구조이며, NAD^+와 같이 탈수소효소의 보조효소로서 그 기능을 담당하고 있다.

6.3.2 FAD와 FMN

FAD (flavin adenine dinucleotide)와 FMN (flavin mononucleotide)은 아이소알록사진(isoalloxazine) 고리를 가지고 있다(그림 6.18). 산화, 탈수소, 산소 첨가, 전자 전달계의 보조효소로서 그 기능을 담당하고 있다. 예를 들면, FMN은 글리콜산 산화효소의 보조효

그림 6.18 | (1) FMN과 (2) FAD의 구조

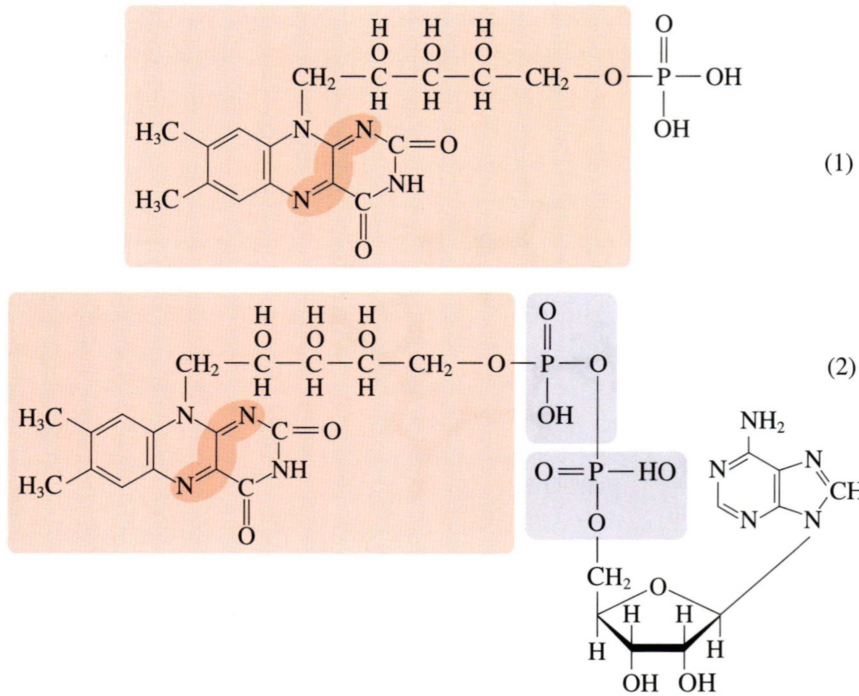

> **사이토크롬**(cytochrome)
> 단백질과 결합한 헴으로 구성된 화합물의 총칭. 호흡이나 광합성에서 전자 전달계의 구성 성분으로 철 원자의 산화 환원에 의해 전자를 전달함.

소이고, FAD는 D-아미노산 산화효소의 보조효소이다. 플라빈 보조효소는 단백질 부분과 강하게 결합하고 있기 때문에 효소 정제 시 결손효소와 분리하기 어렵다. 이들 보조효소는 아래의 반응식에서와 같이 산화형과 환원형이 되어서 수소를 옮기는 기능을 담당하고 있다. FAD는 NADH나 NADPH로부터도 수소를 받아서 사이토크롬계의 전자 전달 또는 그 외 산화 반응의 전자 전달계의 중간체로서 작용한다.

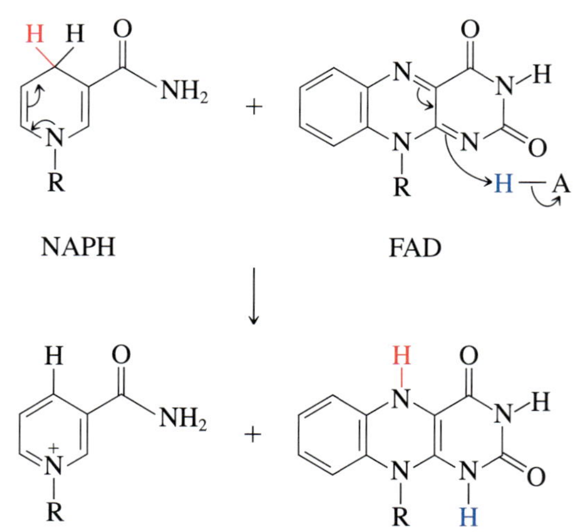

6.3.3 티아민 피로인산

티아민 피로인산(thiamine pyrophosphate, TPP)은 티아졸 고리를 함유하고 있는데, 이 부분의 2번 탄소가 활성에 중요한 작용을 한다(그림 6.19). 피로인산기가 이탈한 구조의 티아민이 비타민 B_1이다. α-케토산의 산화적 탈카복실화, 트랜스케톨레이스, 포스포케톨레

이스 반응 등의 보조효소이다. 티아졸 고리의 2번 탄소 원자가 친핵적으로 기질의 카보닐기와 결합해서 위의 반응을 촉매한다.

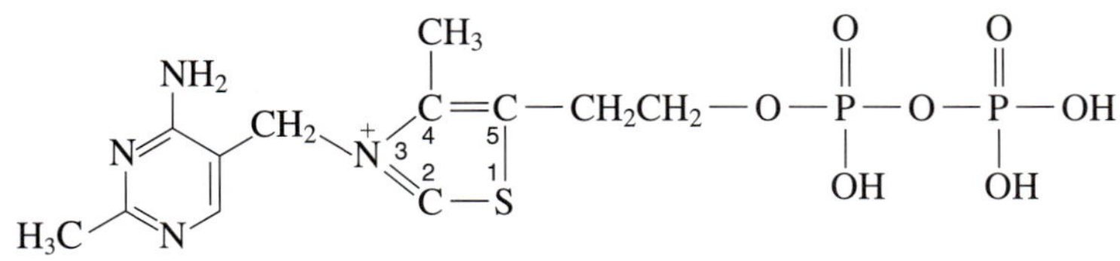

그림 6.19 | 티아민 피로인산의 구조

6.3.4 코엔자임 A

코엔자임 A (CoA) 는 아데닐산과 SH기를 분자의 양끝에 가지고 있다(그림 6.20). CoA에 있는 말단의 설프하이드릴기(sulfhydryl group)가 반응성을 가진 자리이다. 아실기는 싸이오에스터 결합으로 CoA에 결합한다. 이것을 **아실 코엔자임 A (acyl CoA)** 라고 한다. 또한 CoA는 아실기(R−CO−)의 운반체로서도 작용한다. 이때 CoA에 결합된 아실기는 보통 아세틸 단위이며, 이것을 **아세틸 코엔자임 A (acetyl CoA)** 라고 한다. 판토텐산은 CoA 분자의 일부이다. 코엔자임 A는 CoA 또는 CoA−SH로 줄여서 나타내기도 한다.

아세틸 코엔자임 A (acetyl CoA)
탄수화물, 지방, 단백질의 산화로 생성되며 옥살산과의 반응을 통해 TCA 회로가 시작된다. 중성 지방의 합성에도 이용되는 물질이다.

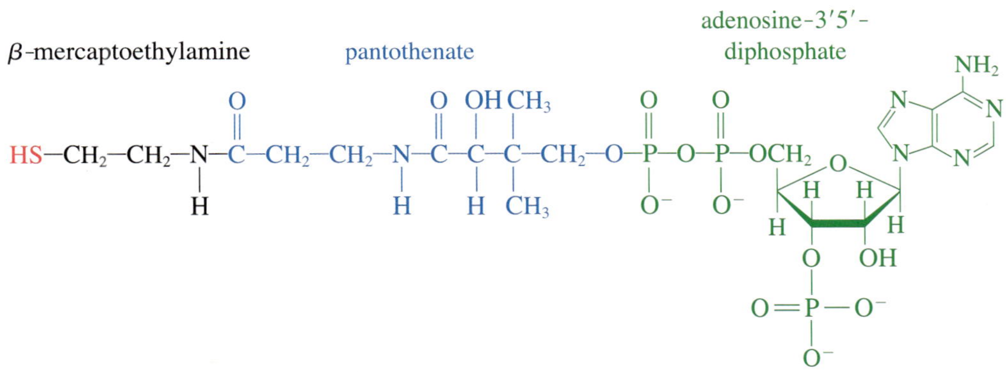

그림 6.20 | 코엔자임 A의 구조

연습 문제

1. 효소를 국제생화학연맹의 효소위원회가 제정한 명명법에 의해 분류하고, 그 특징을 설명하시오.
2. 효소의 반응에 영향을 주는 인자에는 어떠한 것들이 있는지 설명하시오.
3. 활성화 에너지란 무엇인가 설명하시오.
4. 효소 반응의 메커니즘을 설명하시오.
5. 효소 반응 시 보조효소의 역할을 설명하시오.
6. CoA는 어떠한 기능을 가지고 있으며, 활성 부위는 어느 곳인지를 설명하시오.
7. 다음 용어를 설명하시오.
   a. 활성화 에너지　b. 촉매　c. 활성 자리
8. 생물은 촉매 반응 속도를 조절해야 한다. 세포가 효소 반응을 어떻게 조절하는지 설명하시오.
9. 효소는 입체 화학적으로 다른 분자들과는 다른 구조를 가지고 있다. 이러한 효소만이 가질 수 있는 특성이 화학 반응에 기여하는 바가 무엇인지 서술하시오.
10. 되먹임 억제에 대하여 설명하시오.

07 지질

학습 목표
- 지방산의 종류와 물리 · 화학적 성질들을 이해한다.
- 지질의 종류와 생체 내에서의 그 기능들을 이해한다.
- 생체 내에서 스테로이드 화합물의 역할을 이해한다.

주요 용어
- 포화 지방산, 불포화 지방산, 글리세롤, 에스터 결합, 중성지질, 인지질, 스핑고지질, 당지질, 단순지질, 복합지질, 유도지질, 스테로이드, 콜레스테롤

7.1 지질의 종류와 화학적 성질

지질(lipid)은 물에 잘 녹지 않는 유기 물질로서 에터(ether), 클로로폼(chloroform), 벤젠(benzene) 등의 유기 용매에는 녹는 화학적 성질을 가지고 있다. 많은 지질은 체내에서 합성되지만 일부는 식물이나 동물로부터 체내로 들어온다. 대표적인 것은 튀김 기름이나 동식물에 포함되어 있는 지방이다. 그 외 단백질, 탄수화물에도 소량 함유되어 있어서 이로부터 체내에 유입된다.

사람의 혈액 속에 들어 있는 대부분의 지질은 지방산과 결합하고 있다. 뿐만 아니라 이 지질은 단백질에도 포함되어 있어 **지질단백질(lipoprotein)**의 형태로 혈액 중에 흐르고 있다.

> **지질단백질(lipoprotein)**
> 복합단백질의 하나로서 지질과 결합한 단백질의 총칭. 지질 및 그 유도체가 단백질과 공유 결합 또는 비공유 결합되어 있고, 지질은 지방산 · 지방산트라이글리세라이드 · 포스파티딜에탄올아민 · 포스파티딜 콜린 등의 지방산 및 그 유도체인데, 지질단백질의 종류에 따라 함량 · 조성 등이 다름. 공유 세포막 · 세포벽 또는 세포 내 과립막의 구성 성분으로 복잡한 막 현상에 관여하며, 혈액 응고 · 면역 현상에도 관여하는 등 생리적으로 중요한 의의를 가짐.

인간의 체내에서 지질의 기능은 세포막을 구성하고 있으며, 에너지원으로 수송되는 세포 내에 저장되어 호르몬, 비타민 D, 담즙산, 기타 생리활성 물질의 합성 재료로서 체내에서 대사된다. 이러한 기능을 가지고 있는 지질은 체내에서 필요한 물질이지만 동맥경화를 일으키는 원인 물질이기도 하다.

지질은 화학 구조상 단순지질, 복합지질, 유도지질로 구분하지만 임상적, 생리적인 측면에서의 관련성은 별로 없다.

① **단순지질(simple lipid)**: 지방산과 알코올, 또는 스테롤과의 에스터 화합물로서, 다른 성분은 포함하지 않고 있다.
예) 트라이아실글리세롤(중성지질, 트라이글리세라이드), 밀랍, 콜레스테롤, 에스터 등

② **복합지질(complex lipid)**: 알코올과 지방산 이외에 인산, 당, 단백질 등의 당 극성기를 포함하고 있는 것을 말한다.
예) 인지질, 당지질, 지방질단백질 등

③ **유도지질(derived lipid)**: 지질의 가수분해에 의해 생성된 것을 말한다.
예) 지방산, 콜레스테롤, 비타민 D 등

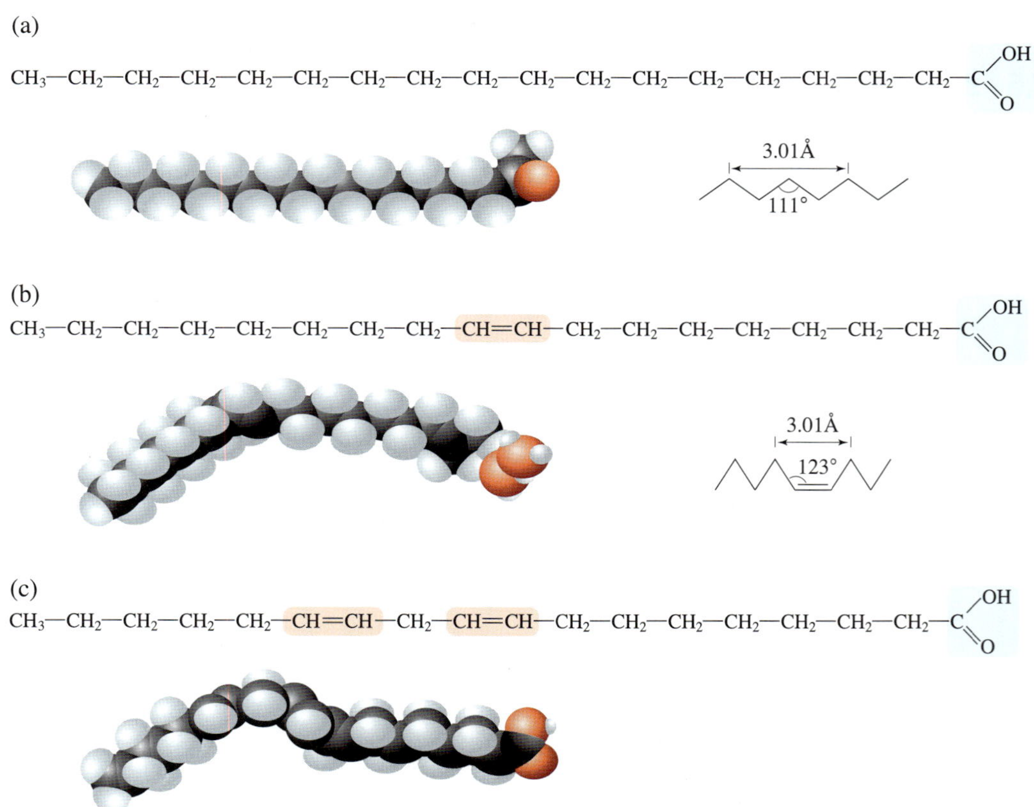

그림 7.1 | 지방산의 구조: (a) 스테아르산. (b) 올레산. (c) 리놀레산

7.2 지질을 구성하는 지방산

7.2.1 지방산의 종류

지질의 주요 성분인 **지방산(fatty acid)**의 유도체들은 생체 내의 에너지 저장형으로서, 생체 내에서 극히 적은 양이 유리 상태로 존재한다. 대부분은 중성지방, 인지질, 당지질, 콜레스테롤, 에스터, 납 등의 구성 성분으로 존재한다. 지금까지 약 70종류 이상의 지방산이 천연에 존재하는 것으로 알려져 있다. 이들의 지방산은 모두 그림 7.1에 나타낸 것처럼 긴 탄화수소 사슬의 말단에 카복실기(carboxyl group)가 있다.

7.2.2 지방산의 성질

거의 모든 지방산은 짝수 개의 탄소 원자를 가지고 있다(표 7.1). 천연에 존재하는 많은 지방산은 탄소의 수가 16~18개이다. 고등생물은 **포화 지방산(saturated fatty acid)** 외에 5°C 이하의 녹는점을 가진 **불포화 지방산(unsaturated fatty acid)**을 함유하고 있다.

포화 지방산
(saturated fatty acid)
분자 구조상에 이중 결합이 없는 지방산을 말하며 불포화 지방산에 비해 녹는점이 높고 산화 안정성이 좋음.
포화 지방산은 실온에서 고체로 굳어지며, 주로 동물성 지방이며, 대표적인 예로, 쇠기름, 돼지기름, 닭껍질, 베이컨, 쇼트닝, 버터, 코코넛유 등이 있음.

불포화 지방산
(unsaturated fatty acid)
분자 구조상에 이중 결합을 가지고 있는 지방산을 말하며 포화 지방산에 비해 녹는점이 낮고 산화가 잘 됨.
불포화 지방산은 대부분 상온에서 액체이므로 체내에서 배출이 잘 되며, 고도 불포화 지방산의 경우, 이중 결합의 위치에 따라 오메가 3, 오메가 6로 나뉨. 대표적인 예로, 콩기름, 참기름, 옥수수기름, 견과류, 고등어, 연어, 멸치 등이 있음.

표 7.1 동물에 존재하는 몇 가지 천연 지방산

탄소 원자수	이중 결합 수	관용명	체계명	분자식	녹는점 (℃)
12	0	라우르산	n-도데칸산	$CH_3(CH_2)_{10}COO^-$	44.2
14	0	미리스트산	n-테트라데칸산	$CH_3(CH_2)_{12}COO^-$	53.9
16	0	팔미트산	n-헥사데칸산	$CH_3(CH_2)_{14}COO^-$	63.1
18	0	스테아르산	n-옥타데칸산	$CH_3(CH_2)_{16}COO^-$	69.6
20	0	아라키드산	n-에이코산산	$CH_3(CH_2)_{18}COO^-$	76.5
22	0	베헨산	n-도코산산	$CH_3(CH_2)_{20}COO^-$	80
24	0	리그노세르산	n-테트라코산산	$CH_3(CH_2)_{22}COO^-$	86.5
16	1	팔미톨레산	시스-Δ^9-헥사데센산	$CH_3(CH_2)_5CH=CH(CH_2)_7COO^-$	−0.5
18	1	올레산	시스-Δ^9-옥타데센산	$CH_3(CH_2)CH=CH(CH_2)_7COO^-$	13.4
18	2	리놀레산	시스, 시스-Δ^9, Δ^{12}-옥타데카디엔산	$CH_3(CH_2)_4(CH=CHCH_2)_2(CH_2)_6COO^-$	−5
18	3	리놀렌산	전체 시스-Δ^9,Δ^{12},Δ^{15}-옥타데카트리엔산	$CH_3(CH_2)(CH=CHCH_2)_3(CH_2)_6COO^-$	−11
20	4	아라키돈산	전체 시스-Δ^5,Δ^8,Δ^{11},Δ^{14}-에이코사테트라엔산	$CH_3(CH_2)_4(CH=CHCH_2)_4(CH_2)_2COO^-$	−49.5

천연에 존재하는 불포화 지방산은 C18의 **올레산(oleic acid)**, **리놀레산(linoleic acid)**, **리놀렌산(linolenic acid)**이다. 이들 불포화 지방산은 이중 결합이 두 개 있을 때는 리놀레산이라고 한다. 그리고 대부분의 이중 결합은 입체적으로 cis형의 구조이다(표 7.1). 표 7.1에서 알 수 있듯이 불포화도가 높을수록 녹는점이 낮아진다. 이것은 생체 내에서 불포화 지방산이 액체 상태로 존재하는 것과 관계가 있다. 지방성 식품 중에 함유된 불포화 지방산의 함량을 표 7.2에 나타내었다.

포화 지방산과 불포화 지방산은 입체 구조가 다르다. 포화 지방산은 이중 결합이 없기 때문에 긴 탄화수소 사슬은 자유롭게 회전이 가능하다. 그러나 불포화 지방산은 이중 결합이 탄소 사슬의 자유로운 회전을 방해하기 때문에 올레산과 같이 탄화수소 사슬이 30°로 휘어져 있다(그림 7.1 참조).

표 7.2 식품 내 지방산 조성표

식품	리놀렌산 함량(%)	불포화 지방산 : 포화 지방산
버터	2	1 : 34
쇠기름	2	1 : 24
옥수수 기름	57	1 : 0.2
마가린	32	1 : 0.45
해바라기 씨앗기름	27	1 : 0.1
콩기름	52	1 : 0.3
땅콩기름	28	1 : 0.5

> **트랜스 지방 (trans fat)**
> 불포화 지방산의 한 종류로 R기가 같은 방향에 있는 시스(cis)형 지방과 달리 R기가 서로 반대 방향에 있는 구조를 갖고, 시스형 지방은 그 구조 때문에 약 120° 정도 구부러진 형태를 취하며 상온에서 액체 상태이지만 트랜스 지방은 포화 지방산과 같이 거의 직선형에 가깝기 때문에 상온에서 고체 상태로 존재

천연에 존재하는 지방산의 대부분은 시스형(cis) 이중 결합을 하고 있지만, 촉매 존재하에서 가열하면 안정된 구조의 트랜스형(trans)이 된다. 극성 용매에 대한 지방산의 용해도는 사슬의 길이에 따라서 변한다. 사슬의 길이가 길어지면 용해도가 낮아진다. C16~18의 지방산은 물에 거의 녹지 않는다. 또한 녹는점이나 끓는점은 사슬의 길이와 비례하여 상승한다. 표 7.1에서 알 수 있듯이 불포화도가 높은 것일수록 녹는점은 낮고 실온에서는 액체 상태이다. 그러나 이와는 반대로 수소가 첨가되어 포화 지방산이 되면 녹는점은 높아지고 고체 상태가 된다. 우리들이 식용으로 쓰고 있는 마가린(margarine)이 한 예라고 할 수 있다.

7.3 중성지질

> **트라이아실글리세롤 (triacylglycerol)**
> 글리세린과 3분자의 지방산이 축합하여 생긴 에스터로 단순 지방질의 하나

앞서 설명한 것과 같이 긴 사슬 지방산과 글리세롤의 하이드록시기가 에스터 결합한 것을 일반적으로 **중성지질(neutral lipid)**이라고 한다. 중성지질의 체계명은 **트라이아실글리세롤(triacylglycerol)**이라고 한다. 글리세롤의 모든 하이드록시기가 치환된 트라이아실글리세롤은 동물지방의 대부분을 차지하고 있다. 그 중에는 두 개의 하이드록시기가 지방산으로 치환된 다이아실글리세롤(diacylglycerol)이나 한 개가 치환된 모노아실글리세롤(monoacylglycerol)도 존재한다(그림 7.2).

그림 7.2에서 R^1, R^2, R^3는 긴 사슬의 지방산을 모체로 한 아실기를 의미한다. 천연에 풍부하게 존재하는 것으로는 팔미트산(palmitic acid : C16, 포화)과, 스테아르산(stearic acid : C18, 포화) 등의 포화 지방산 외에 불포화 지방산인 올레산(C18, 이중 결합 한 개), 리놀레산(C18, 이중 결합 두 개), 리놀렌산(C18, 이중 결합 세 개)도 많다. 이들의 트라이아실글리세롤의 녹는점은 글리세롤에 결합해 있는 지방산의 종류에 따라서 크게 달라진다. 예를 들면, 스테아르산 세 분자가 결합한 트라이스테아릴글리세롤(tristearylglycerol)이나 트라이팔미토일글리세롤(tripalmitoylglycerol)은 상온(20°C)에서 고체로 존재하지만, 세 분자의 리놀레산이나 리놀렌산이 결합해 있는 지방산은 액체로 존재한다. 따라서 일반적으로 다음과 같이 말할 수 있다.

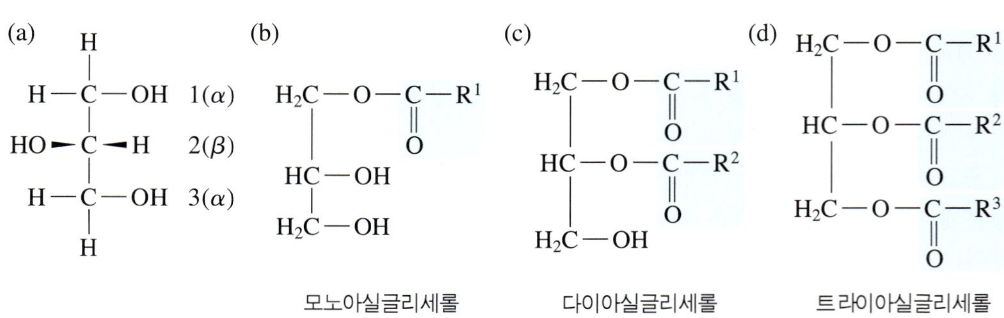

그림 7.2 | 글리세롤의 기본 구조와 중성 지방: (a) 두 번째의 탄소에 결합한 —H와 —OH는 앞면으로, 첫 번째와 세 번째의 —H, —OH는 지면 뒤쪽 방향. (b) 모노아실글리세롤. (c) 다이아실글리세롤. (d) 트라이아실글리세롤.

① 포화도가 높은 지방산을 함유한 것은 상온에서 고체이다.
② 고도의 불포화 지방산을 함유한 것은 액상으로 있지만 공기 중에서 산화 중합하므로 **건성유**(**乾性油**)가 된다.

모든 트라이아실글리세롤은 물에 잘 녹지 않고, 에터, 클로로폼, 벤젠, 뜨거운 알코올에 녹는다. 한편, 글리세롤 중의 하이드록시기가 완전히 지방산으로 치환되지 않는 모노아실글리세롤(monoacylglycerol)이나 다이아실글리세롤(diacylglycerol)은 극성이기 때문에 쉽게 **마이셀**(**micelle**)을 형성한다. 중성지질은 산 또는 알칼리와 함께 가열하거나 지질 가수분해효소로 작용하면 글리세롤과 지방산으로 분해된다. 특히 알칼리에 의한 가수분해를 **비누화**(**saponification**)라고 하며, 지방산 소듐의 혼합물(비누)과 글리세롤이 생성된다(그림 7.3).

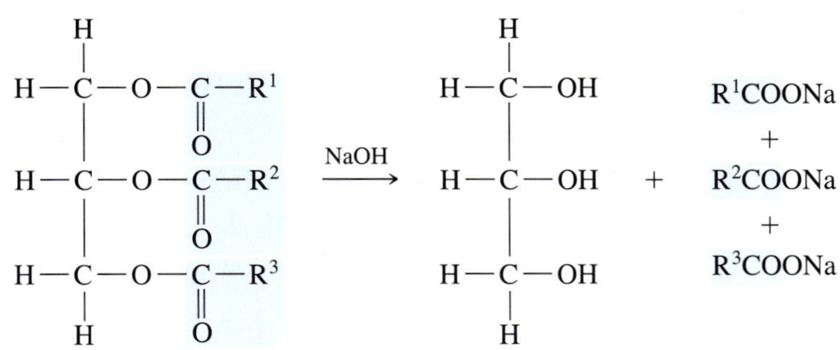

그림 7.3 | **중성지질의 알칼리에 의한 가수분해**

비누는 소수성인 탄화수소 사슬과 친수성인 카복실기가 있기 때문에, 물속에서 마이셀(micelle)이라는 분자 집합체를 만든다. 그리고 세탁 작용은 때의 입자 표면에 비누의 소수성 탄화수소 사슬이 흡착하고 친수성인 카복실기는 물과 수소 결합을 하기 때문에 일어나는 분산성에 의한 것이다.

트라이아실글리세롤은 무극성이기 때문에 생체 내에서 단백질이나 당질과는 달리 무수 상태로 존재한다. 이러한 이유로 동일 중량의 글리코젠보다 약 6배에 해당하는 에너지원이 된다. 예를 들면, 체중이 70 kg인 사람의 경우 약 11 kg의 트라이아실글리세롤을 함유하고 있다. 그러나 같은 양의 에너지를 글리코젠으로부터 공급받으려면 체중은 55 kg이 증가하게 된다.

동물 조직에서 트라이아실글리세롤은 주로 지방조직세포(adipose cell)에 존재하며, 큰 과립의 상태로 존재한다. 지방조직세포는 이들 트라이아실글리세롤의 합성과 저장에 관여하고 있다. 한 가지 재미있는 것은 식사 직후에 사람의 혈장에는 1 mL당 약 1 mg의 트라이아실글리세롤을 함유하고 있지만, 그 대부분은 단백질과 결합해서 지방단백질(lipoprotein)의 상태로 존재한다. 혈장 중에는 이 지방단백질을 지질과 단백질로 분해하는 지방단백질 지질가수분해효소(lipoprotein lipase)라고 하는 효소가 존재한다. 이 효소는 황산 다당류인 헤파린의 작용에 의해서 효소 작용이 촉진되기 때문에 혈장 중의 중성지질이 급속히 감소해서 탁도가 낮아지는 것을 볼 수 있다.

건성유 (drying oil)
유지가 공기 중에서 산소를 흡수하여 산화, 중합, 축합을 일으킴으로써 차차 점성이 증가하여 마침내 고화(固化)하는 성질을 말함.

7.4 포스포글리세라이드

글리세롤에서 유도되는 인지질을 **포스포글리세라이드**(**phosphoglyceride**)라고 한다. 포스포글리세라이드는 거의 모든 세포막에 포함되어 있다. 그리고 소량이긴 하지만 저장 지질 중에도 분포하고 있다. 포스포글리세라이드는 화학적으로 트라이아실글리세롤의 지방산 한 개가 인산으로 치환된 것이다. 포스포글리세라이드는 비대칭 탄소를 가지므로 D-글리

포스포글리세라이드 (phosphoglyceride)
트라이아실글리세롤에서 파생되어 생긴 세포막에서 가장 풍부한 인지질로 소수성 가지와 인산기에 붙은 극성 부분으로 이루어짐.

세롤-1-인산(D-glycerol-1-phosphate) 또는 L-글리세롤-3-인산(L-glycerol-3-phosphate)과 같이 입체 이성질체를 나타내는 이름으로도 불리고 있다. 이 경우 글리세롤의 두 번째 탄소에 붙어 있는 하이드록시기(−OH)는 지면에 대해서 왼쪽에 위치한다. 일반적으로 글리세롤의 세 번째 탄소에 위치한 인산은 하이드록시기와 결합해 인산 에스터 형태로 붙어 있다. 모든 포스포글리세라이드는 인산기를 포함한 극성을 가진 머리 부분과 무극성인 탄화수소 사슬의 꼬리 부분을 가지고 있다(그림 7.4).

그림 7.4 | 포스포글리세라이드의 배열: (a) 포스파티드산(다이아실글리세롤 3-인산). (b) 글리세롤 3-인산 절대 배열

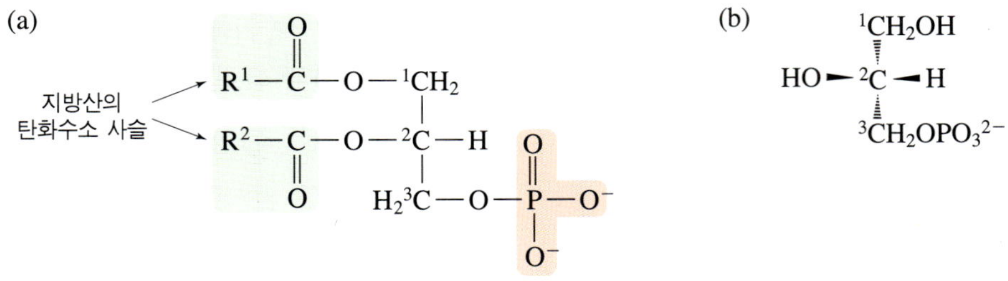

천연에 존재하는 포스포글리세라이드는 일반적으로 C-1에는 포화형 지방산이며, C-2에는 불포화형 지방산이 결합되어 있다. 앞서 설명하였듯이 포스포글리세라이드와 같이 극성 부분과 비극성 부분을 가진 화합물은 물 표면에서 비극성 부분인 탄화수소 사슬은 공기층으로 향하고, 극성 부분(지방산의 카복실기나 인산기)은 친수성이기 때문에 물 쪽으로 향하여 단분자막(單分子膜)을 형성한다(그림 7.5).

그림 7.5 | 물 표면에서 형성되는 지질의 단분자층: (a) 세포막의 지질 이분자층 모형. (b) 물 표면에서 형성되는 극성, 비극성에 의해 형성되는 지질 분자의 구조

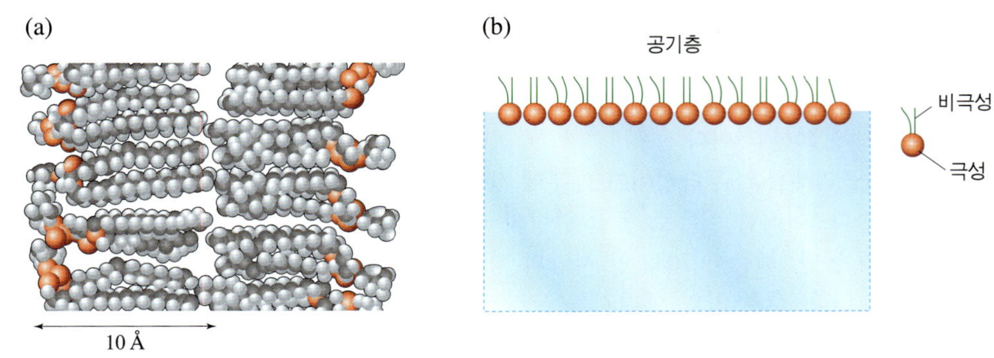

① 한 분자는 약 7.5 nm^2의 표면적을 가진다. 그리고 물속에서는 비극성기와 비극성기가 서로 끌어들여 이분자층(bilayer)을 구성하여 마이셀을 형성한다.

② 이러한 지질 이분자층은 물을 비교적 자유롭게 통과시키지만 양이온(Na^+, K^+ 등)이나 음이온(Cl^- 등)을 쉽게 통과시키지 않는다. 이러한 이분자층의 형성은 세포막의 지질 이분자층 모형으로 많이 이용하고 있다.

포스포글리세라이드는 물을 함유하는 무극성 유기 용매에 잘 녹기 때문에 생체 조직으로부터 포스포글리세라이드를 추출할 때는 클로로폼-메탄올(chloroform-methanol) 혼합액을 이용하는 경우가 많다. 가장 간단한 포스포글리세라이드의 구조를 그림 7.6에 나타내었다.

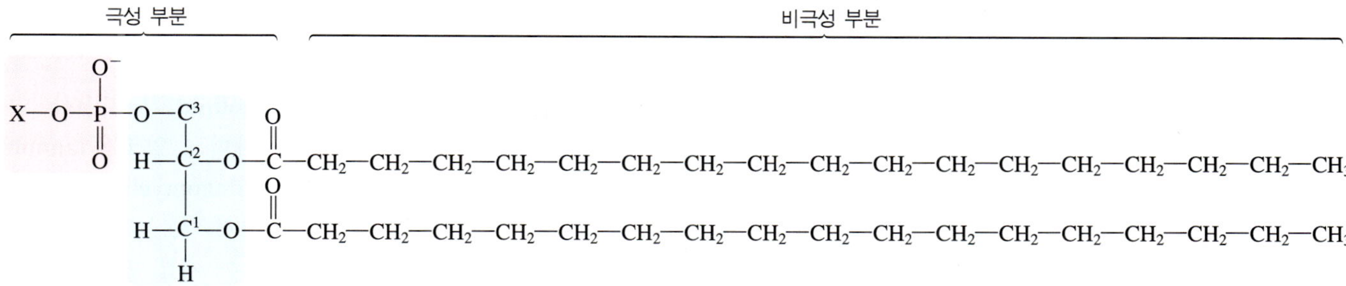

그림 7.6 | **포스포글리세라이드의 구조**

포스파티드산은 다른 포스포글리세라이드들의 생합성에서 중요한 중간 물질이다(그림 7.7). 포스포글리세라이드 중에서 식물이나 동물에 풍부하게 존재하는 것은 **포스파티딜 에탄올아민(phosphatidyl ethanolamine)**이다. 이를 세팔린(cephaline)이라고도 하며, 에탄올아민을 함유하고 있다. 그리고 이 세팔린은 대장균 등의 세포에 포함되어 있는 인지질의 약 80%를 차지하고 있다. 그 외 포스파티딜 세린(phosphatidyl serine)도 알려져 있다. 포스파티딜 에탄올아민이 메틸화되면 레시틴(lecithin)이 된다.

레시틴은 **포스파티딜 콜린(phosphatidyl choline)**이라고 하며, 계란의 노른자위와 혈액 중에 존재한다. 그리고 동식물 인지질의 50%를 차지하고 있다. 그 외 인지질로서는 인산기와 이노시톨(inositol)이 결합한 **포스파티딜 이노시톨(phosphatidyl inositol)**이나 카디올리핀(cardiolipin)이 있다.

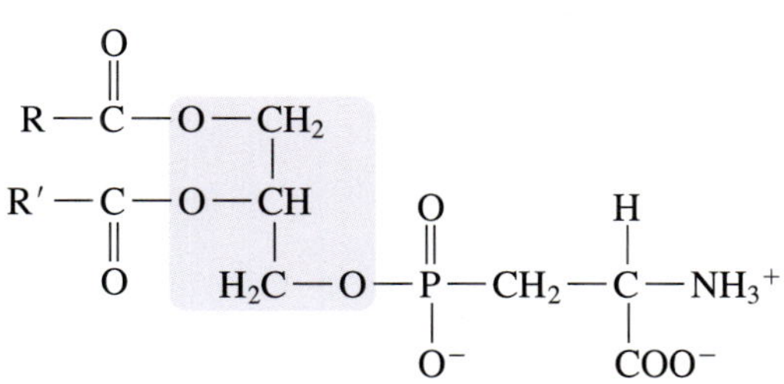

포스파티딜 세린

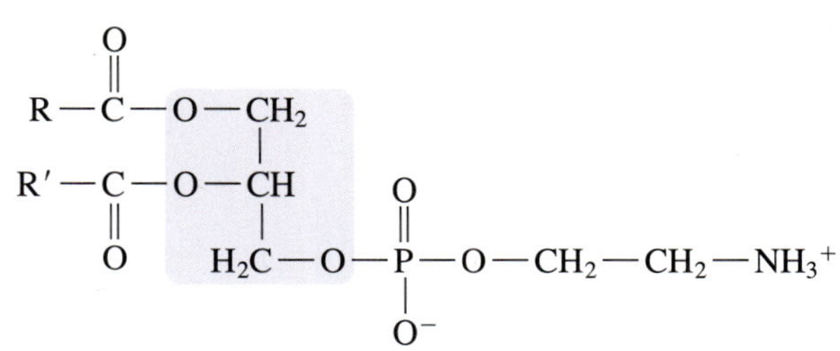

포스파티딜 에탄올아민

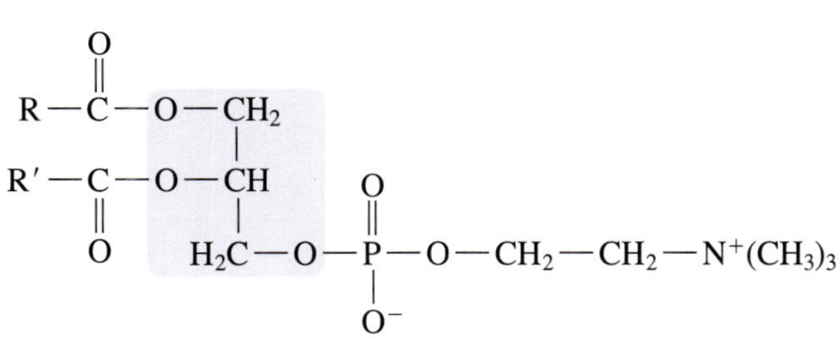

포스파티딜 콜린

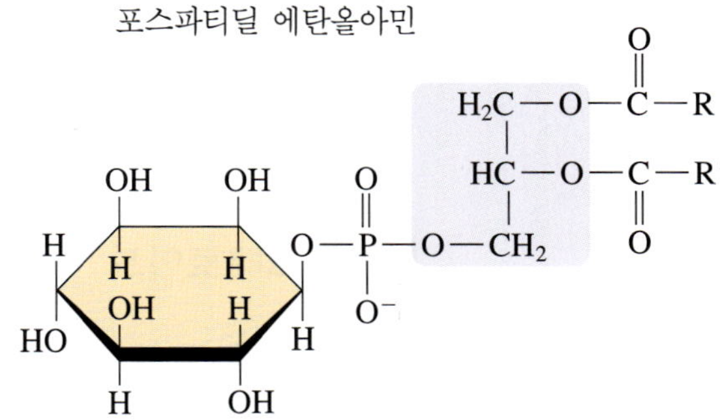

포스파티딜 이노시톨

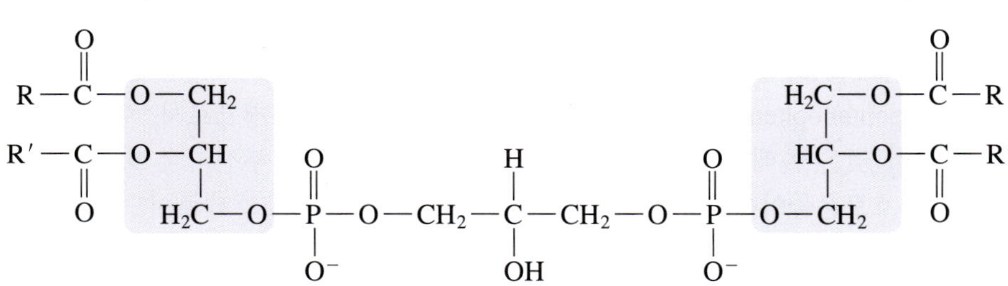

다이포스파티딜 글리세롤
(카디올리핀)

그림 7.7 | **몇몇 포스포글리세라이드들의 구조식**

7.5 스핑고지질

> **스핑고미엘린 (spingomyelin)**
> 스핑고지질 중 가장 풍부한 물질로 스핑고신의 —OH 부분에 포스포콜린이 붙어 있음.

동물의 뇌나 신경조직을 구성하는 중요한 지질인 **스핑고지질 (sphingolipid)** 은 지방산, 인산화된 염기 및 스핑고신 (sphingosine) 이라고 하는 긴 사슬의 아미노 알코올 (amino alcohol) 을 함유하고 있다. 대표적인 스핑고지질인 **스핑고미엘린 (sphingomyelin)** 은 스핑고신 외에 콜린 (choline) 을 함유하고 있다. 지방산은 그 기원에 따라서 다소 다르지만 탄소수 24개의 포화 리그노세르산 (lignoceric acid) 또는 불포화 결합 한 개를 함유한 네르본산 (nervonic acid) 이 일반적이다. 또 스핑고신을 환원하면 다이하이드로스핑고신 (dihydrosphingosine) 이 된다. 스핑고지질은 포스포글리세라이드와 같이 한 개의 극성기 (머리 부분) 와 두 개의 비극성기 (꼬리 부분) 를 가지고 있다 (그림 7.8).

그림 7.8 | 스핑고지질의 구조와 모형

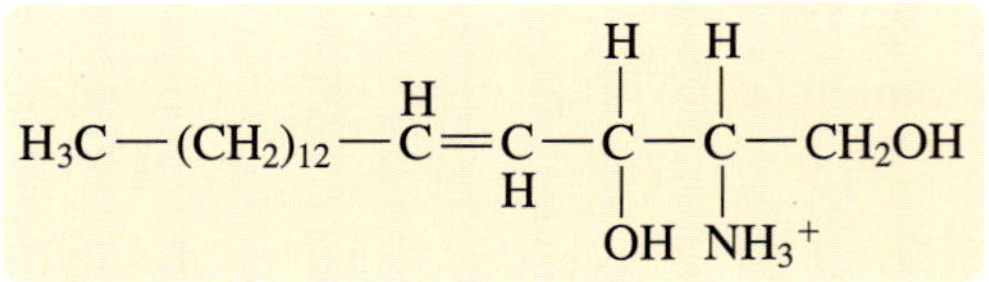

스핑고신

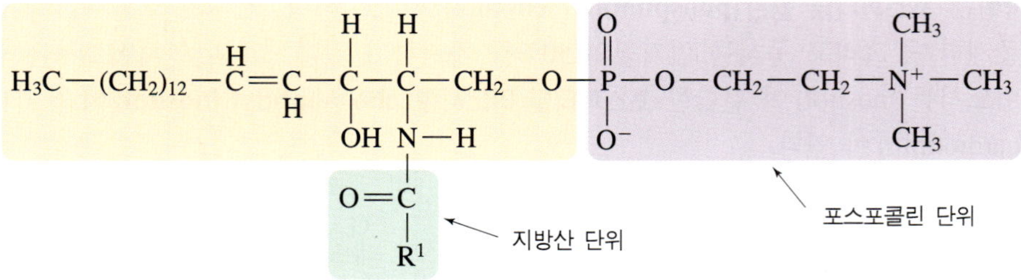

스핑고미엘린

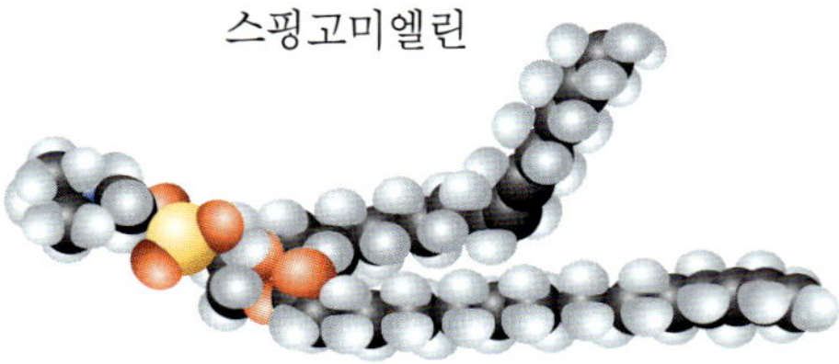

7.6 스테로이드

7.6.1 스테로이드란 무엇인가?

> **스테로이드 (steroid)**
> 식물과 동물 모두에 존재하는 지질로 4개의 연결된 고리 핵이 있음. 콜레스테롤은 동물에 가장 풍부한 스테로이드이며, 스테로이드 핵을 가지는 화합물로는 콜레스테롤, 담즙산, 호르몬 등 생체 내에서 중요한 작용을 하는 물질이 포함

스테로이드 (steroid) 는 콜레스테롤 (cholestrol) 과 같이 세 개의 사이클로헥세인 (cyclohexane) 고리가 페난트렌 (phenanthrene) 형으로 축합된 것이다. 또한 스테로이드는 사이클로펜테인 (cyclopentane) 고리 D가 축합된 하이드로사이클로펜타노페난트렌 (hydrocyclopentanophenanthrene: $C_{17}H_{28}$) 을 가진 화합물의 총칭으로서, 이들 중 생물학적으로 중요한 것은 콜레스테롤, 담즙산 (bile acid), 성 호르몬, 부신피질 호르몬과 같은 스테로이드계 호르몬들이다. 그 외에 식물의 사포닌 (saponin) 과 스테로이드계 알칼로이드 (alkaloid) 가 알려져 있다.

스테롤류의 대표적인 것은 **콜레스테롤 (cholesterol)** 이다. 콜레스테롤은 C-3에 하이드록시기와, C-17에 탄소수가 8개 또는 그 이상의 사슬형 지방산을 가지고 있다 (그림 7.9).

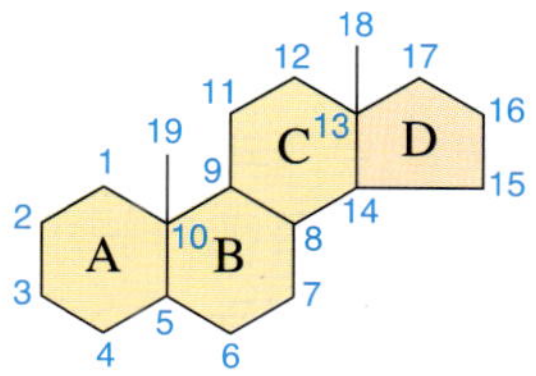

(a)

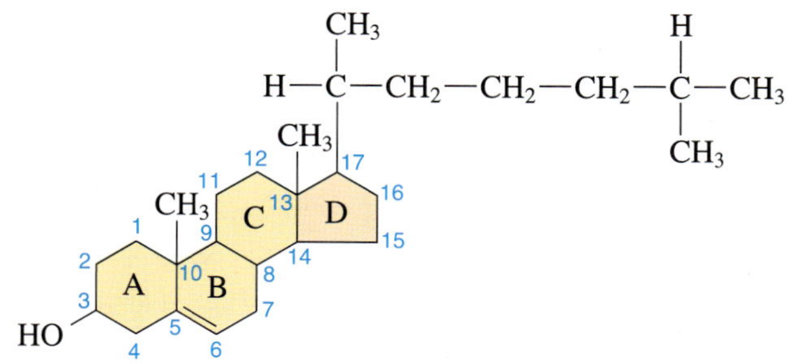

(b)

그림 7.9 | 스테로이드의 (a) 핵과 (b) 콜레스테롤의 구조

7.6.2 콜레스테롤

일반적으로 스테로이드 골격을 가지고 있는 물질을 **스테롤(sterol)** 이라고 한다. 이는 동식물 중에 널리 분포되어 있으며, 동물성 콜레스테롤은 혈액이나 간장에 많이 포함되어 있다. 그리고 담즙산(콜산, 케노디옥시콜산 등), 부신피질 호르몬(코티르솔 등), 성 호르몬(남성 호르몬의 테스토스테론, 여성 호르몬의 에스트라다이올 등), 비타민 D 등에도 콜레스테롤이 들어 있다(그림 7.10). 한편, 식물성 콜레스테롤은 스티그마스테롤(대두), 에르고스테롤(맥각) 등에 들어 있다.

> **비타민 D (vitamin D)**
> 비타민 D는 달걀 노른자, 생선, 간 등에 들어 있지만 대부분은 햇빛을 통해 얻게 됨.

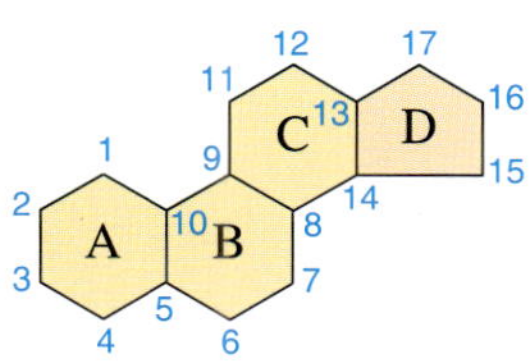

스테로이드의 기본 구조

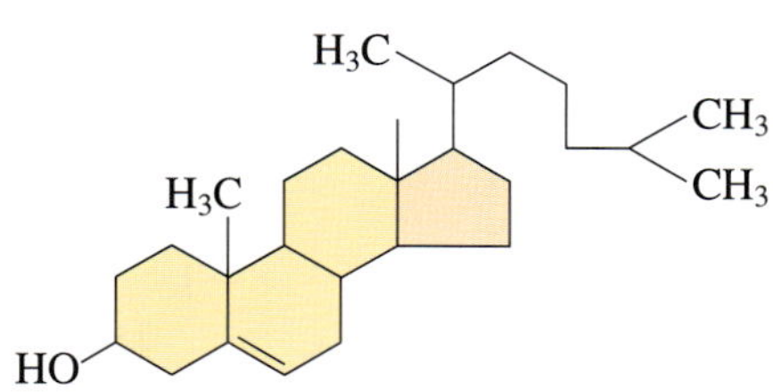

콜레스테롤

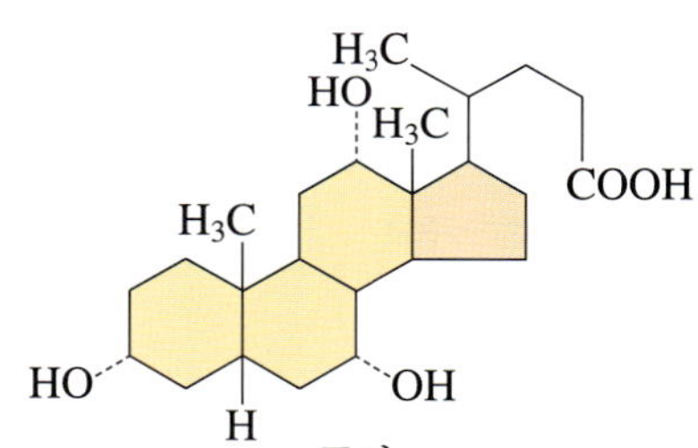

콜산

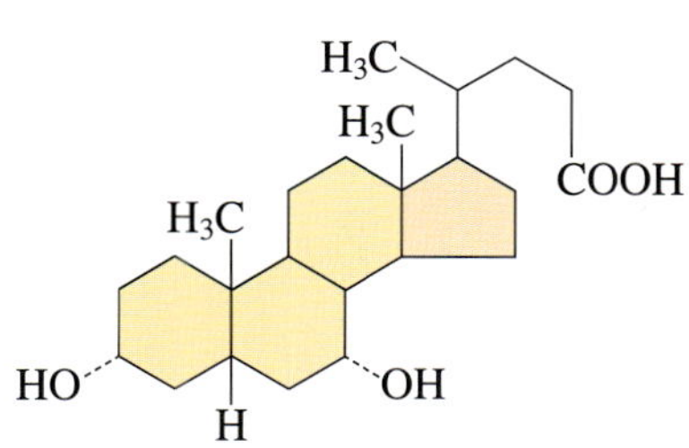

케노디옥시콜산

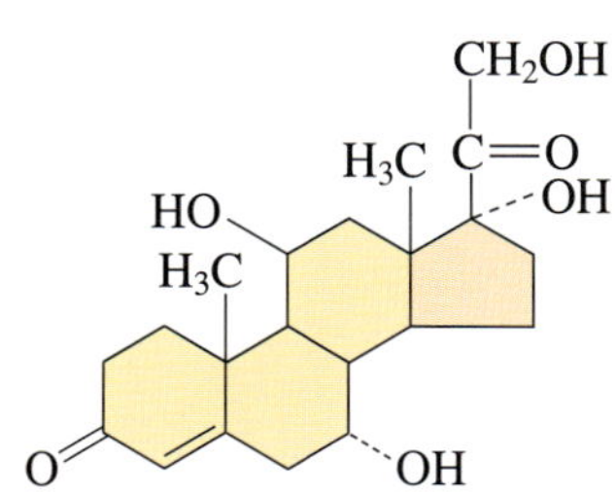

코르티솔

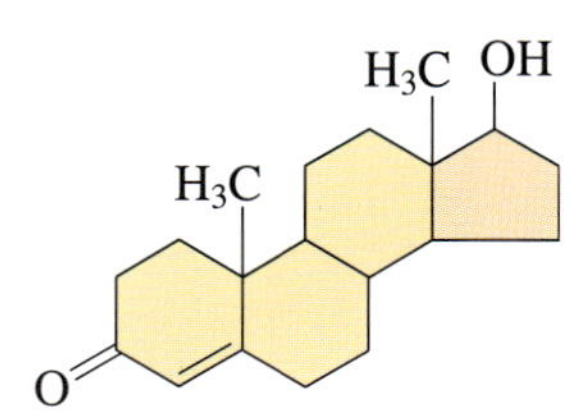

테스토스테론

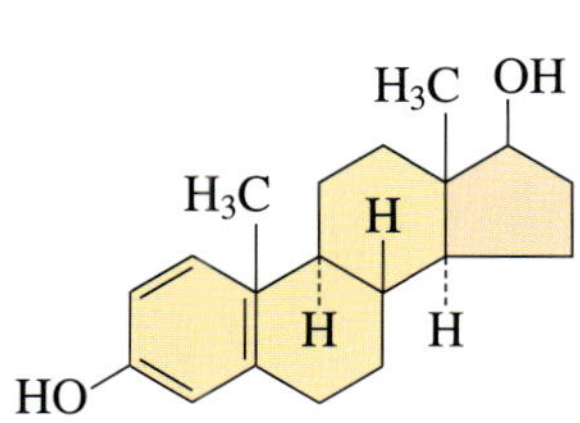

에스트라다이올

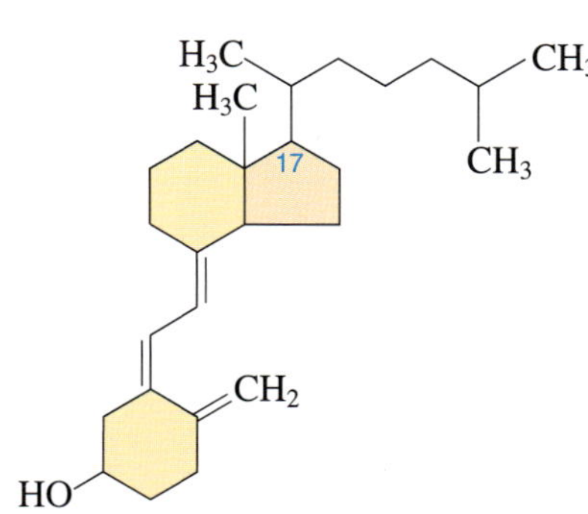

비타민 D_3

그림 7.10 | 콜레스테롤과 관련된 물질

콜레스테롤은 담즙(choler)에서 처음 발견되었기 때문에 'cholesterol'이라 명명하게 되었으며, 생체막의 중요한 구성 성분이다.

이는 주로 간장에 포함되어 신경, 뇌를 비롯한 전 조직에 골고루 분포되어 있다. 또한 스테로이드 호르몬, 담즙산 등의 합성 재료로 활용되기도 한다. 특히 콜레스테롤의 3번 탄소에 하이드록시기가 있는 것을 유리형 콜레스테롤이라고 하며, 지방산과 에스터 결합한 것을 에스터형 콜레스테롤이라고 한다. 혈중 콜레스테롤의 약 70%는 불포화 지방산(팔미트산, 올레인산, 리놀산 등)과 에스터로 형성되어 있다. 그리고 혈중 콜레스테롤 함량이 너무 높으면 동맥경화성 질환이 발생할 가능성이 높기 때문에 주의하여야 한다.

7.6.3 인지질

인지질(phospholipid)은 세포막을 구성하는 주요 성분의 하나로서 뇌, 신경, 간, 심근, 난황(卵黃; 계란의 노른자위) 등에 많이 포함되어 있다. 인지질은 기본적으로 그 구조 속에 글리세롤, 지방산, 인산을 포함하고 있으며 친수성을 가지고 있다. 이러한 인지질을 **글리세롤 인지질(glycerol phospholipid)**이라고도 부른다.

혈액 중에 있는 전 지질의 약 80%를 인지질이 차지하고 있으며, 레시틴(포스파티딜 콜린)과 리조레시틴도 포함되어 있다. 레시틴은 LCAT(레시틴-콜레스테롤-아실트랜스페레이스)의 작용을 받아 유리형 콜레스테롤의 에스터화에 관여하고 있다. 글리세롤 대신에 스핑고신을 함유하고 있는 인지질을 **스핑고 인지질(sphingo phospholipid)**이라고 하며, 스핑고미엘린 같은 것이 여기에 포함된다. 한편 혈액 중에 존재하는 인지질의 75%는 콜린기를 가지고 있다(그림 7.11).

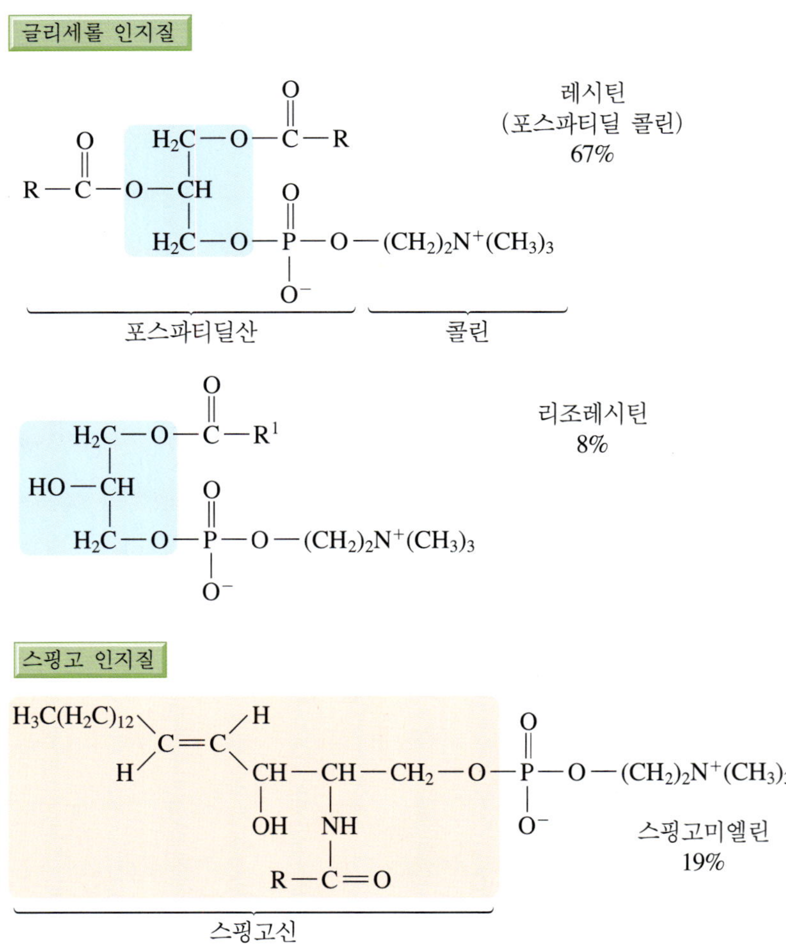

그림 7.11 | 혈청에 존재하는 주요 인지질

7.6.4 당지질

당지질(glycolipid)이라 함은 당을 포함하고 있는 지질을 총칭하는 말이다. 당지질은 뇌신경계 등의 구성 성분으로서 세레브로사이드(cerebroside)와 강글리오사이드(ganglioside)가 있다. 세레브로사이드는 세라마이드(ceramide, 지방산과 스핑고신으로 되어 있다)에 갈락토스가 한 개 결합된 것이다(그림 7.12). 강글리오사이드는 세라마이드에 6탄당이 2~7개 결합된 것을 말한다.

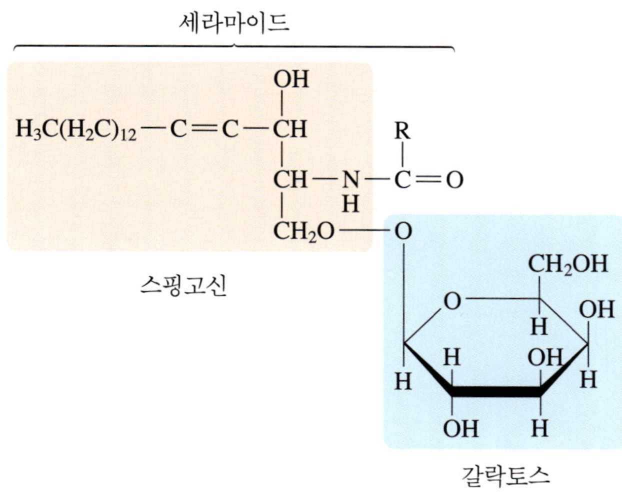

그림 7.12 | 세레브로사이드의 화학 구조

연습 문제

1. 천연에 존재하는 포스포글리세라이드의 구조를 설명하고, 그러한 구조를 가지는 이유를 설명하시오.

2. 지방산에 이중 결합을 도입하면 어떤 물리적인 성질이 달라지는지 설명하시오.

3. 다음 용어들을 간단히 설명하시오.
(1) 에스터 결합
(2) 불포화 지방산
(3) 중성 지방

4. 지질을 구조적인 관점에서 분류하고, 그 특성을 설명하시오.

5. 생체막은 어떠한 물질들로 이루어져 있으며 또 그 기능은 무엇인지 설명하시오.

6. 인체에서 혈장 지질단백질은 어떤 역할을 하며 그 역할을 수행하는 데 왜 단백질을 필요로 하는지 설명하시오.

7. 물의 표면에서는 지질 단분자층이 어떠한 형태로 배열되어 있는지 설명하시오.

8. 콜레스테롤과 인지질은 어느 부분이 친수성이며, 어느 부분이 소수성인가? 그 이유를 설명하시오.

9. 단백질과 스핑고지질의 구조적인 공통점과 차이점을 설명하시오.

10. 스테로이드와 스테롤의 차이는 무엇인지 설명하시오.

08 탄수화물(당)

학습 목표
- 탄수화물의 종류를 이해한다.
- 탄수화물의 화학적 성질들을 이해한다.
- 생체 내에서의 탄수화물의 기능을 이해한다.

주요 용어
- 단당류, 소당류, 다당류, 비대칭 탄소, 알도스, 케토스, 헤미아세탈 반응, 헤미케탈 반응, 글리코사이드 결합, 피라노스, 퓨라노스, 산성당, 아미노당, 복합당

8.1 당의 분류

당은 구성 단위의 수에 따라 단당류(monosaccharide), 소당류(oligosaccharide), 다당류(polysaccharide)로 나눌 수 있다.

단당류는 더 작은 단위로 가수분해될 수 없는 단순당을 말하며 당의 기본 단위이다. 가장 단순한 단당류로는 **알도스(aldose)**인 **글리세르알데하이드(glyceraldehyde)**와 **케토스(ketose)**인 **다이하이드록시아세톤(dihydroxyacetone)**이 있다. 이외에 단당류로서는 글루코스(glucose), 자일로스(xylose), 프럭토스(fructose) 등이 있다.

알도스 (aldose)
알데하이드기를 지닌 단당류. 이를테면 5탄당에서는 글루코스, 만노스, 갈락토스 등이 이에 해당함.

케토스 (ketose)
케톤 (C=O) 기를 가진 단당류로 탄소수에 따라 케토펜토스 (탄소수 5), 케토헥토스 (탄소수 6) 등으로 분류됨.

소당류는 2~10개의 단당류가 축합되어서 이루는 당의 중합체이다. 두 개의 단당류가 축합된 것을 **이당류(disaccharide)**라고 하며 **슈크로스(sucrose)**, **말토스(maltose)** 등이 있다. 그리고 세 개의 단당류가 축합된 것은 **삼당류(trisaccharides)**라고 하며 **라피노스(raffinose)** 등이 있다.

이와 같이 소당류는 축합된 단당류의 수에 따라 사당류(tetrasaccharide), 오당류(pentasaccharide) 등으로 분류된다. 이러한 소당류는 당단백질(glycoprotein)의 곁사슬에 결합되어 있는 것을 많이 볼 수 있다.

다당류는 수백 또는 수천 개의 단당류로 이루어진 당으로, 물에 잘 녹지 않는 고분자이며 **녹말(starch)** 또는 **글리코젠(glycogen)**, **셀룰로스(cellulose)** 등이 있다.

8.2 비대칭 탄소

모든 단당류(다이하이드록시아세톤 제외)는 한 개 이상의 비대칭 탄소 원자를 가지고 있다. 그림 8.1과 같이 탄소와 결합한 네 개의 치환기가 모두 다를 때 이 탄소 원자를 **비대칭 탄소(asymmetric carbon)**라고 한다. 그리고 여러 개의 탄소 중 비대칭 탄소를 나타낼 때 탄소 원자 위에 *표를 붙인다.

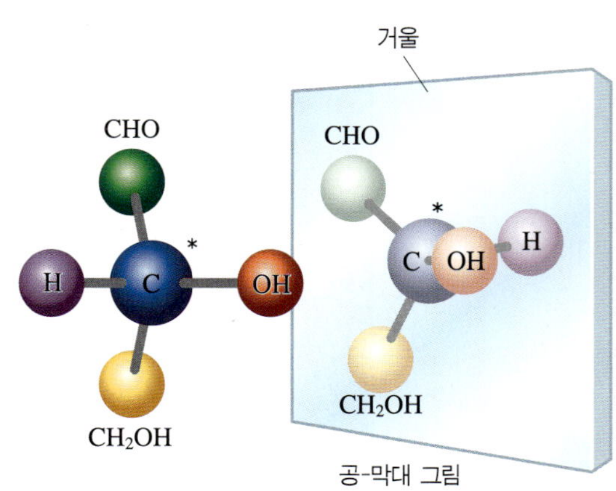

그림 8.1 | 비대칭 탄소와 거울상 이성질체

편광 (polarized light)
진행 방향에 수직한 임의의 평면에서 전기장의 방향이 일정한 빛. 이러한 빛의 전기장의 방향으로 편광의 방향 (polarization) 을 구별함.

비대칭 탄소를 가진 화합물의 용액은 광학적으로 활성을 가진다. 즉, 편광면을 회전하는 광학 활성의 성질이 있다. 이러한 성질을 편광기기(polarization equipment)로 측정할 수 있다(그림 8.2). 20°C에서 편광면이 시계 방향으로 회전할 때는 +(우회전성, dextrorotatory), 이와 반대 방향으로 회전할 때는 −(좌회전성, levorotatory)라고 한다.

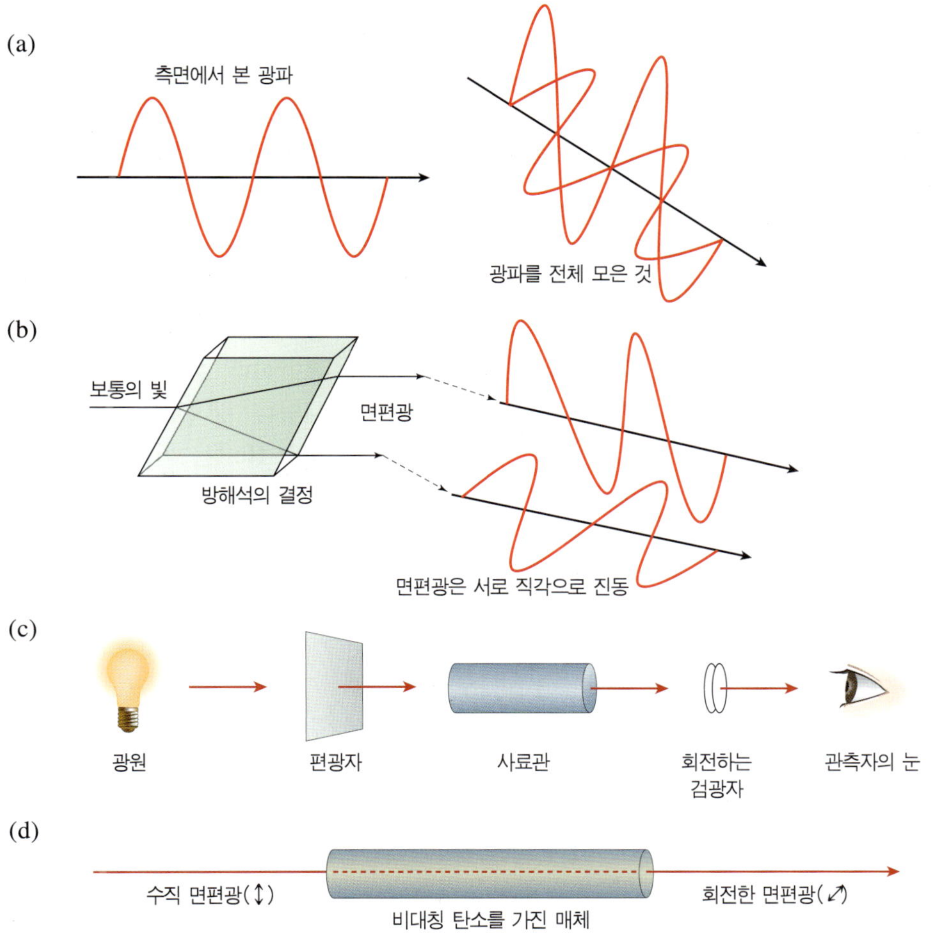

그림 8.2 | **편광계의 원리와 광학 활성: (a) 그림에서와 같이 광파는 빛의 진행 방향 주위에서 무작위한 방향으로 진동하고 있음. (b) 보통의 빛은 방해석 결정을 통과하면 한 방향으로 진동하는 빛만을 선택적으로 통과시킴. (c) 편광계의 개략도. (d) 면편광이 비대칭 탄소 매체를 통과하면 편광면은 회전함.**

> **광학 이성질체** (optical isomer)
> 물리화학적 성질은 같지만 빛을 비춘 후 물질을 통과한 뒤 나오는 빛의 방향이 반대인 화합물로, 편광을 회전시키는 성질에서 차이가 남.

8.3 단당류

8.3.1 단당류의 종류와 명명

단당류는 일반적으로 $(CH_2O)_n$의 실험식으로 표현된다. 여기서 n은 3 이상의 값이다. 그리고 탄소 원자의 숫자에 따라 3탄당 또는 트라이오스(triose), 4탄당 또는 테트로스(tetrose), 5탄당 또는 펜토스(pentose), 6탄당 또는 헥소스(hexose), 7탄당 또는 헵토스(heptose) 등으로 분류한다. 천연에는 D-글루코스, D-프럭토스 등이 있으며, 이 이외에 많은 단당류는 소당류와 다당류 그리고 여러 종류의 글리코사이드, 당단백질 등의 구성 성분이다.

이들 단당류의 최소 단위는 3탄당이다. 글리세르알데하이드(glyceraldehyde)는 아래와 같이 한 개의 알데하이드기를 함유하고 있는 **알도스(aldose)**이다. 다이하이드록시아세톤(dihydroxyacetone)은 한 개의 카보닐기를 함유하고 있는 3탄당 **케토스(ketose)**이다.

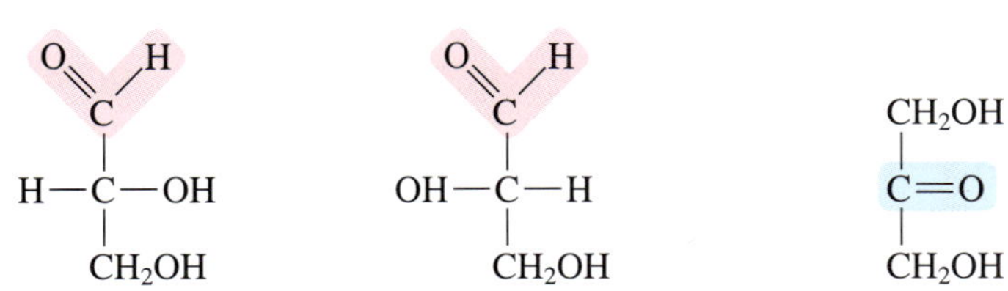

D-글리세르알데하이드 (알도스) L-글리세르알데하이드 (알도스) 다이하이드록시아세톤 (케토스)

거울상 이성질체 (enantiomer)
입체 구조가 겹쳐 맞출 수 없는 상과 거울상 관계에 있는 상호간의 입체 이성체. 이것은 카이랄(chiral) 구조에 의해 생성되는 입체 이성질체로서, 한쪽의 거울상 이성질체를 다른 쪽의 거울상 이성질체보다 많이 포함하는 물질에는 광학 활성이 있으며 그 조성은 통상 광학 순도로 표시됨.

글리세르알데하이드는 한 개의 비대칭 탄소를 가지고 있으므로 광학적으로 활성을 가지고 있는 두 개의 **거울상 이성질체(enantiomer)**가 존재한다. 이때 가장 아래에 있는 $-CH_2OH$의 바로 위에 탄소 원자에 붙어 있는 $-OH$기가 오른쪽에 있는 것을 D-형, 왼쪽에 있는 것을 L-형이라고 정의한다. 당은 이 2종의 글리세르알데하이드로부터 출발해서 탄소의 숫자를 늘려 나간다. 이때 카보닐기로부터 가장 멀리 떨어져 있는 비대칭 탄소의 입체 배열이 D-글리세르알데하이드와 같은 것을 D-계열의 당, 반대의 배열을 한 것을 L-계열의 당이라고 한다. D-계열의 당과 L-계열의 당은 서로 광학적으로 거울상 이성질체이기 때문에 광회전도의 부호가 반대이다. 예를 들면, D-글리세르알데하이드의 광회전도는 $[\alpha]D+8.7°$이고, L-글리세르알데하이드의 광회전도는 $[\alpha]D-8.7°$이다. 그림 8.3에는 D-계열의 알도스를, 그림 8.4에는 D-계열의 케토스의 구조를 나타내었다. 당 분자에 비대칭 탄소 원자의 수가 증가하면 광학 이성질체의 수도 증가한다. Van't Hoff는 비대칭 탄소 원자의 수가 n일 때 광학 이성질체의 수는 2^n임을 밝혀냈다.

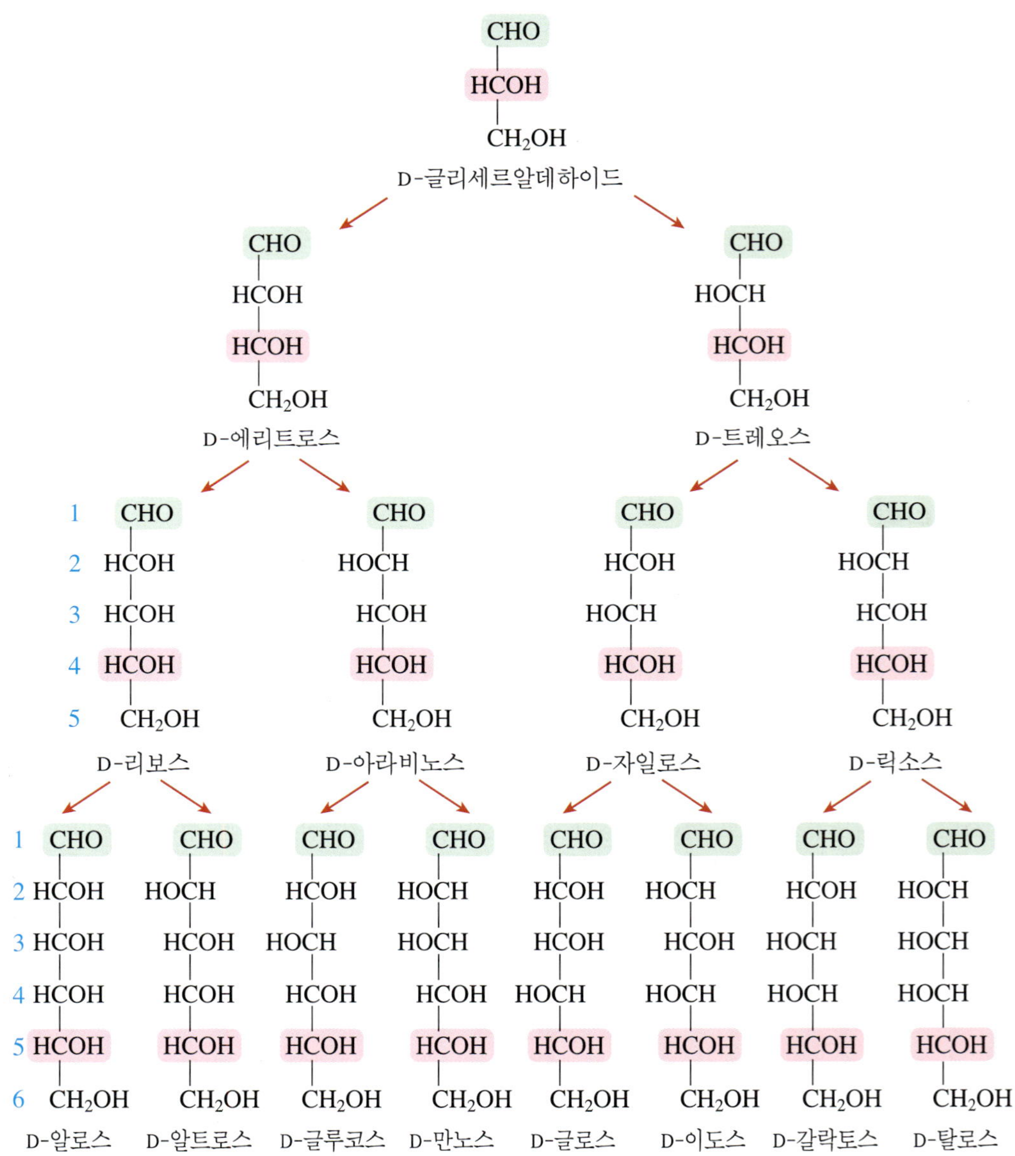

그림 8.3 | **3~6개의 탄소 원자를 함유하고 있는 D-알도스의 입체 화학적 관계: 이 당들은 알데하이드기(푸른색으로 표시)를 함유하고 있고, 가장 먼 비대칭 중심(붉은색으로 표시)에서 D-글리세르알데하이드의 배열을 가지고 있으므로 D-알도스임.**

알도스와 케토스의 구조를 나타낸 그림으로부터 알 수 있듯이 알도헥소스(aldohexose)에는 비대칭 탄소가 네 개 있다. 따라서 n의 값 4를 2^n에 대입하면 $2^4 = 16$이 되어 알도헥소스는 16개의 이성질체가 있음을 알 수 있다. 즉, 이는 D-계열과 L-계열의 광학 이성질체가 각각 여덟 개씩 있다는 것이다. 그림 8.3에는 8개, 그림 8.4에는 4개의 D 계열의 이성질체들을 나타내었다.

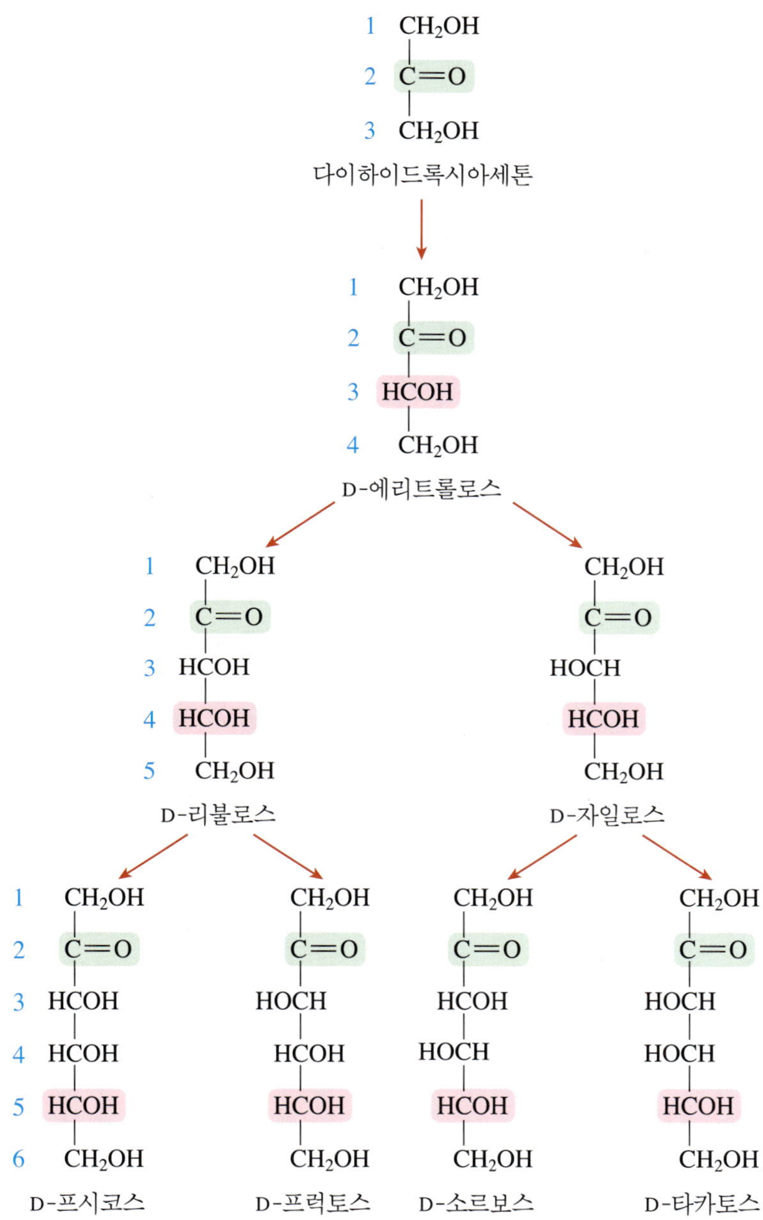

그림 8.4 | 3~6개의 탄소 원자를 함유하고 있는 D-케토스의 입체 화학적 관계: 이 당들은 카보닐기(푸른색으로 표시)를 함유하고 있고, 가장 먼 비대칭 중심(붉은색으로 표시)에서 D-글리세르알데하이드의 배열을 가지고 있으므로 D-케토스임.

8.3.2 단당류의 고리형 구조

Emil Fischer의 연구에 의해 글루코스와 메탄올성 염화 수소와의 반응에서 광회전도가 다른 두 종류의 메틸글루코사이드의 결정이 생긴다는 사실이 밝혀졌다.

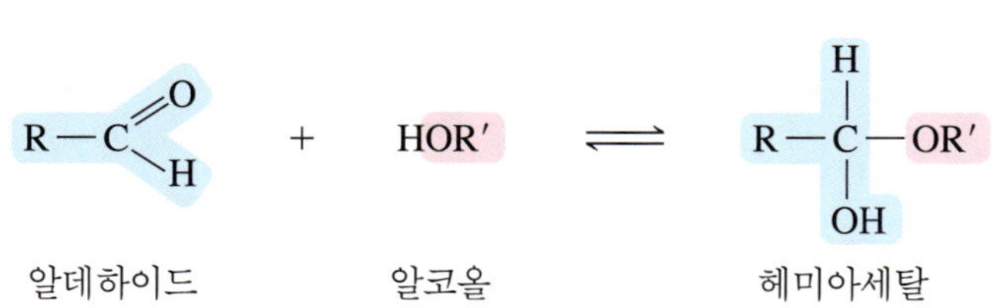

헤미아세탈 (hemi-acetal)
알데하이드 수화물과 1분자의 알코올이 에터 결합한 화합물

용액 중의 글루코스와 프럭토스는 열린 사슬형에서 닫힌 고리형으로 전환된다. 일반적으로 알데하이드는 알코올과 반응하여 **헤미아세탈(hemi-acetal)**을 형성한다. 즉, 열린 사슬형 글루코스의 1번 탄소의 알데하이드기와 5번 탄소의 하이드록시기의 반응을 통해 분자 내에서 헤미아세탈을 형성한다(그림 8.5). 이렇게 만들어진 당의 고리는 피란(pyran)과 유사하므로 **피라노스(pyranose)**라고 한다.

그림 8.5 | **알도스의 헤미아세탈 형성**

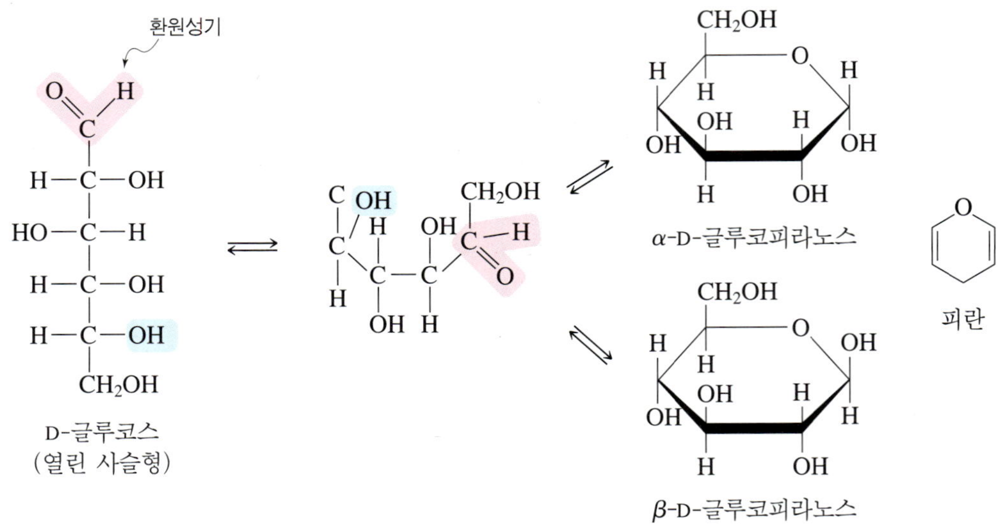

퓨란 (furan)
탄소 4원자, 산소 1원자로 구성된 화합물. 무색의 휘발성 액체로 물에는 녹지 않지만 유기 용매에는 녹음.

케토스는 알코올과 반응하여 **헤미케탈(hemiketal)**을 형성할 수 있다. 즉, 프럭토스와 같은 케토헥소스스의 열린 사슬형에서는 2번 탄소의 케토기는 5번 탄소의 하이드록시기와 반응하여 분자 내 헤미케탈을 형성한다. 다섯 원자로 된 이 당 고리는 퓨란(furan)과 유사하므로 **퓨라노스(furanose)**라고 한다(그림 8.6).

그림 8.6 | **케토스의 헤미케탈 형성**

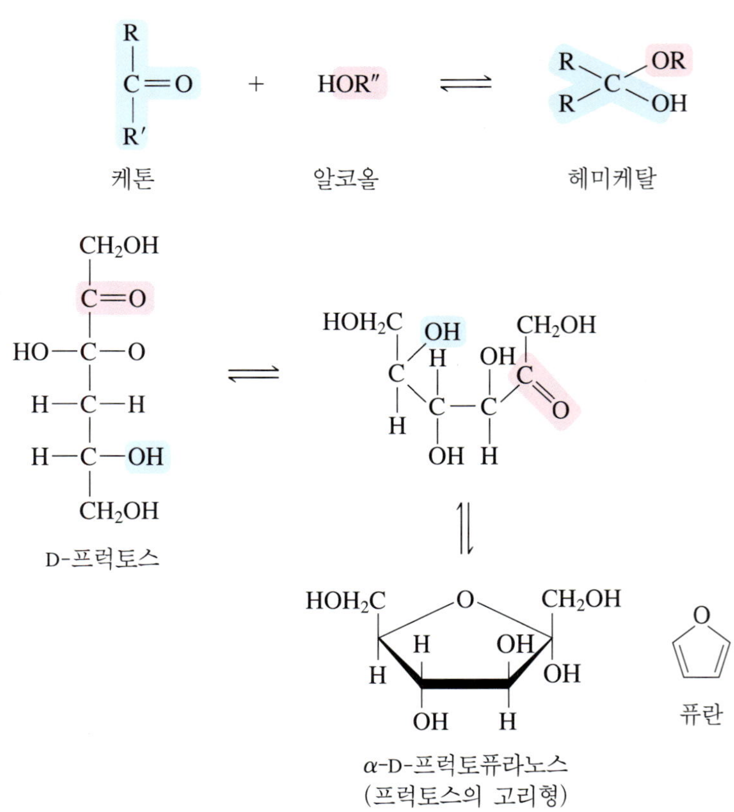

D-글루코스는 보통 두 가지 이성질체, 즉 α-D-글루코피라노스(α-D-glucopyranose, $[\alpha]D20+112^{\circ}$)와 β-D-글루코피라노스(β-D-glucopyranose, $[\alpha]D20+18.7^{\circ}$)가 존재한다. 그러나 이 두 이성질체는 수용액 중에서 상호 전환하여 평형을 유지한다. 이 현상을 **변광회전(mutarotation)**이라고 한다. 이 평형 상태에 있는 혼합물에는 α-D-글루코스 36.2%와 β-D-글루코스 63.8%가 함유되며, 혼합액의 광회전도는 $[\alpha]D20+52.5^{\circ}$이다.

변광회전 (mutarotaion)
호변 이성질체, 아노머 등이 존재하는 광학 활성체를 용액으로 하였을 때 이성질체의 상대 농도가 변화하여 비선광도가 경시 변화하는 현상.

당의 피라노스 고리 구조는 그림 8.7에 나타낸 바와 같이, 사이클로헥세인 분자의 구조와 같이 **의자형(chair form)**과 **보트형(boat form)**의 입체 형태(steric conformation)를 가진다.

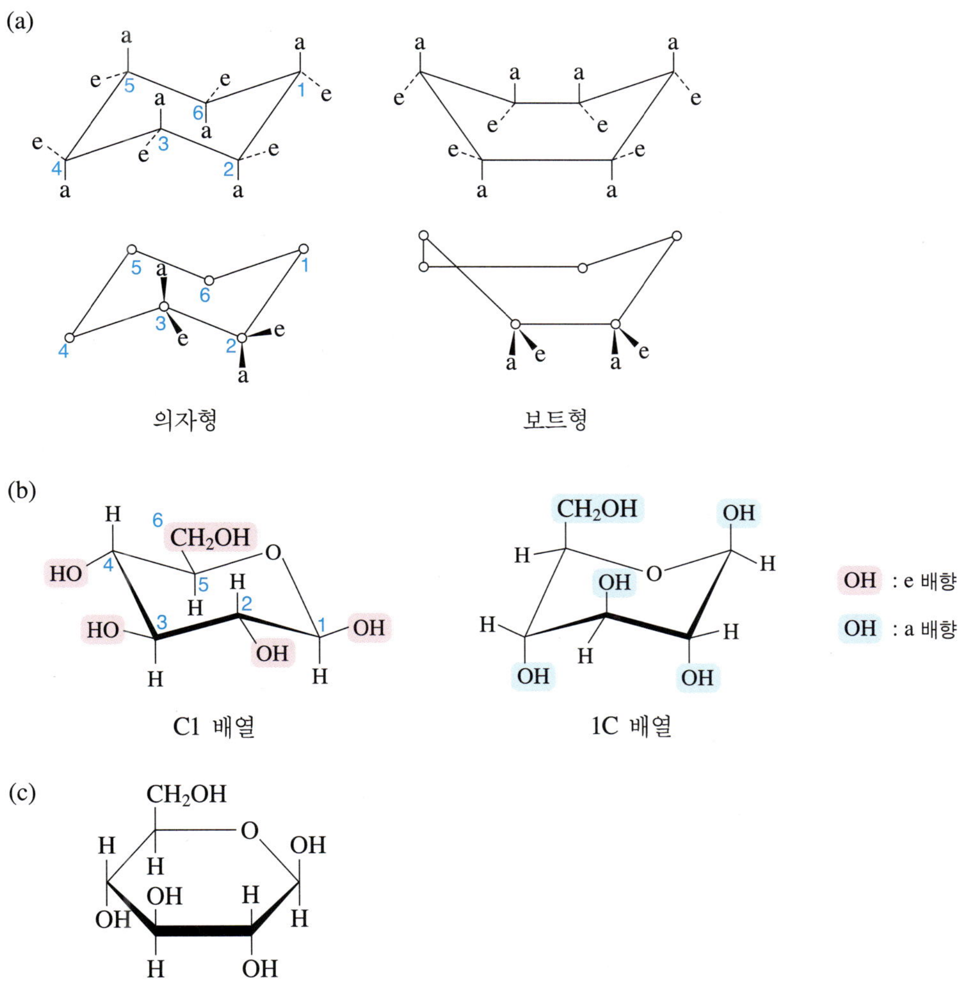

그림 8.7 | **β-D-글루코피라노스의 입체 구조: (a) 사이클로헥세인의 의자형과 보트형의 입체 배열. (b) 글루코스의 입체 배열. (c) β-D-글루코피라노스의 하워드 투영도**

각 탄소에 결합한 수소 원자는 C1, C3, C5들을 연결한 면에 수직인 축방향(a, axial)과 그 면에 평행한 적도방향(e, equatorial)으로 나눌 수 있다. 사이클로헥세인 고리의 입체 구조를 피라노스 고리에 적용시키면 입체 배열은 두 종류의 의자형 구조가 가능하며, 그 배열은 C1의 배열과 1C의 배열이다. 그리고 보트형으로는 여섯 종류가 있다. 그림 8.7에는 β-D-글루코피라노스의 C1 배열과 1C 배열을 나타내었다. 한편, 이러한 사이클로헥세인과는 달리 글루코스의 피라노스 고리 구조에서는 C1의 탄소와 C5의 탄소 사이에 산소가, 그리고 각 탄소 원자에는 $-OH$기가 결합해 있기 때문에 에너지적으로 복잡하다. 그러나 β-D-글루코스의 C1 배열에서 $-OH$기는 모두 e 배향으로 있기 때문에, 여러 가지의 단당류 중에서는 에너지적으로 제일 안정하다. 한편 1C 배열에서는 $-OH$기가 모두 a 배향을 하고 있기 때문에 에너지적으로 대단히 불안정하다.

8.3.3 단당류의 종류

천연에는 3탄당으로부터 7탄당에 이르기까지 많은 종류의 당이 분포되어 있다. 이중 L-아라비노스(L-arabinose), D-자일로스(D-xylose), D-리보스(D-ribose), D-글루코스(D-glucose), D-프럭토스(D-fructose) 등과 같이 펜토스(pentose)와 헥소스(hexose)가 일반적으로 많다. D-글루코스, D-프럭토스 이외에 많은 종류의 당은 생체의 구성 성분이나 생물체의 중요한 기능성 고분자로서 존재하고 있다.

천연에서 볼 수 있는 단당류를 다음에 소개하고자 한다. 그림 8.8은 단당류들의 구조를 나타낸 것이다.

그림 8.8 | 단당류들의 구조

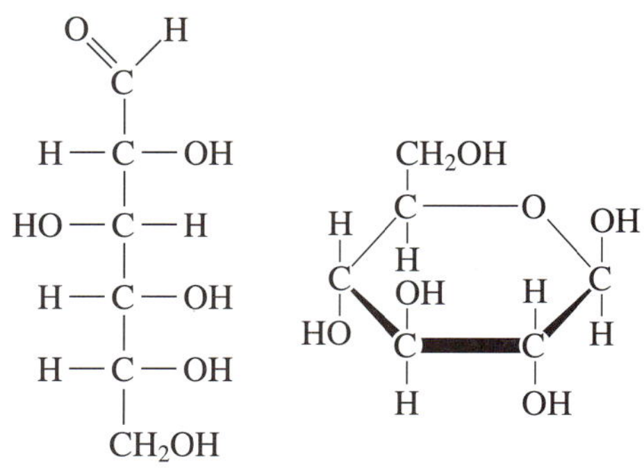

글루코스

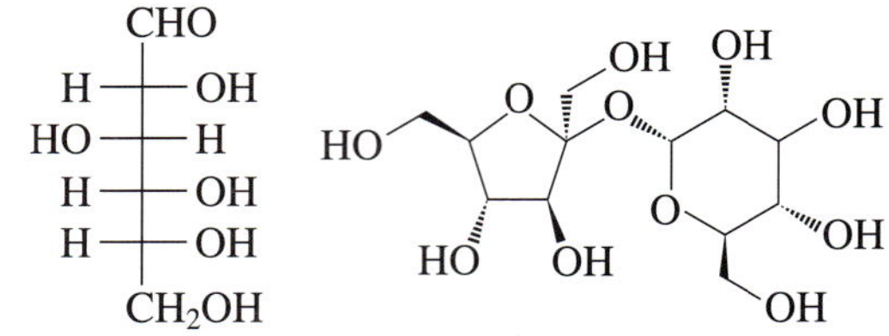

프럭토스

(1) 중성당

① **글루코스(glucose)**: D-글루코스는 다당류의 구성 성분으로서 뿐만 아니라 **지구상에서 가장 풍부한 유기 화합물**이다. 글루코스는 유리 상태로 **혈액 중에 혈당으로 존재**하며 꿀이나 과실에도 존재한다. 이당류(슈크로스 등) 또는 다당류(특히 셀룰로스, 글리코겐, 전분 등)의 구성 성분이다. 글루코스는 광학적으로 우회전성이기 때문에 옛날부터 **덱스트로스(dextrose)**라고도 불린다. 글루코스의 제조는 일반적으로 녹말의 산 가수분해로 얻는 경우가 많지만 최근에는 흔히 효소분해로 얻고 있다. 사람에게 주요한 에너지원이 되는 쌀, 보리, 옥수수 등의 녹말은 체내에서 아밀레이스라는 효소의 가수분해 작용으로 글루코스가 된다. 이렇게 분해된 글루코스는 체내 대사 과정을 거쳐서 이산화 탄소와 물이 된다. 이때 방출되는 에너지는 당 1 g당 약 4 kcal이다. 글루코스는 혈액 중에 약 0.1%의 농도로 존재하지만, 글루코스가 과잉되면 간에 글리코젠의 형태로 축적되었다가 필요에 따라서 다시 분해되어 혈액의 글루코스 농도를 일정하게 유지시켜 준다.

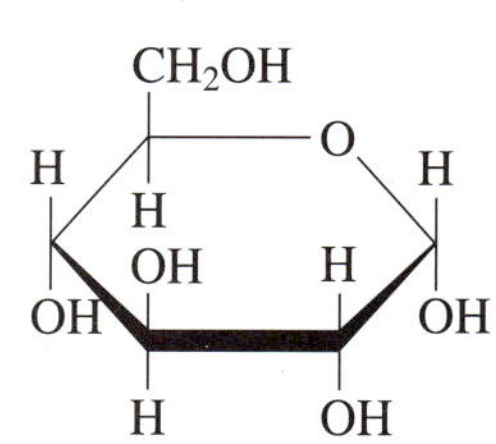

D-글루코스

② **프럭토스(fructose)**: 과당 또는 레브로스(levulose)라고도 말하며, 슈크로스와 함께 과즙이나 꿀 중에서 유리 상태로 존재한다. 다알리아의 뿌리 줄기에 저장형 다당류인 이눌린(inulin)의 형태로도 존재한다. 그리고 특히 프럭토스는 슈크로스(설탕)보다 조금 더 달다. 저온에서는 신선한 감미를 가지고 있다. 또 생체 내에서 대사되기

어렵기 때문에 최근에는 감미제로 많이 이용되고 있다. 글루코스를 이성질화효소 (isomerase)로 작용시키면 프럭토스가 고수율로 얻어지므로 공업적으로 제조되고 있다.

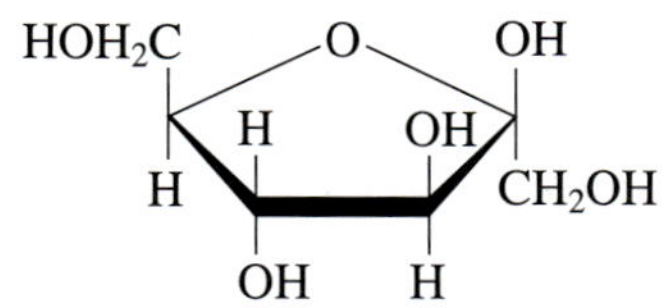

D-프럭토스

③ **만노스(mannose)**: 만노스는 상아 야자에 포함되어 있는 만난(mannan)의 가수분해를 통해 얻을 수 있다. 식용 식품 중 곤약에는 글루코만난의 형태로 존재한다. 그리고 여러 식물의 끈적끈적한 물질 속이나 **헤미셀룰로스의 구성 성분**으로서도 존재하며 효모와 같은 미생물의 **세포벽 성분**으로서도 존재한다. 최근에는 생체에서 중요한 효소나 면역 글로불린(immunoglobulin)과 같은 당단백질의 당사슬 중에서도 D-만노스가 존재하고 있는 것을 알게 되었다. 만노스는 미생물에서는 이용되지만 동물에 의해서는 대사되지 않는다.

면역 글로불린 (immunoglobulin) 항체를 포함한 구조적, 기능적 관련이 있는 단백질의 총칭. 동물의 체액, 주로 혈청 γ-글로불린 분획 내에 다량 포함되어 있으며 정상인 사람의 혈청 내 농도는 15~20 mg/mL이다.

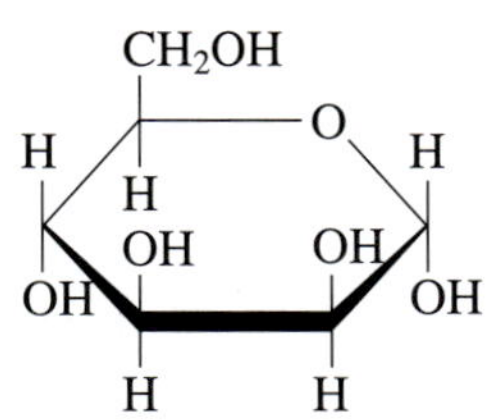

D-만노스

④ **갈락토스(galactose)**: 갈락토스는 글루코스와 함께 중요한 헥소스이다. 이 갈락토스는 락토스(젖당), 라피노스(raffinose) 등과 같은 소당류 또는 다당류의 성분이다. 갈락토스의 제조는 락토스를 산으로 가수분해한 후 글루코스를 효모로 발효하여 제거한 액을 농축하면 D-갈락토스의 결정을 얻을 수 있다.

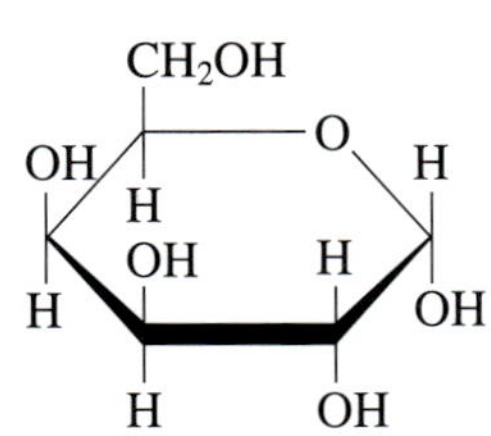

D-갈락토스

⑤ **리보스(ribose)와 데옥시리보스(deoxyribose)**: D-리보스와 D-데옥시리보스는 동식물 세포의 핵산, 즉 **RNA와 DNA의 당 성분으로서 대단히 중요한 구성 요소**이다. 또 D-리보스는 보조효소의 성분이기도 하다.

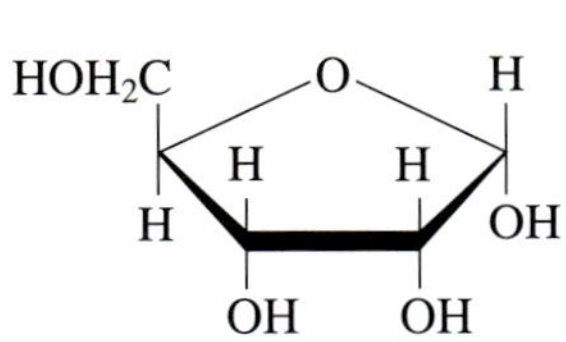

D-리보스

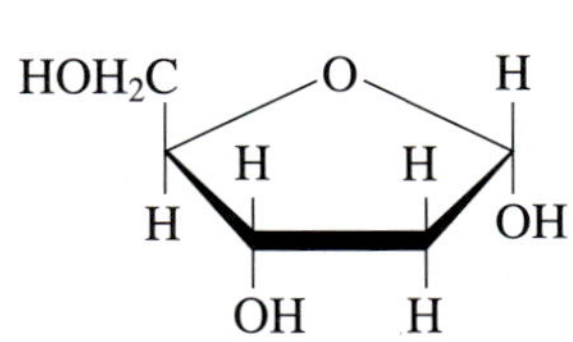

D-데옥시리보스

⑥ **아라비노스(arabinose)** : 천연에 존재하는 아라비노스의 대부분은 L형이며, 퓨라노스 고리 구조로서 존재한다. 식물의 **헤미셀룰로스(hemicellulose)**나 아라비아 고무 등의

펙틴 (pectin)
감귤류 또는 사과즙의 찌꺼기를 묽은 산으로 추출하여 얻어지는 정제된 탄수화물의 중합체로 식품에 응고제, 증점제, 안정제, 고화 방지제, 유화제 등으로 사용됨.

끈적끈적한 물질인 **펙틴(pectin)의 구성 성분**이다. 한 가지 재미있는 것은 결핵균과 같은 미생물의 항원성 다당류에서는 L형이 아닌 D형의 아라비노스가 발견된다.

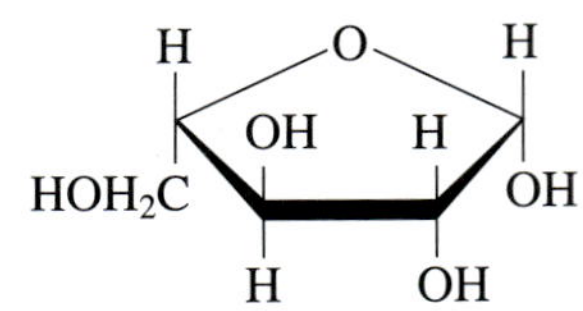

L-아라비노스

⑦ **자일로스(xylose)**: 식물의 헤미셀룰로스의 주성분인 자일란(xylan)의 구성 성분이다. 따라서 옥수수의 이삭, 보리짚 등을 산으로 가수분해한 후 가수분해물 중에 포함되어 있는 글루코스를 효모로 소화시켜 제거하면 쉽게 자일로스의 결정이 얻어진다.

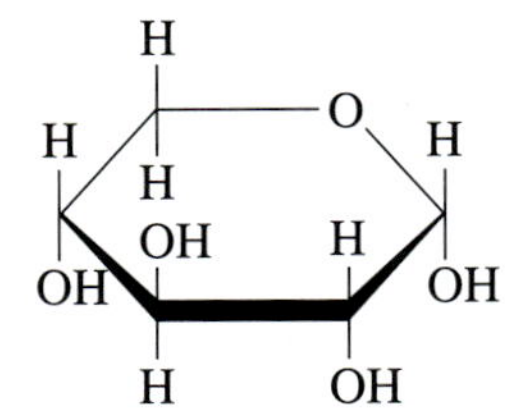

D-자일로스

(2) 산성당

① **우론산(uronic acid)**: 천연에 존재하는 우론산으로서는 D-글루쿠론산(D-glucuronic acid), D-갈락투론산(D-galacturonic acid), D-만누론산(D-mannuronic acid), L-글루론산(L-guluronic acid), L-이두론산(L-iduronic acid) 등 다섯 종류가 있다. D-글루쿠론산과 D-갈락투론산은 우론산들 중에서 천연에 많이 존재하는 것이다.

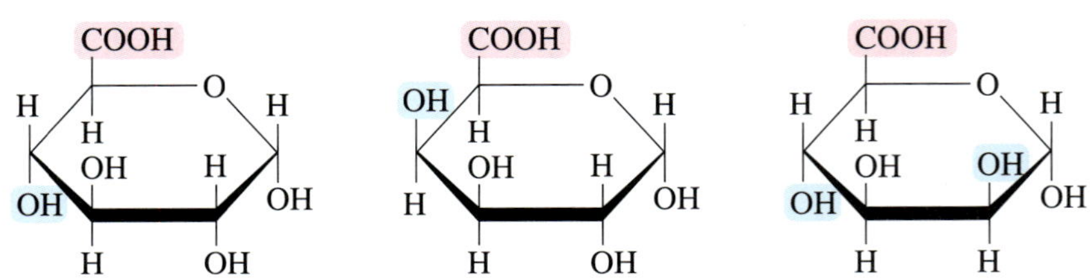

D-글루쿠론산 D-갈락투론산 D-만누론산

② **아스코브산(ascorbic acid)**: 식물과 많은 동물들은 D-글루코스로부터 아스코브산을 합성한다. 그러나 예외로 사람과 영장류 동물 및 기니피그(guinea pig)는 이 아스코브산을 합성하지 못한다.

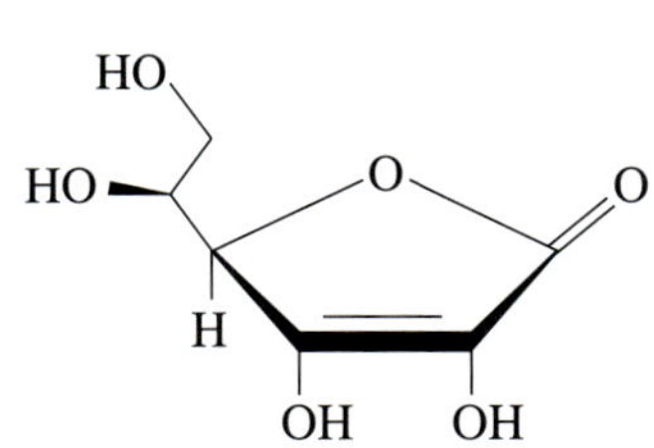

아스코브산

(3) 아미노당

알도헥소스의 2번 탄소에 붙은 하이드록시기를 아미노기로 치환한 헥소사민(hexosamine) 중에서 **D-글루코사민(D-glucosamine)**과 **D-갈락토사민(D-galactosamine)**은 많은 동식물들

속에 있는 점액다당류(mucopolysaccharide) 또는 당단백질의 중요 성분으로서 존재한다. D-글루코사민은 단단한 껍질을 가진 갑각류의 키틴(chitin) 또는 뮤람산(muramic acid)과 결합해서 세균의 세포벽에 존재하는 펩티도글리칸(peptidoglycan)의 골격 구조물을 만든다. 이들 아미노당은 천연에서는 N-아세틸글루코사민(acetylglucosamine) 등과 같이 아미노기가 아세틸화되어 있다.

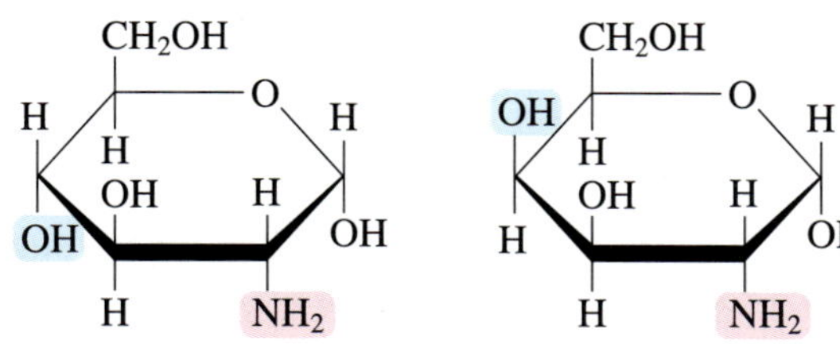

D-글루코사민　　　D-갈락토사민

8.4 소당류

2∼6개의 단당류가 **글리코사이드 결합(glycosidic bond)**에 의해서 연결된 것을 **소당류(oligosaccharide)**라고 한다. 예를 들면, 녹말이나 글리코젠을 약산에서 가수분해하면 말토스가 생성된다. 이것을 앞의 반응식을 이용하여 화학적으로 설명하면 두 개의 D-글루코스 중 왼쪽의 글루코스의 1번 탄소(헤미아세탈)에 붙은 알파하이드록시기와 오른쪽 글루코스 분자의 4번 탄소에 붙은 하이드록시기(알코올) 사이에서 탈수 반응이 일어나서 두 개의 글루코스 분자가 글리코사이드 결합으로 연결된 것이다(그림 8.9).

그림 8.9 | 소당류들의 구조

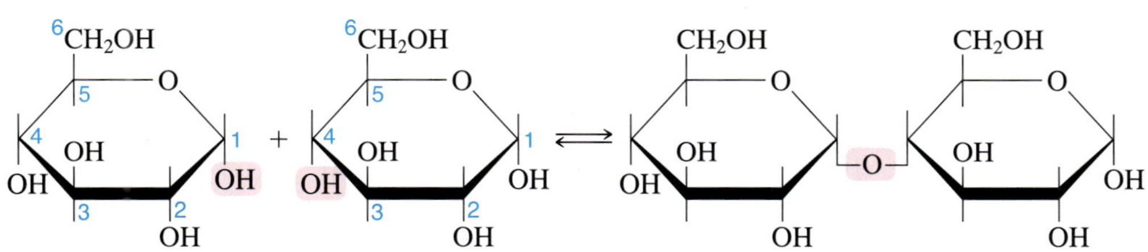

D-글루코스　　　말토스

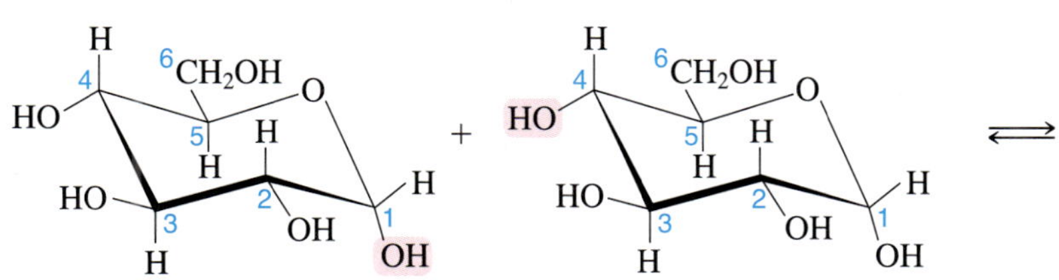

D-글루코스

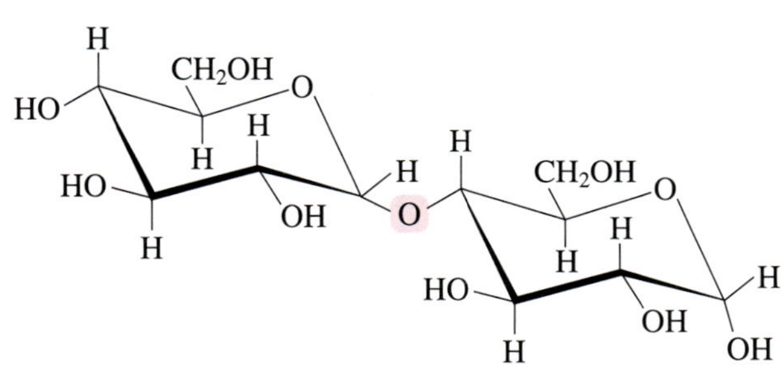

말토스

여러 종류의 소당류 중에서 천연에 유리 상태로 존재하는 것은 이당류의 슈크로스(설탕), 락토스(젖당), 트레하로스(treharose)와 삼당류로서 라피노스(rapinose), 스타키오스(stachyose) 등이 있다.

8.4.1 슈크로스

슈크로스(sucrose)는 식물계에 널리 존재하고, 일명 **설탕**이라 명명하며 단맛을 내는 데 없어서는 안 되는 이당류이다. 공업적으로는 사탕수수나 사탕무로부터 추출하여 얻을 수 있다. 산으로 가수분해하면 같은 양의 글루코스와 프럭토스가 생성된다. 이때 광회전도는 [α]D + 61° 로부터 −20° 로 변화한다. 이러한 당을 **전화당(invert sugar)**이라고 한다. 슈크로스는 글루코스의 1번 탄소의 하이드록시기와 프럭토스의 2번 탄소에 있는 케톤기가 글리코사이드 결합으로 연결된 것으로, 환원기가 없기 때문에 **비환원당**이라고 한다.

> **전화당 (invert sugar)**
> 사탕수수나 사탕무에서 얻는 슈크로스는 이당류 (올리고당) 이므로 산이나 효소로 가수분해하면 포도당과 과당이 각각 1분자씩으로 된다. 이 현상을 전화라고 하고, 이때 생기는 포도당과 과당의 혼합물을 전화당이라고 함.

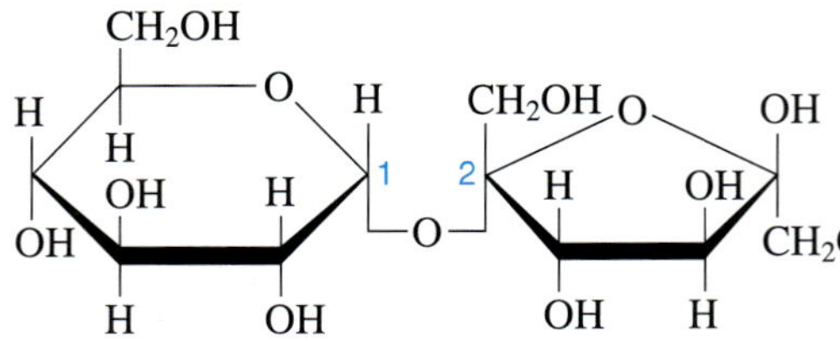

슈크로스(글루코스-α(1 → 2)-프럭토스)

8.4.2 말토스

말토스(maltose, 맥아당)는 녹말의 구조 단위로, 곧은 사슬로 있는 아밀로스(amylose)를 β-아밀레이스로 분해하면 얻을 수 있다. 말토스는 두 개의 글루코스 분자들의 α-(1 → 4) 결합으로 연결되어 있다. 말토스는 환원당에 속한다.

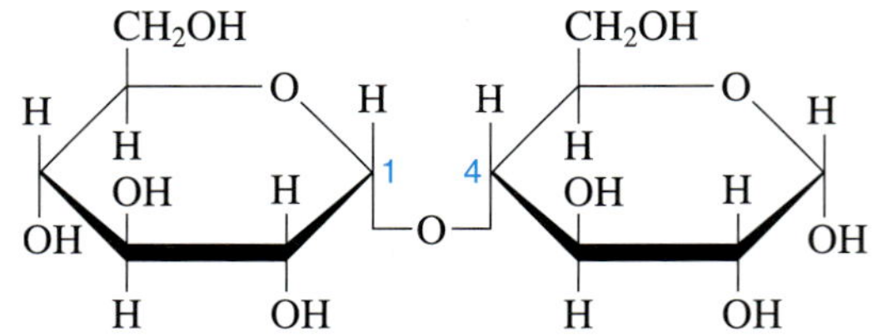

말토스(글루코스-α(1 → 4)-글루코스)

8.4.3 셀로비오스

셀로비오스(cellobiose)는 셀룰로스를 산으로 가수분해하여 얻을 수 있는 이당류이며, 말토스와 같이 1 → 4 글리코사이드 결합을 하고 있다. 셀로비오스는 β-글리코사이드 결합을 하고 있는 것이 말토스와 다르다. 셀로비오스의 광회전도는 α-글리코사이드 결합의 말토스에 비하면 대단히 낮다. 셀룰로스를 부분 가수분해하면 β-(1 → 4) 글리코사이드 결합의 삼당류인 셀로트라이오스(cellotrios)와 사당류인 셀로테트로스(cellotetrose) 등의 소당류가 생성된다.

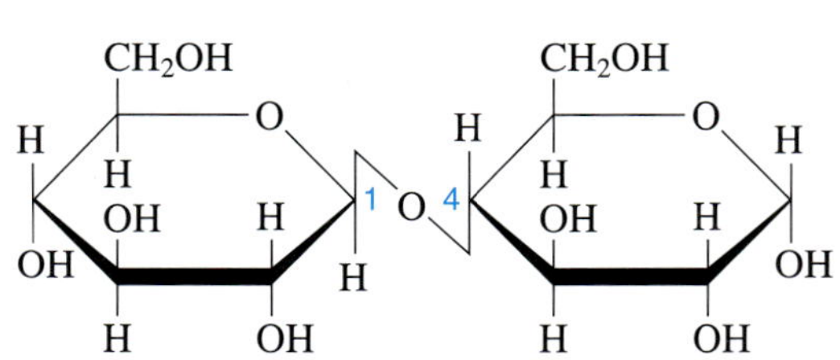

셀로비오스

8.4.4 락토스

락토스(lactose)는 우유에 존재하는 중요한 이당류이다. D-갈락토스와 D-글루코스가 β-(1 → 4) 글리코사이드 결합을 하고 있다. 유아기에는 β-갈락토스가수분해효소(β-galactosidase)에 의해 갈락토스와 글루코스로 분해된 다음, 갈락토스는 갈락토스 1-인산을 경유해서 글루코스 1-인산이 되어서 흡수된다.

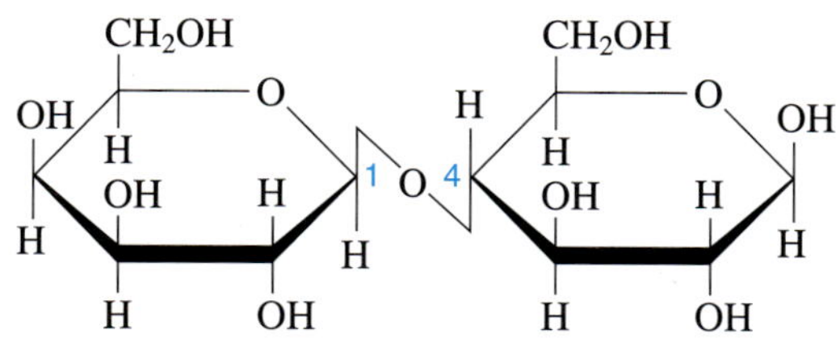

락토스(갈락토스-β(1 → 4)-글루코스)

8.5 다당류

자연계에 존재하는 다당류는 그 기원에 따라서 여러 가지로 분류되고 있다. 여기서는 화학적인 구성면에서 분류해 보도록 하겠다. 단 한 개의 구성당으로 이루어진 당을 **동종다당류(homopolysaccharide)**라고 한다. 그리고 두 종류 이상의 단당류를 함유하는 것을 **이종다당류(heteropolysaccharide)**라고 한다. 그리고 단백질과 결합한 당을 **당단백질(glycoprotein)**, 지질과 결합하고 있는 것을 **당지질(glycolipid)**이라고 하며, 이들 모두를 **복합 탄수화물(complex carbohydrate)**이라고도 한다. 단당류의 종류와 결합 양식에 따라 여러 가지 다당류가 있으며, 그 성질이나 생물학적 기능도 현저히 차이가 난다. 예를 들면, 녹말 등 생체의 에너지원이 되는 다당류는 생체 내에서 대사되기 쉬운 형태를 갖고 있다. 그러나 셀룰로스, 키틴(chitin), 또는 세균의 세포벽을 구성하는 펩티도글리칸 등은 분자간의 수소 결합이나 교차 결합에 의해서 단단한 구조물을 형성함으로써 생체를 보호한다.

> 셀룰로스(cellulose)
> 다수의 포도당(glucose)이 β-1,4 결합으로 연결된 다당류의 하나이며 리그닌 및 헤미셀룰로스와 함께 식물체의 골격이 되고 주로 세포벽을 형성. 고등식물 세포벽의 주성분으로 목질부의 대부분을 차지하는 다당류로 섬유소라고도 함.

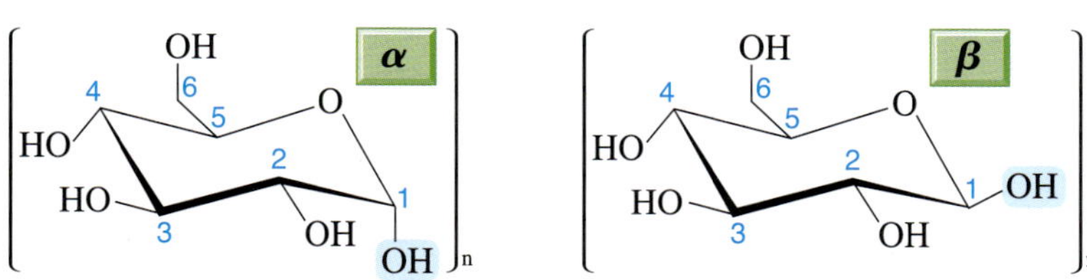

그림 8.10 | 녹말(왼쪽: α 포도당) 및 셀룰로스(오른쪽: β 포도당)의 구조

대부분의 한 가지 당으로 구성된 다당류는 생체의 골격 구조와 에너지의 저장 물질로 존재한다. 다당류는 소당류와 마찬가지로 100개 또는 그 이상의 단당류가 글리코사이드 결합으로 연결되어 있다. 이들 단당류 중에서 가장 많은 것은 셀룰로스, 녹말, 글리코겐 등을 구성하고 있는 D-글루코스이다. 그 밖의 단당류로서는 D-갈락토스, D-만노스, L-아라비노스, D-자일로스, L-람노스(rhamnose), L-퓨코스(fucose)이다. 드물게는 L-갈락토스나 D-아라비노스도 존재한다.

8.5.1 동종다당류

일반적으로 **녹말(starch)**은 α-(1 → 4) 결합의 곧은 사슬 구조의 **아밀로스(amylose)** 형태가 약 20~25%, 그리고 α-(1 → 6) 결합을 한 아밀로펙틴(amylopectin) 형태가 약 75~80%이다. 식품으로 섭취되는 녹말은 타액 속에 있는 α-아밀레이스에 의해서 작은 단위로 분해된다. 그리고 췌장이나 장의 세포막으로부터 분비되는 소화효소들에 의해서 다당류는 단당류로 되고, 다시 간을 거쳐서 혈액으로 운반되고, 세포로 들어가서 최종적으로는 CO_2와 H_2O로 산화된다. 이때 발생하는 에너지는 글루코스 1그램당 약 4 kcal이다.

아밀로스의 중합도는 약 300에서 1,500 정도이다. 녹말의 주요한 구성 성분으로 되어 있는 아밀로펙틴은 분자량이 40~500×10^6되는 거대분자이다. 녹말에서 아밀로펙틴은 아밀로스 평균 α-(1 → 4) 결합을 한 20~25개의 글루코스 잔기에 1개의 비율로 6번 탄소에서 α-(1 → 6) 결합으로 가지가 생겨서 나무 모양의 구조를 하고 있다(그림 8.11). 실험적으로 아밀로스와 아밀로펙틴의 차이는 아이오딘 반응으로 알 수 있다. 아밀로스는 나선 구조를 가지고 있기 때문에 분자 내에 아이오딘 분자를 끌어들여 청색(650 nm)을 나타낸다. 그러나 아밀로펙틴은 아이오딘과 결합력이 약하기 때문에 적자색(540 nm)을 나타낸다.

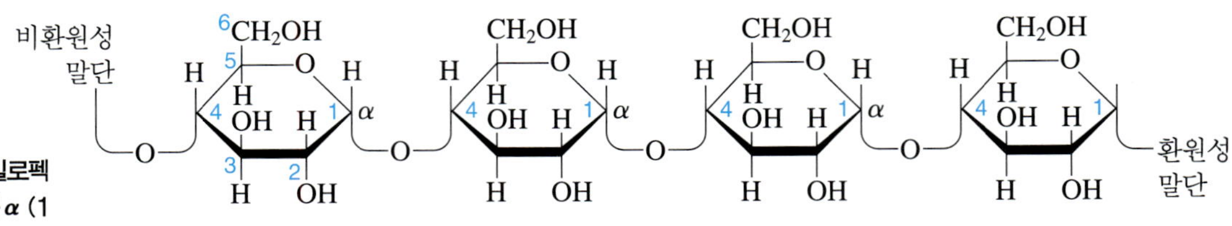

그림 8.11 | **아밀로스 및 아밀로펙틴의 구조: D-글루코스 잔기가 α (1 → 4) 결합으로 이어진 선형 중합체인 아밀로스 짧은 분절**

리그닌 (lignin)
천연에서 셀룰로스 외의 탄수화물과 결합하여 존재하는 페닐프로파노이드의 중합물. 셀룰로스 및 헤미셀룰로스와 함께 목재의 실질을

셀룰로스(cellulose)는 식물 세포벽이나 동물의 바깥 뼈대를 구성하는 구조적 동종다당이다. 목화 열매에 붙은 솜은 대부분 순수한 셀룰로스이다. 공업적으로 셀룰로스 제조에 이용되는 목재는 30~40%가 셀룰로스이며, 10~30%가 헤미셀룰로스(hemicellulose), 20~30%가 리그닌(lignin)이다. 셀룰로스는 구조적으로 3,000개 이상의 D-글루코스 잔기가 β-(1 → 4) 결합으로 연결된 곧은 사슬 구조이다(그림 8.12).

그림 8.12 | **셀룰로스의 구조**

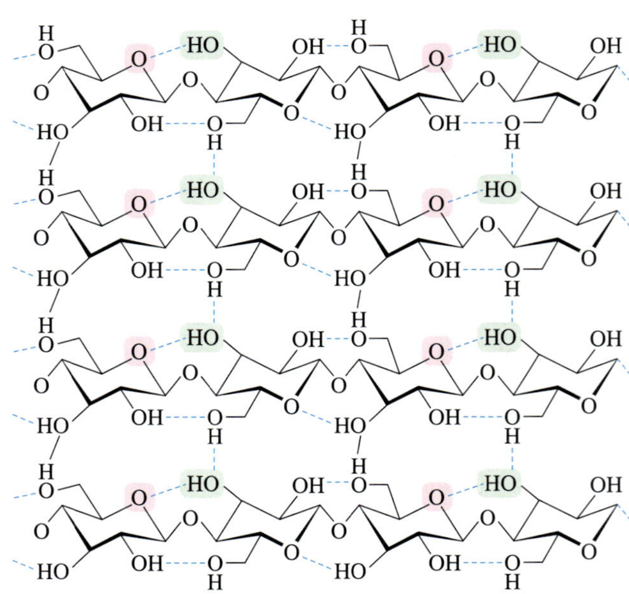

8.5.2 이종다당류

세균의 세포벽의 단단한 성분을 **펩티도글리칸(peptidoglycan)** 이라 부르는데 N-아세틸글루코사민(N-acetylglucosamine, NAG)과 N-아세틸뮤람산(N-acetylmuramic acid, NAM) 잔기가 β-(1 → 4) 결합에 의해 교대로 연결된 이종다당이다(그림 8.13). 이러한 짧은 펩타이드가 세포벽에 나란히 놓여 있는데 펩타이드의 교차연결이 이 다당 사슬을 서로 접합하여 단단한 껍질로 만들고 세포의 팽창과 용해를 막는다. 눈물에 많이 있는 라이소자임(lysozyme) 효소는 펩티도글리칸 사이의 β-(1 → 4) 결합을 분해하여 세균을 죽이므로 눈의 감염을 막는다. 또한 페니실린(penicillin)과 그 유사 항생제도 이 교차연결의 합성을 방해하여 약한 세포벽이 되도록 하여 세균을 죽인다.

동물 세포 사이의 공간은 젤과 같은 물질로 차있고 이 물질은 세포를 지지해주며 세포에 영양분과 산소를 보내는 통로 역할을 한다. 세포 외 기질은 이종다당과 콜라겐, 엘라스틴, 파이브로넥틴 등과 같은 섬유단백질이 서로 맞물려 그물과 같이 구성되어 있다. **당아미노갈락토사민(glycogalactosamine)** 인 이당 단위가 반복되어 형성되는 선형 중합체이다. 두 개의 단당 중 한쪽은 항상 N-아세틸갈락토사민(N-acetylgalactosamine)이고 다른 쪽은 대부분 유론산이다.

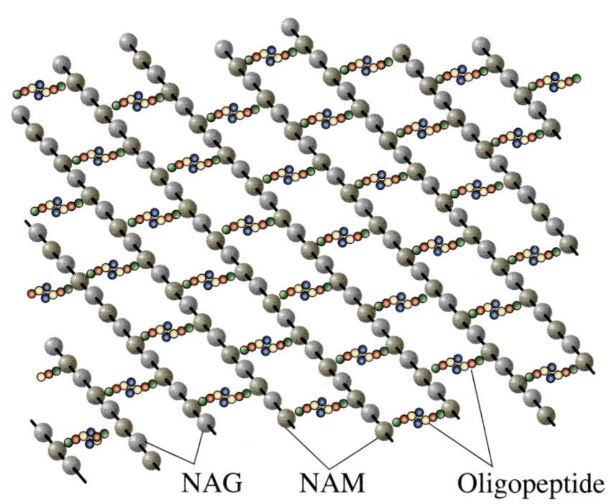

그림 8.13 | **펩티도글리칸의 구조**

8.5.3 복합당

당이 단백질 또는 지질과 공유 결합을 하고 있는 경우 이를 **복합당(complex sugar)** 이라고 한다. 당이 폴리펩타이드 사슬의 아미노산과 결합해서 곁사슬을 형성하고 있을 경우 이를 **당단백질(glycoprotein)** 이라고 한다. 또한 지질이 폴리펩타이드 사슬의 아미노산과 결합해서 곁사슬을 형성하고 있는 경우 이를 **당지질(glycolipid)** 이라고 한다. 이러한 당지질은 혈구 등 세포 표면막의 중요한 구성 요소이며, 동물계에 널리 분포되어 있다. 포유동물의 혈구에는 통상 2~10%의 당이 당단백질 또는 당지질의 형태로 존재한다.

당단백질은 적혈구, 혈청, 면역 글로불린 등 동물계에 널리 분포되어 있다. 그리고 식물이나 미생물에도 존재하며, 특히 식물의 렉틴이나 분비형의 효소에는 당단백질이 많다. 당사슬을 구성하는 복합당으로 D-만노스, D-갈락토스, L-후코스가 주이며, 때에 따라서는 D-자일로스, L-아라비노스를 포함한 것도 있다. 펩타이드 사슬에 결합하는 부분은 통상 N-아세틸글루코사민이지만 경우에 따라서는 N-아세틸갈락토사민과도 결합한다. 당사슬과 아미노산의 결합 양식은 일반적으로 N-글리코사이드 결합과 O-글리코사이드 결합으로 크게 나눌 수 있다(그림 8.14).

그림 8.14 | 펩타이드 사슬과 당사슬의 결합

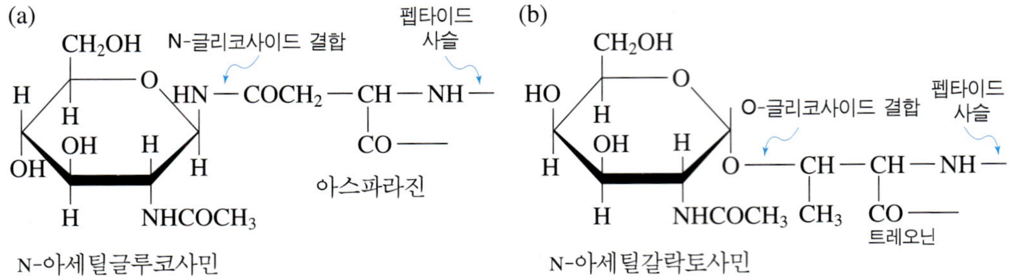

N-글리코사이드 결합은 혈장 당단백질, 달걀 흰자의 당단백질, 식물 렉틴, 세포막 당단백질, 효소 당단백질 등에 있다.

O-글리코사이드 결합은 소, 양, 돼지 등의 턱밑샘 뮤신(mucin)에서 발견된다. 폴리펩타이드 사슬 중 세린과 트레오닌 등의 아미노산 잔기와 헥소사민, N-아세틸갈락토사민 또는 자일로스가 O-글리코사이드 결합을 하고 있다.

당지질(glycolipid)은 주로 동물 조직 중 생체막의 구성 성분으로서도 중요하다. 이 당지질은 일반적으로 스핑고신(sphingosine)이나 여러 가지의 지방산, 당 등이 결합한 복잡한 구조를 가지고 있다. 동물계에는 스핑고 당지질(sphingo glycolipid)이 많으며, 식물이나 미생물에는 글리세로 당지질(glycero glycolipid)이 많다.

8.6 중요한 당의 화학 반응들

8.6.1 글리코사이드 결합의 형성

HCl을 함유하고 있는 무수 메탄올에서 글루코스를 가열하면, 아노머 탄소 원자는 알코올의 하이드록시기와 반응하여 α-메틸글루코사이드(α-methylglucoside)와 β-메틸글루코사이드(β-methylglucoside) 두 종류의 **아세탈(acetal)**을 형성한다(그림 8.15). HCl은 아노머 탄소로부터 —OH기의 제거를 촉진한다. 이것은 산 촉매의 한 예이다.

그림 8.15 | 글루코스의 아세탈 형성

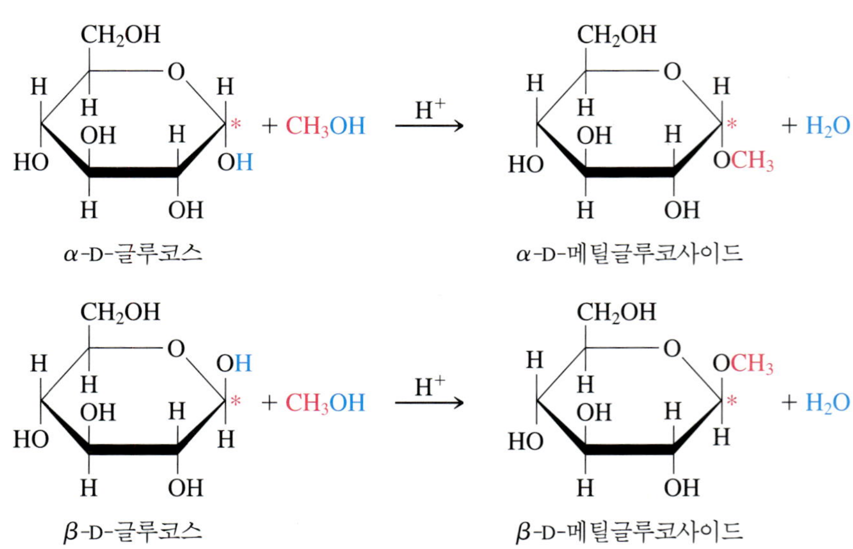

글루코스의 C-1과 메탄올의 산소 원자 사이에 이루어진 새로운 결합을 **글리코사이드 결합(glycosidic bond)**이라고 하며 이러한 결합을 O-글리코사이드 결합이라고 한다. 당들

은 O-글리코사이드 결합으로 연결되어서 이당류와 다당류를 형성할 수 있다. 예를 들면, 셀룰로스의 경우 한 당분자의 C-1과 인접한 당분자의 C-4의 하이드록시기의 산소 원자 사이에서 글리코사이드 결합이 형성되어 많은 D-글루코스 잔기들이 연결되어 있다. 셀룰로스에 있는 글리코사이드 결합은 β 배열을 하고 있다. 그러므로 셀룰로스에 있는 글루코스 단위들은 $\beta(1 \rightarrow 4)$ 글리코사이드 결합으로 연결되어 있다. 이것을 β-1,4라는 약자로 간략하게 표시할 수 있다. 또한 그림 8.15와 같이 당의 아노머 탄소 원자는 N-글리코사이드 결합으로 아민의 질소 원자에 결합할 수도 있다.

8.6.2 엔올화 반응

글루코스를 오랜 시간 약한 알칼리 용액에 두면 프럭토스와 만노스를 함유하는 혼합액이 된다. 그리고 프럭토스나 만노스를 약한 알칼리로 처리하면 글루코스, 프럭토스, 만노스를 함유하는 평형 혼합물이 생성된다.

이 반응을 Lobry de Bruyn-von Ekenstein 반응이라 하며, 이러한 변화가 일어나는 이유는 알칼리에서 당이 **엔올화(enolization)** 하기 때문이다(그림 8.16). 센 알칼리에서 단당류는 일반적으로 불안정하여 산화 반응, 분해 반응 또는 중합 반응 등이 일어난다.

엔올화 (enolization)
케톤이나 알데하이드 등의 카보닐 화합물이 케토형에서 엔올형으로 이성질체화하는 현상. 이 반응은 수소의 이동을 포함하고 있으며, 넓은 뜻에서는 이것과 유사한 수소 이동을 엔올화라고 명명함.

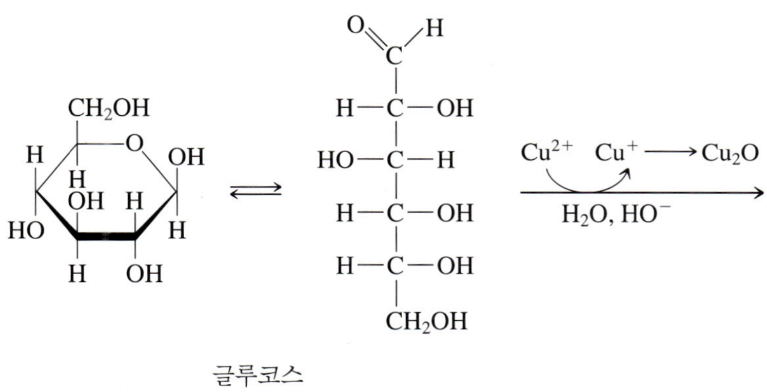

그림 8.16 | **글루코스의 엔올화 반응**

8.6.3 산화-환원 반응

탄수화물은 환원당과 비환원당(nonreducing sugar)으로 분류할 수 있다. **환원당(reducing sugar)** 은 고리형의 헤미아세탈형과 같이 알데하이드기가 분자 내에 존재하므로 **환원제(reducing reagent)** 로 작용할 수 있다. 이 알데하이드기는 중성 pH에서 산화제 또는 효소의 작용으로 카복실산으로 산화된다. 이러한 반응은 혈액이나 소변 중의 단당류, 특히 글루코스를 검출하는 데 이용된다(그림 8.17).

환원당 (reducing sugar)
염기성 용액에서 어떤 알데하이드 또는 케톤을 형성하는 당의 일종. 포도당, 과당, 엿당, 글리세르알데하이드, 아라비노스 등이 여기에 속함.

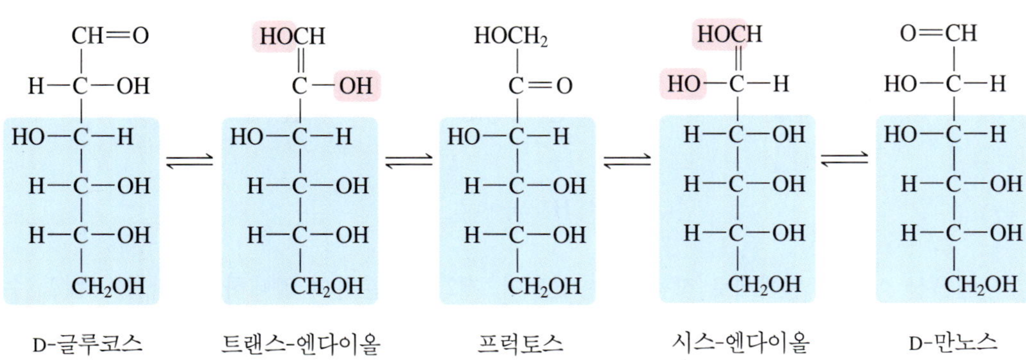

그림 8.17 | **글루코스의 산화 반응**

알도헥소스(aldohexose)의 알데하이드기는 중성이므로, 온화한 산화에 의하여 카복실기가 된다. 이때 생기는 모노카복실산(monocarboxylic acid)을 알돈산(aldonic acid)이라고 한다. 갈락토스에서 생기는 갈락톤산(galactonic acid), 글루코스에서 생기는 글루콘산(gluconic acid)은 알돈산의 예들이다(그림 8.16). 알도헥소스를 HNO_3과 같은 강한 산화제로 산화시켜 알데하이드기와 하이드록시메틸 탄소가 모두 산화되어서 생기는 다이카복실산(dicarboxylic acid)을 알단산(aldanic acid)이라고 한다. 그 예로는 갈락토스에서 생기는 갈락탄산(galactanic acid)과 글루코스에서 생기는 글루콘산이 있다.

단당류의 알데하이드기나 케톤기를 H_2나 $NaBH_4$와 같은 시약, 또는 효소로 환원하면 당알코올(sugar alcohol)이 된다. D-글루코스, D-만노스 및 D-리보스가 환원되면 각각 D-소르비톨(D-sorbitol), D-만니톨 (D-mannitol) 및 D-리비톨(D-ribitol)이 된다.

8.6.4 에스터 형성

아세트산 무수물
(acetic anhydride)
카복실산 무수물의 하나로 무수아세트산이라고도 함. 아세트산 2분자에서 물 1분자가 빠져나가면서 결합된 유기산 무수물로 증기는 최루성을 지니며 염료의 원료, 아세트산 에틸, 아세트산아밀 등 용제의 원료로 사용함.

탄수화물의 알코올기들은 비효소적으로 또는 효소적으로 에스터(ester)화될 수 있다. 그러므로 α-D-글루코피라노스를 아세트산 무수물(acetic anhydride)로 처리하면, 모든 하이드록시기들은 아세틸화되어 다음의 구조식과 같이 펜타-O-아세틸 글루코스(penta-O-acetyl glucose)가 된다(그림 8.18). 에스터화한 이 아세틸기들은 묽은 산 또는 묽은 알칼리로 가수분해된다. 이러한 반응은 탄수화물의 아세틸 유도체 구조 결정에 이용된다.

생체 내에서의 탄수화물의 중간 대사 과정에서 중요한 에스터 화합물은 **인산 에스터(phosphate ester)**이다. 이것은 일반적으로 당이 ATP에 의해 에스터화됨으로써 생성된다. 그 예로서는 프럭토스-1,6-비스인산(fructose-1,6-bisphosphate)을 들 수 있다.

그림 8.18 | **β-D-글루코피라노스의 에스터 반응**

α-D-글루코피라노스 펜타-O-아세틸 글루코스

8.6.5 알돌 축합 반응

당의 카보닐기의 이웃 탄소에 결합된 수소들(α-수소들)이 이온화하여 형성되는 엔올산 이온(enolate ion)은 다음과 같이 공명에 의하여 안정화될 수 있다.

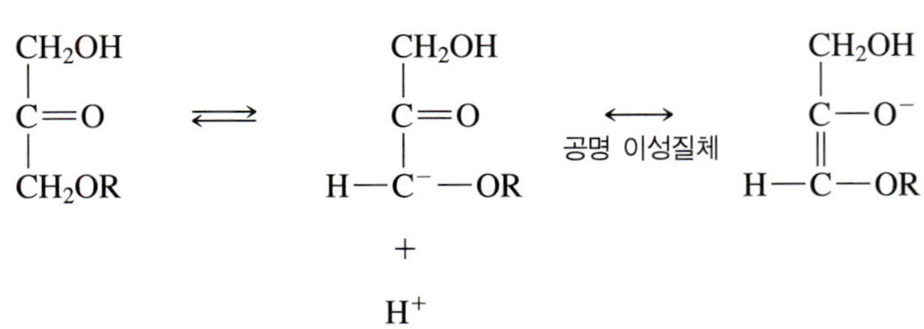

알돌 축합 반응
(aldol condensation)
아세트알데하이드 2분자가 염기의 작용으로 반응하여 알돌을 생성하는 반응
$2CH_3CHO \rightarrow CH_3CH(OH)CH_2CHO$(알돌)

엔올산 이온은 친핵체로 작용할 수 있으며, 제2의 당분자의 알데하이드기를 공격할 수 있다. 이러한 반응을 **알돌 축합 반응(aldol condensation)**이라 하며 다음과 같이 진행이 된다.

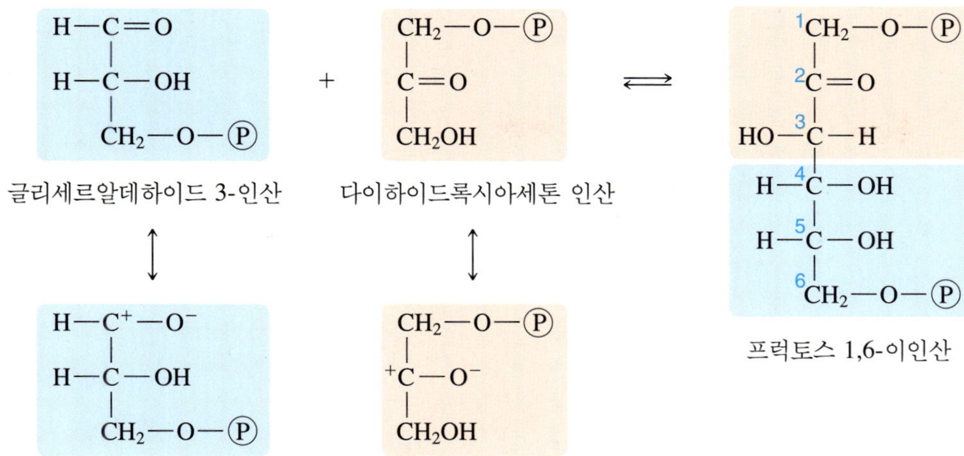

연습 문제

1. β-D-알도헥소스의 구조를 피라노스 고리 구조로 그려 다음에 답하시오.
   ① 입체 이성질체는 몇 개인가?
   ② 비대칭 탄소 원자는 몇 개를 가지고 있는가?
2. 거울상 이성질체란 무엇인가? 예를 들어 설명하시오.
3. 글루코스가 변선광이 일어날 때 그 구조는 어떻게 변화하는지 설명하시오.
4. 글리코사이드 결합을 하고 있는 당을 한 예로 들어서 그 기작을 설명하시오.
5. β-D-알도헵토스의 구조를 퓨라노스 고리형으로 그리시오.
6. 당을 구성하고 있는 기본 단위체의 수에 따라 탄수화물의 종류를 열거하고, 그 예를 드시오.
7. 펩티도글리칸의 구조적인 특징에 대하여 서술하시오.
8. 편광회전이란 무엇인지 기술하시오.
9. 셀룰로스의 구조는 녹말과 글리코젠의 구조와 어떻게 다른지 설명하시오.
10. 단당류의 종류에는 어떠한 것들이 있는지 각각이 갖는 pH 차이에 의해 구분하여 설명하시오.

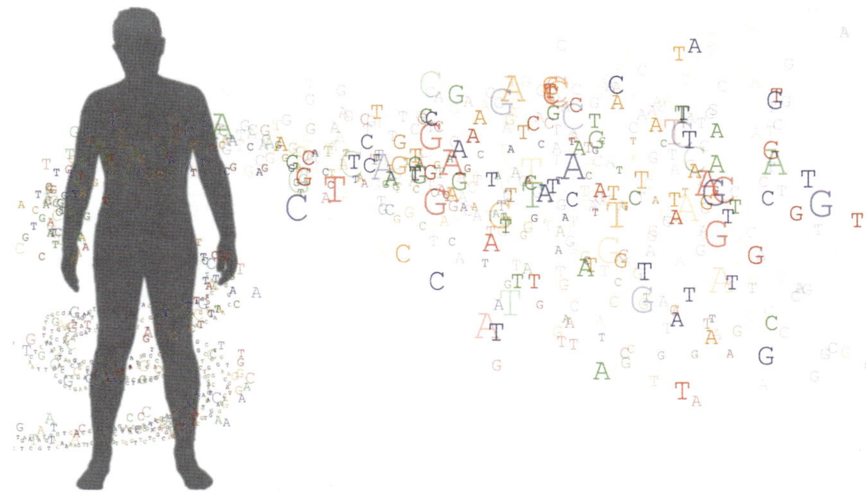

09 핵산

학습 목표
- 핵산을 구성하고 있는 물질의 종류와 그 성질들을 이해한다.
- DNA, RNA의 구조적 특성과 그 기능들을 이해한다.
- 핵산의 물리 · 화학적 성질들을 이해한다.

주요 용어
- 염기, 리보핵산, 데옥시리보핵산, DNA, RNA, 뉴클레오사이드, 뉴클레오타이드, cAMP, 이중 나선 구조, tRNA, 리보솜, 흡광감소(증가) 효과, 변성

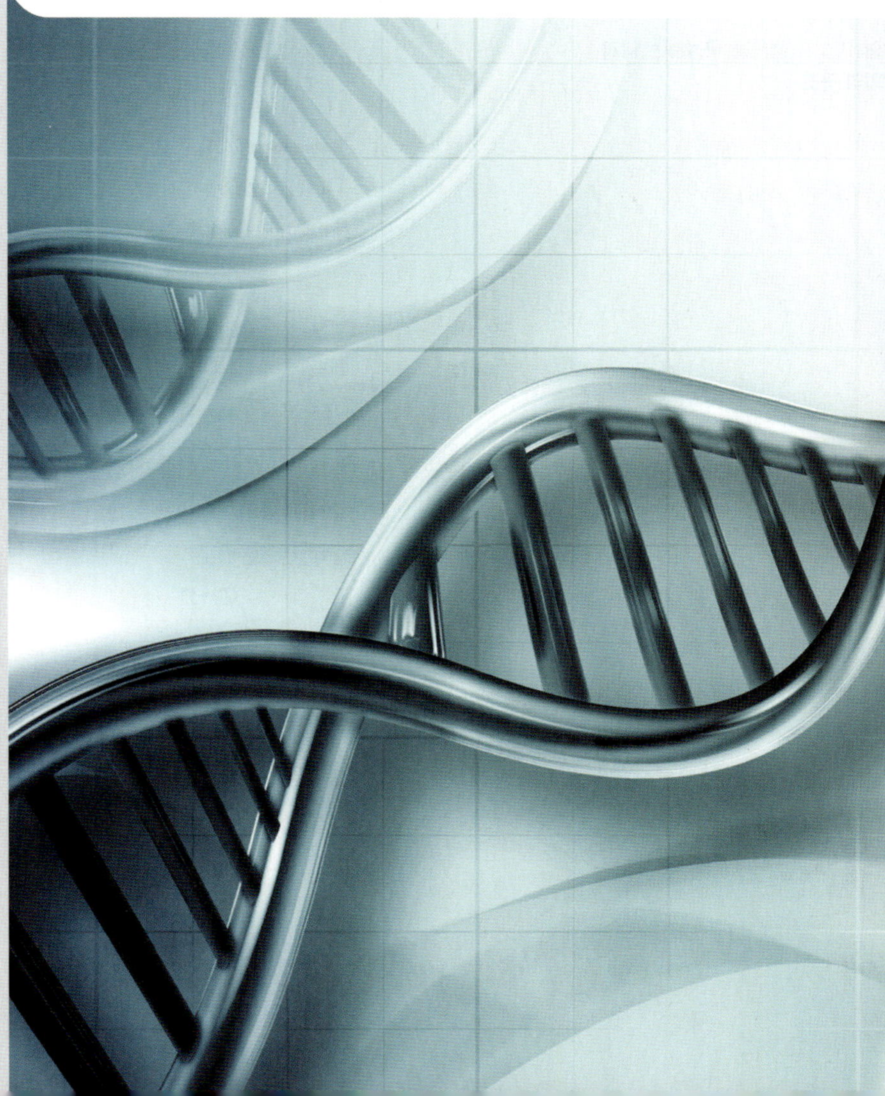

9.1 핵산의 종류

9.1.1 핵산의 구성 성분과 구조

> 리보스 (ribose)
> 리보핵산, 뉴클레오타이드 (ATP, NAD, FAD, CoA 등), 뉴클레오사이드를 구성하는 당성분. 천연에는 D형만이 존재하며, 뉴클레오타이드 분자 속에서는 퓨라노스형, 유리형의 것은 피라노스형으로 존재. 핵산 속의 염기와 β-글리코사이드 결합을 형성

핵산 (nucleic acid) 에는 **리보핵산 (ribonucleic acid, RNA)** 과 **데옥시리보핵산 (deoxyribonucleic acid, DNA)** 의 두 가지가 있다. 핵산은 뉴클레오타이드 (nucleotide) 의 중합체이며 뉴클레오타이드는 질소를 함유하는 염기와 당 그리고 한 개 또는 그 이상의 인산기들로 구성되어 있다. RNA는 리보뉴클레오타이드 (ribonucleotide) 중합체로 당은 리보스 (ribose) 이고, DNA는 데옥시리보뉴클레오타이드 (deoxyribonucleotide) 중합체로 당은 데옥시리보스 (deoxyribose) 이다. 데옥시 (deoxy) 라는 접두사는 리보스에 있는 산소 원자 하나가 결여되어 있음을 가리킨다.

질소를 함유하는 염기 (base) 들은 **퓨린 (purine) 과 피리미딘 (pyrimidine)** 의 유도체이다. DNA에 있는 퓨린의 염기류로는 **아데닌 (adenine, A) 과 구아닌 (guanine, G)** 이 있으며, 피리미딘의 염기류로는 **타이민 (thymine, T) 과 사이토신 (cytosine, C)** 이 있다 (그림 9.1). RNA에도 DNA에 있는 퓨린 염기와 피리미딘 염기가 다 있다. 다만 RNA의 경우에는 DNA의 타이민 대신에 **유라실 (uracil, U)** 이 들어 있다는 점이 다르다. 리보뉴클레오타이드와 데옥시리보뉴클레오타이드에서 데옥시리보스 또는 리보스의 C-1 탄소 원자는 피리미딘의 N-1, 또는 퓨린의 N-9에 결합되어 있다. 이 N-글리코사이드 결합의 배열 양식은 β이다 (즉, 염기는 당 고리면의 위쪽에 위치한다). 뉴클레오사이드 (nucleoside) 는 퓨린 또는 피리미딘 염기가 당에 결합된 것이다 (그림 9.2).

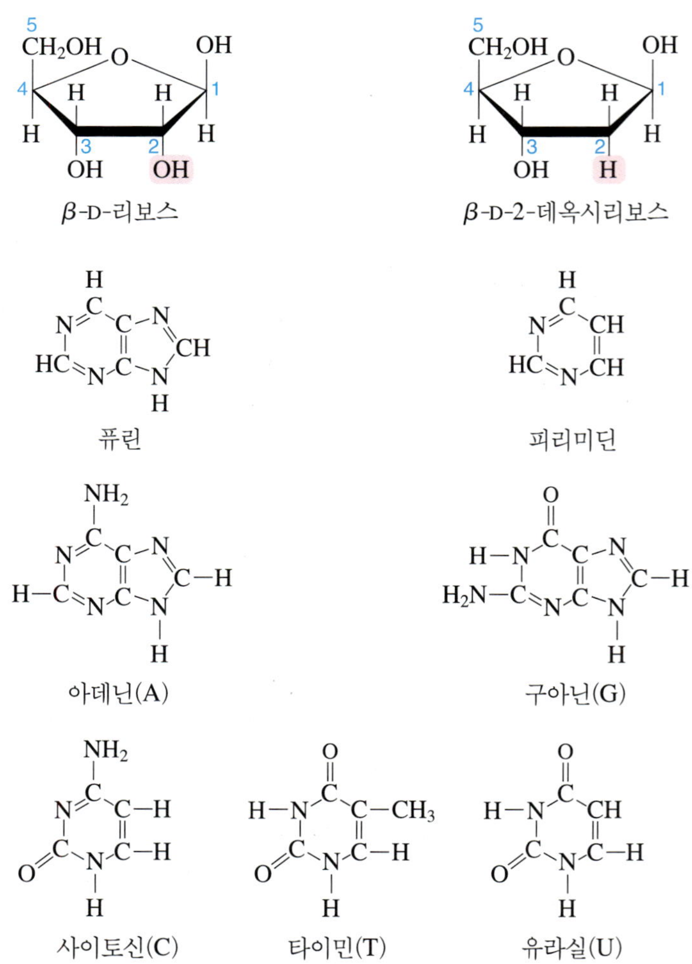

그림 9.1 | 핵산을 구성하는 당과 염기의 구조

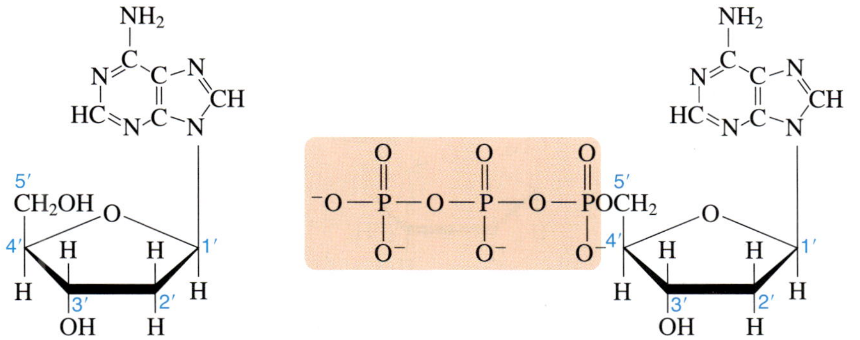

그림 9.2 | **뉴클레오사이드와 뉴클레오타이드의 구조 비교**

뉴클레오타이드(nucleotide)는 뉴클레오사이드의 당부분에 인산이 에스터 결합을 통해 추가된 것이다. 자연계에 존재하는 뉴클레오타이드에서 에스터화가 가장 흔히 일어나는 자리는 당의 C-5에 부착된 하이드록시기이다. 이러한 화합물은 **뉴클레오사이드 5′-인산(nucleoside 5′-phosphate)** 또는 **5′-뉴클레오타이드(5′-nucleotide)**라고 한다. 예를 들어, 데옥시아데노신 5′-삼인산(deoxyadenosine 5′-triphosphate, dATP)은 DNA 합성의 활성화된 선구물질이다.

이때 숫자에 프라임(′) 표시를 한 것은 당에 있는 원자임을 가리키고, 프라임 표시가 없는 숫자는 퓨린 또는 피리미딘에 있는 원자를 가리킨다. dATP에 있는 접두사 d는 데옥시리보스임을 가리키며, 리보스를 당으로 가지고 있는 ATP와 이 화합물을 구별하기 위해서 사용한 것이다.

DNA 뼈대(DNA backbone)는 분자 전체에 걸쳐서 변함이 없고 인산기로 연결되는 데옥시리보스들로 이루어진다. 구체적으로 말하면, 한 데옥시리보뉴클레오타이드의 당 부분의 3′-하이드록시기는 옆에 있는 당의 5′-하이드록시기에 포스포다이에스터 결합(phosphodiester linkage)으로 연결된다. DNA의 가변 부분은 네 종류의 염기들(A, G, C 및 T)로 이루어지는 DNA의 염기 결합 순서이다(표 9.1).

표 9.1 염기류, 리보뉴클레오사이드류 및 리보뉴클레오타이드류의 명명법

염기	리보뉴클레오사이드	리보뉴클레오타이드 (5′-일인산)
아데닌(A)	아데노신	아데닐산(AMP)
구아닌(G)	구아노신	구아닐산(GMP)
유라실(U)	유리딘	유리딜산(UMP)
사이토신(C)	사이티딘	사이티딜산(CMP)
염기	**데옥시리보뉴클레오사이드**	**데옥시리보뉴클레오타이드 (5′-일인산)**
아데닌(A)	데옥시아데노신	데옥시아데닐산(dAMP)
구아닌(G)	데옥시구아노신	데옥시구아닐산(dGMP)
타이민(T)	데옥시타이미딘, 데옥시유리딘	데옥시타이미딜산(dTMP), 데옥시유리딜산(dUMP)
사이토신(C)	데옥시사이티딘	데옥시사이티딜산(dCMP)

표 9.1에 보는 바와 같이 아데닌(A) 리보뉴클레오사이드의 경우 인산이 하나 붙으면 (5′-일인산) 아데닐산(adenosine-5′-monophosphate, AMP)이 된다. 여기에 상응하는 데옥시리보뉴클레오타이드 단위는 데옥시아데닐산(deoxyadenylate, dAMP)이라고 부른다. DNA 사슬의 구조는 다음과 같은 방법으로 간략하게 나타낼 수 있다(그림 9.4).

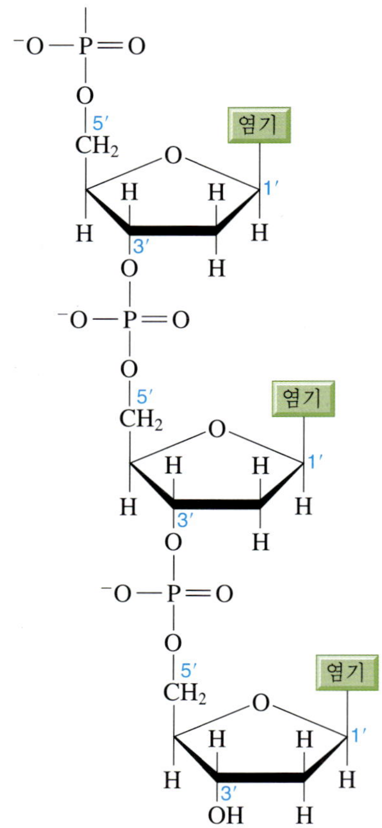

그림 9.3 | DNA 사슬의 일부분 구조

굵은 선은 당을 가리키고, A, C, G는 염기를 나타낸다. 이 대각선은 한 개의 굵은 선의 끝머리와 또 하나의 선 가운데를 연결한다. 이 연결점을 각각 5′-PO_4^- 및 3′-OH라고 한다. 기호 ⓟ는 데옥시아데닐산이 포스포다이에스터 결합으로 데옥시사이티딘에 연결되어 있음을 가리킨다. 이와 같은 트라이뉴클레오타이드를 한층 더 생략해서 pApCpG 또는 pACG, ACG와 같이 나타낼 수 있다.

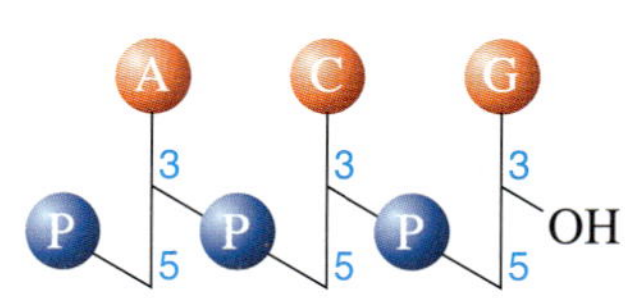

그림 9.4 | DNA 사슬 구조의 약식 표기법

DNA 사슬은 극성을 가지고 있다. 사슬의 한쪽 말단에는 5′-PO_4^-가 있고, 다른 쪽 말단에는 다른 뉴클레오타이드에 연결되지 않은 3′-OH가 있다. 관례에 따라서 ACG라는 기호는 연결되지 않은 5′-PO_4^-가 데옥시아데노신에, 3′-OH기는 데옥시구아노신에 연결되어 있다는 것을 의미한다. 이와 같이 염기의 결합 순서는 5′ → 3′ 방향으로 표기된다.

9.1.2 뉴클레오사이드

퓨린과 피리미딘 염기가 퓨라노스형의 D-리보스(D-ribose) 또는 2-데옥시-D-리보스와 β-N-글리코사이드 결합(β-N-glycosidic bond)으로써 축합된 물질을 **뉴클레오사이드(nucleoside)**라고 한다. 중요한 뉴클레오사이드의 구조를 그림 9.5에 나타내었다.

그림 9.5 | 핵산을 구성하는 당과 뉴클레오사이드의 구조

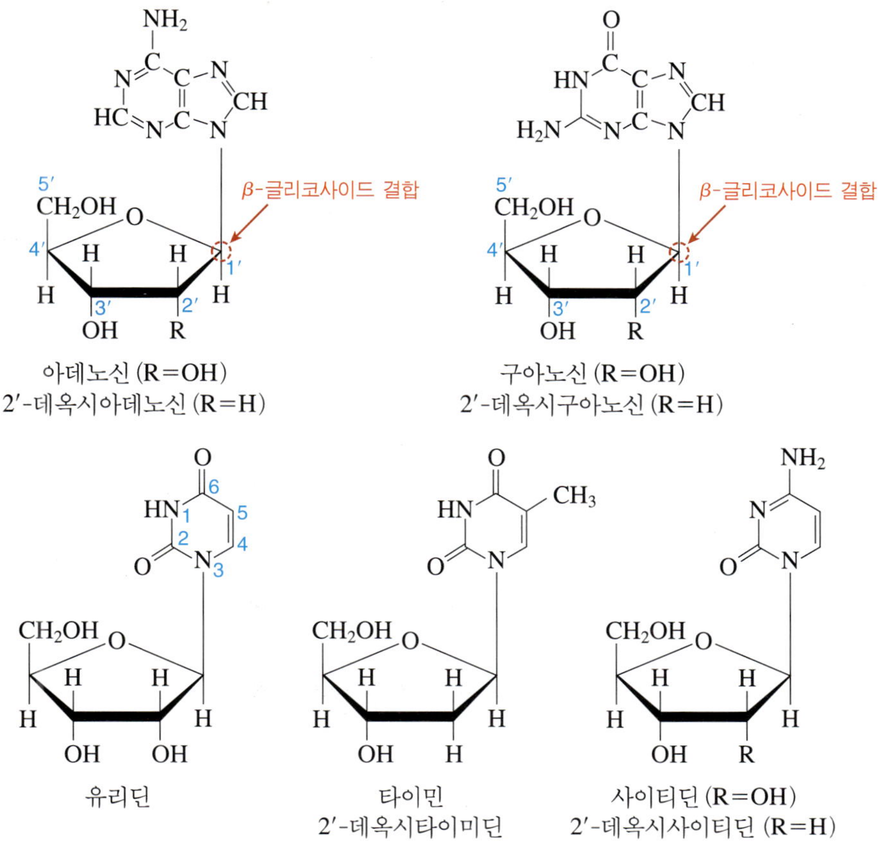

퓨린 염기는 9번 위치의 질소가, 그리고 피리미딘 염기는 3번 위치의 질소가 퓨라노스형의 리보스 또는 2-데옥시-D-리보스와 β형의 글리코사이드 결합을 한다. tRNA에 존재하는 뉴클레오사이드 중에는 이상한 염기를 함유하는 것이 많다. 그 중에서도 유라실의 5번 위치의 탄소와 리보스의 1번 위치가 탄소–탄소 결합을 하고 있는 특수한 예도 있다. 그림 9.6의 유사유리딘(pseudouridne; ψ)과 같이 이들 뉴클레오사이드는 당과 연결되어 있지 않는 핵산–염기와 비교하면 물에 대한 용해도가 크다. 구아노신은 난용성이지만 그 외 뉴클레오사이드는 본래의 염기와 비교하면 물에 대한 용해도가 비약적으로 증가한다. 이것은 친수성인 당분자의 영향에 의한 것이다.

그림 9.6 | 유사유리딘 (pseudouridine)

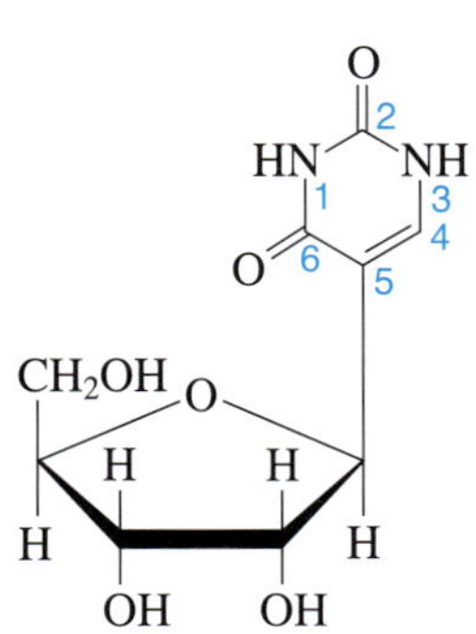

9.1.3 뉴클레오타이드

염기, 리보스(또는 데옥시리보스) 및 인산 등 3분자가 결합하여 핵산을 구성하는 **뉴클레오타이드(nucleotide)** 단위를 형성한다. 뉴클레오타이드는 뉴클레오사이드의 당과 인산이 에

스터 결합한 것이다. 당이 D-리보스일 때는 2′, 3′, 5′ 위치에 OH기가 있기 때문에 인산이 어느 위치와 에스터 결합을 하는가에 따라서 세 종류의 뉴클레오타이드가 생성된다. 그림 9.7에는 두 종류의 아데노신일인산(adenosine monophosphate, AMP) 에스터의 구조를 나타내었다.

그림 9.7 | 뉴클레오타이드의 구조 (R는 OH 또는 H)

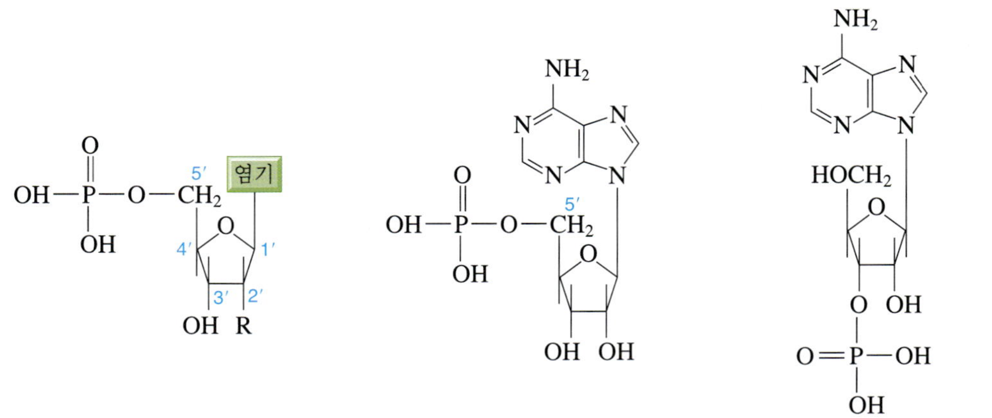

뉴클레오사이드-5′인산에스터　　아데노신-5′-인산(5′-아데닐산)　　아데노신-3′-인산(3′-아데닐산)

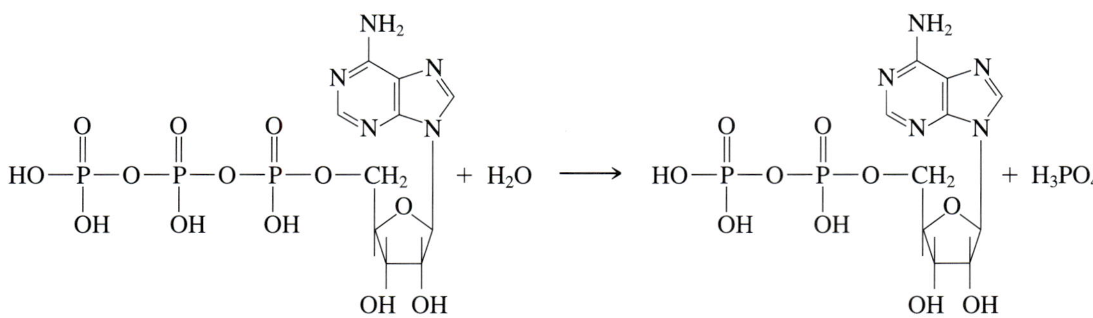

아데노신-5′-삼인산(ATP)　　아데노신-5′-이인산(ADP)

뉴클레오타이드의 명명법은, 예를 들면 구아노신 일인산 에스터는 구아노신 5′-인산 또는 5′-구아닐산(GMP)이라고 명명한다. 뉴클레오타이드 유도체들 중에서, 일반적으로 생화학 반응에서 중요한 역할을 하는 것은 인산무수물의 뉴클레오타이드들이다. 그 중에서도 특히 중요한 것은 **아데노신 5′-삼인산(adenosine 5′-triphosphate, ATP)**이다. 일반적으로 산무수물형의 물질은 가수분해할 때 다량의 **자유 에너지(free energy)**를 방출하는데, ATP의 무수 인산 결합도 예외가 아니다. ATP가 ADP와 무기인산으로 가수분해하는 반응식은 그림 9.7에 나타낸 것과 같다.

1분자의 ATP가 pH 7.0, 37°C, Mg^{2+} 존재하에서, 1분자의 ADP와 무기인산으로 가수분해될 때의 표준 자유 에너지의 변화 $\Delta G°'$는 -7.3 kcal이다. 이 반응이 세포 안에서 일어날 경우는 $\Delta G°' = -12.5$ kcal로 추정된다. 이 ATP는 가수분해될 때 다량의 에너지(자유 에너지)를 방출하므로 생체 내에서의 에너지 흐름에 중요한 운반체가 되며 많은 에너지를 필요로 하는 생체 내 반응에 관여하고 있다.

ATP와 같은 물질을 고에너지 화합물이라고 한다. 고에너지 화합물에는 ATP 이외에도 1,3-다이포스포글리세르산(1,3-diposphoglyceric acid), 포스포엔올피루브산(phosphoenolpyruvic acid), 포스포크레아틴(phosphocreatine) 등이 있다.

그리고 대사조절에서 중요한 역할을 하는 것은 고리형 AMP(cyclic AMP, cAMP)이다(그림 9.8). 이 물질은 아데노신 당 5′과 3′ 탄소에 인산이 고리형 포스포다이에스터의 모양으로 축합한 물질이다. 그 밖의 뉴클레오타이드 유도체로는 조효소로서 중요한 NAD,

NAD, NADP
(nicotinamide adenine dinucleotide (~phosphate))
생체에 널리 분포되는 조효소의 하나. 환원형에서는 니코틴산아미드의 피리딘핵의 수소 원자 1개와 전자 1개가 들어가, H+1개가 방출되므로 탈수소효소의 작용으로의 반응이 일어남.

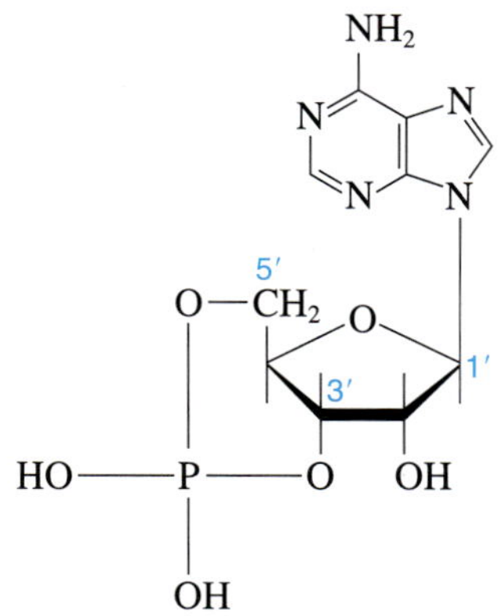

그림 9.8 | 고리형 AMP의 구조식

NADP, CoA, 비타민 B12 등이 있다. 이들에 대해서는 10장에서 상세히 설명하였다.

9.1.4 핵산의 가족들

핵산이란 염기-당-인산의 화합물이다. ATP는 아데닌(염기)과 리보스, 그리고 세 개의 인산이 결합된 것이다. 이것도 역시 핵산의 하나이다. 당은 우리의 체내에서 에너지원으로 사용되고 있다는 것을 앞에서 배웠다. 대사 과정에서 탈수소 반응에 의해 이탈된 수소들은 NAD나 FAD를 매개로 하여 전자 전달계에 의해 ATP를 생산한다. 필요에 따라서는 ATP 분자 중에 있는 두 개의 인산을 가수분해하여 방출하고 생화학 반응을 추진할 수 있는 자유 에너지를 만든다. 이렇게 ATP는 세포가 필요로 하는 에너지 교환을 위해 화폐와 같은 역할을 하고 있다. 따라서 ATP는 고에너지 인산 화합물이며 핵산의 한 종류이다. NAD는 니코틴아마이드와 아데닌을 염기로 하고 있는 두 개의 리보스가 인산으로 연결된 구조이기 때문에 핵산의 한 종류라고 볼 수 있다(그림 9.9). 통상 ATP는 모노뉴클레오타이드(mononucleotide)로, NAD는 다이뉴클레오타이드(dinucleotide)로 분류되고 있다.

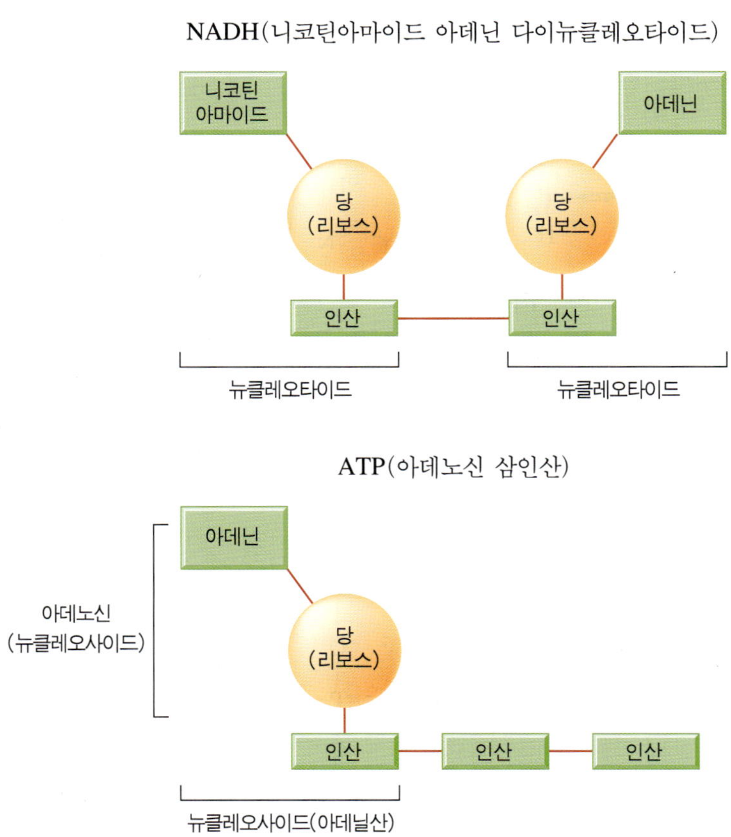

그림 9.9 | 핵산의 가족들

9.1.5 DNA와 RNA 구조

RNA와 DNA는 고분자 화합물인데, 이들을 구성하고 있는 뉴클레오사이드와 인산이 어떻게 결합하고 있는 것일까? 그림 9.10에는 RNA와 DNA의 기본적인 구조를 나타내었다.

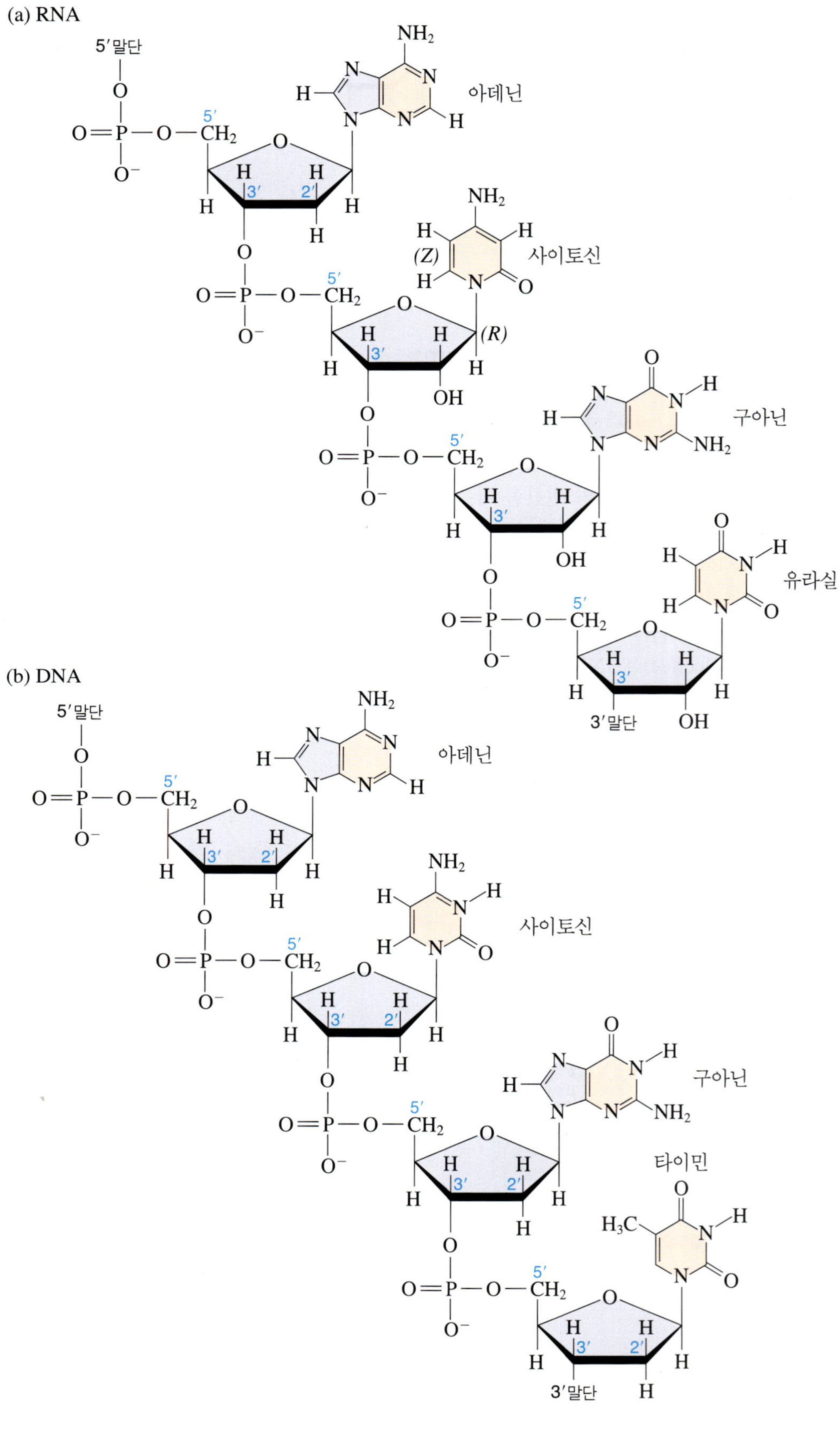

그림 9.10 | 핵산 사슬 일부분의 구조: (a) RNA, (b) DNA

인산은 뉴클레오사이드 당 부분의 5′과 3′의 −OH기를 **포스포다이에스터 결합(phosphodiester bond)**으로 연결되어 있다.

그림 9.10에 나타낸 구조식을 보면 위쪽에 **5′ 말단(5′-terminal)**이 있고, 아래쪽에 **3′ 말단(3′-terminal)**이 있다. 이 5′ 말단과 3′ 말단은 단백질의 *N*-말단 또는 *C*-말단처럼 핵산에서 사용된다. DNA나 RNA의 구조를 간단히 나타내기 위해서는 염기의 기호를 사용해서 나타낼 수 있다. 핵산은 구조와 기능에 따라 DNA와 RNA로 나눌 수 있다.

(1) DNA

DNA (deoxyribonucleic acid)를 구성하고 있는 당은 2′-데옥시-D-리보스(2-deoxy-D-ribose)이다. 염기 성분은 아데닌, 구아닌, 타이민, 사이토신이다. 진핵세포에서 DNA는 핵 내에 존재하며, 단백질(히스톤)과 복합체를 형성하고 염색체를 만들고 있다. 히스톤(histone)은 강한 염기성 단백질로서 핵산의 산을 중화시키며, 핵산을 보호하는 기능을 한다.

원핵세포의 염색체는 한 분자의 DNA로 형성되며, DNA는 그 분자량이 2×10^9달톤 이상 되는 대단히 큰 고분자이다.

진핵세포 내에는 염색체가 23쌍으로 존재하고 있다. 진핵세포 내의 DNA도 분자량이 2×10^9달톤 이상 되는 고분자이다. Watson과 Crick은 1953년에 DNA가 이중 나선 구조로 되어 있다고 발표하였다. 이 구조는 Chargaff의 DNA 염기 성분의 분석 결과와 Wilkins의 X선 분석 결과를 기초로 해서 설계되었다. DNA는 두 가닥의 상보적인 폴리뉴클레오타이드 사슬(polynucleotide chain)이 서로 역방향으로 배열되어 있고 퓨린과 피리미딘 염기 간에 수소 결합이 이루어지고 있다(그림 9.11). 이때 염기는 그림 9.12에 나타낸 바와 같이 아데닌과 타이민(A=T), 구아닌과 사이토신(G≡C) 사이에 짝을 이루고 있으며, 수소 결합을 하고 있다. 이 두 가닥 사슬의 DNA를 그림 9.11(b)에 나타내었다. 두 가닥은 위에서 아래로 내려오면서 오른쪽으로 도는 나선 구조를 이루고 있다. 이를 '**DNA의 이중 나선 구조(DNA double helix structure)**'라고 한다.

샤가프의 법칙 (Chargaff's rule)
DNA를 구성하는 염기로는 퓨린과 피리미딘이 있고 퓨린은 아데닌과 구아닌을, 피리미딘은 사이토신과 타이민을 각각 포함. 이때 아데닌은 타이민과 같은 양을 가지고 있으며, 구아닌과 사이토신 또한 서로 같은 양을 가지고 있음. (A+G=T+C)

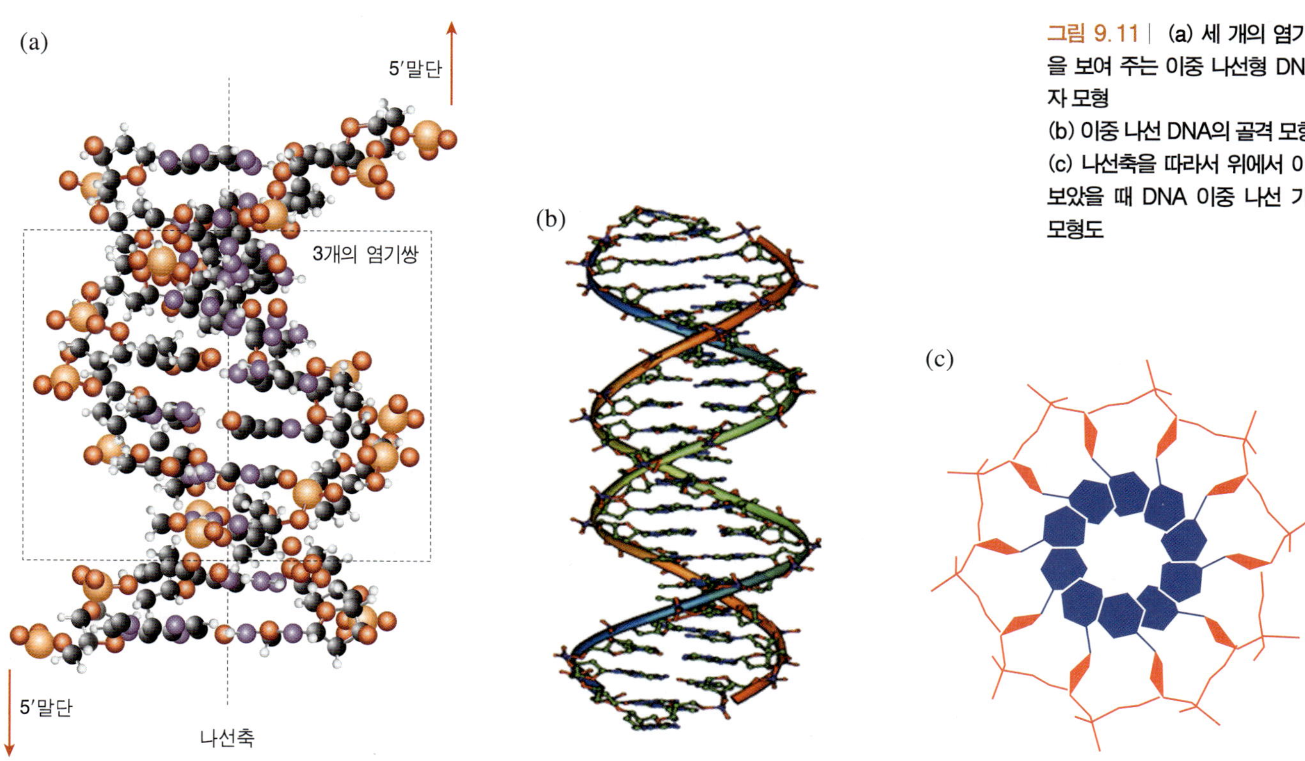

그림 9.11 | (a) 세 개의 염기쌍들을 보여 주는 이중 나선형 DNA 분자 모형
(b) 이중 나선 DNA의 골격 모형
(c) 나선축을 따라서 위에서 아래로 보았을 때 DNA 이중 나선 가닥의 모형도

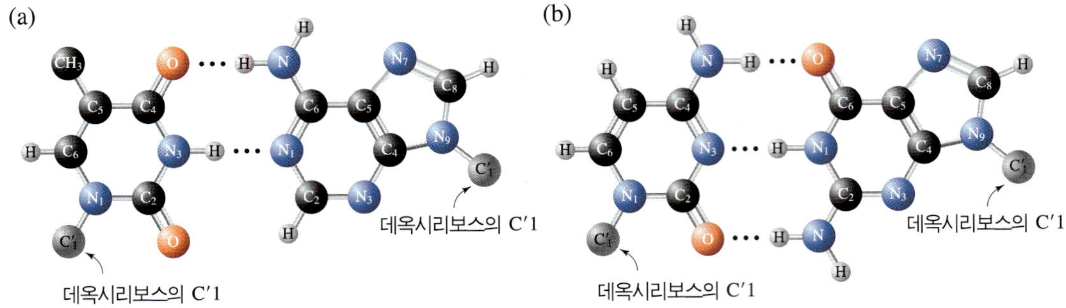

그림 9.12 | **염기쌍의 모형: (a) 타이민-아데닌 (b) 사이토신-구아닌**

A-T, G-C의 **염기쌍(base pair)**은 이중 나선 구조의 중앙부에 나선 방향과 거의 수직으로 평면 구조를 이루고 있으며, 이 구조는 마치 둥근 원반들이 포개진 것과 같은 형태를 하고 있다.

염기에 연결된 데옥시리보스와 데옥시리보스를 연결한 포스포다이에스터가 된 사슬 부분을 뼈대(back bone)라고 한다. DNA 분자의 나선 주기는 10개의 뉴클레오타이드가 지난 다음에 되풀이된다. 그리고 나선축 방향에서 한 뉴클레오타이드 잔기와 이웃한 뉴클레오타이드 잔기 사이의 거리는 0.34 nm이며, 두 가닥이 일회전하는 데는 10개의 잔기가 필요하다. 따라서 나선 구조가 일회전할 때에 그 거리는 3.6 nm가 된다(그림 9.13). 조건에 따라 DNA는 A, B, Z 등 여러 가지 형태를 가질 수 있다. 이들의 특징을 표 9.2에 나타내었다.

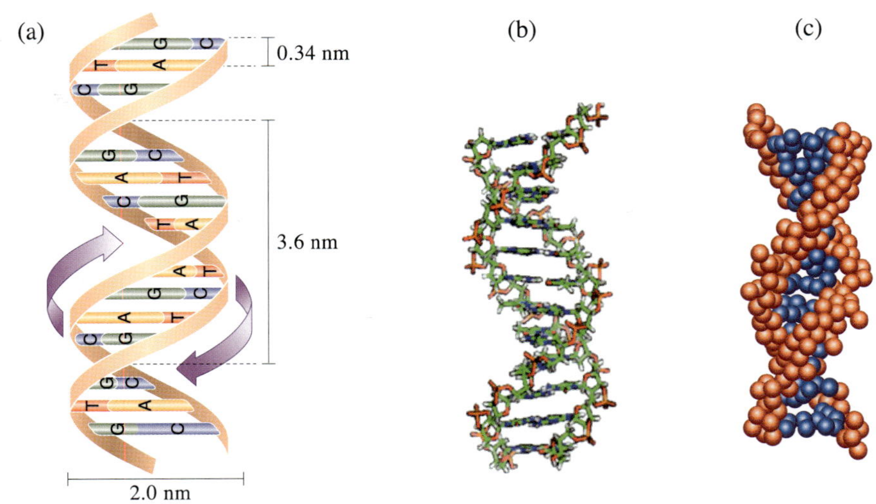

그림 9.13 | **여러 유형의 DNA 입체 구조 모형**

표 9.2 A-DNA, B-DNA 및 Z-DNA의 비교

특성	나선의 유형		
	A	B	Z
모양	폭이 가장 넓다	A-DNA와 Z-DNA의 중간	가장 길쭉하다
염기쌍당 오름거리	2.6 Å	3.4 Å	3.7 Å
나선의 지름	~26 Å	~20 Å	~18 Å
나선의 회전 방향	오른손성	오른손성	왼손성
글리코사이드 결합	안티	안티	안티(피리미딘), 신(퓨린)
나선의 1회전당 염기쌍	11	10.4	12
나선의 1회전당 오름도	28.6 Å	36 Å	44.4 Å
나선축의 수직선에 대한 염기쌍의 기울기	20°	6°	7°
큰 고랑	좁고 매우 깊다	넓고 상당히 깊다	평평하다
작은 고랑	매우 폭이 넓고 얕다	좁고 상당히 깊다	매우 좁고 깊다

(2) RNA

RNA (ribonucleic acid)를 구성하고 있는 당은 D-리보스이며, RNA를 이루고 있는 염기는 주로 아데닌(A), 구아닌(G), 유라실(U), 사이토신(C)이다. RNA는 주로 세포질에 존재하며, 크게 세 종류로 나눌 수 있다. 그것은 **전령 RNA (messenger RNA, mRNA), 리보솜 RNA (ribosomal RNA, rRNA), 전달 RNA (transfer RNA, tRNA)**이다. RNA들은 한 가닥의 폴리뉴클레오타이드 사슬로 이루어져 있으며, 그 종류에 따라 분자량과 침강계수(sedimentation coefficient)는 다르다. 세 종류의 RNA는 모두 여러 가지의 분자 형태로 존재한다. 예를 들면, tRNA는 약 60종류, mRNA는 수백에서 수천 종류가 있는 것으로 추정되고 있다.

침강 계수
(sedimentation coefficient)
용액 중 고분자 등의 용질이 원심력에 의해 침강 또는 부상하는 정도를 표시하는 계수. 원심력에 의한 가속도당의 침강속도로 표시

세균 세포에서는 RNA의 대부분이 세포질에 존재하고, RNA는 전사 과정에서 생성되는 동안 DNA와 비공유 결합을 하고 있다.

① **mRNA**: mRNA의 분자량은 대장균의 경우 25,000~1,000,000 달톤이며, 뉴클레오사이드의 수는 75~3,000 달톤이다. mRNA에는 네 종류의 염기가 함유되어 있으며, 핵에서 일어나는 전사 과정에 의해서 합성된다. 염색체 DNA의 한쪽 사슬의 염기서열, 즉 뉴클레오타이드의 서열이 효소 반응에 의해서 단일 사슬의 mRNA로 **전사 (transcription)** 된다. 형성된 mRNA의 염기 서열은 전사된 DNA의 염기 서열과 상보적이며, 전사 후 mRNA는 세포질에 있는 리보솜으로 이동한다. 이 mRNA는 단백질 합성 때 유전 암호의 지시에 따라 아미노산을 배열하는 **주형(template)** 역할을 한다. 이렇게 합성된 단백질의 기능은 다양하며, 그 종류도 많다. 한 종류의 단백질을 합성하는 데는 특이한 mRNA가 꼭 필요하다. 따라서 mRNA의 종류는 대단히 많으며, 수명은 길어야 수분 정도이다.

② **tRNA**: tRNA는 리보솜에서 단백질이 합성될 때 개개의 아미노산을 운반하는 **운반체 (transporter)**의 역할을 담당하고 있다. 분자량은 23,000~30,000 달톤이고 침강 계수는 약 4S이다. 뉴클레오사이드 잔기의 수가 75~90개인 작은 핵산이다. 단백질을 구성하는 20종의 아미노산들은 그에 대응하는 tRNA를 한 가지 또는 몇 가지 가지고 있다. 예를 들어, 대장균에서 루신을 운반하는 tRNA에는 다섯 종류가 있다. 그리고 루신의 운반체가 되는 tRNA는 다른 아미노산의 운반체는 되지 않는다. tRNA의 일차 구조와 입체 구조의 연구는 많이 이루어져 있다. 그림 9.14에는 tRNA의 일반

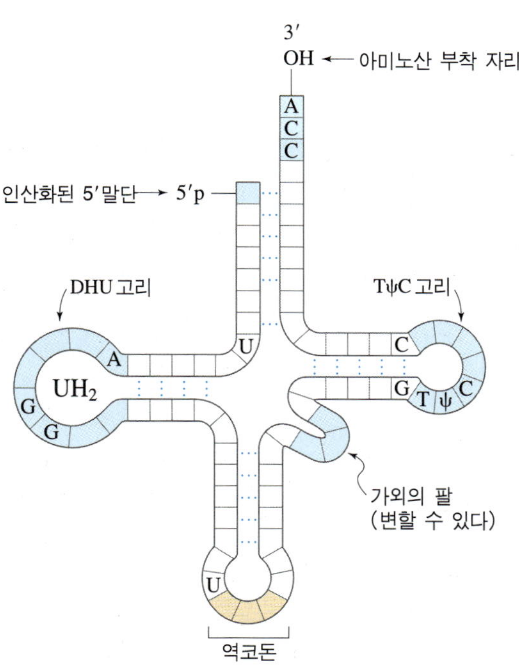

그림 9.14 | tRNA 분자들의 공통 구조

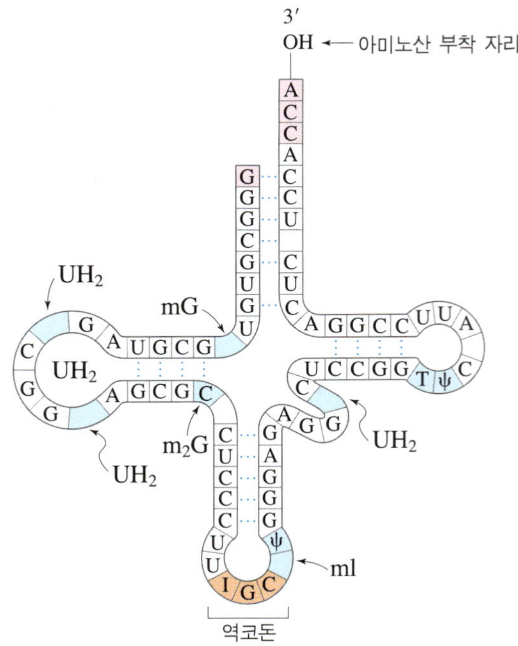

그림 9.15 | 효모의 알라닌 tRNA의 변형된 염기들(푸른색): 메틸이노신 (ml), 다이하이드로유리딘 (UH_2), 리보타이미딘 (T), 유사유리딘 (ψ), 메틸구아노신 (mG), 다이메틸구아노신 (m_2G), 또 다르게 변형된 뉴클레오사이드인 이노신 (I)은 역코돈 (주황색)의 일부임.

적인 평면 구조를, 그리고 그림 9.15에는 효모의 페닐알라닌 tRNA의 입체 구조를 나타내었다.

tRNA의 뉴클레오사이드에는 유사유리딘(pseudouridine)과 메틸화된 뉴클레오사이드들이 많다. tRNA에 있는 염기들이 최다수의 수소 결합으로 쌍을 만들도록 배열하면 그림 9.14와 같은 구조가 된다. 이 구조는 클로버 잎 모양을 닮고 있기 때문에 클로버 잎 모형이라고 한다. 클로버 잎에 해당하는 부분에는 유별난 구조를 가진 뉴클레오사이드가 많으며, 수소 결합을 하지 않고 고리 모양을 하고 있다. tRNA의 역코돈(anticodon) 부분에는 한 종류의 아미노산에 대응하는 세 개의 뉴클레오타이드 잔기가 존재한다.

tRNA의 역코돈과 이에 상보하는 mRNA 사슬상의 세 개의 뉴클레오타이드 잔기(codon)와 상호작용해서 단백질의 아미노산 배열을 결정한다. 아미노산 팔(arm)은 3′ 말단이 각 tRNA에 공통으로 CCA 배열을 가지고 있으며, 이 말단 아데노신 잔기의 3′−OH에 tRNA의 역코돈에 해당하는 아미노산이 아실화해서 결합된다. 이것을 아미노아실-tRNA (aminoacyl-tRNA)라고 한다.

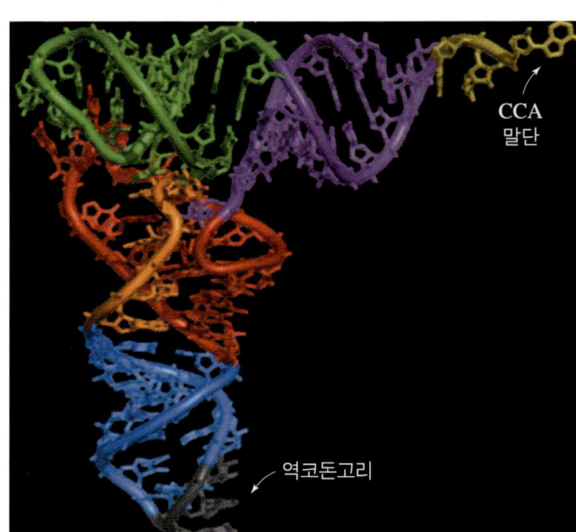

그림 9.16 | X-선 결정 분석법으로 밝힌 효모의 페닐알라닌 tRNA 골격 모형

1973년에 A. Rich 등은 효모의 페닐알라닌 tRNA의 구조를 X-선 결정 분석법으로 결정하였다. 삼차원 입체 구조는 그림 9.16과 같다. 그 결과 클로버형의 구조는 실제로 존재하며, 잎에 해당하는 두 부분은 tRNA 전체가 'L자'의 형태를 만들도록 겹쳐 있다는 것이 밝혀졌다.

③ **rRNA**: 리보솜을 구성하고 있는 rRNA는 리보솜 질량의 65%를 차지한다. 대장균과 같이 핵이 없는 생물(원핵생물)에는 5S (분자량~35,000달톤), 16S (분자량~550,000달톤), 23S (분자량~11,000,000달톤) 등 세 종류의 rRNA가 존재한다. 진핵세포에는 5S, 5.8S, 18S 및 28S 등 네 종류의 rRNA가 존재한다. 이들 rRNA는 50여 가지의 단백질과 복합체를 만들어 리보솜을 형성한다(그림 9.17).

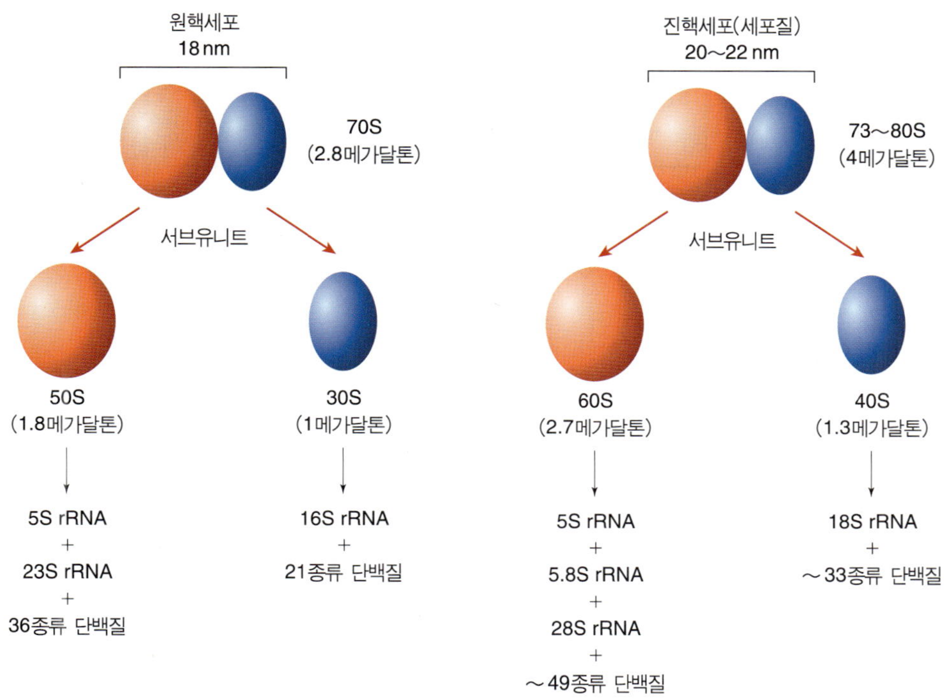

그림 9.17 | **진핵세포와 원핵세포의 리보솜의 구성: 여기서 S는 Svedberg 단위이다. 초고속으로 원심 분리할 때 고분자 물질의 침강 속도로부터 산출되는 계수이다. 일반적으로 S의 값이 클수록 분자량이 크다.**

9.2 핵산의 물리 · 화학적 성질

지구에 생명이 발생한 이래로 핵산은 생체에서 유전물질, 유전 정보의 매개체, 단백질 합성 장치의 성분 및 리보자임(ribozyme) 등으로서 매우 중요한 역할을 맡고 있는 물질이다. 이러한 기능을 담당하고 있는 핵산은 어떠한 성질을 갖고 있는 것일까? 핵산은 그 이름에서 알 수 있듯이 산성 물질이며, 산성은 핵산을 구성하고 있는 인산에 기인한다. 핵산의 퓨린과 피리미딘 염기류는 모두 앞서 언급한 것과 같이 대단히 약한 염기성 물질이므로, 핵산에서는 인산의 산성이 강하게 나타난다. 이제 DNA의 물리 · 화학적 성질에 대해 알아보자.

리보자임 (ribozyme)
효소 활성이 있는 RNA 분자, RNA와 효소의 합성어인 RNA 효소라고도 함. 즉, 특정 화학 반응을 촉매할 수 있는 RNA를 말함.

9.2.1 흡광감소 현상

핵산 계통의 화합물들은 그 분자에 함유되어 있는 염기에 의해 260 nm 부근에서 빛을 흡수한다. 이중 나선 구조를 하고 있는 핵산의 흡광도는 그것을 구성하고 있는 뉴클레오타이드들의 흡광도를 합한 것보다 10% 작은 값을 가진다. 이 현상을 **흡광감소 효과**

(**hypochromic effect**) 라고 한다. 이와는 반대로 이중 나선 구조가 풀려 단일 가닥으로 되면 260 nm에서의 흡광도는 증가한다. 이 현상을 **흡광증가 효과**(**hyperchromic effect**) 라고 한다(그림 9.18).

그림 9.18 | **DNA의 흡광도: 이중 나선이 녹아서 단일 가닥으로 되면 260 nm에서 DNA 용액의 흡광도가 증가함.**

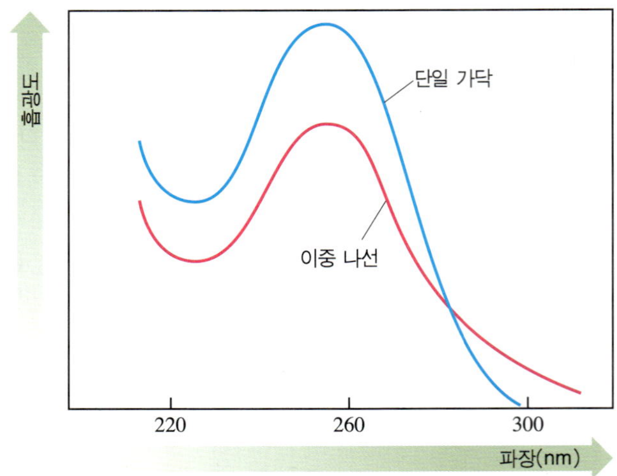

9.2.2 핵산의 변성

이중 나선 구조를 하고 있는 DNA를 가열하면 DNA의 두 가닥들 간의 수소 결합이 끊어져서 **단일 가닥의 DNA** (**single stranded DNA**) 가 된다(그림 9.19). 이 현상은 단백질의 변성(denaturation) 과 유사하다.

그림 9.19 | **DNA의 변성과 재결합**

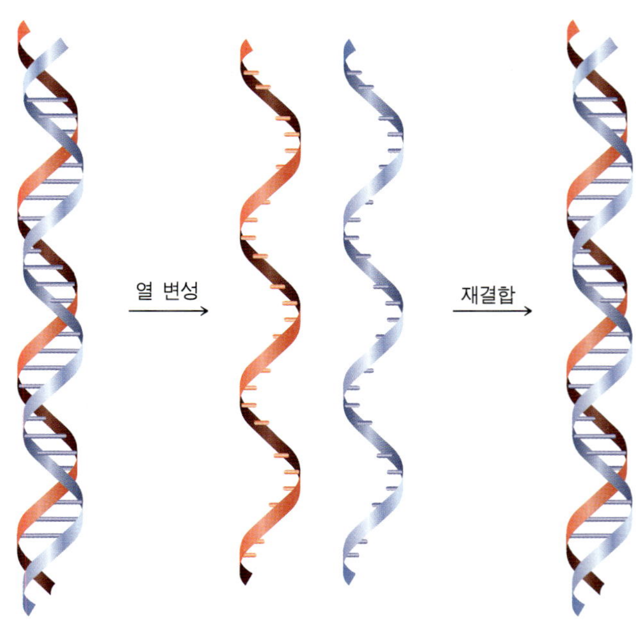

단일 가닥의 DNA로 변성되면 이중 나선 구조의 긴 막대 모양의 구조가 흐트러져서 분자 전체가 풀린 실 모양처럼 되기 때문에 점성도가 저하된다. 그리고 원심 분리 조작에서는 침강 속도가 더 커진다. 그 이유는 부유 밀도가 크게 되었기 때문이다. 뿐만 아니라 앞에서 설명한 흡광증가 효과가 일어난다.

DNA가 변성되는 온도를 흡광증가 효과로 추적하면 비교적 정확하게 변성점을 찾을 수 있다. 이 변성 온도를 **DNA의 녹는 온도(T_m)** 라고 한다. 이 T_m 값으로 G–C의 함유량을 계산할 수 있다. T_m은 DNA를 분리 채취한 생물에 따라서 그 값이 다르다. G–C의 함량이 크면 T_m은 높다(그림 9.20).

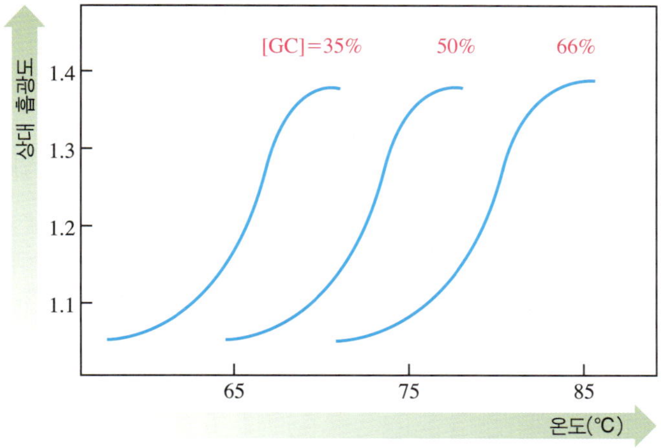

그림 9.20 | DNA의 녹음 곡선: 260 nm에서의 흡광도를 온도의 함수로 나타냄.

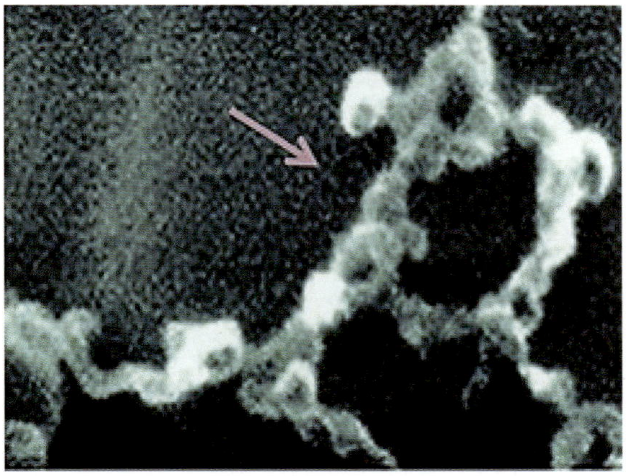

그림 9.21 | 알칼리에 의해서 부분적으로 풀린 DNA 분자의 전자 현미경 사진

연습 문제

1. 다음 염기들의 상보적인 결합 순서를 5′ → 3′ 방향으로 쓰시오.
   ① GATTCA
   ② ATCGAT
   ③ TCGACT
   ④ GCCGTA
2. 타이민과 유라실의 구조적인 차이점을 기술하시오.
3. DNA가 이중 나선 구조를 형성하고 있는 것은 어떠한 힘에 의한 것인지를 설명하시오.
4. RNA의 종류를 열거하고, 그 기능을 설명하시오.
5. 리보핵산(RNA)과 데옥시리보핵산(DNA)의 구조적인 차이점에 관해 설명하시오.
6. DNA를 변성시킬 수 있는 물리적인 조건에는 어떠한 것들이 있는지 기술하시오.
7. DNA가 이중 나선 구조를 형성할 때, 각각의 염기쌍들이 하는 역할에 대하여 설명하시오.
8. 흡광감소 효과와 흡광증가 효과에 대하여 구체적으로 서술하시오.
9. A-DNA, B-DNA, Z-DNA 각각의 구조적인 특징에 대하여 설명하시오.
10. mRNA와 tRNA 중에서, 어느 것이 수소 결합을 더 많이 가지고 있는지 기술하시오.

10 물질대사에서의 에너지 변화

학습 목표
- 생물학적 에너지 이동을 이해한다.
- 열역학 법칙을 이해한다.
- 생물 에너지 교환에서 ATP 역할을 이해한다.

주요 용어
- 열역학 제1법칙, 열역학 제2법칙, 엔탈피, 엔트로피, ATP, 산화-환원 반응, 전자 이동 반응

에너지 (energy)
물리적인 일을 할 수 있는 능력

살아 있는 세포와 조직은 화학 에너지를 사용하여 작은 분자를 복잡하고 조직적인 거대 분자로 합성한다. 이들은 또한 화학 에너지를 농도 기울기, 전기 기울기 또는 움직임, 열로 변화시킨다. 생물학적 에너지 이동은 모든 자연 과정을 지배하는 법칙에 따른다. 따라서 우리는 열역학 법칙 및 자연 에너지, 엔탈피, 엔트로피 사이의 양적 관계를 이해해야 한다. 또한 생물 에너지 교환에서 ATP의 역할, 산화-환원 반응의 중요성, 전자 이동 반응의 에너지를 이해할 것이다.

10.1 생체 에너지론 및 열역학

생체 에너지론은 살아 있는 세포 안에서 일어나는 에너지 이동, 화학적 반응의 성질과 기능의 양적 연구이다.

10.1.1 생물학적 에너지 이동과 열역학 법칙

에너지 형태의 양적인 변화는 두 개의 열역학 법칙에 의해 설명된다. **열역학 제1법칙**은 에너지 보존 법칙(law of energy conservation)으로, 어떠한 물리적, 화학적 변화에 대하여 우주의 총 에너지의 양은 일정하게 남는다. 즉, 에너지는 형태가 바뀌던지 혹은 한 지역에서 다른 지역으로 이동될 뿐 창조, 소멸되지 않는다. **열역학 제2법칙**은 모든 자연의 반응이 무질서도가 증가하는 방향으로 가는 것을 설명한다. 즉, 모든 자연과정에서 우주의 엔트로피는 증가한다(그림 10.1).

(a)

(b)

그림 10.1 | (a) 열역학 제1법칙, (b) 열역학 제2법칙

살아 있는 조직은 주위(surrounding) 물질보다 조직적인 분자들의 집합체로 구성되어 있다. 조직은 열역학 제2법칙에 위배되게 조직되고 정돈되어 있다. 하지만 살아 있는 조직은 열역학 제2법칙을 절대 위배하지 않는 범위 내에서 작용한다. 일반적으로 실험실에서 화학 반응은 **닫힌계(close system)**에서 행해지므로 주위와 물질과 에너지를 교환하지 않는다. 그러나 살아 있는 조직은 **열린계(open system)**이다. 즉, 주위와 물질 및 에너지를 교환한다. 살아 있는 계는 그들의 주위와 평형에 도달하지 않는다. 계와 주위 사이의 일정한 거래(transaction)는 열역학 제2법칙 안에서 조직이 정돈(order)되어지는 것을 설명할 수 있다.

깁스 자유 에너지
(Gibb's free energy)
어떤 계의 엔탈피(H), 엔트로피(S) 및 온도(T)를 이용하여 정의하는 열역학적 함수로 $\Delta G=\Delta H-T\Delta S$로 표시. 이 값을 이용하면 일정한 온도와 압력이 유지된 상태에서의 화학 반응의 평형 조건을 알 수 있으며, 또 정반응과 역반응 중 어느 것이 더 자발적인지도 계산 가능

화학 반응이 일어날 때 에너지 변화는 세 가지 열역학 양으로 설명된다. 첫째, **깁스 자유 에너지(Gibb's free energy, G)**는 일정한 온도 및 압력에서 반응 동안의 에너지양을 표시한 것이다. 반응이 자유 에너지 방출 쪽으로 진행할 때(즉, 계가 낮은 자유 에너지를 가지는 쪽으로 변할 때), 자유 에너지 변화(ΔG)는 음수(−)를 가지며 반응은 발열 반응(exothermic reaction)이다. 흡열 반응(endothermic reaction)일 때는, ΔG는 양수(+)를 가진다. 둘째, **엔탈피(enthalpy, H)**는 반응계의 열용량(heat content)이다. 이것은 반응물

과 생성물의 화학 결합의 종류와 수를 반영한다. 화학 반응에서 열을 방출하면 발열(exothermic)이라고 한다. 즉, 생성물의 열용량은 반응물보다 작고, ΔH는 음수를 나타낸다. 주위로부터 열을 흡수하면 흡열(endothermic)이며, ΔH는 양수이다. 셋째, **엔트로피(entropy, S)**는 계에서 무질서도(randomness) 또는 혼란(disorder)의 정량적 표현이다. 반응의 생성물이 반응물보다 덜 복잡하거나 더 혼란스러울 때 반응의 엔트로피가 증가한다고 말할 수 있다.

생물계의 조건에서 자유 에너지, 엔탈피, 엔트로피의 관계를 식으로 나타내면 다음과 같다.

$$\Delta G = \Delta H - T\Delta S$$

ΔG는 반응계에서 깁스 자유 에너지 변화, ΔH는 계의 엔탈피 변화, T는 절대 온도, ΔS는 계의 엔트로피 변화이다. 보통 ΔS는 엔트로피가 증가할 때 양수이며, ΔH는 계에서 주위로 열이 방출될 때 음수이다. 위의 값들은 전형적인 과정에서 볼 수 있으며 ΔG는 음수로 만든다. 실제적으로 자발적인 반응계에서 ΔG는 항상 음수이다.

열역학 제2법칙은 우주의 엔트로피가 모든 화학 물리 과정 동안 증가하는 것을 나타내지만, 엔트로피 증가는 반응계 자체에서 일어나는 것을 의미하지 않는다. 유기체는 주위 자유 에너지(태양빛이나 영양분 형태)를 취하여 내부 정돈(order)을 유지하며, 같은 양의 에너지(열 또는 엔트로피 형태)를 주위에 돌려준다. 한 예로, 아래 식에서 표준 상태 글루코스(당) 해당과정(glycolysis)은 $\Delta G'^{\circ} = -146$ kJ/mol의 큰 음수 값을 가진다.

$$\text{글루코스} + 2\text{NAD}^+ \longrightarrow 2\ \text{피루브산} + 2\text{NADH} + 2\text{H}^+ \qquad \Delta G'^{\circ} = -146\ \text{kJ/mol}$$

10.1.2 표준 자유 에너지 변화와 평형 상수

반응계(반응물 및 생성물)의 구성은 평형에 도달할 때까지 변한다. 반응물과 생성물의 평형 상태에서 정반응과 역반응의 속도는 정확히 같고 순수한 변화는 없다. 평형에서 반응물과 생성물의 농도를 통하여 평형 상수, K_{eq}를 정의할 수 있다.

일반식

$$\text{aA} + \text{bB} \rightleftharpoons \text{cC} + \text{dD}$$

a, b, c, d는 물질 A, B, C, D의 몰(mole)수이다. **평형 상수(equilibrium constant)**는 다음과 같이 구할 수 있다.

$$K_{eq} = \frac{[\text{C}]^c[\text{D}]^d}{[\text{A}]^a[\text{B}]^b}$$

[A], [B], [C], [D]는 평형에서 반응 물질들의 몰농도(molar concentration)이다.

반응계가 평형이 아닐 때 평형으로 향하는 경향은 유도 힘인 반응의 자유 에너지 변화(ΔG)로 나타낸다. 대부분 생화학 반응은 pH 7.0 근방의 수용액 상태에서 일어난다. 이때 물의 농도는 55.5 M로서 일정하다. 생화학적 표준 상태를 기초로 한 물리 상수를 **표준 자유 에너지 변화(standard free energy change)**라고 하며, $\Delta G'^{\circ}$로 표시한다. [표준 상태는 화학과 물리에서 정의하는 25°C, 1 atm을 의미한다.] 관습적으로 H_2O, H^+, Mg^{2+}가 반응물 또는 생성물로 들어갈 때 그들의 농도는 식에 표시되지 않는다.

화학 반응의 표준 자유 에너지 변화는 평형 상수의 다른 수학적인 방법으로 다음과 같이 나타낼 수 있다(표 10.1).

$$\Delta G'^{\circ} = -RT\ln K'_{eq}$$

표 10.1 화학 반응에 있어서 평형 상수와 자유 에너지 사이의 관계

K'_{eq}	$\Delta G'°$ (kJ/mol)	$\Delta G'°$ (kcal/mol)
10^3	−17.1	−4.1
10^2	−11.4	−2.7
10^1	−5.7	−1.4
1	0.0	0.0
10^{-1}	5.7	1.4
10^{-2}	11.4	2.7
10^{-3}	17.1	4.1

만약 주어진 화학 반응의 평형 상수가 1.0이면, 이 반응의 표준 자유 에너지 변화는 0.0이다(1.0의 자연로그는 0.0이다). 만약 표준 평형 상수(K'_{eq})가 1.0보다 크면 그것의 $\Delta G'°$은 음수이다. 만약 K'_{eq}가 1.0보다 작으면 $\Delta G'°$은 양수이다(표 10.1, 표 10.2). $\Delta G'°$는 표준조건에서 생성물의 자유 에너지와 반응물의 자유 에너지의 차이이다. $\Delta G'°$가 음수일 때는 반응물의 자유 에너지가 높으며 반응은 **자발적(spontaneous)**이 된다. 즉, 모든 화학 반응은 계의 자유 에너지가 감소하는 방향으로 일어날 것이다. $\Delta G'°$가 양수이면 생성물의 자유 에너지가 높으며 반응은 **비자발적(non-spontaneous)**이며, 역방향으로 일어난다.

> **자발적 (spontaneous)**
> 외부의 물리, 화학적 조건 없이 자연적으로 진행되는 반응. 자발적 변화는 비가역이며 일정한 방향성이 있고, 같은 조건에서 역방향으로 진행하는 일은 불가능함. 자발적 변화의 방향을 규정하는 것이 열역학 제2법칙

표 10.2 K'_{eq}와 $\Delta G'°$와의 관계와 화학 반응의 방향성

K'_{eq}	$\Delta G'°$	반응의 방향성 (반응물 1M 기준)
>1.0	음수	정반응이 우세하다.
1.0	0	평형에 도달한다.
<1.0	양수	역반응이 우세하다.

10.1.3 실제 자유 에너지 변화(ΔG)와 반응물과 생성물의 농도 관계

표준 자유 에너지 변화($\Delta G'°$)는 각 물질의 초기 농도가 1.0 M, pH 7.0, 25°C일 때 어느 방향으로 얼마만큼 반응이 진행되는지를 말한다. 따라서 $\Delta G'°$는 주어진 반응에서는 특징적인 불변의 값인 상수이다.

실제 자유 에너지 변화(ΔG)는 반응이 일어나는 동안 지배하는 반응물과 생성물의 농도와 온도의 기능이다. 평형으로 향한 자발적인 반응에 있어 ΔG는 항상 음수이다. 반응이 진행됨에 따라 음수는 적어지고 평형점(더 이상 반응이 일어나지 않음)에서는 영(zero)이 된다.

만약 반응 A⇄B, B⇄C에서 각각 표준 자유 에너지가 $\Delta G'_1°$, $G'_2°$을 나타내고 두 반응이 A⇄C을 생성한다면 이때 $\Delta G_{total}'°$은 각각 표준 자유 에너지의 합이다. 이 원리는 열역학적으로 흡열 반응이 더 높은 발열 반응과 연결하여 정반응 쪽으로 반응이 유도되는 것을 나타낸다. 마찬가지로 두 반응의 합의 평형 상수(K_{eq}')는 각각 반응의 평형 상수의 합으로 나타낸다.

(1)	A ⟶ B	$\Delta G'_1°$
(2)	B ⟶ C	$\Delta G'_2°$
합:	A ⟶ C	$\Delta G'_1° + \Delta G'_2°$

10.2 인산기의 이동과 ATP

세포는 영양소의 이화작용에 의해 화학적 형태의 자유 에너지를 얻는다. 세포는 ATP를 만들기 위해 이 에너지를 사용한다. ATP는 신진대사 중간물질, 거대물질 합성, 막을 통한 물질의 이동, 기계적인 운동 등의 에너지 흡수 과정에 에너지를 공급한다. 일반적으로 ATP로부터 생성된 에너지는 ATP의 공유 결합에 관여하여 ADP와 P_i로 유도되는 반응을 통하여 생성된다. ATP 가수분해에 의한 자유 에너지 변화는 크고 음수이다(그림 10.2).

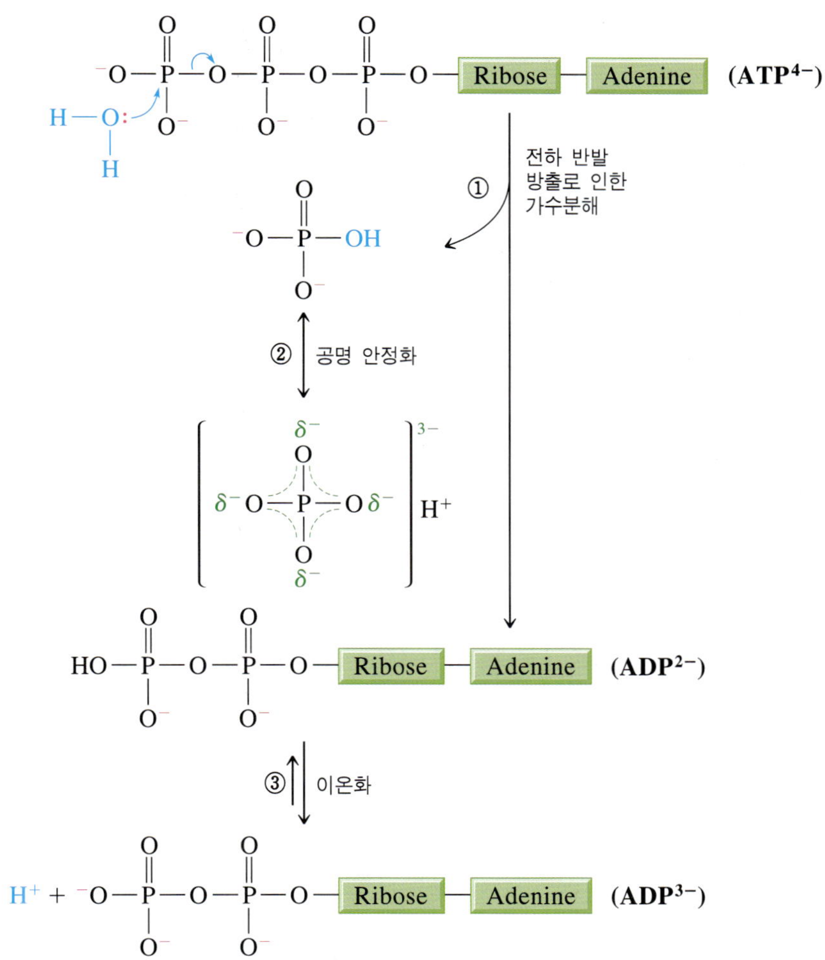

$$ATP^{4-} + H_2O \longrightarrow ADP^{3-} + P_i^{2-} + H^+ \qquad \Delta G'^{\circ} = -30.5\ \text{kJ/mol}$$

그림 10.2 | ATP 가수분해 반응에 의한 자유 에너지의 변화

ATP에 의한 에너지 공급은 단순 가수분해에 의한 것이 아닌 인산(phosphate)기 이동에 의한 에너지 이동을 동반하기 때문에 큰 자유 에너지를 공급할 수 있다.

10.2.1 ATP의 친핵성 치환 반응

ATP는 알코올(또는 카복실기)의 산소 또는 크레아틴의 질소, 아르지닌(히스티딘)의 작용기에 의한 친핵성(nucleophile) 반응으로 S_N2 반응이 일어난다. 이 반응은 S_N2 반응으로 ATP의 세 개 인산기 모두가 친핵성 반응에 민감하다(그림 10.3).

> 친핵성 치환 반응 S_N2 (S:Substitution,N:Nucleophilic,2: Bimolecular)
> 이분자성 친핵성 치환 반응. 용매의 종류나 이탈기의 종류, 친핵체의 종류와 농도, 반응 기질의 농도 등에 따라 S_N1 반응과 경쟁. S_N2 반응이 일어나면 R/S configuration에 변화

그림 10.3 | ATP의 친핵성 치환 반응

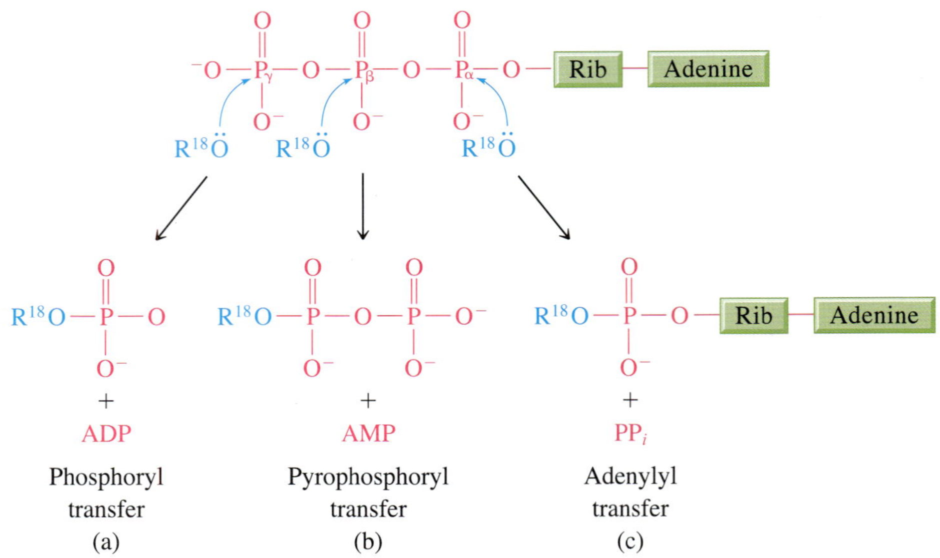

친핵성 원자가 γ-인산을 공격하면 ADP를 생성하고 인산이 새로운 인산 에스터(phosphate ester)를 생성하면서 −31 kJ/mol 에너지를 방출한다. 친핵성 원자가 β에 공격하면 AMP와 pyrophosphoryl로 되면서 pyrophosphoryl기는 공격한 친핵체로 이동한다. 이때 −46 kJ/mol의 에너지를 방출한다. 친핵체 원자가 α에 공격하면 PP_i와 adenylate (5′-AMP)로 되며, 반응은 아데닐화(adenylation)로 된다. 아데닐화에 의해 부산물인 PP_i는 효소 무기산 피로포스포테이스(inorganic pyrophosphatase)에 의해 $2P_i$로 바뀐다. 이때 에너지는 −19 kJ/mol만큼 방출되어 아데닐화에 이용된다. 따라서 아데닐화 반응은 열역학적으로 잘 일어난다.

Na^+-K^+ 펌프 (Na^+-K^+ pump) 세포막에 있는 이온 펌프를 사용하여 이온 농도를 조절. 소듐 이온을 세포 밖으로 보냄과 동시에 포타슘 이온을 안으로 들여보내는 기능. 이 과정에서 ATP를 ADP와 인산으로 분해하여 나오는 에너지를 사용. ATP 분해 효소의 일종

10.2.2 ATP는 물질 수송과 근육 수축에 에너지 공급

ATP는 막을 통과하는 이온과 분자에 에너지를 공급한다. 예를 들어, 인간의 콩팥과 뇌에서 휴식 때 소모되는 에너지의 2/3는 막의 **Na^+-K^+ 펌프(Na^+-K^+ pump)**에 의해 공급된다(그림 10.4). 근육세포 내 마이오신(myosin)과 액틴(actin)의 움직임은 ATP의 화학에너지를 근육수축으로 변환시킴으로 움직임을 유도한다.

그림 10.4 | Na^+-K^+ 펌프의 메커니즘 및 역할

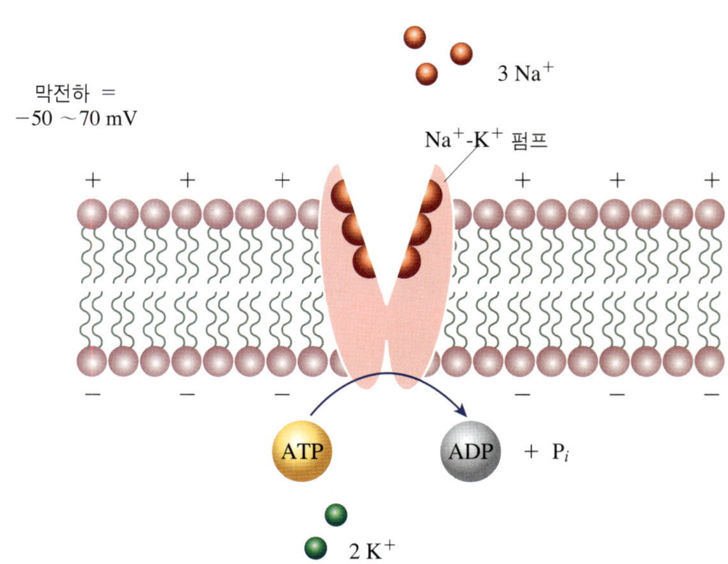

10.2.3 생화학식과 화학식의 차이

생화학자들은 간단한 방법으로 화학식을 쓴다. 예를 들어, pH = 7.0, 1 mM Mg^{2+}에서 ATP는 ATP^{4-}, $HATP^{2-}$, H_2ATP^{2-}, $MgHATP^{-}$, Mg_2ATP 등으로 존재한다. 생화학에서 관심은 모든 깊이 있는 화학식이 아니다. 따라서

$$ATP + H_2O \rightleftharpoons ADP + P_i$$
$$K_{eq} = \frac{[ADP][P_i]}{[ATP]}$$

위 식에서 H^+, Mg^{2+}는 일정하게 유지되므로 생화학식에 나타내지 않는다. 그러므로 생화학식에서는 H^+, Mg^{2+}, 전하 등은 균형에 넣지 않는다. 반면 화학식에서는 온도, 압력, 이온 세기 등을 고려해야 한다.

$$ATP^{4-} + H_2O \rightleftharpoons ADP^{3-} + HPO_4^{2-} + H^+$$
$$K_{eq} = \frac{[ADP^{3-}][HPO_4^{2-}]}{[H^+][ATP^{4-}]}$$

생화학식에서 따로 언급이 없으면 $\Delta G'^{\circ}$과 K'_{eq}는 pH = 7.0, 1mM Mg^{2+}로 둔다.

10.3 생물학적 산화-환원 반응

인산기의 이동이 신진대사에서 매우 중요한 점은 산화-환원 반응을 한다는 것이다. 이 반응은 한 분자가 전자를 잃고(**산화, oxidation**) 다른 분자는 전자를 얻는다(**환원, reduction**). 전자의 흐름은 직간접적으로 살아 있는 유기체에는 모두 관여되어 있다.

산화 (oxidation)
산화란 산소와의 결합, 수소의 떨어져 나감, 산화수의 증가(전자의 수가 줄어듦)의 경우를 말함.

환원 (reduction)
환원은 산소와의 분리, 수소와의 결합, 산화수의 감소(전자의 수가 늘어남)의 경우를 말함.

10.3.1 전자의 흐름은 생물학적인 일을 할 수 있게 한다

전기는 전자를 흐르게 하여 일을 행하게 한다. 양쪽 극(양극-음극)에 다른 종류의 화학물질은 다른 전자 친화력을 가지므로 회로를 통하여 전자가 흐른다. 배터리는 전자원으로, 회로를 통하여 모터를 돌린다. 세포는 전자원으로 당(glucose)을 사용한다. 당이 산화가 되면 전자는 연속적인 전자 운반체를 통하여 자발적으로 흐른다. 전자의 흐름은 중간체 보다 산소(O_2)가 높은 친화력을 가지므로 자발적이다.

10.3.2 산화-환원의 반쪽 반응 표현

구리 이온(cupric ion)에 의한 환원제(알데하이드 또는 케톤)의 산화는 다음과 같다.

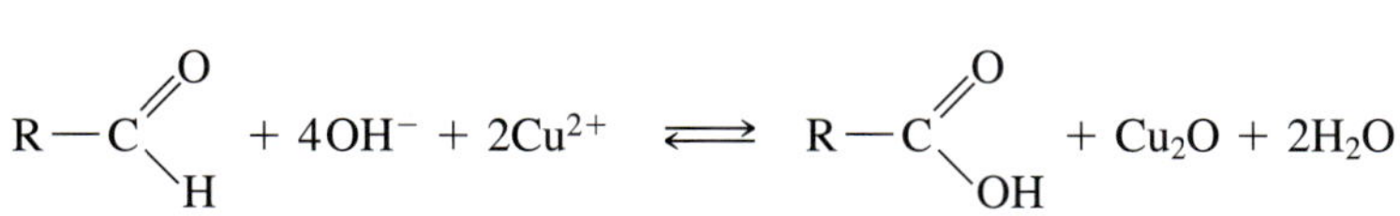

위 반응을 반쪽 반응으로 표시하면

(1) 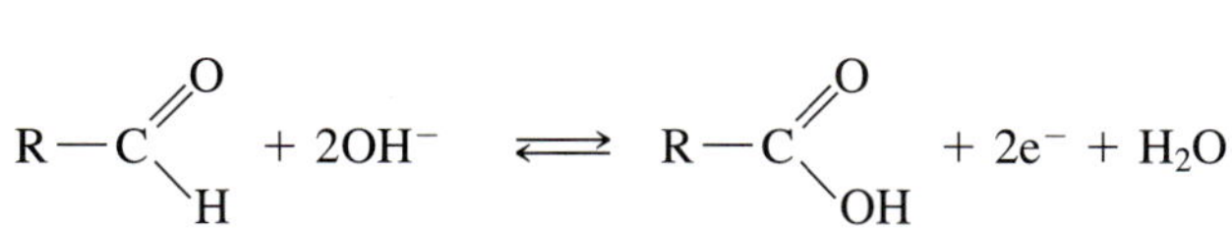

(2) $2Cu^{2+} + 2e^- + 2OH^- \rightleftharpoons Cu_2O + H_2O$

두 전자가 알데하이드 탄소에서 제거되고, 두 번째 반쪽 반응은 2배가 되어 전체 반응이 이루어진다.

10.3.3 생물학적 산화와 탈수소의 관계

생물계에서 산화는 탈수소(dehydrogenation)와 동의어이다. 많은 산화 반응을 일으키는 효소를 탈수소효소(dehydrogenase)라고 한다. 생물계에서 탄소 화합물은 더 환원된 물질일수록 수소의 수가 많다.

반면 산화된 물질일수록 산소의 수가 많다. 산화 상태의 순서는 다음과 같다(그림 10.5).

그림 10.5 | 생물계의 탄소 산화 상태

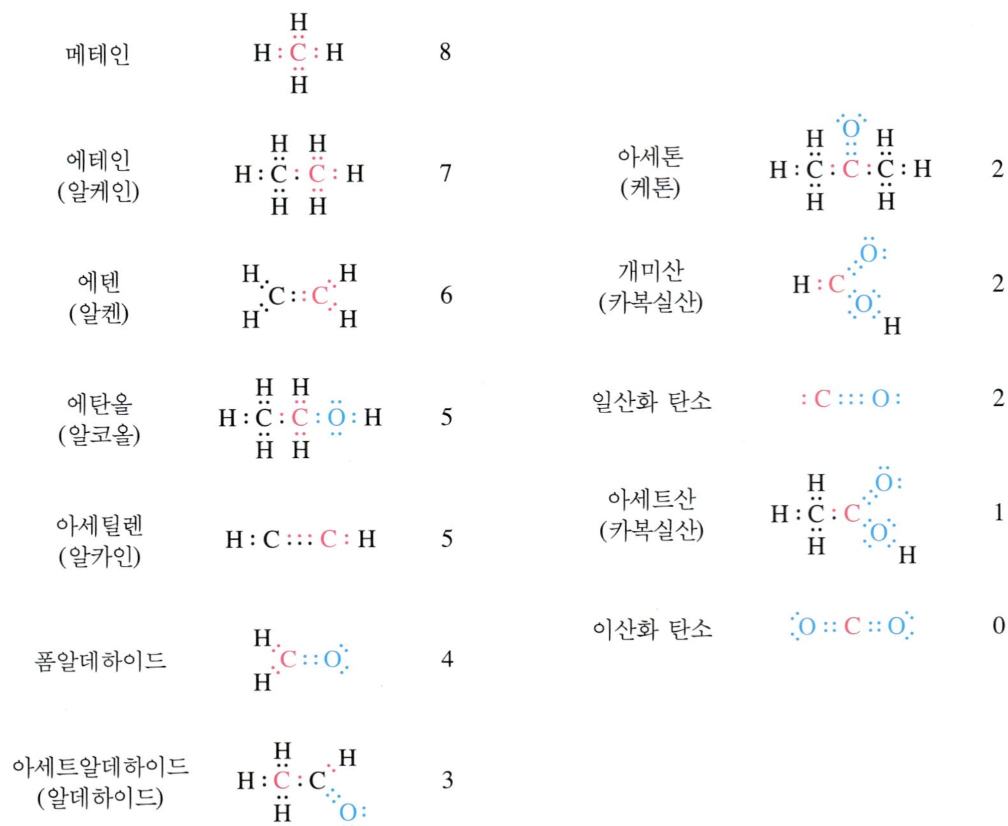

이산화 탄소 > 카복실산 > 케톤 > 알데하이드 > 알카인 > 알코올 > 알켄 > 알케인

10.3.4 글루코스의 CO_2 산화를 위한 전자 운반체(carrier)

글루코스의 산화는 ATP 합성에 필요한 에너지를 공급한다. 글루코스가 완전히 산화하여 CO_2와 H_2O를 생성할 때 $\Delta G'^{\circ} = -2,840$ kJ/mol이다. 반면 ATP 합성에 쓰이는 $\Delta G'^{\circ} = 50 \sim 60$ kJ/mol이다. 세포는 일련의 조절된 반응 순서에 의해 최종 물질에 도달한다. 따라서 반응에 많은 에너지가 필요하다. 이러한 산화 과정에서 제거되는 전자는 NAD^+, FAD와 같은 보조효소(코엔자임)에 전달된다.

10.3.5 보조효소(coenzyme)나 단백질의 전자 운반체 역할

촉매 과정에서 전자 운반체의 환원은 기질의 산화에 의해 방출되는 에너지 보존의 결과이다. 보조효소 NAD^+, $NADP^+$는 쉽게 한 효소에서 다른 효소로 이동한다. NAD^+, $NADP^+$의 니코틴아마이드 고리(nicotineamide ring)에서 가역 반응이 일어나므로 보조효소로 많이 사용된다(그림 10.6).

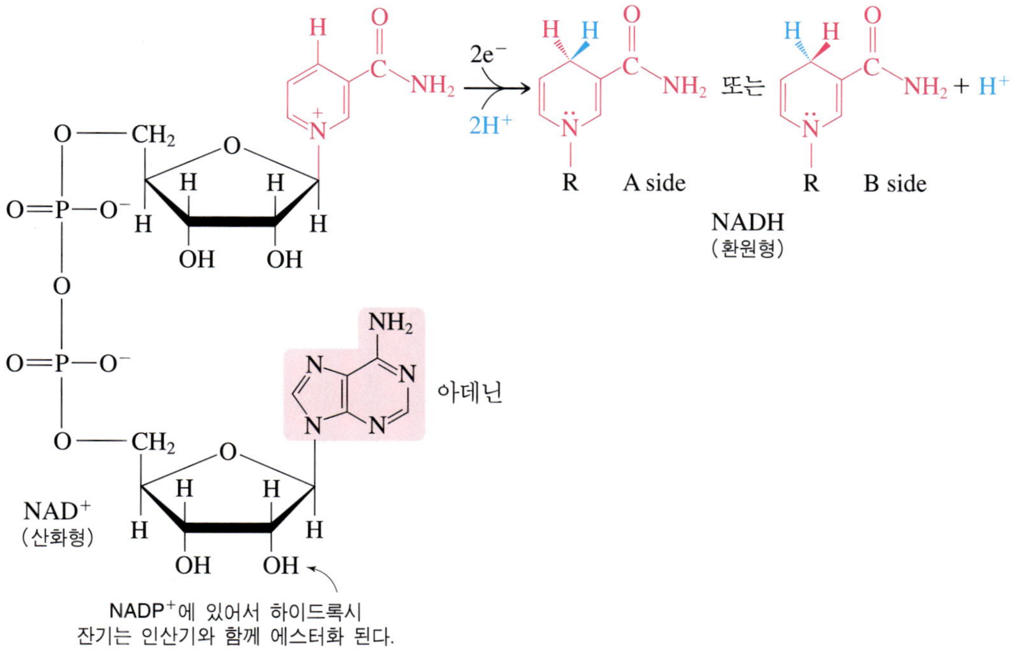

그림 10.6 | NAD와 NADP

기질 분자가 산화되므로 두 개의 수소 원자를 잃고, NAD^+는 한 쌍의 전자와 함께 수소 이온(H^+)을 받아들인다. 그리고 환원된 형태인 NADH 또는 NADPH로 바뀐다(H^+는 수소 이온을 나타낸다). 두 번째 양성자는 수용액 속으로 방출된다. NAD^+는 일반적으로 이화 반응의 산화에 참여한다. NADPH는 항상 동화 작용에 참여한다.

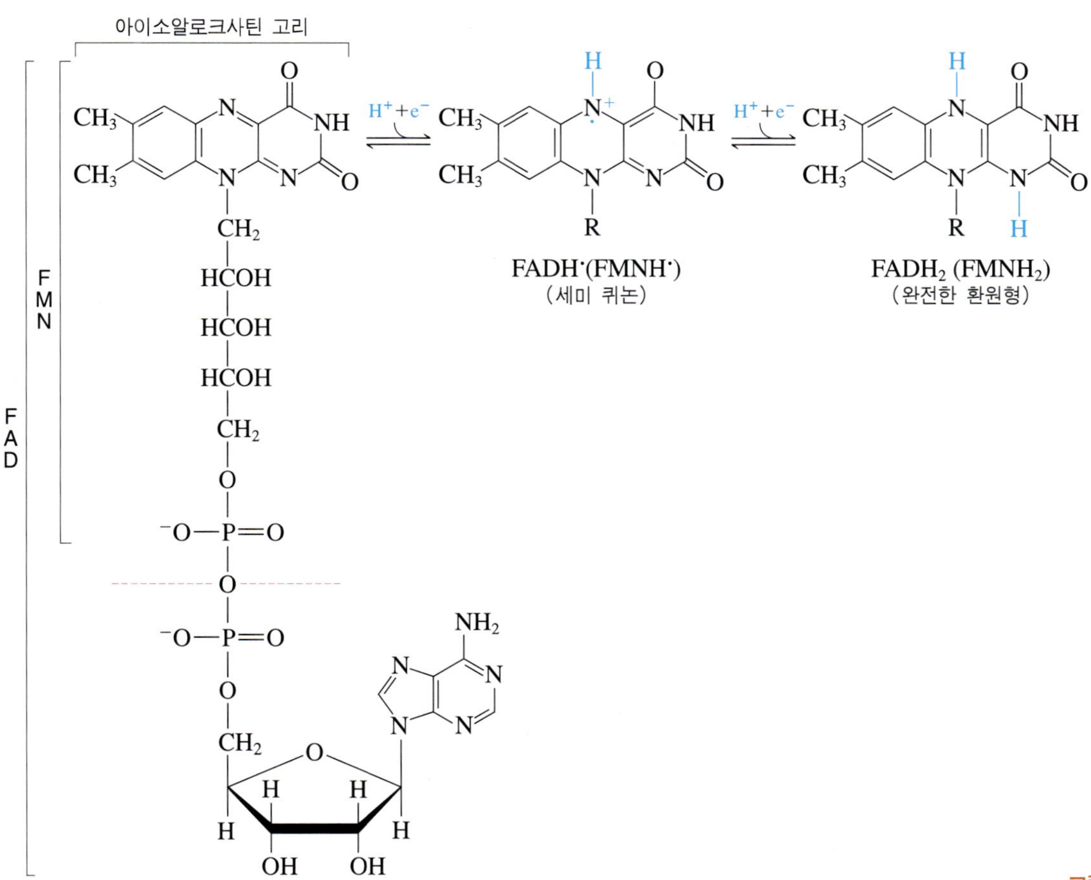

FAD(Flavin adenine dinucleotide)와 FMN(Flavin mononucleotide)

그림 10.7 | FAD와 FMN의 산화-환원

$$NAD^+ + 2e^- + 2H^+ \rightleftarrows NADH + H^+$$

니코틴아마이드 고리는 환원되면서 340 nm에서 빛을 흡수한다. NAD와 NADH의 양은 세포 속에서 약 10 mM 정도이다. 그리고 NAD가 NADH보다 약 10배가 많다. 반면 NADPH는 $NADP^+$보다 세포 속에 훨씬 많이 있다.

플라보단백질은 FMN 또는 FAD를 코엔자임으로 사용하는 산화-환원 반응을 촉매하는 효소이다. 플라보단백질(flavoprotein)이라고 하는 FMN, FAD은 보통 효소에 단단히 결합한다. 플라보단백질은 전자를 하나($FADH^+$) 또는 두 개($FADH_2$)를 이동하므로 NADH보다 다양한 반응성을 나타낸다. 산화된 플라보단백질은 570 nm에서 빛을 흡수하고 환원될 때 450 nm로 이동한다(그림 10.7).

단백질인 유비퀴논(ubiquinone), 플라스토퀴논(plastoquinone)은 전자 운반체로, 또한 양성자 주개로 작용한다. 철-황 단백질(iron-sulfur protein), 사이토크롬(cytochrome)은 가역적인 산화-환원을 통하여 보결 원자단(prosthetic group)으로 효소에 단단히 결합한다.

연습 문제

1. 열역학 제2법칙의 정의를 기술하시오.

2. 평형 상수와 깁스 자유 에너지 사이의 관계와 그에 따른 반응의 방향성에 대하여 서술하시오.

3. 생체 내의 ATP를 통한 물질 수송 시스템에 관여하는 효소와, 그 메커니즘에 대하여 서술하시오.

4. 생물계의 조건에서 자유 에너지, 엔탈피, 엔트로피의 변화를 식으로 나타내시오.

5. 산화-환원 반응에 대해 설명하시오.

6. 항온기(incubator) 속에 있는 달걀에서 일어나는 일종의 반응계를 생각해 보자. 난백(white)과 난황(yolk)은 단백질, 탄수화물, 지질 등을 가지고 있다. 수정 시 달걀은 하나의 세포로부터 복잡한 생물로 변한다. 이 비가역 과정을 그 반응계, 외계, 총계 등에서 엔트로피 변화의 관점으로 기술하시오. 우선 반응계와 외계를 명확히 정의하시오.

7. ATP 가수분해 시 표준 자유 에너지 변화를 직접 구하는 것은 평형 상태에 남아 있는 미량의 ATP를 정확히 측정하기 어렵기 때문에 기술적인 도움이 필요하다. 그러나 그다지 잘 일어나지 않는 평형 상수를 가지고 있는 다른 두 가지 효소 반응의 평형 상수로부터 ATP 가수분해의 $\Delta G'°$값을 간접적으로 구할 수 있다.

6-인산 글루코스 + H_2O ⟶ 글루코스 + 무기인산 (P_i)　　$K'_{eq} = 270$

ATP + 글루코스 ⟶ ADP + 6-인산 글루코스　　$K'_{eq} = 890$

위의 값을 기초로 하여 ATP 가수분해의 표준 자유 에너지를 계산하시오(단, 온도는 25°C로 한다).

8. pH 7.0의 표준 조건하에서 ATP의 가수분해에 의하여 방출되는 자유 에너지는 −30 kJ/mol이다. 만일 ATP가 표준 조건하에서 pH 5.2에서 가수분해될 때 방출되는 자유 에너지는 좀 더 많아질 것인가? 또는 적어질 것인가? 그 이유를 적으시오.

9. ATP의 친핵성 치환 반응에 대해 설명하시오.

10. 보조효소에 대해 간략히 설명하시오.

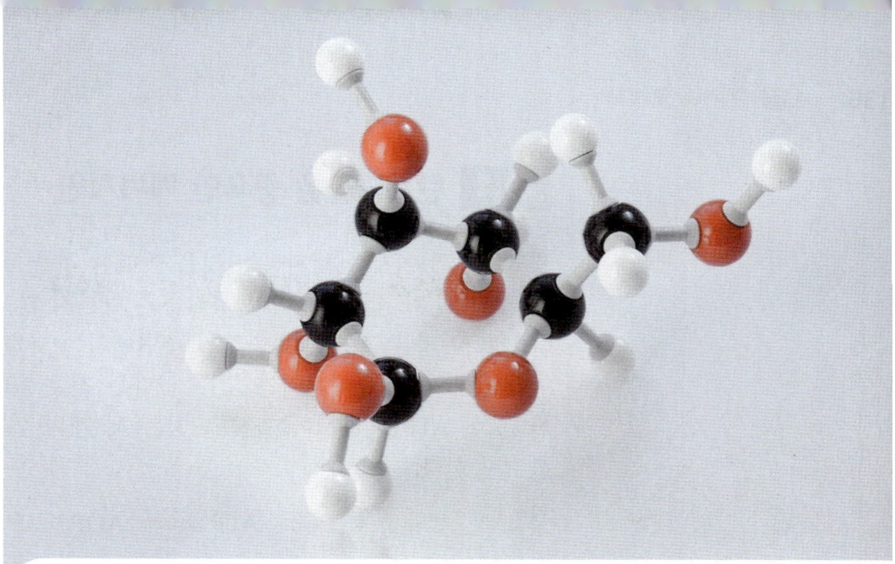

11 탄수화물 대사

학습 목표
- 글루코스의 합성과 분해 과정을 이해한다.
- 해당과정(글리코시스)에서 생산되는 에너지를 계산한다.
- 탄수화물의 합성과 분해에 관련된 기타 주요 대사의 반응들을 이해한다.

주요 용어
- 글리코시스, 글루코스 합성, 글루코스 분해, 글리코시스 조절효소, 글리코젠 합성, 글리코젠 분해, 펜토스 인산 경로

11.1 탄수화물은 중요한 에너지원

생명체에 있어서 에너지라는 것은 어떠한 것을 말할까? 배가 고프면 일하는 것은 물론 노는 것도 할 수 없다. 그리고 우리들은 마시지 않고, 먹지 않고서는 생명체를 유지할 수 없다. 에너지라는 것을 생화학적인 측면에서는 어떻게 설명할 수 있을까?

생체에 있어서 에너지가 있다 없다는 것은 ATP의 생산 능력이 있느냐 없느냐를 의미한다. 이 ATP는 자신이 가지고 있는 세 개의 인산들을 분리시킬 때 다량의 화학 에너지를 방출한다.

$$\text{ATP} \rightleftharpoons \text{ADP} + \text{P}_i + 7.3\ \text{kcal/mol}$$

이는 마치 석유에 불을 붙이면 불이 활활 타면서 다량의 에너지를 방출하는 것과 같이 ATP가 분해될 때 다량의 에너지를 방출한다. 이 에너지를 이용해서 우리들은 근육운동을 하기도 하고 체내에서 단백질을 합성하기도 한다. 그리고 소화물을 흡수하기도 한다. 따라서 ATP의 공급이 정지된다는 것은 생명 현상을 유지할 수 없게 되었다는 것을 의미한다. 우리들의 몸 속에서는 탄수화물과 지질로부터 아주 많은 양의 ATP를 합성하고 있다.

탄수화물 대사를 거쳐 ATP 합성은 다음과 같이 일어난다. 우리들이 식사 때 섭취한 밥은 주성분이 녹말이다. 이 녹말은 소화효소의 하나인 아밀레이스(amylase)에 의해 말토스(maltose)로 분해된다. 말토스는 말테이스(maltase)에 의해 작은 분자인 글루코스로 분해된다. 그리고 이 글루코스는 소화관으로 흡수되어 혈당이 된다. 이 혈당은 체내 거의 모든 장기에 흡수되어 산소가 충분히 공급되지 않는 상태(혐기적 상태)에서는 해당과정(glycolysis)과 발효(fermentation)를 거쳐서 젖산(lactate)이 된다. 그러나 사람들과 같이 산소를 호흡하고 있는 생물의 경우 해당과정의 최종산물인 피루브산(pyruvate)은 TCA 회로를 거쳐서 탄산가스와 물로 분해된다. 글루코스가 해당과정과 TCA 회로를 거쳐 탄산가스와 물로 분해되는 과정에서 ATP가 다량 생성된다(그림 11.1).

아밀레이스 (amylase)
다당류를 가수분해하는 효소로 녹말(아밀로스 및 아밀로펙틴)이나 글리코젠과 같이 α-결합의 글루코스로 되어 있는 다당에 작용하며 작용 양식에 따라 α-아밀레이스, β-아밀레이스, 글루코아밀레이스의 3종으로 나뉨.

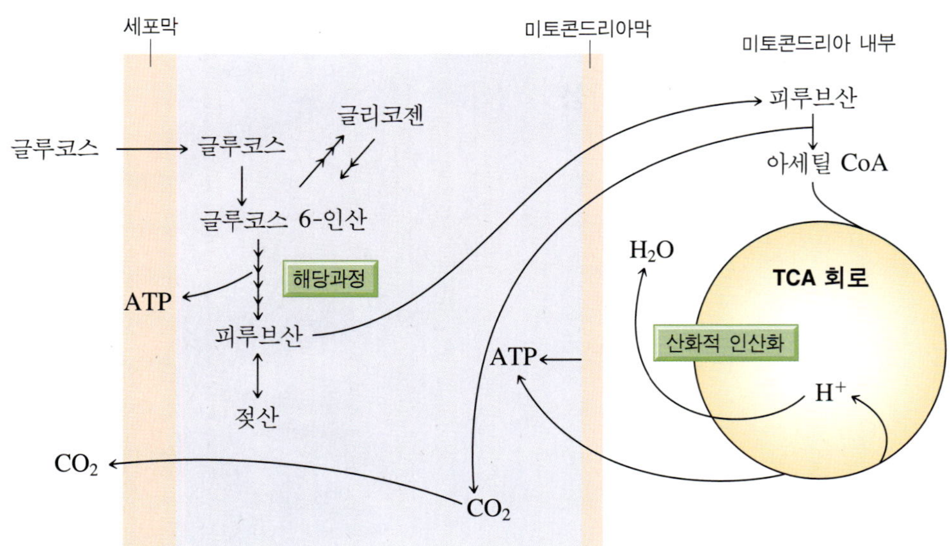

그림 11.1 | **글루코스 대사와 ATP 생성**

11.2 당류의 소화와 흡수

음식물로 섭취되는 당류는 녹말(starch)과 글리코젠(glycogen) 등의 다당류(polysaccharides)와 설탕, 젖당 등의 이당류(disaccharides)로 구성되며, 여기에 약간의 소당류

(oligosaccharides) 및 유리된 글루코스(glucose)와 프럭토스(fructose) 등의 단당류(monosaccharide)들이 첨가된다. 다당류와 이당류는 소화액과 장의 점막에 있는 글리코사이드가수분해효소(glycosidase)와 대장에 서식하는 미생물로부터 분비되는 효소들의 작용으로 단당류로 가수분해되어 흡수된다.

11.2.1 다당류의 소화

구조가 비슷한 녹말과 글리코젠은 침과 췌장액에 있는 **α-아밀레이스(α-amylase)**의 작용으로 가수분해된다. $\alpha(1 \rightarrow 4)$ 결합들이 절단되면 먼저 α-덱스트린(α-dextrin)이 생기고, 뒤에 더 가수분해되어서 말토스(maltose)와 말토트라이오스(maltotriose)가 생긴다. α-덱스트린, 말토스 및 말토트라이오스들은 **말테이스(maltase)** 효소의 작용으로 가수분해되어 글루코스를 생성한다. 가지 친 자리에 있는 $\alpha(1 \rightarrow 6)$ 결합은 α-아밀레이스로 가수분해되지 않으므로, 녹말이나 글리코젠이 가수분해될 때 말토스 이외에도 아이소말토스(isomaltose)가 생긴다. 이 두 당류는 음식물에 있는 그 밖의 당류와 합쳐진다. 이당류는 소장의 점막 세포들에 있는 효소들의 작용으로 가수분해된다. 소장에는 표 11.1과 같은 효소들이 있다.

표 11.1 소장에 있는 가수분해효소

효소	기질
말토스 가수분해효소	말토스
아밀로글루코사이드 가수분해효소	녹말, 말토덱스트린, 말토스
설탕 가수분해효소	설탕, 말토스
아이소말토스 가수분해효소	아이소말토스, 말토스
젖당 가수분해효소	젖당
트레할로스 가수분해효소	트레할로스

이당류를 가수분해하는 이러한 효소들의 작용으로 글루코스, 갈락토스, 프럭토스와 같은 단당류가 생성되며, 이것들은 두 가지 다른 메커니즘으로 상피세포를 통해서 흡수된다. 프럭토스는 단순한 확산으로 수동적으로 흡수된다. 이와 달리, 글루코스와 갈락토스는 능동적으로 흡수된다. 즉, 구조가 비슷한 이 두 당은 Na^+와 ATP가 개입하는 능동적 과정으로 농도 기울기를 거슬러서 운반된다. 칫솔 모양의 막에 있는 운반계(Na^+-글루코스 운

상피세포 (epithelical cell)
동물의 몸 표면이나 내장 기관의 표면을 덮고 있으며 우리 몸을 보호하는 것이 가장 큰 역할

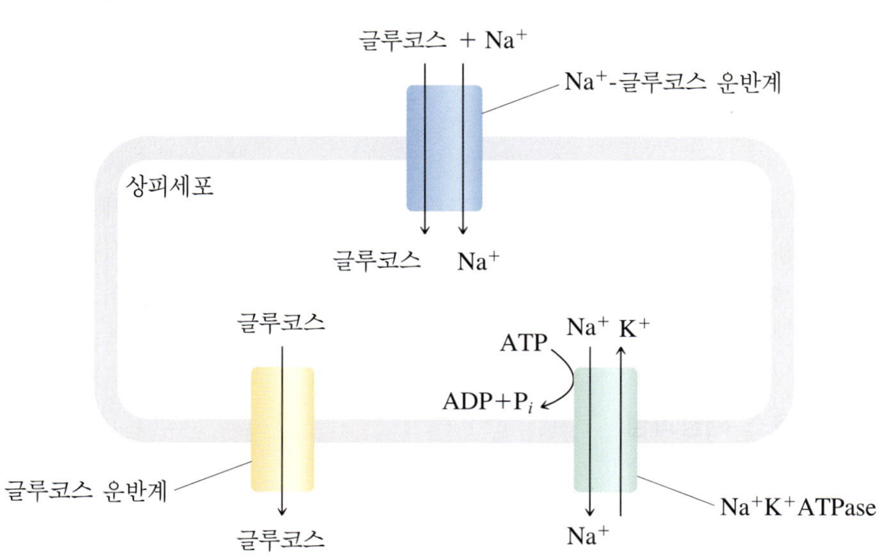

그림 11.2 | Na^+ 농도 기울기가 글루코스의 능동 운반을 하는 과정

반계)가 글루코스의 받개 역할을 한다. Na^+가 운반계에 결합되면 이 계의 헥소스(hexose)와의 결합이 증진된다. 그 다음에 Na^+-K^+ 펌프(Na^+-K^+ ATPase)가 ATP의 에너지를 쓰면서 Na^+을 세포 밖으로 밀어내고, 이와 동시에 세포 안쪽에서는 글루코스 운반계 복합체가 해리되면서 헥소스를 내놓는다. 이러한 방법으로 헥소스가 세포 안으로 확산된다(그림 11.2).

내장의 이당류 가수분해효소들의 어느 하나든 선천적으로 또는 후천적으로 결핍되면 가수분해되지 않은 이당류에 대한 과민반응이 생긴다.

내장에서 흡수된 단당류(대부분 글루코스)는 혈액을 통해서 다른 조직들로 운반되어서 에너지를 발생시키는 데 사용되기도 하고, 간과 근육조직에서는 저장형(글리코젠)으로 전환된다.

11.3 해당과정

젖산 (lactic acid)
락트산 또는 유산이라고도 함. 산소가 적은 환경에서 해당 과정의 최종 산물로 피루브산의 환원에 의해 생성됨. 심한 운동에 의해 증가하며 근육의 피로는 글리코젠의 분해에 의한 젖산의 축적과 관계가 있음. 휴식 시 일부는 산화 분해되지만 대부분 원래의 글리코젠으로 재합성

대사 에너지의 발생을 배우기 전에 생체계에서 널리 일어나는 대사 경로인 **해당과정(glycolysis)**을 알아보자. 해당과정은 글루코스를 피루브산으로 전환하는, 연속적으로 일어나는 반응들이다. 이때 ATP가 생성된다. 해당과정은 글루코스에 들어 있는 대부분의 에너지를 거두어들이는 시트르산 회로(12장)와 전자 운반 연쇄(13장)의 준비 단계이다. 피루브산(pyruvate)은 산소성 조건하에서 미토콘드리아로 들어가서 CO_2와 H_2O로 완전히 산화된다. 활발하게 수축 운동을 하는 근육에서와 같이, 산소의 공급이 불충분할 경우에는 피루브산이 **젖산(lactate)**으로 전환된다. 효모와 같은 몇몇 무산소성 생물에서 피루브산은 **에탄올(ethanol, CH_3CH_2OH)**로 변환된다. 글루코스로부터 에탄올 또는 젖산이 형성되는 것을 **발효(fermentation)**라고 한다. 이와 같이 세포가 처해 있는 환경에 따라 글루코스는 세 가지 다른 운명을 가지게 된다(그림 11.3).

그림 11.3 | 글루코스의 몇 가지 운명

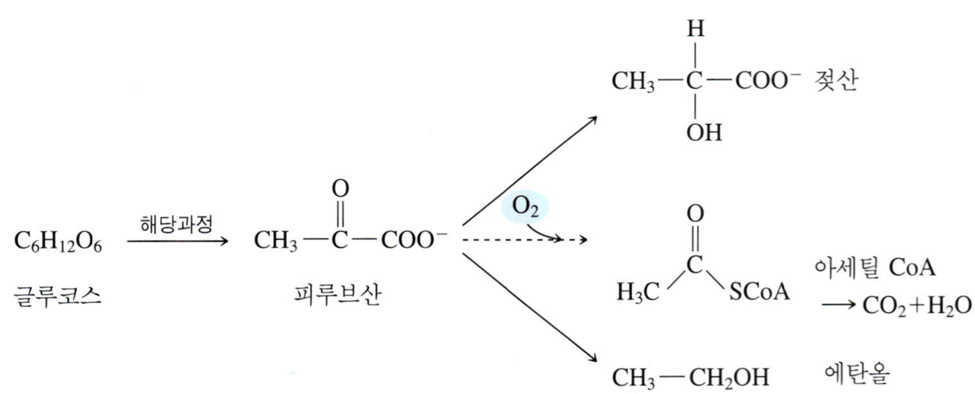

해당과정에 관여하는 효소들은 모두 세포질에 있으며 모든 반응들은 세포질에서 일어난다. 해당과정은 두 부분으로 나눌 수 있다. 앞부분은 ATP를 소비하면서 글루코스(6탄당)를 글리세르알데하이드 3-인산(3탄당)으로 쪼개는 단계이고, 뒷부분은 산화-환원 반응이 일어나면서 ATP와 피루브산을 생성하는 단계이다.

11.3.1 글루코스 해당과정

(1) 글루코스 반응

세포 안으로 흡수된 글루코스는 **헥소카이네이스(hexokinase)**의 작용으로 글루코스 6-인산

(glucose 6-phosphate) 으로 인산화된다.

인산기의 전달 반응은 생화학에서 매우 중요한 반응이다. ATP로부터 인산기를 받개 물질로 옮기는 반응을 촉매하는 효소를 **카이네이스(kinase)** 라고 한다. 예를 들어, 헥소카이네이스는 ATP로부터 글루코스와 만노스(mannose)와 같은 헥소스들로 인산기를 옮기는 효소이다.

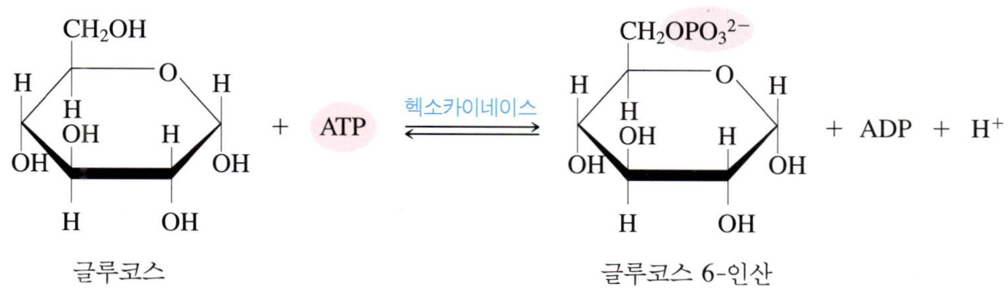

(2) 글루코스 6-인산 반응

해당과정의 그 다음 반응은 **포스포글루코스 이성질화효소(phosphoglucose isomerase)** 에 의해 글루코스 6-인산이 프럭토스 6-인산으로 이성질화하는 반응이다. 글루코스 6-인산의 여섯 원자로 된 피라노스(pyranose) 고리가 프럭토스 6-인산의 다섯 원자로 된 퓨라노스(furanose) 고리로 전환된다. 글루코스의 열린 사슬형은 C-1 위치에 알데하이드기를 가지지만, 프럭토스의 열린 사슬형은 C-2 위치에 카보닐기를 가지고 있다는 것을 상기하자. C-1에 있는 알데하이드기는 C-5에 있는 하이드록시기와 반응하여 피라노스 고리를 만들지만, C-2에 있는 카보닐기는 C-5의 하이드록시기와 반응하여 퓨라노스 고리를 만든다. 그러므로 글루코스 6-인산이 프럭토스 6-인산으로 바뀌는 이성질화 반응은 알도스(aldose)가 케토스(ketose)로 전환되는 반응이다.

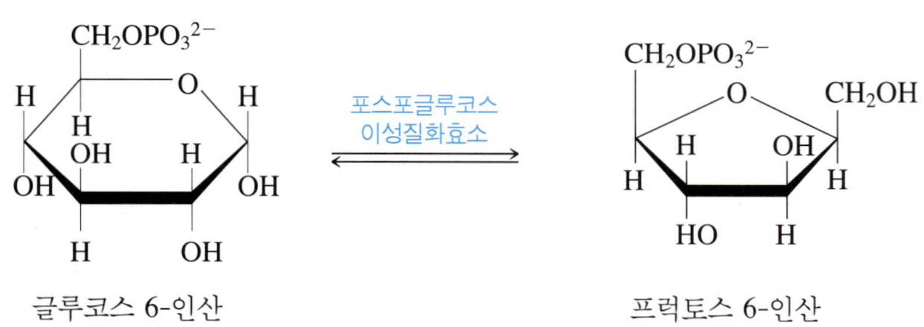

이 당들의 구조식을 열린 사슬형으로 나타내면 이 반응의 본질을 쉽게 이해할 수 있다.

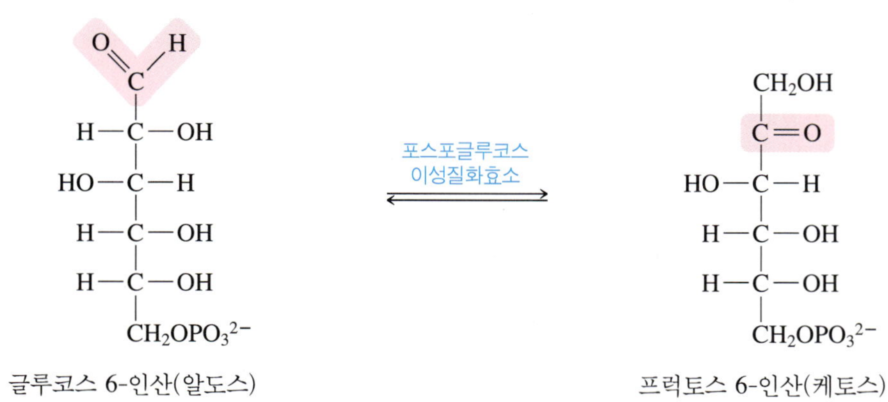

열린 사슬 형태에서 탄소 원자 중 하나는 산소 원자와 이중 결합으로 연결되어 카보닐

기를 이루며 다른 탄소 원자는 각각 하이드록시기를 하나씩 가지고 있다. 카보닐기가 탄소 사슬 끝에 있으면(즉, 알데하이드기이면) 이 단당은 **알도스(aldose)**라고 하며, 카보닐기가 다른 어떤 위치에 있으면(즉, 케톤기이면) 이 단당을 **케토스(ketose)**라고 한다.

(3) 프럭토스 6-인산 반응

위의 이성질화 반응에 이어서 두 번째 인산화 반응이 일어난다. ATP에 의해서 프럭토스 6-인산(fructose 6-phosphate)이 프럭토스 1,6-비스인산(fructose 1,6-bisphosphate)으로 인산화된다.

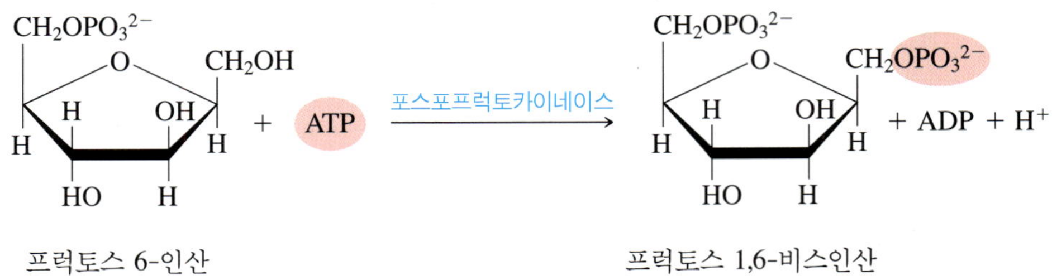

이 반응은 입체성 다른자리(allosteric) 효소인 **포스포프럭토카이네이스**(phosphofructokinase)에 의해서 촉진된다. 이 효소는 해당과정을 조절하는 중요한 역할을 한다.

(4) 프럭토스 1,6-비스인산 반응

해당과정의 다음 단계는 프럭토스 1,6-비스인산이 두 개의 삼탄소 단위로 쪼개져서 글리세르알데하이드 3-인산(glyceraldehyde 3-phosphate)과 다이하이드록시아세톤인산(dihydroxyacetone phosphate)을 생성하는 반응에서 시작한다. 따라서 해당과정의 나머지 반응들에는 육탄소 단위들이 아니라 삼탄소 단위들이 관여한다.

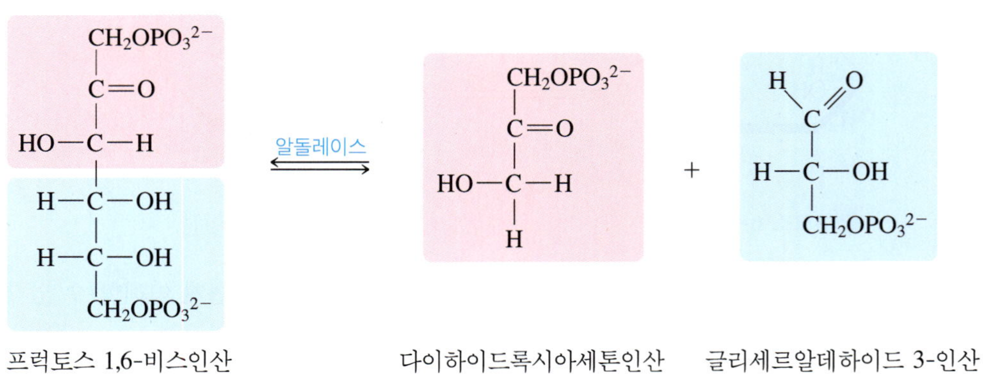

이 반응은 **알돌레이스(aldolase)**라는 효소의 촉매 작용으로 일어난다. 이 효소의 이름은 위에 나타낸 반응의 역반응이 **알돌 축합 반응(aldol condensation)**, 즉 두 개의 카보닐 화합물들이 결합하여 알돌(α-하이드록시카보닐 화합물)을 만드는 반응에서 유래된 것이다.

글리세르알데하이드 3-인산은 해당과정으로 직접 들어가는 화합물이다. 다이하이드록시아세톤인산은 직접 들어가지 않지만, 글리세르알데하이드 3-인산으로 쉽게 전환된다. 이 두 화합물은 이성질체이다. 다이하이드록시아세톤인산은 케토스이고, 글리세르알데하이드 3-인산은 알도스이다. 이 두 화합물의 이성질화 반응은 **트라이오스인산 이성질화효소(triose phosphate isomerase)**에 의해서 촉매된다.

다이하이드록시아세톤인산(케토스) 글리세르알데하이드 3-인산(알도스)

이 반응의 평형에서는 트라이오스인산의 96%가 다이하이드록시아세톤인산이다. 그러나 실제로는 글리세르알데하이드 3-인산이 해당 경로에 따라 효율적으로 제거되기 때문에 반응은 다이하이드록시아세톤인산이 글리세르알데하이드 3-인산으로 이성질화하는 방향으로 진행된다. 그러므로 알돌레이스와 트라이오스인산 이성질화효소가 차례로 작용하여 한 분자의 프럭토스 1,6-비스인산에서 두 분자의 글리세르알데하이드 3-인산이 생긴다.

(5) 글리세르알데하이드 3-인산의 산화 반응

해당과정의 앞 단계에서 한 분자의 글루코스가 두 분자의 글리세르알데하이드 3-인산으로 변환하였다. 아직 에너지는 전혀 생기지 않았다. 오히려 이 단계에서는 두 분자의 ATP가 소비되었다. 이제 해당과정의 글리세르알데하이드 3-인산에 들어 있는 에너지의 일부분을 생성하는 일련의 반응들을 살펴보자.

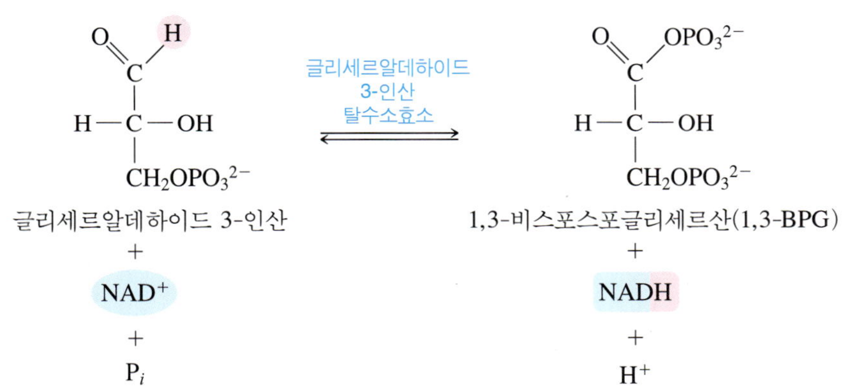

이 연속적 반응들의 첫 번째 반응은 글리세르알데하이드 3-인산을 1,3-비스포스포글리세르산(1,3-bisphosphoglycerate, 1,3-BPG)으로 전환하는 것이다. 이 반응은 **글리세르알데하이드 3-인산 탈수소효소(glyceraldehyde 3-phosphate dehydrogenase)**에 의해서 촉매된다.

이 산화-환원 반응에서 고에너지 인산 화합물이 생성된다. 이 반응에서 C-1의 알데하이드기가 인산과 카복실산 사이에 혼성산 무수물인 아실인산(acyl phosphate)으로 전환된다. 인산기 전달 퍼텐셜(potential)이 높은 이 알데하이드는 산화될 때 발생한다.

아실인산 (acyl phosphate)
카복실산과 인산으로 구성되는 산 무수물로 가수분해에 따른 높은 자유 에너지 변화를 갖는 에너지 화합물. 카복실기의 활성화 과정과 해당 작용에 의한 ATP 생성 중에 주로 생성됨.

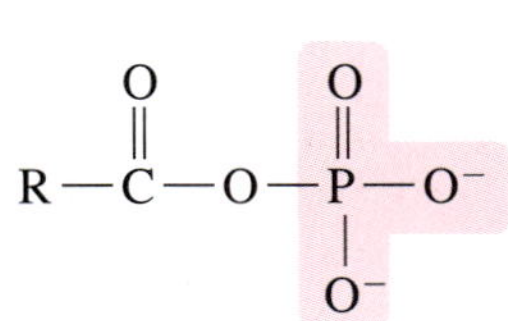

아실인산

(6) 1,3-비스포스포글리세르산의 반응

1,3-비스포스포글리세르산이 가진 높은 인산기 전달 퍼텐셜은 APT를 생성하는 데 사용된다. **포스포글리세르산 카이네이스(phosphoglycerate kinase)**가 1,3-BPG의 아실인산의 인산기를 ADP로 옮기는 반응을 촉매한다.

1,3-비스포스포글리세르산 3-포스포글리세르산

이 반응으로 APT와 3-포스포글리세르산(3-phosphoglycerate)이 생성된다. 그러므로 글리세르알데하이드 3-인산 탈수소효소와 포스포글리세르산 카이네이스 등 두 효소로 촉매되는 반응들에 의해서 다음과 같은 결과를 얻는다.

① 알데하이드인 글리세르알데하이드 3-인산이 카복실산인 3-포스포글리세르산으로 산화되었다.
② NAD^+가 NADH로 환원되었다.
③ P_i와 ADP로부터 ATP가 합성되었다.

(7) 3-포스포글리세르산의 반응

해당과정의 마지막 단계에서 3-포스포글리세르산이 피루브산으로 전환되면 두 번째 ATP가 생성된다.

3-포스포글리세르산 2-포스포글리세르산

첫 번째 반응은 분자 안에서 인산기가 자리를 옮기는 반응이다. 3-포스포글리세르산(3-phosphoglycerate)이 2-포스포글리세르산(2-phosphoglycerate)으로 전환되는 반응에서 인산기의 위치가 바뀌는데, **포스포글리세르산 자리옮김효소(phosphoglycerate mutase)**가 이 반응을 촉매한다. 일반적으로 자리옮김효소는 분자 안에서 원자단이 이동하는 반응을 촉매하는 효소이다.

(8) 2-포스포글리세르산의 반응

엔올레이스(enolase)의 촉매에 의하여 2-포스포글리세르산의 탈수로 포스포엔올피루브산(phosphoenolpyruvate)이 생성된다. 이 탈수 반응의 결과로 인산기의 기-전달 퍼텐셜이 크게 증가한다.

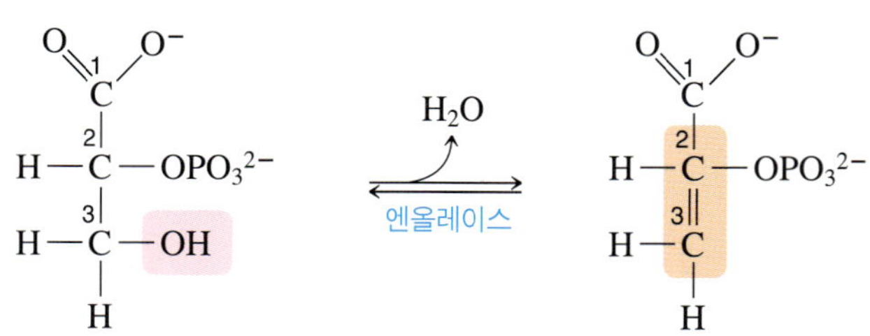

2-포스포글리세르산 포스포엔올피루브산

(9) 포스포엔올피루브산의 반응

마지막 반응은 **피루브산 카이네이스(pyruvate kinase)**로 촉매되는 반응인데, 이때 인산기가 포스포엔올피루브산에서 ADP로 전달되어서 ATP와 피루브산이 생성된다.

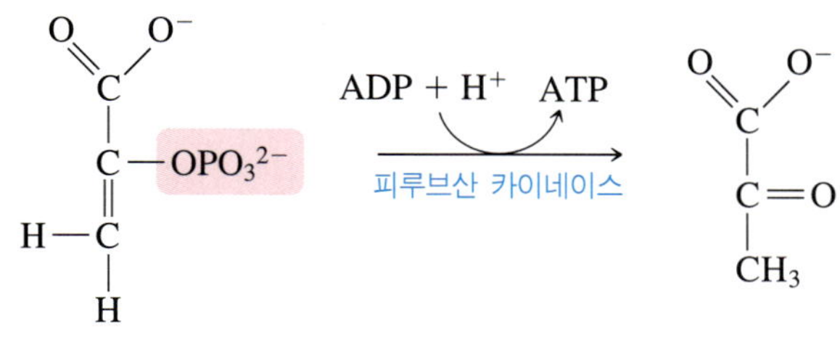

11.3.2 해당과정에서의 ATP 생성

혈액으로부터 세포에 들어온 글루코스는 해당과정(그림 11.4)을 거쳐서 피루브산으로 분해된다(호기적 조건). 그러나 혐기적 조건하에서는 젖산까지 변화한다.

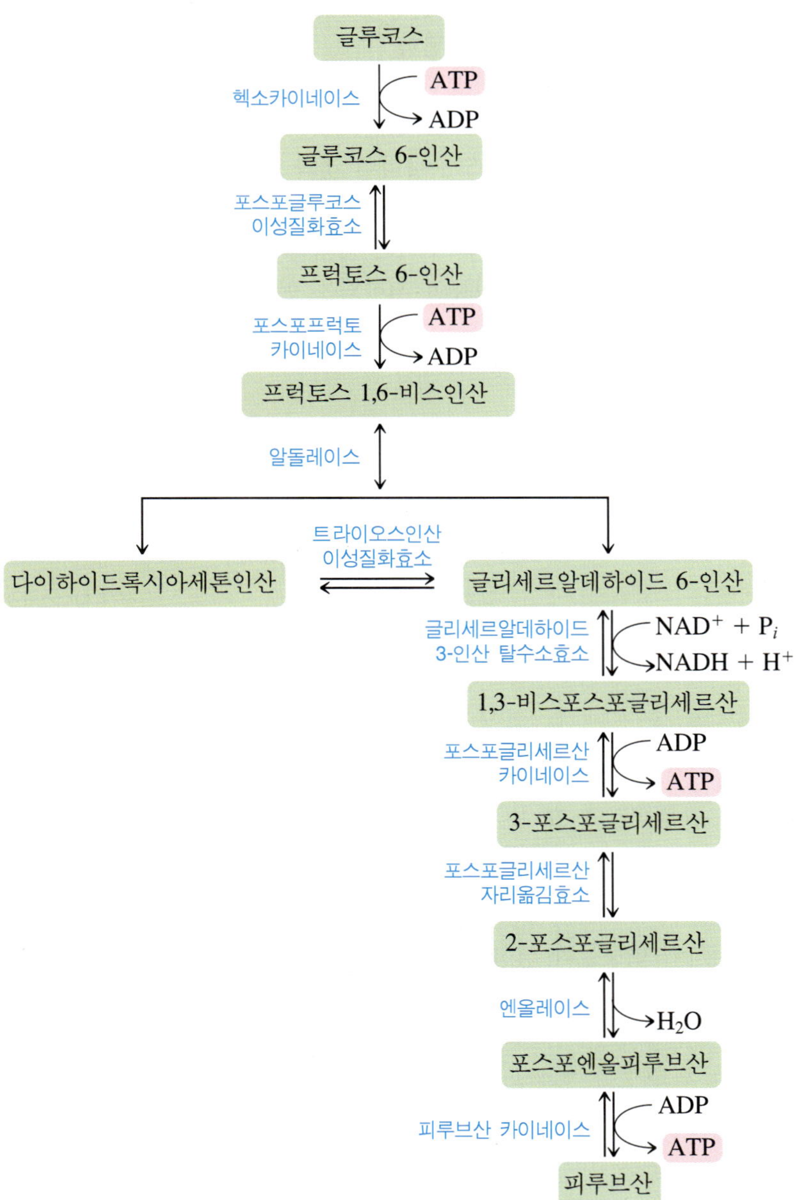

그림 11.4 | 해당과정

해당과정은 뒷부분에서 상세히 기술하기로 하고, 이 곳에서는 간단히 ATP 합성과 관련이 있는 부분만 설명한다.

글루코스는 해당과정의 첫 단계 반응에서 헥소카이네이스로부터 1 mol의 ATP를 소비해서 글루코스 6-인산이 된다. 글루코스 6-인산은 이후 프럭토스 1,6-비스인산이 된다. 프럭토스 1,6-비스인산은 알돌레이스에 의해 2 mol의 3탄당인산 에스터로 분해된다.

이 3탄당인산 에스터 중 1분자는 글리세르알데하이드 3-인산이 되고, 또 1분자는 다이하이드록시아세톤인산이 된다. 다이하이드록시아세톤인산은 그림 11.4와 같이 글리세르알데하이드 3-인산으로 대사되어 알돌레이스의 반응에 의해 결국 2분자의 글리세르알데하이드 3-인산을 생성한다. 따라서 알돌레이스 이후의 반응은 모두 2 mol로 계산해야 된다.

이제까지의 것을 종합하여 해당과정에 있어서 ATP의 생산과 소비를 계산하면, 글루코스가 글루코스 6-인산으로 될 때와 프럭토스 6-인산이 프럭토스 1,6-비스인산으로 될 때 각각 ATP가 1분자씩 소비되어 결국 2 mol의 ATP를 소비한 꼴이 된다.

한편 알돌레이스에 의해 6탄당이 3탄당 2분자로 나누어진 이후 포스포글리세르산 카이네이스와 피루브산 카이네이스의 반응에서 각각 1 mol씩 ATP가 합성된다. 이때 이 반응은 2회 반복되기 때문에(6탄당이 2분자의 3탄당으로 분해) 결국은 4 mol의 ATP가 합성된 꼴이 된다. 따라서 이 해당과정에서 총 2 mol의 ATP가 소비되고 4 mol의 ATP가 합성되어 최종적으로 2 mol의 ATP만 남게 된다.

만약 글루코스가 해당과정에서만 분해된다면, 글리세르알데하이드 3-인산 탈수소효소(dehydrogenase)는 NAD^+를 보조효소로서 필요로 하기 때문에 계속적으로 NAD^+를 공급해 주지 않으면 안 된다. 그림 11.5에 나타낸 것과 같이 글리세르알데하이드 3-인산 탈수소효소는 젖산 탈수소효소와 함께 NADH를 NAD^+로 바꾸어 글루코스를 분해한다. 그런데 해당과정의 반응만이 진행된다면 우리의 체내에서는 젖산이 과다하게 축적되는 현상이 일어난다. 그렇게 되면 세포의 기능이 저하되는 현상이 일어난다. 우리는 이러한 과정을 통해 피곤을 느끼게 되는 것이다.

그림 11.5 | **글리세르알데하이드 3 인산 탈수소효소와 젖산 탈수소효소의 결합 반응**

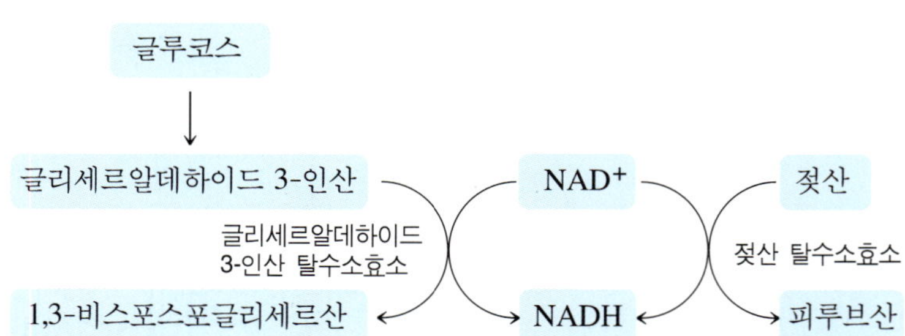

글루코스가 피루브산으로 변환하는 과정의 알짜 반응은 다음과 같다.

$$\text{글루코스} + 2P_i + 2ADP + 2NAD^+ \longrightarrow$$
$$2\ \text{피루브산} + 2ATP + 2NADH + 2H^+ + 2H_2O$$

따라서 1분자의 글루코스가 2분자의 피루브산으로 변환되면서 2분자의 ATP가 생성된다. ATP를 소비하는 반응들과 생성하는 반응들을 표 11.2에 요약하였다. 해당과정의 반응들은 표 11.3과 그림 11.6에 나타내었다.

표 11.2 해당과정의 ATP의 소모와 생성

mol	반응	글루코스 1몰당 ATP의 변화
1	글루코스 ⟶ 글루코스 6-인산	−1
1	프럭토스 6-인산 ⟶ 프럭토스 1, 6-비스인산	−1
2	1, 3-비스포스포글리세르산 ⟶ 2, 3-포스포글리세르산	+2
2	포스포엔올피루브산 ⟶ 2 피루브산	+2
		알짜 +2

글루코스에서 피루브산까지 연속적으로 일어나는 일련의 반응들은 모든 생물과 모든 종류의 세포에서 매우 유사하다. 이와는 달리 피루브산이 대사 에너지를 생산할 때의 운명은 가변적이다. 즉, 피루브산은 조건에 따라서 에탄올, 젖산 또는 아세틸 CoA로 전환될 수 있다.

① 효모와 그 밖의 몇몇 미생물들에서는 피루브산으로부터 에탄올(ethanol)이 생성된다. 이 반응은 아래의 반응식으로 나타낸 바와 같이 두 단계로 일어난다.

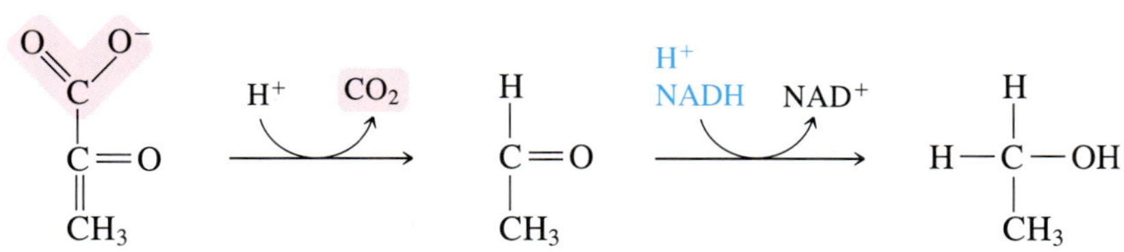

피루브산 아세트알데하이드 에탄올

피루브산 탈카복실화효소(pyruvate decarboxylase)로 촉매되는 첫 번째 반응에서는 피루브산이 아세트알데하이드(acetaldehyde)가 되고, **알코올 탈수소효소(alcohol dehydrogenase)**로 촉매되는 두 번째 반응에서는 아세트알데하이드가 NADH의 작용으로 에탄올로 환원

표 11.3 해당과정의 ATP의 소모와 생성

단계	반응	효소	유형*	$\Delta G°$	ΔG
1	글루코스 + ATP → 글루코스 6-인산 + ATP + H^+	헥소카이네이스	a	−4.0	−8.0
2	글루코스 6-인산 ⇄ 프럭토스 6-인산	포스포글루코스 이성질화효소	c	+4.0	−0.6
3	프럭토스 6-인산 + ATP → 프럭토스 1,6-비스인산 + ADP + H^+	포스포프럭토 카이네이스	a	−3.4	−5.3
4	프럭토스 1,6-비스인산 ⇄ 다이하이드록시 아세톤인산 + 글리세르알데하이드 3-인산	알돌레이스	e	+5.7	−0.3
5-1	다이하이드록시아세톤인산 ⇄ 글리세르알데하이드 3-인산	트라이오스인산 이성질화효소	c	+1.8	+0.6
5-2	글리세르알데하이드 3-인산 + P_i + NAD^+ ⇄ 1,3-비스포스포글리세르산 + NADH + H^+	글리세르알데하이드 3-인산 탈수소효소	f	+1.5	−0.4
6	1,3-비스포스포글리세르산 + ADP ⇄ 3-포스포글리세르산 + ADP	포스포글리세르산 카이네이스	a	−4.5	+0.3
7	3-포스포글리세르산 ⇄ 2-포스포글리세르산	포스포글리세르산 자리옮김효소	b, c	+1.1	+0.2
8	2-포스포글리세르산 ⇄ 포스포엔올피루브산 + H_2O	엔올레이스	d	+0.4	+0.8
9	포스포엔피루브산 + ADP + H^+ ⇄ 피루브산 + ATP	피루브산 카이네이스	a	−7.5	+4.0

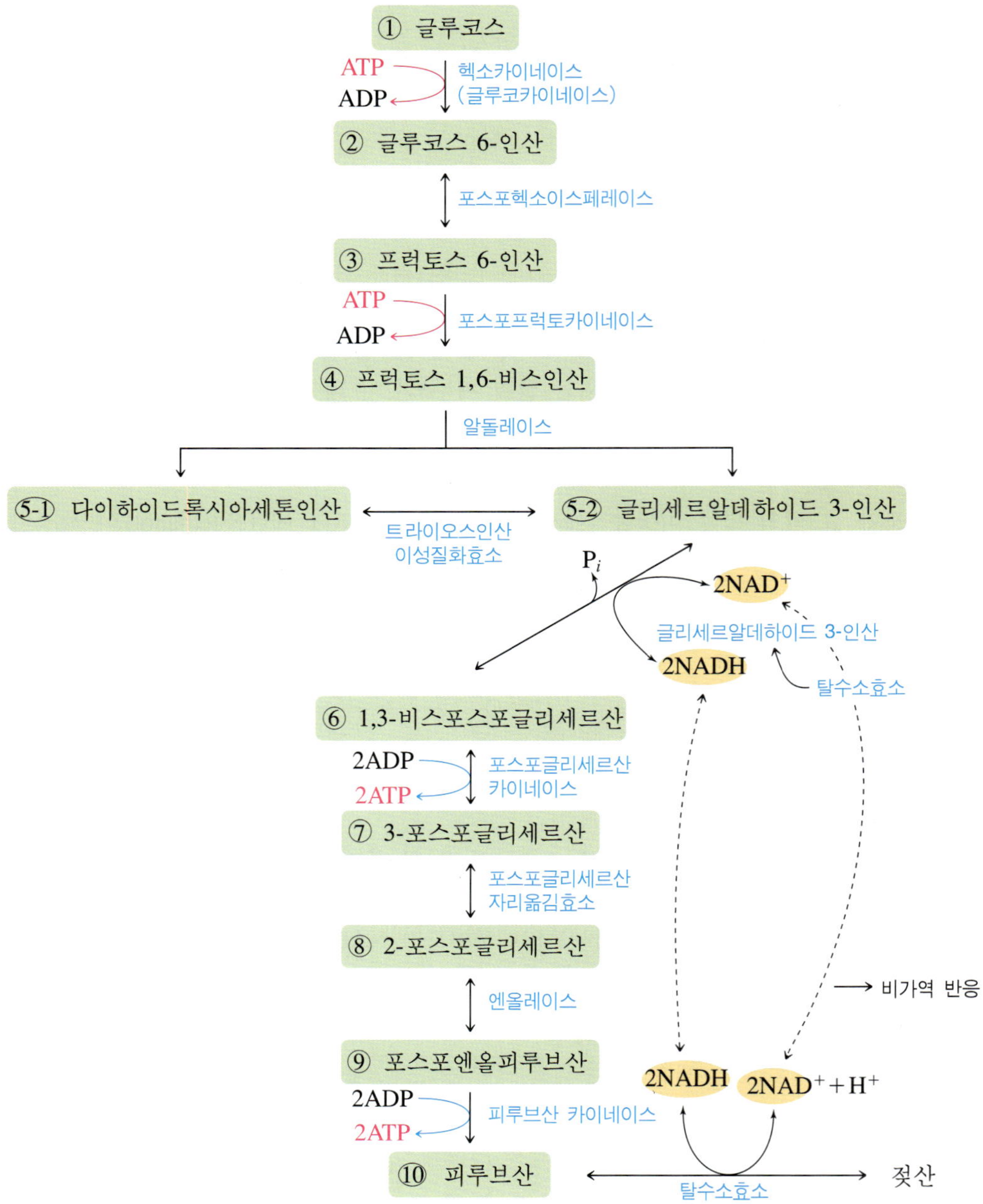

그림 11.6 | 해당과정 ATP의 소비와 생성

된다. 글루코스가 에탄올로 전환되는 과정을 **알코올 발효(alcoholic fermentation)** 라고 한다. 무산소성으로 일어나는 이 과정의 알짜 반응은 다음과 같다.

$$글루코스 + 2P_i + 2ADP + 2H^+ \longrightarrow 2\ 에탄올 + 2CO_2 + 2ATP + 2H_2O$$

NAD^+와 NADH가 이 반응식에 나타나지 않는 것을 주목하라. 아세트알데하이드를 환원하면서 NADH에서 NAD^+가 재생된다. 원래 NADH는 글리세르알데하이드 3-인산이 1,3-비스포스포글리세르산으로 산화되면서 NAD^+로부터 생긴 것이다(그림 11.6). 그러므로 글루코스가 에탄올로 전환될 때는 알짜 산화-환원 반응은 일어나지 않는다.

② 많은 미생물에서 보통은 피루브산으로부터 젖산이 생성된다. 이 반응은 활발하게 활동하고 있는 근육에서처럼 산소의 공급량이 제한될 때는 고등동물의 세포에서도 일어난다. 이 반응은 **젖산 탈수소효소(lactate dehydrogenase)** 의 촉매로 아래와 같이 일어난다.

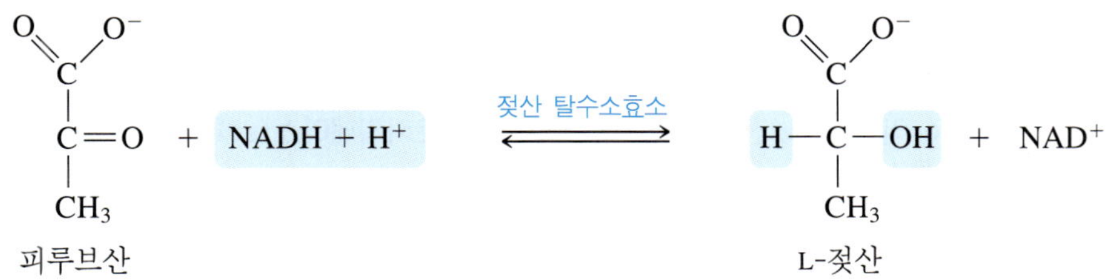

글루코스가 젖산으로 전환될 때의 전 반응은 아래와 같다.

$$\text{글루코스} + 2P_i + 2ADP \longrightarrow 2\ \text{젖산} + 2ATP + 2H_2O$$

알코올 발효에서와 마찬가지로 알짜 산화-환원 반응은 없다. 글리세르알데하이드 3-인산이 산화될 때 생기는 NADH는 피루브산이 산화될 때 소비된다. 피루브산이 젖산 또는 에탄올로 환원될 때 NAD^+가 재생되기 때문에 무산소성 조건에서도 해당과정이 일어날 수 있는 것이다. 만일 NAD^+가 재생되지 않으면 해당과정은 글리세르알데하이드 3-인산에서 멈추고 더 이상 진행되지 않을 것이다. 이러한 조건에서는 ATP가 전혀 생성되지 않을 것이다.

③ 무산소성 조건에서 글루코스가 젖산이나 알코올로 전환될 때는 글루코스가 함유된 에너지의 작은 양밖에 방출되지 않는다. 산소가 있는 조건에서는 시트르산 회로(12장)와 전자 운반계(13장)를 통해서 더 많은 에너지를 얻어낼 수 있다.

11.3.3 프럭토스와 갈락토스의 해당과정으로의 진입

슈크로스(설탕, sucrose)는 가수분해되면 글루코스와 프럭토스가, 락토스(젖당, lactose)는 가수분해되면 갈락토스(galactose)와 글루코스(glucose)가 생성된다. 꿀에는 프럭토스가 자연상태로 많이 들어 있다. 사람이 하루에 섭취하는 프럭토스는 약 100 g이다. 이 프럭토스와 갈락토스가 어떤 방법으로 해당과정으로 들어가는지를 알아보자(그림 11.7).

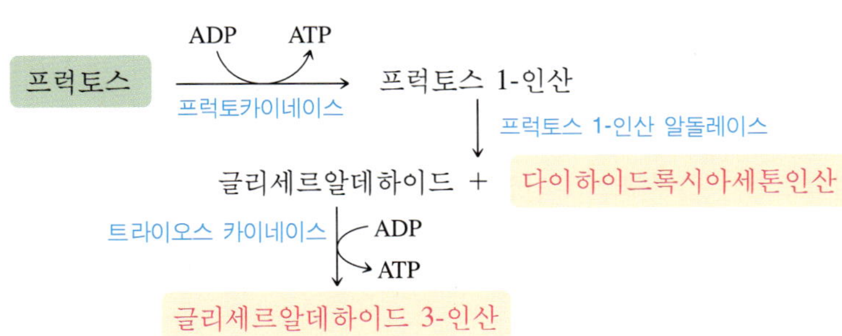

그림 11.7 | **프럭토스가 해당과정으로 들어가는 경로**

간은 프럭토스 1-인산 경로(fructose 1-phosphate pathway)를 이용해서 많은 프럭토스를 대사한다.

첫 번째 반응은 프럭토스가 **프럭토카이네이스(fructokinase)**에 의해 프럭토스 1-인산으로 인산화되는 반응이다. 프럭토스 1-인산은 그 다음에 글리세르알데하이드와 다이하이드록시아세톤으로 쪼개진다. 이 알돌 분열 반응은 **프럭토스 1-인산 알돌레이스(fructose 1-phosphate aldolase)**라는 특별한 효소에 의한 촉매 반응이다. 글리세르알데하이드는 **트라이오스 카이네이스(triose kinase)**에 의해 글리세르알데하이드 3-인산이 인산화됨으로써 해당과정으로 들어가게 된다.

또 다른 경로가 있다. 지방조직에서는 **헥소카이네이스(hexokinase)**가 프럭토스(fructose)를 인산화하여 프럭토스 6-인산으로 만들 수 있다. 프럭토스 6-인산은 직접 해당과정으로 들어간다. 갈락토스는 글루코스의 에피머(epimer)이다. 갈락토스는 네 단계의 반응들에 의해서 글루코스 6-인산으로 전환된다. 맨 먼저 **갈락토카이네이스(galactokinase)**가 갈락토스를 인산화하여 갈락토스 1-인산으로 만든다.

$$\text{갈락토스} + \text{ATP} \longrightarrow \text{갈락토스 1-인산} + \text{ADP} + \text{H}^+$$

그 다음에 갈락토스 1-인산은 유리딘 이인산 글루코스(uridine diphosphate glucose, UDP-glucose)로부터 유리딜기(uridyl group)를 받는다. **갈락토스 1-인산 유리딜기 전달효소(galactose 1-phosphate uridylyl transferase)**라는 효소로 촉매되는 이 반응의 생성 물질들은 UDP-갈락토스(UDP-galactose)와 글루코스 1-인산이다.

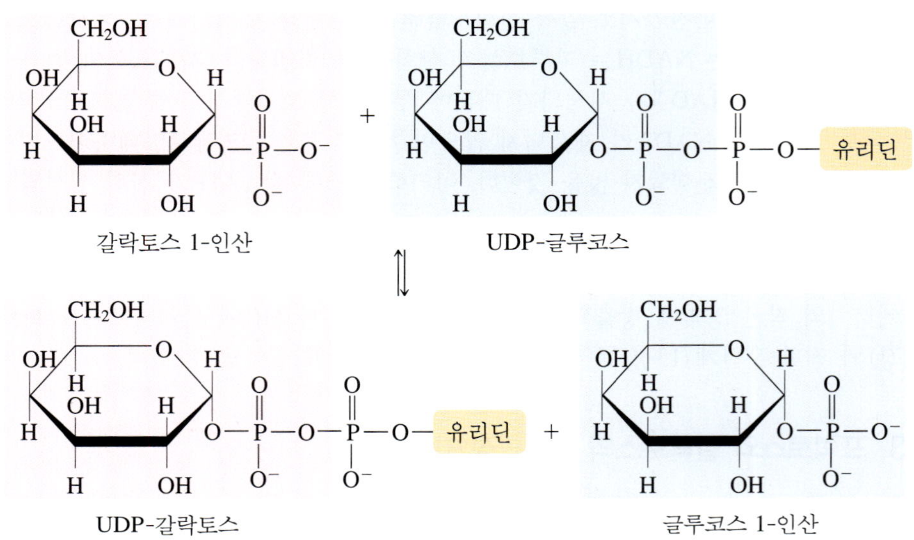

그 다음에 UDP에 결합된 상태에서 갈락토스는 글루코스로 에피머화한다. **UDP-갈락토스-4-에피머화효소(UDP-galactose-4-epimerase)**에 의해서 C-4에서 하이드록시기의 배열이 반전된다. 갈락토카이네이스, 갈락토스 1-인산 유리딜기 전달효소 및 에피머화효소 등 세 가지 효소들로 촉매되는 반응들을 합치면 아래와 같다.

$$\text{갈락토스} + \text{ATP} \longrightarrow \text{글루코스 1-인산} + \text{ADP} + \text{H}^+$$

요컨대, 갈락토스가 글루코스 1-인산으로 변환되었다. 이 글루코스 1-인산은 **포스포글루코스자리옮김효소(phosphoglucomutase)**에 의해서 글루코스 6-인산으로 이성질화함으로써 해당과정으로 들어갈 수 있다.

11.3.4 해당과정 조절효소

해당과정은 두 가지 역할을 한다. 즉, 그것은 글루코스를 분해하면서 ATP를 생산하고, 또 긴 사슬의 지방산 생성과 같은 합성 반응에 필요한 분자들을 공급한다. 글루코스가 피루브산으로 전환되는 속도는 바로 위에서 말한 세포의 두 가지 요구를 충족시킬 수 있도록 조절된다. 거의 모든 경우, 대사 경로에서 본질적으로 비가역 반응들을 촉매하는 효소들이 조절 자리가 될 수 있다. 해당과정에서 **헥소카이네이스**, **포스포프럭토카이네이스** 및 **피루브산 카이네이스**들로 촉매가 되는 반응들은 본질적으로 비가역적이다. 따라서 이 세 효소들이 해당과정을 조절하는 일을 할 것으로 예상되는데, 실제로 세 효소 모두가 조절 자리이다.

(1) 포스포프럭토카이네이스

포스포프럭토카이네이스(phosphofructokinase, PFK)는 포유동물의 해당과정에서 가장 중요한 조절 요소이다. 간에서 얻는 이 효소는 높은 농도의 ATP에 의해서 억제된다. ATP는 이 효소의 프럭토스 6-인산에 대한 친화력을 감소시킨다. 높은 농도의 ATP는 프럭토스 6-인산에 대한 쌍곡선 모양의 결합 곡선을 S자 모양으로 바꾼다(그림 11.8). 이 다른자리 입체적 효과(allosteric effect)는 ATP가 촉매 자리가 아닌 특이성이 매우 큰 다른 조절 자리에 결합함으로써 생긴다. ATP의 억제 효과는 AMP에 의해서 역전되므로 이 효소의 활성은 ATP/AMP 비가 감소하면 증가한다.

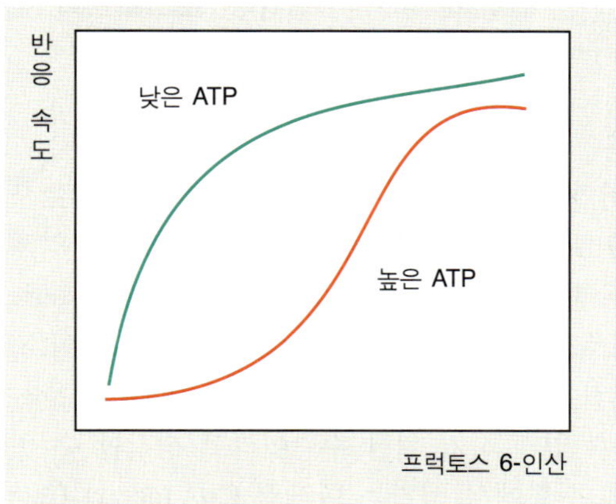

그림 11.8 | **포스포프럭토카이네이스의 입체성 다른자리 조절: 높은 ATP 농도가 프럭토스 6-인산에 대한 효소의 친화력을 감소시킴으로써 효소를 억제. AMP는 ATP의 억제 효과를 감소시키고, 시트르산은 ATP의 억제 효과를 증진시킴.**

또한 해당과정은 생합성에 필요한 탄소 골격을 제공하므로, 포스포프럭토카이네이스의 활성은 생합성에 필요한 성분들이 충분한지 아니면 부족한지를 알려주는 신호에 의해서도 조절되어야 할 것이다. 실제로 포스포프럭토카이네이스는 시트르산 회로(12장)의 첫 번째 중간물질인 시트르산(citrate)에 의해서 억제된다. 시트르산이 많다는 것은 생합성의 선구물질들이 풍부하므로 생합성을 위해서 글루코스가 더 분해될 필요가 없다는 것을 의미한다. 시트르산은 ATP의 억제 효과를 증대시킴으로써 포스포프럭토카이네이스의 활성을 억제한다.

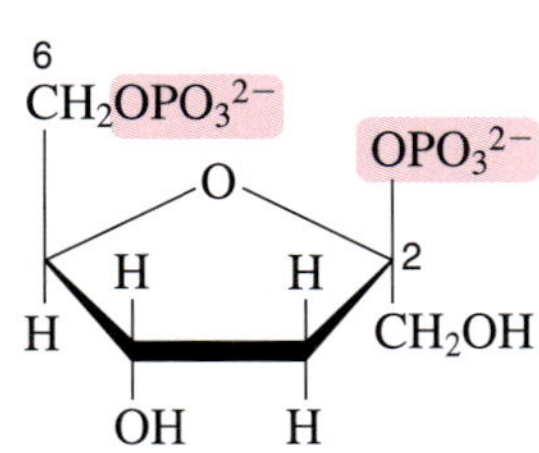

프럭토스 2,6-비스인산(F-2,6-BP)

1980년에 해당과정의 새로운 조절물질이 발견되었다. **프럭토스 2,6-비스인산(fructose 2,6-bisphosphate, F-2,6-BP)**이 포스포프럭토카이네이스의 강력한 활성제임이 밝혀졌다. F-2,6-BP는 프럭토스 6-인산에 대한 효소의 친화력을 증가시키고 ATP의 억제 효과를 감소시킴으로써 포스포프럭토카이네이스를 활성화한다.

(2) 헥소카이네이스

헥소카이네이스(hexokinase)는 이 효소 작용의 생성물인 글루코스 6-인산에 의해서 억제된다. 포스포프럭토카이네이스가 억제되면 프럭토스 6-인산의 농도가 증가한다. 왜냐하면 글루코스 6-인산은 프럭토스 6-인산과 평형을 유지하고 있기 때문이다. 그러므로 포스포프럭토카이네이스가 억제되면 결국 헥소카이네이스가 억제된다. 그러나 간에는 헥소카이네이스가 아닌 글루코카이네이스(glucokinase)가 존재하기 때문에, 글루코스 6-인산의 농도가 커지더라도 글루코스가 글루코스 6-인산으로 인산화될 수 있다. 간의 글루코카이네이스의 K_m 값은 매우 크므로 글루코스의 공급이 충분하지 못할 때는 글루코스는 뇌와 근육에서 먼저 사용된다.

해당과정을 조절하는 자리가 왜 헥소카이네이스가 아니고 포스포프럭토카이네이스일까? 글루코스 6-인산이 해당과정에만 사용되는 중간물질이 아니라는 것을 주목하면 그 이유는 분명하게 알 수 있을 것이다. 글루코스 6-인산은 글리코젠으로 전환될 수 있고(11.6절), 펜토스 인산 경로(11.4절)에서 산화되면서 NADPH를 생산할 수도 있다. 그러므로 해당과정의 조절에 중요한 첫 비가역 반응은 포스포프럭토카이네이스가 작용하는 자리인 것이다.

(3) 피루브산 카이네이스

해당과정의 세 번째 비가역적 단계를 촉매하는 효소는 **피루브산 카이네이스(pyruvate kinase)**이다. 이 효소도 포스포프럭토카이네이스처럼 ATP에 의해서 입체성 다른자리로 억제된다. 이 효소의 두 번째 입체성 다른자리 효과인자(allosteric effector)는 프럭토스 1,6-비스인산이다. 프럭토스 1,6-비스인산은 피루브산 카이네이스를 활성화한다. 이것은 해당과정의 첫 번째 조절 단계를 통과한 탄소 골격들이 불필요하게 세포에 축적됨이 없이 해당과정을 완결할 수 있게 하기 위한 수단이라고 생각할 수 있다. 세 번째 입체성 다른자리 조절은 지방산의 산화에서 생기는 아세틸 CoA(acetyl CoA)에 의한 피루브산 카이네이스의 억제 작용이다. 피루브산이 시트르산 회로(12장)를 거치면서 CO_2와 H_2O로 완전히 산화되면서 에너지를 발생시키기 위해서는 먼저 아세틸 CoA로 산화되어야 한다. 그런데 지방산의 산화로 이미 세포에 아세틸 CoA가 풍부할 경우에는 피루브산이 생기지 말아야 한다. 그러므로 피루브산 카이네이스가 아세틸 CoA에 의해서 억제되면 피루브산 카이네이스의 기질인 포스포엔올피루브산은 아미노산의 합성과 글루코스의 합성과 같은 다른 대사에 사용될 수 있다.

11.4 펜토스 인산 경로

대부분의 세포들에서 일어나는 탄수화물 대사의 또 하나의 경로는 **펜토스 인산 경로(Pentose Phosphate Pathway, PPP)**이다. 이 경로의 생리적 중요성은 해당과정과 같이 ATP를 생산하는 데 있는 것이 아니라 생합성에 필요한 환원력(NADPH)을 생성하고 여러 가지 당들을 합성하여 그들을 상호 전환시키는 데 있다. 포유동물에서 이 대사 경로는 아세틸 CoA로부터 지방산들과 스테로이드 호르몬들의 생합성을 활발하게 하는 젖샘, 지방조직, 부신피질 및 간과 같은 조직에서 두드러지며, 지방산의 생합성은 NADPH 형태의 환원력을 필요로 한다. 골격근육과 같이 지방산 생합성이 일어나지 않는 조직에서는 펜토스 인산 경로가 사실상 작동하지 않는다. 이 경로에 관여하는 효소들은 세포질에만 있다.

11.4.1 산화 단계: NADPH 형태의 환원력 생성

펜토스 인산 경로를 산화 단계와 환원 단계로 나누어서 생각하는 것이 편리하다. 산화 단계는 NADPH를 생성시키는 것이 주기능이고, 환원 단계는 리보스 5-인산을 생성시키는 것이 주기능이다.

펜토스 인산 경로의 산화 단계는 글루코스 6-인산(glucose 6-phosphate)이 6-포스포글루코노-δ-락톤(6-phosphoglucono-δ-lactone)으로 산화되는 반응으로 시작한다. 이 반응은 **글루코스 6-인산 탈수소효소(glucose 6-phosphate dehydrogenase)**로 촉매되는데, 이 효소는 보조인자들로서 $NADP^+$와 Mg^{2+}를 필요로 한다. 이 효소는 $NADP^+$를 요구하는 효소들 중 가장 먼저 알려진 것이다. 두 번째 반응에서는 락톤가수분해효소(lactonase)가 락톤 고리를 쪼개어 글루코스의 산화된 유도체인 6-포스포글루콘산(6-phosphogluconate)을 생성시킨다. 다음 반응에서는 역시 $NADP^+$와 Mg^{2+}를 요구하는 **6-포스포글루콘산 탈수소효소(6-phosphogluconate dehydrogenase)**가 6-포스포글루콘산으로부터 CO_2와 펜토스(pentose)인 D-리불로스 5-인산(D-ribulose 5-phosphate)이 생성되는 것을 촉매한다(그림 11.9).

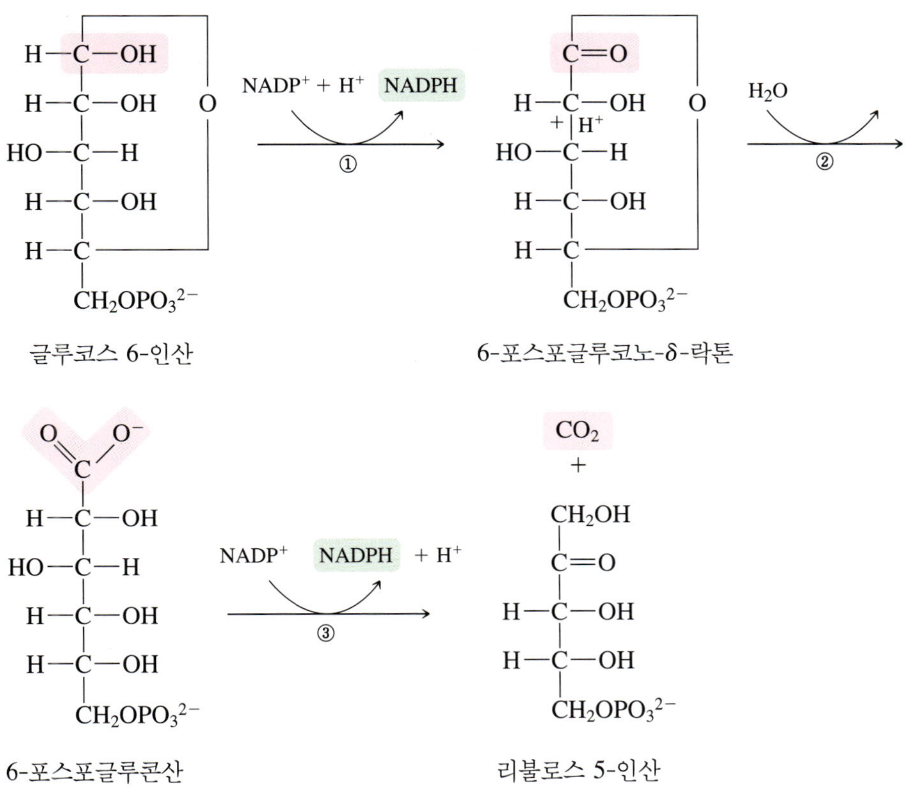

그림 11.9 | **펜토스 인산 경로의 산화 단계: 세 개의 반응들은 각각 글루코스 6-인산 탈수소효소, 락톤가수분해효소 및 6-포스포글루콘산 탈수소효소에 의하여 촉매됨.**

D-리불로스 5-인산은 **포스포펜토스 이성질화효소(phosphopentose isomerase)**의 작용으로 D-리보스 5-인산(D-ribose 5-phosphate)으로 전환한다. 산화 단계의 알짜 결과는 2 mol의 NADPH를 생성하고, 한 개의 탄소 원자를 CO_2로 산화하고, 1 mol의 펜토스 인산을 합성한 것이다.

$$\text{글루코스 6-인산} + 2NADP^+ + H_2O \rightarrow \text{리보스 5-인산} + CO_2 + 2NADPH + 2H^+$$

이 결과로 생성되는 리보스 5-인산은 리보뉴클레오타이드(ribonucleotides)들의 합성에 사용된다. 또한 리보뉴클레오타이드들은 환원되어 데옥시리보뉴클레오타이드들(deoxyribonucleotides)로 된다. 뉴클레오타이드들은 RNA와 DNA의 구성 성분으로 사용된다.

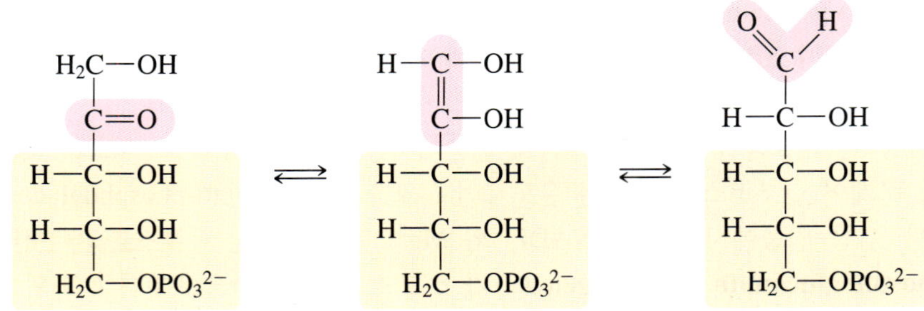

리불로스 5-인산 엔다이올 중간물질 리보스 5-인산

11.4.2 비산화 단계: 펜토스 인산들의 전환

리보스 5-인산보다는 NADPH를 중요하게 요구하는 조직들에서 펜토스 인산들은 일련의 반응들에 의해서 글루코스 6-인산 또는 프럭토스 6-인산으로 재순환된다. 이 두 헥소스 6-인산들은 펜토스 인산 경로와 해당과정의 중간물질이다. 트라이오스인산인 글리세르알데하이드 3-인산도 해당과정의 물질이다. 펜토스 인산 경로의 비산화 단계에는 포스포펜토스 에피머화효소(phosphopentose epimerase), 트랜스케톨레이스(transketolase), 트랜스알돌레이스(transaldolase)의 세 효소들이 관여한다. **포스포펜토스 에피머화효소**는 리불로스 5-인산을 그것의 에피머인 자일룰로스 5-인산(xylulose 5-phosphate)으로 전환한다.

리불로스 5-인산 자일룰로스 5-인산

트랜스케톨레이스(transketolase)에 의한 촉매 반응에서 1 mol의 자일룰로스 5-인산이 1 mol의 리보스 5-인산과 반응한다. 이 효소는 자일룰로스 5-인산의 이탄소 조각을 리보스 5-인산으로 옮겨서 글리세르알데하이드 3-인산과 7탄당인 세도헵툴로스 7-인산(sedoheptulose 7-phosphate)을 생성한다.

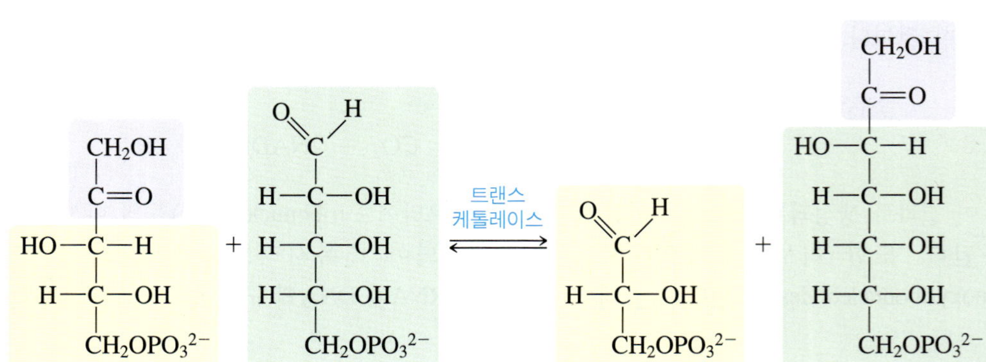

자일룰로스 5-인산 리보스 5-인산 글리세르알데하이드 3-인산 세도헵툴로스 7-인산

글리세르알데하이드 3-인산과 세도헵툴로스 7-인산은 그 다음에 **트랜스알돌레이스 (transaldolase)**의 촉매 반응으로 프럭토스 6-인산과 에리트로스 4-인산(erythrose 4-phosphate)으로 전환된다.

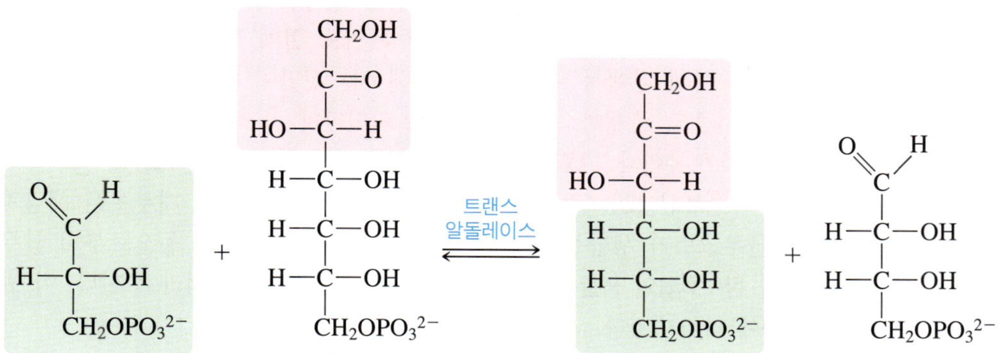

글리세르알데하이드 3-인산 / 세도헵툴로스 7-인산 / 프럭토스 6-인산 / 에리트로스 4-인산

그 다음은 트랜스케톨레이스가 에리트로스 4-인산과 자일룰로스 5-인산에서 프럭토스 6-인산과 글리세르알데하이드 3-인산이 합성되는 것을 촉매로 작용하는 반응이다.

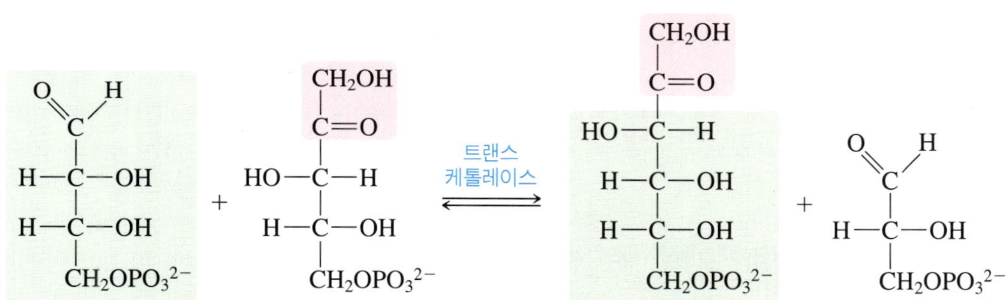

에리트로스 4-인산 / 자일룰로스 5-인산 / 프럭토스 6-인산 / 글리세르알데하이드 3-인산

비산화 단계의 반응들을 합치면 3 mol의 펜토스 인산이 2 mol의 6탄당 인산과 1 mol의 3탄당 인산으로 전환된 결과가 된다.

3 펜토스 5-인산 → 2 프럭토스 6-인산 + 글리세르알데하이드 3-인산

이 반응식을 산화 단계의 반응식(11.4.1절)과 합치면 펜토스 인산 경로에 대한 계수를 맞춘 아래의 반응식을 얻는다.

3 글루코스 6-인산 + $6NADP^+$ + $3H_2O$ →
2 프럭토스 6-인산 + $3CO_2$ + 글리세르알데하이드 3-인산 + 6NADPH + $6H^+$

1 mol의 헥소스 인산이 완전히 산화되어 CO_2로 되었다면 아래와 같은 반응식으로 나타낼 수 있다.

6 헥소스 6-인산 + $12NADP^+$ + $6H_2O$ →
5 헥소스 6-인산 + $6CO_2$ + 12NADPH + $12H^+$ + P_i

11.5 글루코스와 글리코젠의 합성

육식동물은 거의 모든 영양원이 단백질임에도 불구하고 혈액 중의 글루코스 농도는 초식동물이나 잡식동물과 동일하다. 그리고 잡식을 하고 있는 우리들의 몸도 단백질만 섭취하거나 탄수화물을 많이 섭취하여도, 또는 기아 상태가 되어도 혈액 중의 글루코스 농도는 일정하다. 이러한 사실은 생체 내에서 글루코스를 분해하는 것만이 아니라 합성하기도 하며, 또한 저장하는 메커니즘도 존재하고 있다는 것을 의미한다. 혈액 중에 글루코스 농도를 조절하고 있는 것은 호르몬이다. 그럼 지금부터 글루코스의 합성을 알아보자.

당신생 (gluconeogenesis)
당 이외의 물질로부터 새롭게 당을 생성하는 과정으로 주로 간과 신장에서 이루어짐.

해당과정의 산물인 피루브산 또는 젖산은 TCA 회로의 일부를 거쳐서 대부분은 해당과정의 역반응에 의해 글루코스가 생합성된다. 이와 같이 젖산과 피루브산 등으로부터 글루코스를 합성하는 것을 **탄수화물의 생합성** 또는 **당신생 (gluconeogenesis)** 이라고 한다. 이 반응 과정을 그림 11.10에 나타내었다.

그림 11.10 | **피루브산, 젖산 등으로부터의 글루코스 생합성**

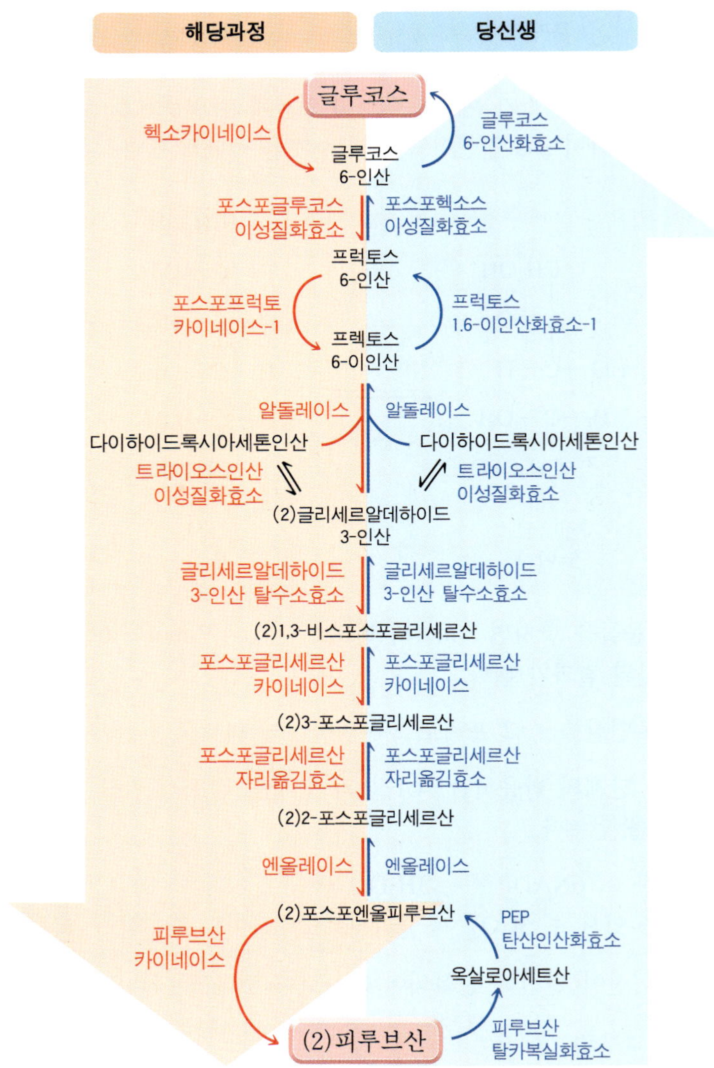

글루코스는 TCA 회로의 일부 물질로부터도 얻을 수 있다. 동물의 체내에서 충분한 양의 글루코스가 공급될 때 곧바로 다 사용하지 않고 글리코젠의 형태로 간 또는 근육에 저장해 두었다가 글루코스가 고갈되면 다시 꺼내어 사용한다. 이 글리코젠의 합성은 그림 11.11과 같이 이루어진다.

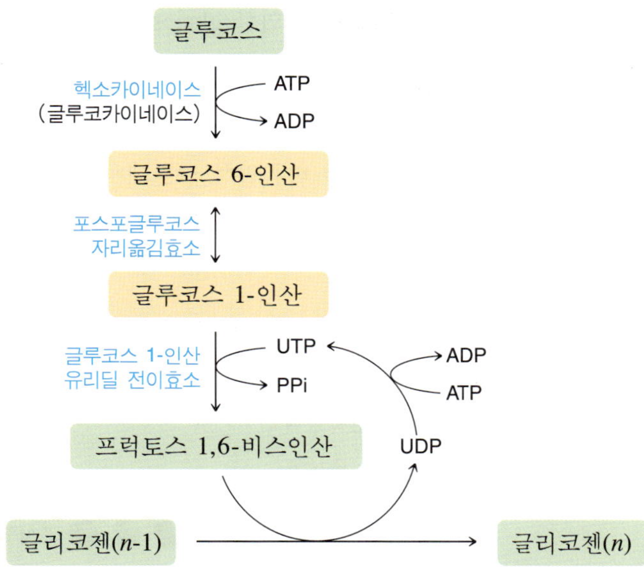

그림 11.11 | 글리코젠의 생합성

간에는 간조직 전 중량의 10%까지, 근육에는 1∼2%까지 글리코젠을 저장할 수 있는 능력이 있다. 그리고 체내 단위 조직당 글리코젠의 저장 능력은 간이 가장 높다. 그러나 각 조직에 있는 글리코젠의 절대량을 비교하면 근육조직에 가장 많이 있다. 예를 들면, 체중 50 kg인 사람의 간에는 글리코젠이 105 g, 근육에는 245 g 정도 저장되어 있다.

11.6 글리코젠 대사

글리코젠(glycogen)은 끼니 사이의 글루코스를 공급하고, 활동하는 근육이 즉각 사용할 수 있는 글루코스를 공급한다. 평균 체중이 70 kg인 사람의 체액에 있는 글루코스의 양은 40 kcal의 에너지밖에 가지지 않지만 몸에 지니고 있는 글리코젠의 총량은 하룻밤을 굶은 다음에도 600 kcal 이상의 에너지 함량에 가진다. 글리코젠의 주요한 저장 장소는 간과 골격근육이다. 글리코젠의 농도는 근육에서보다 간에서 더 크다. 그러나 근육의 질량은 간의 질량보다 훨씬 더 크기 때문에 골격근육에 더 많은 글리코젠이 저장되어 있다(그림 11.12). 글리코젠의 합성과 분해는 혈액 속의 글루코스 수준을 조절하고, 활발한 근육 활동에 필요한 글루코스를 공급해 주기 때문에 글루코스 대사에서 매우 중요하다.

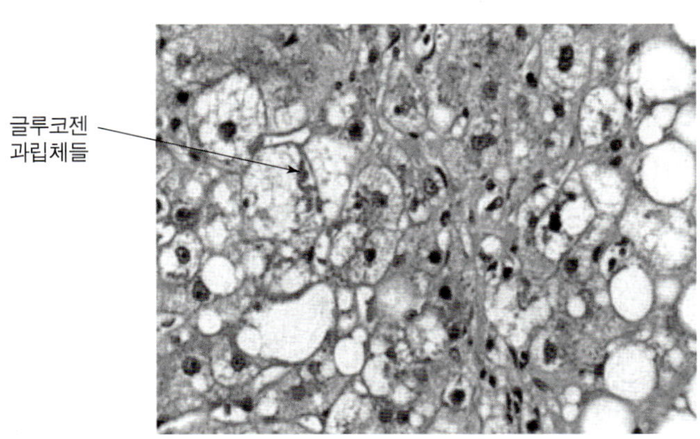

그림 11.12 | 간세포의 전자 현미경 사진: 세포질에 있는 짙은 색의 입자들은 글리코젠 과립체들임.

11.6.1 글리코젠의 분해

글리코젠의 분해는 **글리코젠 인산분해효소(glycogen phosphorylase)**의 촉매 작용에 의해

비환원성 말단
(non-reducing end)
다당류 분자에서 단당의 환원기가 유리되어 있지 않은 쪽의 말단. 가지에 따라 다수의 비환원성 말단이 존재

서 일어난다. 이 효소 반응의 결과로 글루코스 1-인산(glucose 1-phosphate)이 생성된다.

$$\underset{(n\text{개의 잔기})}{\text{글리코젠}} + P_i \rightleftarrows \text{글루코스 1-인산} + \underset{(n-1\text{개의 잔기})}{\text{글리코젠}}$$

글리코젠 인산분해효소는 글리코젠 분자의 비환원성 말단에서 글리코실 잔기(glycosyl residue)를 순차적으로 하나씩 제거하는 반응에 촉매로 작용한다. 말단 잔기의 C-1과, 인접한 잔기의 C-4 사이의 글리코사이드 결합(glycosidic linkage)이 오쏘인산에 의해서 분해된다.

그러나 인산분해효소의 작용은 갈래점 앞에서 멈추는데, 보통 네 개의 잔기로 이루어지

그림 11.13 | **글리코젠이 분해되는 단계들**

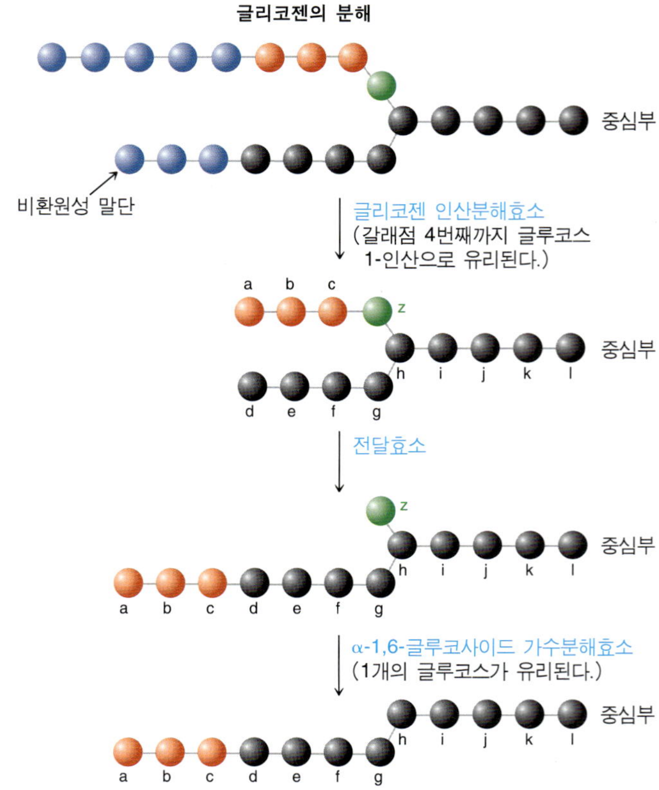

그림 11.14 | **α-1,6-글루코사이드 인산분해효소**

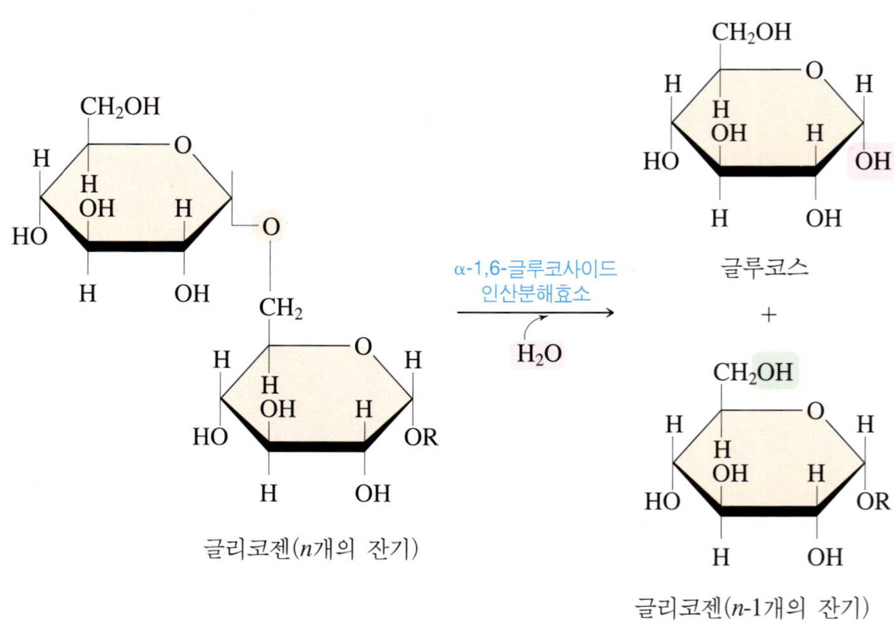

는 가지를 남긴다. 갈래점의 α-1,6-글리코사이드 결합들이 **α-1,6-글리코사이드가수분해효소(α-1,6-glycosidase)** 라는 가지를 떼는 효소의 작용으로 가수분해됨으로써 가지가 제거된다(그림 11.13과 그림 11.14).

인산분해효소는 간과 근육의 탄수화물 대사를 조절하는 중요한 역할을 한다. 인산분해효소에는 여러 종류가 있는데, 제일 잘 알려진 것은 근육에 있는 효소이다. 이 효소는 두 가지 형태로 존재한다. 하나는 활성형인 인산분해효소 a인데, 이것은 네 개의 소단위체들로 구성되어 있다. 또 하나는 불활성형인 인산분해효소 b인데, 이것은 두 개의 소단위체들로 구성되어 있다.

b형 효소의 각 소단위체의 세린(serine) 잔기가 인산화되면 a형 효소가 된다. 이 인산화 반응은 인산분해효소 b 카이네이스(phosphorylase b kinase)에 의해서 촉매로 작용되며, ATP와 Mg^{2+}가 있어야 한다.

$$2\ \text{인산분해효소 b} + 4\text{ATP} \xrightarrow{Mg^{2+}} \text{인산분해효소 a} + 4\text{ADP}$$

인산분해효소 b 카이네이스 자신은 약한 특이성을 가지고 있지만 고리형 AMP(cyclic AMP, cAMP)에 의존하는 또 하나의 cAMP 의존 단백질 카이네이스(AMP-dependent protein kinase, PKA)로 촉매 작용하는 반응에서 인산화되어서 활성화된다. 단백질 카이네이스의 인산화된 형태는 인산가수분해효소(phosphoprotein phosphatase, PP-l)의 작용으로 인산기가 떨어져 나오면 활성을 잃는다.

에피네프린 (epinephrine)
아드레날린 또는 에피레나민이라고도 함. 신경에 대한 작용과 호르몬 작용이 있어 자극을 전달하는 역할과 혈당량을 조절하는 역할 등을 하여 교감 신경 흥분제, 혈압 상승제 등으로 사용됨. 빈번한 사용 시 불안, 두통, 불면 등의 부작용이 있음.

단백질 카이네이스는 두 개의 소단위체로 구성되어 있다. 하나는 촉매 작용을 하는 소단위체(C)라고 하며, 다른 하나는 조절 작용을 하는 소단위체(R)라고 한다. R 소단위체는 고리형 AMP와 결합할 수 있다.

$$C_2R_2 \overset{\text{cAMP}}{\rightleftharpoons} 2C + R_2 - \text{cAMP}$$

고리형 AMP는 에피네프린(epinephrine)과 글루카곤(glucagon)으로 활성화되는 막에 결합된 효소인 **아데닐산 고리화효소(adenylate cyclase)**의 작용으로 ATP로부터 생성된다(그림 11.15).

글루카곤 (glucagon)
인슐린과 마찬가지로 이자에서 합성, 분비되는 호르몬. 간에서 글리코젠의 분해를 촉진하고 합성을 억제하는 작용 외에도 다른 기관에서 지방을 분해하고 성장 호르몬의 분비 촉진, cAMP 농도 상승에 영향을 미침.

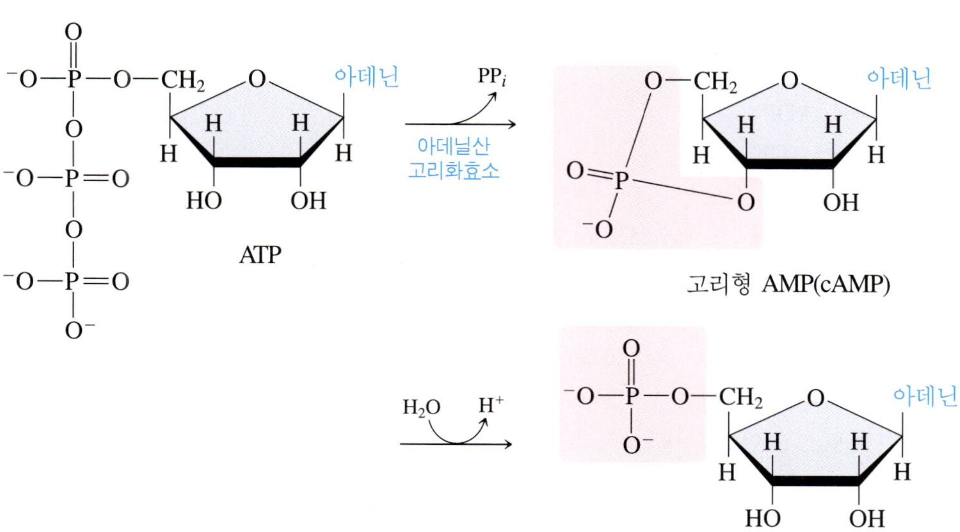

그림 11.15 | **효소의 촉매 작용으로 일어나는 고리형 AMP의 형성**

활성형 인산분해효소 a가 불활성형 인산분해효소 b로 전환되는 반응은 인슐린(insulin)과 코르티솔(cortisol)로 활성화되는 인산가수분해효소의 작용으로 일어난다. 에피네프린(epinephrine)이 인산분해효소의 활성을 조절하는 단계적인 과정을 그림 11.16에 나타내었다.

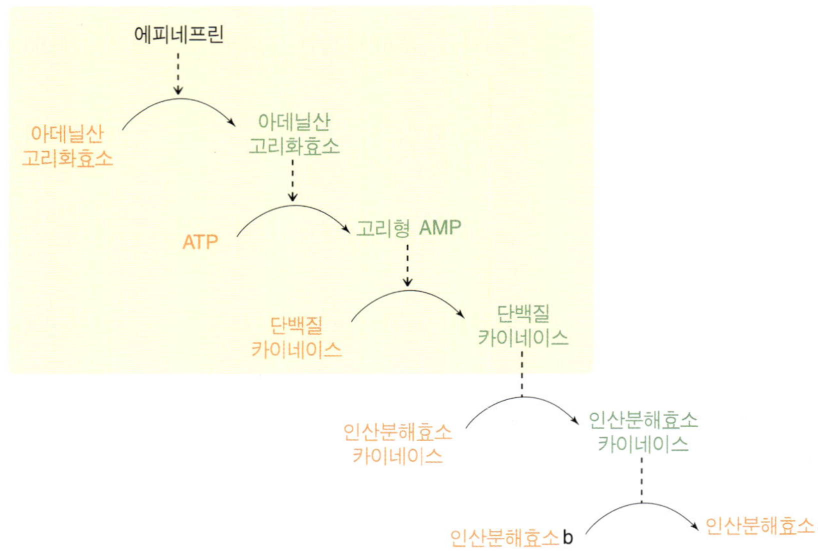

그림 11.16 | 인산분해효소의 활성을 조절하는 메커니즘: 불활성형은 붉은색, 활성형은 녹색

인산분해효소를 공유 결합적으로 변형해서 활성을 조절하는 방식 이외에도 AMP에 의해서 일어나는 다른자리 입체성 조절(allosteric regulation)이 있다. AMP는 촉매 소단위체상에서 기질이 결합되는 자리가 아닌 다른 자리에 결합됨으로써 효소를 활성화한다.

연습 문제

1. ①에서 ⑧까지의 반응들이 완전하게 일어나려면 다음에 열거한 어느 보조효소들의 반응이 함께 일어나야 하는지 설명하시오.

NADH + H^+ → NAD^+

NAD^+ → NADH + H^+

ATP → ADP + P_i

ATP → ADP

ADP → ATP

① 피루브산 → 락트산

② D-글루코스 → D-글루코스 6-인산

③ 피루브산 + CO_2 + H_2O → 옥살로아세트산

④ 아세트알데하이드 → 에탄올

⑤ 포스포엔올피루브산 → 피루브산

⑥ D-글리세르알데하이드 3-인산 + P_i → 1,3-비스포스포글리세르산

⑦ D-프럭토스 6-인산 → D-프럭토스 1,6-비스인산

⑧ 1,3-비스포스포글리세르산 → 3-포스포글리세르산

2. 아래의 물음들에 대한 답을 다음의 보기에서 고르시오.

D-글루코스 1,6-비스인산	TPP
아세틸 CoA	ATP
비오틴	GTP

① 트랜스케톨레이스가 촉매하는 반응의 보조효소는 무엇인가?
② 피루브산 카복시화효소가 촉매하는 반응의 보조효소는 무엇인가?
③ 피루브산 탈카복시화효소가 촉매하는 반응의 보조인자는 무엇인가?
④ 포스포글루코스 자리옮김효소가 촉매하는 반응의 보조인자는 무엇인가?
⑤ 포스포엔올피루브산 카복시카이네이스가 촉매하는 반응에 필요한 것은 무엇인가?
⑥ 6-포스포프럭토카이네이스가 촉매하는 반응에서 음의 입체성 다른자리 효과 물질로 작용하는 것은 무엇인가?

3. 글리코사이드가수분해효소(glycosidase)의 역할을 설명하시오.

4. 설탕은 흔히 과일을 저장할 때 사용된다. 포도당이 음식물을 저장하는 데 적합하지 않은 이유를 설명하시오.

5. 갈락토스로부터 글리코젠이 형성되는 반응의 계수에 맞춘 반응식을 쓰시오.

6. 포도당신생성에서 피루브산이 인산엔올피루브산으로 전환될 때 어떻게 당분해 과정의 피루브산 카이네이스 반응이 크고, 음의 표준 자유 에너지 변화를 극복하는지 생체 에너지학적 용어로 설명하시오.

7. 탄수화물 대사를 통한 ATP 합성에 대해 설명하시오.

8. 심근세포에서 포도당이 젖산으로 변화되면서 생성하는 에너지는 포도당이 CO_2와 H_2O로 완전히 산화될 때 방출되는 자유 에너지의 단지 약 7%이다. 이것은 근육에서의 혐기성 당분해 과정이 포도당을 낭비하는 것을 의미하는가? 설명하시오.

9. 다른자리 입체성 조절(allosteric regulation)이 무엇인지 설명하시오.

10. 글리코젠의 분해 과정을 설명하시오.

12 시트르산 회로

학습 목표
- 피루브산 탈수소효소 복합체의 구성과 이들의 반응 과정을 이해한다.
- 시트르산 회로의 이해와 이 과정을 통해 생산되는 에너지를 계산한다.
- 전자 전달 반응을 이해한다.

주요 용어
- TCA 회로, 피루브산 탈수소효소 복합체, 산화적 탈카복실화 반응, 이성질화, 전자 전달체, 글리세롤인산 왕복과정

시트르산 회로(citric acid cycle)는 **크레브스 회로(Krebs cycle)** 또는 **트라이카복실산 회로(tricarboxylic acid cycle, TCA 회로)**이라고 한다. 해당과정에서 배운 바와 같이, 글루코스는 무산소성 조건에서 해당과정에 의하여 2 mol의 젖산(lactate)이 되고, 산소성 조건에서는 2 mol의 피루브산(pyruvate)이 된다. 해당과정은 글루코스가 완전히 산화될 때 방출하는 자유 에너지의 극히 작은 일부분 밖에 방출하지 못한다.

무산소성 조건: 글루코스 → 2 젖산 $\Delta G^{\circ\prime} = -47.0$ kcal/mol

산소성 조건: 글루코스 + $6O_2 \rightarrow 6CO_2 + 6H_2O$ $\Delta G^{\circ\prime} = -686.0$ kcal/mol

> **시트르산(citric acid)**
> 구연산이라고도 함. 레몬이나 덜 익은 귤류의 과일에 특히 많이 함유. TCA 회로를 구성하는 첫 번째 물질로 고등동물의 물질대사에서 중요한 역할. 체내의 칼슘 흡수를 촉진하여 혈액 응고 저지제로 사용됨.

즉, 해당과정의 최종 생성물인 젖산 분자는 글루코스 분자가 가지고 있던 자유 에너지의 93%를 함유하고 있다.

산소성 조건에서 해당과정의 최종 생성물은 피루브산이다. 산소성 조건에서 에너지를 발생시키는 다음 단계는 피루브산이 아세틸 코엔자임 A(acetyl coenzyme A, 아세틸 CoA)로 탈카복실화되는 반응이다. 아세틸 단위가 아세틸 CoA 형태로 활성화된 다음에 아세틸기는 시트르산 회로 또는 트라이카복실산 회로라는 대사 경로를 거치면서 CO_2로 완전히 산화된다. 시트르산 회로는 아미노산과 지방산의 분해대사로 생기는 아세틸 CoA를 산화하는 데도 사용된다.

또한 이 회로는 생합성에서 필요한 중간물질들의 공급원이기도 하다. 세포질에서 일어나는 해당과정과는 달리 시트르산 회로의 반응들은 미토콘드리아에서 일어난다.

12.1 피루브산으로부터의 아세틸 CoA의 생성

해당과정의 최종 생성물인 피루브산은 진핵세포의 미토콘드리아 안에서 피루브산탈수소효소 복합체(pyruvate dehydrogenase complex)에 의해서 아세틸 CoA로 산화된다.

$$\text{피루브산} + NAD^+ + CoA \xrightarrow[\text{리포산, FAD}]{Mg^{2+},\ TPP} \text{아세틸 CoA} + NADH + H^+$$

$$\Delta G^{\circ\prime} = -8.0 \text{ kcal/mol}$$

피루브산탈수소효소 복합체는 세 가지 효소로 구성되어 있으며(표 12.1), 이 복합체가 촉매로 작용하는 반응은 다섯 단계로 일어난다. **피루브산 탈수소효소(pyruvate dehydrogenase)**로 촉매되는 첫 번째 반응은 피루브산에서 카복실기를 제거하여 CO_2와 보조효소인 티아민 피로인산(thiamine pyrophosphate, TPP)의 α-하이드록시메틸(α-hydroxymethyl) 유도체를 생성한다. 그 다음에 **다이하이드로리포일 아세틸기 전달효소(dihydrolipoyl acetyl transferase)**가 관여하는 두 번째 반응에서는 하이드록시에틸기가 산화되어서 아세틸기가 되면서 **리포산(lipoic acid**, 아세틸기 전달효소의 보결 원자단)으로 옮겨간다. 리포산은 아세틸기 전달효소의 리포일리실 곁사슬(lipoyllysyl side chain)에 결합되어 있는데, 이 곁사슬은 그림 12.1에 나타낸 바와 같이 좌우로 움직이는 팔처럼 작용한다. 세 번째 반응은 아세틸기를 리포일리실 팔에서 CoA의 −SH(싸이올기)로 옮겨

표 12.1 *E.coli*의 피루브산 탈수소효소 복합체

효소	약자	사슬 수	보결 원자단	촉매 반응
피루브산 탈수소효소 성분	E_1	24	TPP	피루브산의 산화적 탈카복실화 반응
다이하이드로리포일 아세틸기 전달효소	E_2	24	리포아마이드	아세틸기의 CoA로의 전달
다이하이드로리포일기탈수소효소	E_3	12	FAD	리포아마이드 산화형의 재생

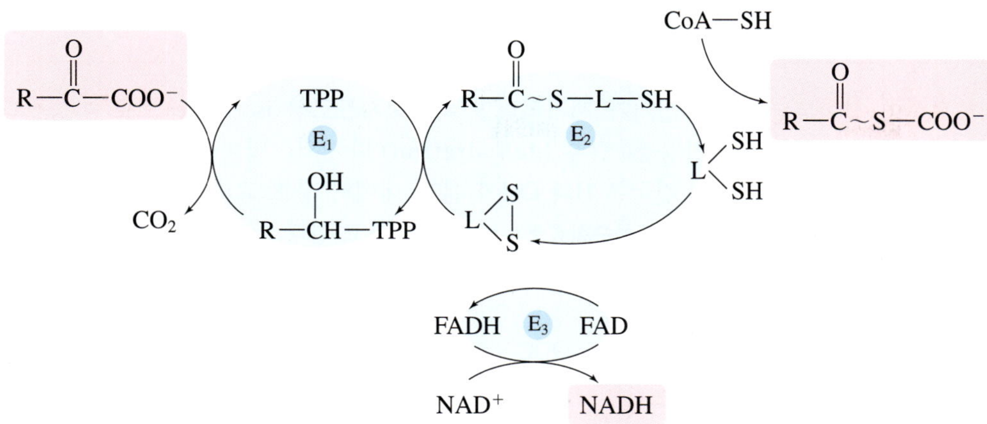

그림 12.1 | **피루브산 탈수소효소 복합체에 의하여 촉매되는 반응들: L은 리포일기를 나타냄.**

가서 아세틸 CoA와 다이하이드로리포산(dihydrolipoic acid) (보결 원자단의 환원형)을 생성한다. 네 번째 반응은 리포산을 산화 상태로 회복시키면서 FAD를 $FADH_2$로 환원한다. 마지막 반응에서 $FADH_2$는 NAD^+를 환원하면서 다시 FAD로 산화된다.

피루브산 탈수소효소 복합체에 의한 아세틸 CoA의 생성 반응은 ATP에 의해서 억제되고 Ca^{2+}에 의해서 촉진된다. 복합체의 작용은 인산화와 탈인산화에 의해서 조절된다. 세포의 ATP의 수준이 높으면 복합체의 단백질이 인산화되어서 아세틸 CoA의 생성이 감소한다. 반대로, ADP의 수준이 높고 피루브산이 있을 때는 복합체의 촉매 작용이 커진다. 이때는 인산화되었던 복합체의 단백질에서 인산기가 떨어져 나오면서 촉매 작용이 증가한다. 탈인산 반응은 Ca^{2+}에 의해서 두드러지게 촉진된다. 아세틸 CoA 생성의 증가는 결과적으로 ATP 생성의 증가를 가져온다. 입체성 다른자리 조절과 같이 공유 결합적 변형은 생화학 반응들을 조절하여 직면한 대사 요구에 반응하기 위해 생체계에서 많이 사용된다.

12.2 아세틸 CoA와 옥살로아세트산의 축합

시트르산 회로는 사탄소 단위인 옥살로아세트산(oxaloacetate)과 이탄소 단위인 아세틸 CoA의 아세틸기와 결합하는 반응으로 시작한다. 옥살로아세트산은 아세틸 CoA와 H_2O가 반응하여 시트르산(citrate)과 CoA를 생성한다.

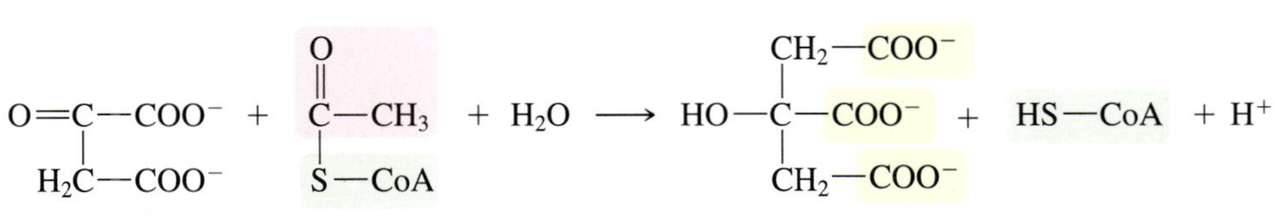

옥살로아세트산 아세틸 CoA 시트르산

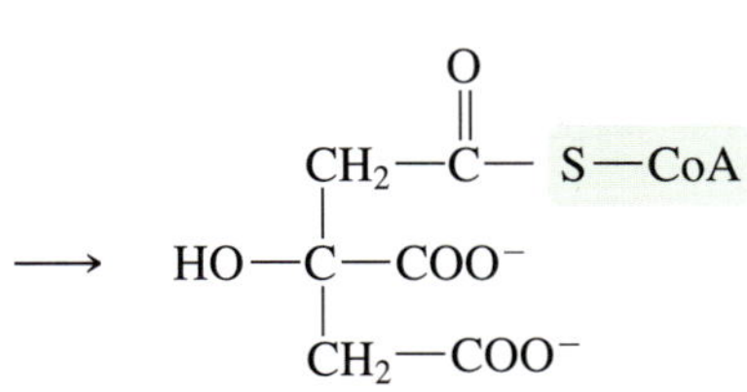

시트릴 CoA

이 반응은 **시트르산 생성효소(citrate synthase)**에 의해 촉매로 작용된다. 옥살로아세트산은 먼저 아세틸 CoA와 축합하여 시트릴 CoA가 되었다가 시트르산과 CoA로 가수분해된다.

12.3 시트르산의 이성질화

시트르산이 산화되면서 카복실기가 제거되려면 아이소시트르산(isocitrate)으로 이성질화 되어야 한다. 이성질화 반응은 탈수(dehydration) 단계와, 잇따라 일어나는 수화(hydration) 단계로 일어난다. 결국은 H와 OH가 분자 내에서 상호 교환된다. 두 단계의 반응들을 촉매하는 산소를 **아코니트산수화효소**(**aconitase**)라고 한다.

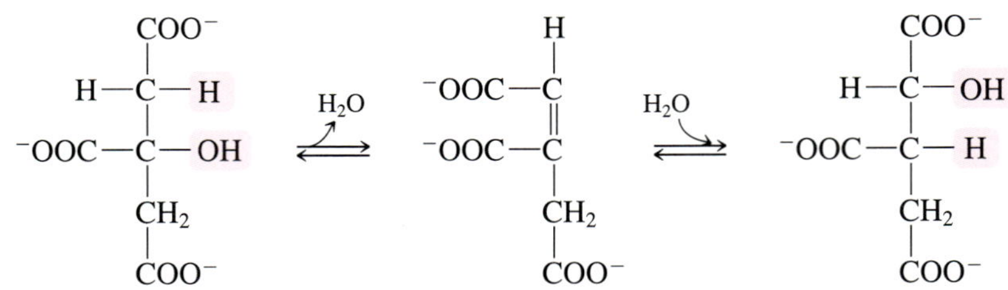

시트르산 시스-아코니트산 아이소시트르산

아코니트산수화산소는 네 개의 철 원자를 가지고 있다. 네 개의 철 원자는 네 개의 무기 황화물과 네 개의 시스테인 잔기의 황 원자들과 결합하고 있다. Fe-S 무리를 가진 단백질은 **철-황 단백질**(**iron-sulfur protein**) 또는 **비헴철 단백질**(**nonheme iron protein**)이라고 한다.

12.4 시트르산의 탈카복실화

이제 시트르산 회로에서 일어나는 네 개의 산화-환원 반응들 중 첫 번째 반응을 살펴보자. 아이소시트르산의 산화적 탈카복실화 반응은 **아이소시트르산 탈수소효소**(**isocitrate dehydrogenase**)에 의해서 촉매된다.

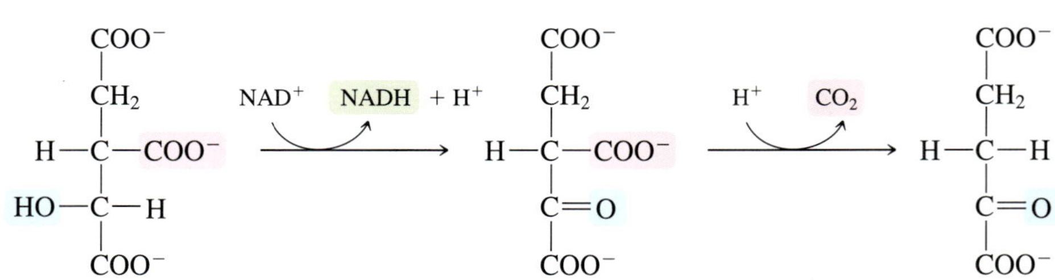

아이소시트르산 옥살로석신산 α-케토글루타르산

뒤에서 곧 논의하겠지만, α-케토글루타르산이 생성되는 속도는 시트르산 전체의 속도를 결정한다. 즉, 시트르산 회로 속도 결정 단계(rate-determining step)이다.

12.5 케토글루타르산의 산화적 탈카복실화 반응

아이소시트르산이 α-케토글루타르산(α-ketoglutarate)으로 전환된 다음에 두 번째 산화적 탈카복실화 반응이 잇따라 일어나는데, 이것이 α-케토글루타르산으로부터 석시닐 CoA(succinyl CoA)가 형성되는 반응이다.

$$\alpha\text{-케토글루타르산} + NAD^+ + CoA \longrightarrow \text{석시닐 } CoA + CO_2 + NADH$$

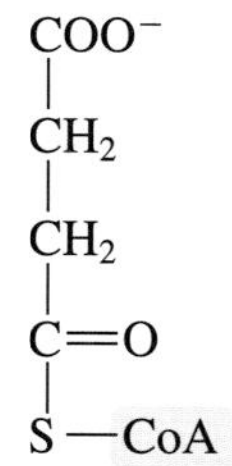

석시닐 CoA

이 반응은 세 가지 효소들로 이루어진 **α-케토글루타르산 탈수소효소 복합체** (**α-ketoglutarate dehydrogenase complex**)에 의해서 촉매된다. 이 효소의 작용 기구는 피루브산이 아세틸 CoA로 전환되는 반응의 기구와 매우 비슷하다(11.2절 참조).

12.6 석시닐 CoA의 높은 에너지 인산 결합

코엔자임 A와 석신산(succinate)이 만드는 석시닐 싸이오에스터(succinyl thioester)는 높은 에너지 결합을 가지고 있다. 석시닐 CoA의 가수분해의 $\Delta G^{\circ\prime}$은 약 -8 kcal/mol인데, 이 값은 ATP 가수분해의 $\Delta G^{\circ\prime}$값(-7.3 kcal/mol)과 거의 같다. 석시닐 CoA의 싸이오에스터 결합의 분해는 구아노신 이인산(guanosine diphosphate, GDP)의 인산화와 짝지어져 있다.

$$\text{석시닐 } CoA + P_i + GDP \rightleftharpoons \text{석신산} + GTP + CoA$$

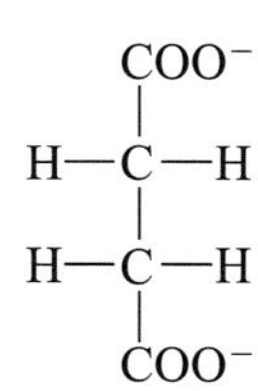

석신산

가역적으로 일어나는 이 반응($\Delta G^{\circ\prime} = -0.8$ kcal/mol)은 **석시닐 CoA 합성효소**(**succinyl CoA synthetase**)에 의해서 촉매된다. 이 반응은 시트르산 회로에서 높은 에너지 인산 결합을 직접 만드는 유일한 반응이다. 여기서 생긴 GTP는 **뉴클레오사이드 이인산 카이네이스**(**nucleoside diphosphate kinase**)가 촉매로 작용하는 반응에서 ADP을 인산화하여 ATP를 만들 수 있다.

$$GTP + ADP \rightleftharpoons GDP + ATP$$

12.7 석신산의 산화

석신산은 산화, 수화, 그리고 또 한 번의 산화 등 세 단계의 반응들을 거쳐서 옥살로아세트산(oxaloacetate)으로 전환된다. 이렇게 해서 옥살로아세트산이 재생되고, 이 과정에서 $FADH_2$와 NADH의 형태로 에너지가 포착된다.

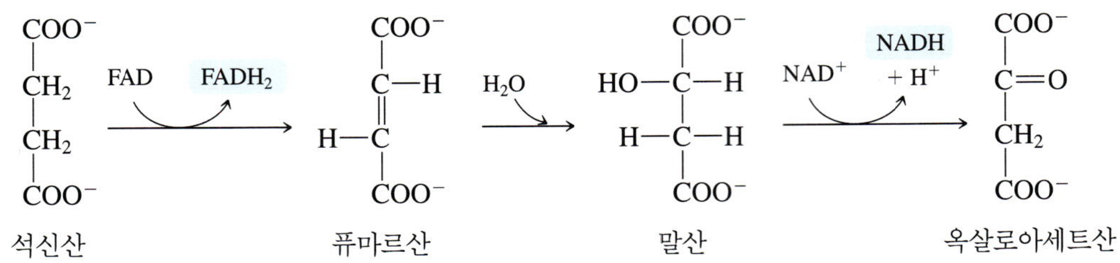

석신산은 **석신산 탈수소효소**(**succinate dehydrogenase**)에 의해 산화되어서 퓨마르산(fumarate)으로 된다. 이 반응에서 수소 받개는 NAD^+가 아니고 FAD이다. NAD^+는 회로의 다른 세 반응에서 수소 받개로 사용된다(그림 12.2). 아코니트산수화효소와 같이 석신산 탈수소효소는 비헴철을 함유하는 단백질이다. 이 효소는 미토콘드리아 내막의 한 성분이어서 회로의 그 밖의 효소들과 다르다. 석신산의 산화로 생기는 $FADH_2$는 효소에 단단하게 결합되어 있다. 사실 $FADH_2$는 전자 운반 연쇄에서 산화된다(13장 참조).

그림 12.2 | **시트르산 회로**

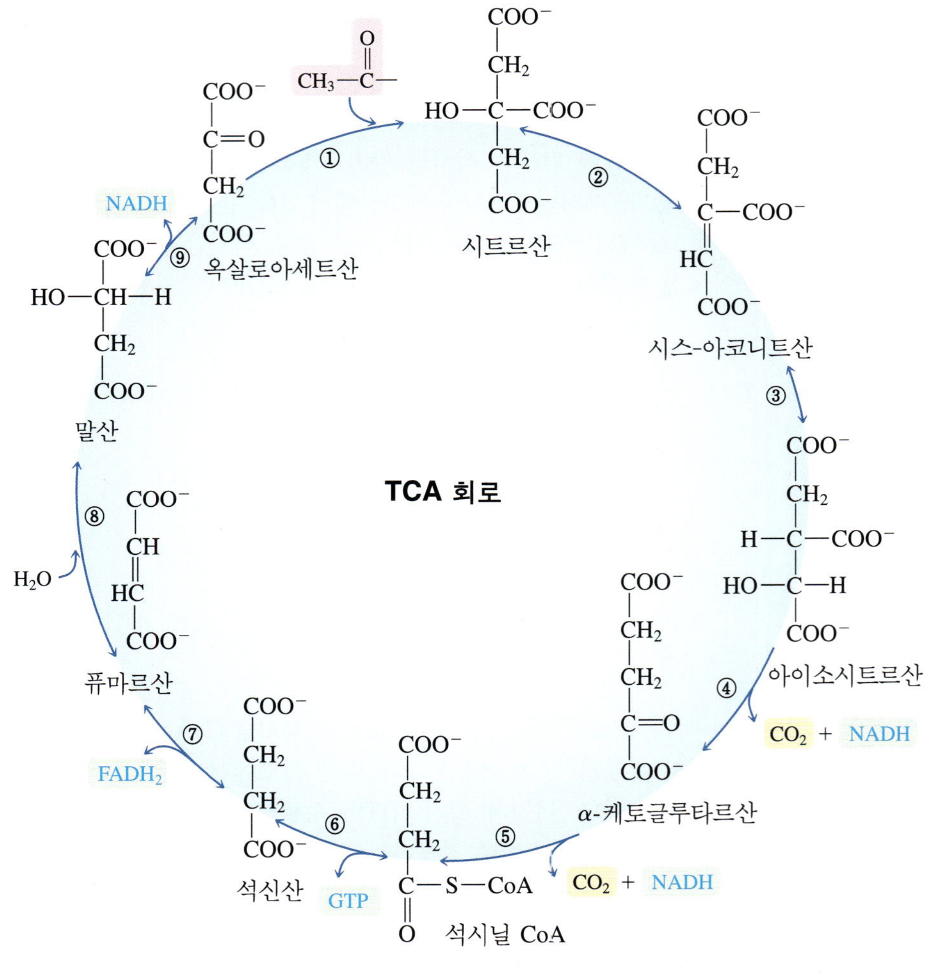

회로의 그 다음 단계는 **퓨마르산 수화효소**(**fumarase**)에 의해 퓨마르산의 수화로 L-말산(L-malate)이 생기는 반응이다. 끝으로, 말산이 옥살로아세트산으로 산화된다. 이 반응은 말산 탈수소효소(malate dehydrogenase)에 의해서 촉매로 작용하는데, 이 반응에서는 NAD^+가 수소 받개이다.

$$\text{말산} + NAD^+ \rightleftarrows \text{옥살로아세트산} + NADH + H^+$$

12.8 시트르산 회로의 화학량론

첫째, 아세틸 CoA가 옥살로아세트산과 축합하는 반응에서 시트르산 회로가 시작된다고 한다면 회로의 알짜 반응을 다음과 같이 요약할 수 있다.

$$\text{아세틸 CoA} + 3NAD^+ + FAD + GDP + P_i + 2H_2O \longrightarrow 2CO_2 + 3NADH + FADH_2 + GTP + 2H^+ + CoA$$

둘째, 시트르산 회로가 피루브산에서 시작된다고 생각하면 회로의 알짜 반응을 다음과 같이 쓸 수 있다.

$$\text{피루브산} + 4NAD^+ + FAD + GDP + P_i + 2H_2O \longrightarrow 3CO_2 + 4NADH + FADH_2 + GTP + 4H^+$$

환원된 NADH와 $FADH_2$는 뒤에 전자 운반 연쇄에서 산화된다(13장 참조). 회로의 이러한 화학량론적 관계를 그림 12.2에 나타내었다.

12.9 해당과정과 TCA 회로에 의한 ATP 생성

글루코스가 해당과정을 거쳐 피루브산까지 분해될 때 2 mol의 ATP와 2 mol의 NADH가 생성된다. 한편 피루브산은 미토콘드리아 내에서 TCA 회로를 거쳐서 탄산 가스와 물로 분해된다. NADH가 미토콘드리아 내로 들어가 산화적 인산화 반응에 의해 ATP가 합성되면 물이 생성된다. 그러나 NADH는 미토콘드리아 막을 통과할 수 없다. 세포질 중의 **글리세롤 3-인산 탈수소효소(glycerol-3-phosphate dehydrogenase)**, 또는 **말산 탈수소효소(malate dehydrogenase)**를 이용해서 NADH의 수소만을 미토콘드리아 내의 $FADH_2$, 또는 NADH로 하는 계가 존재한다. 그 계를 각각 **글리세롤 3-인산 왕복과정(glycerol-3-phosphate shuttle)**과 **말산-아스파트산 왕복과정(malate-aspartate shuttle)**이라고 한다.

글리세롤인산 왕복과정에서는 2 mol의 ATP를, 말산 왕복과정에서는 3 mol의 ATP를 생성한다. 따라서 표 12.2에 나타낸 것과 같이 해당과정과 TCA 회로에서는 38 mol의 ATP 또는 36 mol의 ATP를 합성하게 된다.

표 12.2 호기적 조건에서 1 mol의 글루코스가 생성하는 ATP 수

조직	생성 경로	ATP 수
간, 심근	해당과정	2
	TCA 회로	2×15
	말산 왕복과정	6
계		38
골격근	해당과정	2
	TCA 회로	2×15
	글리세롤인산 왕복과정	4
계		36

단백질과 지질의 대사는 그림 12.3과 같이 TCA 회로를 거치게 되어 있다. 이것은 지질, 탄수화물, 단백질, 즉 3대 영양소의 대사는 TCA 회로를 이용하고 있다는 의미가 된

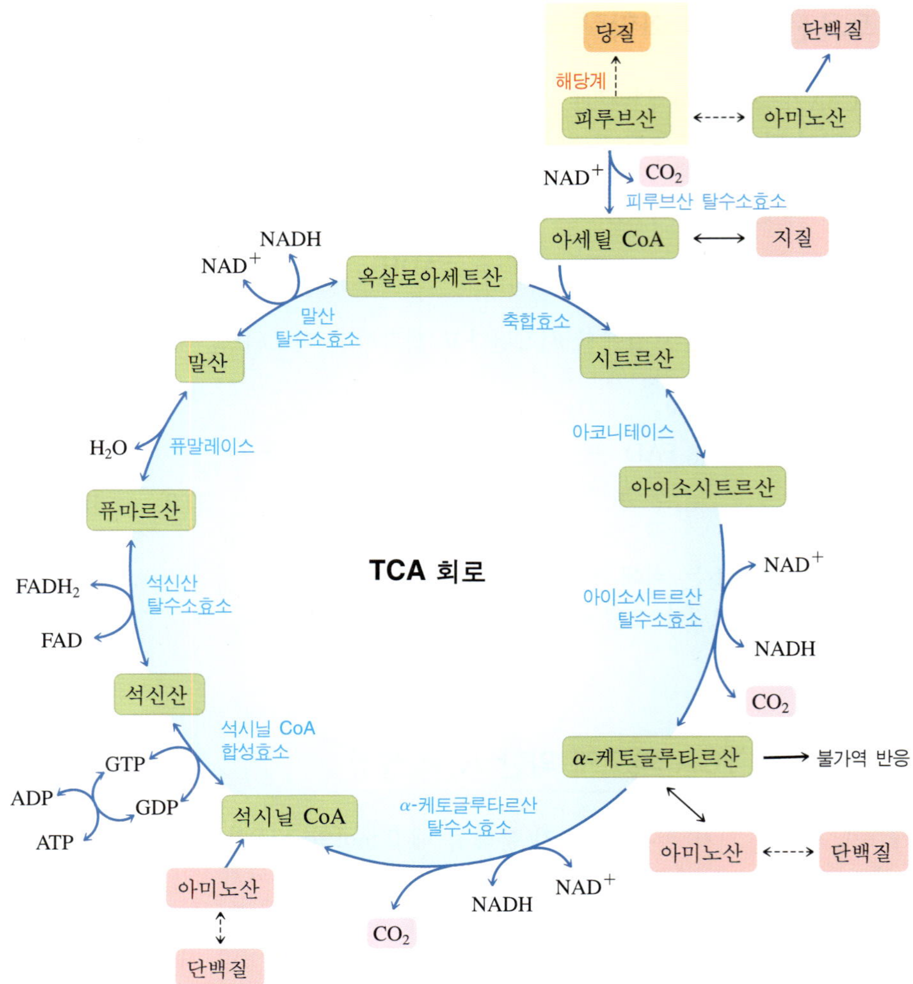

그림 12.3 | **시트르산 회로와 단백질, 지질과의 관계**

다. 따라서 우리들의 체내에 들어간 영양소들은 거의 모두가 TCA 회로로 보내져 탈수소 반응이 일어나고, 이 수소는 전자 전달계로 보내져서 산소와 반응하여 H_2O로 분해되는 과정에서 다량의 ATP를 생산한다는 뜻이 된다.

12.10 TCA 회로의 NADH, $FADH_2$

TCA 회로는 해당과정에서 생성된 피루브산을 탄산 가스로 방출하는 기구이다. 이 TCA 회로가 1회전할 때마다 NADH와 $FADH_2$가 축적된다. 그리고 NAD와 FAD가 모두 NADH와 $FADH_2$로 전환되면 이 회로는 정지하게 된다.

한편 이 반응들을 다시 NAD^+와 FAD로 되돌리는 산화 반응을 하면서 ATP를 생성하는 산화적 인산화 반응이 미토콘드리아 내에 존재하고 있다(그림 12.4).

TCA 회로는 피루브산으로부터 출발하며, 이 과정에서 피루브산, 아이소시트르산, α-케토글루타르산, 말산은 모두 탈수소효소로부터 NADH 및 $FADH_2$가 생성된다. 생성된 NADH, $FADH_2$의 수소는 각각 전자 전달계에 의해 물로 산화된다(그림 12.4).

NADH는 전달 반응을 거쳐 3 mol의 ATP가 합성되며, $FADH_2$는 2 mol의 ATP를 합성한다. 피루브산이 TCA 회로를 1회전하였을 때 ATP의 생성 mol 수는 표 12.3과 같으며, 총 15 mol의 ATP를 합성하게 된다.

표 12.3 TCA 회로-전자 전달 반응에 의한 피루브산의 ATP 생성

효소명	보조효소	ATP mol 수
피루브산 탈수소효소	NAD^+	3
아이소시트르산 탈수소효소	NAD^+	3
α-케토글루타르산 탈수소효소	NAD^+	3
석시닐 CoA 합성효소	GDP	1
석신산 탈수소효소	FAD	2
말산 탈수소효소	NAD^+	3

사이토크롬(cytochrome)
헴철의 산화수 변화에 의해 산화 환원 작용을 하는 헴단백질의 일종. 진핵세포 내 미토콘드리아 내막, 광합성 생물에서는 엽록체나 색소 과립에 주로 존재함. 세포 호흡이나 광합성 과정에서 전자를 수송하는 기능을 하여 전자 전달계에서 양성자 농도 기울기와 막 전위를 형성

그림 12.4의 산화적 인산화 반응에서 NADH, $FADH_2$의 수소는 최종적으로 H_2O로 변한다. 피루브산은 탄소, 산소, 수소로 이루어져 있지만 그 중 탄소와 산소는 TCA 회로에서 탄산 가스가 되어 체외로 배출되며 수소는 물이 되어서 배출된다.

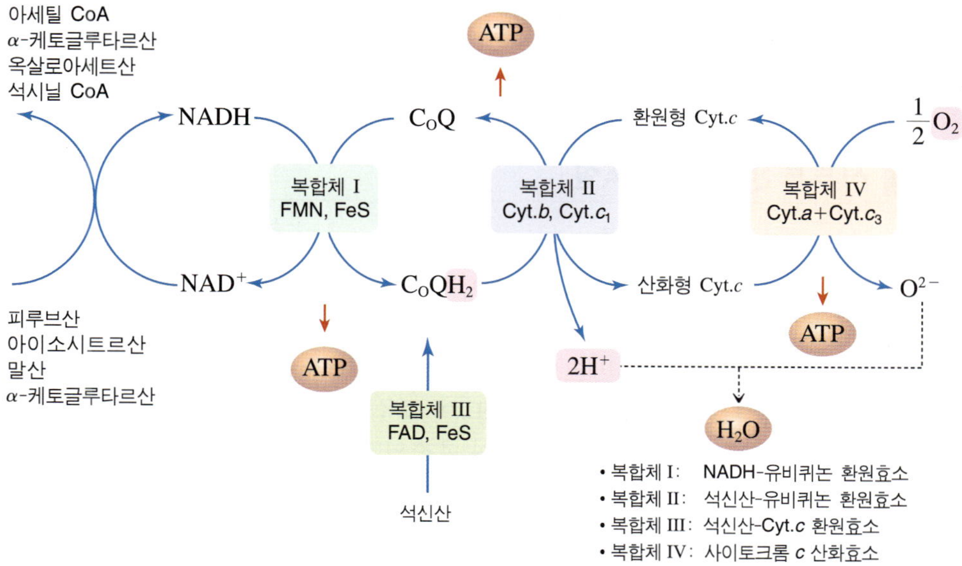

그림 12.4 | 전자 전달계

12.11 시트르산 회로는 선구물질의 공급원

우리는 지금까지 시트르산 회로를 ATP 생산을 위한 분해대사의 관점에서 살펴보았다. 그렇지만 시트르산 회로는 생합성을 위한 중간물질을 공급하기도 한다(그림 12.5). 예를 들면, 헤모글로빈의 구성 성분인 포피린(porphyrin)의 대부분 탄소 원자들은 석시닐 CoA에

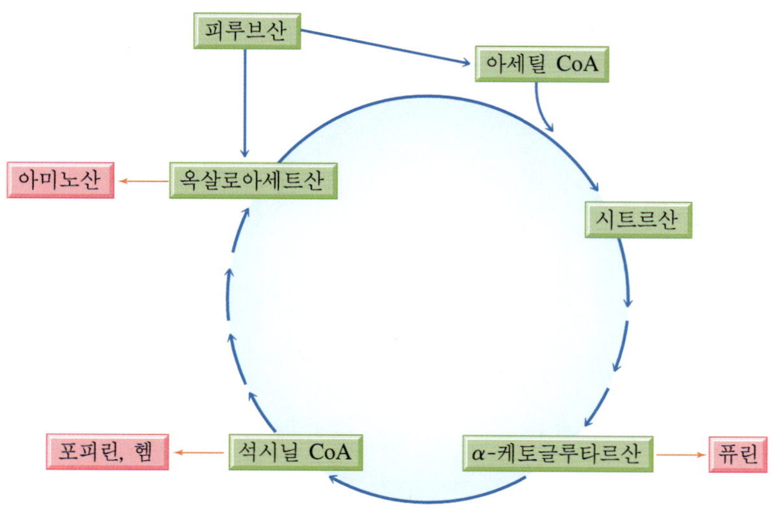

그림 12.5 | 시트르산 회로의 생합성적 역할: 생합성에 사용된 중간 물질들(붉은색 화살표)은 피루브산으로부터 옥살로아세트산이 생성됨으로써 보충됨.

서 온다. 또 많은 아미노산들이 α-케토글루타르산과 옥살로아세트산으로부터 생성된다. 시트르산 회로의 중간물질들이 아미노산의 생합성에 사용되면 이것들은 보충되어야 한다. 만일 옥살로아세트산이 아미노산 합성에 사용되기만 하고 새로 합성되지 않으면 시트르산 회로의 작용이 정지될 것이다. 왜냐하면, 아세틸 CoA는 옥살로아세트산과 축합하지 않으면 시트르산 회로로 들어가지 못하기 때문이다. 그러면 옥살로아세트산은 어떻게 보충되는가? 포유동물은 아세틸 CoA를 옥살로아세트산이나 시트르산 회로의 그 밖의 중간물질로 전환시키는 효소들을 가지고 있지 않다. 그렇기 때문에 옥살로아세트산은 전혀 다른 방법으로 생성된다. 즉, 옥살로아세트산은 **피루브산 카복실화효소**(**pyruvate carboxylase**)가 촉매로 작용하는 반응으로 형성된다.

$$\text{피루브산} + CO_2 + ATP + H_2O \rightarrow \text{옥살로아세트산} + ADP + P_i + 2H^+$$

피루브산 카복실화 반응과 같이 시트르산 회로의 중간물질을 보충하기 위해서 일어나는 반응들을 **보충대사 반응**(**anaplerotic reaction**)이라고 한다.

12.12 시트르산 회로의 조절

시트르산 회로의 속도는 ATP의 수요를 충족시킬 수 있도록 정확하게 조종된다. NAD^+와 FAD의 농도가 크다는 것은 ATP의 수준이 낮다는 신호이다. 옥살로아세트산과 아세틸 CoA로부터 시트르산이 합성되는 반응이 회로의 중요한 **조절 자리**(**regulatory site**)이다.

두 번째의 조절 자리는 **아이소시트르산 탈수소효소**(**isocitrate dehydrogenase**)이다. ADP는 이 효소를 입체성 다른자리로 자극하며, 또 이 효소와 기질과의 결합력을 증가시킨다. 아이소시트르산, NAD^+, Mg^{2+} 및 ADP와 이 효소의 결합은 협동적으로 일어난다. 이와 달리, NADH는 NAD^+를 직접 밀어내면서 아이소시트르산 탈수소효소의 작용을 억제한다. ATP 역시 억제 작용을 한다.

시트르산 회로의 세 번째 조절 자리는 **α-케토글루타르산 탈수소효소**(**α-ketoglutarate dehydrogenase**)이다. 이 효소는 자신이 촉매하는 반응으로 생성된 석시닐 CoA와 NADH의 농도가 증가하면 억제된다. 세포의 ATP 수준이 증가하면 아세틸 CoA가 시트르산 회로로 들어가는 속도와 시트르산 회로의 속도가 감소한다.

연습 문제

1. 시트르산 회로의 효소들과 그들의 보조인자들이 들어 있는 추출액에 아세틸 CoA를 첨가하면 옥살로아세트산의 알짜 합성이 일어나겠는가?
2. 다음 설명 중 옳은 것을 고르시오.
   ① 아이소시트르산 탈수소효소는 입체성 다른자리 효소이다.
   ② α-케토글루타르산은 L-아스파트산의 직접 선구물질이다.
   ③ 시트르산 회로는 글루코스에서 오는 피루브산만을 산소성 조건에서 산화할 수 있다.
   ④ 피루브산 탈수소효소의 작용은 공유 결합성 변형으로 조절될 수 있다.
   ⑤ 시트르산 회로의 중간물질들은 아미노산 합성에는 이용될 수 있지만 글루코스의 신생합성에는 이용될 수 없다.
3. 진핵생물의 세포 파쇄액을 원심 분리하여 세포 소기관들을 얻었다. 시트르산 회로의 효소들은 어느 세포 소기관에 있겠는가?
4. 석신산 탈수소효소의 활성은 옥살로아세트산에 의하여 영향을 받는 것으로 알려져 있다. 효소의 활성은 옥살로아세트산으로 증진되겠는가 아니면 억제되겠는가?
5. 피루브산이 아세틸 CoA로 산화되는 과정을 설명하시오.
6. 석시닐 CoA와 글리신은 어떤 화합물을 만드는 초기 화합물인가?
7. 석신산이 옥살로아세트산으로 되는 과정에서의 생성물은 무엇인가?
8. 신진대사에서 대사회로가 자주 발견된다(TCA, 요소 등). 왜 대사회로가 생명체에 도움이 되는가?

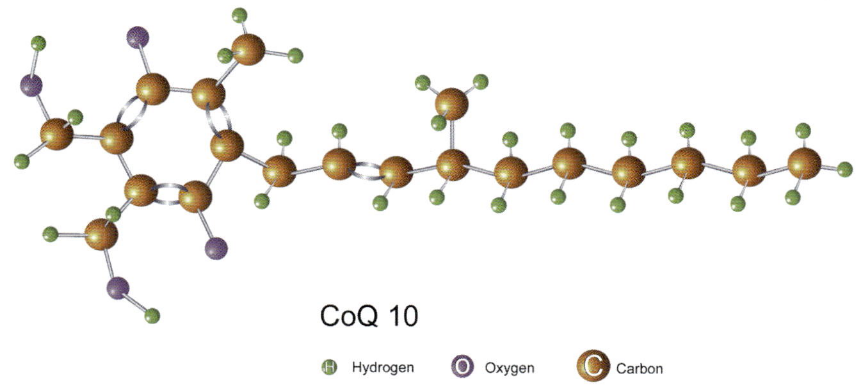

13 전자 운반 연쇄와 산화적 인산화 반응

학습 목표
- 산화-환원 전위와 자유 에너지를 이해한다.
- 전자 운반 연쇄 반응의 성분들과 그 반응 과정을 이해한다.
- 산화 반응과 인산화 반응을 이해한다.

주요 용어
- 산화적 인산화 반응, 전자 운반, 연쇄, 산화-환원 전위, 자유 에너지, 헴, 유비퀴논, 사이토크롬 환원효소, 양성자 동력

13.1 전자 운반과 관련된 반응의 개요

해당과정, 지방산 산화 및 시트르산 회로 등의 대사작용으로 생성된 NADH와 $FADH_2$는 전위 퍼텐셜이 높은 한 쌍의 전자를 가지고 있으므로 고에너지 분자이다. 이 전자들이 산소 분자로 옮겨가면서 많은 에너지가 방출되는데, 이 에너지의 대부분이 ATP를 생성하는 데 사용된다. NADH 또는 $FADH_2$로부터 방출되는 전자들이 몇 가지 전자 운반체들을 거쳐서 O_2로 옮겨가면서 ATP가 형성되는 과정을 **산화적 인산화(oxidative phosphorylation) 과정**이라고 한다. 이 과정은 산소성 생체에서 필요한 ATP의 주된 공급원이다. 예컨대 산화적 인산화 반응은 글루코스가 CO_2와 H_2O로 완전히 산화될 때 생산되는 36 mol의 ATP들 중 32 mol을 생성한다. 이 과정의 몇 가지 특징은 다음과 같다.

> **호흡 사슬** (respiratory chain)
> 세포의 호흡, 즉 산소 분자에 의해서 기질과 산화하여 ATP를 생성하는 일련의 효소 반응계. 사이토크롬 효소군을 중심으로 하는 산화-환원 반응에 의한 전자 전달계가 그 주체가 됨.

① 산화적 인산화 과정은 미토콘드리아의 내막에 있는 **호흡 사슬(respiratory chain)**에서 일어난다. NADH와 $FADH_2$를 공급하는 시트르산 회로와 지방산의 산화 반응들은 미토콘드리아의 바탕질(matrix)에서 일어난다(그림 13.1).

그림 13.1 | 미토콘드리아의 모형도

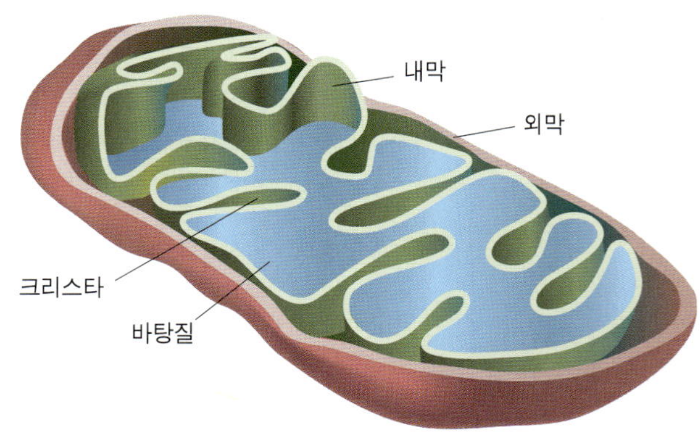

② 1분자의 NADH의 산화에서 3분자의 ATP가 생성되고, 1분자의 $FADH_2$의 산화에서는 2분자의 ATP가 생성된다. 산화와 인산화는 짝지어져 있다. 즉, 산화가 일어나야만 인산화가 일어날 수 있다.

③ 호흡 사슬에는 사이토크롬(cytochromes)들과 유비퀴논(ubiquinone) 같은 여러 가지 전자 운반체들이 들어 있다. 이 운반체들을 거쳐서 전자들이 NADH 또는 $FADH_2$에서 O_2로 단계적으로 옮겨갈 때 미토콘드리아의 바탕질에서 바깥쪽으로 양성자(H^+)가 나간다. 이 결과로 형성되는 pH 기울기와 막 전위차로 인하여 양성자(H^+) 동력이 발생한다. 양성자가 효소 복합체를 거쳐서 미토콘드리아의 바탕질로 다시 흘러들어올 때 ATP가 합성되는 것이다. 그러므로 산화와 인산화는 미토콘드리아 내막을 가로지르는 양성자 기울기에 의해서 짝지어진다(그림 13.2).

그림 13.2 | 산화와 ATP 합성: 산화와 ATP 합성은 막을 가로질러 일어나는 양성자의 흐름으로 짝지어짐.

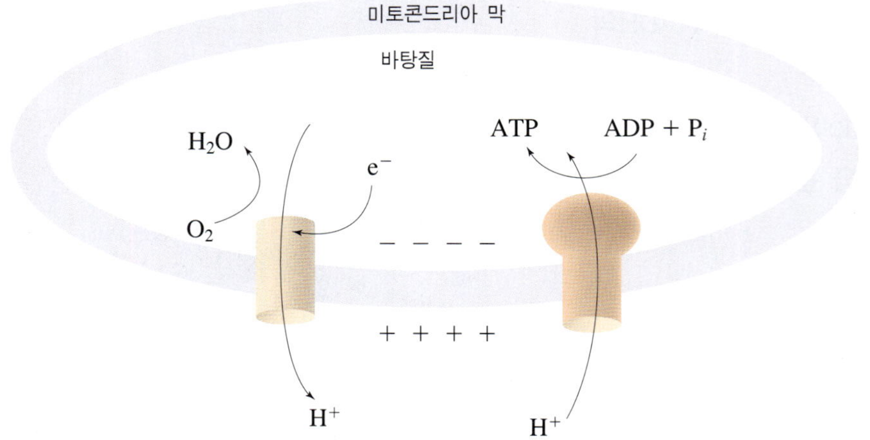

13.2 산화-환원 전위와 자유 에너지

산화적 인산화 반응에서 NADH 또는 $FADH_2$의 전자 전달 퍼텐셜은 ATP의 인산기 전달 퍼텐셜로 바뀐다. 인산기 전달 퍼텐셜을 나타내는 척도는 인산 화합물들의 가수분해의 $\Delta G°'$로 나타낸다. 전자 전달의 퍼텐셜을 나타내는 척도는 **환원 전위** 또는 **산화-환원 전위**를 나타내는 $\Delta E°'$이다. 환원 전위는 전기화학의 개념이다. 산화형 X와 환원형 X^-로 존재할 수 있는 어떤 물질의 쌍을 **산화-환원 쌍(oxidation-reduction pair)**이라고 한다. 이러한 쌍의 환원 전위는 기준 반쪽 전지에 시료 반쪽 전지를 연결하였을 때 발생하는 기전력으로 측정할 수 있다. 시료 반쪽 전지는 1 M(몰농도)의 산화제(X)와 1 M의 환원제(X^-)들로 이루어진 용액에 전극을 담가서 만들 수 있다. 기준 반쪽 전지는 1기압의 H_2 기체와 평형을 이루고 있는 1 M의 H^+ 용액에 전극을 담가서 만들 수 있다. 전극들을 전압계에 연결하고 반쪽 전지들을 염다리로 연결한다. 이렇게 하면 전자들이 한 반쪽 전지에서 다른 반쪽 전지로 흐른다. 만일 반응이 아래의 식으로 나타낸 바와 같이 진행된다면,

$$X^- + H^+ \longrightarrow X + \frac{1}{2} H_2$$

두 반쪽 전지들에서 일어나는 반응들은 아래와 같다.

$$X^- \longrightarrow X + e^-$$
$$H^+ + e^- \longrightarrow \frac{1}{2} H_2$$

전자가 시료 반쪽 전지에서 기준 반쪽 전지로 흐르므로, 시료 전지의 전극은 기준 전극에 대해서 음의 값을 가진다. X : X^- 쌍의 환원 위치는 측정을 시작할 때(X, X^-, H^+들의 농도가 모두 1 M이다.) 관찰되는 전위이다. 표준 상태에서의 H^+ : H_2 쌍의 환원 전위를 0 V라고 정한다. pH가 7일 때 수소의 표준 환원 전위($E°'$)의 값은 −0.42 V가 된다. 생물학적으로 중요한 많은 산화-환원 반응들의 표준 환원 전위의 값들을 표 13.1에 실었다. 이 표에 실은 $E°'$ 값들은 pH 7을 표준 상태로 삼았을 때의 환원 전위이다.

표 13.1 몇 가지 반응들의 표준 환원 전위

산화제	환원제	n	$E°'$ (V)
석신산 + CO_2	α-케토글루타르산	2	−0.67
아세트산	아세트알데하이드	2	−0.60
페레독신(산화형)	페레독신(환원형)	1	−0.43
$2H^+$	H_2	2	−0.42
NAD^+	NADH + H^+	2	−0.32
$NADP^+$	NADPH + H^+	2	−0.32
리포산(산화형)	리포산(환원형)	2	−0.29
글루타싸이온(산화형)	글루타싸이온(환원형)	2	−0.23
아세트알데하이드	에탄올	2	−0.20
피루브산	젖산	2	−0.19
퓨마르산	석신산	2	0.03
사이토크롬 b(+3)	사이토크롬 b(+2)	1	0.07
다이하이드로아스코브산	아스코브산	2	0.08
유비퀴논(산화형)	유비퀴놀(환원형)	2	0.10
사이토크롬 c(+3)	사이토크롬 c(+2)	1	0.22
Fe(+3)	사이토크롬 c(+2)	1	0.77
$\frac{1}{2} O_2 + 2H^+$	H_2O	2	0.82

※ 주) $E°'$는 표준 산화-환원 전위이다(pH 7, 25°C). n은 전달된 전자의 수

산화-환원 반응의 자유 에너지 변화는 반응물들의 환원 전위의 차에서 쉽게 계산할 수 있다. 예를 들면, 피루브산이 NADH에 의해서 환원되는 반응을 생각해 보자.

$$\text{피루브산} + \text{NADH} + \text{H}^+ \rightleftarrows \text{젖산} + \text{NAD}^+ \quad (1)$$

NAD^+ : NADH 쌍의 환원 전위는 −0.32 V이지만, 피루브산 : 젖산 쌍의 환원 전위는 −0.19 V이다. 환원 전위는 환원 반응(산화제 + e^- → 환원제)으로 나타낸 부분 반응에 대한 값이다. 그러므로

$$\text{피루브산} + 2\text{H}^+ + 2\text{e}^- \rightarrow \text{젖산} \quad E°' = -0.19\ \text{V} \quad (2)$$

$$\text{NAD}^+ + \text{H}^+ + 2\text{e}^- \rightarrow \text{NADH} \quad E°' = -0.32\ \text{V} \quad (3)$$

반응 (2)에서 반응 (3)을 빼면 반응 (1)과 이 반응의 $\Delta E°' = +0.13$ V를 얻는다. 그러므로 NADH에 의한 피루브산의 환원 반응의 $\Delta E°'$을 계산할 수 있다. 표준 자유 에너지 변화 $\Delta G°'$은 환원 위치의 변화 $\Delta E°'$와 다음과 같은 관계가 있다.

$$\Delta G°' = -n\text{F}\Delta E°'$$

이 식에서 n은 이동한 전자의 수이고, F는 1 mol의 전자가 1 V의 전위차만큼 떨어질 때의 자유 에너지 변화(23.06 kcal/V/mol)이다. $\Delta E°'$은 V로 나타내었고 $\Delta E°'$은 1 mol당 kcal로 나타내었다. 피루브산의 환원 반응에서 $n = 2$이다. 따라서

$$\Delta G°' = -2 \times 23.06 \times 0.13 = -6\ \text{kcal/mol}$$

즉, 표준 상태에서 피루브산의 환원 반응은 자유 에너지가 감소하는 반응이다.

13.3 호흡 연쇄의 전위차

산화적 인산화 반응의 추진력은 NADH 또는 $FADH_2$가 O_2에 전자를 옮겨 주는 퍼텐셜에서 생긴다. NADH가 O_2에 의해서 산화될 때의 $\Delta E°'$과 $\Delta G°'$을 계산해 보자. 이것과 관련된 부분 반응들은 아래와 같다.

$$\frac{1}{2}\text{O}_2 + 2\text{H}^+ + 2\text{e}^- \rightarrow \text{H}_2\text{O} \quad \Delta E°' = +0.82\ \text{V} \quad (1)$$

$$\text{NAD}^+ + \text{H}^+ + 2\text{e}^- \rightarrow \text{NADH} \quad \Delta E°' = -0.32\ \text{V} \quad (2)$$

반응 (1)에서 반응 (2)를 빼면 아래의 식이 얻어진다.

$$\frac{1}{2}\text{O}_2 + \text{NADH} + \text{H}^+ \rightleftarrows \text{H}_2\text{O} + \text{NAD}^+ \quad \Delta E°' = +1.14\ \text{V} \quad (3)$$

NADH의 산화 반응의 자유 에너지는 다음과 같다.

$$\Delta G°' = -n\text{F}\Delta E°' = -2 \times 23.06 \times 1.14 = -52.6\ \text{kcal/mol}$$

13.4 전자 운반 연쇄의 성분들

전자 운반 연쇄는 몇몇 산화-환원 단백질들로 구성되어 있다. **NADH-Q 환원효소(NADH-Q reductase)**, **사이토크롬 환원효소(cytochrome reductase)** 및 **사이토크롬 산화효소(cytochrome oxidase)**라고 하는 세 개의 커다란 단백질 복합체들로 구성된 연쇄를 통해서 전자들이 NADH에서 O_2로 옮겨간다(그림 13.3과 표 13.2). 미토콘드리아의 내막을

가로질러 자리잡고 있는 이 복합체들에서 일어나는 전자들의 흐름으로 인하여 양성자들이 막 밖으로 나간다. 이 효소들에서 전자의 운반에 직접 관여하고 있는 원자단들은 플라빈 유도체들(flavins derivatives), 철-황 무리(iron-sulfur cluster derivatives), 헴 유도체들(hemes) 및 구리 이온(Cu^+, Cu^{2+})들이다. 전자는 소수성이 큰 유비퀴논(ubiquinone)의 환원형에 의해 NADH-Q 환원효소에서 호흡 연쇄의 복합체인 사이토크롬 환원효소로 운반된다. 유비퀴논은 전자들을 $FADH_2$(시트르산 회로에서 석신산이 산화될 때 생긴 것)로부터 사이토크롬 환원효소로 운반하는 일도 한다. 사이토크롬 *c*는 전자들을 사이토크롬 환원효소에서 호흡 연쇄의 마지막 성분인 사이토크롬 산화효소로 운반한다.

유비퀴논(ubiquinone)
UQ 또는 Qn으로 표시. 지용성 비타민으로 전자 전달 연쇄의 중요한 성분. 미토콘드리아의 내막에 존재하며 막 내부에서 이동이 가능

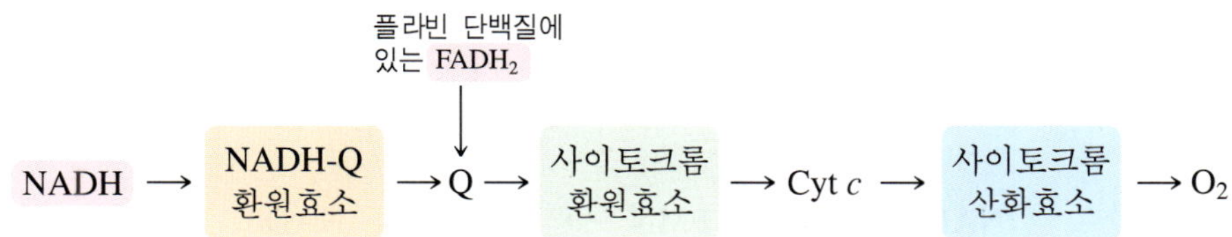

그림 13.3 | **호흡 연쇄에서 전자 운반체들이 전자를 운반하는 순서**

표 13.2 미토콘드리아의 전자 운반 연쇄의 성분들

효소 복합체	질량 (Kd)	소단위체수	보결 원자단	결합 자리들의 위치		
				바탕질쪽	탄화수소 중심부	세포질쪽
NADH-Q 환원효소	850	43	FMN Fe-S	NADH	Q	
석신산-Q 환원효소	140	4	FAD Fe-S	석신산	Q	
사이토크롬 환원효소	250	11	헴 b-562 헴 b-566 헴 c_1 Fe-S		Q	Cyt *c*
사이토크롬 *c*	13	1	헴 c			Cyt c_1 Cyt *a*
사이토크롬 산화효소	160	8	헴 a 헴 a_3 Cu_ACu_B			

13.5 NADH의 전자들

NADH의 전자들은 NADH-Q 환원효소에서 호흡 연쇄로 들어간다. 이 효소는 커다란 분자이다(표 13.2 참조). 두 개의 전자가 NADH에서 이 효소의 보결 원자단인 플라빈 모노뉴클레오타이드(flavin mononucleotide, FMN)로 이동하여 환원형인 $FMNH_2$를 형성한다. NADH의 전자들이 NADH-Q 환원효소에 의해 전달되면서 양성자들이 미토콘드리아 밖으로 나가게 된다. NADH-Q 환원효소는 호흡 연쇄의 첫 번째 **양성자 펌프(proton pump)**로 작용한다.

양성자 펌프(proton pump)
에너지를 사용하여 H^+(양성자)를 세포 외 혹은 세포 소기관 외로 수송하는 단백질의 총칭. 대표적으로 호흡 연쇄 전자 전달계, H^+-ATPase, 박테리오로돕신, 피로인산 가수분해효소 등이 알려져 있으며 이들 양성자 펌프가 형성하는 전기화학 퍼텐셜은 ATP 합성, 능동수송, 세균의 편모 운동 등의 에너지로 이용되고 있음.

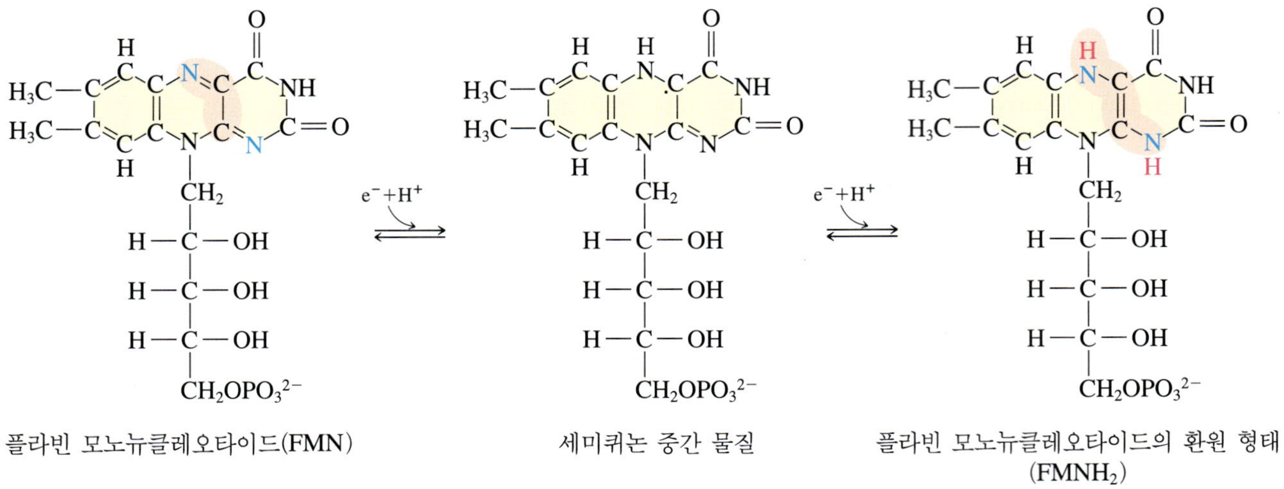

$$NADH + H^+ + FMN \rightarrow FMNH_2 + NAD^+$$

FMN은 한 개의 전자를 받아서 세미퀴논(semiquinone)이라는 라디칼형 중간물질을 만들 수도 있다. 또 $FMNH_2$는 한 개의 전자를 내주면서 세미퀴논이 될 수 있다.

그 다음에 전자들은 **NADH-Q 환원효소**의 또 하나의 원자단인 철-황(Fe-S) 무리로 이동한다. 철-황 단백질에 있는 Fe-S 무리들은 생체계에서 일어나는 환원 반응들에서 매우 중요한 역할을 한다. 몇 가지 Fe-S 무리가 알려져 있다(그림 13.4).

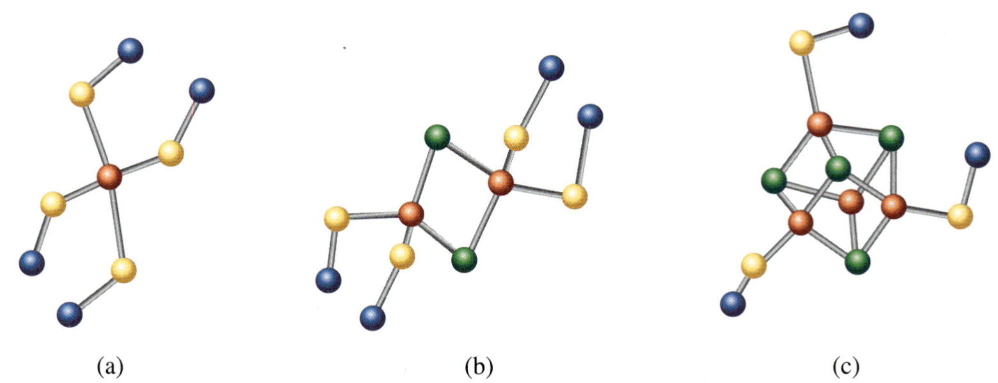

그림 13.4 | Fe-S 무리의 분자 모형들: (a) 한 개의 Fe를 함유하는 무리. (b) [2Fe-2S] 무리. (c) [4Fe-4S] 무리. 철 원자는 붉은색, 시스테인 잔기의 황 원자는 노란색, 무기황 원자는 녹색

NADH-Q 환원효소의 철-황 무리에 있는 전자들은 그 다음에 코엔자임 Q로 이동한다.

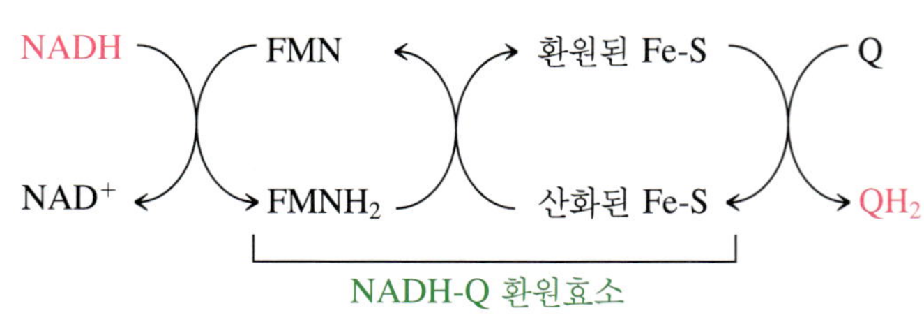

> **아이소프렌 (isoprene)**
> $CH_2=C(CH_3)CH=CH_2$의 화학식을 가지며 천연고무를 구성하는 단위 분자 역할을 하는 불포화 탄화수소. 유비퀴논에 존재하는 아이소프렌 단위는 아이소프렌의 탄소 골격을 의미하는 것으로 이중 결합은 고려하지 않음.

코엔자임 Q는 모든 생체에 널리 존재하기 때문에 **유비퀴논(ubiquinone, Q)**이라고도 한다. Q에 있는 **아이소프렌(isoprene)** 단위의 수는 생물 종에 따라 다르다. 포유동물에서는 10개의 아이소프렌 단위(Q10)를 가진 것이 가장 흔하다(그림 13.5). 유비퀴논이 한 개의 전자를 받으면 세미퀴논이라는 자유 라디칼로 환원된다. 효소에 결합되어 있는 이 중간물질이 또 하나의 전자를 받으면 **유비퀴놀(ubiquinol, QH_2)**로 환원된다.

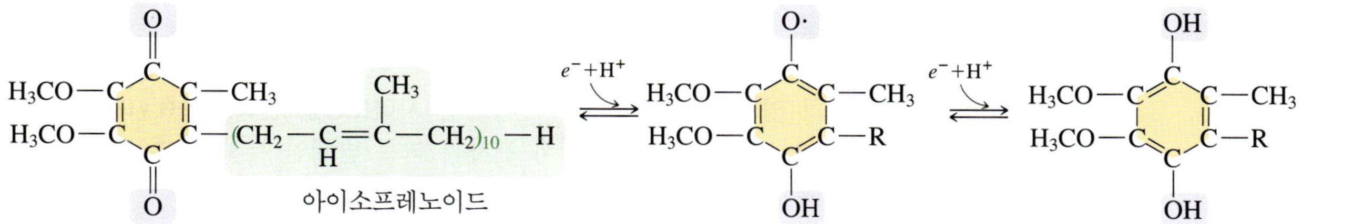

코엔자임 Q의 산화형(Q 유비퀴논) 세미퀴논 중간 물질(QH·) 코엔자임 Q의 환원형(QH_2, 유비퀴놀)

그림 13.5 | **유비퀴논의 환원: 유비퀴논 (Q) 은 세미퀴논 (QH·) 을 거쳐서 유비퀴놀 (QH_2) 로 환원됨.**

13.6 유비퀴논과 $FADH_2$의 전자

$FADH_2$는 시트르산 회로에서 석신산이 석신산 탈수소효소(succinate dehydrogenase)에 의해서 퓨마르산으로 산화될 때 생성된다는 것을 상기하자. 석신산 탈수소효소는 미토콘드리아 내막의 내재성 막단백질인 석신산-Q 환원효소 복합체(succinate-Q reductase complex)의 한 성분이다. 그러므로 새로 생성되는 $FADH_2$는 복합체를 떠나지 않지만, 그것의 전자들은 Fe-S 무리로 전달되고 이어서 Q로 전달됨으로써 전자 운반 연쇄로 들어가게 된다. 글리세롤 인산 탈수소효소와 지방산 아실 CoA 탈수소효소의 보결 원자단인 $FADH_2$도 그것의 높은 퍼텐셜 전자들을 Q로 전달하여 QH_2를 생성한다. 아이소프레노이드(isoprenoid) 꼬리로 인하여 Q는 무극성이 커지므로 미토콘드리아 내막의 소수성 부분으로 신속히 확산된다. Q는 호흡 연쇄에서 단백질과 공유 결합으로 결합하지 않은 유일한 전자 운반체이다. NADH-Q 환원효소와는 달라서 $FADH_2$로부터 전자를 전달하는 석신산-Q 환원효소 복합체와 효소들이 촉매하는 반응들의 자유 에너지 변화는 너무 작기 때문에 양성자를 밀어내지 못한다. 따라서 $FADH_2$가 산화될 때는 NADH가 산화될 때보다 ATP가 덜 생긴다.

13.7 사이토크롬 환원효소와 전자

호흡 연쇄의 두 번째 양성자 펌프는 **사이토크롬 환원효소(cytochrome reductase)**이다(그림 13.3 참조). 사이토크롬은 전자를 옮기는 단백질이며, 헴 보결 원자단을 가지고 있다. 사이토크롬 철 원자는 전자의 이동이 일어나는 동안 Fe^{2+} 상태와 Fe^{3+} 상태로 번갈아가며 전환된다. 사이토크롬 환원효소의 기능은 전자를 QH_2로부터 수용성 단백질인 사이토크롬 *c*로 옮겨 주면서 미토콘드리아의 바탕질에서 내막 바깥쪽으로 양성자를 펌프질하는 역할을 한다.

사이토크롬 환원효소는 사이토크롬 *b*와 사이토크롬 c_1을 함유한다. 이 환원효소는 Fe-S 단백질과 몇 개의 다른 폴리펩타이드 사슬도 가지고 있다.

유비퀴논은 그의 높은 퍼텐셜의 전자 하나를 사이토크롬 환원효소 복합체에 있는 Fe-S 무리로 넘겨 준다. 그 다음에 이 전자는 사이토크롬 c_1과 사이토크롬 *c*로 잇따라 전달되고 사이토크롬 *c*는 사이토크롬 환원효소 복합체로부터 전자를 사이토크롬 환원효소로 전달한다(그림 13.6).

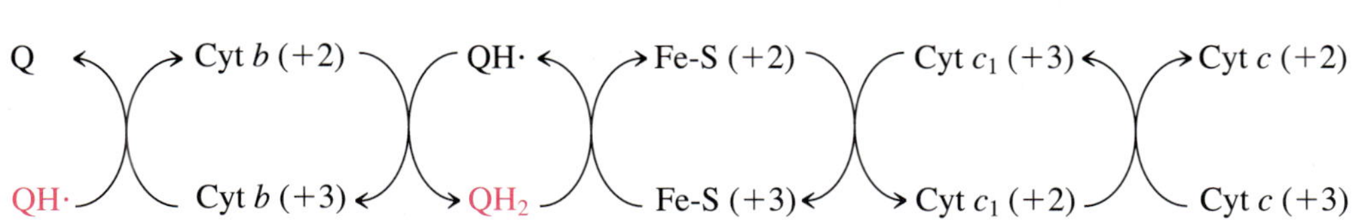

그림 13.6 | **사이토크롬 환원효소의 반응**

13.8 사이토크롬 산화효소의 촉매 반응

호흡 연쇄의 세 개의 양성자 펌프들 중 마지막인 **사이토크롬 산화효소(cytochrome oxidase)**는 전자가 환원된 사이토크롬 *c*에서 전자의 최종 받개인 분자 상태의 효소(O_2)로 운반되는 것을 촉매하는 작용을 한다.

$$4\ \text{Cyt}\ c(+2) + 4H^+ + O_2 \rightarrow 4\ \text{Cyt}\ c(+3) + 2H_2O$$

4개의 전자가 O_2를 환원하여 H_2O를 생성한다. 이와 동시에 양성자를 미토콘드리아의 기질에서 내막 바깥으로 펌프질한다.

13.9 산화 반응과 인산화 반응

NADH의 두 개의 전자가 산소 분자로 옮겨가면서 다음과 같이 자유 에너지가 감소한다.

$$\text{NADH} + \frac{1}{2}O_2 + H^+ \rightleftarrows H_2O + \text{NAD}^+ \qquad \Delta G^{\circ\prime} = -52.6\ \text{kcal/mol}$$

이 자유 에너지는 APT 합성에 사용된다.

$$\text{ADP} + P_i + H^+ \rightleftarrows \text{ATP} + H_2O \qquad \Delta G^{\circ\prime} = +7.3\ \text{kcal/mol}$$

화학삼투 가설
(chemiosmotic hypothesis)
산화적 인산화에 의하여 ATP를 생성하는 메커니즘에 관한 것으로 전자 전달계에서 생긴 에너지가 생체막의 H^+ 전기화학 퍼텐셜(potential)로 변환된 후 양성자 펌프(proton pump)에 의해 ATP가 생성된다는 가설

ATP 합성은 미토콘드리아의 내막에 있는 분자 조립체에 의해서 일어나는데, 이 복합체를 **ATP 생성효소(ATP synthase)**라고 한다. 1961년에 Peter Mitchell은 ATP 생성효소에 의한 ATP 합성 기구를 설명하기 위해서 **화학삼투 가설(chemiosmotic hypothesis)**을 내놓았다. 이 가설에 따르면 전자 운반과 ATP 합성은 미토콘드리아의 내막을 가로질러 형성된 양성자 기울기와 짝지어진다. 양성자는 미토콘드리아 바깥으로 펌프질되므로 H^+의 농도는 내막 바깥쪽이 크며 그곳에서 양의 값을 가지는 전위가 발생한다(그림 13.7).

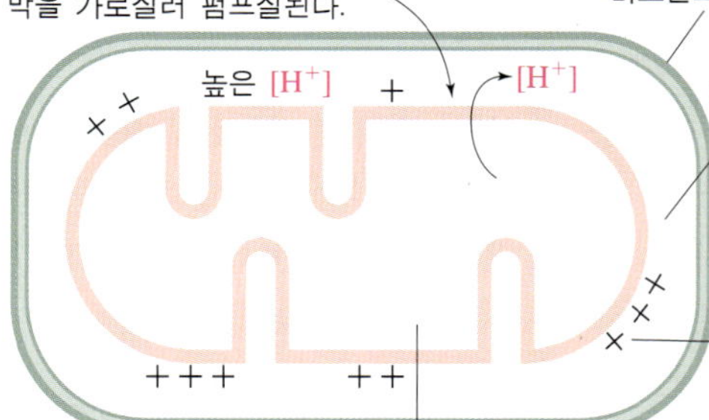

그림 13.7 | **전자 운반과 ATP 합성: 호흡 연쇄에 의한 전자의 이동으로 양성자가 기질로부터 미토콘드리아 내막의 세포질 쪽으로 펌프질됨. pH 기울기와 막 전위는 ATP를 합성하는 양성자 동력이 됨.**

양성자 동력
(proton-motive force)
양성자의 농도 차와 막 전위에 의해 생기는 힘으로 ATP 합성이나 다른 과정의 원동력이 됨.

Mitchell은 내막 안팎에 생긴 H^+의 농도차와 전위차 때문에 **양성자 동력(proton-motive force)**이 생기며, 이 힘이 ATP 생성효소가 ATP를 합성하는 것을 추진한다고 설명하였다. 화학삼투 가설은 오늘날 많은 실험 증거들에 의해서 옳다는 것이 밝혀졌다.

앞에서 설명한 바와 같이, 전자들이 호흡 연쇄를 통해 NADH에서 O_2까지 운반될 때 양성자가 세 자리에서 펌프질된다(그림 13.3 참조). 첫 번째 자리는 NADH-Q 환원효소이고, 두 번째 자리는 사이토크롬 환원효소이고, 세 번째 자리는 사이토크롬 산화효소이다. 각 자리에서 발생하는 양성자 기울기는 1 mol의 ATP를 합성하는 데 사용된다. NADH로부터 NADH-Q 환원효소의 Fe-S 무리까지 전자가 이동할 때의 $\Delta G^{\circ\prime} = -12$ kcal/mol이고, 사이토크롬 *b*로부터 환원효소의 사이토크롬 *c*1까지의 $\Delta G^{\circ\prime} =$

-10 kcal/mol이고, 사이토크롬 a로부터 사이토크롬 산화효소의 O_2까지의 $\Delta G°' = -24$ kcal/mol이다. 이 각각의 산화 반응은 표준 조건에서 ATP 합성 ($\Delta G°' = +7.3$ kcal/mol)을 추진하기에 충분한 양성자 동력을 발생시킬 수 있다.

13.10 세포액에 있는 NADH의 전자들

NADH와 NAD^+는 미토콘드리아의 내막을 투과할 수 없다. 세포질에서 해당과정으로 생성되는 글리세르알데하이드 3-인산 (glyceraldehyde 3-phosphate)의 산화 반응에서 NADH가 형성되는데, 해당과정이 지속적으로 일어나려면 NAD^+가 재생되어야 한다. 그러면 세포질에서 형성된 NADH가 어떻게 호흡 연쇄에 의해서 산화될 것인가? 이 문제는 NADH 자신이 아니라 NADH에서 나온 전자들이 미토콘드리아 내막을 가로질러 운반되면 해결된다 (그림 13.8).

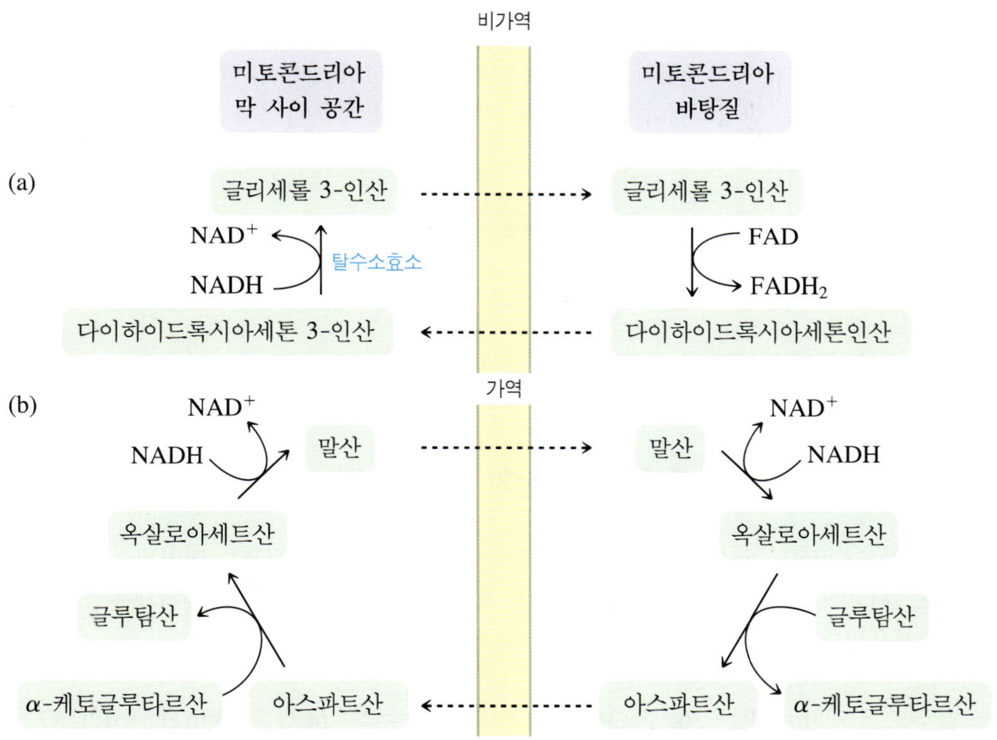

그림 13.8 | (a) 글리세롤 3-인산 왕복과정, (b) 말산-아스파트산 왕복과정

한 가지 운반체는 미토콘드리아의 막을 쉽게 횡단하는 글리세롤 3-인산 (glycerol 3-phosphate)이다. **글리세롤 3-인산 왕복과정[glycerol 3-phosphate shuttle**, 그림 13.8 (a) 참조]의 첫 번째 반응은 NADH의 전자를 다이하이드록시아세톤인산 (dihydroxyacetone phosphate)으로 옮겨서 글리세롤 3-인산을 형성하는 것이다. 글리세롤 3-인산 탈수소효소 (glycerol 3-phosphate dehydrogenase)에 의해서 촉매로 작용하는 이 반응은 세포질에서 일어난다. 미토콘드리아로 들어간 글리세롤 3-인산은 미토콘드리아의 내막에서 다이하이드록시아세톤인산으로 다시 산화된다. 이 산화 반응은 FAD를 보결 원자단으로 가진 미토콘드리아의 글리세롤 탈수소효소 (NAD^+를 보결 원자단으로 가진 세포질의 것과 다르다)에 의해서 촉매로 작용한다. 미토콘드리아에서 글리세롤 3-인산이 산화되어 생성된 다이하이드록시아세톤인산이 다시 세포질로 확산해 나감으로써 왕복과정이 완결된다. 알짜 반응은 다음과 같다.

$$\underset{\text{세포액}}{\text{NADH}} + H^+ + \underset{\text{미토콘드리아}}{\text{E-FAD}} \xrightarrow{\text{비가역}} \underset{\text{세포액}}{\text{NAD}^+} + \underset{\text{미토콘드리아}}{\text{E-FADH}_2}$$

환원된 플라빈은 미토콘드리아 안쪽에서 전자를 Q로 건네주며, 그것은 QH_2로서 호흡 연쇄로 들어간다. 그러므로 글리세롤 인산 왕복과정에 의하여 운반되는 세포액의 NADH는 호흡 연쇄에서 산화될 때 3 mol의 ATP가 아니라 2 mol의 ATP를 생산한다. 글리세롤 3-인산 왕복과정은 뇌 조직 또는 조류의 날개 근육에서 활발하게 작용한다.

간과 심장에는 특별히 활발한 다른 왕복과정이 있는데, 이것은 그림 13.8 (b)에 나타낸 **말산-아스파트산 왕복과정(malate-aspartate shuttle)**이다. 세포질의 동질효소(isoenzyme)인 말산 탈수소효소와 NADH에 의해서 옥살로아세트산이 말산으로 환원된 다음에 말산은 미토콘드리아 안으로 들어간다. 그 다음에 말산은 미토콘드리아의 바탕질에 있는 시트르산 회로의 말산 탈수소효소(미토콘드리아에 있는 말산 탈수소효소의 동질효소)와 NAD^+에 의해서 옥살로아세트산으로 재산화된다. 옥살로아세트산은 미토콘드리아의 내막을 통과하지 못하므로 기질에 있는 아미노기 전달효소에 의해 아스파트산으로 되어서 미토콘드리아 막 사이 공간으로 나간다. 아스파트산은 미토콘드리아 막 사이 공간에서 다시 옥살로아세트산으로 전환되어서 왕복과정을 다시 시작할 수 있게 된다. 아미노기 전달반응이 관련되므로 α-케토글루타르산이 계속 미토콘드리아 밖으로 반출되어야 하고 글루탐산은 계속 안으로 반입되어야 한다. 말산–아스파트산 왕복과정의 알짜 반응은 아래와 같다.

$$\underset{\substack{\text{미토콘드리아}\\\text{막 사이 공간}}}{\text{NADH}} + \underset{\substack{\text{미토콘드리아}\\\text{바탕질}}}{\text{NAD}^+} \xrightleftharpoons{\text{가역}} \underset{\substack{\text{디토콘드리아}\\\text{막 사이 공간}}}{\text{NAD}^+} + \underset{\substack{\text{미토콘드리아}\\\text{바탕질}}}{\text{NADH}}$$

그러므로 반입된 NADH 1 mol당 3 mol의 ATP가 합성된다.

13.11 1 mol의 글루코스 완전 산화

이제 우리는 1 mol의 글루코스가 완전히 산화될 때 몇 mol의 ATP가 형성되는지를 계산할 수 있다(표 13.3). 만일 세포질의 전자를 호흡 연쇄로 운반하는 데 글리세롤인산 왕복과정이 사용된다면 전체 반응은 아래와 같다(표 13.3).

$$\text{글루코스} + 36\text{ADP} + 36\text{P}_i + 36\text{H}^+ + 6\text{O}_2 \xrightleftharpoons{\text{가역}} 6\text{CO}_2 + 36\text{ATP} + 42\text{H}_2\text{O}$$

36 mol의 ATP가 생성되면서 6 mol의 산소 원자가 소모되므로 P : O 비는 6 : 1이다. 만일 세포액의 NADH 전자를 호흡 연쇄로 운반하는 데 말산–아스파트산 왕복과정이 사용된다면 산화된 1분자의 글루코스당 모두 38 mol의 ATP가 생성되고, 생산된 ATP의 거의 대부분, 즉 38 mol 중 34 mol(또는 36 mol 중 32 mol)이 산화적 인산화 반응에서 생성된다. 다음의 계산에서 알 수 있듯이 생체에서 ATP 생성의 전체 효율은 상당히 크다. 글루코스를 산화하면 표준 상태에서 686 kcal/mol을 낸다.

$$\text{글루코스} + 6\text{O}_2 \rightarrow 6\text{CO}_2 + 6\text{H}_2\text{O} \qquad \Delta G^{\circ\prime} = -686 \text{ kcal/mol}$$

ATP 가수분해의 $\Delta G^{\circ\prime}$는 -7.3 kcal/mol이므로 36 mol의 ATP에 저장된 자유 에너지는 263 kcal이다. 그러므로 표준 상태의 글루코스에서 ATP가 형성되는 열역학적 효율은 $\frac{263}{686} \times 100 = 38\%$이다.

표 13.3 글루코스의 완전 산화로 생산되는 ATP의 양

반응 순서	글루코스 1 mol당 ATP 생산량
• 해당과정 : 글루코스에서 피루브산까지 (세포질에서)	
−글루코스의 인산화	−1
−프럭토스 6-인산의 인산화	−1
−2분자의 1,3-BPG의 탈인산화	+2
−2분자의 포스포엔올피루브산의 탈인산화	
−1분자의 글리세르알데하이드 3-인산이 산화될 때 2분자의 NADH가 형성된	+2
• 피루브산의 아세틸 CoA로의 전환(미토콘드리아 내에서)	
−2분자의 NADH가 형성된다.	
• 시트르산 회로(미토콘드리아 내에서)	
−2분자의 석시닐 CoA로부터의 2분자의 GTP 형성	+2
−1분자의 아이소시트르산, α-케토글루타르산, 말산의 산화에서 각각 6분자의 NADH가 형성된다.	
−2분자의 석신산의 산화에 있어서 2분자의 $FADH_2$가 형성된다.	
• 산화적 인산화(미토콘드리아 내에서)	
−2해당과정에서 형성된 2분자의 NADH: 각각 2분자의 ATP를 생산한다(글리세롤인산 왕복과정에 의해서 NADH가 운반된다고 가정)	+4
−피루브산의 산화적 탈카복실화 반응에서 형성된 2분자의 NADH : 각각 3분자의 ATP를 생산한다.	+6
−시트르산 회로에서 형성된 2분자의 $FADH_2$: 각각 2분자의 ATP를 생산한다.	+4
−시트르산 회로에서 형성된 6분자의 NADH : 각각 3분자의 ATP를 생산한다.	+18
글루코스 1 mol당 알짜 생산량	+36

연습 문제

1. 산화적 인산화 반응과 기질 수준에서 일어나는 인산화 반응의 차이를 설명하시오.

2. 전자 전달계에는 많은 증거들이 사합체 복합체들 Ⅰ, Ⅱ, Ⅲ, Ⅳ가 훨씬 더 큰 복합체의 부분임을 증명하고 있다. 한 거대복합체 내에 모두 네 개의 복합체를 갖는 장점은 무엇인가?

3. 아래의 호흡 연쇄의 성분들을 알맞은 순서로 배열하시오. 또한 이동성이 큰 전자 운반체는 어느 것인가?

① 사이토크롬 *c* ② NADH-Q 환원효소 ③ 사이토크롬 환원효소
④ 유비퀴논 ⑤ 사이토크롬 산화효소

4. 전자 운반 연쇄의 성분들에는 어떠한 것이 있는지 설명하시오.

5. NADPH는 어느 대사 단계에서 주로 합성되며, 세포내에서 어떤 용도로 사용되는지 설명하시오.

6. 아이소시트르산 탈수소효소(isocitrate dehydrogenase)는 사합체에서만 발견되지만 말산 탈수소효소는 세포질액과 사합체에서 모두 발견된다. 세포질액의 말산 탈수소효소의 역할을 기술하시오.

7. ADP와 P_i는 ATP 합성에 필요하지만 그 합성 속도는 P_i가 아닌 ADP 농도에 주로 의존한다. 왜일까?

8. 사합체의 호흡 사슬의 NADH 탈수소효소 복합체는 다음과 같은 일련의 산화-환원 반응을 촉진한다. Fe^{3+}와 Fe^{2+}는 철-황 중심부에서 철을 나타내고, Q는 유비퀴논을, QH_2는 유비퀴놀을, 그리고 E는 효소를 나타낸다.

(1) $NADH + H^+ + E\text{-}FMN \rightarrow NAD^+ + E\text{-}FMNH_2$
(2) $E\text{-}FMNH_2 + 2Fe^{3+} \rightarrow E\text{-}FMN + 2Fe^{2+} + 2H^+$
(3) $2Fe^{2+} + 2H^+ + Q \rightarrow 2Fe^{3+} + QH_2$

합계: $2Fe^{2+} + 2H^+ + Q \rightarrow NAD^+ + QH_2$

NADH 탈수소효소 복합체에 의하여 촉진되는 세 가지 반응 각각에 대하여, (a) 전자 주개, (b) 전자 받개, (c) 짝 산화-환원 쌍, (d) 환원제, (e) 산화제를 표시하시오.

9. 전자 전달계에서 유비퀴논의 퀴논 부위만이 산화-환원 과정을 거치고 아이소프레노이드 곁사슬은 변하지 않고 유지된다. 이 사슬의 기능은 무엇인가?

10. 시금치 엽록소에 ADP와 P_i가 없는 상태에서 빛을 쪼이고 그 다음에 빛을 끄고 ADP와 P_i를 처리한다. 그러면 ATP는 빛이 없는 상태에서 짧은 시간 내에 합성된다. 이 현상을 설명하시오.

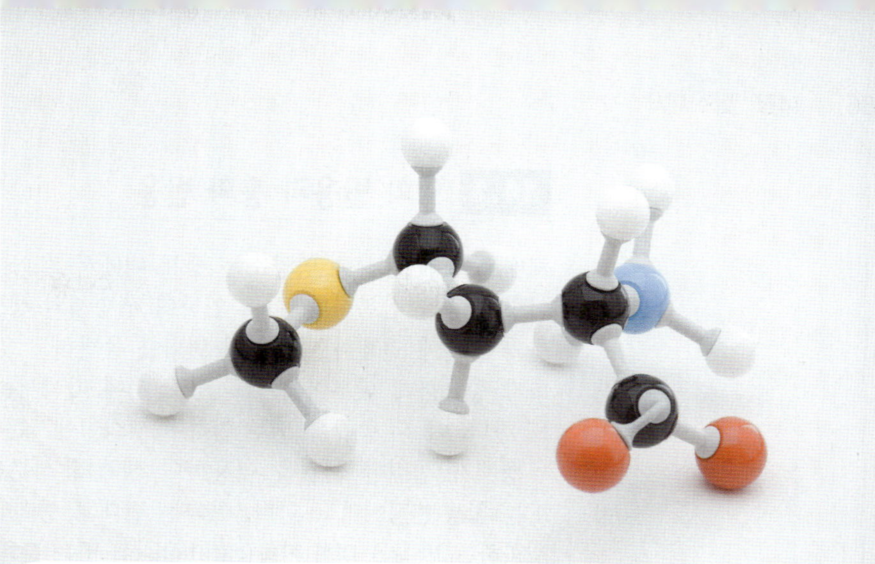

14 질소 대사

학습 목표

- 생체 내에서의 이화 반응과 동화 반응의 역할을 이해한다.
- 탈아미노 반응과 탈탄산 반응을 이해한다.
- 단백질 대사와 관련된 주요 대사들을 이해한다.

주요 용어

- 이화 반응, 동화 반응, 선구효소, 탈아미노 반응, 탈탄산 반응, 아미노산 대사, 요소 회로

14.1 이화 반응과 동화 반응

체내로 섭취된 각종 영양소는 생체 내에서 효소를 촉매로 하여 여러 종류의 동화 반응과 이화 반응을 반복한다. 이로 인하여 생명체의 생명이 유지된다. 화학 반응이란 물질의 변화와 동시에 언제나 에너지의 변화를 동반하고 있다. 생체 반응은 관점에 따라 물질의 변화가 중요하게 다루어지기도 하고, 때에 따라서는 에너지의 변화가 중요하게 다루어지기도 한다. 이 두 종류를 모두 합하여 생화학에서는 **신진대사(metabolism)** 라고 한다.

생체가 섭취한 물질을 이용하여 생체의 성분을 만드는 반응을 **동화 반응(anabolism)** 또는 **합성 반응**이라고 한다. 이와는 반대로 동화 반응으로 얻어진 물질의 일부분을 분해, 소화하는 반응을 **이화 반응(catabolism)** 또는 **분해 반응**이라고 한다(그림 14.1).

그림 14.1 | 동화 반응과 이화 반응

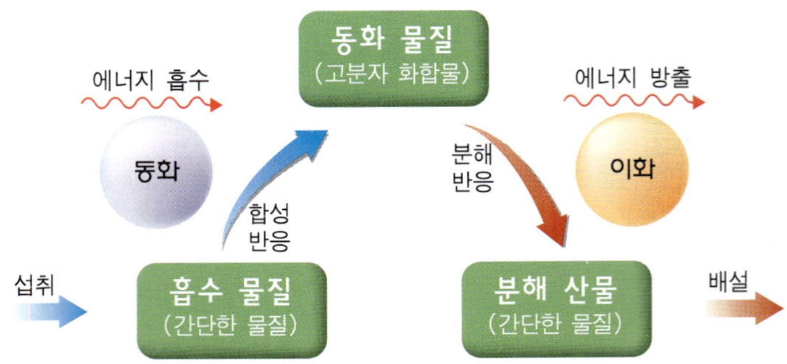

14.2 생체 분자의 작용기

작용기(functional group)
공통된 화학적 특성을 가진 유기 화합물에서 각 특성의 원인이 되는 공통된 원자단 결합 형식

거의 모든 유기 화합물은 탄화수소의 유도체이며, 이 탄화수소의 수소를 여러 가지 원자 집단(기능기 또는 작용기)으로 치환시키면 반응성이 풍부한 성질을 가지는 유기 화합물이 된다. 중요한 이 원자 집단(작용기)에는 $-OH$(하이드록시기), $-NH_2$(아미노기), $-COOH$(카복실기), $-CO-$(카보닐기, 케톤기), $-CHO$(알데하이드기), $-SH$(싸이올기), $-CH_3$(메틸기), $-C_2H_5$(에틸기), $-COCH_3$(아세틸기), $-H_2PO_4$(인산기), $-CO-O-$(에스터기) 등이 있다. 이들의 작용기는 꼭 알아두도록 하자.

14.3 단백질의 분해

사람은 약 20가지의 필요한 아미노산들 중 11가지를 체내에서 합성할 수 있지만 나머지 9가지는 합성할 능력이 없기 때문에 음식물에서 얻어야 한다[이것을 **필수 아미노산(essential amino acid)** 이라고 함]. 우리가 섭취한 단백질은 소화되어 흡수되며, 흡수된 단백질은 아미노산으로 분해된다. 아미노산들의 분해에서 나오는 탄소 골격은 다른 아미노산들 또는 다른 생체 분자들의 선구물질이 될 수도 있고, 더 분해되어 ATP를 생산하는 데 사용될 수도 있다. 그리고 아미노산의 분해에서 나온 암모늄 이온(NH_4^+)은 다른 아미노산들을 합성하는 데 사용되기도 하고, 요소(urea)로 전환되어 몸 밖으로 배설되기도 한다.

요소 (urea)
모든 포유동물과 일부 어류의 단백질 대사 최종 분해 산물. 체내에서 단백질이 분해된 후 생성된 암모니아는 오르니틴 회로를 통해 요소로 전환됨.

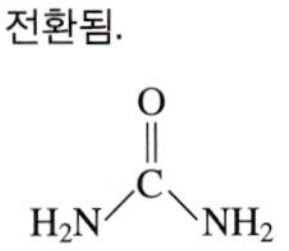

미생물은 질소(N_2)를 고정하여 NH_4^+ 형태로 고정되며 생체에서 아미노산을 비롯한 여러 가지 생체 분자들로 전환한다. 아미노산들은 단백질의 구성 성분이다. 질소를 함유하는 생체 분자들 중에는 핵산의 구성 성분인 퓨린(purine)과 피리미딘(pyrimidine)의 유도체, 보조효소, 호르몬 등이 있다.

14.4 단백질의 에너지

음식을 통해서 섭취한 단백질은 최종적으로 탄산 가스, 물, 요소로 분해되며, 단백질 1 g 당 4 kcal의 에너지를 생산한다. 혈장 단백질의 60%를 차지하고 있는 알부민(albumin)은 영양 결핍 상태가 되면 단백질원이 되어 에너지를 생산한다. 따라서 단백질도 중요한 에너지원이라고 말할 수 있다.

알부민 (albumin)
생체 세포나 체액 중에 넓게 분포되어 있는 단순 단백질로, 글로불린과 함께 세포의 기초 물질을 구성하며, 동식물의 조직 속에 널리 존재함.

14.5 단백질 분해대사

단백질은 사람에게 제일 중요한 질소의 영양소이다. 우리가 섭취한 단백질은 소화기관을 지나가면서 여러 가지 **단백질가수분해효소(protease)** 들과 **펩타이드가수분해효소(peptidase)** 들에 의해서 점진적으로 가수분해되어 아미노산들(amino acids)을 방출한다. 이 아미노산들은 장의 점막을 통해서 흡수된다.

단백질의 가수분해는 위에서 시작하며, 췌장액이 분비되어 나오는 소장에서 계속된다. 단백질의 가수분해는 효소의 작용으로만 일어난다. 몇몇 펩타이드가수분해효소들을 제외한 거의 모든 단백질가수분해효소들은 최초에는 선구효소(proenzyme) [**지모젠 (zymogen)** 이라고도 한다]로 생산된다. 이 선구효소가 제한적으로 가수분해되어 활성을 가진 효소로 전환된다. 단백질가수분해효소들은 처음에 불활성 형태로 분비되므로 세포의 단백질들이 분해 작용으로부터 보호되고, 효소 단백질 자신도 자가분해 작용을 받지 않는다. 단백질가수분해효소들은 펩타이드 결합(peptide bond)을 분해한다. 가수분해되는 기질의 분자량이 10,000 이상이면 그 효소를 단백질가수분해효소라고 하고, 10,000 이하이면 펩타이드가수분해효소라고 한다. 두 가지 효소들은 펩타이드 결합의 가수분해를 촉매한다.

지모젠 (zymogen)
효소를 생합성하는 과정에서 생기는 효소 분자보다 큰 단백질. 각종 단백질 분해효소는 펩시노젠, 트립시노젠 등의 지모젠으로서 소화관 내로 분비됨.

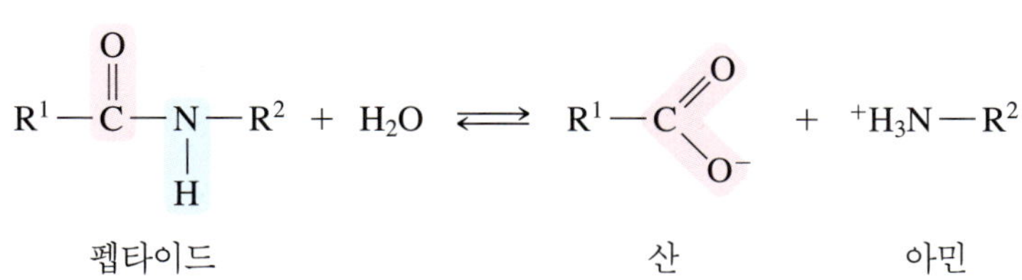

단백질 분자의 안쪽으로 있는 펩타이드 결합들을 가수분해하는 효소들을 **내부펩타이드가수분해효소(endopeptidase)** 라 하고, 단백질 분자의 말단 부분의 펩타이드 결합을 가수분해하는 효소를 **외부펩타이드가수분해효소(exopeptidase)** 라고 한다. 외부펩타이드가수분해효소는 다시 아미노 말단 부분의 펩타이드 결합을 가수분해하는 **아미노말단펩타이드가수분해효소(aminopeptidase)** 와 카복시 말단 부분의 펩타이드 결합을 가수분해하는 **카복시말단펩타이드가수분해효소(carboxypeptidase)** 로 나누어진다(그림 14.2).

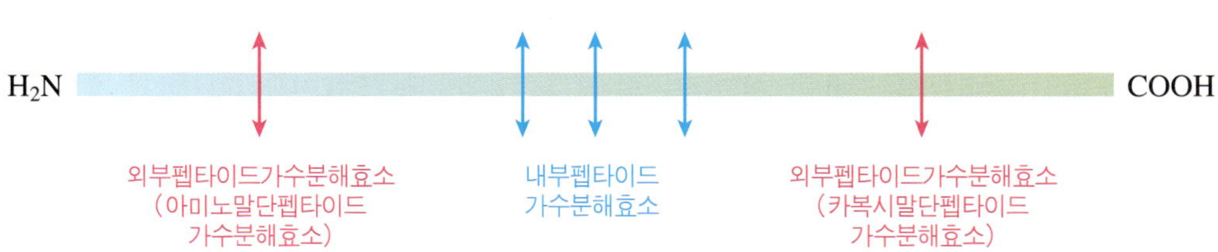

그림 14.2 | **단백질을 가수분해하는 효소들**

소화와 관계되는 몇 가지 단백질들의 성질을 알아보자. 단백질이 위에 들어오면 위점막에서 **펩신(pepsin)** 의 지모젠인 펩시노젠(pepsinogen)과 염산(HCl)이 분비된다. 염산은 펩시노젠을 활성이 있는 펩신으로 바꾼다. 펩신은 타이로신(tyrosine), 페닐알라닌(phenylalanine) 및 트립토판(tryptophan)들과 같은 방향족 아미노산들의 아미노기 쪽의 펩타이드 결합을 가수분해한다.

췌장의 외분비샘에서 분비되는 선구효소인 트립시노젠(trypsinogen)은 소장에 있는 엔테로카이네이스(enterokinase)의 작용으로 활성화되어서 **트립신(trypsin)**으로 전환된다. 트립신은 염기성 아미노산인 아르지닌(arginine)과 라이신(lysine) 잔기들의 카복실기 쪽의 펩타이드 결합을 분해한다. 트립신은 천연의 단백질보다는 변성된 단백질을 더 잘 가수분해한다.

키모트립신(chymotrypsin)도 췌장에서 분비되는 지모젠인 키모트립시노젠(chymotrypsinogen)으로부터 생성된다. 이 지모젠은 트립신의 제한 가수분해로 활성화된다. 키모트립신은 방향족 아미노산인 페닐알라닌, 타이로신 및 트립토판 등의 카복실기 쪽의 펩타이드 결합을 가수분해하나, 키모트립신은 변성된 단백질보다는 천연의 단백질을 더 잘 가수분해한다.

엘라스틴가수분해효소(elastase)도 췌장에서 생산되는 지모젠인 선구엘라스틴가수분해효소(proelastase)가 트립신으로 가수분해됨으로써 생성된다. 엘라스틴가수분해효소는 결합조직에 있는 섬유상 단백질 엘라스틴(elastin)을 가수분해하는 효소이다.

14.6 탈아미노 반응

산화적 탈아미노화 반응은 아미노산이 NAD를 보조효소로 하는 **탈수소효소(dehydrogenase)**에 의해 산화된 후, **비효소적인 분해 반응**을 통해 케토산이 되는 반응이다. 그림 14.3에 글루탐산(glutamic acid)의 탈아미노화 반응을 나타내고 있다.

그림 14.3 | 글루탐산의 산화적 탈아미노화 반응

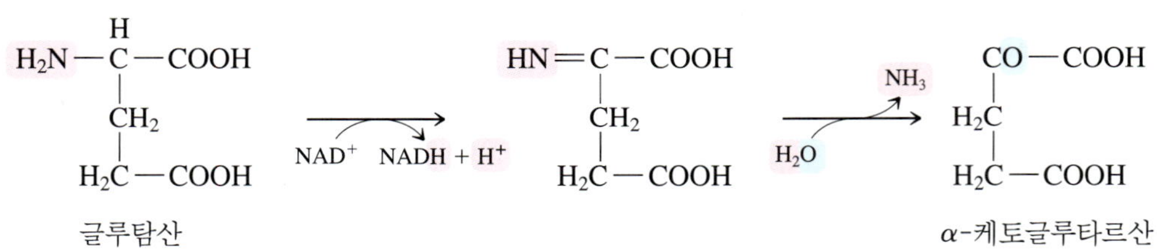

아미노기 전이 반응은 비타민 B6를 보조효소로 하는 전이효소에 의해 아미노기가 케토산으로 전이되는 반응이다(그림 14.4). 임상 진단에 이용되는 혈장효소 AST(GOT), ALT(GDT)는 원래 근육이나 간장의 세포에 존재하지만 심근경색이나 급성 간염 등의 환자의 경우 혈액 중에 나타난다. 따라서 혈청 중에 있는 이 효소들의 활성을 측정하여 질병의 진단이나 치료 경과의 관찰 등에 이용하고 있다.

> AST (aspartate aminotransferase: GOT), ALT (alanine aminotransferase: GDT)
> 간세포 내에 존재하는 효소들로 주로 간세포가 손상을 받는 경우에 혈중으로 방출되어 혈중 수치가 증가함. 급성 간세포 손상 초기에는 간세포 내 농도가 높은 AST가 ALT보다 더 많이 증가하지만 24~48시간 뒤에는 반감기가 더 긴 ALT가 더 높아짐.

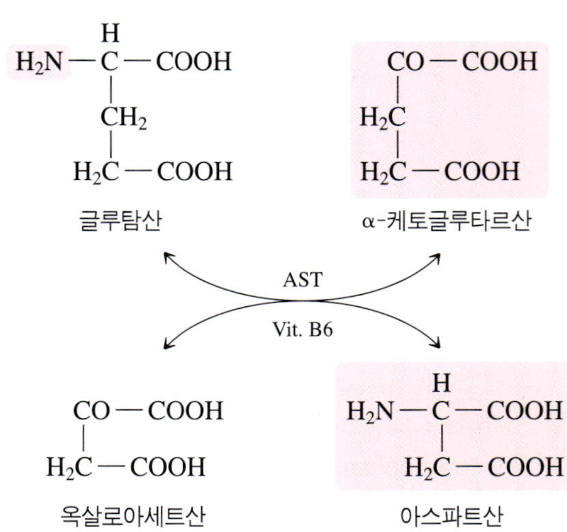

그림 14.4 | 아미노산의 전이 반응: AST(aspartate aminotransferase)는 GOT라고 하였으나 AST라고 명칭이 정해졌다. Vit. B6 : 보조효소형 비타민 B6 (PAL-P: pyridoxal phosphate).

14.7 탈탄산 반응

아미노산은 비타민 B6를 보조효소로 하는 탈탄산효소(decarboxylase)에 의해 분해되어 아민과 탄산 가스가 된다(그림 14.5). 이 과정에서 생성된 아민은 체내에서 유용하게 이용되는 것도 있는가 하면 반대로 알레르기 반응에 관여하는 것도 있다.

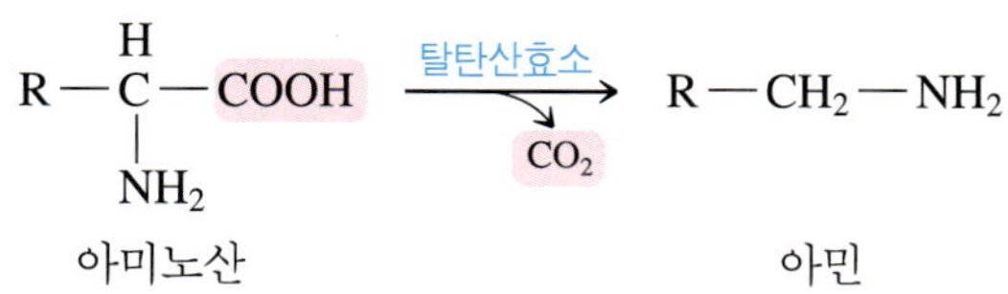

그림 14.5 | 아미노산의 탈탄산 반응

탈탄산 반응에 의해 생성되는 주요한 아민(생체 아민)은 표 14.1에 나타내었다.

표 14.1 생체 아민류

3,4-비스하이드록시페닐알라닌	→	도파민(dopamin)
히스티딘	→	히스타민(histamine)
5-하이드록시트립토판	→	세로토닌(serotonin)
라이신	→	카다베린(cadaverine)
오르니틴	→	퓨트레신(putrescine)
글루탐산	→	감마아미노뷰티르산(γ-aminobutyric acid)

도파민(dopamine)
체내에서 생산되는 신경전달물질. 도파민이 뉴런의 도파민 수용체와 결합하고 이것이 G단백질에 결합하여 2차전령을 활성화 또는 억제함.

히스타민(histamine)
조직 내에서 단백질과 결합하여 비활성 상태에 있다가 이상 증세가 보일 때 활성형으로 바뀌어 장기나 조직에 작용함.

14.8 가지사슬형의 아미노산 대사

발린, 루신, 아이소루신은 **가지사슬형 아미노산(branched chain amino acid, BCAA)**(그림 14.6)이다. 이들은 우리들이 일상생활에서 섭취하고 있는 필수 아미노산의 약 50%를 차지하고 있으며, 근육이나 뇌 등 일반 조직에 널리 활용되고 있다. 이들 아미노산은 소수성 성질이 강하여 단백질의 소수성을 한층 더 강하게 하는 역할을 한다.

간경화증 환자의 경우 가지사슬형 아미노산의 농도는 저하되며, 이와는 반대로 방향족 아미노산(Aromatic Amino Acid : AAA)의 농도는 높아진다. 이때는 피셔 비율(BCAA/AAA)을 증가시킨 혈액을 투여해서 질환을 개선하기도 한다.

BCAA는 **가지사슬형 아미노산트랜스페레이스(BCAA aminotransferase)**에 의해 α-케토산(α-keto acid)이 된다. 또한 산화적 탈수소효소 복합체에 의해 유기산 또는 아세틸 CoA로 분해된다(그림 14.6). 산화적 탈탄산효소의 결손증으로 **단풍당뇨병(maple syrup urine disease)**이 될 수 있다. 이 경우 옥소산이 축적하여 뇌 장애를 초래하기도 한다.

피셔 비율(Fischer ratio)
가지달린 사슬형 아미노산과 방향족 아미노산의 비율(BCAA/AAA)를 의미하며, 피셔의 비율이 높은 식품으로는 대표적으로 연어, 쌀밥, 우유가 있음.

단풍당뇨병
(maple syrup urine disease)
루신, 아이소루신, 발린 3종류의 아미노산의 산화적 탈탄산효소의 활성이 선천적으로 장애되어 일어나는 질환. 소변과 땀에서 단풍당밀의 냄새가 나고, 경련, 경직, 전반적인 근육 이완, 혼수상태 등을 동반하는 선천성 대사이상증

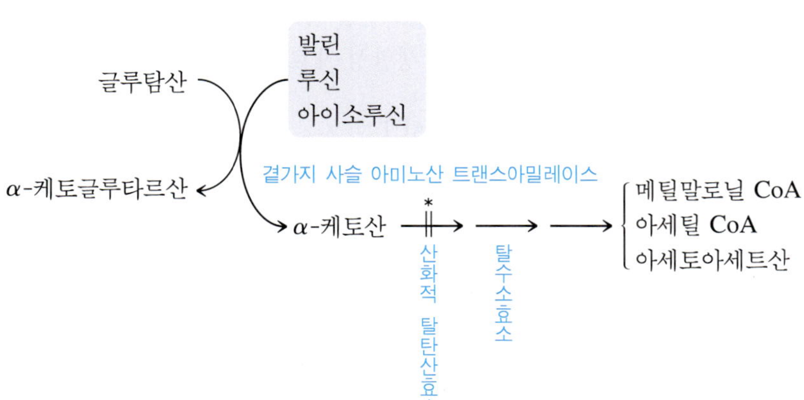

그림 14.6 | 가지사슬형 아미노산의 대사

14.9 황을 가진 아미노산 대사

황(sulfur)을 가진 아미노산의 하나인 **시스테인(cysteine)**은 SH 효소의 활성 부위로서, 동일 단백질 분자 내 또는 하위 단위 단백질 사이의 **이황화 합성(−S−S−)**을 형성하는 중요한 역할을 한다. **시스테인은 탈아미노화 반응 후 피루브산과 황산이 된다.** 황산은 다당류의 황산화(산성뮤코단백질) 등에 사용된다.

시스테인은 글루타싸이온(Glu-Cys-Gly)이나 타우린(taurine)의 합성 재료로서도 중요하다. 메싸이오닌은 필수 아미노산이며, 지방간 예방 인자로서 널리 알려져 있다. 간장에서 5-아데노실싸이오닌(활성 메싸이오닌)이 되며, 콜린(choline), 크레아틴(creatine)의 합성 시 메틸기 공여체로서 관여한다(그림 14.7).

글루타싸이온(glutathione)
아미노산인 시스테인, 글루타민, 글리신으로부터 간에서 합성되는 단백질. 강력한 항산화제로 자유라디칼로부터 세포 손상을 방지하며 중금속과 약물을 해독함으로써 혈액 질환과 간 질환을 치료함.

타우린(taurine)
아미노산처럼 양성 전해질의 성질을 갖고 있는 아미노에틸술폰산. 담즙산의 형태로 각종 동물의 쓸개즙 중에 들어 있으며, 동물에 있어서는 시스테인의 주 산화 생성물로 중간 생성물인 하이포타우린의 산화에 의하여 주로 생성됨.

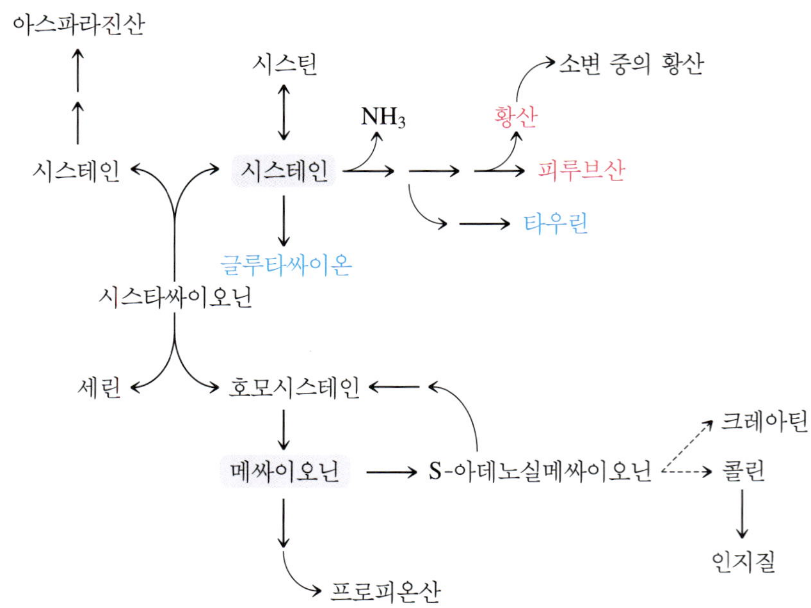

그림 14.7 | **황을 가진 아미노산의 대사**

크레아틴(creatine)은 크레아틴 인산(creatine phosphate)으로서 근육의 에너지 대사에 관여한다. 소변에는 크레아티닌(creatinine)이 근육량에 비례해서 일정량이 배출된다.

크레아틴(creatine)
아미노기 대신에 구아니딘기를 가진 아미노산 유사물질로, 척추동물의 근육 속에 다량으로 존재함. 인산과 결합하여 크레아틴 인산으로 존재하다가 산소 결핍 시 근육에서 ADP를 ATP로 인산화시키면서 인산과 크레아틴으로 분해됨.

콜린(choline)
레시틴 등의 복합지질 성분이며, 아세틸콜린의 성분으로 신경 흥분 전달에 관여하는 물질

14.10 옥시 아미노산 대사

분자 중에 하이드록시기(−OH)를 가지고 있는 아미노산 **세린(serine)**과 **트레오닌(threonine)**은 당단백질 중 당의 사슬과 단백질과의 결합을 하는 역할을 한다. 그리고 세린은 피루브산의 모양으로, 트레오닌은 프로피오닐 또는 아세틸 CoA의 형태로 TCA 회로에 들어간다. 이 두 아미노산은 글리신의 생합성 재료로도 중요하다(그림 14.8).

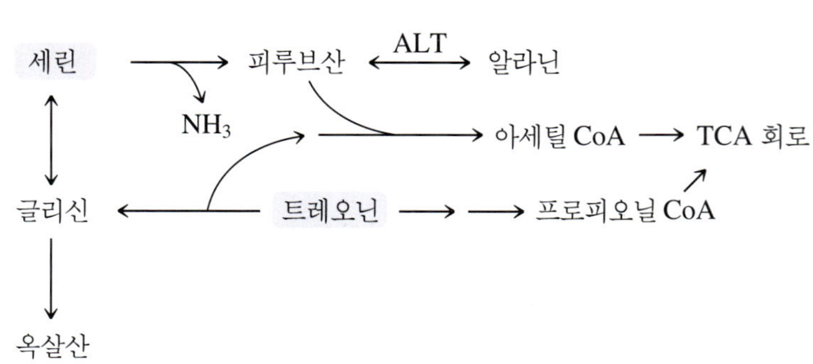

그림 14.8 | **옥시 아미노산의 대사와 글리신의 합성**

14.11 방향족 아미노산 대사

페닐알라닌(phenylalanine)은 최종적으로 퓨마르산, 아세토아세틸 CoA로 분해된다. 그러나 타이로신, 멜라닌, 아드레날린(부신피질 호르몬) 등의 합성 원료로서도 중요하다.

페닐알라닌은 수산화 효소에 의해 산화되어 **타이로신(tyrosine)**이 된다. 이 효소가 결실되면 **페닐케톤뇨증(phenylkethonuria)**이 되며 페닐알라닌은 아미노기 전이 반응에 의해 탈아미노화 반응을 하여 페닐피루브산이 된다. Fe^{3+}으로 페닐피루브산의 검출이 가능하기 때문에 페닐케톤뇨증을 예방하는 검사방법으로 알려져 있다. 로페밀크(페닐알라닌이 소량 들어 있는 밀크)를 섭취하면 뇌장애를 예방할 수 있다.

백피증(albinism)은 사람, 포유동물에 자주 나타나며, 멜라닌 합성 대사 경로의 효소 결손에 의한 질병으로 멜라닌 색소 결핍에 의해 피부와 털이 하얗게 되고 눈의 홍채 색소도 감소한다(그림 14.9).

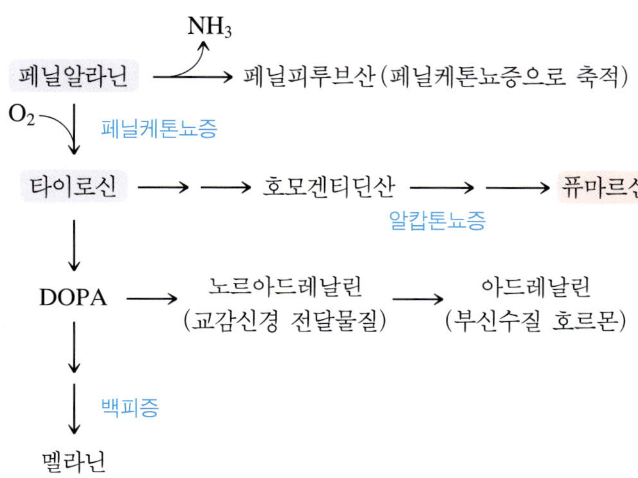

그림 14.9 | **방향족 아미노산(페닐알라닌, 타이로신)의 대사: DOPA(3,4-dihydroxyphenylalanine)**

트립토판(tryptophan)은 필수 아미노산이지만 단백질 중에 그 양이 아주 적게 함유되어 있다(예, 소의 혈장 알부민 중에는 한 개의 트립토판만 함유하고 있다). 트립토판으로부터는 세로토닌, 멜라토닌, 니코틴산 등이 합성된다(그림 14.10).

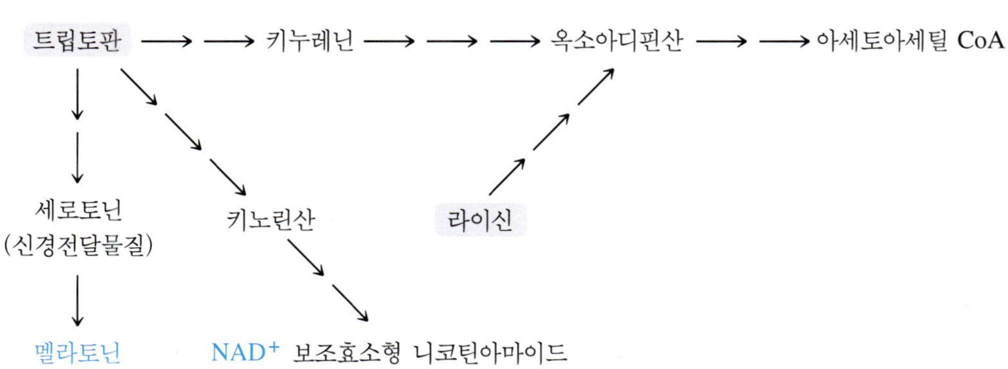

그림 14.10 | **트립토판 및 라이신의 대사**

페닐케톤뇨증(phenylkethonuria)
페닐알라닌 분해효소의 결핍으로 인한 체내 페닐알라닌 과다 축적, 이로 인한 경련 및 발달 장애를 일으키는 상염색체성 유전대사 질환

로페밀크(ropemilk)
페닐알라닌이 소량 들어 있는 밀크

알캅톤뇨증(alkaptonuria)
페닐알라닌과 타이로신 분해 과정 장애 질환, 알캅톤을 소변으로 배출시키는 상염색체 열성으로 유전되는 질병

백피증(albinism)
유전성 멜라닌 색소 결손증. 피부와 털이 하얗게 되며, 눈의 맥락막이나 홍채의 색소도 감소함. 멜라닌 합성 경로에 관여하는 효소의 결손에 의한 것으로 상염색체 열성으로 유전되는 질병

세로토닌(serotonin)
뇌의 시상하부 중추에 존재하는 신경전달물질, 식욕 및 음식물 선택에 있어 중요한 조절자로 작용하며 부족할 시 우울증, 불안감이 유발되며 증가 시 식욕이 감소함.

멜라토닌(melatonin)
척추동물의 간뇌 등면에 돌출해 있는 내분비선에서 생성, 분비되는 호르몬, 밤과 낮의 길이나 계절에 따른 일조 시간의 변화 등과 같은 광주기를 감지하여 생식 활동의 일주성, 연주성 등 생체리듬에 관여함.

14.12 요소 회로

육지에 사는 척추동물의 경우 요소는 **요소 회로(urea cycle)**에 의해 합성된다(그림 14.11). 이 회로에 의해 합성되는 요소의 질소 원자 또는 탄소 원자는 아스파트산(aspartate)과 NH_4^+와 CO_2에서 온다. 이 회로에서 **오르니틴(ornithine)**은 탄소 원자와 질소 원자를 운반하는 역할을 한다.

그림 14.11 | **요소 회로**

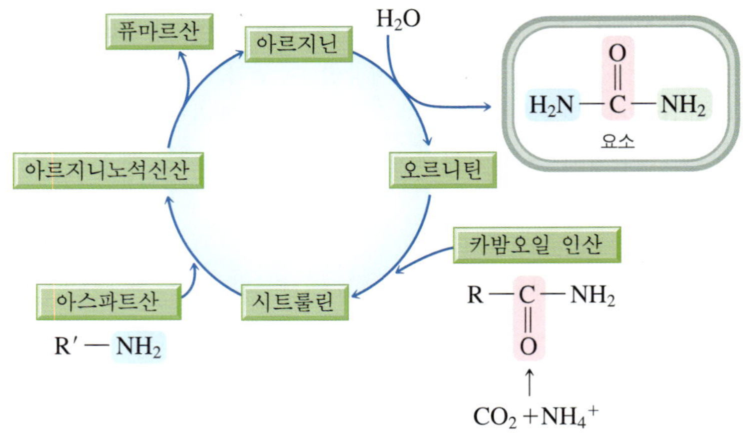

> **아르지닌(arginine)**
> 오르니틴 회로의 구성 성분. 암모니아 또는 다량의 아미노산의 독성에 대하여 보호. 동물의 성장에 필요한 준필수 아미노산으로 아르지닌을 제거하면 식욕이 감퇴되고 성장이 느려짐.

요소를 직접 생산하는 선구물질은 아르지닌(arginine)이며, 이것은 아르지닌가수분해효소(arginase)의 작용에 의해 요소와 오르니틴으로 가수분해된다.

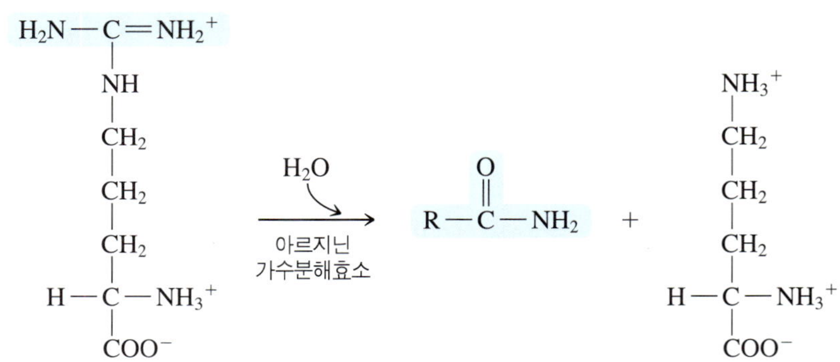

아르지닌 오르니틴

요소 회로의 그 밖의 반응들은 오르니틴으로부터 아르지닌을 합성하는 것들이다. 첫째, **오르니틴 카밤오일기전달효소(ornithine transcarbamoylase)**로 촉매되는 반응에서 카밤오일기가 오르니틴으로 옮겨 가서 시트룰린(citrulline)을 형성한다. 이 반응에서 카밤오일기는 카밤오일 인산(carbamoyl phosphate)에서 공급된다.

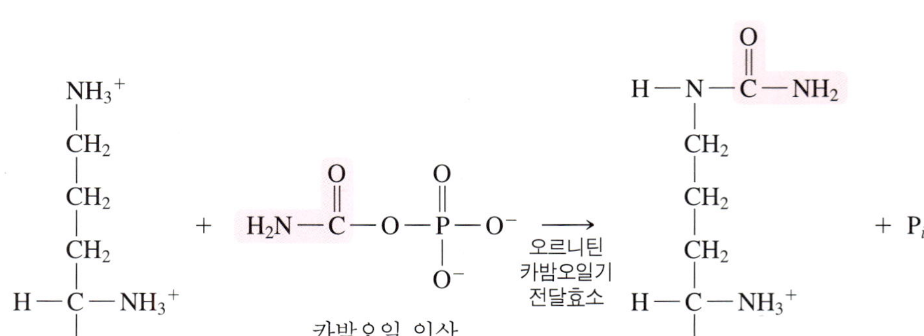

오르니틴 시트룰린

그 다음 반응은 시트룰린과 아스파트산이 축합하여 아르지노석신산(arginosuccinate)이 합성되는 반응이다. 이 반응을 촉매하는 효소는 **아르지노석신산 합성효소(arginosuccinate synthetase)**이며, ATP가 필요하다. 이 합성 반응은 ATP의 가수분해로 생기는 피로인산(PP_i)의 가수분해로 추진된다.

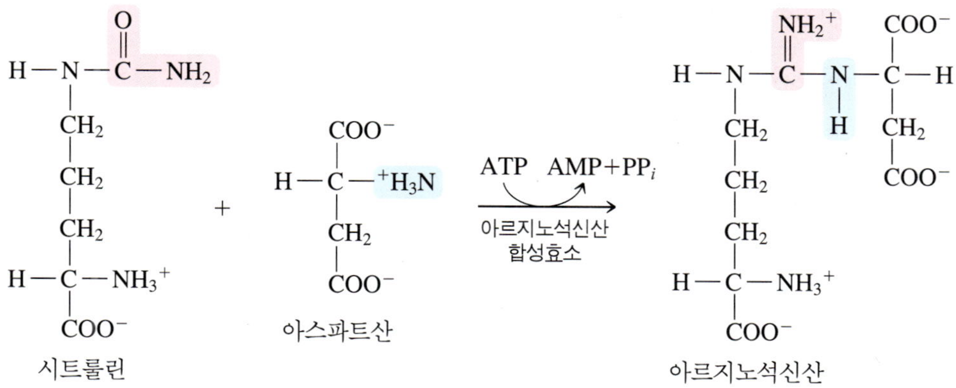

마지막으로, **아르지니노석신산분해효소(argininosuccinase)**가 아르지노석신산을 아르지닌과 퓨마르산(fumarate)으로 분해한다. 아스파트산의 아미노기를 옮겨서 아르지닌을 형성시키는 이 반응들은 아스파트산의 탄소 골격을 보존하는 것을 주목하라.

> **퓨마르산**(fumarate)
> 인체 대사 과정인 크레브스 회로의 중간체로 생성되는 중요한 유기산. 고체 유기산 중 가격이 저렴하고 그 효과가 큼.

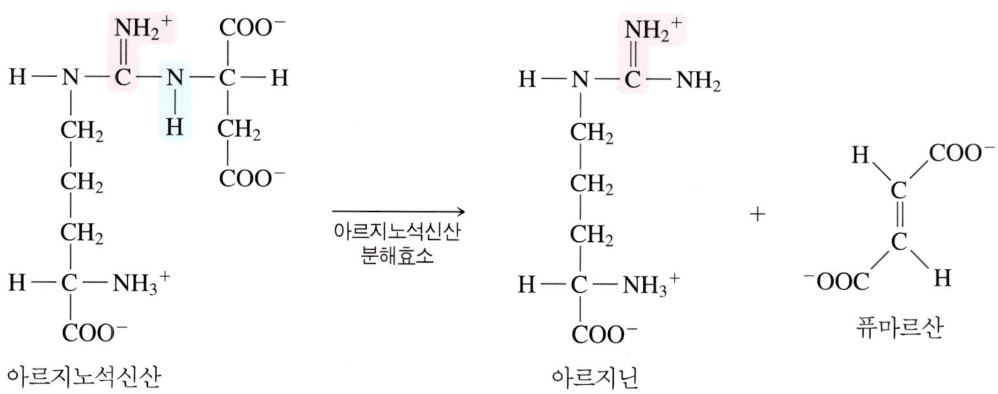

카밤오일 인산은 미토콘드리아 안에서 **카밤오일 인산 합성효소(carbamoyl phosphate synthetase)**로 촉매되는 반응으로써, NH_4^+, CO_2, ATP 및 H_2O로부터 합성된다.

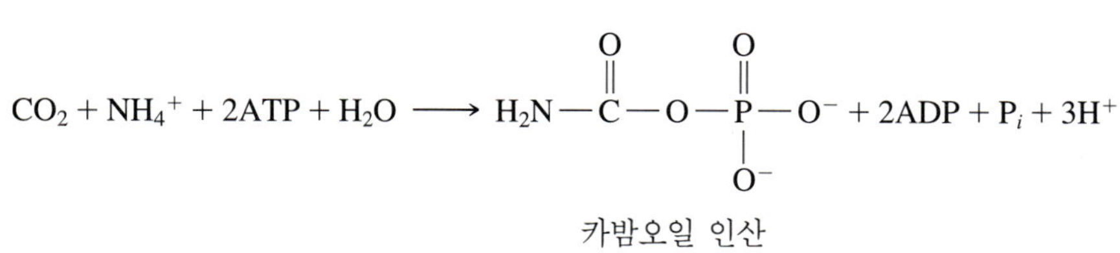

14.13 요소 회로와 시트르산 회로

요소 합성 반응의 화학량론은 아래와 같다.

$$CO_2 + NH_4 + 3ATP + \text{아스파트산} + 2H_2O \longrightarrow \text{요소} + 2ADP + 2P_i + AMP + PP_i + \text{퓨마르산}$$

요소 회로에서 퓨마르산이 생성되기 때문에 퓨마르산은 요소 회로와 시트르산 회로를 연결하는 고리가 된다. 퓨마르산은 말산(malate)으로 수화되고, 말산은 다시 옥살로아세트산(oxaloacetate)으로 산화되어서 시트르산 회로로 들어간다.

14.14 당합성

아미노산은 탈아미노화 반응 후 케톤체를 만드는 케토생성(ketogenic) 아미노산과 탄수화물로 변할 수 있는 당생성(glucogenic) 아미노산으로 분류된다. 이들 모두 아세틸 CoA를 생성하지만 당생성 아미노산은 TCA 회로의 중간물질이 되어 당합성(글루코스, 글리코젠의 합성)반응의 원료가 된다(그림 14.12). 순수하게 케토생성 아미노산은 루신뿐이며, 그 외는 탄소 골격 일부가 대사 도중에 당원성이 된다.

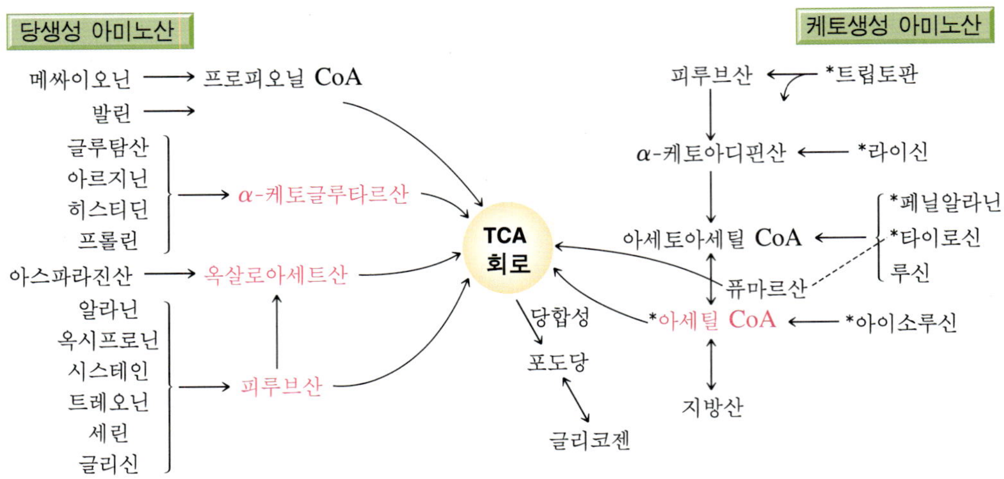

그림 14.12 | 당생성 아미노산과 케토생성 아미노산: * 표는 일부가 당생성과 케토생성임. 순수하게 케토생성인 것은 루신뿐임.

최종적으로는 이들 모두 탄산 가스와 물로 산화·분해되며, 이 과정에서 에너지 대사(ATP 생성)에 관여한다. 그림 14.13은 아미노산 대사 과정을 정리한 것이다.

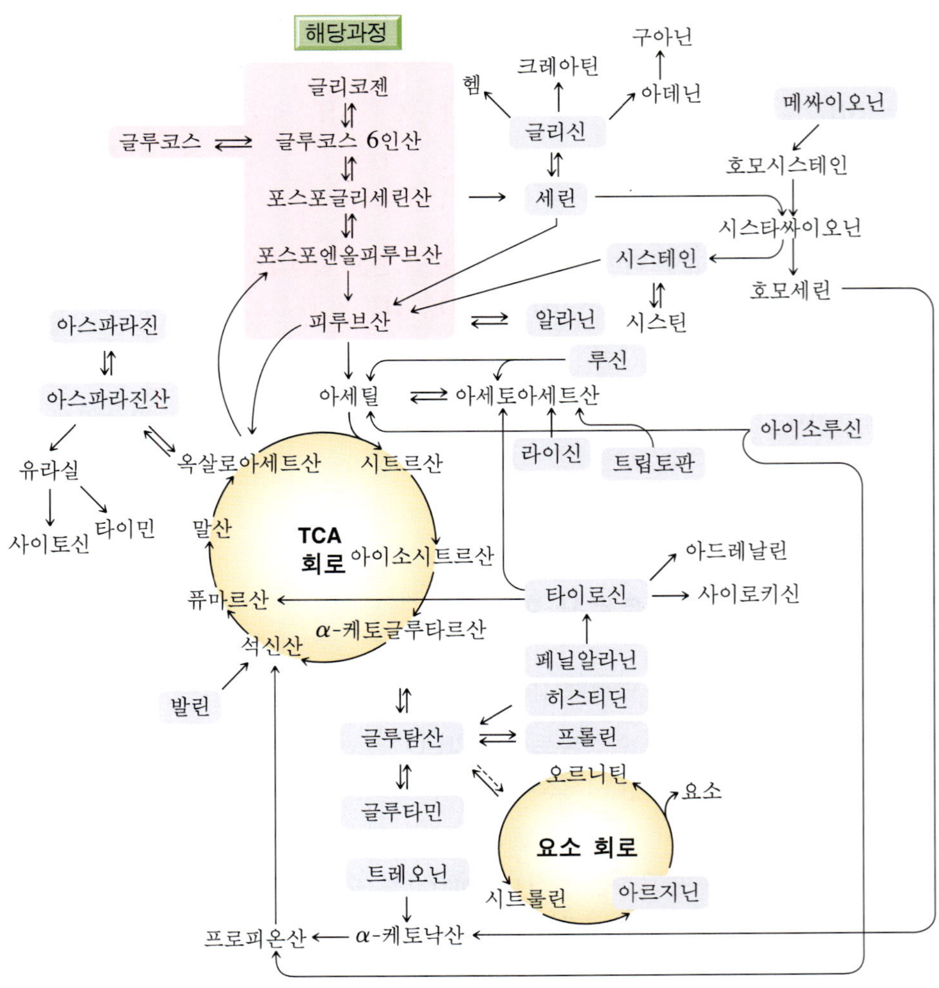

그림 14.13 | 아미노산 대사와 탄수화물 대사

14.15 아미노산 대사 이상증

아미노산 대사에 관계하는 효소 유전자에 이상이 생기면 이로부터 합성된 아미노산, 이상 대사물질의 축적, 대사물질의 결핍 등이 발생하여 다양한 증상의 질병을 초래할 수 있다. 표 14.2에는 선천성 대사 이상증으로 이미 알려진 질병들을 정리하여 놓았다.

표 14.2 선천성 아미노산 대사 이상증

질병명	장애 효소	증상
고암모니아 혈증 I	카밤오일 인산 합성효소	구토, 의식 장애, 지능 장애
고암모니아 혈증 II	오르니틴 카밤오일 트랜스페레이스	구토, 의식 장애, 지능 장애
페닐케톤뇨증	페닐알라닌 하이드록시레이스	지능장애, 한피부 경련
타이로신	P-하이드록시 페닐피루브산 옥시데이스	간비종, 소경변, 구루병
선천성 백피증	타이로시네이스	흰피부, 백발
가에데당뇨증	곁사슬 아미노산 케토유도체의 산화적 탈산효소	경련, 뇌 장애 가에데당모낭의 범대
호모시스테인뇨증	시스타싸이오닌합성효소	수정체 편위, 경련, 지능 장애
시스타싸이오닌뇨증	시스타싸이오네이스	지능장애
히스티딘혈증	히스티데이스	언어발육연체, 지능 장애

선천성 대사 이상증 중에는 방치할 경우 심한 정신발달장애를 초래하는 치명적인 질환도 있다. 따라서 조기 발견, 조기 치료가 대단히 중요하다. 페닐케톤뇨증(페닐알라닌을 대사하지 못하는 유전병으로 체내에 페닐알라닌과 그 대사 산물의 축적으로 조기에 발견하지 못하면 영구적인 지능 저하가 초래된다.), 가에데당뇨증(루신, 아이소루신, 발린의 알파-케토산 다이카복실레이스 활성의 선천적 장애로 일어나는 질환으로 특징적인 소변 냄새가 있으며, 신생아기에 나타난다.), 히스티딘혈증(히스티딘의 대사에 필요한 히스티데이스에 이상이 생겨 발생하는 유전성 대사 질환으로 히스티데이스의 부족으로 히스티딘이 분해되지 못하면 혈액과 뇌척수액에서 히스티딘의 농도가 높아진다.), 호모시스테인뇨증(아미노산 대사 과정 중 호모시스테인의 대사가 이루어지지 않아 혈중에 쌓이면서 생기는 질환이다.)의 경우에는 건조 혈액 여과지를 이용하여 구트리 검사(Guthrie test) 방법을 이용하여 진단하는 것이 일반적으로 많이 알려져 있다.

구트리 검사(Guthrie test)
신생아로부터 소량의 혈액을 채취하여 특정한 여과지에 스며들게 하여, 건조시킨 것을 검체로 여러 종류의 선천성 대사이상증을 스크리닝하는 방법

연습 문제

1. 동화 반응과 이화 반응의 차이점에 대해 설명하시오.
2. 아래의 아미노산들의 아미노기가 제거되었을 때 형성되는 α-케토산의 이름을 쓰시오.
   ① 알라닌 ② 아스파트산
   ③ 글루탐산 ④ 루신
   ⑤ 페닐알라닌 ⑥ 타이로신
3. 생체 분자의 작용기의 예를 쓰시오.
4. 질소를 함유하는 생체 분자들의 예를 쓰시오.
5. 다음 아미노산들 중 글루코스 생성성인 것들과 케톤체 생성성인 것들, 그리고 글루코스 생성성이기도 하고 케톤체 생성성이기도 한 것들을 구분하시오.
   ① 루신 ② 알라닌
   ③ 타이로신 ④ 세린
   ⑤ 히스티딘 ⑥ 아이소루신
   ⑦ 아스파트산 ⑧ 페닐알라닌
6. 탈아미노화 반응 후 분류되는 두 가지 아미노산에 대해 설명하시오.
7. 다음 반응들에서 폴산의 어느 유도체가 반응물이 되겠는가?
   ① 글리신 → 세린
   ② 히스티딘 → 글루탐산
   ③ 호모시스테인 → 메싸이오닌
8. 히스티딘이 형성될 때 성분 원자들을 제공하는 것은 다음 화합물들 중 어느 것인가?
   ① 에리트로스 4-인산
   ② 포스포리보실 피로인산(PRPP)
   ③ 글루타민
   ④ 포스포엔올피루브산
   ⑤ ATP
9. 다음 아미노산들 중 α-케토글루타르산에서 유도되는 것은 어느 것인가?
   ① 글루탐산 ② 프롤린
   ③ 시스테인 ④ 아스파트산
   ⑤ 발린 ⑥ 글루타민
   ⑦ 아르지닌 ⑧ 오르니틴
10. 단백질을 가수분해하는 효소에는 어떠한 것이 있는가?

15

지질 대사

학습 목표
- 지질의 합성과 분해 과정을 이해한다.
- 콜레스테롤의 합성과 분해 과정을 이해한다.
- 지질과 당, 단백질과의 연관 관계를 이해한다.

주요 용어
- 지질의 가수분해, 지방산의 β-산화, 아실 CoA, 케톤체, ACP, LDL, 담즙산염

15.1 지질과 탄수화물, 단백질의 관계

트라이아실글리세롤(triacylglycerol)은 탄수화물이나 단백질보다도 에너지 효율이 높아 체내에 에너지를 저장하기에는 최고로 적절한 물질이다. 에너지의 저장, 공급에 관계하는 지질의 대사는 두 개의 탄소 화합물인 아세틸 CoA를 중심으로 행해지고 있다. 아세틸 CoA는 해당과정에서 생성된 피루브산(pyruvate)으로부터 지방산의 합성과 분해를 일으키는 반응의 출발 물질이기도 하다(그림 15.1).

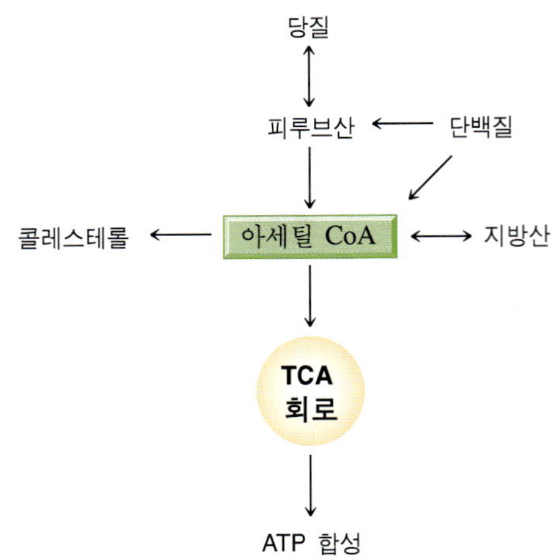

그림 15.1 | **지질과 탄수화물, 단백질의 관계**

지방산(fatty acid)은 긴 탄화수소 사슬과 그 말단에 카복실기가 있는 화합물이다. 지방산을 함유하는 지방 유도체들은 생체막의 중요한 성분일 뿐 아니라 호르몬 또는 신호전달의 전령 역할을 하기도 한다. 무엇보다 지방산은 우리 몸에서 중요한 에너지 공급원으로 사용되는 것이 중요하다.

트라이아실글리세롤은 환원된 상태에 있고 무수 상태이므로 대사 에너지의 농축된 저장체이다. 지방산의 완전 산화에서 나오는 열량은 9 kcal/g인데 비해 탄수화물과 단백질의 열량은 약 4 kcal/g이다. 포유동물에서 트라이아실글리세롤이 축적되는 주요한 곳은 지방세포(adipose cell)의 세포질이다. 트라이아실글리세롤의 입자들이 모여 큰 구를 형성하는데, 이 구가 지방세포 부피의 대부분을 차지하고 있다.

15.2 트라이아실글리세롤의 가수분해

지질이 에너지 공급원으로 사용되려면 트라이아실글리세롤이 **지질가수분해효소(lipase)**에 의해 가수분해되어야 한다.

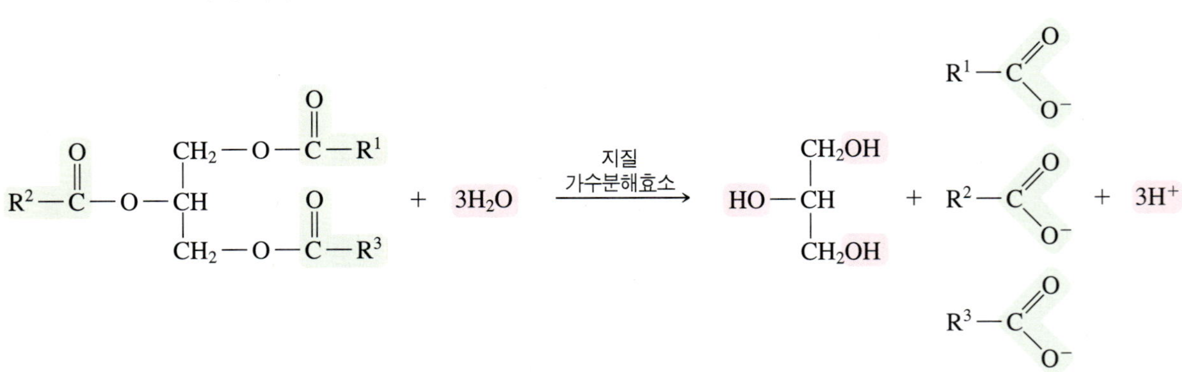

트라이아실글리세롤 글리세롤 지방산

지방세포의 지질가수분해효소의 활성은 에피네프린, 노르에피네프린, 글루카곤 및 부신피질 자극 호로몬에 의해서 조절된다. 이 호르몬들은 지방세포의 **아데닐산 고리화효소(adenylate cyclase)**를 자극하고, 아데닐산 고리화효소는 cAMP의 합성을 촉진시킨다. cAMP는 그 다음에 **단백질 카이네이스(protein kinase)**를 자극하고, 이것은 **지질가수분해효소**를 인산화하여 활성화시킨다. 그러므로 위의 호르몬들은 지질의 가수분해를 촉진하는 신호이고, cAMP는 지방세포에서 지질의 가수분해를 촉진하기 위한 **제2의 전령(second messenger)**이다. 이것은 글리코젠 분해를 촉진하는 cAMP의 역할과 비슷하다. 이 호르몬들의 작용과는 달리 인슐린은 지질가수분해효소를 억제한다.

제2의 전령(second messenger) 세포의 증식, 분화, 유입, 생존, 사멸 등의 생리적인 변화를 유발하기 위해 세포에 의해 방출되는 세포 내 신호전달 분자

지질의 가수분해로 생성되는 글리세롤은 카이네이스라는 효소로 인산화되어 L-글리세롤 3-인산이 되고, 이것은 산화되어 다이하이드록시아세톤인산(dihydroxyacetone phosphate)으로 된다. 결국 지질에서 나온 글리세롤은 해당과정으로 들어가서 에너지를 발생하는 데 사용되고, 지질에서 나온 지방산들은 아세틸 CoA로 분해된다.

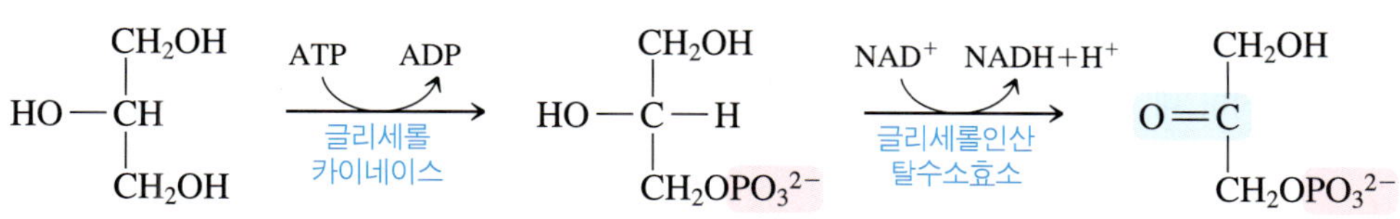

15.3 지방산 분해와 합성

지방산은 미토콘드리아에서 분해되어 에너지를 생산하지만 분해는 **β 산화(β-oxidation)** 반응에 의해 이루어지고 있다(그림 15.2). 지방산의 β 산화는 별도로 상세히 설명하겠지만, 여기서 간단히 설명하면 다음과 같다.

지방산은 ATP에 의해 활성화되어서 아실 CoA(지방산 R−COOH의 R−CO−를 아실기라고 한다)가 된다. 이어서 지방산의 β 위치(카복시기로부터 두 번째에 있는 탄소)에 있는 탄소-탄소 결합이 분해되어 한 분자의 아세틸 CoA(acetyl CoA)를 만든다. 이후 남은 부분은 앞서 행해진 β 산화 반응을 반복하여 계속적으로 아세틸 CoA를 합성하게 된다. 예를 들면, 탄소 16개의 팔미트산은 7회의 β 산화 반응을 거쳐서 8분자의 아세틸 CoA를 만든다. 여기서 합성된 아세틸 CoA는 이후 TCA 회로에 의해서 ATP를 합성한다.

지방산의 β 산화 반응은 이 반응이 있기 전 두 개의 과정을 거치지 않으면 안 된다. 즉, 지방산의 활성화와 미토콘드리아 내로의 유입이다. 지방산은 CoA와 결합하여 아실 CoA가 됨으로써 활성화된다(그림 15.2 윗부분, 세포질). 그리고 미토콘드리아 내막으로의 유입은 CoA의 분자량이 크기 때문에 직접 미토콘드리아 내막을 통과할 수 없다. 따라서 CoA보다 분자량이 작은 카르니틴과 결합(아실 카르니틴)하여 미토콘드리아 막을 통과함으로써 내막 쪽으로 유입된다. 이렇게 통과된 후 다시 CoA가 지방산과 결합하여 아실 CoA가 되어 β 산화 반응 과정을 거치게 된다(그림 15.2 아랫부분 '미토콘드리아 내' 참조).

지방산의 합성은 어느 세포에서라도 가능하지만 간세포(肝細胞)에서 제일 많이 이루어진다. 합성은 아세틸 CoA에 이산화 탄소가 결합하여 말로닐 CoA(malonyl CoA)가 되는 것으로 시작한다. 지방산 합성효소의 작용으로 말로닐 CoA가 다수 결합해서 지방산이 생성된다. 인간의 체내에서 합성되는 지방산은 포화 지방산과 이중 결합을 한 개 가지고 있는 불포화 지방산만 합성된다. 따라서 이중 결합을 두 개 이상 가지고 있는 지방산은 필수 지방산이기 때문에 음식물로부터 섭취하지 않으면 안 된다.

그림 15.2 | 지방산의 β-산화 과정

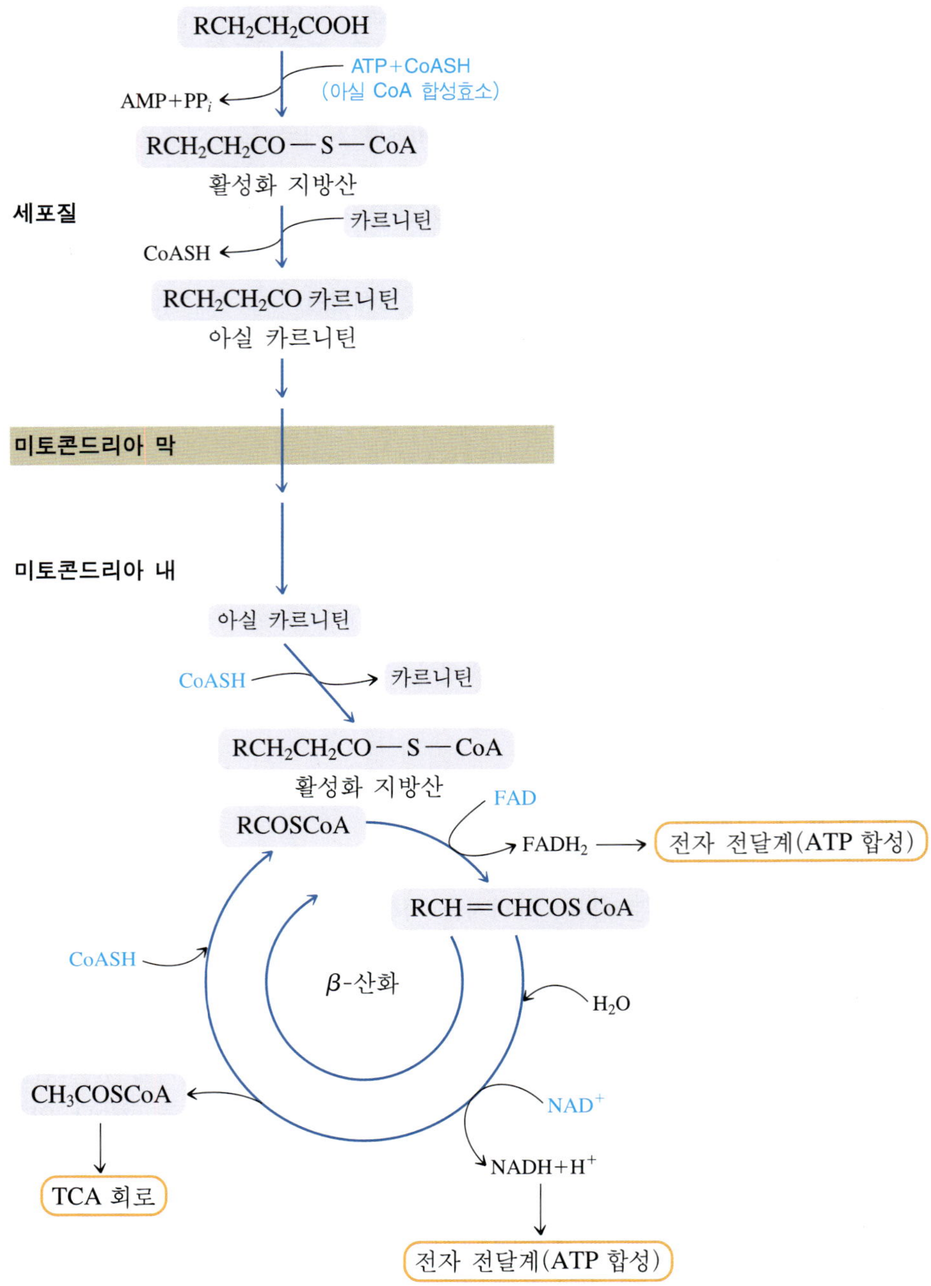

15.4 지방산 분해대사

15.4.1 지방산은 산화되기 전에 CoA와 결합하여 활성화된다

코엔자임 A (coenzyme A)
보결 분자족의 하나로 아실기를 전달하는 역할을 돕는 것으로 알려져 있으며 그 유도체의 반응형은 매우 다양함. 생물계에 널리 존재하고 있음.

지방산은 미토콘드리아의 바탕질(matrix)에서 산화되는데, 지방산이 바탕질로 들어가기 위해서는 미토콘드리아의 외막에서 코엔자임 A(coenzyme A)와 결합하여 활성화되어야 한다. 이 활성화 반응에서는 아실 CoA 합성효소(acyl CoA synthetase)가 촉매 역할을 한다. 지방산의 아실기(acyl group)와 CoA 사이에 싸이오에스터 결합(thioester bond)이 형성된다. 이 반응에서 생성되는 무기피로인산(PP_i)이 피로인산가수분해효소(pyrophosphatase)로 가수분해되어 무기오쏘인산이 되면 위의 반응은 실질적으로 비가역적으로 진행된다.

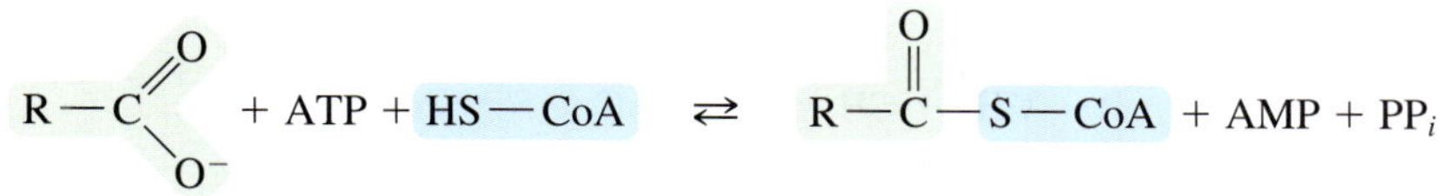

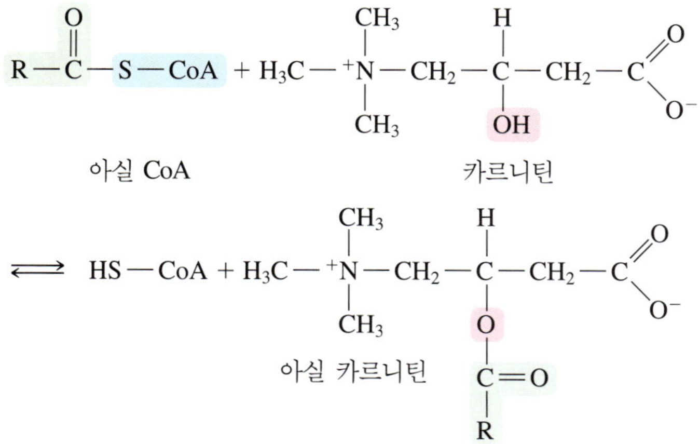

카르니틴 (carnitine)
근육 중의 염기성 성분으로 지방산의 산화 시에 지방산을 미토콘드리아 내로 운반하는 역할을 지닌 화합물. 지방산은 CoA와 결합해 아세틸 CoA로 된 뒤 미토콘드리아 내로 운반되어 산화 분해됨.

긴 사슬의 아실 CoA는 미토콘드리아의 내막을 가로지르지 못하므로 카르니틴(carnitine)과 결합해서 아실 카르니틴(acyl carnitine)이 되어야 한다. 미토콘드리아의 바탕질로 들어간 아실 카르니틴은 바탕질에 있는 코엔자임 A를 사용하여 위 반응의 역반응으로 아실 CoA를 생성한다(그림 15.3).

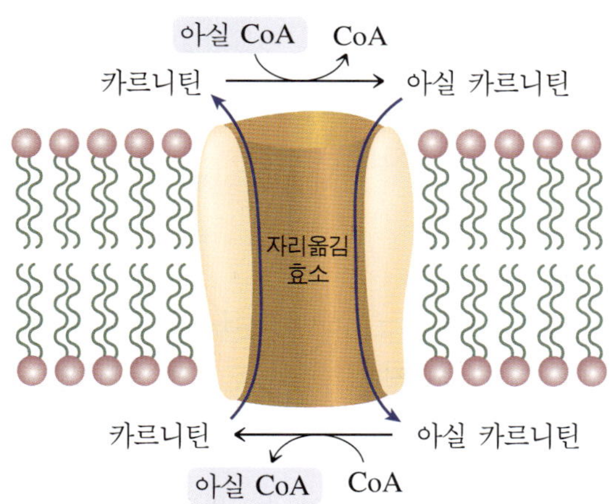

그림 15.3 | 아실 카르니틴이 미토콘드리아 안으로 들어가는 반응

15.4.2 아실 CoA의 β-산화

포화 지방산의 아실 CoA는 FAD에 의한 산화, 수화, NAD^+에 의한 산화 및 CoA에 의한 가싸이올분해(thiolysis) 등 네 반응들이 되풀이됨으로써 분해된다(그림 15.4). 이 반응의 결과로 지방산의 아실 사슬은 두 개의 탄소 원자만큼 짧아지면서 $FADH_2$, NADH 및 아세틸 CoA를 생성한다.

아실 CoA 탈수소효소(acyl CoA dehydrogenase)로 촉매되는 첫 번째 반응에서(그림 15.4), α와 β 탄소 원자들에서 탈수소 반응이 일어나서 트랜스 배열의 이중 결합을 만든다. 이 반응으로 β-엔오일 CoA(β-enoyl CoA)가 생성된다. 이 반응으로 효소의 보결원자단인 FAD가 $FADH_2$로 환원된다. 두 번째 반응에서는 **엔오일 CoA 수화효소(enoyl CoA hydratase)**가 촉매 작용하는 수화 반응이 이중 결합에 H_2O를 트랜스 배열로 부가하여 β-하이드록시아실-CoA(β-hydroxyacyl-CoA)의 L-이성질체를 만든다. 세 번째 반응은 NAD^+를 보결원자단으로 요구하는 또 한 번의 탈수소 반응이며, β-케토아실 CoA(β-ketoacyl CoA)와 NADH를 생성한다. 이 반응은 ***β*-하이드록시아실 CoA 탈수소효소(*β*-**

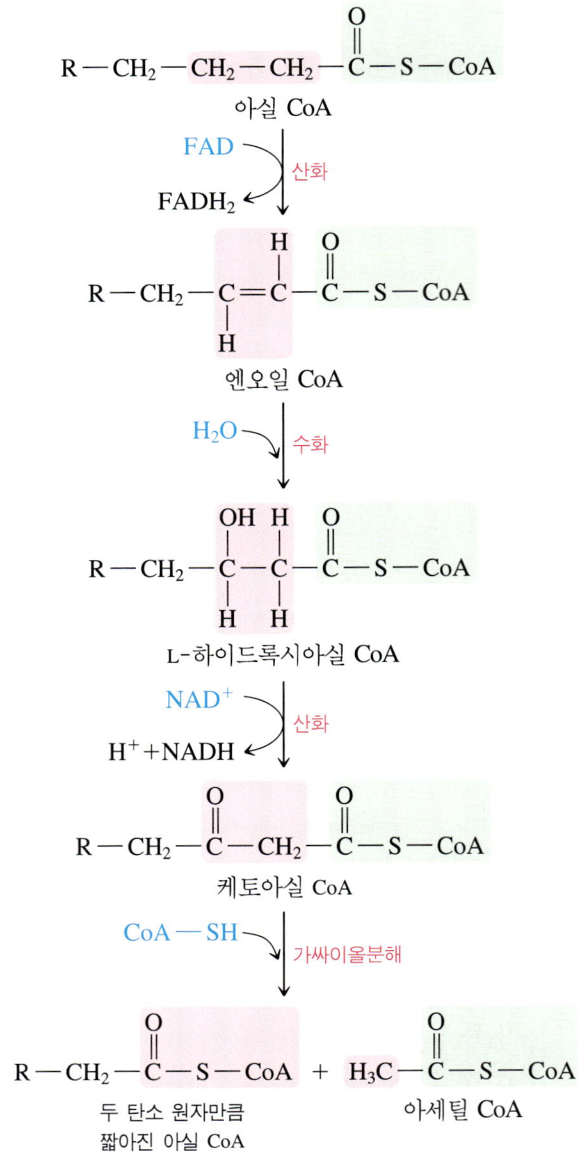

그림 15.4 | 지방산 분해의 반응 순서: 산화, 수화, 산화 및 가싸이올분해

hydroxyacyl CoA dehydrogenase)에 의하여 촉매된다.

마지막 반응은 또 한 분자의 CoA에 의해서 3-케토아실 CoA가 분해되는 반응인데, 이 반응의 결과로 아세틸 CoA와 두 개의 탄소만큼 짧아진 아실 CoA가 생성된다. 이 가싸이올분해 반응은 ***β*-케토싸이올레이스(*β*-ketothiolase)**에 의해서 촉매된다. 이렇게 해서 한 차례의 β-산화(β-oxidation)의 회로가 끝난다. 짧아진 아실 CoA는 이어서 다음 차례의 β-산화 회로를 밟게 된다.

팔미트산 (palmitic acid)
팔미트산은 지방 생성(지방산 합성) 중에 생성되는 최초의 지방산으로, 이 지방산으로부터 더 긴 지방산이 생성될 수 있음. 팔미트산염은 성장하는 아실 사슬에서 아세틸-ACP를 말로닐-ACP로 전환하는 아세틸-CoA 카복실레이스(ACC)의 활성을 저해하여 팔미트산염의 추가적인 생성을 막음.

15.4.3 팔미트산의 완전 산화로 129 mol의 ATP가 생성된다

지방산의 산화에서 얻을 수 있는 에너지양을 계산해 보자. 한 차례의 산화 회로가 완결되면 아실 CoA는 두 개의 탄소 원자만큼 짧아지면서 1 mol의 $FADH_2$, 1 mol의 NADH 및 1 mol의 아세틸 CoA가 생성된다.

$$C_n - \text{아실 CoA} + FAD + NAD^+ + H_2O + CoA \rightarrow$$
$$C_{n-2} - \text{아실 CoA} + FADH_2 + NADH + \text{아세틸 CoA} + H^+$$

팔미토일 CoA(palmitoyl CoA, C_{16}-아실 CoA)가 분해되려면 일곱 번의 산화 회로가 필요하다. 일곱 번째의 회로에서 C_4－케토아실 CoA는 두 분자의 아세틸 CoA로 가싸이올분해되어 총 여덟 개의 아세틸 CoA가 생성된다. 그러므로 팔미토일 CoA 산화의 화학량론은 다음과 같다.

$$\text{팔미토일 CoA} + 7FAD + 7NAD^+ + 7CoA + 7H_2O \rightarrow$$
$$8\ \text{아세틸 CoA} + 7FADH_2 + 7NADH + 7H^+$$

호흡 연쇄에서 1 mol의 NADH가 산화되면 3 mol의 ATP가 생성되고, 1 mol의 $FADH_2$는 2 mol의 ATP를 생성한다. 아세틸 CoA가 시트르산 회로에서 완전히 산화되면 12 mol의 ATP가 생성된다는 것을 상기하자(12.10절 참조).

팔미토일 CoA의 산화에서 생기는 7 mol의 $FADH_2$에서 14 mol, 7 mol NADH에서 21 mol, 8 mol의 아세틸 CoA에서 96 mol의 ATP가 생성되므로 모두 131 mol의 ATP가 생성된다. 그런데 팔미트산이 활성화될 때 2 mol의 고에너지 인산 결합이 소모된다. 즉, 1 mol의 ATP가 AMP와 2 mol의 P_i로 분해된다. 그러므로 1 mol의 팔미트산이 완전 산화될 때 ATP의 알짜 생성량은 129 mol이 된다.

생성된 ATP의 몰수와 팔미트산이 CO_2와 H_2O로 산화될 때의 자유 에너지를 열량계로 측정한 값으로부터 지방산 산화의 에너지 보존의 효율을 계산할 수 있다. 129 mol의 ATP 가수분해의 표준 자유 에너지는 －940 kcal (129 mol × －7.3 kcal/ mol)이다. 팔미트산 산화의 표준 자유 에너지는 －2,340 kcal이다. 따라서 표준 조건에서의 지방산 산화의 에너지 보존의 효율은 약 40%이다. 이 값은 해당과정, 시트르산 회로 및 산화적 인산화 반응의 효율 38%와 거의 같다.

15.4.4 지질의 분해가 우세하게 일어나면 아세틸 CoA는 케톤체를 만든다

지질과 탄수화물의 대사는 알맞게 균형을 유지해야 한다. 지방산의 산화로 생기는 아세틸 CoA는 시트르산 회로로 들어가지만, 대사에 이용할 탄수화물이 없거나 탄수화물이 적절하게 대사에 이용되지 못하면 아세틸 CoA와 축합할 옥살로아세트산이 부족하거나 없으므로 지방산 산화로 생긴 아세틸 CoA는 서로 축합하여 아세토아세트산(acetoacetate), D-하이드록시뷰티르산(D-hydroxybutyrate) 및 아세톤(acetone) 등의 **케톤체(ketone body)**를 생성할 수 있다(그림 15.5). 당뇨가 있는 사람은 혈액에 아세토아세트산의 농도가 높고,

케톤체 (ketone body)
아세토아세트산, β-하이드록시뷰티르산 및 이러한 물질이 탈탄산되어 생성된 아세톤을 포함한 세 가지 물질의 총칭. 주로 간에서 지방산의 산화에 의해 생성

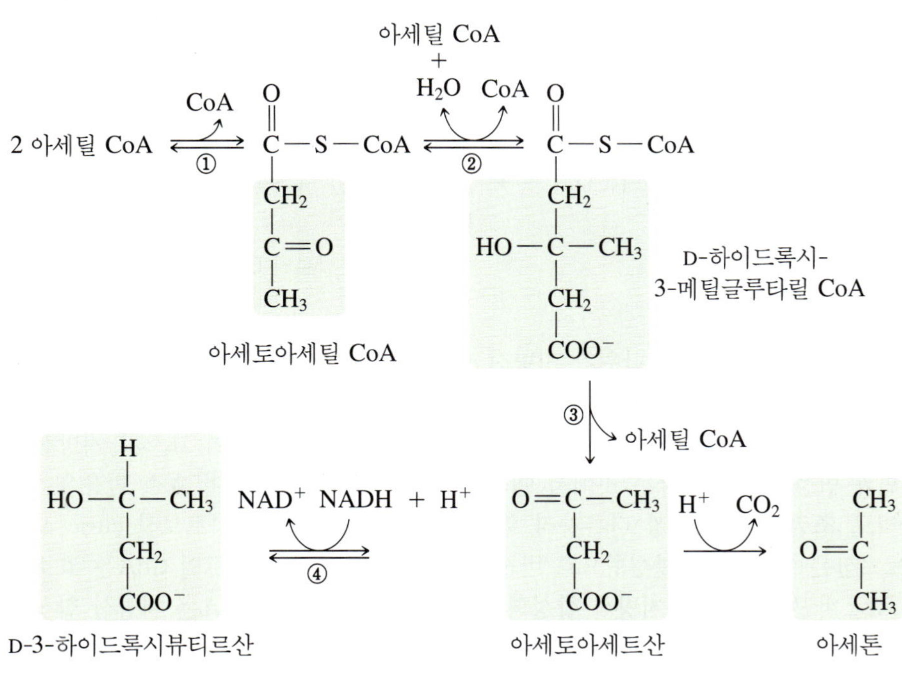

그림 15.5 | 케톤체들의 합성

이 경우 입김에서 아세톤 냄새(신 냄새)가 심하게 난다.

15.5 지방산 합성대사

15.5.1 지방산의 합성 경로와 분해 경로는 다르다

지방산의 합성은 지방산의 분해 경로의 역반응으로 일어나는 것이 아니다. 오히려 합성은 새로운 반응들로 일어난다. 여기서 우리는 생체에서의 합성 경로와 분해 경로가 별개라는 일반적 원칙의 예를 본다. 지방산 생합성 반응과 분해 반응의 몇 가지 특징을 보면 다음과 같다.

소포체 (endoplasmic reticulum) 진핵세포에서 단백질의 생산이나 지질, 스테로이드 합성 등의 다양한 역할을 하는 세포 소기관. 조면소포체와 활면 소포체로 구분됨.

1) 미토콘드리아의 바탕질에서 일어나는 분해 반응들과는 달리 생합성 반응들은 세포액의 소포체(endoplasmic reticulum, ER)에서 일어난다.
2) 지방산 합성의 중간물질들은 아실기 운반 단백질(acyl carrier protein, ACP)의 설프하이드릴기(sulfhydryl group, $-SH$)에 공유 결합으로 부착되어 있는 데 비해, 지방산 분해의 중간물질들은 코엔자임 A의 설프하이드릴기에 부착되어 있다.
3) 고등생물에서 지방산을 합성하는 효소들은 지방산 합성효소(fatty acid synthase)라는 한 분자의 폴리펩타이드 사슬 안에 연결되어 있는 데 반해서 분해 경로의 효소들은 회합되어 있지 않다.
4) 성장하는 지방산 사슬은 아세틸 CoA의 이탄소(two carbon) 단위들이 잇달아 부가됨으로써 연장된다. 연장 과정에서 활성화된 이탄소 단위의 주개는 말로닐 ACP (malonyl ACP)이다. 연장 반응은 CO_2가 방출되면서 일어난다.
5) 지방산 합성에서 소요되는 환원력은 NADPH이다.
6) 지방산 합성효소가 촉매로 작용하는 연장 반응은 팔미트산(C16의 지방산)까지만 진행한다. 그 이상의 연장 반응과 이중 결합의 형성(불포화 지방산의 생성)은 다른 효소들에 의해서 이루어진다.

15.5.2 말로닐 코엔자임 A의 형성은 지방산 합성의 개시

지방산 합성은 아세틸 CoA를 말로닐 CoA (malonyl CoA)로 카복실화하는 반응으로 시작한다.

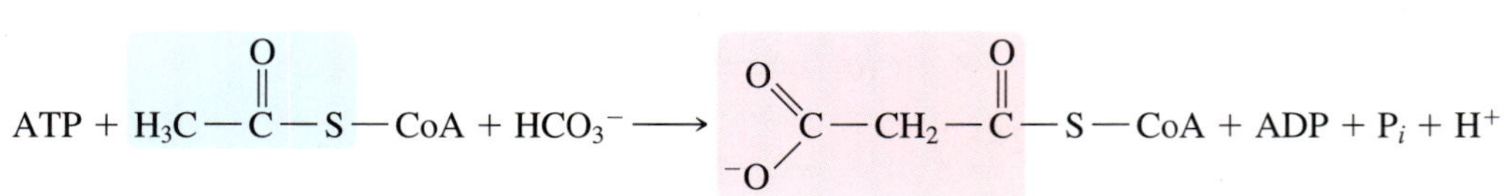

아세틸 CoA　　　　　　말로닐 CoA

즉, 아세틸 CoA의 아세틸 단위가 지방산 합성에 이용되려면 먼저 말로닐 CoA로 되어야 한다. 이 반응은 바이오틴(biotin)을 보결 원자단으로 가지고 Mn^{2+}을 요구하는 **아세틸 CoA 카복실화효소(acetyl CoA carboxylase)**에 의해서 촉매된다. 이 효소가 지방산 합성의 첫 번째 반응을 촉매한다는 것에서 예상할 수 있는 바와 같이, 이 효소 반응은 입체성 다른자리로 조절된다. 입체성 다른자리 활성체로서 중요한 것은 시트르산(citric acid)이다. 시트르산은 이 효소를 활성형으로 바꾼다. 이와는 반대로, 팔미토일 CoA는 효소를 비활성형으로 바꾼다. 따라서 지방산 합성의 최종산물인 팔미토일 CoA는 지방산 합성의 첫 번째 단계를 억제한다.

15.5.3 지방산 합성의 중간물질들은 아실기 운반 단백질에 결합한다

지방산 합성의 중간물질들이 **아실기 운반 단백질(ACP)**에 부착되어 있다는 것은 처음에 *E. coli*에서 발견되었다. 코엔자임 A와 ACP들이 아실기와 결합하는 부분은 포스포판테테인(phosphopantetheine)의 설프하이드릴기이다. 지방산이 분해될 때 아실기는 코엔자임 A와 결합하고, 지방산의 합성 때는 ACP와 결합한다(그림 15.6).

아실기 운반 단백질(ACP)
지방산 합성에서 아실기의 운반체로 작용하는 단백질. 물이나 효모에서는 효소 복합체에서 해리되기 어렵지만 대장균에서는 분리되며 분자량 약 10,000, 아미노산 77 잔기로 이루어짐.

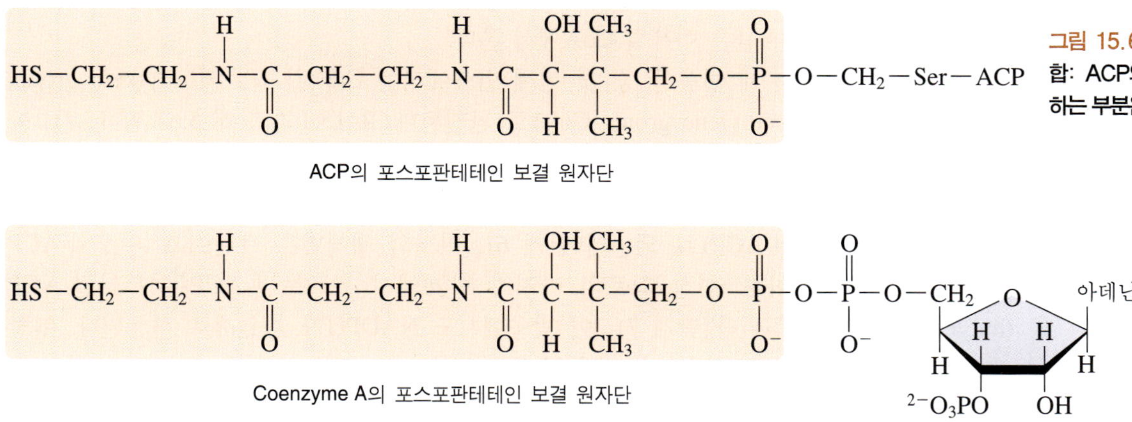

그림 15.6 | 지방산 중간물질의 결합: ACP와 CoA가 아실기와 결합하는 부분은 포스포판테테인기임.

15.5.4 지방산 합성의 연장 회로

아세틸 CoA, 말로닐 CoA 및 NADPH로부터 긴 사슬의 포화 지방산을 생합성하는 반응들을 촉매하는 효소를 **지방산 생성효소(fatty acid synthase)**라고 한다. 세포를 파쇄하면 세균의 지방산 생성효소계의 성분 효소들은 서로 해리된다. 각 효소가 촉매하는 반응을 표 15.1에 나타내었다. 고등생물의 지방산 생성효소계에 의해서 촉매되는 반응도 매우 비슷하게 일어난다.

표 15.1 세균에서의 지방산 합성의 주요한 반응

단계	반응	효소
1	아세틸-CoA + HCO_3 + ATP → 말로닐-CoA + ADP + P_i + H^+	아세틸-CoA 카복실화효소
2	아세틸-CoA + ACP → 아세틸-CoA + CoA	아세틸아실기 전달효소
3	말로닐-CoA + ACP → 말로닐-CoA + CoA	말로닐아실기 전달효소
4	아세틸-CoA + 말로닐-ACP → 아세토아세틸-ACP + ACP + CO_2	아실-말로닐-ACP 축합효소
5	아세토아세틸-ACP + NADPH + H^+ → D-3-하이드록시뷰티릴-ACP + $NADP^+$	β-케토아실-ACP 환원효소
6	D-3-하이드록시뷰티릴-ACP → 크로토닐-ACP + H_2O	3-하이드록시아실-ACP 탈수소효소
7	크로토닐-ACP + NADPH + H^+ → 뷰티릴-ACP + NADP	엔오일-ACP 환원효소

지방산 합성의 연장 단계들은 아세틸-ACP와 말로닐-ACP의 형성으로 시작된다(표 15.1 단계 2와 3). 이 반응들은 **아세틸 아실기전달효소(acetyl transacylase)**와 **말로닐 아실기전달효소(malonyl transacylase)**에 의해서 촉매 작용이 된다. 아세틸-ACP와 말로닐-ACP는 축합하여 아세토아세틸-ACP(acetoacetyl-ACP)를 형성한다. 이 반응은 아실-말로닐-ACP 축합효소(acyl-malonyl-ACP condensing enzyme)에 의해서 촉매 작용이 된다(단계 4). 이 축합 반응에서 이탄소 단위와 삼탄소 단위에서 사탄소 단위가 형성되면서 CO_2가 방출된다. 왜 두 개의 이탄소 단위로부터 사탄소 단위가 직접 생기지 않는가? 다시 말

해서 왜 두 분자의 아세틸-ACP가 반응물이 안 되고, 아세틸-ACP와 말로닐-ACP가 반응물이어야 하는가? 그 이유는 두 분자의 아세틸-ACP가 축합하여 아세토아세틸-ACP를 생성하는 반응의 자유 에너지 감소가 아세틸-ACP와 말로닐-ACP가 축합하여 아세토아세틸-ACP를 생성하는 반응의 자유 에너지 감소보다 훨씬 작기 때문이다. ATP는 축합 반응에 직접 관여하지는 않지만, 실제로 축합 반응을 추진하는 것은 ATP이다. ATP는 아세틸 CoA가 말로닐 CoA로 카복실화하는 반응에서 사용된다. HCO_3^-가 지방산 합성에 요구되지만 그것의 탄소 원자는 생성물에 나타나지 않는다. 짝수 개의 탄소 원자를 함유하는 지방산의 모든 탄소 원자들은 아세틸 CoA에서 온다.

NADPH
(nicotinamide adenine dinucleotide phosphate (reduced form))
NAD와 함께 전자를 전달하는 역할을 하는 물질. NAD가 물질의 산화 및 분해에 관여한다면 NADH는 환원 및 합성에 관여함.

다음으로 일어나는 세 반응들 중 첫 번째 반응에서는 C-3 위치의 케토기(keto group, C=O)가 메틸렌기(methylene group, CH_2)로 환원된다(표 15.1의 단계 5, 그림 15.7). 아세토아세틸-ACP는 D-3-하이드록시뷰티릴-ACP (D-3-hydroxybutyryl-ACP)로 환원된다. 이 반응에서 사용되는 환원제는 NADPH이다. D-3-하이드록시뷰티릴-ACP는 탈수되어 크로토닐-ACP (crotonyl-ACP)로 되는데(단계 6), 이것의 체계명은 트랜스-Δ^2-엔오일-ACP (trans-enoyl-ACP)이다. 연장 회로의 마지막 단계에서 크로토닐-ACP는 뷰티릴-ACP (butyryl-ACP)로 환원된다(단계 7). 이 반응에서도 NADPH가 환원제로 사용된다. 이렇게 해서 첫 연장 회로가 완결된다(그림 15.7).

그림 15.7 | *E. coli*에서 지방산 합성 반응 순서

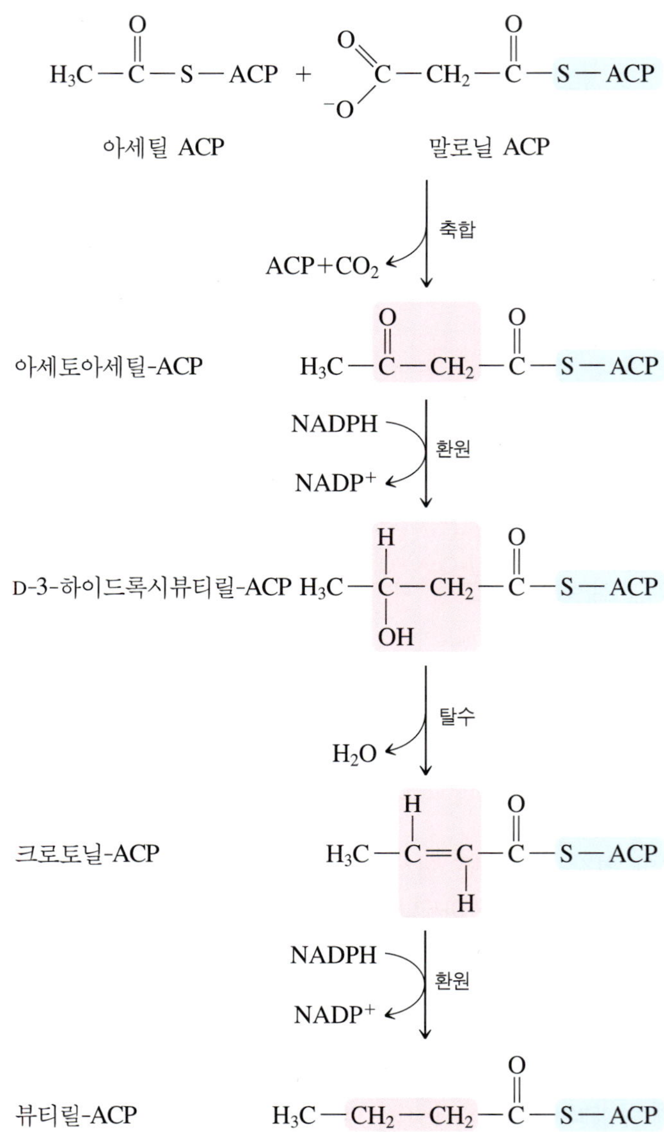

지방산 합성의 두 번째 연장 회로에서 뷰티릴-ACP와 말로닐-ACP가 축합하여 C_6-β-케토아실-ACP를 생성한다. 이 반응은 아세틸-ACP와 말로닐-ACP가 축합하여 C_4-β-케토아실-ACP를 생성하는 첫 연장 회로의 반응(표 15.1의 단계 4)과 같다. 환원, 탈수 및 한 번의 환원 반응들을 거치면서 C_6-β-케토아실-ACP가 C_6-아실-ACP로 전환된다. 이렇게 해서 세 번째 회로의 연장 반응들을 받을 준비가 끝난다. 연장 회로는 C_{16}-아실-ACP가 형성될 때까지 진행된다. C_{16}-아실-ACP는 가수분해되어서 팔미트산(palmitic acid)이 된다.

15.5.5 팔미트산 합성의 화학량론

팔미트산 합성의 화학량론은 아래와 같다.

$$\text{아세틸 CoA} + 7\ \text{말로닐 CoA} + 14\text{NADPH} + 14\text{H}^+ \rightarrow \text{팔미트산} + 7\text{CO}_2 + 14\text{NADP}^+ + 8\text{CoA} + 6\text{H}_2\text{O}$$

이 반응에 사용되는 말로닐 CoA의 합성 반응은 아래의 식으로 일어난다.

$$7\ \text{아세틸 CoA} + 7\text{CO}_2 + 7\text{ATP} \rightarrow 7\ \text{말로닐 CoA} + 7\text{ADP} + 7\text{P}_i$$

그러므로 팔미트산 합성에 대한 전체 화학량론적 관계는 아래와 같다.

$$8\ \text{아세틸 CoA} + 7\text{ATP} + 14\text{NDPH} + 14\text{H}^+ \rightarrow \text{팔미트산} + 14\text{NADP}^+ + 8\text{CoA} + 6\text{H}_2\text{O} + 7\text{ADP} + 7\text{P}_i$$

15.5.6 지방산 합성에 사용될 아세틸 CoA는 미토콘드리아에서 세포액으로 운반된다

지방산은 세포액에서 합성되지만 여기에 필요한 아세틸 CoA는 미토콘드리아 안에서 피루브산으로부터 생성된다. 따라서 아세틸 CoA는 미토콘드리아로부터 세포액으로 운반되어야 하는데, 미토콘드리아는 아세틸 CoA를 투과시키지 않는다. 따라서 아세틸 CoA의 투과는 간접적인 방법으로 일어난다. 시트르산이 미토콘드리아 밖으로 운반됨으로써 미토콘드리아 내막의 장벽을 우회할 수 있다. 아세틸기를 운반하는 것은 시트르산이다(그림 15.8).

미토콘드리아(mitochondria)
세포 내 기관 중 하나로, 이중막으로 싸여 있음. 세포에 필요한 에너지의 대부분을 공급

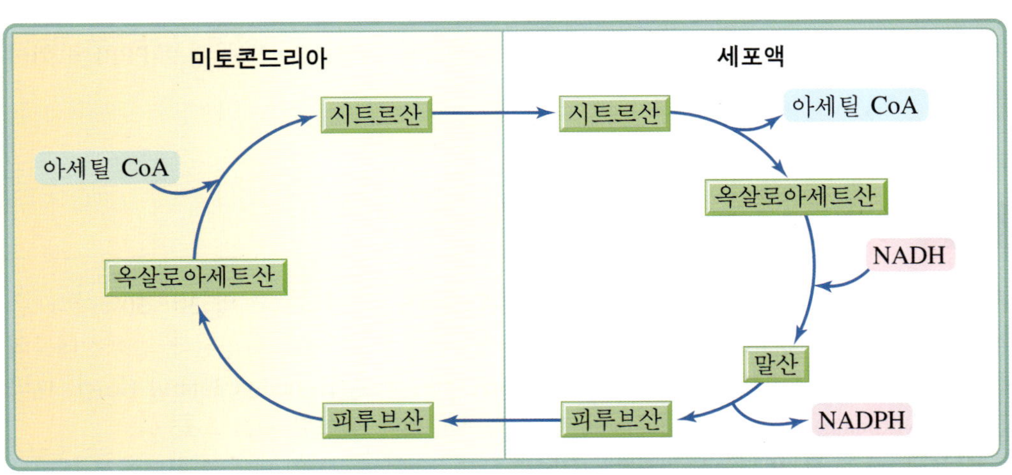

그림 15.8 | 아세틸 CoA의 이동: 아세틸 CoA는 미토콘드리아로부터 세포액으로 옮겨감. 이때 NADH가 NADPH로 전환됨.

세포액으로 나온 시트르산은 **시트르산 분해효소(citrate lyase)**에 의해서 분해되면서 아세틸 CoA를 생성한다.

$$\text{시트르산} + \text{ATP} + \text{CoA} \rightarrow \text{아세틸 CoA} + \text{ADP} + \text{P}_i + \text{옥살로아세트산} + \text{H}_2\text{O}$$

그러므로 아세틸 CoA와 옥살로아세트산은 ATP를 소모하면서 미토콘드리아로부터 세포액으로 옮겨간다.

15.5.7 지방산 합성에 사용되는 NADPH의 출처

아세틸기를 세포액으로 옮길 때 형성된 옥살로아세트산은 이제 미토콘드리아로 되돌아가야 한다. 미토콘드리아의 내막은 옥살로아세트산에 대한 투과성이 없다. 그러므로 일련의 우회 반응들이 동원되어야 한다. 가장 중요한 것은 이 반응들이 지방산 합성에 소요되는 대부분의 **NADPH**를 생산한다는 것이다. 먼저 옥살로아세트산이 NADH에 의하여 말산(malate)으로 환원된다. 이 반응은 **말산 탈수소효소(malate dehydrogenase)**에 의해서 세포액에서 일어난다.

$$\text{옥살로아세트산} + \text{NADH} + \text{H}^+ \rightleftarrows \text{말산} + \text{NAD}^+$$

다음에는 **$NADP^+$와 연관된 말산효소($NADP^+$-linked malate enzyme)**[**말산효소(malic enzyme)**라고도 한다]에 의하여 산화적으로 탈카복실화된다.

$$\text{말산} + \text{NADP}^+ \rightarrow \text{피루브산} + \text{CO}_2 + \text{NADPH}$$

이 반응으로 생성된 피루브산은 미토콘드리아 안으로 자유롭게 확산되며, 거기서 피루브산 카복실화효소에 의해서 카복실화되어서 옥살로아세트산으로 된다.

$$\text{피루브산} + \text{CO}_2 + \text{ATP} \rightarrow \text{옥살로아세트산} + \text{ADP} + \text{P}_i + 2\text{H}^+$$

이들 세 반응의 합은 아래와 같다.

$$\text{NADP}^+ + \text{NADH} + \text{ATP} \rightarrow \text{NADPH} + \text{NAD}^+ + \text{ADP} + \text{P}_i + \text{H}^+$$

그러므로 미토콘드리아로부터 세포액으로 전달된 한 개의 아세틸 CoA에 대하여 하나의 NADPH가 생성된다. 따라서 팔미트산을 생성하기 위하여 8분자의 아세틸 CoA가 세포액으로 옮겨질 때 8분자의 NADPH가 형성된다. 1분자의 팔미트산을 합성하는 데 14분자의 NADPH가 소요되므로 나머지 6분자의 NADPH는 펜토스 인산 경로(PPP)에 와야 한다.

15.6 콜레스테롤 합성과 이화 반응

콜레스테롤(cholesterol)은 식사할 때 많이 섭취되는데, 그 섭취율은 약 30~50%이다. 음식물로부터 1일 약 0.3 g을 섭취하였다면 체내에서는 1.5~2.0 g이 합성된다. 콜레스테롤의 합성은 아세틸 CoA로부터 출발하여 HMG-CoA(3-hydroxy-β-methylglutaryl CoA), 메바론산(mevalonate), 스쿠알렌(squalene) 등의 과정을 거쳐 합성된다(그림 15.9).

HMG-CoA는 **HMG-CoA 환원효소(HMG-CoA reductase)**에 의해 환원되어서 메바론산이 되지만 이 반응은 콜레스테롤 생합성의 속도 결정 단계로서 생체 내의 콜레스테롤 생합성을 조절하고 있다. 혈중 콜레스테롤 수치는 간장의 합성 기능을 나타내고 있으며,

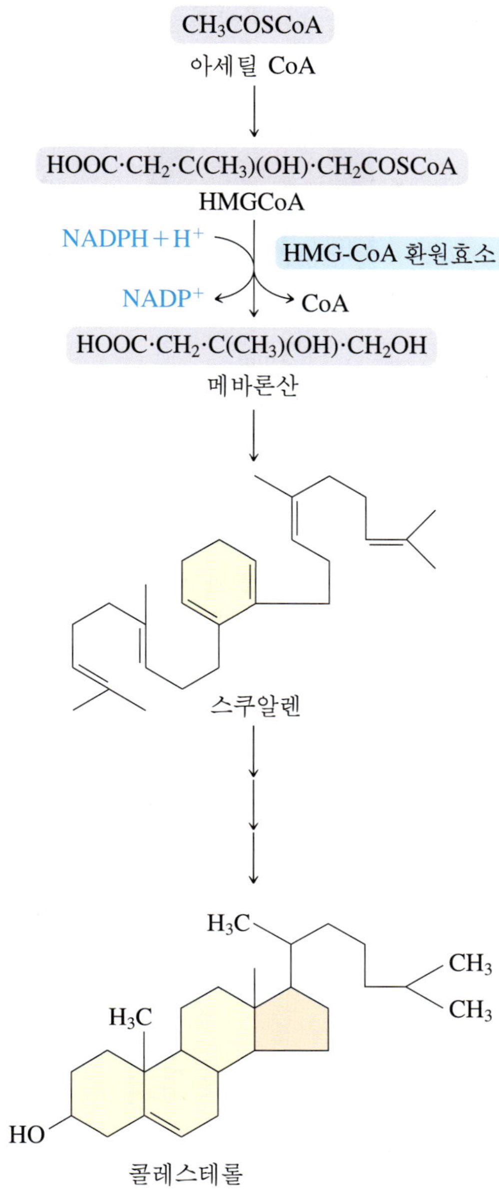

그림 15.9 | **콜레스테롤의 합성 과정**

간기능 장애, 특히 간경변의 정도에 따라 이 수치가 증가하기도 하고 감소하기도 한다. 한편 갑상선의 기능도 분해 반응이 합성 반응보다 많이 진행될 경우 혈중 콜레스테롤 수치가 저하된다. 생체 내의 콜레스테롤의 약 80%는 대사되어서 담즙산(bile acid)이 되며, 이는 담즙(bile)에 포함되어 배설된다.

담즙 (bile)
간세포에서 생성되어, 간관을 지나서 일시적으로 담당 내에 저류되어 있음. 조성은 담즙산, 담즙색소, 지방질 등으로 이루어지며 소화효소는 포함하고 있지 않음. 담즙산이 지방산을 유화하여 소화, 흡수를 돕는 기능을 하고 있을 뿐 아니라 담즙색소 및 지질은 체내의 불필요한 물질을 배설하는 작용을 수행함.

15.6.1 LDL 수용체의 결핍은 콜레스테롤과다혈증과 동맥경화증을 일으킨다

LDL(Low Density Lipoprotein) 수용체(receptor)가 결핍되거나 제대로 기능을 발휘하지 못하면 LDL과 콜레스테롤이 간세포로 들어가지 못하므로 혈장의 콜레스테롤과 LDL의 농도가 두드러지게 증가한다. 그 결과로 혈관의 내벽에 **동맥판(artery plate)**이 생겨서 동맥경화증에 걸리게 된다(그림 15.10). 이러한 증세를 가족성 콜레스테롤 과다혈증(familial hypercholesterolemia)이라고 한다. 혈장의 LDL-콜레스테롤의 농도가 높기 때문에 콜레스테롤이 여러 조직들에 침전된다. 황색종(xanthomas)이라는 콜레스테롤로 된 작은 혹들이 피부와 힘줄에 나타난다. 동맥판에 콜레스테롤이 많이 침전되면 동맥경화가 일어나며, 심장마비, 뇌출혈, 또는 말초혈관질환 등의 원인이 된다. 이 병에 걸린 대부분의

LDL (low density lipoprotein, 저밀도 지방 단백질)
간이나 장의 콜레스테롤을 조직으로 운반하는 지단백질의 한 부분으로 분류되어 있음. 조직세포에서 세포막, 호르몬을 합성 또는 저장하며, 세포막에 있는 수용체와 결합하여 세포 내로 운반되며 리소좀에서 가수분해되는데, 수용체에 이상이 생기면 선천성 고콜레스테롤 혈증을 유발하게 됨.

황색종 (xantoma)
콜레스테롤과 때로는 동시에 다른 지질이 피부에 침착하여 생기는 황색의 종양

동형접합체들(homozygotes)은 관상동맥경화로 어릴 때 죽는다. 이형접합체들(heterozygotes)의 경우에는 병이 다소 경미하다.

그림 15.10 | 혈관 내벽에 생긴 동맥판

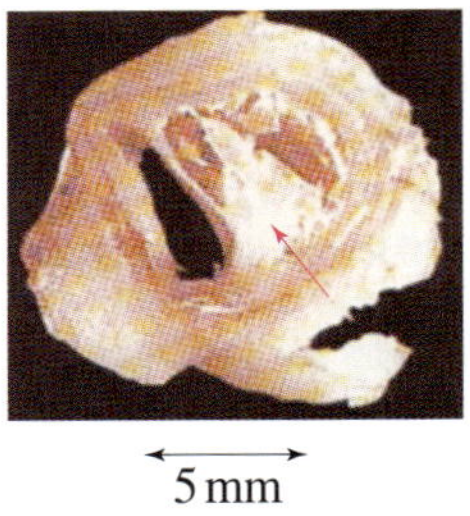

15.6.2 콜레스테롤에서 유도되는 담즙산염들은 지질의 소화를 돕는다

담즙산염(bile salt) 들은 극성이 있는 콜레스테롤 유도체들이다. 이 화합물은 극성 및 무극성 부분을 함께 가지고 있으므로 좋은 **계면활성제(detergent)** 이다. 담즙산염은 간에서 합성되어 담낭에 저장되었다가 나중에 소장으로 방출된다. 담즙산염은 음식물로 섭취된 지질을 잘 녹게 한다. 그 결과 지질의 표면적이 크게 증가하므로 지질가수분해효소에 의한 지질의 가수분해가 촉진되며, 또 지질의 흡수가 잘 된다. 담즙산염들의 주성분은 글리코콜산(glycocholate)이다.

15.6.3 스테로이드 호르몬들

다섯 가지의 스테로이드 호르몬들인 프로제스타젠류(progestagens), 글루코코르티코이드류(glucocorticoids), 안드로젠류(androgens), 미네랄로코르티코이드류(mineralocorticoids), 에스트로젠류(estrogens)의 선구물질은 콜레스테롤이다(그림 15.11).

그림 15.11 | 스테로이드 생합성 경로

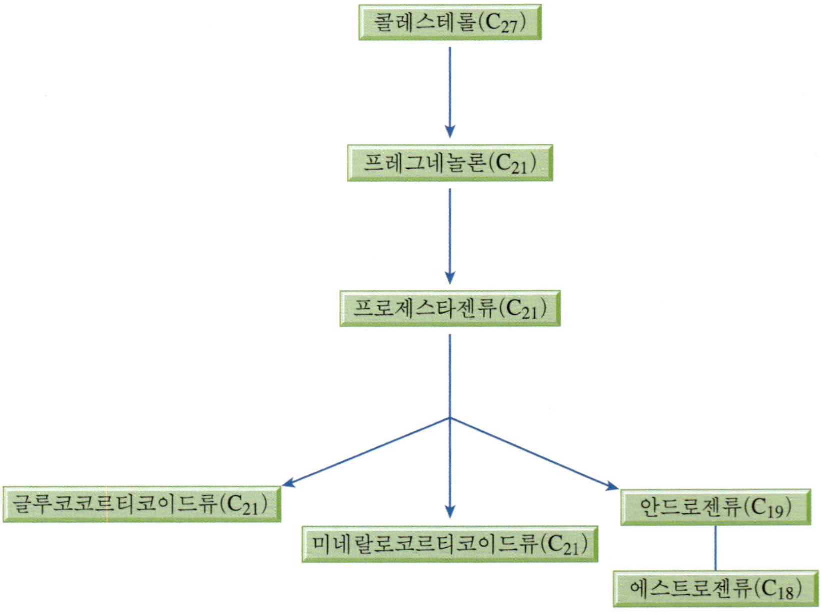

프레그네놀론(pregnenolone)
미토콘드리아에서 콜레스테롤로부터 만들어지는 물질로, 호르몬의 직접전구체. 프로제스테론, 부신피질 호르몬, 성호르몬 등의 생성에 이용

콜레스테롤에서 21개의 탄소 원자를 가진 프레그네놀론(pregnenolone)의 합성은 산소분자와 NADPH를 요구하는 일산소화효소(monooxygenase)의 작용으로 시작된다. 두 개

의 산소 원자들 중 하나는 하이드록시화하는 데 사용되고, 또 하나는 물을 생성시킨다.

$$RH + O_2 + NADPH + H^+ \rightarrow ROH + H_2O + NADP^+$$

프레그네놀론의 합성은 콜레스테롤의 C6 단위를 제거하면서 일어난다. C-20이 산화되어 케톤기가 된다.

프레그네놀론에서 프로제스테론(progesterone), 코르티솔(cortisol), 코르티코스테론(corticosterone), 알도스테론(aldosterone)이 생성되는 경로를 그림 15.12에 나타내었다.

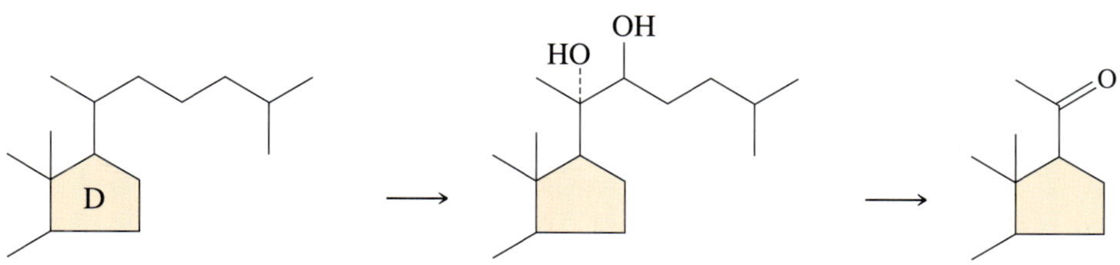

콜레스테롤 (고리 D와 곁사슬들만 나타내었다.)　　$20\alpha, 22\beta$-다이하이드록시콜레스테롤　　프레그네놀론

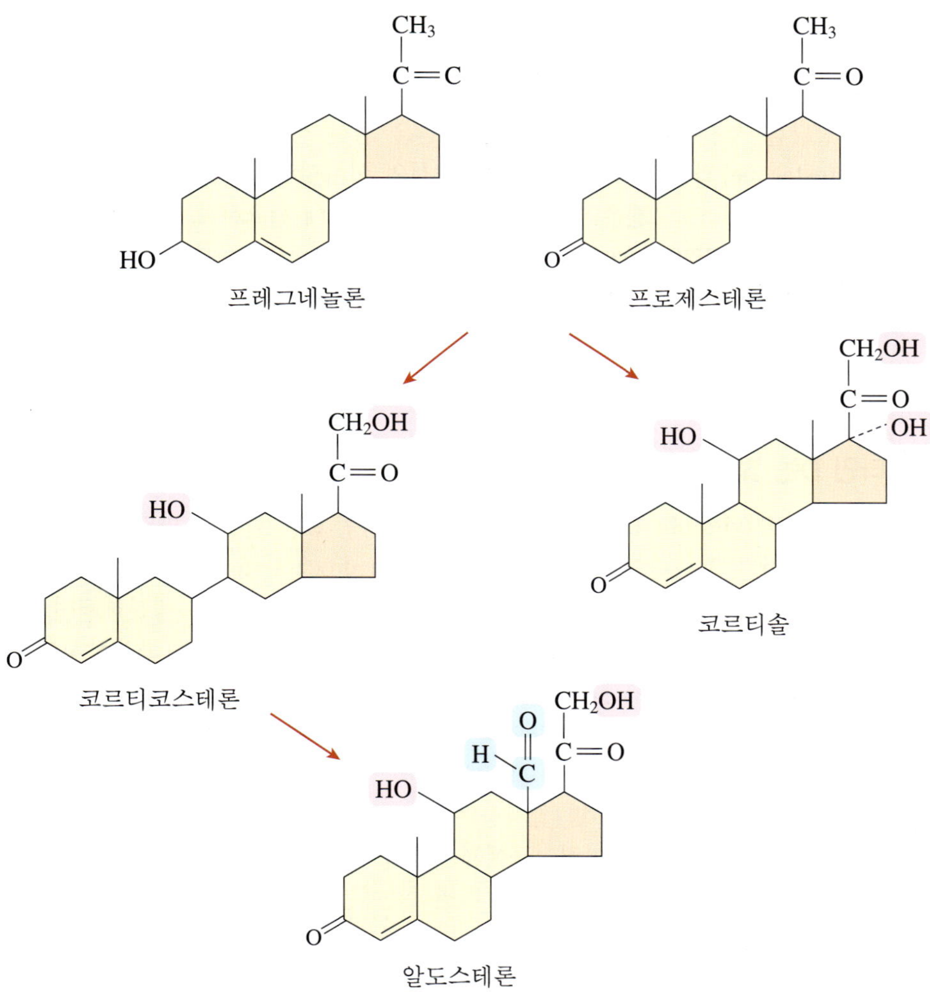

그림 15.12 | **프로제스테론과 코르티코이드류의 생성 경로**

프로제스테론에서 안드로젠류와 에스트로젠류가 생성되는 경로를 그림 15.13에 나타내었다.

안드로젠(androgen)
남성에서 분비되는 스테로이드 호르몬. 테스토이드라고도 알려짐. 척추동물에서 남성의 성질을 발달시키고 유지하는 데 관여함. 대표적인 안드로젠으로는 테스토스테론이 있음.

에스트로젠(estrogen)
포유류의 여성 호르몬의 일종. 여성의 난소에서 만들어지며 황체호르몬과 같이 월경주기에 관여함.

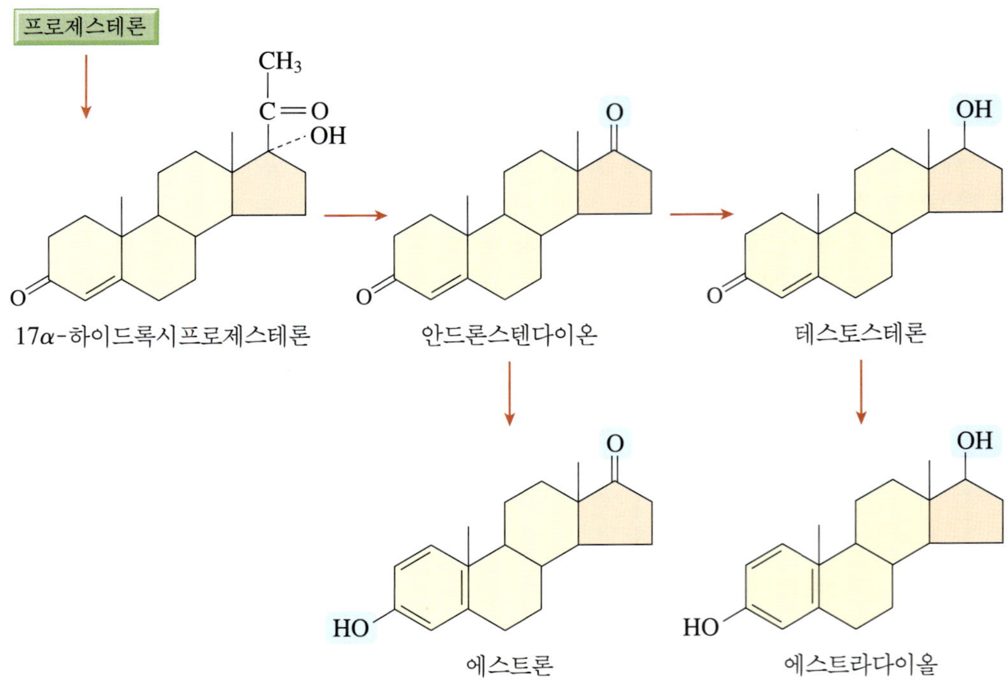

그림 15.13 | 안드로젠류와 에스트로젠류의 생성 경로

코르티솔 (cortisol)
콩팥의 부신피질에서 분비되는 스트레스 호르몬. 외부의 스트레스와 같은 자극에 맞서 몸이 최대의 에너지를 만들어 낼 수 있도록 하는 과정에서 분비됨. 혈압과 포도당 수치를 높이는 역할을 함.

프로제스타젠의 하나인 **프로제스테론(progesterone)**은 자궁에 난자를 받아들이는 데 필요한 자궁벽의 발달을 촉진한다. 또한, 프로제스테론은 임신 상태의 유지에도 필요하다. **테스토스테론(testosterone)**과 같은 안드로젠류는 남성의 이차성징의 발달에 필요하며, 에스트론(estrone)과 같은 에스트로젠은 여성의 이차성징의 발달에 필요하다. 에스트로젠류는 난소 주기에도 관여한다. **코르티솔(cortisol)**과 같은 글루코코르티코이드류(glucocorticoids)는 글루코스 신생합성과 글리코젠 생성을 촉진하며, 지질과 단백질의 분해를 증진시킨다. 미네랄로코르티코이드류[주로 **알도스테론(aldosterone)**]는 신장의 말초세뇨관에 작용하여 Na^+의 재흡수와 K^+과 H^+의 배설을 증가시킴으로써 혈액의 부피와 혈압을 증가시킨다.

15.6.4 비타민 D는 빛의 작용으로 콜레스테롤로부터 생긴다

콜레스테롤은 **비타민 D(vitamin D)**의 선구물질이다. 비타민 D는 칼슘과 인의 대사를 조절하는 중요한 일을 한다. 7-디하이드로콜레스테롤 (7-dehydrocholesterol, 비타민 D_3의 선구물질)은 자외선에 의하여 피부에서 프리비타민 D_3 (previtamin D_3)으로 광분해되며, 이것은 자발적으로 비타민 D_3으로 이성질화된다(그림 15.14). 비타민 D_3[콜레칼시페롤 (cholecalciferol)이라고도 한다]은 간과 신장에서 하이드록시화되어서 호르몬으로 작용할 수 있는 칼시트라이올[calcitriol: 1,25-다이하이드록시콜레칼시페롤(1,25-dihydroxycholecalciferol)]로 전환된다.

어릴 때 비타민 D가 결핍되면 구루병(곱사등)에 걸린다. 구루병은 연골과 뼈의 석회질화가 불충분한 것이 특징이다. 영국 어린이들에게 구루병이 많은 이유는 영국에서는 연중 거의 햇빛이 비치지 않는 날이 많기 때문이다. 자연식품에는 비타민 D 함량이 낮기 때문에 비타민 D를 거의 공급받지 못한다. 예외적으로, 대구의 간유는 비타민 D가 풍부하다. 오늘날에는 비타민 D를 음식물에 첨가하여 영양가를 강화하고 있다.

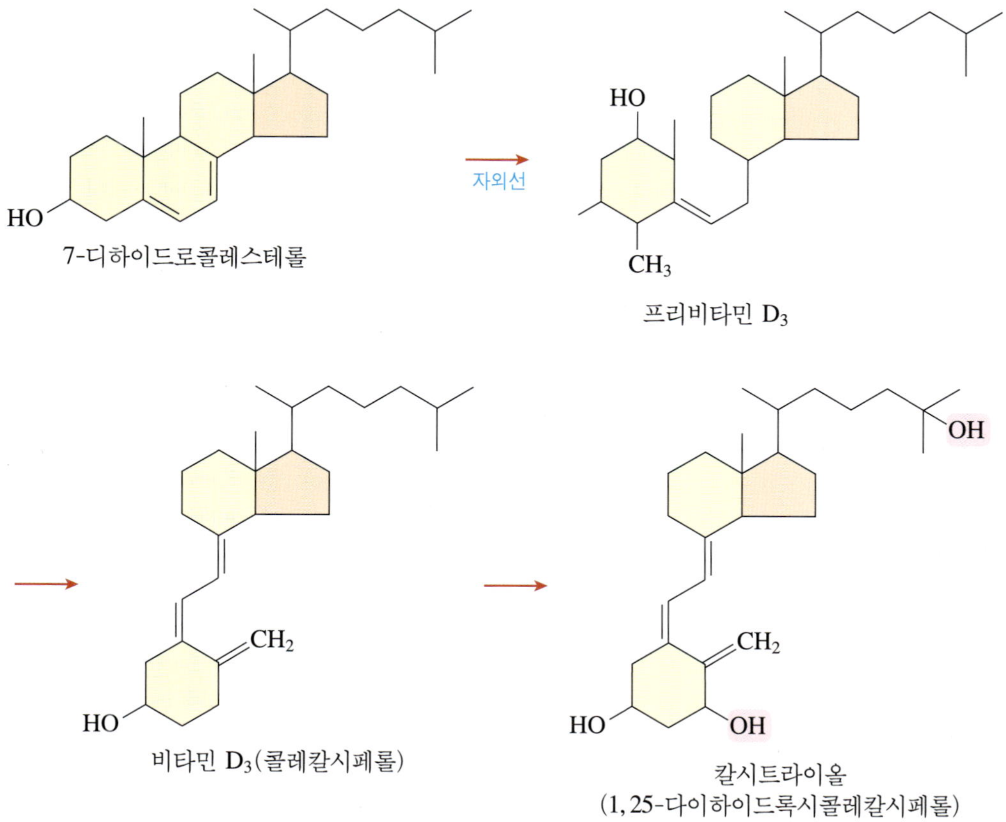

그림 15.14 | 비타민 D_3의 생성

연습 문제

1. 지방산의 세 가지 중요한 생리기능을 기술하시오.
2. 지방산 아실 CoA가 형성되는 반응을 쓰시오.
3. β-산화의 4 단계의 반응들을 쓰시오. 이때 NAD^+와 FAD의 역할은 무엇인가?
4. 케톤체가 어떠한 경우에 생성되는지, 합성 반응을 이용하여 설명하시오.
5. 지방산의 분해 반응들과 지방산의 합성 반응들 사이의 차이점을 비교하시오.
6. 지방산의 합성은 어떠한 반응으로 시작되는가?
7. 아실 CoA가 형성되는 반응 구조를 설명하시오.
8. 탄소 16(C_{16})인 지방산 1분자가 완전 산화될 때 생성되는 ATP 분자의 수를 계산하시오.
9. 콜레스테롤의 생리적 역할을 설명하시오.
10. 비타민 D_3의 생합성과 생리적 역할을 설명하시오.

16

핵산 분해와 합성

학습 목표
- 핵산의 분해 과정을 이해한다.
- 퓨린과 피리미딘의 합성 과정을 이해한다.
- 리보뉴클레오타이드와 데옥시리보뉴클레오타이드의 합성 과정을 이해한다.

주요 용어
- 퓨린 뉴클레오타이드 대사, 피리미딘 뉴클레오타이드 대사, IMP, 데옥시리보뉴클레오타이드 합성

16.1 핵산의 분해

핵산은 모든 생물의 세포 속에 들어 있는 고분자 유기물의 한 종류로서 뉴클레오타이드로 구성된 생명체의 유전 물질이다. 체내에서 이용하고 남은 핵산은 두 개의 경로에 의해 분해 배설된다. 피리미딘 염기(사이토신과 타이민)는 몇 단계를 거쳐 암모니아와 이산화탄소, 그리고 물이 되어서 배설된다. 한편 퓨린 염기의 유도체인 아데닌과 구아닌은 요소(urea)가 되어 체외로 배설된다(그림 16.1).

그림 16.1 | 핵산의 분해 과정

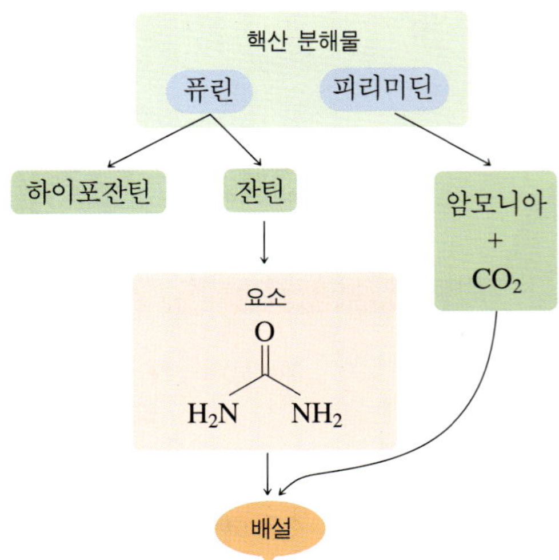

요산(uric acid)
퓨린 유도체로서 맛과 냄새가 없는 흰색의 결정. 동물의 배설물에 많이 함유되어 있으며, 사람의 오줌에는 하루에 0.6~1.0 g이 배출됨. 조류나 파충류에서는 최종 대사 산물이며, 사람의 경우 대부분이 조직 속에 있는 퓨린에서 유래됨.

16.2 퓨린의 대사

퓨린 뉴클레오타이드(purine nucleotide)의 퓨린 고리는 여러 가지 선구물질들에서 오는 원자들로 조립된다(그림 16.2). 글리신(glycine)은 C-4, C-5 및 N-7을 제공한다. N-1 원자는 아스파트산(aspartate)에서 온다. 테트라하이드로폴산(tetrahydrofolate)의 활성화된 유도체들이 C-2와 C-8을 제공하고, CO_2는 C-6을 제공한다.

그림 16.2 | 퓨린 염기 원자들의 출처

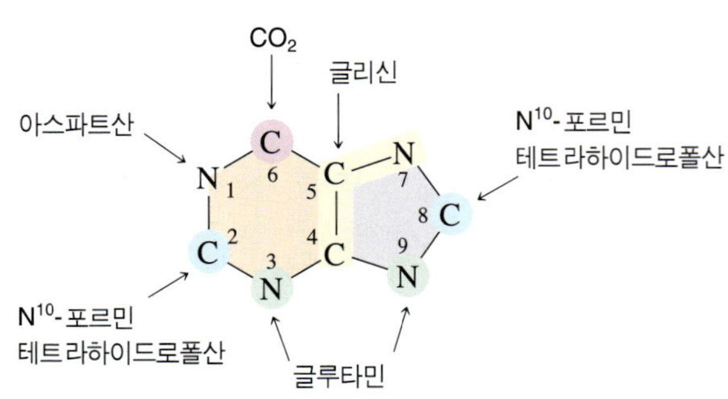

16.2.1 PRPP는 뉴클레오타이드의 리보스-인산 단위를 제공한다

퓨린 및 피리미딘 뉴클레오타이드의 리보스인산(ribose phosphate) 부분은 5-포스포리보실-1-피로인산(5-phosphoribosyl-1-pyrophosphate, PRPP)에서 온다. PRPP는 아래의 반응에서 ATP와 리보스 5-인산(ribose-5-phosphate)으로부터 합성되며, 리보스 5-인산은 주로 펜토스 인산 경로에서 생성된다. 피로인산기가 ATP에서 리보스 5-인산의 C-1 위치로 옮겨진다.

16.2.2 퓨린 리보뉴클레오타이드의 합성

퓨린 뉴클레오타이드 합성의 개시 단계는 PRPP와 글루타민이 반응하여 5-포스포리보실아민(5-phosphoribosylamine)이 형성되는 반응이다.

그 다음에 글리신이 포스포리보실아민과 결합하여 글리신아마이드 리보뉴클레오타이드(glycinamide ribonucleotide)를 생성한다(그림 16.3). 이렇게 해서 퓨린 염기의 이미다졸 고리의 유도체인 5-아미노이미다졸 리보뉴클레오타이드(5-aminoimidazole ribonucleotide)가 형성된다.

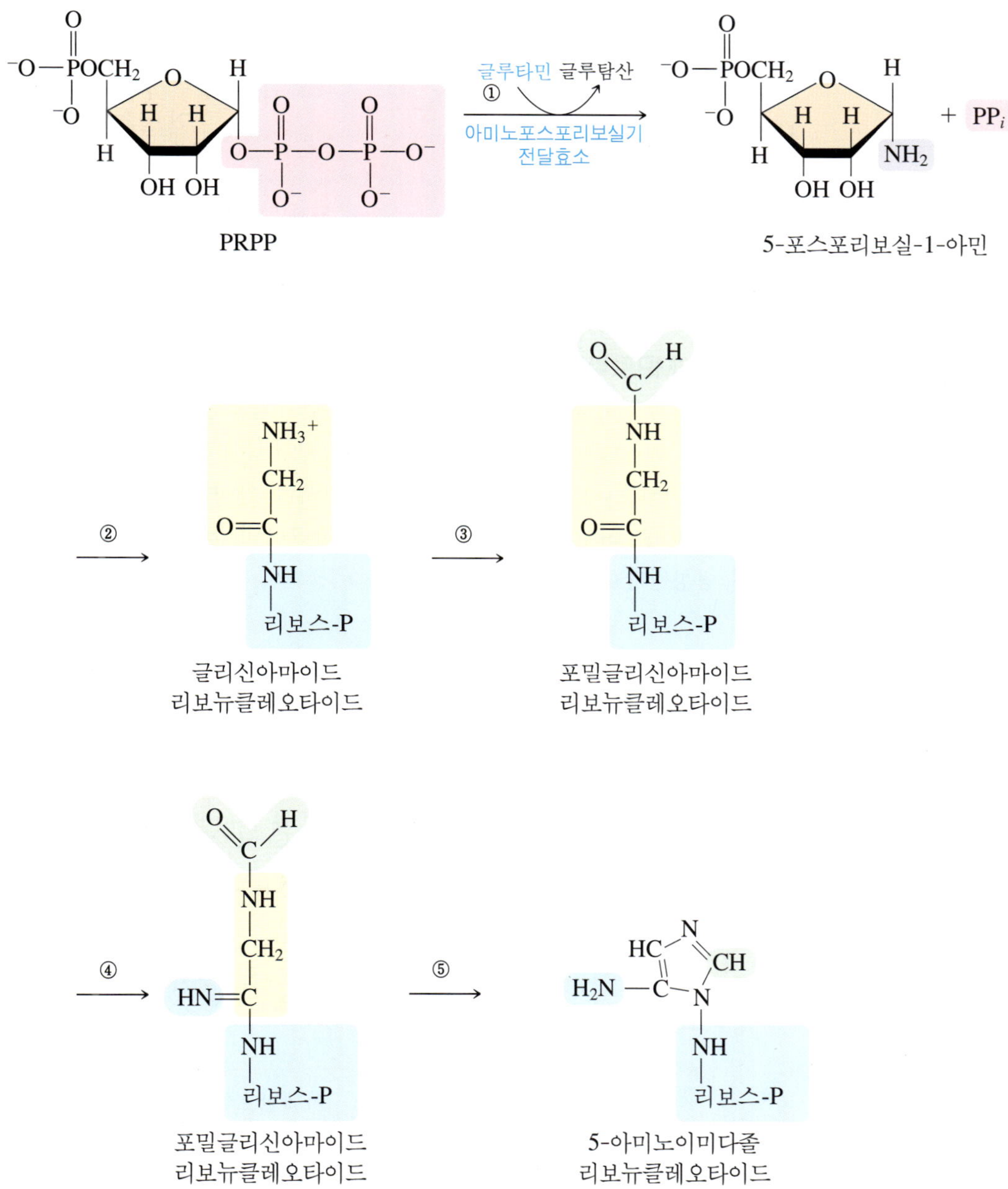

그림 16.3 | **퓨린 생합성의 첫 번째 단계: PRPP로부터의 5-아미노이미다졸 리보뉴클레오타이드가 형성된다. 이 반응들의 요점은 다음과 같다. ① 글루타민의 곁사슬에 있는 아미노기에 의한 PP_i의 치환, ② 글리신의 첨가, ③ N^{10}-포밀테트라하이드로폴산에 의한 포밀화, ④ 글루타민으로부터의 질소 원자의 이동, ⑤ 탈수와 고리 닫힘.**

이어서 퓨린 골격의 여섯-원자 고리가 형성된다(그림 16.4). 최초로 합성되는 퓨린 뉴클레오타이드는 이노신산(inosinate), 즉 **이노신 일인산(inosine monophosphate, IMP)**이다. 이노신산의 퓨린 염기는 하이포잔틴(hypoxanthine)이다.

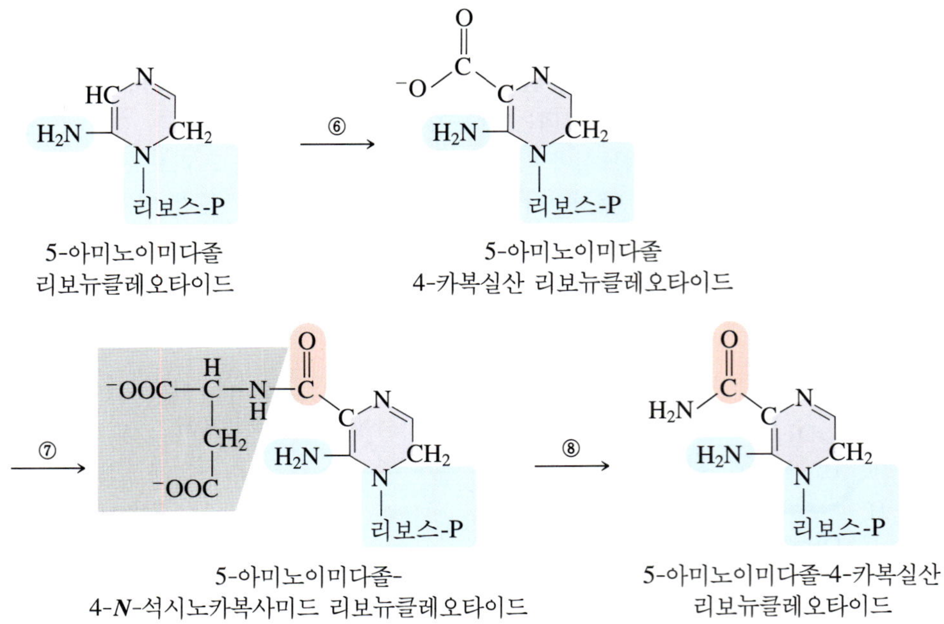

그림 16.4 | 퓨린 생합성의 두 번째 단계: 5-아미노이미다졸 리보뉴클레오타이드로부터의 이노신산이 형성된다. 이 반응들의 요점은 다음과 같다. ⑥ 카복실화, ⑦ 아스파트산의 첨가, ⑧ 퓨마르산의 제거 (아스파트산의 아미노기를 남겨 둠)

이노신산 (inosinic acid)
아데닐산의 탈아미노화로 만들어지는 퓨린 뉴클레오타이드의 하나. 하이포잔틴, 리보스, 인산으로 이루어져 있음. 이노신산을 거쳐 주요 퓨린 뉴클레오타이드인 아데닐산과 구아닐산이 합성됨.

16.2.3 AMP와 GMP는 IMP로부터 형성된다

이노신산은 AMP와 GMP의 선구물질이다(그림 16.5). 이노신산의 C-6 위치의 카보닐기의 산소 원자를 아미노기로 치환함으로써 **아데닐산(adenylate)**이 형성된다. 아스파트산을 첨가한 다음 퓨마르산을 제거하는 방식으로 아미노기를 제공한다(그림 16.4의 ⑦ 및 ⑧).

구아닐산(guanylate, GMP)은 이노신산을 C-2 위치에서 산화한 다음에 같은 위치에 아미노기를 삽입함으로써 형성된다(그림 16.5).

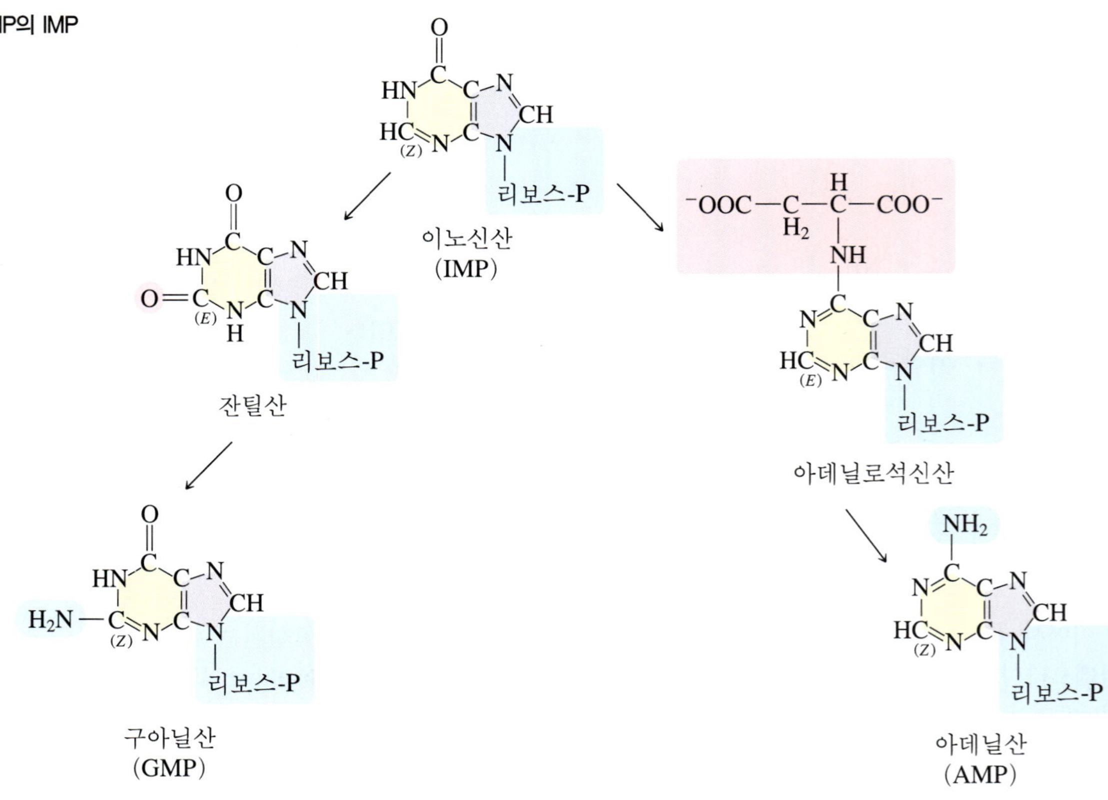

그림 16.5 | AMP와 GMP의 IMP로부터 합성

16.2.4 퓨린 염기는 PRPP를 이용하는 회수 반응을 거쳐 재활용된다

핵산과 뉴클레오타이드들의 가수분해로 생성되는 자유 퓨린 염기들은 회수 반응(salvage reaction)을 거쳐 재활용될 수 있다. 회수 반응은 뉴클레오타이드 합성의 신생합성 경로보다 더 간단하고 에너지를 덜 소모하면서 일어난다. 회수 반응에서 PRPP의 리보스 부분이 퓨린으로 전달되어 해당되는 뉴클레오타이드를 형성한다.

> **회수 반응(salvage reaction)**
> 생체 성분이 체내에서 완전히 분해되어 배설되기 전에, 분해 도중의 물질을 회수하여 재이용하는 경로. 대부분의 퓨린, 피리미딘 뉴클레오타이드는 이러한 경로에서 재이용됨.

회수 반응에 촉매로 작용하는 특이성이 다른 두 가지 효소들이 있다. **아데닌 포스포리보실 전달효소(adenine phosphoribosyl transferase)**는 아데닐산을 생성시킨다.

$$\text{아데닌} + \text{PRPP} \longrightarrow \text{아데닐 일인산} + \text{PP}_i$$

하이포잔틴-구아닌 포스포리보실 전달효소(hypoxantine-guanine phosphoribosyl transferase, HGPRT)는 이노신산과 구아닐산의 형성에 촉매로 작용한다.

$$\text{하이포잔틴} + \text{PRPP} \longrightarrow \text{이노신 일인산} + \text{PP}_i$$
$$\text{구아닌} + \text{PRPP} \longrightarrow \text{구아닐 일인산} + \text{PP}_i$$

16.2.5 퓨린 뉴클레오타이드 생합성의 조절

퓨린 뉴클레오타이드의 생합성은 **되먹임 억제(feedback inhibition)**에 의해서 조절된다(그림 16.6).

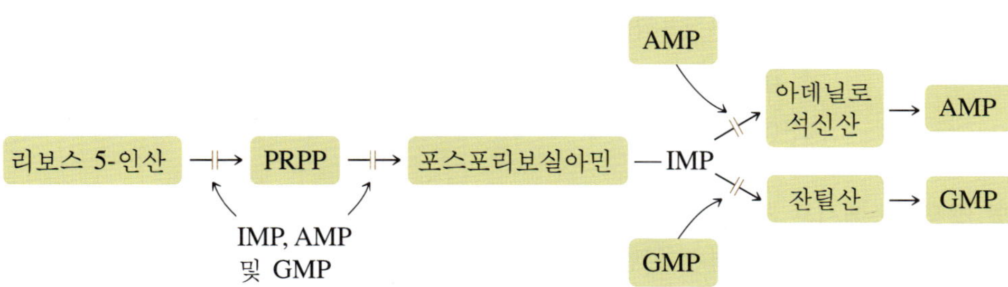

그림 16.6 | **퓨린 생합성의 조절: 붉은색의 두 선으로 표시한 곳은 합성 반응이 억제되는 자리를 나타냄.**

1) 퓨린 뉴클레오타이드에 의한 **5-포스포리보실-1-피로인산 합성효소(5-phosphori-bosyl-1-pyrophosphate synthetase)**의 되먹임 억제는 PRPP의 수준을 조절한다. 이 합성효소는 AMP, GMP 및 IMP들에 의해서 억제된다.
2) 퓨린 뉴클레오타이드 생합성의 개입 단계는 글루타민 곁사슬의 아미노기가 전달되어 PRPP가 포스포리보실아민으로 전환되는 반응이다. 이 반응은 AMP, GMP 및 IMP에 의해서 되먹임 억제된다. AMP와 GMP가 동시에 존재할 때 이 반응은 AMP와 GMP에 의해서 점차 억제된다.
3) 이노신산은 AMP와 GMP의 합성의 분기점이다. 이노신산에서 갈라지는 두 반응들은 되먹임 억제된다. AMP는 이노신산이 AMP의 직접 선구물질인 아데닐로석신산으로 되는 것을 억제한다. 마찬가지로, GMP는 이노신산이 GMP의 직접 선구물질인 잔틸산(xanthylate)으로 되는 것을 억제한다.
4) GTP는 IMP가 아데닐로석신산(adenylosuccinate)이 형성될 때 에너지를 공급하고, ATP는 잔틸산이 구아닐산이 될 때 에너지를 공급한다. 그러므로 GTP와 ATP는 뉴클레오타이드의 합성에서 상호적으로 작용함으로써 아데닌과 구아닌 뉴클레오타이드 합성의 균형을 잡는다.

16.2.6 인체에서 퓨린 염기들은 요산으로 분해된다

세포의 뉴클레오타이드들은 대사 과정에서 끊임없이 교체된다. **뉴클레오타이드가수분해효소**

(**nucleotidase**)에 의해서 뉴클레오타이드는 뉴클레오사이드로 가수분해된다. 차례로 뉴클레오사이드는 뉴클레오사이드 인산분해효소(nucleoside phosphorylase)에 의해서 자유 염기와 리보스 1-인산으로 분해된다. 앞에서 설명한 바와 같이, 자유 염기의 일부분은 회수 경로에 의해서 다시 뉴클레오타이드가 된다.

AMP는 **아데닐산 탈아미노화효소**(**adenylate deaminase**)에 의해 IMP로 탈아미노산화된다. IMP는 더 가수분해되어 리보스 5′-인산 부분이 떨어져 나가서 하이포잔틴(hypoxanthine)을 생성한다. 이어서 하이포잔틴은 **잔틴 산화효소**(**xanthine oxidase**)에 의해서 잔틴으로 산화되고, 같은 효소에 의해서 요산(urate)까지 산화된다(그림 16.7).

그림 16.7 | AMP에서 요산까지의 산화 경로

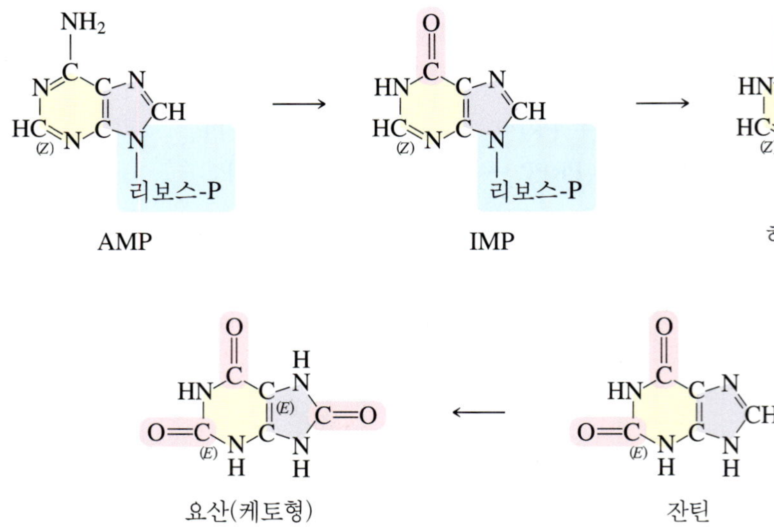

알란토인 (allantoin)
동식물계에 널리 존재하는 퓨린 대사물. 요산의 산화에 의해 생성되며, 가수분해에 의해 점차 알란토인, 알란토인산, 요산으로 분해

몇몇 생물종들에서는 퓨린의 분해가 더 진행된다. 영장류 이외의 포유동물은 알란토인(allantoin)을 배설한다. 경골류는 알란토산(allantoate)을 배설한다. 양서류와 어류는 분해 반응이 더 진행되어 알란토산이 요소와 글리옥실산(glyoxylate)으로 분해된다. 몇몇 수중 무척추동물은 요소를 NH_4^+와 CO_2로 가수분해한다. 이 반응들을 촉매하는 효소들은 영장류의 진화 과정에서 점진적으로 사라졌을 것으로 생각된다.

육지의 파충류와 조류는 물을 보존하기 위해서 요소를 배설하지 않고 요산을 배설한다. 요소를 배설하기 위해서는 많은 물이 소비되어야 하기 때문이다(그림 16.8)

그림 16.8 | 요산이 NH_4^+ 및 CO_2 까지 분해되는 경로

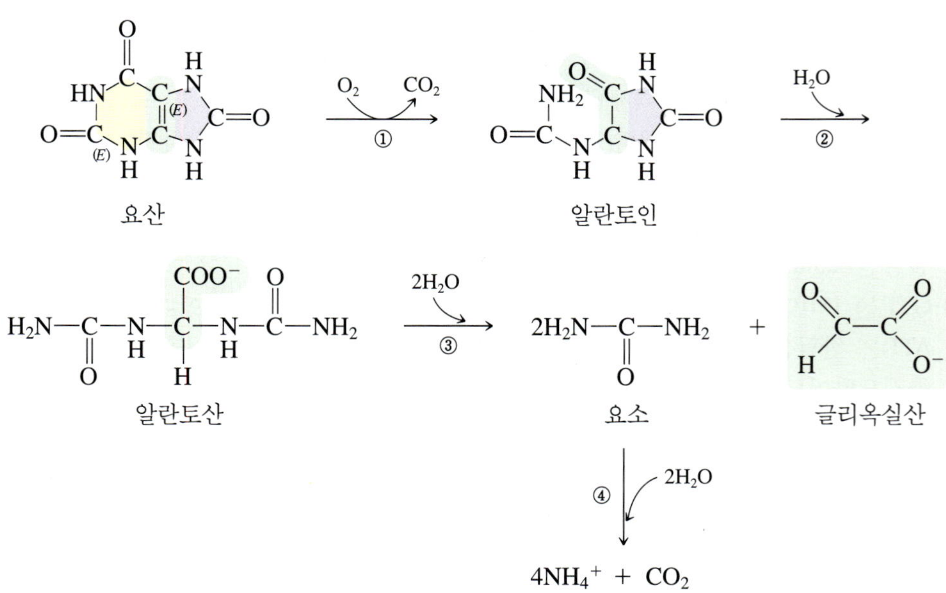

이 반응들은 1) 요산 산화효소(urate oxidase) 2) 알란토인가수분해효소(allantoinase) 3) 알란토산가수분해효소(allantoicase) 및 요소가수분해효소(urease)에 의해서 촉매로 작용한다.

16.2.7 혈청의 요산 수준이 높으면 통풍을 일으킨다

통풍(gout)은 관절과 신장을 침범하는 병이다. 통풍의 주요한 생화학적 특징은 혈청의 요산 수준이 높은 것이며 주로 성인 남성이 통풍에 걸린다. 관절염(arthritis)은 요산의 결정체가 침전됨으로써 생기는 질병이다. 신장에 요산 결정체가 축적되면 신장병이 생길 수 있다.

> **관절염** (arthritis)
> 뼈와 뼈 사이가 부드럽게 운동할 수 있도록 연골, 관절낭, 활막, 인대, 힘줄, 근육 등으로 구성된 관절에 염증이 생긴 것으로, 관절염의 대표적인 증상은 관절의 통증

통풍의 생화학적 기작은 아직 밝혀져 있지 않다. 그렇지만 대부분의 통풍환자들은 IMP와 GMP의 회수 합성을 촉매하는 효소인 **하이포잔틴-구아닌 포스포리보실 전달효소(HGPRT)**가 결핍되어 있다는 사실이 보고된 바 있다.

하이포잔틴 + PRPP —(HGPRT, ⊣⊢)→ IMP + PP_i

구아닌 + PRPP —(HGPRT, ⊣⊢)→ GMP + PP_i

따라서 하이포잔틴과 구아닌이 요산으로 산화되어서 혈청의 요산 수준을 높이게 된다. 그렇기 때문에 통풍 치료제로 알로푸리놀(allopurinol)이 사용된다.

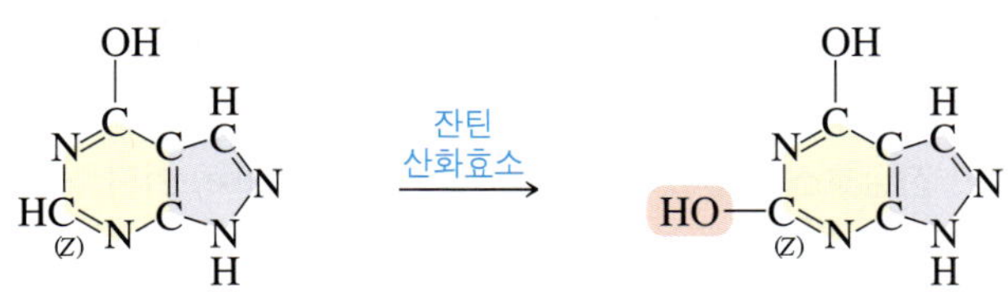

알로푸리놀 → 알로잔틴

그 이유는 알로푸리놀은 잔틴 산화효소의 기질로 작용하여 알로잔틴(alloxanthine)으로 된 이후, 잔틴 산화효소의 억제물로 작용함으로써 요산의 생성을 막기 때문이다.

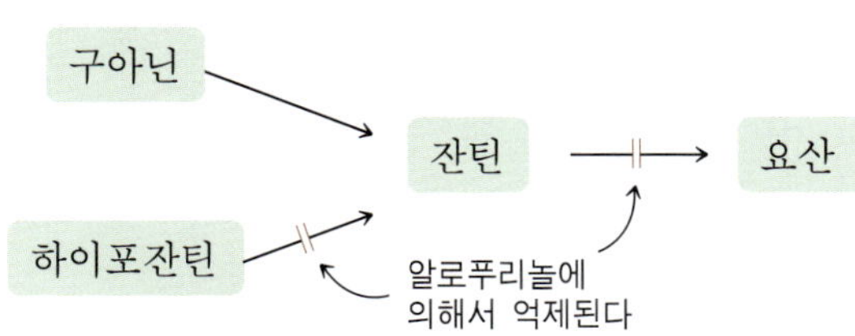

16.3 피리미딘 대사

퓨린 뉴클레오타이드 생합성의 반응 연쇄는 피리미딘 뉴클레오타이드(pyrimidine nucleotide) 생합성의 반응과 달라서 피리미딘 고리가 먼저 구성된 다음에 리보스인산과 결합하여 피리미딘 뉴클레오타이드가 형성된다. PRPP가 리보스인산 부분의 주개인 것은 퓨린 뉴클레오타이드 합성 때와 같다. 피리미딘 고리의 선구물질은 카밤오일 인산(carbamoyl phosphate)과 아스파트산(aspartate)이다.

C-2와 N-3은 카밤오일 인산에서 오고, 고리의 그 밖의 원자들은 아스파트산에서 온다.

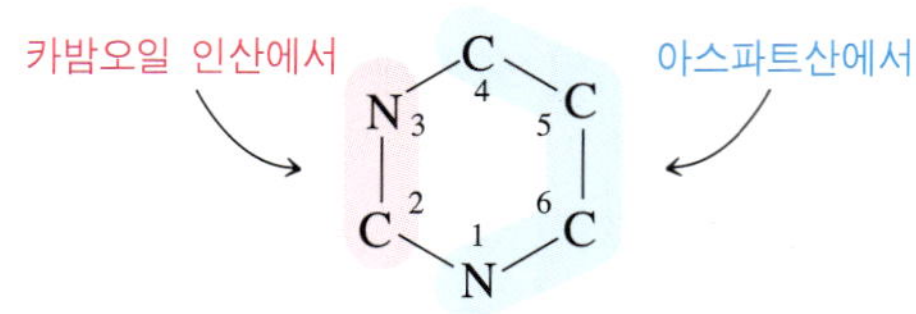

그림 16.9 | 피리미딘 고리의 원자들의 출처

16.3.1 피리미딘 고리의 생합성

피리미딘 염기의 합성은 카밤오일 인산의 형성으로 시작된다. 카밤오일 인산은 아래의 반응처럼 글루타민과 탄산수소 이온(HCO_3^-)으로부터 합성된다. 피리미딘 뉴클레오타이드 합성에 사용될 카밤오일 인산의 합성은 세포액에서 일어난다.

$$\text{글루타민} + 2ATP + HCO_3^- \rightarrow \text{카밤오일 인산} + 2ADP + P_i + \text{글루탐산}$$

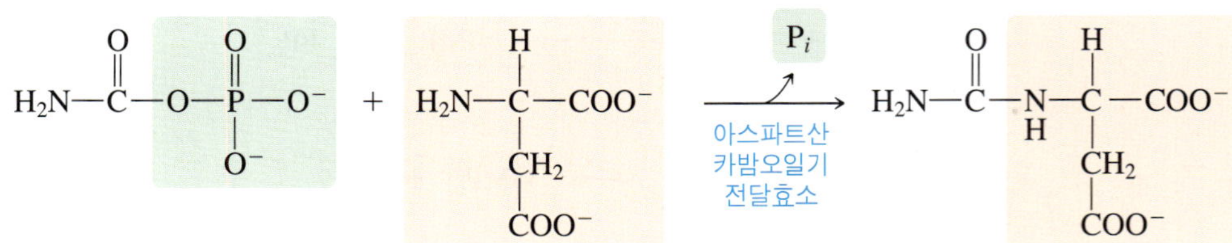

카밤오일 인산 아스파트산 *N*-카밤오일아스파트산

피라미딘 고리 생합성의 개시 단계는 아스파트산과 카밤오일 인산으로부터 *N*-카밤오일아스파트산(*N*-carbamoylaspartate)의 형성 반응이다. 이 반응에 촉매로 작용하는 효소는 **아스파트산 카밤오일기 전달효소(aspartate transcarbamoylase)**이다.

피리미딘 고리는 카밤오일아스파트산이 탈수되면서 고리가 닫히는 반응에서 다이하이드로오로트산(dihydroorotate)이 형성된다. 그 다음에 오로트산(orotate)은 다이하이드로오로트산의 탈수소 반응으로 형성된다.

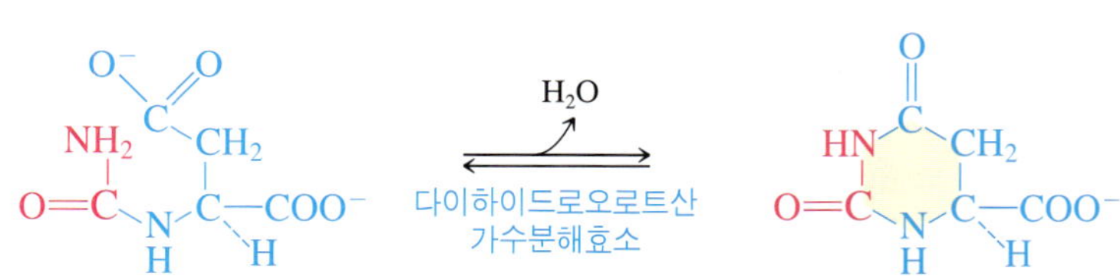

N-카밤오일아스파트산 다이하이드로오로트산

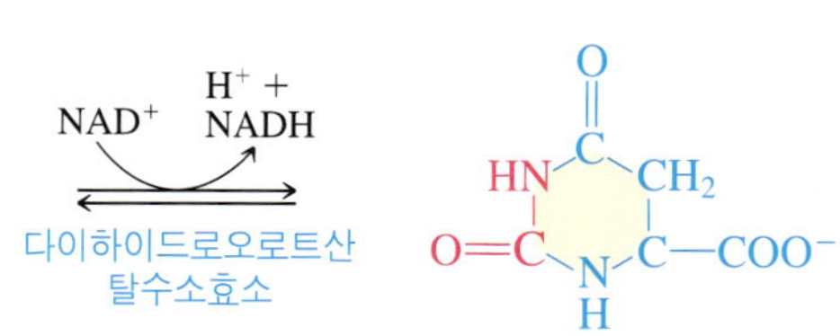

오로트산

16.3.2 오로트산은 PRPP로부터 리보스인산 부분을 받는다

피리미딘 뉴클레오타이드 합성의 다음 단계는 오로트산이 리보스인산 부분과 결합하는 반응이다. 오로트산은 PRPP와 반응하여 오로티딜산(orotidylate)을 형성한다. 오로티딜산은 이어서 탈카복실화되어서 피리미딘 뉴클레오타이드인 유리딜산(uridylate, UMP)을 생성한다.

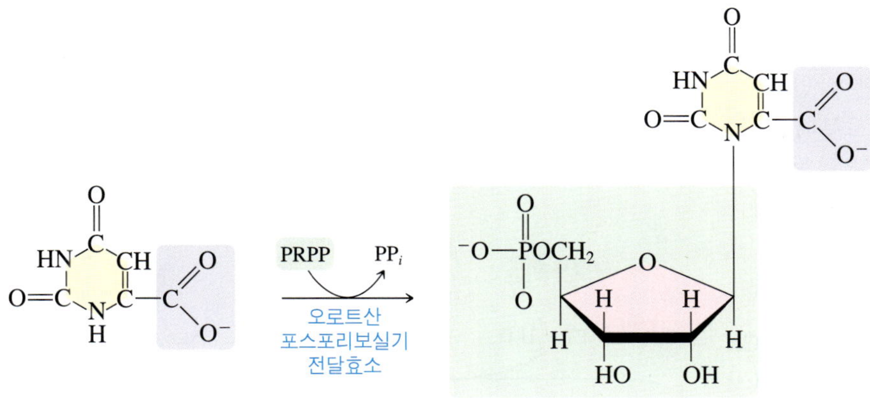

오로트산 오로티딜산

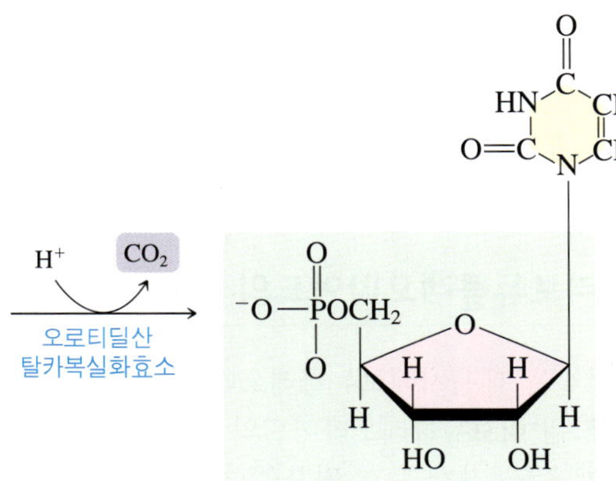

유리딜산(UMP)

16.4 ATP, ADP, AMP의 상호전환

생합성 반응과 에너지 전환에서 사용되는 뉴클레오타이드의 활성형은 뉴클레오사이드의 이인산과 삼인산의 에스터이다. AMP가 ADP로 전환되는 반응은 **아데닐산 카이네이스(adenylate kinase)** 라는 효소가 촉매하는 인산화로 일어난다.

$$\text{ATP} + \text{AMP} \rightleftarrows 2\text{ADP}$$

이렇게 형성되는 ADP는 해당과정과 산화적 인산화 반응에서 ATP로 인산화된다(10.2.절 참조).

뉴클레오사이드 일인산 카이네이스(nucleoside monophosphate kinases) 라는 부류의 효소들은 ATP를 사용하여 그 밖의 뉴클레오사이드 이인산을 생성시킨다.

$$\text{ATP} + \text{NMP} \rightleftarrows \text{ADP} + \text{NDP}$$

뉴클레오사이드 이인산은 어디에나 존재하는 효소인 뉴클레오사이드 이인산 카이네이스(nucleoside diphosphate kinase)의 작용으로 삼인산 에스터로 전환된다.

$$\text{NTP}_{\text{주개}} + \text{NDP}_{\text{받개}} \rightleftarrows \text{NDP}_{\text{주개}} + \text{NTP}_{\text{받개}}$$

이 효소는 특이성이 없기 때문에 모든 종류의 뉴클레오사이드 이인산들에 작용한다.

16.5 CTP의 합성

사이티딘 삼인산(cytidine triphosphate, CTP)은 유리딘 삼인산(uridine triphosphate, UTP)으로부터 유도된다. 유라실 염기의 C-4에 있는 카보닐기의 산소가 아미노기로 치환된다. 포유동물에서는 글루타민의 곁사슬이 아미노기 주개이고, *E. coli*에서는 NH_4^+이 아미노기 주개이다.

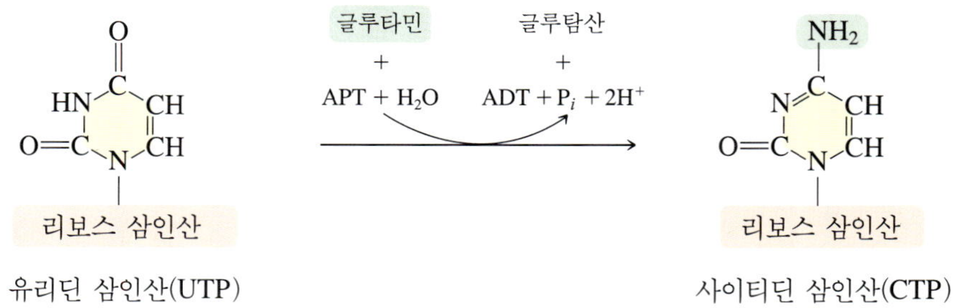

16.6 데옥시리보뉴클레오타이드의 합성

DNA를 이루는 물질은 데옥시리보뉴클레오타이드(deoxyribonucleotides)들이다. 데옥시리보뉴클레오타이드는 리보뉴클레오타이드의 환원으로 생성된다.

리보스의 2′-하이드록시기가 수소 원자로 치환된다. 포유동물과 *E. coli*의 경우, 이 반응의 기질은 리보뉴클레오사이드 이인산이다. NADPH가 반응의 환원제 역할을 한다.

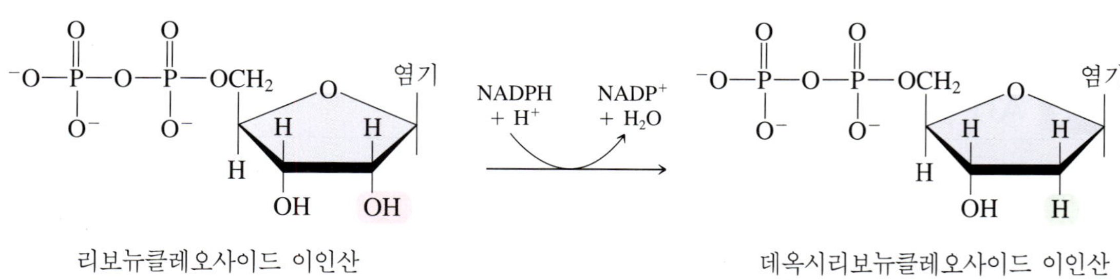

연습 문제

1. 아래의 화합물들 중 퓨린 고리의 형성에 직접 원자들을 제공하는 것은 어느 것인가?
① 아스파트산 ② 카밤오일 인산
③ 글루타민 ④ 글리신
⑤ CO_2 ⑥ N5, N10-메틸렌테트라하이드로폴산
⑦ N10-포밀테트라하이드로폴산 ⑧ NH_4^+

2. 퓨린 뉴클레오타이드 생합성에서 완전한 퓨린 고리(하이포잔틴)를 가진 첫 번째 생성물은 어느 것인지 설명하시오.
① AMP ② GMP
③ IMP ④ 잔틸산(XMP)

3. 퓨린 뉴클레오타이드 생합성의 개입 단계는 글루타민 곁사슬의 아미노기가 전달되어 PRPP가 포스포리보실아민으로 전환되는 반응이다. 이 반응은 어떻게 조절되는지 설명하시오.

4. IMP를 AMP로 전환하기 위해서는 무엇이 필요한지 설명하시오.
① ATP ② GTP
③ 아스파트산 ④ 글루타민
⑤ NAD^+

5. 피리미딘 염기들의 생합성에서 개시 단계는 어느 것인지 설명하시오.

6. 자유 피리미딘 염기인 오로트산은 어떻게 뉴클레오타이드로 전환되는지 설명하시오.

7. 인체에서 완전히 대사적으로 분해되면 요산을 내는 것은 다음 화합물들 중 어느 것인지 선택하고 설명하시오.
① ADD-글루코스 ② GDP-만노스
③ CDP-콜린 ④ UDP-갈락토스
⑤ CoA ⑥ FAD

8. 알로푸리놀이 통풍 치료제로 사용되는 그럴듯한 생화학적 근거는 무엇인지 설명하시오.

9. 요산이 최종적으로 분해되면 어떤 물질들이 되는지 설명하시오.

10. UTP로부터 CTP가 유도될 때, 유라실 염기의 C-4에 있는 카보닐기의 산소가 아미노기로 치환된다. 이때의 아미노기 주개는 포유동물과 *E. coli*에서 각각 어떻게 다른지 설명하시오.

17 DNA 대사

학습 목표
- DNA 중합효소의 구성 성분과 이들의 각 역할을 이해한다.
- DNA 복제 메커니즘을 이해한다.
- 손상된 DNA의 수선 과정을 이해한다.

주요 용어
- 잔기, DNA 중합효소, 다이에스터 결합, 주형 사슬, 중합 반응, DNA 연결효소, DNA 복제, *ori C*, 시작물질, 복제 분기점

17.1 DNA 중합효소

17.1.1 DNA 중합효소 I

> **DNA 중합효소**
> (DNA polymerase)
> A.콘버그가 미생물에서 발견한 효소. DNA 이중 나선 중 한 개의 사슬을 주형으로 하여 새로운 DNA 사슬 형성을 촉매하는 효소로 DNA 복제 및 손상 회복 때 작용함.

DNA 복제는 20가지 이상의 단백질들이 조화를 이룬 상호작용에 의해서 이루어진다. **DNA 중합효소 I (DNA polymerase I)** 은 분자량이 103 kDa 되는 단일 폴리펩타이드 사슬이다. 이 효소는 데옥시리보뉴클레오타이드를 DNA 사슬에 단계적으로 첨가하는 반응에 촉매로 작용한다.

$$(\mathrm{DNA})_n \text{ 잔기} + \mathrm{dNTP} \rightarrow (\mathrm{DNA})_{n+1} + \mathrm{PP}_i$$

약자 dNTP는 어떤 데옥시리보뉴클레오사이드 삼인산을 나타내며, PP_i는 피로인산원자단(inorganic pyrophosphate)을 나타낸다. DNA 중합효소 I은 DNA 사슬을 합성하기 위해서 다음과 같은 성분들을 필요로 한다.

1) 네 가지의 활성화된 선구물질들, 즉 데옥시리보뉴클레오사이드 5′-삼인산인 dATP, dTTP, dCTP, dGTP가 모두 있어야 한다. 또한 Mg^{2+} 이온도 필요하다.
2) DNA 중합효소 I은 데옥시리보뉴클레오타이드를 DNA 사슬의 3′-말단 하이드록시기에 첨가한다. 즉, 자유 3′-OH기를 가진 시작물질 사슬(primer chain)이 필요하다.
3) DNA 주형(template)이 꼭 있어야 한다. 두 가닥으로 된 DNA는 당–인산 뼈대가 한 군데 또는 그 이상의 자리에서 절단되어 있을 경우에만 좋은 주형이 된다.

DNA 중합효소에 의하여 촉매로 작용하는 **사슬 연장 반응(chain elongation reaction)** 은 시작물질의 3′-OH 말단이 데옥시리보뉴클레오사이드 삼인산의 맨 안쪽의 인산기를 친핵적으로 공격함으로써 일어난다. 이때에 포스포다이에스터 다리 결합이 형성되면서 동시에 피로인산이 방출된다(그림 17.1). DNA 사슬의 연장은 5′→3′ 방향으로 진행된다(그림 17.2).

그림 17.1 | DNA 중합효소에 의해서 촉매되는 사슬 연장 반응

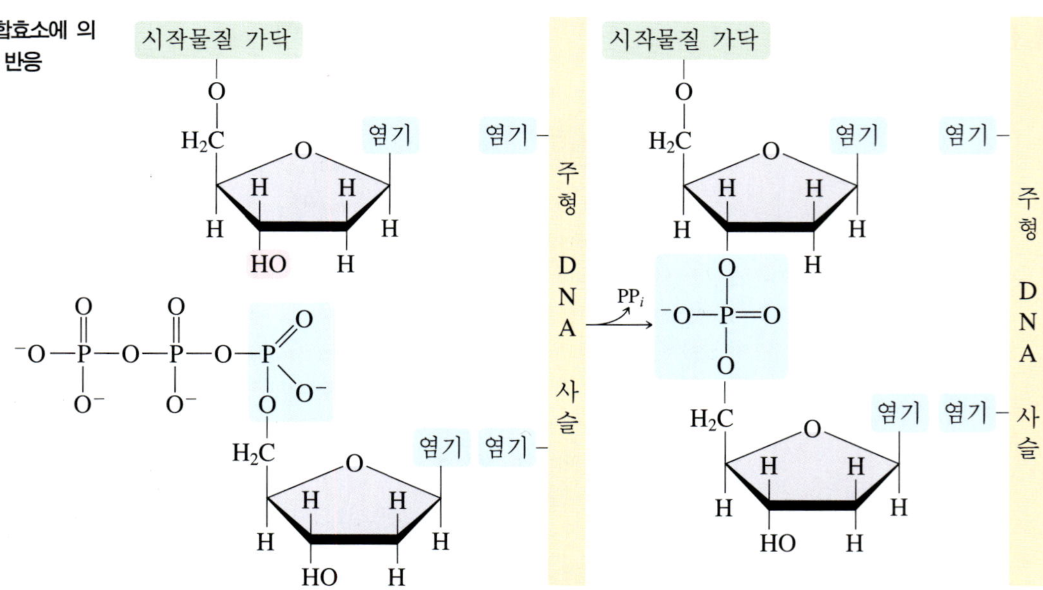

그림 17.2 | DNA 사슬의 연장: DNA 중합효소는 DNA 사슬이 5′→3′ 방향으로 연장되는 반응에 촉매로 작용함.

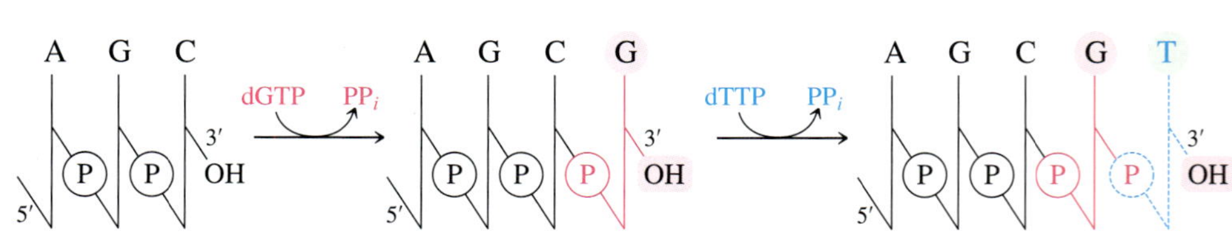

결합하기 위해서 들어오는 염기가 주형에 있는 염기와 상보적인 경우에만 DNA 중합효소는 포스포다이에스터 결합의 형성에 촉매로 작용한다. 따라서 DNA 중합효소는 주형의 지시를 받는 효소이다. 이 효소는 주형으로부터 지령을 받아서 주형의 염기 결합 순서에 상보적인 염기만을 합성한다. DNA 중합효소 I의 또 하나의 특징은 잘못 짝지어진 뉴클레오타이드를 제거함으로써 DNA에 있는 착오를 교정하는 것이다.

(1) DNA 중합효소 I의 3′ → 5′ 교정

DNA 중합효소 I은 중합 반응뿐 아니라 DNA 사슬의 가수분해도 촉매한다. 이 효소는 DNA 사슬의 3′ 말단에서 뉴클레오타이드들의 가수분해를 촉매한다. 이와 같이 DNA 중합효소 I은 3′ → 5′ **외부핵산가수분해효소(exonuclease)** 이다. 뉴클레오타이드가 제거되려면 자유 3′-OH 말단을 가져야 하고, 그것은 이중 나선의 일부분이어서는 안 된다.

외부핵산가수분해효소 (exonuclease)
RNA 가수분해효소 중 하나. 핵산분해효소 가운데 작용 양식이 분자 사슬의 말단부 (외측에서) 인산 다이에스터 결합을 순차적으로 가수분해시켜 모노뉴클레오타이드를 생성

그림 17.3에 나타낸 중합체는 T 잔기들의 사슬이 이보다 더 긴 A 잔기들의 사슬과 이중 나선을 이루고 있는데, T 잔기들의 사슬이 말단에 짝짓지 않은 C 잔기를 가지고 있다. DNA 중합효소 I과 dTTP를 첨가하자마자 먼저 짝짓지 않은 C 잔기가 잘려 나간다. dCMP가 방출되고 시작물질 가닥의 말단에 있는 T에서 3′-OH기가 노출된다. 추가의 T 잔기들은 짝짓지 않은 C 잔기가 제거된 후에 첨가된다. 일반적으로 DNA 중합효소 I은 중합 반응이 더 진행되기 전에 시작물질의 말단에 있는 잘못 짝지어진 잔기들을 제거한다.

이 3′ → 5′ 외부핵산가수분해효소 활성은 염기 짝짓기의 정확성을 다시 한 번 점검함으로써 DNA 복제의 정밀도를 현저하게 증진시킨다. 염기쌍이 이중 나선에 들어맞지 않으면 중합 반응은 대부분 일어나지 않는다. 그렇지만 이 단계에서 생기는 착오는 언제나 다음 뉴클레오타이드가 첨가되기 전에 교정된다. 즉, DNA 중합효소 I은 이것이 촉매로 작용하는 중합 반응이 더 진행되기 전에 각 중합 반응의 결과를 조사한다.

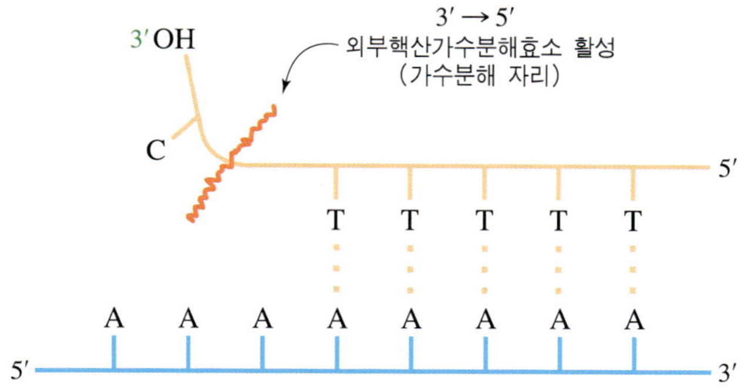

그림 17.3 | DNA 중합효소 I의 3′ → 5′ 외부핵산가수분해효소 작용

(2) DNA 중합효소 I의 5′ → 3′ 교정

DNA 중합효소 I은 또한 DNA 사슬의 5′ 말단에서 시작하여 DNA를 가수분해할 수도 있다. 이 5′ → 3′ 외부핵산가수분해효소 활성(그림 17.4)은 앞서 설명한 3′ → 5′ 외부핵산가수분해효소의 작용과 다르다.

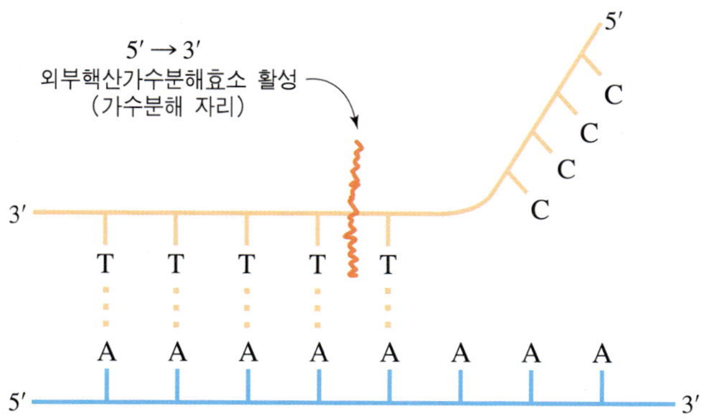

그림 17.4 | DNA 중합효소 I의 5′ → 3′ 외부핵산가수분해효소 작용

첫째, 절단되는 결합은 이중 나선이어야 한다. 둘째, 절단은 말단의 포스포다이에스터 결합에서, 또는 5′ 말단(이것은 자유 하이드록시기일 수도 있고, 인산화되어 있을 수도 있다.)에서 서너 잔기쯤 떨어져 있는 결합에서 일어날 수 있다. 셋째, 5′→3′ 외부핵산가수분해효소 활성은 동시적인 DNA 합성에 의하여 증진된다. 넷째, 5′→3′ 외부핵산가수분해효소 활성을 위한 활성 자리는 중합과 3′→5′ 가수분해를 위한 활성 자리들과는 명확하게 분리되어 있다. 그러므로 DNA 중합효소 I은 한 폴리펩타이드 사슬 안에 세 개의 다른 활성 자리를 함유한다. 5′→3′ 외부핵산가수분해효소 활성은 DNA 복제에서 RNA 시작물질을 제거하는 데 중요한 역할을 한다. 5′→3′ 외부핵산가수분해효소는 다른 유형의 착오를 교정함으로써 3′→5′ 외부핵산가수분해효소의 활성을 보완한다. 예를 들면, 5′→3′ 외부핵산가수분해효소는 DNA를 자외선에 노출함으로써 형성되는 피리미딘 이합체들을 잘라내는 것을 담당하기도 한다.

17.1.2 DNA 연결효소

1967년에 **DNA 연결효소(DNA ligase)**를 발견하였다. 이 효소는 한 DNA 사슬의 끝에 있는 3′-OH와 다른 사슬의 끝에 있는 5′-인산기 사이에서의 포스포다이에스터 결합의 형성에 촉매 작용을 한다(그림 17.5). 이 효소는 DNA의 정상적인 합성, 손상된 DNA의 수선 및 유전자 재조합 시 DNA 사슬들의 이어맞추기(splicing)를 위하여 필수적이다. DNA 연결효소는 단일 사슬로 된 두 분자의 DNA들을 연결시키지 못한다. DNA 연결효소에 의하여 연결되는 DNA 사슬들은 이중 나선형 DNA 분자(또는 분자들)이어야 한다.

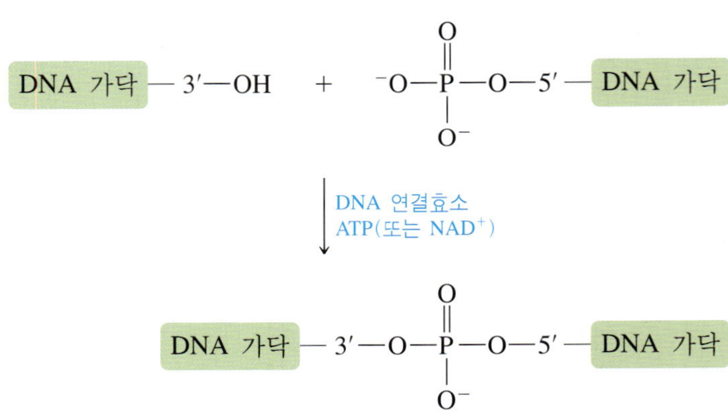

그림 17.5 | DNA 연결효소는 이중 나선형 분자의 일부분인 두 DNA 사슬들의 연결에 촉매로 작용

Robert Leheman에 의하여 밝혀진 이 반응의 메커니즘을 살펴보자. ATP(또는 NAD^+)는 DNA 연결효소와 반응하여 포스포아마이드 결합에 의하여 효소의 라이신 잔기의 ε-아미노기에 AMP가 결합된 공유 결합성 효소-AMP 복합체(효소-아데닐산 복합체)를 형성한다(그림 17.6).

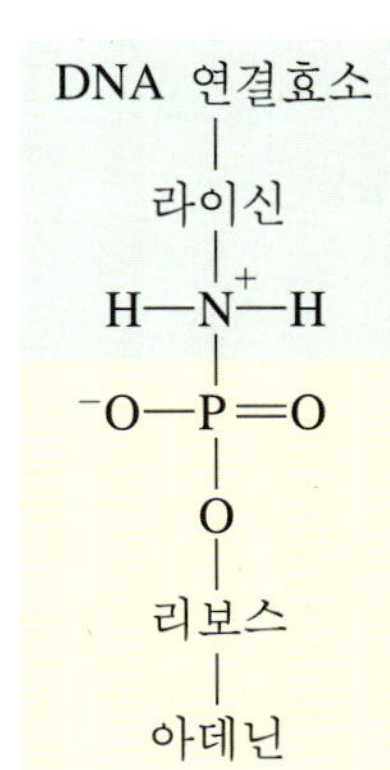

그림 17.6 | NAD^+와 효소의 라이신 잔기와의 반응으로 형성된 공유 결합성 연결효소 AMP 중간물질: 이 중간물질에서 AMP 부분이 활성되어 있음.

이와 동시에 피로인산(또는 니코틴아마이드모노뉴클레오타이드, NMN)은 방출된다. 그 다음에 활성화된 AMP는 라이신 잔기로부터 DNA 사슬의 5′-말단에 있는 인산기로 전달되어 DNA-아데닐산 복합체(DNA-adenylate complex)를 형성한다. 마지막 단계는 이렇게 활성화된 5′-인 원자를 3′-OH기가 친핵적으로 공격하는 것이다. 이 일련의 반응들(그림 17.7)은 효소-아데닐산 복합체 형성에 있어서 방출된 피로인산의 가수분해에 의해 추진된다. 그러므로 ATP가 에너지 공급원이고 피로인산이 가수분해된다면, DNA 뼈대에 포스포다이에스터 다리 결합을 만드는 데 두 개의 고에너지 인산 결합(~P)이 소비된다.

$$\text{E} + \text{ATP(또는 NAD}^+\text{)} \rightleftharpoons \text{E-AMP} + \text{PP}_i\text{(또는 NMN)}$$
$$\text{E-AMP} + \text{Ⓟ} - 5'\text{-DNA} \rightleftharpoons \text{E} + \text{AMP} - \text{Ⓟ} - 5'\text{-DNA}$$
$$\text{DNA-}3'\text{-OH} + \text{AMP} - \text{Ⓟ} - 5'\text{-DNA} \rightleftharpoons \text{DNA-}3'\text{-O} - \text{Ⓟ} - 5'\text{-DNA} + \text{AMP}$$
$$\text{DNA-}3'\text{-OH} + \text{Ⓟ} - 5'\text{-DNA} + \text{ATP(또는 NAD}^+\text{)} \rightleftharpoons \text{DNA-}3'\text{-O} - \text{Ⓟ} - 5'\text{-DNA} + \text{AMP} + \text{PP}_i\text{(또는 NMN)}$$

그림 17.7 | DNA 연결효소에 의하여 촉매로 작용하는 반응의 메커니즘

17.1.3 DNA 중합효소 II와 III

DNA 중합효소 I은 시험관에서 DNA를 합성하고 수정할 수 있다. 이 효소는 생체 내에서도 이 기능을 수행하고 있는가? 효소는 시험관에서 일으키는 반응을 생체에서 일으킬 수도 있고 일으키지 못할 수도 있기 때문에 이러한 의문을 갖게 된다. 세포 내에서는 반응 조건이 시험관과 다를 수 있으며 다른 효소들이 존재할 수도 있다(표 17.1). 사실 *E. coli*는 **DNA 중합효소 II 및 III**이라는 두 가지 효소를 함유하고 있는데, 이들은 DNA 중합효소 I이 발견된 지 거의 15년 후에 발견되었다. 왜 이렇게 늦어지게 되었을까? 그 이유는 중합효소 II와 III의 존재가 중합효소 I에 기인하는 높은 활성에 의하여 가려져 있었기 때문이다. DNA 중합효소 II와 III은 다음과 같은 점에서 중합효소 I과 유사하다.

1) 데옥시리보뉴클레오사이드 5′-삼인산 선구물질로부터 주형의 지시로 일어나는 DNA의 합성에 촉매 작용한다.
2) 자유 3′-OH기를 가진 시작물질(primer)이 요구된다.
3) 합성은 5′→3′ 방향으로 일어난다.
4) 3′→5′ 외부핵산가수분해효소 활성을 가진다.

생체 내에서의 이 효소들의 역할은 무엇인가? 중합효소 III을 함유하는 여러 소단위체의 조립체는 대부분 새 DNA를 합성하는 데 반해서, 중합효소 I은 시작물질을 없애 버리고 그 틈을 채운다. DNA 중합효소 II의 역할은 아직 알려져 있지 않다.

표 17.1 *E. coli*의 DNA 복제 단백질들

단백질	역할	크기	세포당 분자 수
DnaB 단백질	이중 나선의 풀기를 시작한다.	300	20
시발효소	RNA 시작물질이 합성된다.	60	50
Rep 단백질	이중 나선을 푼다.	65	50
SSB	단일 가닥 부분을 안정시킨다.	74	300
DNA 선회효소	부의 초과도 감김을 일어나게 한다.	400	250
DNA 중합효소 III 완전효소	DNA를 합성한다.	~ 800	20
DNA 중합효소 I	시작물질을 없애고 틈을 채운다.	103	300
DNA 연결효소	DNA의 끝을 연결한다.	74	300

DNA 중합효소 III은 복제 분기점에 위치하며 시작효소에 의하여 형성된 RNA 시작물질을 사용하여 앞서 가는 가닥의 합성을 시작한다(그림 17.15 참조). 중합효소 앞쪽에 있는 이중 가닥 DNA는 나선효소(Rep 단백질)에 의하여 풀린다.

이 효소는 복제 개시 자리의 DnaB 단백질처럼 ATP에 의하여 촉진된다. 이 경우에도 단일 가닥 결합 단백질이 풀린 DNA를 계속해서 펴져 있도록 하고 접근이 가능하도록 유지함으로써 두 가닥 모두가 주형의 구실을 할 수 있게 한다. 앞서 가는 가닥은 DNA 중합효소 III의 고도의 진행 작용에 의하여 연속적으로 합성된다. 동시에 DNA 선회효소는 위상학적 위기를 피하기 위하여 음의 초과도 감김을 한다.

뒤에 처지는 사슬의 합성 양식은 더 복잡하다. 앞에서 언급한 바와 같이 뒤처지는 가닥은 조각으로 합성되어 $5' \rightarrow 3'$ 방향의 중합 반응이 결국은 전체적 성장 방향 $3' \rightarrow 5'$이 되게 한다. 이것은 뒤처지는 가닥의 합성을 위해서 주형을 고리에 만듦으로써 이루어지는 것으로 생각된다(그림 17.8). 이렇게 되면 뒤처지는 가닥의 주형은 이합체형 중합효소 Ⅲ의 한 소단위체상에 있는 중합효소 자리를 다른 소단위체에서 앞서 가는 가닥의 주형이 통과하는 것과 같은 방향으로 통과하게 된다. DNA 중합효소 III은 약 1,000개의 뉴클레오타이드들을 뒤처지는 가닥에 첨가한 후에 뒤처지는 가닥의 주형에서 떨어져 나온다. 그 다음에 새 고리가 형성되며, 또 하나의 오카자키 조각의 형성을 개시하기 위하여 시작효소는 다시 짧은 RNA 시작물질을 합성한다. 새로 합성된 뒤처지는 가닥의 조각들 사이의 틈은 DNA 중합효소 I에 의하여 메워지며, 또한 중합효소 자리 앞쪽에 있는 리보뉴클레오타이드 시작물질을 제거하기 위해서 그가 가지고 있는 $5' \rightarrow 3'$ 외부핵산가수분해효소를 사용한다(그림 17.9). 그리고 마지막으로 DNA 연결효소가 이 조각들을 연결한다.

오카자키 조각
(Okazaki fragment)
DNA 복제 시, DNA가 불연속적으로 일어나는 지연가닥에서 합성되는 짧은 길이의 DNA 조각. 오카자키 조각으로 합성되는 가닥을 지연가닥이라고 함.

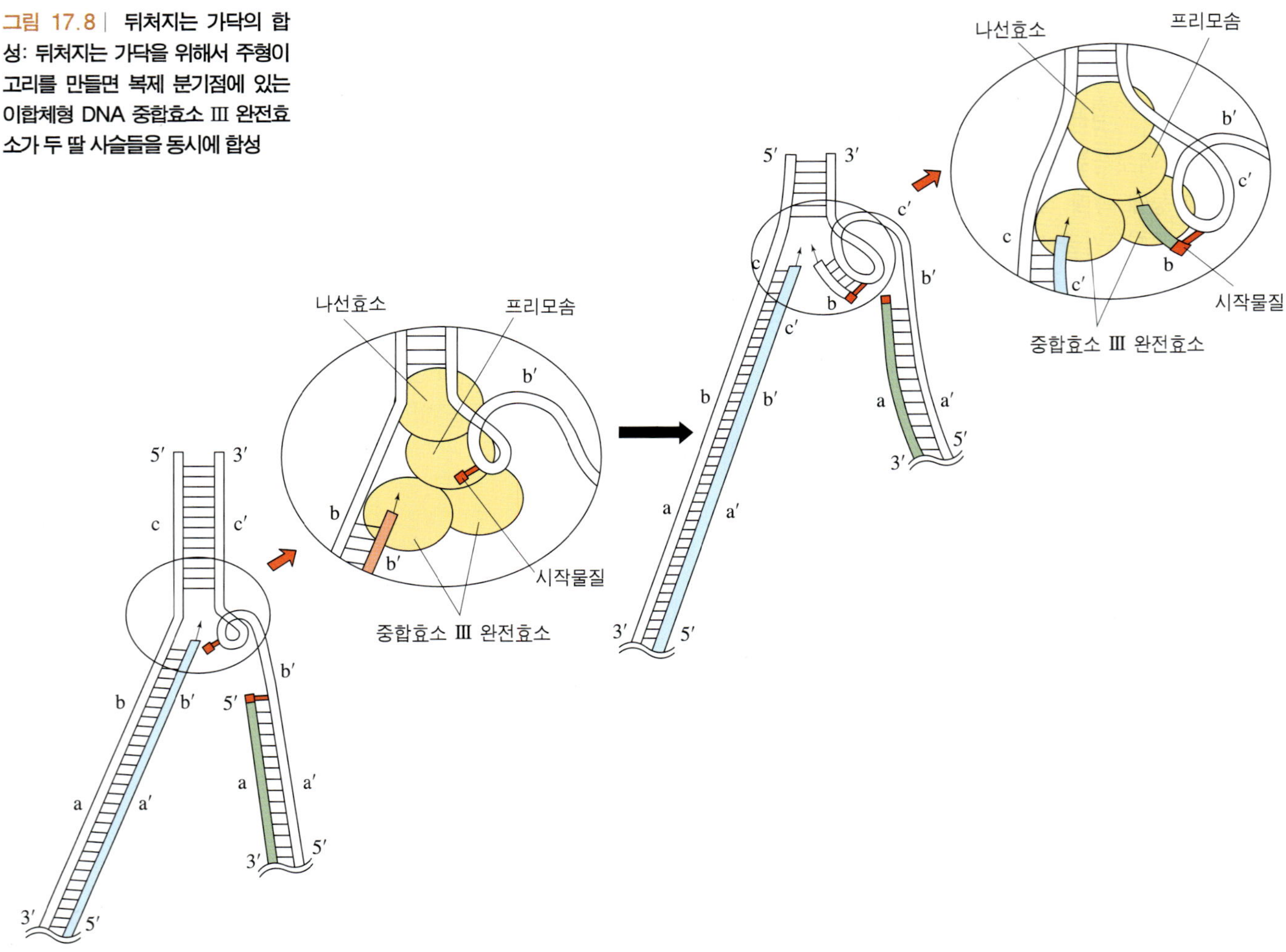

그림 17.8 | **뒤처지는 가닥의 합성: 뒤처지는 가닥을 위해서 주형이 고리를 만들면 복제 분기점에 있는 이합체형 DNA 중합효소 Ⅲ 완전효소가 두 딸 사슬들을 동시에 합성**

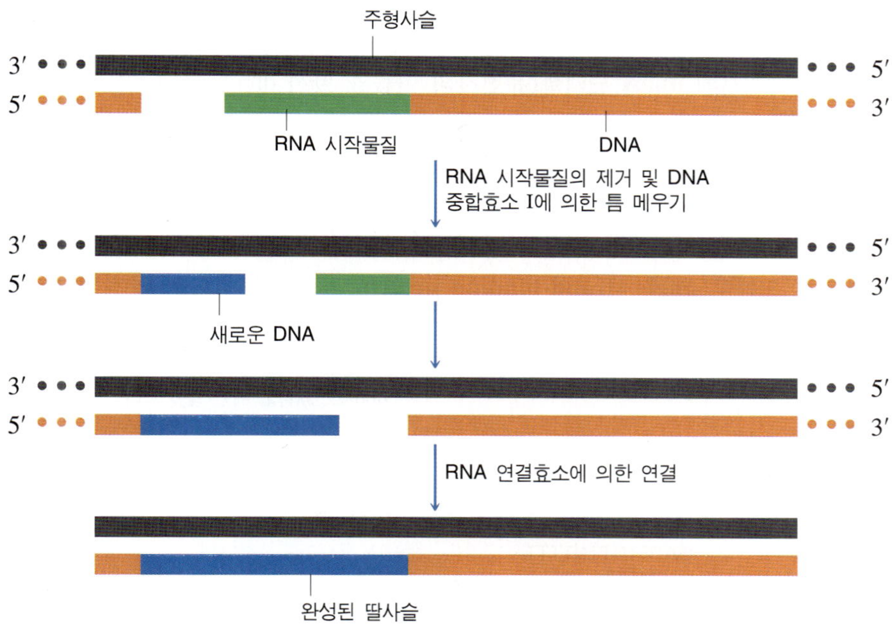

그림 17.9 | RNA 시작물질은 DNA 중합효소 I의 5′ → 3′ 외부핵산가수분해효소 활성에 의하여 제거됨. 그 다음에 딸 가닥에 있는 틈은 이 효소의 중합효소 활성에 의하여 메워짐. DNA 연결효소가 마지막 연결 반응에 촉매로 작용

17.2 DNA 복제

17.2.1 *ori C*

*E. coli*의 DNA 복제는 염색체의 아무 곳에서나 시작되는 것인가 아니면 특이한 개시 자리가 있는 것일까? *E. coli*에서의 DNA 복제는 특유한 원점에서 시작된다.

*E. coli*의 많은 유전자들의 상대적인 빈도들은 상보성을 가지고 있는 탐침(probe)을 가지고 **혼성체화법(hybridization)**에 의하여 결정된다. 이러한 실험의 결과들은 상대적인 유전자 빈도가 유전자 지도상의 위치(그림 17.10)에 따라서 결정된다는 것을 보여 주었으며, 다음과 같은 것을 밝혀 주었다.

1) 복제는 특유한 자리에서 시작된다. 이 원점의 자리가 *E. coli*의 100분짜리 유전자 지도상에서 84분에 위치하는 *ori C*라는 것이 확인되었다.
2) 복제는 거의 같은 속도로 두 반대되는 방향들로 동시에 진행된다. 바꾸어 말하면, 두 개의 복제 분기점이 존재한다. 하나는 시계 방향으로 돌고 다른 하나는 시계 반대 방향으로 돈다.
3) 두 복제 분기점들은 복제 원점의 맞은편에 있는 **종결 구역(termination region)**이라고 하는 *tre*(지도상에서 31분 근처)에서 만난다.

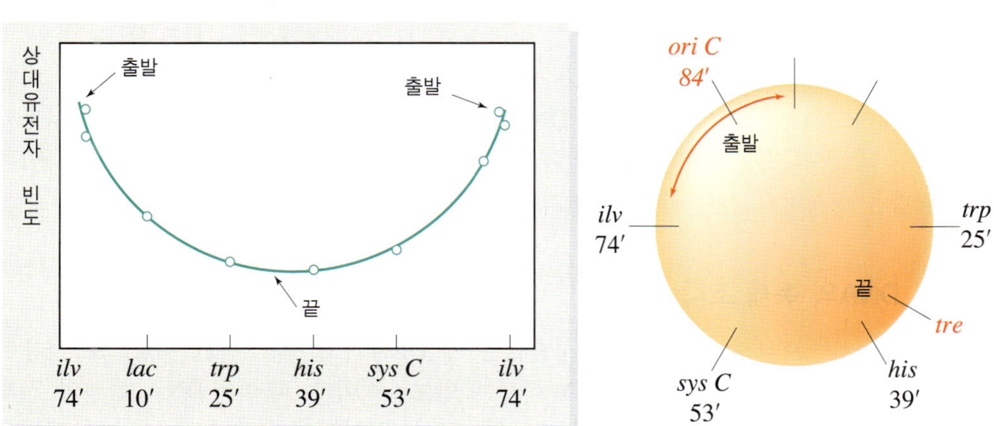

그림 17.10 | 유전자 빈도와 유전자 지도상의 위치: *E. coli*의 DNA 합성이 신속하게 일어나는 조건하에서 여러 가지 유전자들의 상대적인 양을 유전자 지도상에서 위치의 함수로 나타낸 것임.

나선효소 (helicase)
DNA 복제 시 복제 분기점에서 ATP를 이용하여 DNA의 이중 가닥을 풀어주는 DNA 분리효소. 원핵생물에서 복제 포크의 앞쪽 이중 나선을 푸는 데 필요함. 또한, 염기 서열 분석 결과에 따르면 사람의 게놈에는 수백 가지 나선효소가 존재함.

17.2.2 *ori C*의 풀림

*ori C*의 네 자리에서의 **dnaA 단백질**(유전자의 이름을 따서 dnaA 단백질이라고 명명하였음)의 결합은 주형 DNA를 풀리게 하고, 시작물질을 합성하게 하는 일련의 단계들을 개시한다. dnaB와 dnaC 단백질들의 복합체는 dnaA 단백질과 결합하여 이중 나선을 굽히고 연다. dnaB 단백질은 **나선효소(helicase)**이다. 이 효소는 ATP에 의해 촉진되는 이중 나선 DNA의 풀림을 촉매한다. 풀린 DNA 부분은 19 kDa의 소단위체들로 이루어진 사합체인 **단일 가닥 결합 단백질(single-strand-binding protein, SSB)**에 의하여 안정된다. 이 단백질은 단일 가닥 DNA에 협동적으로 결합한다(그림 17.11).

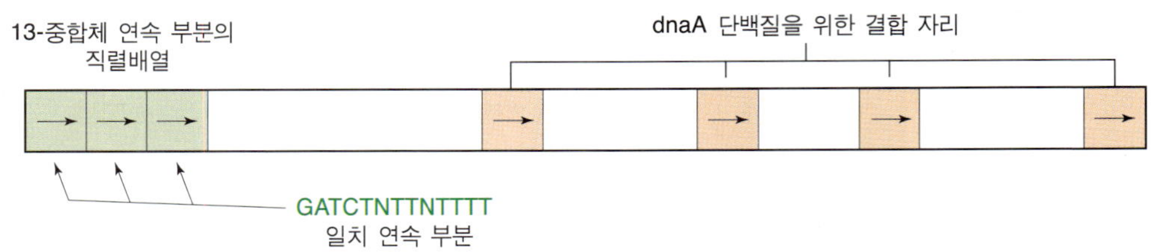

그림 17.11 | *E. coli*의 복제 원점인 *ori C*는 245 bp의 길이임. 이것은 직렬로 배열된 세 개의 거의 동일한 13-뉴클레오타이드 연속 부분들(녹색)과 네 개의 dnaA 단백질을 위한 결합 자리(노란색)를 함유하고 있음. 네 개의 dnaA 자리의 배향을 화살표로 표시함.

17.2.3 RNA 시작물질

DNA 주형은 열려 있으나 시작물질이 만들어지기 전에 새 DNA는 합성될 수 없다. 알려진 모든 DNA 중합효소들은 DNA 합성을 위하여 자유 3′ 하이드록시기를 가진 시작물질을 요구한다. 어떻게 이 시작물질이 합성될까? RNA는 DNA 합성을 시작하게 한다. **시작효소(primase)**라고 하는 특수한 RNA 중합효소가 **프리모솜(primosome)**이라고 하는 여러 소단위체들로 된 조립체에 있는 선시작 복합체(prepriming complex)와 결합한다. 시작효소는 DNA 주형 가닥의 상보적인 짧은 RNA(~5개의 뉴클레오타이드)를 합성한다(그림 17.12).

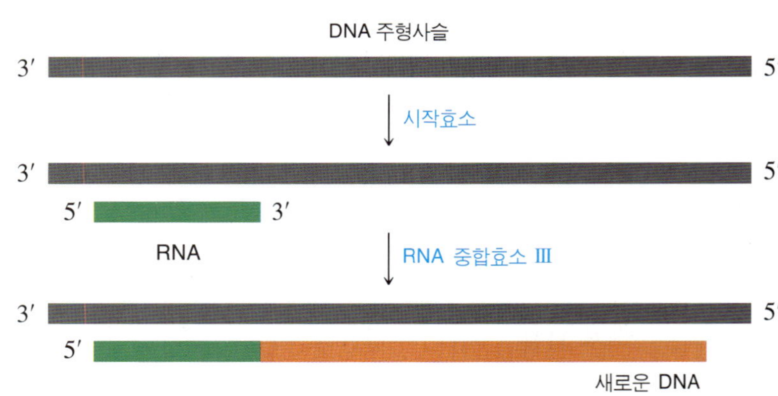

그림 17.12 | RNA 시작물질: DNA 복제는 RNA 중합효소의 일종인 시작효소에 의하여 합성되는 짧은 RNA 부분에 의하여 시작된다. 시작 RNA는 복제의 다음 단계에서 잘려 나감.

이 RNA 시작물질은 DNA 중합효소 I의 5′→3′ 외부핵산가수분해효소 활성에 의한 DNA 복제가 끝나면 제거된다. 만일 DNA 중합효소들이 사슬을 처음부터 새로 시작할 수 있다면 RNA 시작물질이 불필요할 것이다. 그리고 DNA 중합효소는 새 포스포다이에스터 결합을 형성하기 전에 앞에 온 염기쌍이 정확한지를 확인한다.

17.2.4 DNA의 복제 조각

복제 분기점에서 어버이 DNA의 두 사슬들은 새 DNA의 합성을 위한 주형으로 사용된다. 어버이 사슬들은 역평행하며 DNA 복제는 반보존적이다. 따라서 DNA 합성의 전체 방향이 한 딸 사슬(daughter chain)에 대해서는 5′→3′이어야 하고 다른 사슬에 대해서는 3′→5′이어야 한다(그림 17.13). 그러나 알려져 있는 세 가지 DNA 중합효소들은 DNA를 5′→3′ 방향으로는 합성하지만 3′→5′ 방향으로는 합성하지 않는다.

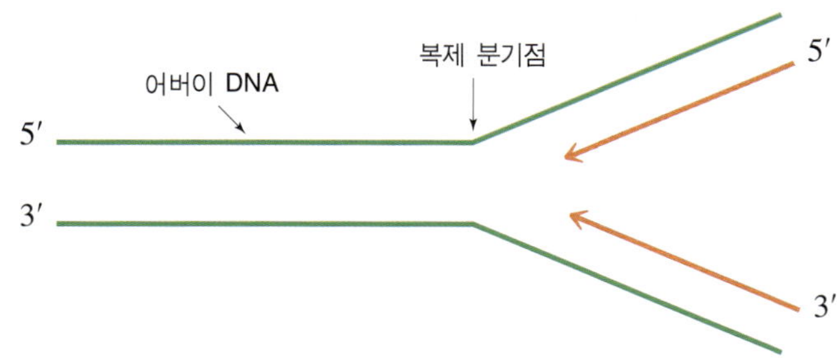

그림 17.13 | **복제 방향: DNA 복제의 외견상의 방향은 한 딸 사슬에 대해서는 5′→3′ 방향이고, 다른 사슬에 대해서는 5′→3′ 방향. 실제에 있어서는, 그림 17.14에서 보여 주는 바와 같이 두 사슬들은 모두 5′→3′ 방향으로 합성**

그렇다면 딸 DNA 사슬들 중의 하나가 어떻게 3′→5′ 방향으로 성장하는 것처럼 보이는가? 이 딜레마는 Reji Okazaki에 의하여 밝혀졌다. 그는 새로 합성된 DNA의 대부분이 작은 조각들로 존재한다는 것을 발견하였다. 약 1,000개의 뉴클레오타이드들에 해당하는 길이를 가진 이 단위들[**오카자키 조각, Okazaki fragment**들이라고 한다]은 복제 중인 분기점 근처에서 잠시 동안 존재한다. 복제가 진행됨에 따라서 이 조각들은 DNA 연결효소에 의하여 공유 결합으로 연결되어서 딸 사슬 하나를 형성한다(그림 17.14).

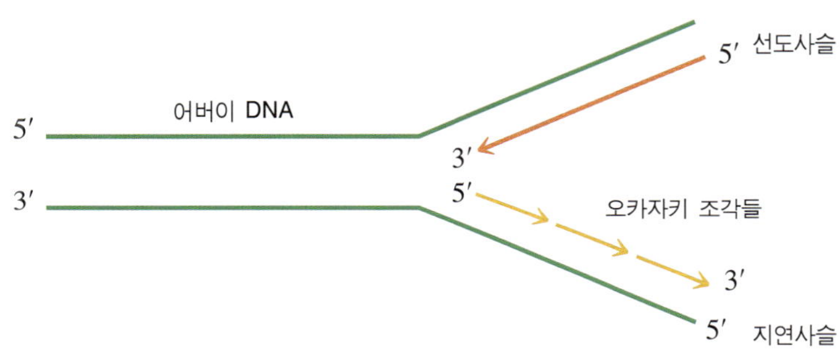

그림 17.14 | **복제 분기점의 모형도: DNA의 두 사슬들이 모두 5′→3′ 방향으로 합성. 선도사슬은 연속적으로 합성되는 반면에 지연사슬은 짧은 조각들의 형태로 합성**

다른 새 사슬은 연속적으로 합성된다. 오카자키 조각들로부터 형성되는 사슬을 지연사슬(lagging strand)이라고 하는 반면에, 잇달아 합성되는 것을 선도사슬(leading strand)이라고 한다. 오카자키 조각들과 선도사슬은 모두 5′→3′ 방향으로 합성된다. 지연사슬의 불연속적인 조립은 원자 수준에서 일어나는 5′→3′ 중합으로 하여금 3′→5′ 방향의 전체적 성장으로 일어나게 한다.

선도사슬 (leading strand)
이중 가닥 DNA 복제에서 복제 분기점이 진행하는 방향으로 연속적으로 합성되는 DNA 사슬

17.2.5 DNA의 합성

여러 소단위체 조립체(표 17.2)의 특징은 진행성(procreativity), 촉매 능력(catalytic capacity) 및 충실성(fidelity)이 매우 크다. 이 완전효소는 주형으로부터 새로 합성된 DNA를 방출하기 전에 수천 개의 포스포다이에스터 결합의 형성에 촉매로 작용한다.

표 17.2 DNA 중합효소 III 완전효소의 조성

소단위체	질량(kDa)
α	140 (중심부)
ε	27 (중심부)
θ	10 (중심부)
β	37
τ	78
γ	52
δ	32
δ'	32

이 값은 DNA 중합효소 I이 불과 20개의 포스포다이에스터 결합의 형성을 촉매하는 것과 비교하면 매우 크다. DNA 중합효소 I의 낮은 진행도는 틈을 메우고 수선하는 효소로서의 역할에는 매우 적합하다. 그 반면에, DNA 중합효소 III은 주형을 꼭 붙잡아서 주형이 완전히 복제될 때까지 주형을 놓아주지 않도록 설계되어 있다. 이 완전효소의 두 번째 특징은 촉매력이다. 즉, DNA 중합효소 III은 1초에 1,000개의 뉴클레오타이드들을 첨가하지만 DNA 중합효소 I은 1초에 10개의 뉴클레오타이드밖에 첨가하지 못한다. 이와 같이 빠른 촉매 작용은 정확도가 희생되면서 얻어지는 것은 아니다.

DNA 중합효소 III 완전효소는 8종류의 폴리펩타이드 사슬로 이루어져 있으며, 그 질량은 800 kDa이고, 단일 사슬의 DNA 중합효소 I보다 거의 10배나 더 크다. 이 완전효소의 몇 가지 소단위체들의 역할이 밝혀졌다. 촉매 활성은 α 소단위체에 있고 $3' \rightarrow 5'$ 외부핵산가수분해효소 활성은 ε 소단위체에 있다. α, ε 및 θ 소단위체들이 중심부를 형성하며, 촉매 활성은 있지만 진행성이 없다. β 소단위체는 효소의 중심부를 주형에다 고정시킴으로써 고도의 진행성에 이바지하는 것으로 생각된다. DNA 복제의 많은 단계들은 반응 참여물들을 순차적으로 결합하고 방출하며, 또한 주형 사슬을 따라서 복제 장치를 이동시키기 위해서는 높은 에너지 인산 결합(~ P)을 소비해야 한다(그림 17.15).

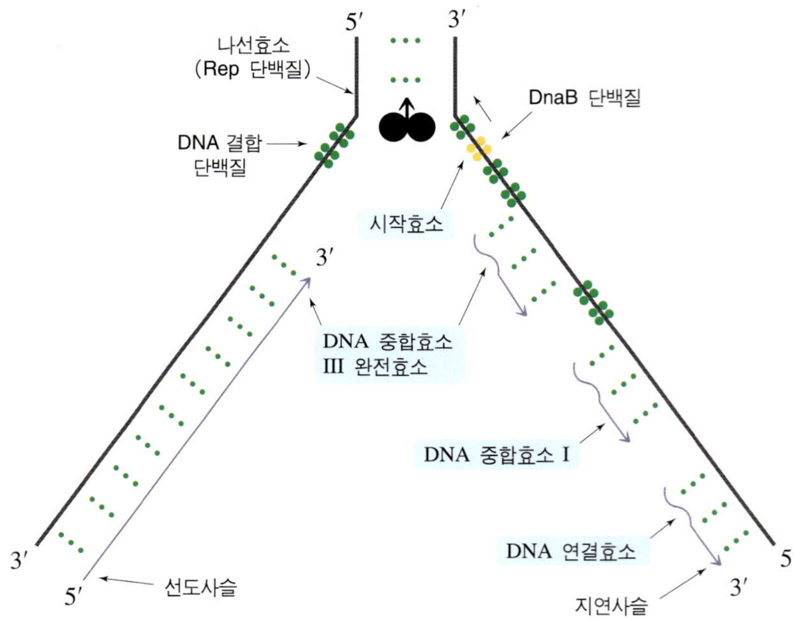

그림 17.15 | *E. coli*의 복제 분기점에서 일어나는 효소 반응들의 모형도: 푸른색으로 나타낸 효소들이 사슬 개시, 연장 및 연결 반응들을 촉매함.

17.3 손상된 DNA의 수선

DNA는 많은 화학약품들과 물리적 작용 요인들에 의하여 손상되기 때문에 모든 세포들은 이 손상된 DNA를 수선하는 데 필요한 메커니즘을 가지고 있다. 염기들은 바뀌거나 상실될 수 있으며, 뼈대의 포스포다이에스터 결합들은 잘릴 수 있고 사슬들은 교차 결합으로 연결될 수 있다. 이러한 손상은 이온화 복사선, 자외선, 그리고 여러 가지 화학약품들에 의해서 생긴다. 유전 정보는 이중 나선의 양쪽 가닥에 저장되어 있기 때문에 한 가닥이 상실한 정보는 다른 가닥으로부터 보상될 수 있다. 따라서 손상된 많은 부분의 DNA를 수선할 수 있다.

2013년 개발된 '크리스퍼(CRISPR) 유전자가위' 기술이 전세계 유전체공학계에서 큰 화두로 부상하고 있다. 이 기술은 유전 정보를 가진 DNA를 인위적으로 자르고 붙이는 편집기능을 가능하게 한다. 이를 이용하면 혈우병 등 유전 질환을 치료할 수 있고 특정 병균에 강한 새로운 동·식물 품종도 만들어낼 수 있다.

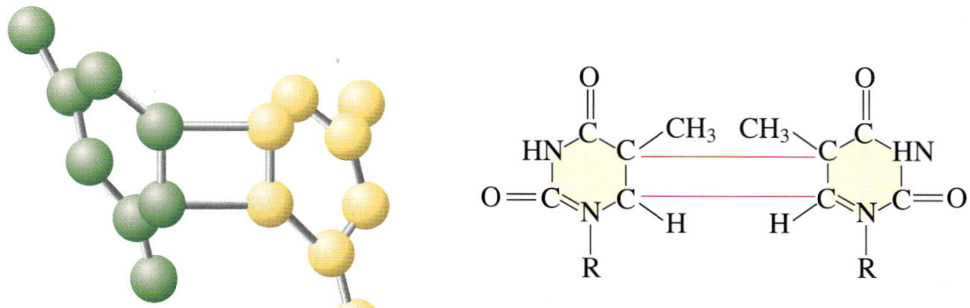

타이민 이합체

그림 17.16 | 자외선 조사에 의하여 생긴 타이민 이합체의 모형: 유라실 이합체도 거의 같은 구조를 가짐.

제일 잘 알려진 수선 메커니즘의 하나는 DNA를 자외선에 노출시킬 때 형성되는 피리미딘 이합체의 절제이다(그림 17.16). 한 DNA 사슬상에 있는 피리미딘 잔기들은 이 조건하에서 공유 결합으로 연결될 수 있다. 그러한 피리미딘 이합체는 이중 나선에 맞지 않기 때문에 이 손상된 부분이 제거될 때까지 복제와 유전자 발현이 막힌다.

*E. coli*에서는 이러한 수선 과정을 위하여 세 가지 효소가 필수적이다(그림 17.17). 첫째로 UvrABC 유전자들의 정보를 받아 생긴 단백질들로 구성된 효소 복합체는 피리미딘 이합체에 의하여 형성된 뒤틀린 부분을 찾아낸다. 그 다음에 UvrABC 효소는 손상된 DNA 가닥을 이합체로부터 5′ 방향으로 여덟 개의 뉴클레오타이드, 3′ 방향으로 네 개의 뉴클레오타이드가 떨어진 두 자리에서 절단한다. 특이성이 매우 큰 이 **핵산절단가수분해효소(excinuclease)**에 의하여 잘린 12-잔기의 뉴클레오타이드는 이어서 확산되어 없어진다. 이때 DNA 중합효소 I이 잘려진 틈에 들어와 수선, 합성을 하게 된다. 새김눈(snick)으로 잘린 가닥은 3′ 말단이 시작물질이 되고 손상되지 않은 상보적인 가닥은 주형이 된다. 최종적으로 새로 합성된 DNA 부분의 3′ 말단과 본래의 DNA 사슬 부분이 DNA 연결효소에 의하여 결합된다.

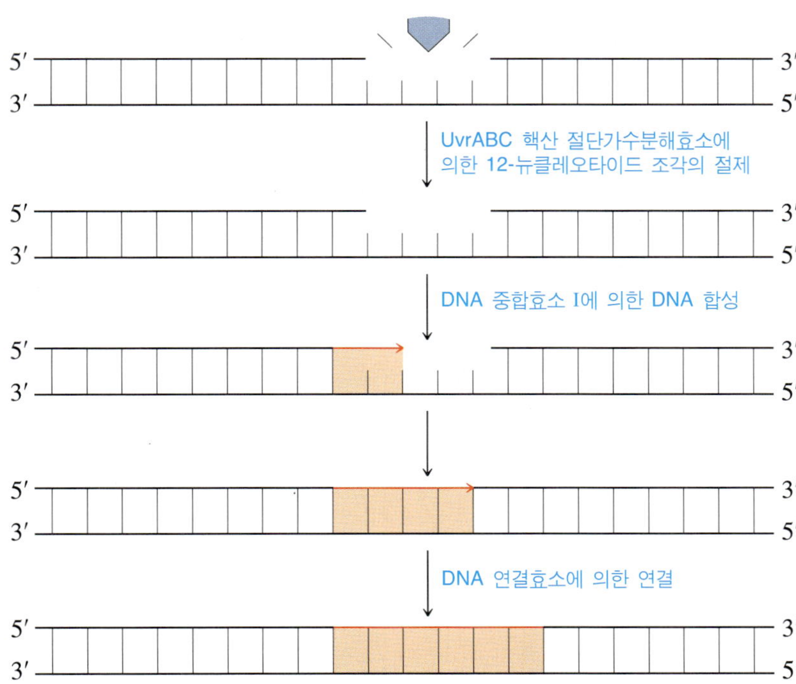

그림 17.17 | 특이한 핵산 절단가수분해효소: DNA 중합효소, 그리고 DNA 연결효소들의 순차적인 작용에 의한 타이민 이합체를 함유한 DNA 부분의 수선. 타이민 이합체를 푸른색으로 나타내었으며, DNA의 세 부분을 붉은색으로 나타냄.

다른 한편, 피리미딘 이합체는 광화학적으로 분해될 수 있다. 거의 모든 세포들은 **DNA 광분해효소(DNA photolyase)**라는 광재활성화 효소(photo reactivation enzyme)를 가지고 있다. 35 kDa 단백질인 이 *E. coli* 효소가 DNA의 뒤틀린 부분에 결합하면 근자외선(near

> **DNA 광분해효소 (DNA photolyase)**
> 자외선 조사에 의해 DNA에 생긴 피리미딘 이합체가 300~500 nm인 광조사를 받으면 타이민으로 개열하여 회복되는 효소. 생물 전반에 존재하나 포유동물에서는 나타나지 않음.

근자외선(near ultraviolet rays) 자외선 가운데 가시광선에 가까운 부분으로 파장이 약 300~400 nm의 범위. 지상에 도달하는 태양광선에 포함되는 자외선 부분에 해당하며 자외선 중 파장이 가시광선에 가까운 부분

ultraviolet ray)과 푸른색 스펙트럼 구역에서 흡수띠를 가진다. 한 광자를 흡수하면 이합체를 원래의 염기들로 분해할 수 있는 들뜬 상태를 만들 수 있다. DNA 수선에 있어서 정상 가닥과 이상 가닥을 식별하는 것이 필수적이다. 만일 이상 가닥에 있는 결합이 변형된 염기라면(예, 피리미딘 이합체) 이 정보는 때때로 결합 자체에 포함되어 있다.

다른 한편으로, 새로 합성된 DNA 분자에 있는 AC 염기쌍을 생각해 보자. 두 염기들은 모두 DNA의 정상적인 성분이다. 어떻게 수선 장치는 어버이 사슬(원래의 사슬)과 딸 사슬(이상이 있는 사슬)을 식별할 수 있는가? 사슬들을 구별할 수 있는 꼬리표들은 GATC 연속 부분의 아데닌 잔기상에 있는 메틸기들이다. 어버이 사슬은 이러한 자리에서 메틸화되어 있다. 그러나 메틸화되는 데는 시간이 걸리기 때문에 새로 합성된 딸 사슬은 아직은 이렇게 변형되어 있지 않다. 그러므로 잘못 짝지어진 염기쌍을 교정하는 효소가 메틸화되지 않은 가닥을 절단하여 그릇된 뉴클레오타이드를 제거하고 어버이 가닥은 원래대로 남겨 둔다. 그러면 어버이 가닥은 다시 올바른 주형으로 사용될 수 있다.

연습 문제

1. DNA 복제 시 필요한 효소와 이와 더불어 필요한 분자들을 모두 나열하시오.
2. 오카자키 조각이란 무엇인지 설명하시오.
3. DNA 복제 과정에 있어서, 손상된 DNA를 수선하는 과정에 대하여 서술하시오.
4. DNA 복제는 어느 방향으로 합성되는지 설명하시오.
5. DNA는 어떠한 요인들에 의해서 손상을 입는지 설명하시오.
6. DNA 복제 때 중합효소 I은 어떠한 역할을 담당하고 있는지 설명하시오.
7. DNA 중합효소 I이 발견된 이후에 발견된 DNA 중합효소 II, III 중에서 DNA 중합효소 III의 특징을 DNA 중합효소 I과 비교하여 서술하시오.
8. DNA 중합효소 I이 외부핵산가수분해효소(exonuclease)로서의 기작에 대해 서술하시오.
9. *ori C*란 무엇인가? 그리고 이것이 DNA 복제 과정에 가지는 의미를 설명하시오.
10. DNA 연결효소가 DNA 복제 시 수행하는 기작에 관하여 자세히 서술하시오.

18 RNA 대사

학습 목표
- RNA 중합효소의 구성 성분과 이들의 각 역할을 이해한다.
- RNA 합성 메커니즘을 이해한다.
- RNA 합성과 관련된 유전자 배열들을 이해한다.

주요 용어
- RNA 중합효소, 소단위체, RNA 합성개시반응, 연장 반응, 종결 반응, DNA 전사 거품, RNA 머리핀 구조, ρ 단백질, TATA 상자, 인트론, 엑손, 스플라이싱

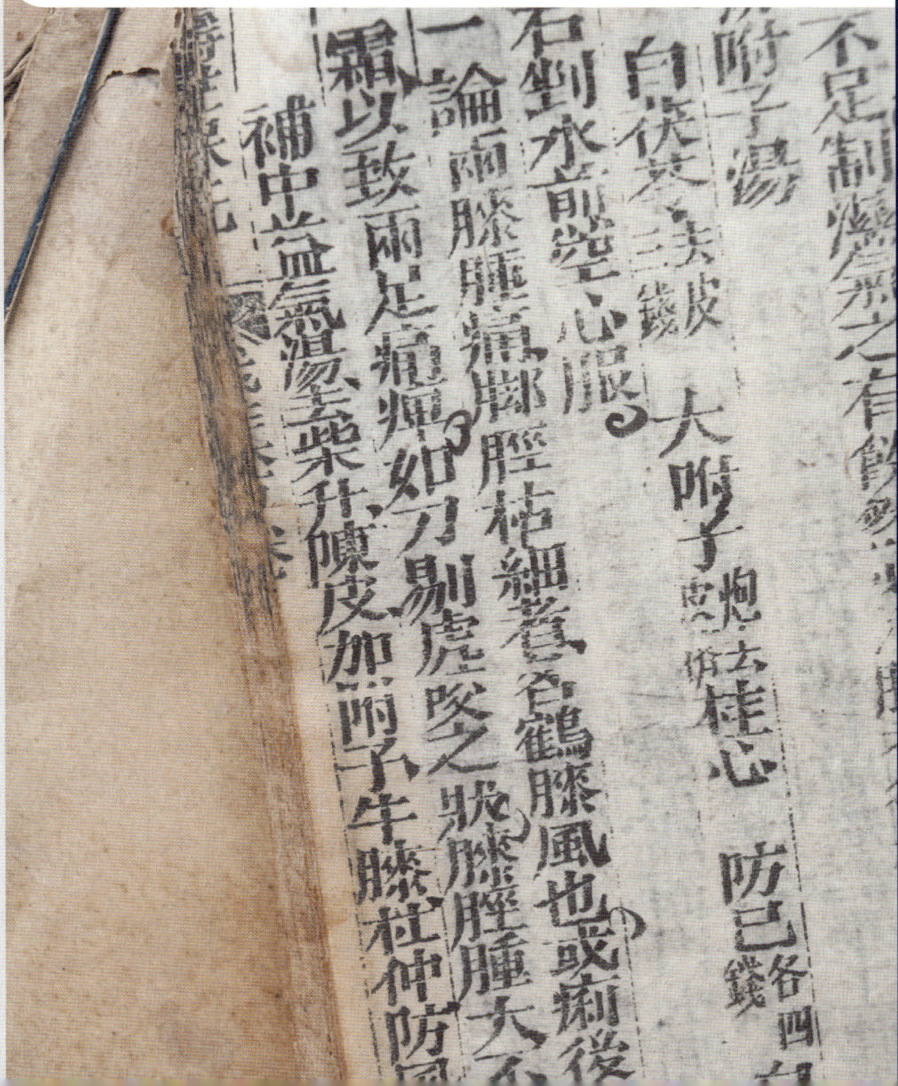

18.1 RNA 중합효소

앞장에서 기술한 DNA 중합효소처럼 **RNA 중합효소(RNA polymerase)**는 DNA 주형에 작용하여 RNA를 합성한다. 이에 대한 증거는 새로 합성된 RNA의 염기 조성이 DNA 주형 사슬의 염기 조성에 상보적(complementary material)이라는 발견에서 얻어졌다(표 18.1).

상보물
(complementary substance)
핵산 염기인 아데닌과 타이민(RNA에서는 유라실), 구아닌과 사이토신이 수소 결합에 의해 쌍을 이룬 것으로, 이러한 염기쌍은 한쪽 사슬의 염기 배열 순서를 알면 상대 사슬의 염기 배열 순서가 자동적으로 결정됨.

표 18.1 바이러스의 DNA 주형으로부터 합성된 RNA의 염기 조성

DNA 주형 ($\Phi \times 174$의 플러스 사슬)		RNA 생성물	
A	0.25	0.24	U
T	0.33	0.32	A
G	0.24	0.23	C
C	0.18	0.20	G

그리고 전사의 정확성에 대한 증거는 RNA 염기 결합 순서가 DNA 주형의 염기 결합 순서와 상보적으로 일치한다는 사실에서 얻게 되었다(그림 18.1).

5′-GCGGCGACGCGCAGUUAAUCCCACAGCCGCCAGUUCCGCUGGCGGCAUUUU-3′
3′-CGCCGCTGCGCGTCAATTAGGGTGTCGGCGGTCAAGGCGACCGCCGTAAAA-5′
5′-GCGGCGACGCGCAGTTAATCCCACAGCCGCCAGTTCCGCTGGCGGCATTTT-3′
DNA

그림 18.1 | **RNA 염기 결합: mRNA의 염기 결합 순서는 DNA 주형 사슬의 상보물이다. 그림에 나타낸 결합 순서는 트립토판 오페론(operon)으로, 트립토판의 합성에 촉매로 작용하는 다섯 가지 효소에 대한 유전자들을 함유하는 DNA 분절임.**

18.2 *E.coli*의 RNA 중합효소

*E. coli*의 RNA 중합효소는 네 종류의 소단위체(subunit)로 구성되는 매우 크고(450 kDa) 복잡한 효소이다(표 18.2).

표 18.2 *E. coli*의 RNA 중합효소의 소단위체들

소위단체	수	질량 (kDa)	역할
α	2	37	불확실하다.
β	1	151	포스포다이에스터 결합을 형성한다.
β'	1	155	DNA 주형을 결합한다.
$\sigma 70$	1	50	촉진유전자를 인식하고 합성을 개시한다.
ω	1	10	RNA 중합효소를 안정화시킨다.

완전효소(holoenzyme)라고 하는 전체효소의 소단위체 조성은 $\alpha_2\beta\beta'\omega\sigma$와 같다. σ 소단위체는 전사가 시작되는 **촉진유전자(promoter)** 자리를 찾는다. 이 소단위체는 RNA 합성을 개시한 다음에 효소의 나머지 부분으로부터 해리된다. 이 소단위체를 가지지 않는 RNA 중합효소를 중심효소(core enzyme, $\alpha_2\beta\beta'\omega$)라고 한다. β' 소단위체는 DNA 주형과 결합하고, β 소단위체는 리보뉴클레오사이드 삼인산 기질들을 결합한다.

촉진유전자(promoter)
유전자 DNA 중 RNA 중합효소가 결합하여 전사를 시작하는 데 필요한 부분. 촉진유전자에는 일반적으로 회문 배열이 많이 존재하여 TATA 상자, CAAT 상자 등 독특한 염기 배열이 있고 그들은 RNA 중합효소가 그 장소에 결합하거나 정확한 위치에서 전사를 시작하는 데 필요한 암호로 되어 있음.

생체에서 일어나는 거의 모든 중합 반응들과 마찬가지로, *E. coli*의 RNA 중합효소에 의한 RNA의 합성은 **개시(initiation)**, **연장(elongation)** 그리고 **종결(termination)** 등 세 단계로 일어난다. RNA 중합효소는 이 과정에서 아래와 같은 여러 기능을 수행한다.

1) DNA를 탐색하여 개시 자리들을 찾는다. *E. coli* DNA는 4×10^6개의 염기쌍에 약 2,000개의 촉진유전자 자리를 가지고 있다.
2) 이중 나선 DNA의 일부분을 풀어서 단일 가닥이 된 DNA를 만들고 이것으로부터 지령을 받는다.

3) 정확한 리보뉴클레오사이드 삼인산을 선택하고 포스포다이에스터 결합의 형성을 촉매한다. 이 과정은 효소가 DNA를 따라 한 방향으로 움직이면서 여러 번 반복된다. 이 효소에 의한 전사물은 한 개의 RNA 중합효소 분자에 의해 출발점에서 끝까지 합성된다.
4) 전사물이 어디서 끝날지를 명시하는 종결신호를 찾아낸다.
5) 동적으로 광범위한 범위에 걸쳐서 전사 속도를 조절하는 활성인자와 억제인자 단백질이 상호작용한다.

18.3 σ 소단위체와 촉진유전자 자리

RNA 중합효소의 $\alpha_2\beta\beta'\omega$ 중심부는 촉진유전자 자리에서 전사를 시작할 능력이 없다. 그 대신에, 특이한 개시가 일어나기 위해서는 완전한 조성을 가지는 $\alpha_2\beta\beta'\omega\sigma$ 완전효소가 꼭 필요하다. σ를 중심효소에 첨가하면 완전한 활성을 가진 완전효소가 재구성된다.

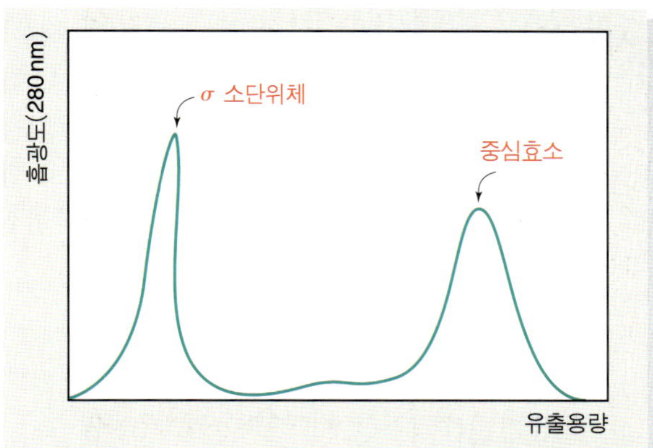

그림 18.2 | 포스포셀룰로스 칼럼에서 RNA 중합효소의 σ 소단위체와 중심효소 ($\alpha_2\beta\beta'$)의 분리

시그마 소단위체(σ)는 DNA의 전반적인 구역들에 대한 RNA 중합효소의 친화도를 10^4배 정도로 감소시킴으로써 특이적 개시 반응이 일어날 수 있도록 한다. 그리고 RNA 중합효소로 하여금 촉진유전자 연속 부분을 인식할 수 있게 한다. 완전효소는 이중 가닥 DNA에 결합하여 염기쌍들의 노출된 수소 주개와 수소 받개 원자단들과 일시적인 수소 결합을 형성함으로써 **촉진유전자** 자리를 탐색한다. 다음의 두 가지 이유 때문에 촉진유전자 자리의 탐색은 신속하게 일어난다. 첫째, RNA 중합효소는 반복적으로 DNA 주형에 결합하였다가 그것으로부터 해리되는 대신에 DNA 주형을 따라서 미끄러지듯 움직인다. 촉진유전자 자리는 삼차원적이 아닌 일차원적으로 무작위적인 탐색에 의해서 만나게 된다. RNA 중합 완전효소가 촉진유전자 연속 부분에 결합하는 속도 상수의 관찰된 값은 $10^{10}\ M^{-1}s^{-1}$인데, 이것은 DNA에 결합되었다 떨어졌다 하는 반복적인 만남으로 성취될 수 있는 속도의 100배 이상 되는 값이다. 둘째, RNA 중합효소는 이중 나선을 풀지 않고도 DNA의 −10 및 −35 위치에 있는 촉진유전자 요소들을 찾아서 결합할 수 있다. EcoRI 내부핵산가수분해효소(endonuclease)는 염기쌍을 해리시킴 없이 그의 **회문식 표적 자리(palindromic target site)**를 인식한다.

> **회문식 표적 자리 (palindromic target site)**
> 제한효소는 숙주 DNA와는 다른 특징을 갖는 바이러스 DNA를 선택적으로 인지하여 이들을 잘라 냄. 제한효소 절단 부위는 4~8개의 뉴클레오타이드로 이루어져 있음. 이들은 주로 앞뒤 역순상 동일한 서열을 나타내는 형태로 존재하는데 이러한 서열을 회문식 표적 자리라 함.

18.4 합성개시효소

촉진유전자 자리를 탐색할 때 RNA 중합효소는 이중 나선 DNA에 결합되어 있다. 그렇지만 염기들이 쌍을 이루고 있기 때문에 이중 사슬 DNA 부분은 RNA 합성을 위한 주형으로 직접 쓰일 수는 없다. 사슬들 중의 하나인 뉴클레오타이드들이 들어 있는 리보뉴클레오사이드 삼인산과 염기쌍을 이룰 수 있게 이중 사슬 DNA의 일부분의 염기 짝짓기가 풀려야 한다. DNA 합성에서와 같이 DNA 주형 가닥은 리보뉴클레오사이드 삼인산과 Watson-Crick 염기쌍을 형성함으로써 정확한 리보뉴클레오사이드 삼인산을 선택한다.

닫힌 촉진유전자 복합체(이 복합체에서 DNA는 이중 나선형이다)에서 열린 촉진유전자 복합체(이 복합체에서 DNA 분절은 풀려 있다)로의 전이는 전사의 중요한 단계이다. RNA 중합효소는 주형 DNA 약 17개의 염기쌍을 푼다.

그림 18.3 | RNA 중합효소

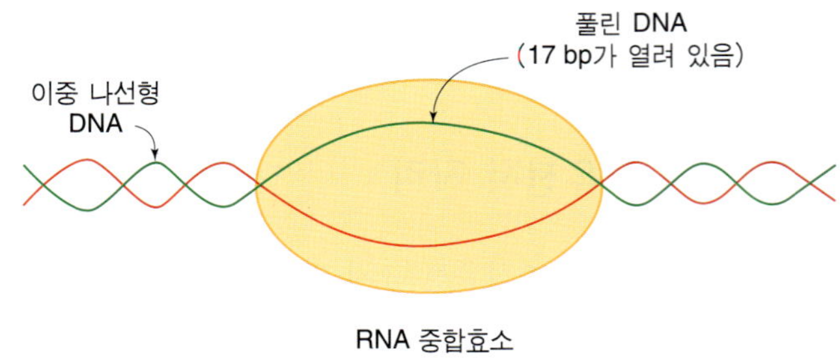

RNA 중합 효소
(RNA polymerase)
RNA를 합성하는 효소의 총칭. 일반적으로 DNA를 RNA에 전사하는 DNA 의존성 RNA 중합효소 또는 전사효소를 가리키지만 RNA를 RNA에 전사하는 RNA 의존성 RNA 중합효소 및 복제효소도 해당함.

18.5 pppA로 시작하는 RNA 사슬

새로 합성된 RNA 사슬은 대부분 RNA 사슬이 어떻게 합성되었는지를 밝혀 주는 꼬리표를 지니고 있다. 새 RNA 사슬의 5′ 말단은 매우 독특하다. 즉, 새로 합성된 RNA 분자는 pppG 아니면 pppA로 시작한다. DNA 합성과는 대조적으로 시작물질이 필요하지 않다. RNA 사슬들은 처음부터 새로 합성된다(그림 18.4).

그림 18.4 | 새로 합성된 RNA의 5′ 말단 구조

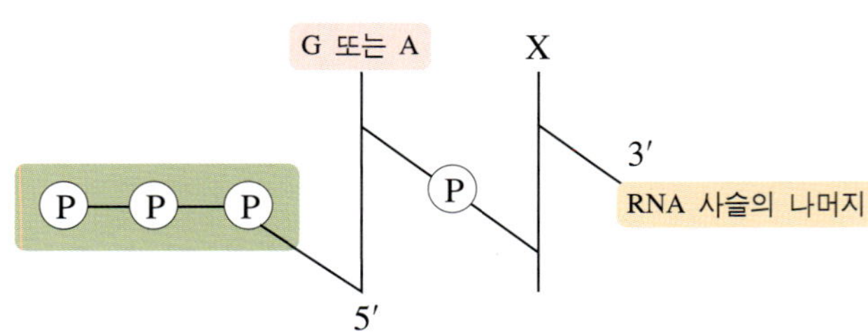

5′ 말단에 있으면서 사슬 합성의 개시에 대해서 알려주는 이 꼬리표는 두 가지 방법에 의하여 발견되었다. 항온 반응물의 γ 위치가 ^{32}P로 표지된 ATP를 함유하였을 때 RNA 사슬이 ^{32}P에 결합한다는 것이 알려졌다. 뉴클레오사이드 삼인산들의 α 위치에 있는 인산만이 RNA에 있는 내부의 포스포다이에스터 다리 결합들의 일부분이 되기 때문에 결합해 들어간 표지는 분명히 말단의 위치에 있어야 한다. 더욱이 새로 합성된 RNA의 알칼리 가수분해는 뉴클레오사이드, 뉴클레오사이드 2′(또는 3′)-일인산 및 뉴클레오사이드 사인산과 같은 세 종류의 생성물들을 내었다(그림 18.5).

그림 18.5 | γ-위치가 ^{32}P로 표지된 ATP 또는 GTP로 합성된 RNA 사슬의 알칼리 가수분해 생성물들

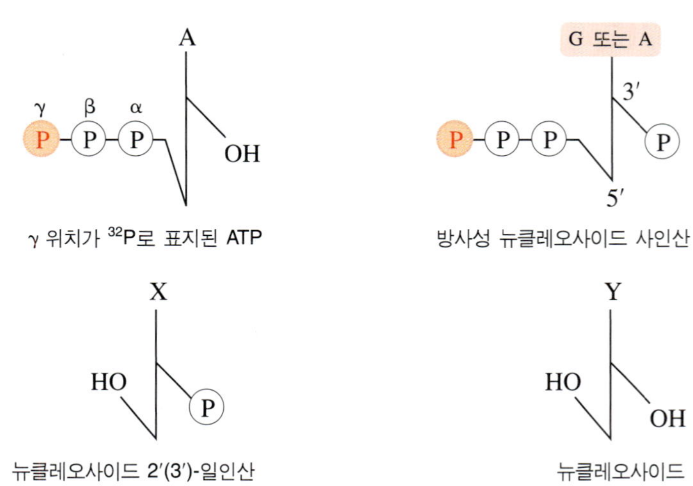

γ 위치에서 ^{32}P로 표지된 GTP가 사용되었을 때에도 그에 상응하는 결과가 얻어졌다. 그러나 γ 위치가 표지된 UTP 또는 CTP들이 사용되었을 때 방사능은 결합되어 들어가지 않았다. 그러므로 새 RNA 사슬은 그의 5′ 말단에 삼인산기를 가지고 있다. 또 다른 실험들은 3′ 말단이 자유 하이드록시기를 가지고 있다는 것을 보여 주었다.

18.6 RNA 합성 방향

RNA 사슬은 5′→ 3′ 방향으로 합성되는가 아니면 3′→ 5′ 방향으로 합성되는가? 두 가지 대조적인 사슬 성장의 메커니즘을 그림 18.6에 나타내었다. 5′→ 3′ 성장에서 삼인산 말단은 사슬 합성의 출발 때 삽입되지만, 3′→ 5′ 성장에 있어서 삼인산 말단은 결합해 들어가는 마지막 잔기에 온다. γ 위치가 ^{32}P로 표지된 GTP (또는 ATP) 로부터 합성되는 RNA에 방사능이 결합해 들어가는 반응 속도론을 연구함으로써 이 두 가지 다른 메커니즘을 구별할 수 있다. γ 위치가 ^{32}P로 표지된 GTP를 기질로 사용하면 전체 뉴클레오타이드 결합에 대한 ^{32}P 결합의 비율은 성분들을 혼합한 직후가 가장 높았고, 그 후로는 시간에 따라서 점진적으로 감소하였다. 한편, 이미 표지된 RNA의 전체 방사능이 반응 혼합물에다 과량의 비방사성 GTP를 첨가하여도 감소되지 않았다. 그러므로 ^{32}P는 RNA 합성의 마지막 단계에서 RNA 분자로 들어간 것이 아니라 RNA 합성이 시작될 때 들어간 것이다. 그러므로 RNA 사슬의 성장은 DNA 합성에 있어서와 같이 **5′→ 3′ 방향**으로 일어난다(그림 18.6).

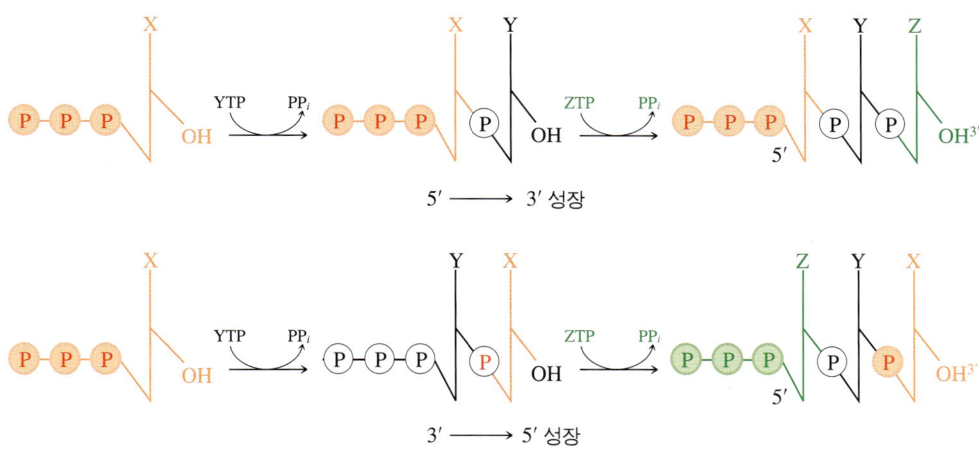

그림 18.6 | 5′→ 3′ 성장과 3′→ 5′ 성장의 경우에 예상되는 ^{32}P의 위치: 실험에서 관찰된 표지의 위치는 RNA 사슬이 5′→ 3′ 방향으로 합성된다는 것을 보여 줌.

18.7 사슬 연장 과정 (DNA 전사 거품)

RNA 합성의 연장 단계는 첫 번째 **포스포다이에스터 결합(phosphodiester bond)**의 형성 후에 시작된다. 중요한 변화는 σ의 상실이다. σ를 가지지 않은 중심효소는 DNA 주형에 더 강하게 결합된다. 실제 RNA 중합효소는 종결 신호에 도달할 때까지 주형에 결합된 채로 있다. RNA 중합효소, DNA 및 새로 합성된 RNA들을 함유하고 있는 구역을 **전사 거품(transcription bubble)**이라고 한다. 그 이유는 그것이 국부적으로 DNA가 녹은 것과 같은 '거품'을 이루고 있기 때문이다(그림 18.7). 주형 DNA 사슬을 녹색으로, 암호 DNA 사슬을 푸른색으로, 그리고 새로 생긴 RNA 사슬을 붉은색으로 나타내었다. 이중 사슬 DNA는 RNA 중합효소가 전진하는 방향의 끝에서는 풀리고 그 뒤쪽에서는 되감긴다. RNA-DNA 혼성 나선이 동시적으로 회전한다.

새로 합성된 RNA는 주형 DNA 사슬과 **혼성 나선(hybrid helix)**을 만든다. 이 RNA-DNA 나선의 길이는 약 12 bp인데, 그것은 A-DNA형 나선의 거의 한 회전에 해당한다.

전사 거품 (transcription bubble)
DNA 이중 가닥의 제한된 부분이 풀리는 경우 전사가 진행되는 동안 발생하는 분자 구조. RNA 중합효소는 그 다음에 노출된 DNA에 결합하고 새로운 RNA를 합성하게 됨.

혼성 (hybrid)
서로 섞여 이루어짐. 혼성 나선은 두 개의 단일 가닥 사슬이 서로 붙어 만들어진 이중 가닥 사슬

그림 18.7 | RNA 전사물의 연장 과정의 전사 거품 모형

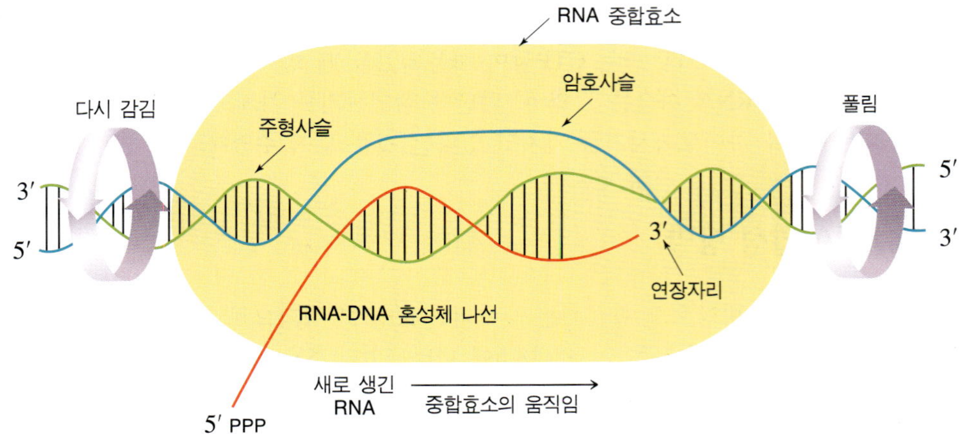

이 혼성 나선의 RNA의 3′-하이드록시기는 들어오는 리보뉴클레오타이드 삼인산의 α-인 원자를 공격할 수 있게 자리잡고 있다. 또한 이 중심효소는 다른 DNA 사슬에 대한 결합 자리를 가지고 있다. 개시 단계 때와 마찬가지로 연장 단계 전체에 걸쳐서 17 bp의 DNA가 풀린다. 연장 속도는 매초 약 50개의 뉴클레오타이드이다. 이때 전사 거품은 170 Å의 거리를 움직인다. RNA 중합효소가 DNA 주형을 따라서 움직일 때, RNA-DNA 혼성체의 길이와 DNA의 풀리지 않은 구역의 길이는 변하지 않는다. 이 사실은 DNA가 RNA 중합효소의 전방에서 풀리는 속도와 같은 속도로 효소의 후방에서 되감기고 있다는 것을 가리킨다(그림 18.7).

또한 RNA-DNA 혼성체는 RNA의 3′-OH 말단이 촉매 자리에 머물러 있게 한 개의 뉴클레오타이드가 첨가될 때마다 회전해야 한다. 혼성체의 12 bp의 길이는 나선의 완전한 회전에는 조금 미치지 못함으로써 곤란한 문제를 피하게 된다. RNA의 5′ 말단이 DNA와 얽혀지지 않게 완전한 회전이 이루어지기 직전에 RNA 가닥은 주형 DNA 가닥으로부터 먼 쪽으로 재빨리 방향을 돌린다.

RNA 중합효소에는 핵산가수분해효소 활성이 없다. DNA 중합효소와는 달라서 RNA 중합효소는 새로 합성되는 폴리뉴클레오타이드 사슬을 교정하지 않는다. 결과적으로 전사의 정확성은 DNA 복제의 정확성보다 훨씬 낮다. RNA 합성의 착오율은 10^4 또는 10^5개당 하나 정도이다. 이것은 DNA의 착오율의 약 10^5배가 되는 값이다. RNA 합성의 매우 낮은 정확성이 허용될 수 있는 이유는 이러한 잘못들이 다음 세대의 개체로 전달되지 않기 때문이다. 대부분의 유전자들의 경우, 매 세대마다 많은 RNA 전사물이 합성되기 때문에 결함이 있는 얼마 안 되는 전사물은 아마 해롭지 않을 것으로 생각된다.

18.8 RNA 머리핀 구조와 전사 종결

전사의 종결 단계에서는 포스포다이에스터 결합의 형성이 멈추고, RNA-DNA 혼성체가 해리하고, DNA의 거품 구역이 되감기고, RNA 중합효소가 DNA를 방출한다. 전사의 종결은 전사의 개시와 마찬가지로 정확하게 조종된다. DNA 주형의 전사된 구역이 정지신호를 가지고 있다. 가장 간단한 것은 GC가 풍부한 구역에 뒤이어서 회문식 구조의 AT가 풍부한 구역을 가지고 있다(그림 18.8).

그림 18.8 | *E. coli*의 trp mRNA의 3′ 말단에 상응하는 DNA 연속 부분

mRNA 5′—CCCACAGCCGCCAGUUCCGCUGGCGGCAUUU—OH 3′

DNA 주형 3′—GGGTGTCGGCGGTCAAGGCGACCGCCGTAAAATTGAAAGAAATTACT—5′

5′—CCCACAGCCGCCAGTTCCGCTGGCGGCATTTTAACTTTCTTTAATGA—3′

← GC가 많은 구역 → ← AT가 많은 구역 →

이 DNA 회문 구조의 RNA 전사물은 **자기-상보적(self-complementary)**이다. 따라서 그것의 염기들은 줄기와 고리를 가진 머리핀(hair pin) 구조를 형성하도록 짝지을 수 있다. 이 구조는 높은 함량의 GC 잔기들에 의해서 쉽게 형성될 수 있다(그림 18.9). GC 염기쌍은 AT 염기쌍보다 더 안정되어 있다. 이 안정된 머리핀 구조 뒤로 넷 또는 그 이상의 U 염기들의 연속 부분이 따른다. RNA 전사물은 이 염기들 안에서 끝나거나 그들 바로 뒤에서 끝난다.

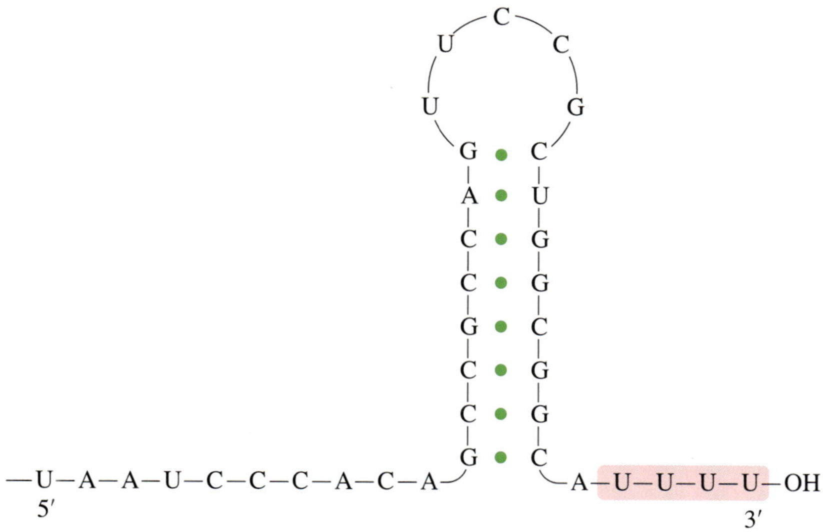

그림 18.9 | *E. coli*의 mRNA 전사물의 3′ 말단 염기 연속 부분에 의해서 안정한 머리핀 구조가 만들어질 수 있다. 네 개의 U 잔기들은 종결 신호의 일부분임.

이 머리핀 구조 다음에 생기는 RNA-DNA 혼성 나선은 네 가지 중에서 가장 약한 rU6dA 염기쌍들을 함유하고 있기 때문에 불안정하다. 그러므로 새로 생기는 RNA는 DNA 주형으로부터 해리된 다음에 효소로부터 해리된다. 이때 단일 가닥으로 있는 DNA 주형은 그의 상보가닥과 다시 결합하여 거품 구역에서 DNA 이중 가닥을 재형성한다. σ를 가지지 않은 중심효소는 단일 가닥의 DNA보다 이중 가닥 DNA에 대해서 친화력이 훨씬 덜하기 때문에 DNA는 떨어져 나온다. 시그마(σ)는 다시 중심효소와 결합하여 새 전사를 개시하기 위해서 다시 촉진유전자 자리를 탐색할 수 있는 완전효소를 형성한다.

촉진 유전자(promoter)
전사의 시작에 관여하는 유전자의 상류 영역. 즉, RNA 중합효소가 결합하는 DNA 가닥의 한 부위. 전사가 시작되는 부위를 말함.

18.9 로(ρ) 단백질

몇 개의 U 염기가 뒤따라오는 머리핀 부분에서 RNA 중합효소가 전사를 종결시키는 데는 도움이 필요 없다. 그렇지만 그 밖의 자리들에서의 종결은 추가적인 인자가 필요하다. 이에 대한 증거는 시험관에서 RNA 중합효소만으로 합성된 몇몇 RNA 분자들이 생체 내에서 합성된 RNA 분자들보다 긴 것에서 알 수 있다. 추가적으로 필요한 이 인자(단백질)를 **로(ρ)**라고 한다(그림 18.10).

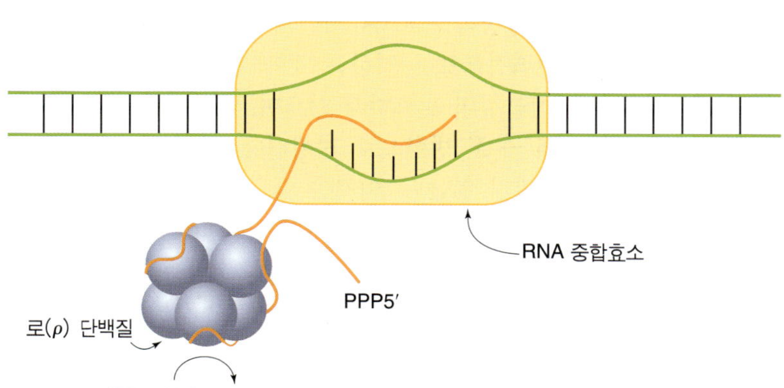

그림 18.10 | ρ에 의한 전사의 종결에 대한 모형: 이 ATPase는 새로 생긴 RNA 사슬에 결합하고 그것을 RNA 중합효소와 DNA 주형으로부터 끌어냄.

ρ는 어떻게 RNA 합성의 종결을 일으키는가? 중요한 실마리가 되는 것은, ρ가 단일 가닥으로 된 RNA가 존재하면 ATP를 가수분해하지만, DNA 또는 이중 가닥의 RNA가 존재하면 가수분해하지 않는다는 사실이다. ρ는 단일 가닥으로 된 RNA에 특이하게 결합하는 46 kDa 소단위체들의 육합체이다. ρ는 구아닌, 아데닌이 많은 rut (rho utilization) 에 결합 후 5′→ 3′의 방향으로 RNA 중합효소에 도달한다. 이렇게 RNA-DNA 혼성 나선에 도달한 ρ는 ATP 의존 나선효소 활성 (ATP dependent helicase activity) 을 통하여 전사를 종결시킨다.

ρ에 의존하지 않는 종결과 ρ에 의존하는 종결에서 볼 수 있는 공통점은 실제의 신호가 DNA 주형에 있는 것이 아니라 새로 합성된 RNA에 있다는 것이다.

18.10 진핵세포의 RNA 중합효소들

원핵생물에서 RNA는 한 가지 중합효소에 의해서 합성된다. 이와는 대조적으로 진핵생물의 핵은 주형 특이성, 소재 및 억제물에 대한 민감성이 다른 세 유형의 RNA 중합효소를 가지고 있다 (표 18.3).

표 18.3 진핵생물의 RNA 중합효소들

유형	소재	세포의 전사물들	α-아마니틴의 작용
I	인	18S, 5.8S 및 28S rRNA	무감각하다.
II	핵질	mRNA 선구체들 및 hnRNA	강하게 억제된다.
III	핵질	tRNA 및 5S rRNA	높은 농도에 의해서 억제된다.

RNA 중합효소 I은 핵소체에 위치하며, 거기서 18S, 5.8S 및 28S 리보솜 RNA들에 대한 유전자들을 전사한다 (그림 18.11).

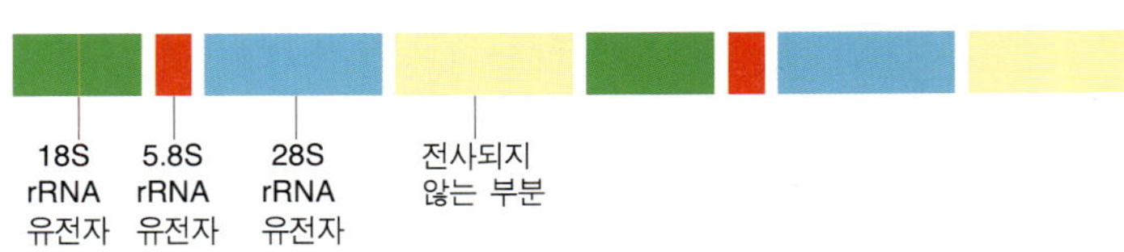

그림 18.11 | Xenopus에 있는 18S, 5.8S 및 28S rRNA들의 40S 선구물질에 대한 유전자들의 조직: 직렬로 반복된 유전자들은 전사되지 않는 부분들 (노란색) 에 의해서 분리. 반복 단위의 길이는 약 13 kDa 임.

그 밖의 리보솜 RNA 분자들 (5S rRNA) 과 모든 전달 RNA 분자들은 인이 아니라 핵질에 위치하는 RNA 중합효소 III에 의해서 합성된다. 전령 RNA의 선구체들은 RNA 중합효소 II에 의해서 합성되는데, 이 효소 역시 핵질에 위치하는 이어맞추기 장치의 U1 snRNA와 같은 몇 가지 작은 RNA 분자들은 중합효소 II에 의해서 합성된다.

진핵생물의 RNA 중합효소는 성장하는 RNA 사슬의 3′-OH가 들어오는 리보뉴클레오사이드 삼인산의 α-p 원자를 친핵적으로 공격하는 것에 촉매로 작용한다는 점에서는 원핵생물의 효소와 같다. 역시 시작물질이 필요하지 않으며, 역평행한 DNA 주형 가닥이 지시하는 지령에 따라서 합성은 **5′→ 3′ 방향**으로 진행된다. 진핵생물의 RNA 중합효소들도 핵산가수분해효소 활성을 가지지 않는다. 이것은 새로 생기는 RNA의 착오는 수정되지 않는다는 것을 의미한다. 진핵생물의 RNA 중합효소들의 소단위체 조성과 소단위체들의 역할에 관한 연구는 아직 초기 단계에 있다. 이 효소들은 두 개의 큰 소단위체 (~140 kDa와 ~200 kDa) 와 3~4개의 작은 소단위체로 이루어지는 커다란 여러 소단위체 복합체 (>500 kDa) 이다.

hnRNA (이형핵 RNA, heterogeneous nuclear RNA) 진핵생물의 세포핵에 존재하고 대사적으로 불안정하며 크기도 균일하지 않은 1군의 고분자 RNA의 총칭. mRNA의 전구체로 추정되고, 각종 유전자의 전사 산물 및 그것이 mRNA가 되기까지의 여러 중간 단계의 분자를 포함.

18.11 진핵세포의 TATA 상자

RNA 중합효소 Ⅱ를 위한 촉진유전자들은 세균의 중합효소들을 위한 것들과 마찬가지로 전사의 출발자리 5′ 쪽에 위치하고 있다. 돌연변이 유발 실험과 많은 고등 진핵생물의 유전자들을 비교해 봄으로써 몇 개의 상류 구역들이 중요하다는 것이 증명되었다. 출발자리에 제일 가깝고 −30쯤 되는 곳에 있는 것을 **TATA 상자(TATA box)** 또는 **호그니스 상자(Hogness box)** 라고 한다. 일치 연속 부분(consensus sequence)은 A와 T 잔기들로 이루어지는 헵타뉴클레오타이드이다(그림 18.12). 100개 이상의 원핵생물의 촉진유전자 연속 부분들을 비교해 보면 왼쪽 줄에 나타낸 것과 같은 일치 연속 부분을 얻는다. 그 다음으로 자주 발견되는 염기들을 오른쪽 줄에 나타내었다. 아래쪽으로 첨부한 숫자는 그 위치에서의 염기의 빈도(백분율)이다. TATA 상자의 중심은 −30 쯤에 있다.

TATA 상자 (TATA box)
전사 개시 반응에 중요한 DNA 서열. 진핵세포의 mRNA를 코드하는 유전자의 전사 개시 위치보다 약 25염기쌍 상부 영역에 위치. 유전자의 전사를 조절하는 영역 중 하나

5′	3′
|	|
T_{82}	A_{7}
A_{97}	T_{2}
T_{93}	A_{7}
A_{85}	T_{10}
A_{63}	T_{37}
A_{88}	T_{10}
A_{50}	T_{33}
|	|
3′	5′

그림 18.12 | mRNA 선구체들을 위한 진핵생물의 촉진유전자의 TATA 상자

효모에서는 −30과 −90 사이에 있는 TATAAA 연속 부분이 같은 역할을 한다. TATA 상자는 mRNA를 생성시키는 거의 모든 진핵생물의 유전자에 존재한다. 진핵생물의 TATA 상자는 원핵생물의 −10 연속 부분(TATAAT)과 매우 유사하지만 출발자리로부터 더 멀리 있다. TATA 상자에 있는 단 한 개의 염기들의 돌연변이는 촉진유전자 활성을 두드러지게 손상시킨다. 마찬가지로 A와 T 염기들을 서로 바꾸면 활성이 상실되는데, 여기서 중요한 것은 단지 AT 염기쌍의 높은 함량이 아니라 정확한 결합 순서임을 나타낸다. 대부분의 TATA 상자는 촉진유전자 활성을 위해서 필요하지만 보통은 충분하지 않다.

추가의 요소들이 −40과 −110 사이에 위치하고 있다. 많은 촉진유전자들이 CAAT 상자를 가지고 있고 어떤 것들은 GC 상자를 가지고 있다(그림 18.13). 구성 유전자(constitutive gene, 발생 상태에 따라 조절되는 것이 아니고 잇달아 발현되는 유전자)는 촉진유전자에 GC 상자를 가지는 경향이 있다.

5′— GGNCAATCT —3′
CAAT 상자

5′— GGGCGG —3′
GC 상자

그림 18.13 | mRNA 선구체들을 위한 진핵생물의 촉진유전자들의 CAAT와 GC 상자

원핵생물의 −35 구역에 있는 매우 일정한 위치와는 대조적으로, 이것의 상류에 있는 연속 부분들의 위치는 촉진유전자에 따라서 달라진다. 또 하나의 차이는 CAAT 상자와 GC 상자는 −35 구역과는 달라서 주형 가닥에 있을 때 효력을 가질 수 있다(그림 18.14).

그림 18.14 | **고등 진핵생물의 mRNA 선구체에 대한 촉진유전자들의 일반적 특징**

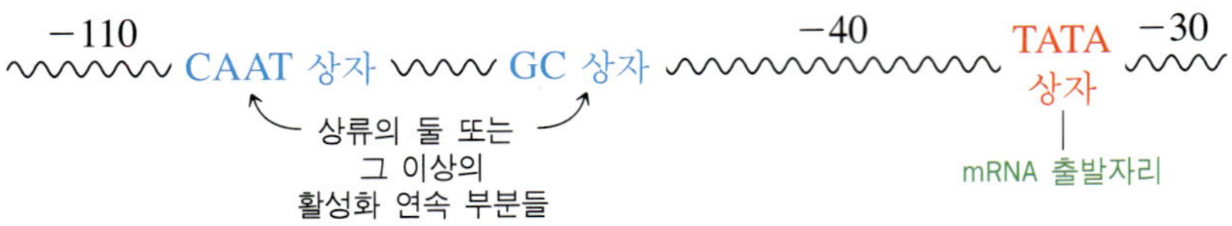

18.12 mRNA 선구체들의 전사

캡 (cap)
거의 모든 진핵세포 및 그 바이러스의 mRNA의 5′ 말단에 존재하는 특이적 구조. mRNA가 리보솜 소단위와 결합하여 40S 개시복합체를 형성할 때에 이 캡 구조가 중요한 역할을 한다. 또한, 캡 구조를 하는 mRNA는 5′ 외부핵산분해효소에 의한 분해를 잘 받지 않음.

전사는 원핵생물 세포와 같이 보통 A 또는 G로 시작한다. 그렇지만 새로 생기는 RNA 사슬의 5′ 삼인산 말단은 즉시 변형된다. 가수분해에 의해서 인산이 방출된다. 그 다음 이인산 5′ 말단은 GTP의 α인 원자를 공격하여 매우 색다른 5′-5′ 삼인산 결합을 만든다. 이 매우 독특한 말단을 **캡(cap)**이라고 한다. 이어서 말단은 구아닌의 N-7 질소가 S-아데노실 메싸이오닌에 의해 메틸화되어서 캡 0을 만든다. 인접한 리보스들이 메틸화되어서 캡 1과 캡 2를 만들 수도 있다(그림 18.15). 캡들은 뒤이어서 일어날 이어맞추기 반응들에 중요하다. 또한 그들은 인산가수분해효소와 핵산가수분해효소로부터 mRNA의 5′ 말단을 보호함으로써 mRNA의 안정에도 이바지한다. 그뿐 아니라 캡은 진핵생물의 단백질 합성 장치에 의한 번역을 증진시킨다. 전달 RNA와 리보솜 RNA 분자들은 캡을 가지지 않는다.

그림 18.15 | **진핵생물의 mRNA의 5′ 말단에 있는 캡들의 구조: 모든 캡들은 5′ 말단에 있는 당에 삼인산 결합에 의해서 부착된 7-메틸구아닐산 (녹색으로 나타내었음) 을 가짐. 캡 0에서는 리보스가 하나도 메틸화되어 있지 않으며, 캡 1에서는 하나가, 캡 2에서는 두 개가 메틸화되어 있음.**

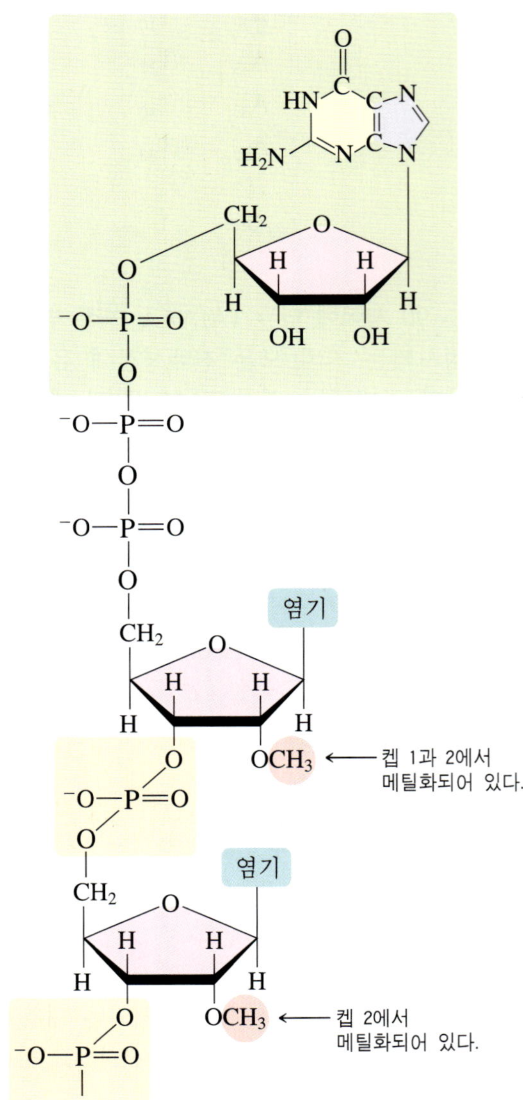

18.13 mRNA에 폴리아데닐산 꼬리의 첨가

진핵생물의 종결 신호에 관해서는 비교적 많이 알려져 있지 않다. 원핵생물의 전사물에서와 같이 어떤 것들은 머리핀 구조가 있고 그 뒤로 일련의 U 잔기들이 온다. 대부분 진핵생물의 mRNA 분자들은 그들의 3′ 말단에 **폴리아데닐산(폴리 A)** 꼬리를 가지고 있다. 실은 폴리 A 앞에 오는 뉴클레오타이드는 마지막 뉴클레오타이드가 아니다. 약간의 일차 전사물은 성숙된 mRNA의 3′ 말단 너머로 수백 개의 뉴클레오타이드를 가지고 있다.

진핵생물의 일차 전사물은 연속 부분 AAUAAA를 인식하는 특이한 내부핵산가수분해효소에 의해서 절단된다(그림 18.16). 만일 이 연속 부분 또는 이 연속 부분의 3′ 쪽에 있는 약 20개의 뉴클레오타이드로 이루어지는 분절이 결실되면 절단이 일어나지 않는다. 또 하나의 단서는 약간의 성숙한 mRNA들이 내부의 AAUAAA 연속 부분을 가지고 있다는 것이다. 그러므로 AAUAAA는 절단신호의 일부분에 지나지 않는다. 그것의 주변 구조가 중요하다. 내부핵산가수분해효소에 의한 절단이 일어난 다음에, 폴리 A 중합효소(poly A polymerase)가 약 250개의 A 잔기를 전사물의 3′ 말단에 첨가한다. ATP가 이 반응에서 주개이다. 그 다음에 이 폴리아데닐산이 78 kDa의 결합 단백질 몇 개의 복사물들을 휘감는다.

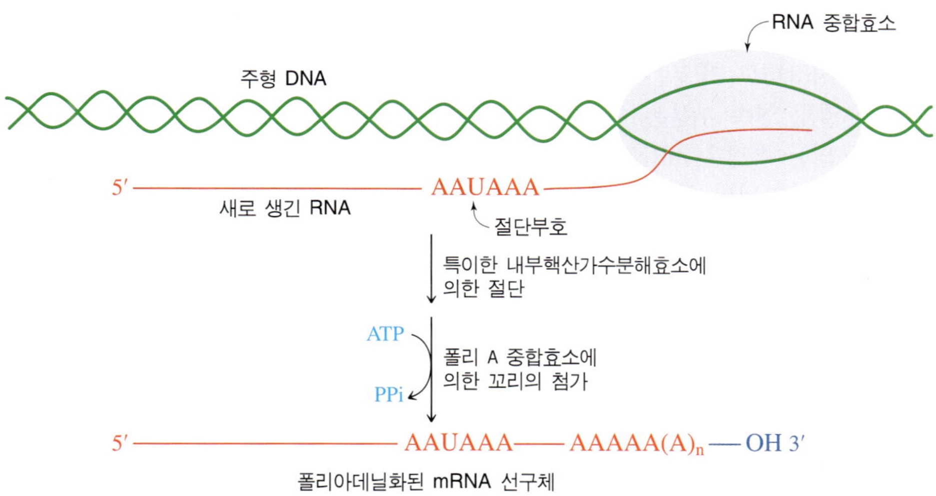

그림 18.16 | **일차 전사물의 절단과 폴리아데닐화: 특이한 내부핵산가수분해효소가 AAUAAA의 하류를 절단. 그 다음에 폴리 A 중합효소가 약 250개의 A 잔기를 첨가**

18.14 진핵생물의 인트론과 엑손

세균의 폴리펩타이드 사슬들은 DNA의 삼중자 코돈들의 연속적인 배열에서 오는 정보를 받아서 합성된다. 따라서 고등생물의 유전자들도 이와 동일할 것으로 생각되었다. 그러나 1977년에 유전자들은 불연속적이라는 것이 밝혀졌다. 예를 들면, 다음의 그림과 같이 헤모글로빈의 β 사슬에 대한 유전자는 550개와 120개의 염기쌍으로 된 암호를 내리지 않는 개재연속부분(noncoding intervening sequence)과 β 사슬의 아미노산들에 대한 암호를 내리는 부분, 즉 240, 500, 250개의 염기쌍으로 된 세 개의 연속 부분들로 이루어져 있다.

그러면 실제로 이러한 구조를 가진 유전자의 전사 과정을 알아보자. 그림 18.17과 같이 β-글로빈 유전자의 일차 전사물은 두 개의 번역되지 않는 구역들을 가지고 있다. 이때 여

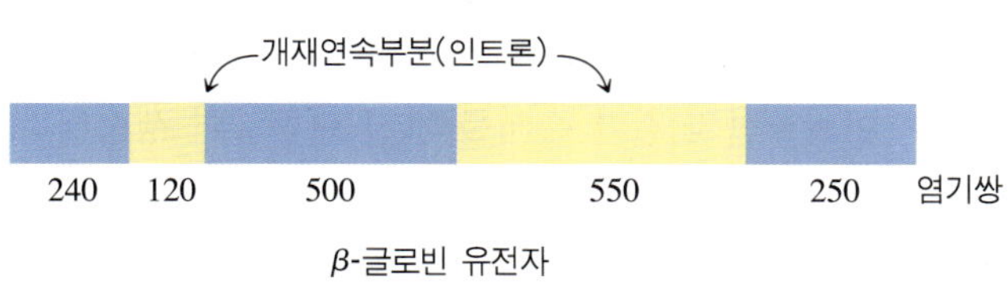

그림 18.17 | **유전자의 인트론과 엑손**

러 개로 나누어져 있으면서 유전자에 담겨져 있는 암호를 내리는 연속 부분들을 **엑손(exon, 발현 부분**, expression position에서 온 말)이라고 하며, 유전자들의 갈라진 사이에 끼어 있으면서 번역되지 않는 부분들을 **인트론(intron, 개재부분**, interposition에서 온 말)이라고 한다. 유전자 DNA로부터 선구-mRNA로 전사될 때는 인트론과 엑손 모두 전사된다. 그러나 다음 단계에서는 일차 전사물에 있는 인트론은 이어맞추기 효소(splicing enzyme)에 의하여 제거되고 동시에 엑손 부분만 연결되어서 성숙한 mRNA를 형성한다. 이와 같이 인트론이 제거되고 엑손 부분만 연결되는 것을 **이어맞추기(splicing)** 라고 한다(그림 18.18).

엑손 (exon)
진핵생물의 유전자 가운데 최종 단백질 산물을 만들어내는 부분. 혹은 전사 이후에 일어나는 RNA 가공 후에도 RNA 구조적 부분으로 남아 있는 부분

인트론 (intron)
유전자 가운데 아미노산을 지정하지 않는 염기 배열 부분. 개재 배열이라고도 함. 진핵생물의 진화 과정에서 다양한 유전자를 만들어내는 데 있어 여분의 구조가 필요했기 때문이라고 추정됨.

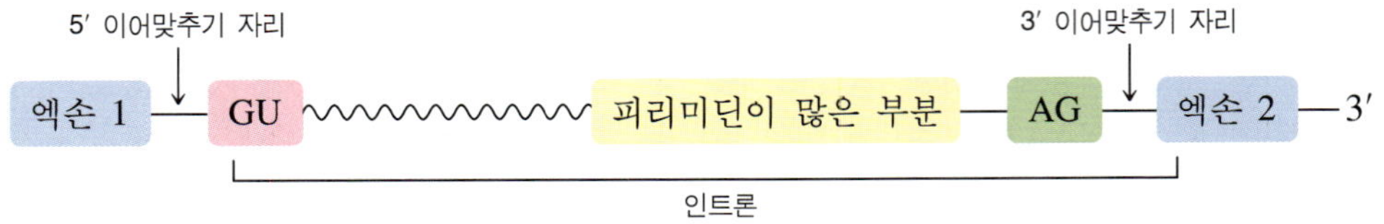

그림 18.18 | *β*-글로빈 유전자의 전사와 일차 RNA 전사물에 있는 개재연속 부분의 제거

이어맞추기는 복잡한 작용이며, 단백질과 작은 RNA 분자들로 이루어지는 조립체인 **스플라이소솜(spliceosome)** 에 의해서 이루어진다. 그리고 인트론들은 그림 18.19와 같이 언제나 GU로 시작하고, 윗부분은 피리미딘이 풍부한 연속 부분이 있는 다음에 AG로 끝난다. 이러한 일치 연속 부분은 이어맞추기를 위한 신호의 일부분이다. 유전자들의 발현에 있어서 공통되는 특징은 mRNA 엑손들의 순서가 DNA의 순서와 같다는 것이다. 그러므로 여러 곳으로 나뉘어 있는 유전자들은 연속해 있는 유전자들과 마찬가지로, 그들의 폴리펩타이드 생성물들과 직선적인 관계를 가지고 있다.

스플라이소솜 (spliceosome)
mRNA 전구체의 이어맞추기에서 기질 RNA와 관여하는 인자 사이에 형성되고, 이어맞추기 반응의 장으로 작용하는 복합체. 반응이 진행되면 mRNA 전구체는 반응 중간체인 올가미 형태의 RNA 및 절단된 5′측 발현 부위의 상태를 거쳐 발현 부위가 연결된 mRNA와 잘려나간 비발현 부위 분자가 됨.

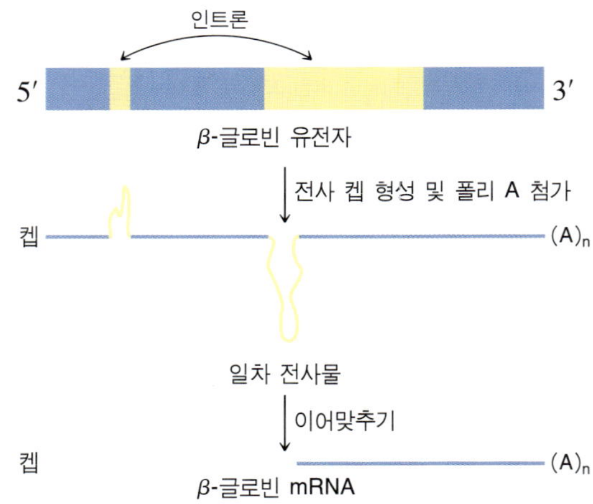

그림 18.19 | mRNA 선구물질에서 이어맞추기를 위한 신호

18.15 인트론의 말단에 있는 염기 배열

인트론은 이어맞추기에 의해서 정확하게 mRNA 선구체로부터 절단된다. 이어맞추기 자리에서 한 개의 뉴클레오타이드만 어긋나도 이어맞추기의 3′ 방향으로 읽는 체계가 바뀌게 되므로 완전히 다른 아미노산의 결합 순서를 가진 단백질이 생성된다.

이어맞추기 장치는 어떻게 그의 표적을 정확하게 가공하는가? RNA 전사물질들은 수백 개의 인트론-엑손 접속 부분들의 염기 결합 순서들이 알려져 있다(표 18.4). 복잡성이

표 18.4 인트론을 함유하는 전사물들의 이어맞추기 자리들의 염기 결합 순서

유전자 구역	엑손	인트론	엑손
오발부민 인트론 2	UAAG GUGAGC	∿∿∿∿∿∿∿∿	UUACAG GUUG
오발부민 인트론 3	UCAG GUACAG	∿∿∿∿∿∿∿∿	AUUCAG UCUG
β-글로빈 인트론 1	GCAG GUUGGU	∿∿∿∿∿∿∿∿	CCUUAG GCUG
β-글로빈 인트론 2	CAGG GUGAGU	∿∿∿∿∿∿∿∿	CCACAG UCUC
임무노글로블린 λ1 인트론 1	UCAG GUCAGC	∿∿∿∿∿∿∿∿	UUGCAG GGGC
SV40 비루스의 초기 T-항원	UAAG GUAAAU	∿∿∿∿∿∿∿∿	UUUUAG AUUC

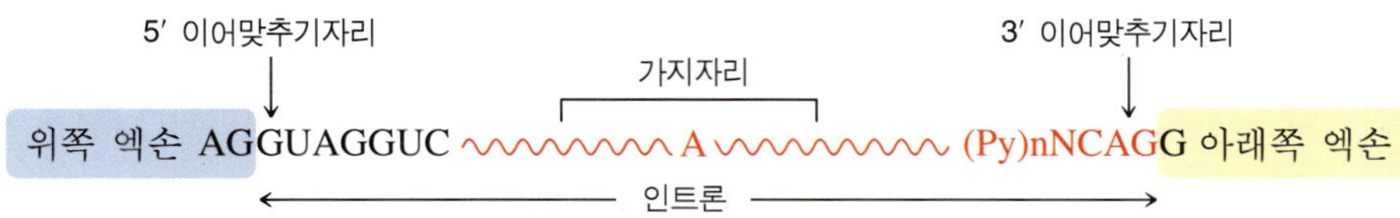

그림 18.20 | **이어맞추기 신호: 5′ 이어맞추기 자리와 3′ 이어맞추기 자리를 위한 일치 연속 부분**

효모에서 포유동물까지의 범위에 속하는 진핵생물들의 경우 결합 순서들은 공통의 구조적 요소를 가지고 있다. 즉, 인트론의 염기 결합 순서는 GU로 시작하고 AG로 끝난다. 척추동물 인트론의 5′ 말단의 일치 연속 부분은 **AGGUAGU** (그림 18.20) 이다. 인트론의 3′ 말단에서 일치 연속 부분은 10개의 피리미딘(U 또는 C) 염기로 된 분절인데, 그 뒤로는 무슨 염기든 오며, 그 다음에는 C가 온다. 맨 끝에는 불변의 AG가 온다. 인트론은 3′ 이어맞추기 자리의 상류로 20 내지 50 뉴클레오타이드 사이에 위치하는 중요한 내부 자리를 가지고 있다. 이것을 **가지자리 (branch site)** 라고 한다. 효모의 가지자리 연속 부분은 UACUAAC이지만 포유동물에서는 다른 연속 부분들이 발견된다.

인트론의 길이는 50 내지 10,000개의 뉴클레오타이드들로 이루어져 있다. DNA의 긴 분절을 유전자의 인트론에 삽입하여도 이어맞추기는 영향을 받지 않는다. 이어맞추기 자리들과 가지자리가 달라지지만 않는다면 한 인트론의 5′ 말단 부분과 매우 다른 인트론의 3′ 말단 부분을 가지고 재조합 DNA 기법으로 만들어낸 괴물 인트론이 이어맞추기에 의해서 정확하게 절단된다. 이와는 달리 이 세 가지 중요한 구역들에서 각각 돌연변이가 일어나면 비정상적인 이어맞추기가 일어난다. 이어맞추기 접속 부분으로부터 먼 위치에서의 돌연변이로 비정상적인 이어맞추기가 일어날 수 있는데, 이러한 일은 이 돌연변이가 새로운 위치에 5′ 또는 3′ 이어맞추기를 위한 일치 연속 부분을 새로 만들 경우에만 그러하다.

헤모글로빈 합성의 결함으로 인해 생기는 한 무리의 유전성 빈혈증인 지중해 빈혈증 (thalassemia) 의 어떤 형태들은 비정상적인 이어맞추기 때문에 생긴다. 한 환자의 경우, 첫 번째 인트론의 정상적인 3′ 이어맞추기 자리에서 22개의 뉴클레오타이드 떨어진 곳에서의 G의 A에로의 돌연변이가 새로운 3′ 받개 자리를 만들었다(그림 18.21). 이 결과로 생기는 mRNA는 정상적으로는 존재하지 않는 일련의 코돈을 함유한다. 이어맞추기 자리에서 뒤로 일곱 번째의 코돈은 단백질 합성의 정지신호이다. 그러므로 헤모글로빈 합성이 비정상적으로 조숙하게 끝난다.

지중해빈혈증 (thalassemia)
한 개의 헤모글로빈 사슬이 손실되었거나 상당히 축소되어 일어나며, 결과적으로 헤모글로빈의 기능 저하를 통한 적혈구 생성의 감소, 이로 인한 빈혈증, 피로, 창백한 피부 및 비장과 간장의 기능장애가 유발됨.

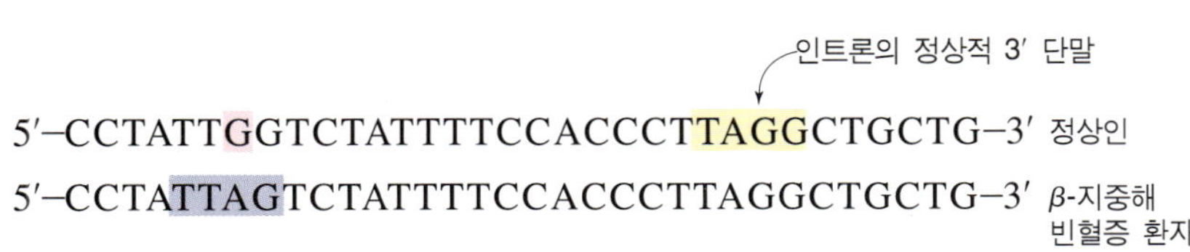

그림 18.21 | **β-글로빈 유전자의 인트론에서 단 하나의 염기에 돌연변이 (G가 A로) 가 일어나면 지중해 빈혈증을 가져온다. 이 돌연변이는 아래쪽에 있는 정상적인 이어맞추기 자리 (노란색) 와 비슷한 새 3′ 이어맞추기 자리 (푸른색) 를 발생시킴.**

연습 문제

1. RNA 합성 메커니즘을 단계별로 나누어서 설명하시오.
2. ρ 단백질의 기능을 구체적으로 설명하시오.
3. RNA 중합효소의 역할을 소단위체별로 설명하시오.
4. DNA와 RNA의 구조적 차이는 어디에 있는지 설명하시오.
5. RNA의 합성 방향은 어느 쪽으로 이루어지고 있는지 실험 결과를 이용해서 설명하시오.
6. 스플라이소솜(spliceosome)의 역할에 대하여 서술하시오.
7. 이어맞추기 효소(splicing enzyme)는 RNA 전사 과정에 있어서 어떠한 역할을 하는지 서술하시오.
8. mRNA 선구체들을 위한 진핵생물의 촉진유전자를 무엇이라 명명하는지 기술하시오.
9. 새로 합성된 RNA의 5′ 말단 구조를 그리시오.
10. 진핵세포와 원핵세포에서 단백질 합성의 개시 과정의 차이점은 무엇인지 설명하시오.

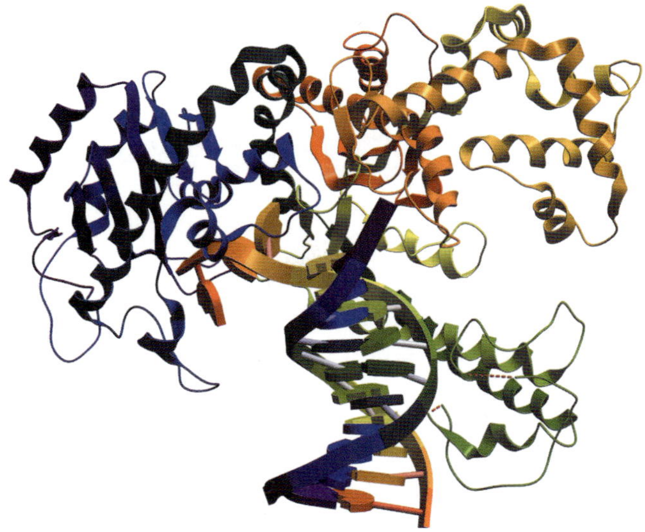

19 단백질 합성

학습 목표
- 유전자 암호들의 해독 방법을 이해한다.
- 단백질 합성 메커니즘과 이와 관련된 유전자들을 이해한다.
- 단백질 합성 효소들의 종류와 기능을 이해한다.
- 유전병의 원인과 치료 방법의 원리들을 이해한다.

주요 용어
- 코돈, 개시 코돈, 정지 코돈, 변이, 결실, 아미노아실 tRNA, 동요 현상, 리보솜, 폴리솜, 개시 복합체, P 자리, A 자리, 연장인자, 방출인자, 유전병

19.1 단백질 합성과 유전 암호

단백질은 유전 정보 전달의 최종 생성물이다. 세포는 자기가 필요로 하는 수천 가지의 특이한 단백질들을 합성해야 한다. 생체가 특이한 단백질들을 합성할 수 있는 것은 염색체에 있는 DNA가 유전물질로 작용할 수 있기 때문이라는 것을 이미 16장과 17장에서 기술하였다. DNA의 유전 정보는 RNA들의 형태로 전사(transcription)되며, 생성된 RNA가 mRNA인 경우에는 **리보솜(ribosome)**이라는 단백질과 결합해서 단백질 합성을 위한 전령의 역할을 한다. RNA의 형태로 전사된 이 mRNA는 어떻게 해서 아미노산들로 구성되는 단백질이라는 형태로 번역(translation)되는가? 이 질문은 DNA 또는 mRNA의 어떤 구조 단위가 특정한 아미노산에 대한 유전 정보의 단위가 되는지를 알아야 해결된다. 아미노산들에 대한 유전 암호(genetic code)의 단위를 **코돈(codon)**이라고 한다. 유전 암호는 DNA 염기들의 결합 순서와 단백질의 아미노산 결합 순서의 관계이다.

> **코돈(codon)**
> DNA를 전사하는 mRNA의 3염기 조합, 즉 mRNA의 유전 암호의 단위를 말하는데, 이것에 의하여 세포 내에서 합성되는 아미노산의 종류가 결정됨.

네 가지 글자들(네 가지 뉴클레오타이드들)로 구성된 핵산에 들어 있는 정보는 어떠한 방법으로 20가지 글자들(20가지 아미노산들)로 구성된 단백질로 번역되는가? Crick은 연결자의 역할을 하는 tRNA가 아미노산을 결합한 다음에 mRNA상의 코돈을 찾아갈 것이라는 가설을 내었다. 얼마 안 가서 실제로 연결자 구실을 하는 tRNA들이 발견되고, 이것들이 특수한 효소들에 의해서 아미노산과 결합한다는 사실이 발견됨으로써 Crick의 가설이 진실임이 증명되었다. 세 개의 뉴클레오타이드가 한 코돈을 구성한다면 가능한 코돈 수는 64가지($4^3 = 64$)이지만, 두 개의 뉴클레오타이드가 한 코돈을 구성한다면 가능한 코돈 수는 16가지($4^2 = 16$)이다. 단백질의 성분이 되는 아미노산의 종류는 20가지이므로 코돈은 세 개의 뉴클레오타이드로 구성되어야 할 것임을 추정할 수 있다. 실제로 아미노산에 대한 코돈은 61가지라는 것이 밝혀졌다. 여러 학자들의 연구에 의해서 1960년대 말까지는 유전 암호의 문제가 완전히 해결되었다. 그 결과를 표 19.1에 나타내었다.

표 19.1 유전 암호

첫 번째 위치 (5′ 말단)	두 번째 위치				세 번째 위치 (3′ 말단)
	U	C	A	G	
U	Phe	Ser	Tyr	Cys	U
	Phe	Ser	Tyr	Cys	C
	Leu	Ser	종결	종결	A
	Leu	Ser	종결	Trp	G
C	Leu	Pro	His	Arg	U
	Leu	Pro	His	Arg	U
	Leu	Pro	Gln	Arg	A
	Leu	Pro	Gln	Arg	G
A	Ile	Thr	Asn	Ser	U
	Ile	Thr	Asn	Ser	C
	Ile	Thr	Lys	Arg	A
	Met	Thr	Lys	Arg	G
G	Val	Ala	Asp	Gly	U
	Val	Ala	Asp	Gly	C
	Val	Ala	Glu	Gly	A
	Val	Ala	Glu	Gly	G

주) 코돈에 있는 염기들의 위치를 알면 상응하는 아미노산을 알아낼 수 있다. 예를 들면, mRNA상에 있는 코돈 5′ AUG 3′은 메싸이오닌을 명시하지만, CAU는 히스티딘을 명시한다. UAA, UAG 및 UGA는 종결신호이다. AUG는 개시신호의 일부분일 뿐 아니라 내부에 있는 메싸이오닌에 대한 암호이다.

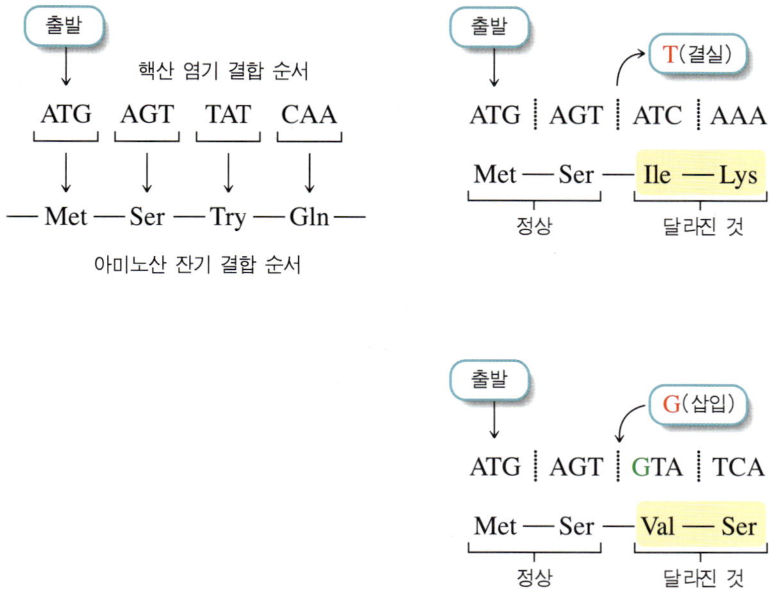

그림 19.1 | **아미노산은 일정한 점으로부터 시작되는 세 개의 염기에 의하여 정보를 받음.**

표 19.1에서 알 수 있는 바와 같이, 아미노산들은 각기 자신들의 코돈을 가지고 있기 때문에 단백질의 아미노산 결합 순서는 세 개의 뉴클레오타이드로 된 코돈들(이것을 삼중자 코돈이라고도 한다)의 직선상의 순서로 정의할 수 있다.

유전 암호는 다음과 같은 몇 가지 중요한 특징을 가지고 있다. 몇 가지 코돈들은 특별한 기능을 가지고 있다. **개시 코돈(initiation codon)** AUG는 폴리펩타이드 사슬의 합성이 시작되는 신호이다. AUG는 개시 코돈일 뿐 아니라 폴리펩타이드의 내부에 있는 메싸이오닌 잔기를 위한 코돈이기도 하다.

UAA, UAG 및 UGA 삼중자 코돈들은 폴리펩타이드 사슬 합성의 종결(정지)을 알려주는 **종결 코돈(termination codon)**이라고 한다. 종결 코돈들은 변이의 결과로 정상 코돈에서 생길 수 있다. 예를 들어, 타이로신의 코돈인 UAU의 세 번째 U가 변이의 결과 A로 변하면 UAU는 종결 코돈 UAA가 될 것이다. 정상 유전자에 이러한 변이가 일어나면 정상적인 폴리펩타이드 사슬의 합성이 완성되지 못한 채 종결될 것이다. 이러한 변이를 **정지돌연변이(nonsense mutation)**라고 한다.

유전 암호의 가장 두드러진 특징은 아마 그것이 **축퇴성(degeneracy)**을 가지고 있다는 것이다. 축퇴성이란 한 가지 이상의 코돈이 한 아미노산을 명시하는 것이다. 예를 들어, 페닐알라닌을 명시하는 코돈은 두 가지가 있고(UUU와 UUC), 알라닌을 명시하는 코돈은 네 가지가 있다(GCU, GCC, GCA, GCG). 메싸이오닌과 트립토판만이 한 가지 코돈에 의해서 명시된다(표 19.1 참조).

축퇴성(degeneracy)
유전 암호가 번역될 시, 돌연변이에 의해 염기 서열이 바뀌어도 경우에 따라서는 단백질의 아미노산이 바뀌지 않아 그 자체의 기능에는 영향을 받지 않는 경우가 있는데 이것을 코돈의 축퇴성이라 함. 즉, 축퇴성은 한 종류의 아미노산에 대하여 여러 개의 코돈이 대응하는 것을 말함.

19.2 아미노산의 활성화

한 아미노산의 아미노기와 또 다른 하나의 아미노산의 카복실기 사이의 펩타이드 결합의 형성은 열역학적으로 불안정하다. 이것은 선구물질인 아미노산의 카복실기를 활성화시킴으로써 안정화시킬 수 있다. 단백질 합성의 활성화된 중간물질들은 아미노산의 카복실기가 tRNA의 3′ 말단에 있는 리보스의 2′-하이드록시기나 3′-하이드록시기에 결합하여 형성되는 아미노산의 에스터들이다. 이 활성화된 중간물질을 아미노아실-tRNA (그림 19.2) 라고 한다. 아미노산들은 특이한 tRNA들에 의하여 리보솜으로 운반된다. 이 tRNA들은 mRNA에 있는 코돈들을 인식하는 **연결자(adaptor)** 분자로서 작용한다.

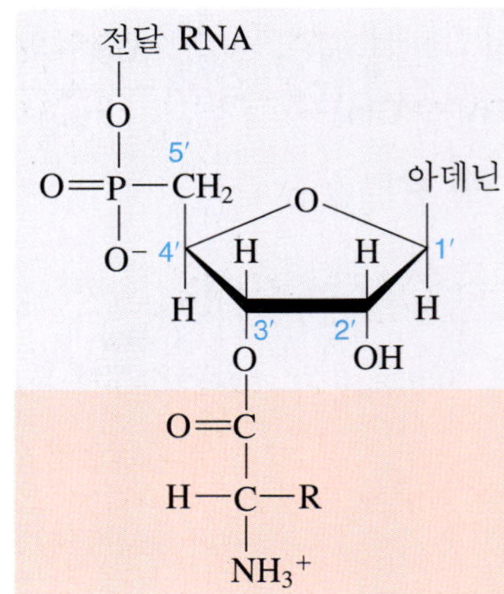

그림 19.2 | **아미노아실-tRNA의 아미노산은 말단 아데노신 2′ 또는 3′-하이드록시기에 에스터화되어 있음.**

연결자 (adaptor)
tRNA의 5′말단에서 34~36번 잔기의 역코돈은 mRNA의 3염기 연쇄와 염기쌍을 형성함으로써 유전 암호를 인식하는 분자. 이에 대하여 아미노산은 tRNA의 3′말단에 존재하는 아데노신 잔기 부분에서 수용

아미노산들의 활성화와 그 다음에 일어나는 tRNA들과의 결합은 특이한 **아미노아실-tRNA 합성효소(aminoacyl-tRNA synthetase)**들에 의해서 촉매로 작용한다. 이 효소는 활성화효소(activating enzyme)라고도 한다. 첫 번째 단계는 아미노산과 ATP로부터 아미노아실-아데닐산(aminoacyl-adenylate)의 형성이다.

다음 단계는 아미노아실-AMP의 아미노아실기를 tRNA 분자로 옮겨서 단백질 합성의 활성화된 중간물질인 아미노아실-tRNA를 형성시키는 것이다.

$$\text{아미노산} + \text{ATP} \rightleftarrows \text{아미노아실-AMP} + \text{PP}_i$$
$$\text{아미노아실-AMP} + \text{tRNA} \rightleftarrows \text{아미노아실-tRNA} + \text{AMP}$$

이 활성화와 이동 단계들을 합친 것은 아래와 같다.

$$\text{아미노산} + \text{ATP} + \text{tRNA} \rightleftarrows \text{아미노아실-tRNA} + \text{AMP} + \text{PP}_i$$

아미노아실-tRNA 에스터 결합의 가수분해 자유 에너지는 ATP 말단의 인산기와 비슷하기 때문에, 위의 반응 $\Delta G°'$는 0에 가깝다. 아미노아실-tRNA의 합성은 피로인산의 가수분해에 의하여 추진된다. 그러므로 위의 tRNA의 아미노아실화 반응은 평형을 이루는 경향이 크다. 그렇지만 위의 반응에서 생성된 피로인산(PP_i)이 가수분해되면 그 $\Delta G°'$ 값이 약 -7.0 kcal/mol이므로 반응은 아미노아실-tRNA가 형성되는 쪽으로 진행될 것이다.

$$\text{PP}_i + \text{H}_2\text{O} \rightarrow 2\text{P}_i$$

따라서 이 세 반응을 합치면 표준 자유 에너지 감소가 약 -7.0 kcal/mol이 되어 전체 반응은 비가역적으로 일어나게 된다.

$$\text{아미노산} + \text{ATP} + \text{tRNA} + \text{H}_2\text{O} \rightarrow \text{아미노아실-tRNA} + \text{AMP} + 2\text{P}_i$$

그러므로 아미노아실-tRNA의 합성에서는 두 개의 고에너지 인산 결합이 소모된다. 그 중 하나는 아미노아실-tRNA의 에스터 결합의 형성에서 소모되고, 다른 하나는 반응을 추진시키는 데 소모된다. 특정한 아미노산을 활성화하고 tRNA로 옮기는 반응들은 한 가지 아미노아실-tRNA 합성효소에 의하여 촉매로 작용한다.

19.3 아미노아실-tRNA 합성효소들의 특이성

아미노아실-tRNA 합성효소들은 활성화될 아미노산과 가능한 받개 tRNA 둘 다를 인식할 때 선택성이 매우 크다. 이 합성효소들이 해야 할 일은 비슷한 아미노산들을 구별하는 것이다. 예를 들면, 아이소루신과 발린 사이의 유일한 차이점은 아이소루신이 메틸렌기를 추가로 가지고 있다는 것이다(그림 19.3). 이 추가 $-CH_2-$기에 의해서 기여되는 추가의 결합 에너지 때문에 아이소루실-tRNA 합성효소에 의한 아이소루신의 활성화는 발린보다 약 200배 정도로 유리하다.

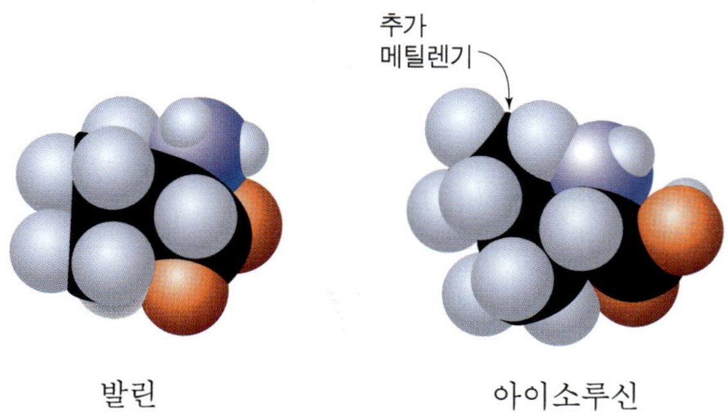

그림 19.3 | 발린과 아이소루신의 분자 모형

실제로, 아이소루실-tRNA 합성효소는 그 자신의 착오를 교정한다. 잘못 활성화된 발린은 아이소루신에 특이한 tRNA로 옮겨지지 않는다. 그 대신에 이 tRNA는 발린-AMP의 가수분해를 촉진하며, 이렇게 함으로써 발린이 단백질 안으로 잘못 결합되는 것을 막는다(그림 19.4).

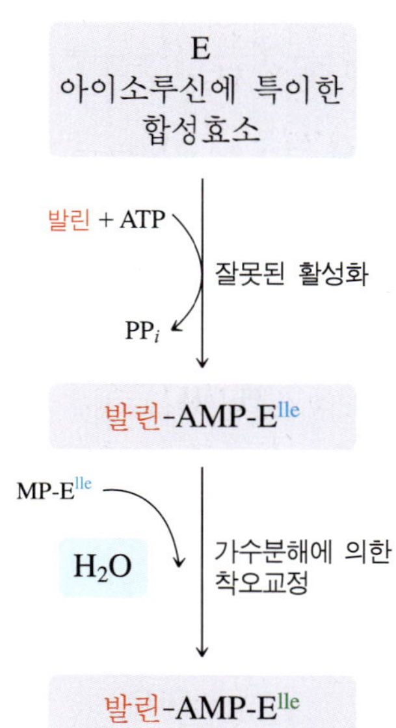

그림 19.4 | 옳지 않은 아미노아실-AMP의 가수분해에 의한 교정: 아이소루실-tRNA가 들어오면 발린-AMP의 가수분해를 유발함.

대부분의 아미노실-tRNA 합성효소들은 아실화자리 이외에 가수분해자리를 가지고 있다. 상보적인 두 자리들은 매우 높은 충실성을 보장하기 위한 이중체(double sieve)의 구실을 한다. 아실화자리는 충분한 공간이 없기 때문에 올바른 아미노산보다 더 큰 것들을 받아들이지 않는 데 반해서 가수분해자리는 올바른 아미노산보다 더 작은 활성화된 중간체들을 분해한다(그림 19.5).

이중체(double sieve) 크기에 따른 선별이 가능하게 함.

그림 19.5 | 동일 계열의 아미노산보다 더 작거나 더 큰 아미노산들을 받아들이지 않는 이중체 메커니즘

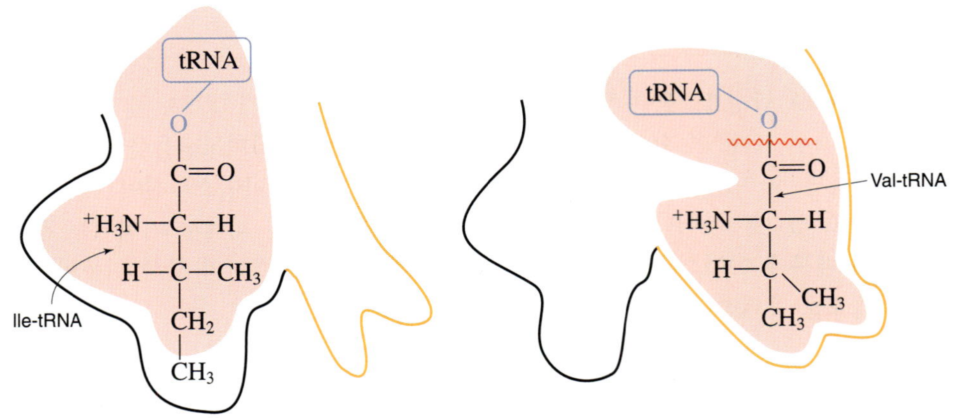

19.4 tRNA의 공통된 구조

> **역코돈 (anticodon)**
> mRNA의 코돈에 접하는 tRNA의 5′측에서 34~36위의 3뉴클레오타이드. 역코돈 1번째(34위)가 코돈 3번째와, 2번째가 코돈 2번째와, 3번째가 코돈 1번째와 염기쌍을 형성함으로써 mRNA의 염기 순서를 정확하게 아미노산 순서에 번역하는 일을 함.

전달 RNA (tRNA) 분자의 구조는 1965년에 Robert Holly에 의하여 결정되었다. 이 tRNA 분자는 76개의 리보뉴클레오타이드로 된 단일 사슬이다. 5′ 말단은 인산화되어 있고(pG), 3′ 말단은 자유 하이드록시기를 가지고 있다. 이 RNA의 특징은 A, U, G, C 이외의 염기들이 많다는 것이다. 이 tRNA에는 이노신, 유사유리딘, 다이하이드로유리딘, 리보타이미딘 및 구아노신과 이노신의 메틸화된 유도체들과 같은 예외적인 뉴클레오사이드들이 많이 있다. 아미노산 부착자리는 분자의 3′ 말단에 있는 아데노신의 3′ 하이드록시기이다. 분자의 중앙에 있는 연속 부분 IGC는 **역코돈(anticodon)**이다. 그것은 알라닌의 코돈들 중의 하나인 GCG에 상보적이다(그림 19.6).

그림 19.6 | 역코돈 고리의 염기 배열과 다이하이드로유리딘의 구조

5′ —— 피리미딘 —— 피리미딘 —— X —— Y —— Z —— 변형된 퓨린 —— 가변성 염기 —— 3′

tRNA 분자들은 많은 부분이 공통 구조를 가지고 있다. 왜냐하면, 모든 tRNA 분자들은 리보솜 위에 있는 A 자리 및 P 자리들에 들어맞아야 하고, 펩타이드 결합 형성에 촉매로 작용하는 효소와 상호작용을 해야 한다. 모든 tRNA들은 아래와 같은 공통점들을 가지고 있다.

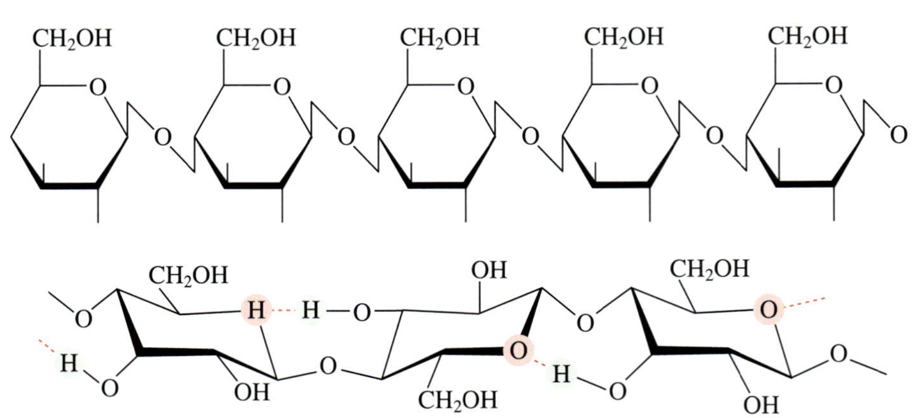

1) tRNA들은 각각 73 내지 93개의 리보뉴클레오타이드(약 25kDa)를 함유하는 단일 사슬이다.
2) tRNA들은 보통 한 분자당 7~15개의 예외적인 염기들을 함유하고 있다.

3) tRNA의 5′ 말단은 인산화되어 있다. 5′ 말단 잔기는 보통 pG이다.
4) tRNA 3′ 말단에서의 염기 결합 순서는 CCA이다. 활성화된 아미노산은 말단 아데노신의 3′-하이드록시기에 부착된다.
5) tRNA의 뉴클레오타이드들의 약 반은 염기쌍을 이루어 이중 나선을 형성한다. 다음과 같은 다섯 개 고리의 염기들은 염기쌍을 만들지 않는다. 3′-CCA 말단 구역, TΨC 고리(리보타이민-유사유리실-사이토신 연속 부분을 가진 데서 이러한 이름을 가지게 되었다), '가외의 팔' (이 구역의 잔기수는 가변적이다), DHU 고리(이 고리는 5~6개의 다이하이드로유라실 잔기를 함유한다), 그리고 역코돈 고리이다.
6) 역코돈 고리는 다음과 같이 결합 순서를 가진 일곱 개의 염기들로 이루어져 있다.
7) 여러 tRNA 결정체들의 X-선 분석법으로 이들의 삼차원 구조는 L자 모양을 하고 있다는 것이 밝혀졌다. 그림 19.7은 Alexander Rich의 연구진이 결정한 효모의 페닐알라닌 tRNA의 입체 구조 모형도이다.

X-선 분석 (X-ray analysis)
X-선과 물질과의 상호작용을 이용하는 분석법. tRNA 결정체들은 시료에 조사한 X-선이 결정의 종류나 구조에 의해 산란 혹은 회절 각도가 변하는 것을 이용하여 결정 구조를 결정하는 X-선 회절법에 의해 밝혀짐.

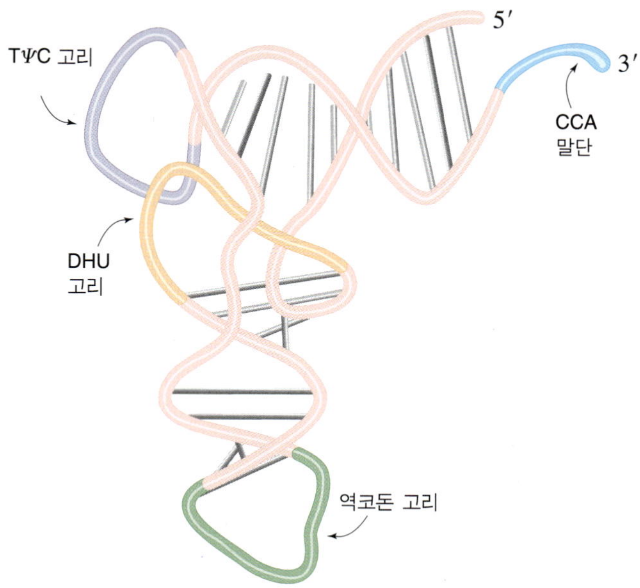

그림 19.7 | 효모의 페닐알라닌 tRNA의 삼차원 구조의 모형도

19.5 염기 짝짓기의 동요 현상

tRNA의 역코돈에 의한 코돈의 인식 작용은 코돈의 각 염기가 역코돈의 상보적인 염기와 Watson-Crick형의 염기쌍을 형성하는 것이다. 그러므로 코돈과 역코돈은 역평행으로 배열된다. 아래의 그림에서 프라임 표시들은 상보적인 염기들을 나타낸다.

역코돈

3 — X′ — Y′ — Z′ — 5

— X — Y — Z —
5   3

코돈

그러므로 X와 X′은 A와 U(또는 U와 A)이거나 G와 C(또는 C와 G)가 될 것이다. 이 모형에 의하면 역코돈은 한 가지 코돈만을 인식할 수 있다. 그러나 사실은 그렇지 않다. 약간의 순수한 tRNA 분자들은 하나 이상의 코돈을 인식할 수 있다. 예를 들면, 알라닌 tRNA는 GUC, GCC, 및 GCA 등 세 가지 코돈들을 인식해서 결합한다. 이 코돈들의 처음 두 염기들은 같으나 세 번째 염기들은 같지 않다. Crick은 코돈의 세 번째 염기 짝짓기에 자유도가 허용되면 표 19.1에 나타낸 조합들이 가능할 것이라는 가설을 내었다. 실제로 이러한 자유도가 있음이 뒤에 밝혀졌다. 이러한 현상을 염기 짝짓기의 **동요(wobbling)** 라고 한다.

코돈-역코돈 상호작용에 관하여 다음과 같은 두 가지 일반 원칙을 만들 수 있다.

1) 코돈의 처음 두 염기들은 표준 방식으로 짝을 짓는다. 인식은 정확하다. 그러므로 처음 두 염기들 중 어느 하나가 같지 않은 코돈들은 다른 tRNA들에 의하여 인식된다.
2) 특정한 tRNA 분자가 하나, 둘 또는 세 종류의 코돈들을 읽을 것인지는 역코돈의 첫 번째 염기에 따라서 결정된다. 즉, 첫 번째 염기가 C 또는 A이면 한 개의 코돈을, U 또는 G이면 두 개의 코돈을, I이면 세 개의 코돈을 읽는다(표 19.2).

표 19.2 동요 가설에 따라서 코돈의 세 번째 염기에서 짝짓기가 허용되는 것들

역코돈의 첫 번째 염기	코돈의 세 번째 염기
C	G
A	U
U	A 또는 G
G	U 또는 C
I	U, C 또는 A

19.6 단백질 합성 장치

E. coil 세포는 15,000개 이상의 리보솜(ribosome) 입자들을 함유하며 세포의 마른 무게의 거의 4분의 1이다. 세균의 리보솜은 약 65%의 rRNA와 약 35%의 단백질로 구성된다. 리보솜 입자들의 침강 계수는 70S이다.

침강 계수 (sedimentation coefficient) 점성 유체 안에서 입자가 가라앉는 속도를 나타내는 단위로, 침강 계수의 측정은 세포 내 입자나 생체 고분자 화합물의 크기, 분자량, 형상 등을 추정하는 수단으로 이용함.

세균의 리보솜들은 크기가 다른 두 개의 소단위체들로 구성된다(그림 19.8). 큰 소단위체의 침강 계수는 50S이고 작은 것은 30S이다. 50S 소단위체는 5S rRNA와 23S rRNA의 각각 한 분자와 34개의 단백질을 함유한다. 30S 소단위체, 16S rRNA 한 분자와 21개의 단백질을 함유한다. 진핵세포의 리보솜은 세균의 리보솜보다 더 크고 더 복잡하다. 진핵세포의 리보솜도 크기가 다른 두 개의 소단위체들로 구성된다. 진핵세포의 리보솜 입자의 침강 계수는 약 80S이다. 작은 소단위체(침강 계수 40S)는 18S rRNA를 함유하며, 큰 소단위체(침강 계수 60S)는 5S, 5.8S 및 28S rRNA들을 함유한다. 진핵세포의 리보솜은 모두 합쳐서 80가지 이상의 단백질을 함유한다.

뒤에서 자세히 기술하겠지만 리보솜은 단백질을 합성하는 복잡한 분자 장치이다.

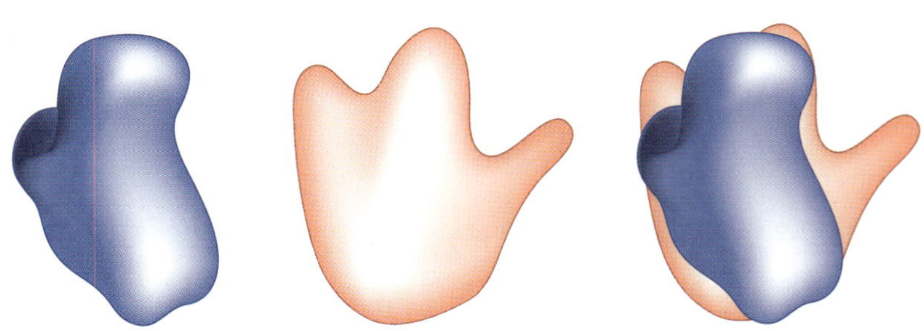

그림 19.8 | **원핵생물의 리보솜의 30S 소단위체, 50S 소단위체 및 70S 리보솜 입자**

19.7 단백질의 합성 방향

단백질 합성의 메커니즘에 관한 첫 번째 의문들 중의 하나는 단백질이 아미노기에서 카복실기의 방향으로 합성되는 것인지, 아니면 그 반대 방향으로 일어나는 것인지에 관한 것이었다. Howard Dintzis의 맥박식 표지(pulse-labeling) 실험으로 이 의문에 대한 명확한 해답을 얻게 되었다. 헤모글로빈을 활발하게 합성하고 있는 망상 적혈구들을 ^{3}H-루신에 노출시켰다. 완전한 사슬이 합성되는 데 소요되는 시간보다 짧은 시간에 합성된 헤모글로빈 시료를 여러 번 채취하였다. 각 시료를 α 및 β 사슬들로 분리한 다음에 트립신으로 처리하여 몇 개의 작은 조각들로 절단하였다. 초기에 채취한 시료에서는 카복시 말단의 펩타이드들만이 표지되어 있었다. 나중에 채취한 시료에서는 아미노 말단에 점점 더 가까운 곳에서 표지된 펩타이드들이 얻어졌다. 시료 전체에 걸쳐서 각 사슬의 아미노 말단에서 카복시 말단으로 가면서 방사능의 기울기가 증가하고 있는 것이 관찰되었다(그림 19.9).

맥박식 표지 (pulse labeling) Radioactivity를 가진 새로운 DNA 가닥을 표지하기 위해 성장 배지에 [3H] dT를 첨가하고 30초 후에 cell들을 모아서 모든 DNA를 분리함. 이후, DNA를 알칼리에 침전시켜 가닥을 분리시키는 방법으로 1968년 일본의 과학자 Okazaki가 지연가닥의 불연속적 DNA 조각을 처음으로 찾아낼 때 사용된 실험 방법 중 하나

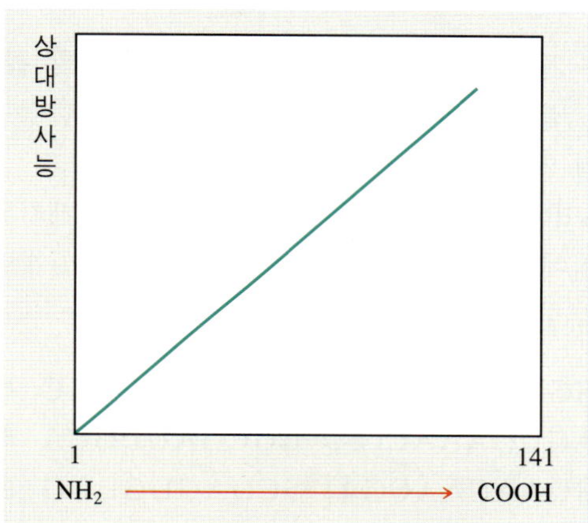

그림 19.9 | **망상 적혈구를 삼중수소로 표지된 루신으로 맥박식으로 표지시킨 다음에 합성된 헤모글로빈의 α 사슬에서의 ^{3}H-루신의 분포**

이것은 시료로 채취한 사슬들의 아미노 말단 부분이 방사성 루신을 첨가하기 전에 이미 합성되어 있었다고 생각하면 예상할 수 있는 결과이다. 만일 카복시 말단이 마지막으로 합성된다면, 반응 매질에 방사능 표지를 첨가할 때 거의 완성된 사슬들에서는 방사능 표지가 카복시 말단에서 먼저 나타날 것이다. 이 실험으로 사슬 성장은 아미노 말단에서 카복시 말단의 방향으로 일어나고 있다는 것이 증명되었다.

19.8 리보솜의 mRNA 염기 배열

많은 리보솜들이 한 mRNA 분자를 동시에 번역할 수 있다. 이것은 mRNA를 이용하는 효율을 현저하게 증가시키는 요인이 된다. 한 mRNA에 결합된 리보솜의 무리를 **폴리리보솜(polyribosome)** 또는 **폴리솜(polysome)**이라고 한다. 이 폴리솜에 있는 리보솜들은 각각 독립적으로 작용하여 완전한 폴리펩타이드 사슬을 합성한다. mRNA상에서의 리보솜의 최대 밀도는 80개의 뉴클레오타이드당 약 한 개의 리보솜이다. 헤모글로빈(매 사슬당 145개의 아미노산, 또는 매 mRNA당 500개의 뉴클레오타이드를 함유한다)을 합성하고 있는 폴리솜은 보통 mRNA 분자에 결합된 다섯 개의 리보솜으로 이루어져 있다. mRNA의 5′ 말단에 제일 가까운 리보솜들은 제일 짧은 폴리펩타이드 사슬들을 가지며, 3′ 말단에 가까운 것들은 거의 완성된 사슬들을 가지고 있다(그림 19.10). 폴리펩타이드 생성물이 유리된 다음에 리보솜들은 30S와 50S 소단위체들로 해리된다.

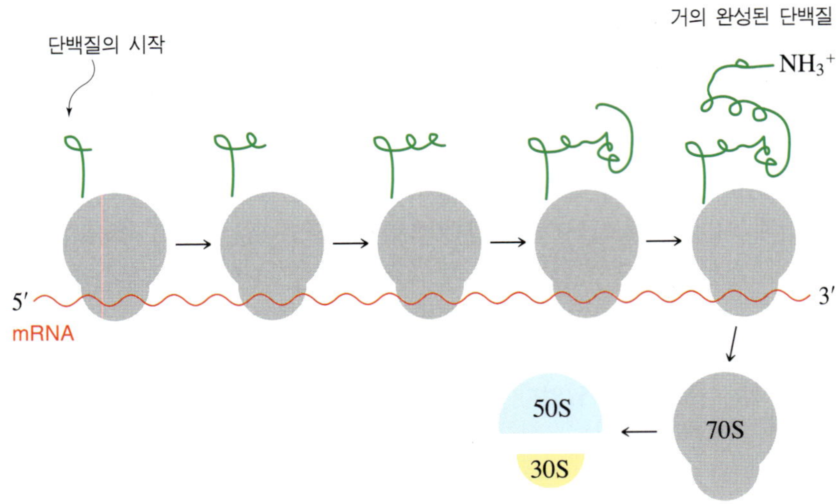

그림 19.10 | 폴리리보솜(폴리솜)의 도형: 리보솜은 mRNA를 따라서 5′→3′ 방향으로 움직이고, 서로 독립적으로 작용함.

19.9 단백질 합성의 출발 신호 AUG (또는 GUG)

세균에서 단백질 합성은 **개시(initiation)**, **연장(elongation)** 및 **종결(termination)** 등 세 단계로 일어난다. 다음의 몇 절에서 세균 세포에서의 단백질 합성 메커니즘을 알아보고자 한다. 먼저 개시 단계부터 알아보자.

mRNA의 개시인자 구역에서는 AUG(또는 GUG) 코돈을 가지고 있다(그림 19.11). 그 밖에도 각 개시인자 구역에는 개시 코돈에서 5′ 쪽으로 약 10개의 뉴클레오타이드 자리에 중심을 둔 퓨린이 풍부한 연속 부분이 있다.

그림 19.11 | 세균과 바이러스의 RNA 분자들에서 단백질 합성을 위한 개시 자리들의 연속 부분들

AGCACGAGGGGAAAUCUGAUGGAACGCUAC	*E coli trfA*
UUUGGAUGGAGUGAAACGAUGGCGAUUGCA	*E coli araB*
GGUAACCAGGUAACAACCAUGCGAGUGUUG	*E coli thrC*
CAAUUCAGGGUGGUGAAUGUGAAACCAGUA	*E coli lacI*
AAUCUUGGAGGCUUUUUUAUGGUUCGUUCU	*Φx174* 파지 A 단백질
UAACUAAGGAUGAAAUGCAUGUCUAAGACA	Q*β* 파지 복제효소
UCCUAGGAGGUUUGACCUAUGCGAGCUUUU	R17 파지 A 단백질
AUGUACUAAGGAGGUUGUAUGGAACAACGA	*λ* 파지 *cro*

16S rRNA와 짝을 짓는다 개시 tRNA와 짝을 짓는다

> **샤인-달가르노 연속부분(Shine-Dalgarno sequence)**
> SD sequence로 약기. 세균에서는 mRNA 상에서 번역이 시작될 때 리보솜이 번역 개시 부위인 AUG로부터 5~10 뉴클레오타이드 상류의 짧은 순서에 결합하여 개시 부위에 이르는데 이때의 짧은 순서. 발견자인 J.Shine과 L.Dalgarno의 이름을 붙여 명명함.

16S RNA의 결합 순서가 밝혀짐으로써 퓨린이 풍부한 부분[**샤인-달가르노 연속 부분(Shine-Dalgarno sequence, SD 배열)**이라고 한다]의 역할이 무엇인지 분명해졌다. 30S 소단위체의 이 리보솜 RNA의 3′ 말단은 mRNA의 개시 자리들에 있는 퓨린이 풍부한 부분과 상보적인 몇 개의 염기들로 된 연속 부분을 가지고 있다. 실제로 16S RNA의 3′ 말단과 mRNA의 개시인자 구역들로 이루어진 복합체가 개시 복합체의 효소 가수분해물로부터 분리되었다(그림 19.12).

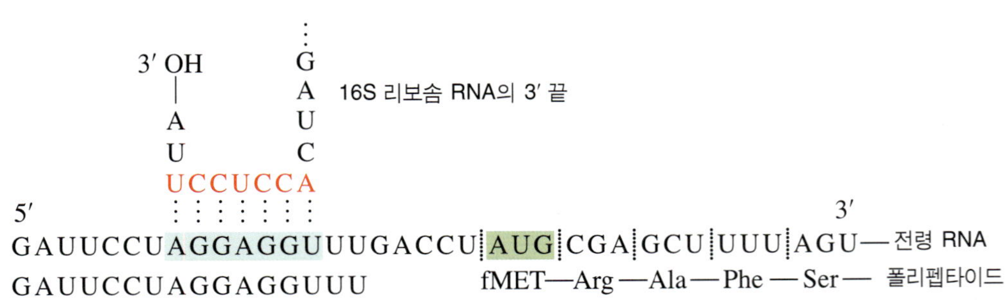

그림 19.12 | mRNA의 개시 구역에서 퓨린이 풍부한 구역(푸른색)과 16S rRNA의 3′ 말단(붉은색) 사이의 염기 짝짓기: AUG 코돈(녹색)이 폴리펩타이드 사슬의 출발점임.

70가지 이상이 알려진 개시인자 자리들의 연속 부분 구조로부터 mRNA와 16S rRNA 사이의 염기쌍 수는 3~9개 정도라는 것을 알 수 있다. 그러므로 두 가지 상호작용이 단백질 합성이 어디서 출발할 것인지를 결정한다. 즉, mRNA의 5′ 말단의 염기들과 16S rRAN의 3′ 말단과의 짝짓기, 그리고 mRNA에 있는 개시 코돈과 개시 fMet-tRNAf의 역코돈의 짝짓기가 단백질 합성의 개시를 결정한다.

19.10 70S 개시 복합체의 형성

mRNA와 포밀메싸이오닐-tRNAf (fMet-tRNAf)는 어떻게 리보솜으로 와서 단백질 합성을 개시하는가? 세 가지 개시인자(initiation factors; IF1, IF2 및 IF3) 단백질들이 필수적이다. 30S 리보솜 소단위체가 먼저 이 세 가지 인자들과 복합체를 형성한다(그림 19.13).

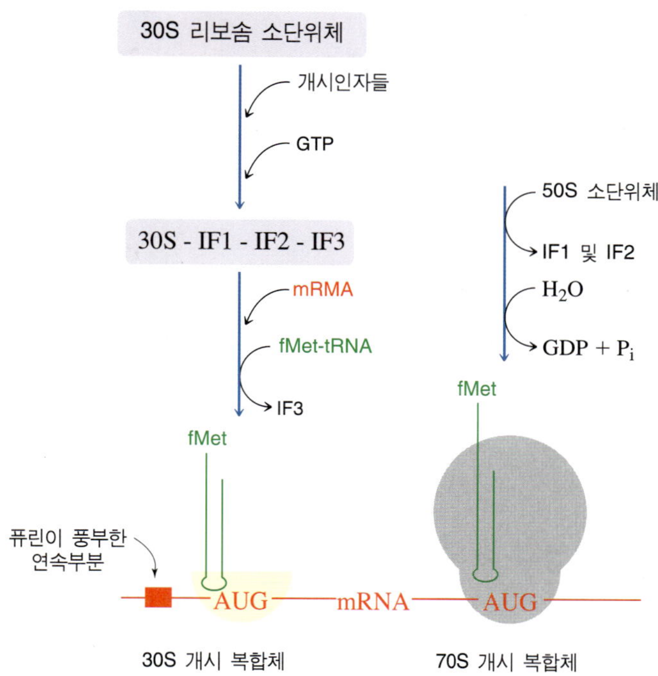

그림 19.13 | **단백질 합성의 개시 단계: 30S 개시 복합체가 형성된 다음에 70S 개시 복합체가 형성**

GTP가 IF2에 결합하면 mRNA와 개시 tRNA가 복합체에 결합할 수 있게 되고 IF3은 방출된다. fMet-tRNAf는 IF2에 의해서 특이하게 인식되고, IF3이 방출되면 50S 소단위체가 복합체에 결합된다. 50S 소단위체가 들어올 때 IF2에 결합된 GTP가 가수분해되면 IF2가 방출된다. 이렇게 해서 **70S 개시 복합체(70S initiation complex)**가 형성된다.

70S 개시 복합체(그림 19.13)는 단백질 합성의 연장 단계를 위해서 준비가 되어 있다. fMet-tRNAf 분자는 리보솜상의 P(펩타이드) 자리를 차지한다. A(아미노아실) 자리라고도 하는, 리보솜상에 있는 tRNA 분자를 위한 다른 자리는 비어 있다. fMet-tRNAf의 역코돈이 mRNA상에 있는 개시 코돈 AUG(또는 GUG)와 짝을 지을 수 있게 fMet-tRNAf가 자리를 잡는 것이다.

연장인자 Tu
(elongation factor Tu, EF-Tu)
원핵생물 신장인자의 일종. Tu는 열에 불안정한 T인자에서 유래. 구아닌뉴클레오타이드와 결합함으로써 안정화. EF-Tu는 GTP와 결합하여 2중복합체(EF-Tu · GTP)를 형성하고, 이것에 아미노아실 tRNA가 결합하여 3중복합체(EF-Tu · GTP · 아미노아실 tRNA)가 됨.

19.11 연장인자 Tu의 GTP형

단백질 합성의 연장 회로는 아미노아실-tRNA를 리보솜에 있는 빈 A 자리에 삽입하는 것으로 시작된다. 어느 tRNA 종이 삽입되는가는 A 자리에 자리잡고 있는 mRNA 코돈에 따라서 결정된다. 상보적인 아미노아실-tRNA가 EF-Tu라고 하는 **연장인자(elongation**

factor, EF) 단백질에 의해서 A 자리로 넘겨진다. IF2와 마찬가지로, EF-Tu는 결합된 구아닐뉴클레오타이드를 함유하며 GTP형과 GDP형 사이를 순환한다. EF-Tu가 아미노아실-tRNA를 A 자리에 자리잡게 한 다음 GTP가 가수분해된다. 그 다음에는 EF-Tu의 GDP형이 리보솜으로부터 해리된다. 두 번째 연장인자인 EF-Ts가 EF-Tu 복합체에 결합하여 GDP의 해리를 유발한다. 마지막으로 GTP가 EF-Tu에 결합하며, 이와 동시에 EF-Ts가 방출된다. 결합된 GTP를 함유한 EF-Tu는 또 하나의 아미노아실-tRNA를 결합하여 그것을 리보솜의 A 자리에 넘겨 줄 준비를 한다(그림 19.14).

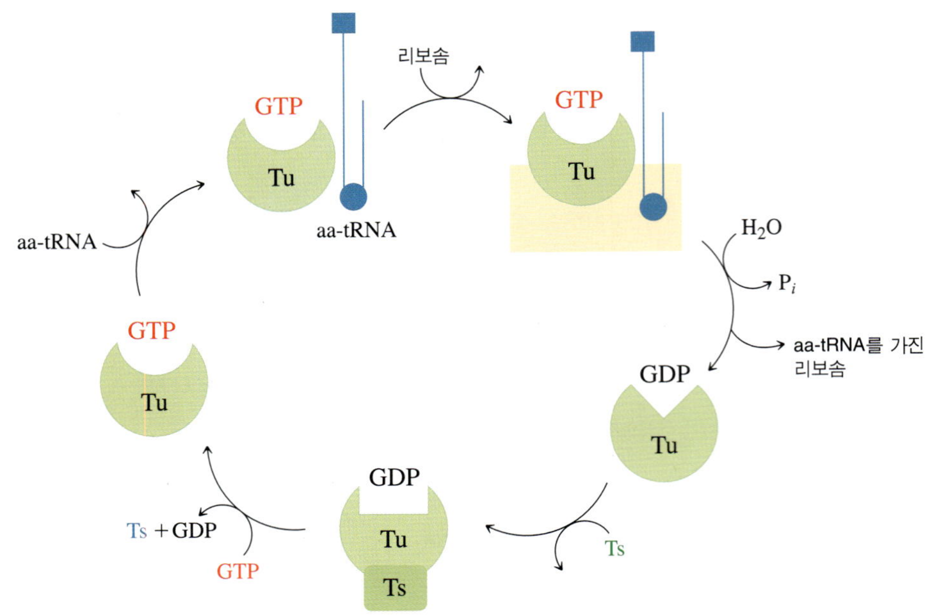

그림 19.14 | 연장인자 Tu (EF-Tu)의 반응 주기

연장인자 Ts
(elongation factor Ts, EF-Ts)
원핵생물 신장인자의 일종. EF-Tu와 복합체를 형성하여 존재. Ts는 열에 안정적인 T인자에서 유래. EF-Tu · GDP보다 EF-Tu · GTP를 재생하는 과정을 촉진. 단백질 생합성의 역할 외에 대장균 RNA파지 복제 효소의 δ 소단위로 포함된 것이 알려져 있

19.12 단백질 합성의 속도와 충실성

단백질 합성의 충실성은 펩타이드 결합이 형성될 때 A 자리에 올바른 아미노아실-tRNA를 가지느냐에 따라서 결정된다. 세포는 펩타이드 결합이 일단 만들어지면 틀린 아미노산 잔기를 잘라 낼 수단을 가지지 않기 때문에 되돌아갈 수 없다. 예상되는 바와 같이, 아미노아실-tRNA의 역코돈이 A 자리를 차지하고 있는 mRNA 코돈에 상보적인가를 확인하기 위해서, 들어오는 아미노아실-tRNA는 면밀히 검사를 받는다. 코돈의 세 개의 염기 중 둘과 짝지을 수 있는 아미노아실-tRNA는 일시적으로는 결합할지 모르지만 그것은 보통 펩타이드 결합이 형성되기 전에 A 자리를 떠난다. 결합한 아미노아실-tRNA가 옳은 것인지 아닌지를 리보솜이 결정하는 데는 약간의 시간이 걸린다. 만일 아미노아실-tRNA가 도착하자마자 펩타이드 결합이 형성된다면 단백질 합성은 정확하지 않을 것이다. 검사 시간을 결정하는 것은 EF-Tu의 GTPase 자리이다(그림 19.15).

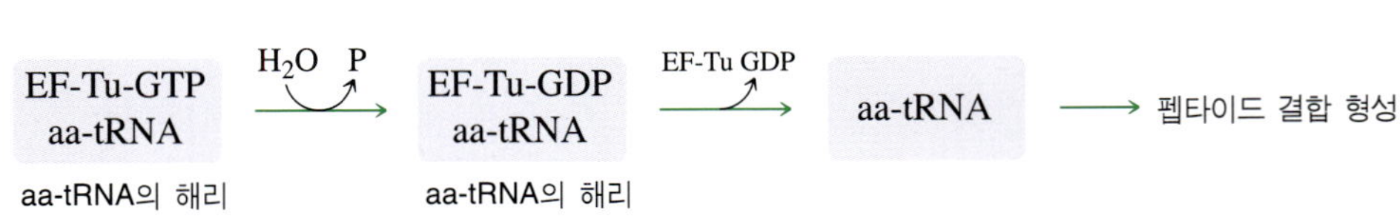

그림 19.15 | 리보솜의 A 자리를 점유하고 있는 아미노아실-tRNA의 교정은 EF-Tu에 결합된 GTP의 가수분해 전에도 일어나고 후에도 일어남. 옳지 않은 아미노아실-tRNA는 A 자리로부터 해리하지만 올바른 아미노아실-tRNA는 결합된 채로 있고, 따라서 펩타이드 결합이 형성 (녹색 화살표)

EF-Tu가 아미노아실-tRNA로부터 방출될 때까지 펩타이드 결합은 형성될 수 없다. 방출이 일어나려면 결합된 GTP가 GDP로 가수분해되어야 한다. 대개 GTP가 가수분해되기 전에 몇 초가 흐르며, EF-Tu-GDP가 리보솜을 떠나기 전에 다시 몇 초가 지난다. 올바른

아미노아실-tRNA는 결합된 채로 남지만, 옳지 않은 것은 보통 이 시간 간격의 언젠가 리보솜을 떠난다. EF-Tu가 GTP를 가수분해시킬 때 EF-Tu의 형태가 바뀌기 때문에 코돈-역코돈 상호작용의 상황이 달라진다. 올바른 아미노아실-tRNA는 두 상태에서 모두 mRNA와 강하게 상호작용하지만, 옳지 않은 것은 상호작용하지 않는다. 사실상 코돈-역코돈 상호작용은 더 높은 정확성을 얻기 위해서 다른 방법으로 두 번 검사를 받는다.

19.13 펩타이드 결합의 자리옮김

이제 아미노아실-tRNA는 A 자리를 차지하고 fMet-$tRNA_f$는 P 자리를 차지하고 있는 복합체가 형성되었다. EF-Tu는 리보솜을 떠났다. 따라서 다음은 펩타이드 결합 형성의 단계이다(그림 19.16). 연장되고 있는 사슬은 들어오는 아미노아실-tRNA의 아미노기로 옮겨진다. 이 반응은 아미노아실-tRNA의 아미노 질소 원자가 fMet-tRNAf(또는 펩타이딜-tRNA)의 에스터 탄소 원자를 친핵적으로 공격함으로써 진행된다.

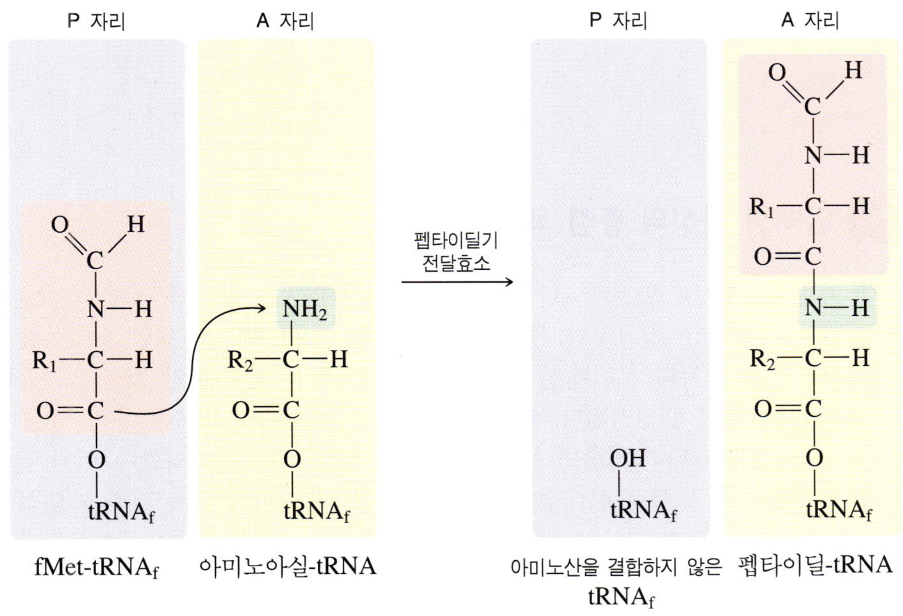

그림 19.16 | 펩타이드 결합의 형성은 리보솜의 펩타이딜기 전달효소 자리에 의해서 촉매로 작용

이 반응은 50S 소단위체의 효소 활성인 **펩타이딜기 전달효소(peptidyl transferase)**에 의하여 촉매로 작용된다. P 자리에 fMet-tRNAf의 활성화된 포밀메싸이오닌 단위가 A 자리에 있는 아미노아실-tRNA의 아미노기로 옮겨져서 다이펩타이딜-tRNA가 형성된다.

펩타이드 결합을 형성한 다음에 아미노산을 비운 tRNAf는 P 자리를 차지하고 다이펩타이딜-tRNA는 A 자리를 차지한다. 연장 회로의 그 다음 단계는 **자리옮김(translocation)**이다. 세 가지 이동이 일어난다. 아미노산을 비운 tRNA는 P 자리를 떠나고, 펩타이딜-tRNA는 A 자리에서 P 자리로 옮겨가고, mRNA는 세 개의 뉴클레오타이드에 해당하는 거리만큼 움직인다. 이 결과로 그 다음의 코돈이 새로 들어오는 아미노아실-tRNA에 의하여 읽혀질 수 있도록 자리를 잡는다. 자리옮김 과정은 세 번째의 연장인자, 즉 **EF-G [자리옮김효소(translocase)** 라고도 한다]를 요구한다. IF2와 EF-Tu처럼 EF-G는 GTP형과 GDP형 사이를 순환한다. EF-G의 GTP형이 자리옮김 단계를 추진한다. 결합된 GTP가 그 다음에 가수분해되면 EF-G는 리보솜으로부터 떨어져 나올 수 있다. 자리옮김이 끝난 후에 A 자리는 비어 있으며, 또 한 차례의 연장을 시작하기 위해서 아미노아실-tRNA를 결합할 준비가 되어 있다(그림 19.17).

EF-G (elongation factor G) 원핵생물 신장인자의 일종. GTP에 의존하여 리보솜 A 부위의 펩타이딜-tRNA를 P부위로 이동시키는 반응을 촉매

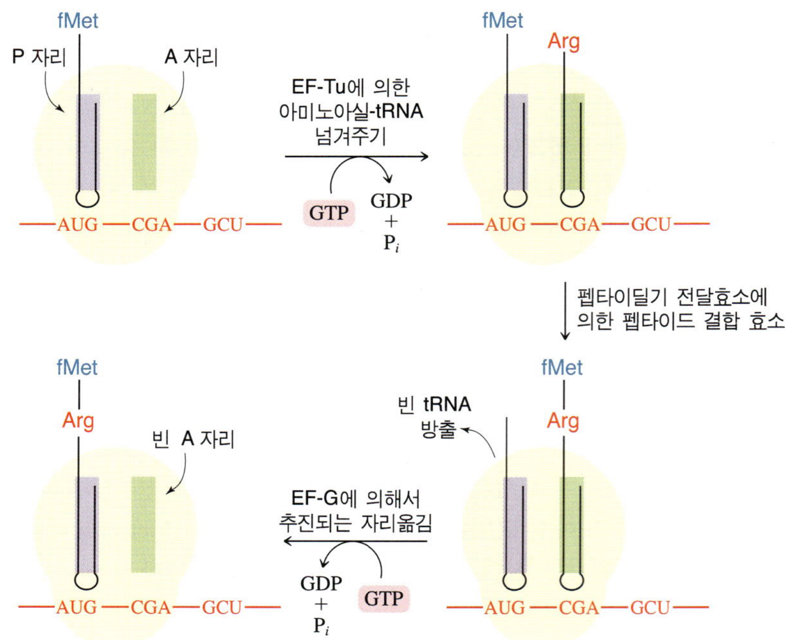

그림 19.17 | **단백질 합성의 연장 주기: 아미노아실-tRNA의 결합, 펩타이드 결합의 형성 및 자리옮김**

19.14 단백질 합성의 종결 코돈 인식

방출인자(release factor, RF) mRNA 상의 종결 암호(UAA, UGA, 또는 UAG)를 인식하고 완성된 폴리펩타이드 사슬을 리보솜에서 유리시키는 데 필요한 단백질성 인자. 원핵세포는 암호 특이성이 다른 종결인자가 존재하지만 진핵세포에는 1종류의 종결 인자 RF가 모든 종결 암호를 인식

만일 코돈이 UAA, UGA 또는 UAG이면 아미노아실-tRNA는 정상적으로는 리보솜의 A 자리에 결합하지 않는다. 정상적인 세포들은 이 종결 신호들에 상보적인 역코돈을 가진 tRNA들을 가지지 않는다. 그 대신에, 이 종결 신호들은 단백질인 **방출인자**(**release factors, RF**)들에 의하여 인식된다. 이 방출인자들 중의 하나인 RF1은 종결 코돈 UAA 또는 UGA를 인식한다. 다른 방출인자 RF2는 UAA 또는 UGA를 인식한다. 이와 같이 방출인자 단백질들은 매우 높은 특이성으로 트라이뉴클레오타이드 연속 부분을 인식할 수 있다. A 자리에 있는 종결 코돈에 방출인자가 결합하면 어떻게 해서든 펩타이딜기 전달효소를 활성화시켜서 그것이 P 자리에 있는 폴리펩타이드와 tRNA 사이의 결합을 가수분해하게 된다. 펩타이딜기 전달효소의 특이성이 방출인자로 인해 달라져서 아미노기가 아니라 물이 활성화된 펩타이딜 부분의 받개가 된다. 폴리펩타이드 사슬이 리보솜을 떠나고 뒤이어서 tRNA와 mRNA가 떠난다.

마지막으로 또 다른 단백질 분자의 합성 준비를 하기 위해서 리보솜이 30S와 50S 소단위체들로 해리한다. IF3이 30S 소단위체에 결합하면 30S가 50S 소단위체와 결합하여 mRNA를 가지지 않은 70S 복합체가 형성되는 것을 막는다.

19.15 진핵세포의 전사와 번역

진핵생물에는 막으로 경계가 그어진 핵이 있으며 거기서 전사(transcription)가 일어난다. 이와는 달리 번역은 핵 바깥에서 일어난다. 이와 같이 진핵생물에서는 전사와 번역이 세포의 다른 칸들에서 일어나는 데 비하여 원핵생물에서는 전사와 번역이 동일한 곳에서 이루어진다(그림 19.18).

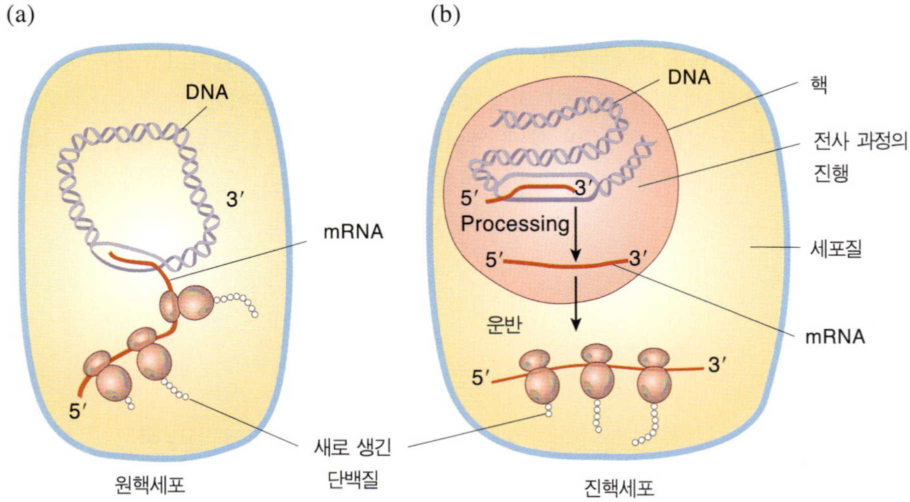

그림 19.18 | 원핵세포와 진핵세포에서의 전사와 번역: 전사와 번역은 원핵생물에서는 밀접하게 짝지어져 있으나 진핵생물에서는 전사와 번역이 공간적으로 그리고 시간적으로 분리되어 있음. (a) 원핵생물에서는 일차 전사물이 mRNA로서의 역할을 하며 직접 단백질 합성을 위한 주형으로 이용됨. (b) 진핵생물에서는 mRNA 선구체는 세포액으로 운반되기 전에 핵에서 가공되고 이어 맞추어짐.

실제로, 세균의 mRNA의 번역은 전사물이 합성되고 있는 동안에 시작된다. 전사와 번역의 공간적 및 시간적 분리는 진핵생물로 하여금 유전자 발현을 훨씬 더 복잡한 방법으로 조절할 수 있게 한다.

원핵생물과 진핵생물 사이의 두 번째 주요한 차이는, 진핵생물은 mRNA가 되기로 결정되어 있는 새로 생긴 RNA를 매우 광범위하게 가공한다는 것이다. 일차 전사물(RNA 중합효소 작용의 생성물)은 그 5′ 말단에는 캡(cap)을, 그리고 그 3′ 말단에는 폴리 A 꼬리를 가진다. 가장 중요한 것은 고등 진핵생물에서의 거의 모든 mRNA 선구체들은 이어맞추기(splicing) 가공을 한다는 것이다. 인트론들은 일차 전사물로부터 정확하게 절제되어서 연속된 전령을 가진 성숙한 mRNA를 형성시킨다(인트론과 이어맞추기에 관해서는 18.14절에서 자세히 기술되었다). 어떤 mRNA들은 30 kDa 또는 그 이상으로 큰 선구체들 크기의 십분의 일이다.

또 하나 진핵생물 유전자 발현의 주목할 만한 특징은 대부분의 전사물이 핵 안에서 분해된다는 것이다. mRNA는 **이형 핵 RNA (heterogeneous nuclear RNA, hnRNA)** 라고 하는 선구체들에서 얻어진다. 그러나 hnRNA 분자들의 약 20%만이 mRNA로 전환된다. 나머지는 그들이 형성된 지 수분 후에 핵산가수분해효소들에 의해서 가수분해된다.

19.16 유전병의 원인

19.16.1 손상된 DNA

DNA는 우리들이 살고 있는 주위의 환경인자에 의해 손상을 입는 수가 많다. 방사선, 자외선 등의 물리적인 인자와 식품, 담배 중에 존재하는 화학 물질, 바이러스 등에 의해서도 DNA는 손상을 입는다. 손상을 입은 DNA라는 것은 DNA 염기 배열이 정상적인 것과 다른 DNA 배열을 가지고 있는 것을 말한다. 예를 들면, 색소성 결핍증 환자는 피부암에 걸리기 쉽다. 그 이유는 자외선에 의해 손상된 DNA의 상처를 수복하는 효소에 이상이 있어서 손상된 DNA 구조를 수리하여 복원시키는 능력이 없기 때문이다. 즉, 이 효소의 이상은 자외선에 의한 DNA 손상이 그 원인이다.

> **색소성 결핍증 (albinism)**
> 멜라닌 세포에서의 멜라닌 합성이 결핍되는 선천성 유전 질환으로, 피부, 털, 눈에서 모두 증상이 나타나는 눈 피부 백색증과 눈에서만 증상이 나타나는 눈 백색증으로 나뉨.

19.16.2 단백질 구조의 이상

헤모글로빈의 β 글로빈 사슬의 여섯 번째 아미노산인 글루탐산을 코드하는 DNA 염기

겸상적혈구 (sickle-cell anemia) 혈색소의 구조에 이상이 있는 것으로, 용해성이 낮고 산소 장력의 저하에 따라 혈색소 분자의 축합이 일어나, 적혈구가 낫 모양으로 변형됨. 겸상적혈구는 파괴되기 쉬우며, 집합하여 혈관에 혈전(血栓) 증이 나타나기 쉽다. 이에 따라 각종 장기나 조직에 순환장애가 발생함.

배열은 GAG이다. 그러나 이것이 발린을 코드하는 DNA 염기 배열 GTG로 변하였기 때문에 겸상적혈구 빈혈 환자가 된 것이다. 불과 1개의 DNA 염기 A가 T로 바뀌는 것으로 적혈구 내의 β 글로빈 사슬의 모양이 정상과 현저히 달라진 것이다. 이로 인해 헤모글로빈이 정상의 기능을 발휘할 수 없을 뿐만 아니라 적혈구의 모양도 변화시키므로 지라(비장)에서 적혈구의 분해가 빨리 진행되어 빈혈을 일으킨다.

연습 문제

1. 코돈의 정의는 무엇이며, 개시 코돈과 종결 코돈을 예를 들어 설명하고 각각의 역할은 무엇인지 설명하시오.

2. 한 아미노산의 아미노기와 또 하나의 아미노산의 카복실기 사이의 펩타이드 결합의 형성은 열역학적으로 불안정하다. 어떻게 하면 이런 열역학적 불안정을 줄일 수 있는지 설명하시오.

3. 다음과 같은 mRNA의 염기 결합 순서에 의해서 어떠한 아미노산들이 합성되는지 설명하시오.

(1) 5′-UUGCCUAGU …… GAUUGGAUG-3′

(2) 5′-CGCGAACGC …… UACGAAAUG-3′

4. 다음과 같은 배열의 DNA로부터 어떠한 mRNA가 합성되겠는지 설명하시오.

5′-ATCGTACCGTTA-3′

5. tRNA 분자들은 많은 부분이 공통의 구조를 가지고 있는데, 그 이유는 무엇인지 서술하시오.

6. RNA는 알칼리에 의해 쉽게 가수분해되지만 DNA는 그렇지 못하다. 그 이유는 무엇인지 설명하시오.

7. 단백질이 합성되는 과정을 각 단계별로 나누어서 상세히 설명하시오.

8. 단백질 합성에서 펩타이드 결합을 형성할 때, 충실성이 A 자리에 올바른 아미노아실-tRNA를 가지느냐에 따라 결정되는 이유는 무엇인지 설명하시오.

9. 진핵세포와 원핵세포 비교 시, 세포 내 전사와 번역 과정에는 어떤 차이가 있는지 설명하시오.

10. 색소성 결핍증 환자의 경우 피부암에 걸릴 확률이 일반 사람보다 높다. 그 이유는 무엇인지 서술하시오.

20 핵산 기반 생물공학 기술

학습 목표
- DNA 클로닝을 이해한다.
- 유전자에서 유전체 연구의 발달을 이해한다.
- 단백질체 연구의 필요성을 이해한다.

주요 용어
- DNA 클로닝, 클로닝벡터, 재조합 DNA 기술, DNA 라이브러리, 자리바꿈 돌연변이, 중합효소 연쇄 반응, 제한 조각 길이 다형성, 이차원 전기영동, 단백질 칩

생화학 연구는 유전학, 생물학, 화학, 물리 등의 분야를 통해 큰 염색체에서 작은 DNA의 위치를 정하고 그것을 분리 · 정제하는 기술로 발전되어 왔다.

DNA 클로닝(DNA cloning) 기술은 세포와 개체 전체의 유전자와 단백질을 연구하는 학문인 유전체학(genomics)과 단백질체학(proteomics)이라는 최첨단 분야의 길을 열어 주었다. 이러한 새로운 방법은 기초 연구, 농업, 의학, 생태학, 법의학 및 기타 많은 분야 등에 변화를 야기시켰다. 20장에서는 DNA 클로닝의 기초적인 생화학적 원리의 개요를 살펴보고 유전체학과 단백질체학이라는 기술의 응용 범위와 잠재력에 대하여 설명하고자 한다.

20.1 DNA 클로닝

> **클론**(clone)
> 무성적 생식에 의해 태어난 유전자형을 같이 하는 생물집단. 개체, 세포, 유전자를 가리키는 3가지에 걸쳐 사용하고 있는 용어이지만 어느 경우나 동일한 1개에서 기원한 복사같은 균일한 생물적 집단을 의미함.

클론(clone)이란 동일한 복제물을 말한다. 이 용어는 원래 하나의 세포를 분리하고 그것을 증식시켜 연구를 위한 동일한 세포 집단을 만들어 내는 데 적용하였었다. **DNA 클로닝(DNA cloning)**은 큰 염색체로부터 특정한 유전자를 분리하여 작은 운반체 DNA 분자에 붙여 그것을 세포에 넣은 후, 세포를 증식하여 각 세포 내에서 클로닝된 DNA의 수를 증가시키는 방법으로 수천 내지 수백만 배 복제하는 기술이다. 이 결과 특정한 유전자는 선택적으로 증폭이 된다. 생물체로부터 DNA 클로닝을 수행하기 위해서는 다음과 같은 다섯 단계 과정을 거쳐야 한다(그림 20.1).

그림 20.1 | DNA 클로닝 과정

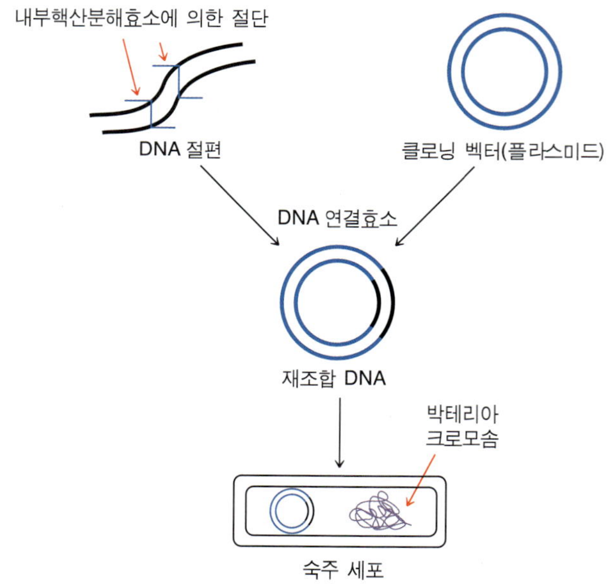

> **플라스미드**(plasmid)
> 세균의 세포 내에 염색체와는 별개로 존재하면서 독자적으로 증식할 수 있는 DNA로, 고리 모양을 띠고 있으며 세균의 생존에 필수적인 유전자는 아님. 유전공학에서는 세균내 플라스미드를 세포 밖으로 빼내고 제한효소로 끊은 뒤, 필요로 하는 유전자를 삽입하여 이를 다시 세균에 넣어 배양하는 유전자 재조합 기술을 사용함.

1) 정확한 위치에서 DNA 절단. 염기 서열에 특이적인 내부핵산분해효소(endonuclease)로 절단한다.
2) 자기 자신을 복제할 수 있는 작은 DNA 분자를 선택한다. 이러한 DNA를 **클로닝 벡터(cloning vector)**라고 한다. 이것은 전형적으로 **플라스미드(plasmid)** 또는 **바이러스**의 DNA이다.
3) 두 DNA 조각을 **DNA 연결효소(DNA ligase)**를 이용하여 공유 결합으로 연결시킨다. 이렇게 두 가지 이상의 재료에서 유래된 DNA 조각들이 공유 결합으로 연결된 형태의 DNA 분자를 **재조합 DNA(recombinant DNA)**라고 한다.
4) DNA 증폭을 위해 **숙주 세포(host cell)**에 재조합 DNA를 넣는다.
5) 재조합 DNA가 들어 있는 숙주 세포를 선택 또는 확인한다.

이러한 일을 수행하는 데 이용되는 방법과 그와 연관된 작업들을 총괄하여 **재조합 DNA 기술(recombinant DNA techniques)** 또는 **유전공학(genetic engineering)**이라고 한다.

20.1.1 제한 내부핵산분해효소와 DNA 연결효소는 재조합 DNA 제작을 가능하게 한다

수십 년 간의 핵산 대사 과정에 대한 연구 덕분에 현재 이용가능해진 효소들은 **재조합 DNA 기술**에 특히 중요하다. 특히 두 종류의 효소가 재조합 DNA 분자의 제작과 증식을 위한 일반적인 과정에 핵심적인 역할을 한다. 첫째는 **제한 내부핵산분해효소(restricted endonuclease)**로 특정한 DNA 서열을 절단하여 더 작은 조각으로 만들어 낸다. 클로닝되는 DNA 조각을 적당한 클로닝 벡터와 연결시킬 수 있다. 이렇게 해서 만들어지는 재조합 벡터는 숙주 세포로 도입되며, 여기서 세포가 여러 세대에 걸쳐 세포 분열을 하는 과정에서 그 조각도 함께 증폭된다.

제한 내부핵산분해효소
(restricted endonuclease)
DNA의 특정한 염기 배열을 식별하고 이중 사슬을 절단하는 내부핵산분해효소로서 유전공학에서 재조합 DNA를 만들기 위해서 사용하는 특수한 효소

일부 제한 내부핵산분해효소에 의하여 인지되는 몇 개의 서열들이 표 20.1에 나타나 있다. 몇몇 경우에서 제한 내부핵산분해효소와 그것의 표적서열간의 상호작용이 분자 수준에서 상세하게 인지하는 표적서열로 구성된 복합체가 그림 20.2에 설명되어 있다.

표 20.1 제한 내부핵산분해효소가 인지하는 서열들의 예

<table>
<tr><td>Bam HI</td><td>↓ *
(5′) G G A T C C (3′)
C C T A G G
* ↑</td><td>Hind III</td><td>↓
(5′) A A G C T T (3′)
T T C G A A
↑</td></tr>
<tr><td>Cla I</td><td>↓ *
(5′) A T C G T (3′)
T A G C T A
* ↑</td><td>Not I</td><td>↓
(5′) G C G G C C G C (3′)
C G C C G G C G
↑</td></tr>
<tr><td>EcoR I</td><td>↓ *
(5′) G A A T T C (3′)
C T T A A G
* ↑</td><td>Pst I</td><td>* ↓
(5′) C T G C A G (3′)
G A C G T C
↑ *</td></tr>
<tr><td>Eco RV</td><td>↓
(5′) G A T A T C (3′)
C T A T A G
↑</td><td>Pvu II</td><td>↓
(5′) C A G C T G (3′)
G T C G A C
↑</td></tr>
<tr><td>Hae III</td><td>↓ *
(5′) G G C C (3′)
C C G G
* ↑</td><td>Tth 111I</td><td>↓
(5′) G A C N N N G T C (3′)
C T G N N N C A C
↑</td></tr>
</table>

일부 제한 내부핵산분해효소는 두 개의 DNA 가닥 상에서 절단면을 형성하는데 그 결과 각 DNA 가닥의 끝 부위에는 두 개 내지 네 개의 염기가 쌍을 이루지 못한 채로 남겨지게 된다. 이들은 서로 간에 또는 다른 DNA 조각의 상보적인 끈끈한 단면과 염기쌍을 이룰 수 있기 때문에 이것을 **점착성 말단(sticky end)**이라고 한다(그림 20.2a). 또 다른 제한 내부핵산분해효소는 마주보는 인산다이에스터 결합에서 DNA의 쌍가닥을 절단하여 양쪽 끝 모두 염기쌍을 이루지 못한 염기가 없게 된 상태로 남겨지게 되는데, 이것을 **평활**

말단(blunt end)이라고 한다(그림 20.2b).

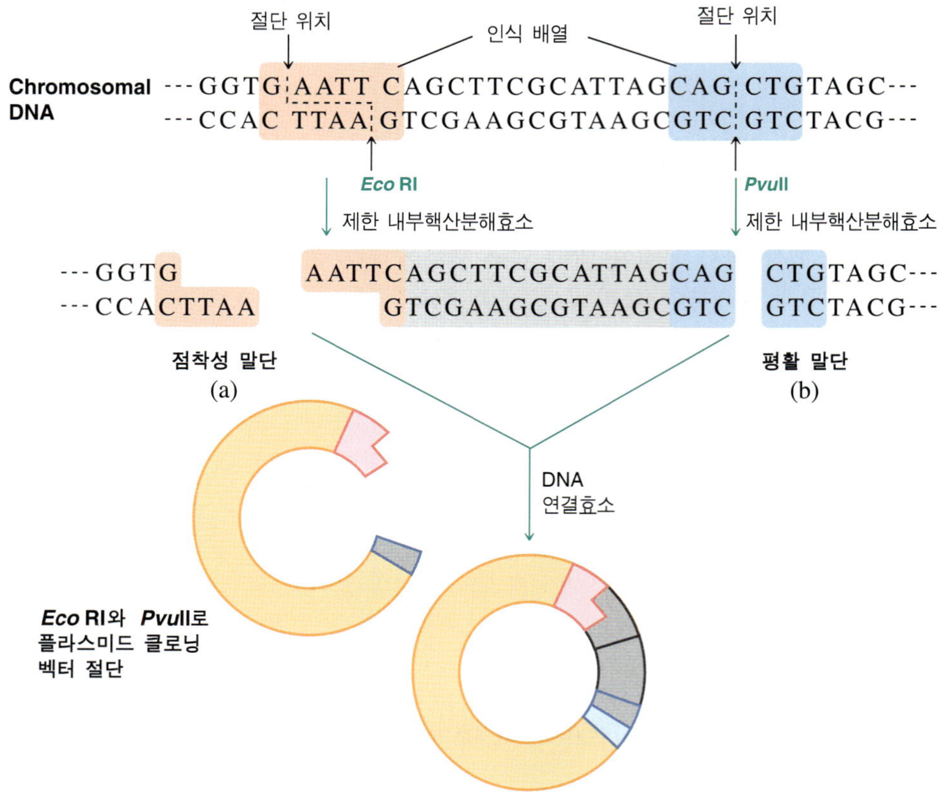

그림 20.2 | (a) 점착성 말단, (b) 평활 말단

20.1.2 클로닝 벡터는 삽입된 DNA 조각을 증폭시킨다

> **클로닝 벡터(cloning vector)** 목적인 DNA를 삽입하여 대장균 등에서 증폭, 유지하기 위한 매개체. 유전체 DNA 라이브러리 제작용, cDNA 라이브러리 제작용이 있음.

숙주 세포에 클로닝할 수 있는 형태로 재조합 DNA를 전달하고 그것을 증폭시키기 위하여, 일반적으로 대장균을 사용하는 플라스미드가 클로닝 벡터로 사용된다.

일반적인 방법은 숙주 세포가 특정한 조건에서 성장하는 데 필요로 하는 유전자를 플라스미드에 포함시키는 것이다. 즉, 항생제가 함유된 조건에서 선택적 항생제 내성을 나타낼 수 있는 재조합 플라스미드에 의하여 형질전환이 된 세포만이 항생제가 존재하는 조건에서 성장할 수 있도록 하는 것이다. 그러한 유전자를 선택적 표지자(selectable marker)라고 한다. 자연에서 발견되는 플라스미드를 변형시킴으로써 클로닝에 적합한 많은 다양한 플라스미드 벡터가 개발되었다. 대장균 플라스미드인 pBR322는 유용한 클로닝 벡터로서 좋은 특징을 보여 준다(그림 20.3).

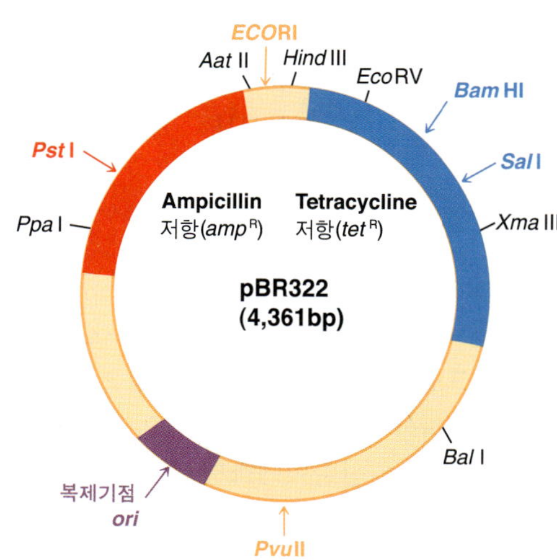

그림 20.3 | *E.coli* 플라스미드 pBR322

1) pBR322는 세포 내 효소에 의하여 복제가 개시되는 복제기점 ori를 가지고 있다. 이는 플라스미드가 증식하고 세포 내에서 10~20개 정도로 복제되는 수준을 유지하는 데 필요하다.
2) 서로 다른 항생제에 저항성을 가지는 두 개의 유전자가 수정되지 않은 플라스미드를 가진 세포와 재조합된 플라스미드를 가지는 세포를 구별할 수 있도록 해 준다.
3) 여러 가지 제한 내부핵산분해효소의 특정한 인지 서열의 다양성은 플라스미드가 외래 DNA를 삽입하기 위하여 나중에 절단될 수 있는 부위를 제공한다.
4) 전체적으로 작은 크기(4,361 염기쌍)이기 때문에 플라스미드의 세포내 도입과 DNA의 생화학적 조작이 용이하다(그림 20.4).

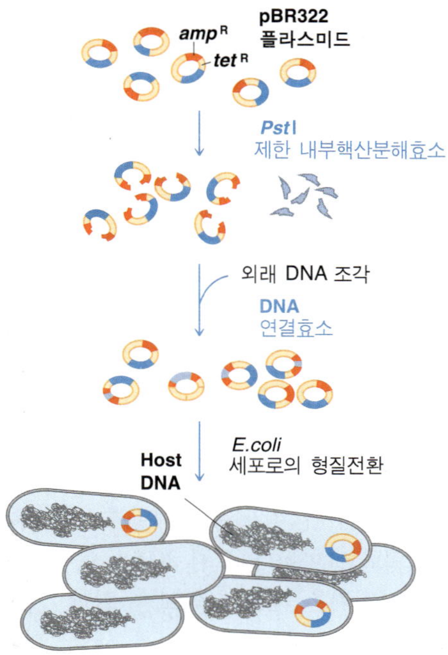

그림 20.4 | pBR322를 이용한 숙주세포 성장

플라스미드의 크기가 증가할수록 정제된 DNA로 전형적인 세균 세포를 형질전환하는 것이 힘들다. 따라서 플라스미드를 벡터로 사용할 때 DNA 조각이 15,000 염기쌍 이상으로 길어지면 클로닝하기가 어려워진다.

20.1.3 특정한 DNA 서열은 혼성법(hybridization)에 의하여 확인된다

DNA 혼성법(DNA hybridization)은 특정한 유전자 또는 핵산의 조각을 검출하기 위한 가장 일반적으로 쓰이는 서열 기반 기술이다. 기본적인 방법이 매우 다양하지만 대부분 탐침자(probe)를 사용한다. 탐침자는 찾고자 하는 DNA에 상보적인 DNA 또는 RNA 조각으로서 방사성 동위 원소 등으로 표지하여 사용한다. DNA 라이브러리 내의 특정한 DNA 서열을 검출하는 데 이용되는 고전적인 방법에서는 서로 다른 재조합 DNA가 포함된 라이브러리로부터 얻어진 세포 집락이 있는 한천판에 나이트로셀룰로스 종이를 눌러 놓으면 이 종이에 각 집락의 일부 세포가 붙기 때문에 한천판과 똑같은 하나의 복제물이 생기게 된다. 이 종이에 알칼리를 처리하여 세포를 파괴하고, 그 안에 있던 DNA를 변성시키면 DNA는 그것이 있었던 집락 주위의 종이에 붙어 있는 상태로 남겨지게 된다. 그런 다음 방사능을 띤 DNA 탐침을 첨가하면 그것과 서로 상보적인 DNA에만 결합된다. 결합되지 않은 탐침 DNA를 씻어내고 부합화된 DNA는 자가방사기록법(autoradiography)으로 확인할 수 있다(그림 20.5).

자가방사기록법
(autoradiography)
방사선이 사진유제를 감광시키는 작용을 이용한 방사선계측법의 하나. 일반적으로는 방사성 물질을 함유하는 시료의 표면을 평탄하게 해서 이것을 사진유제와 밀착시켜 적당한 시간 동안 노출시킨 후 현상하면 사진상을 얻을 수 있음. 이것을 자가방사기록법이라고 하며 이것에는 마이크로자가방사기록법, 전자현미경적 자가방사기록법 등이 있음.

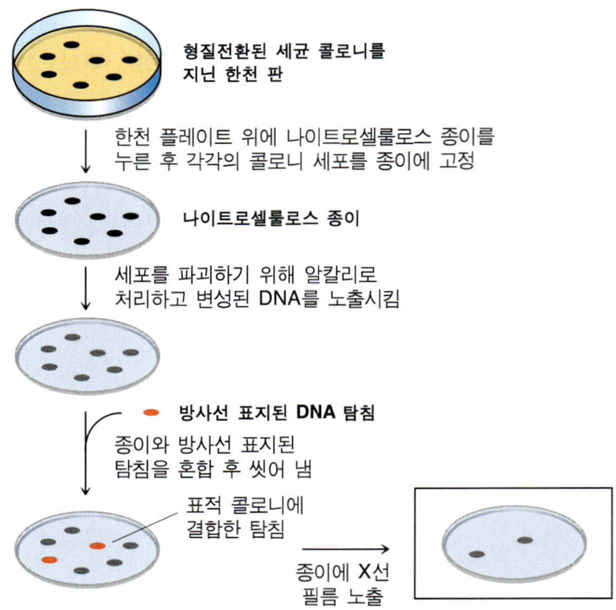

그림 20.5 | **혼성화를 이용한 특정 DNA 조각을 가진 클론 확인 방법**

20.1.4 클로닝된 유전자는 다량의 단백질로 발현하게 된다

> **발현 벡터** (expression vector)
> 벡터에 삽입된 외래유전자가 숙주 생물 내에서 발현되도록 만들어진 클로닝 벡터. 특정 유전자를 숙주의 유전발현체계에서 발현시키도록 프로모터, SD 서열, 클로닝 부위 등을 적절하게 배열한 벡터

클로닝된 유전자를 발현시키는 데 필요한 전사(transcription)와 번역(translation)의 신호를 가진 클로닝 벡터를 흔히 **발현 벡터**(**expression vector**)라고 한다. 일반적으로는 특성이 잘 규명된 촉진자(promoter)와 조절 효소(regulatory enzyme)를 클로닝하는 데 필요한 몇 가지 제한효소의 근처에 위치시킴으로써 제한효소가 작용하는 부분에 삽입되는 유전자는 조절 촉진자의 영향으로 발현된다(그림 20.6). 이런 벡터의 일부는 그 유전자에서 유래한 mRNA의 발현을 증가시키는 세균성 리보솜 결합 부위나 전사 종결 서열과 같은 다른 특징을 가지고 있는 경우도 있다. 세균과 다른 세포들에서 클로닝된 유전자의 과도한 발현은 많은 양의 특정한 단백질을 제공해 줌으로써 연구자의 일을 보다 단순화시켜 주거나 산업용으로 대량 생산물을 제공하기도 한다.

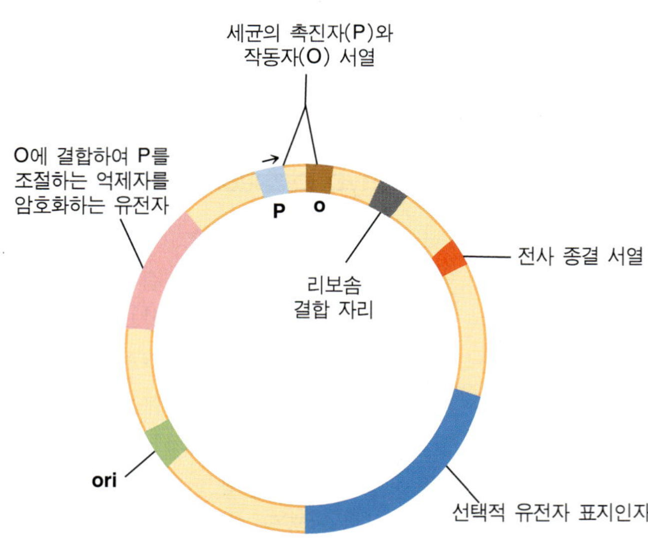

그림 20.6 | **일반적인 대장균 발현 벡터에서 나타나는 DNA 서열의 형태**

20.1.5 클로닝된 유전자의 변화는 수정된 단백질을 만들어낸다

클로닝 기술은 단백질을 대량 생산할 뿐만 아니라 그들의 원래 형태에서 특정 형질을 정

밀하게 변화시킨 단백질 산물을 만들어내는 데 이용될 수 있다. 특정한 아미노산들은 **자리바꿈 돌연변이(site-directed mutagenesis)** 기술을 이용하여 각각 치환될 수 있다. 단백질의 구조와 기능을 연구하는 이 기술은 클로닝된 유전자의 DNA 서열을 변화시킴으로써 아미노산 서열을 바꾸는 방법이다. 만약 적절한 제한효소 부위가 바꾸고자 하는 서열 양옆에 있다면, 일부 DNA 조각을 제거한 후 원하는 변화 부분을 제외하고는 원래와 동일한 배열 합성 DNA 조각을 삽입함으로써 간단히 변화시킬 수 있다(그림 20.7a). 적당한 위치에 제한효소 부위가 없을 때는 뉴클레오타이드 바꿈 돌연변이(oligonucleotide-directed mutagenesis)라는 방법을 특정한 DNA 서열의 변화를 일으키는 데 사용할 수 있다(그림 20.7b). 이 방법은 특정한 염기의 변화가 있는 짧은 DNA 가닥을 적당한 벡터 내에 클로닝된 유전자의 외가닥에 결합시킨다.

자리바꿈 돌연변이(site-directed mutagenesis)
유전자 상의 특정한 위치에 존재하는 염기를 변화시켜 인위적으로 돌연변이를 유발하는 방법. 변이시킨 유전자 산물의 발현, 기능을 연구할 목적으로 많이 이용

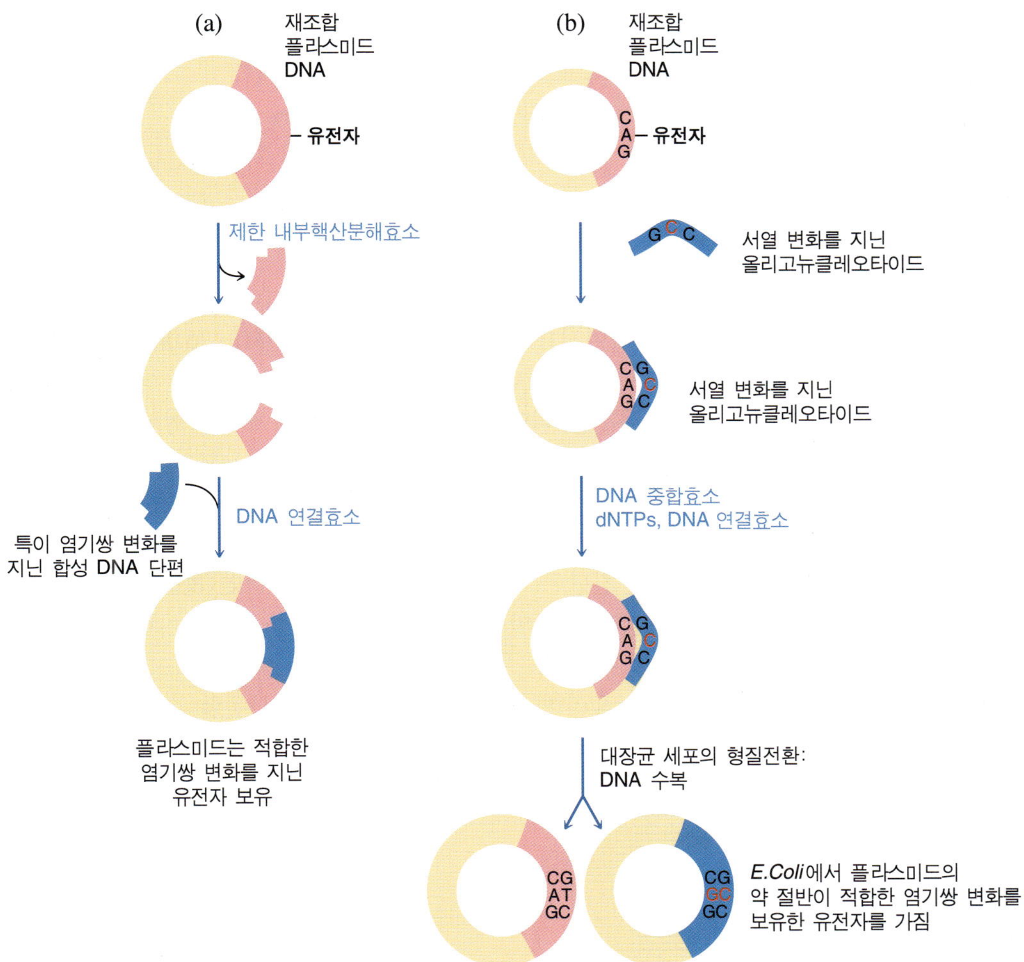

그림 20.7 | **부위 특이적인 돌연변이 유발에 대한 두 가지 접근법**

자리바꿈 돌연변이는 단백질의 일차 구조에 특이적인 변화가 단백질 접힘, 삼차원 구조 및 활성 등에 미치는 영향을 연구할 수 있도록 하여 단백질 연구를 획기적으로 촉진시켰다. 이러한 방법들은 극심한 온도, pH 변화 또는 유기 용매와 같은 극한 환경에서도 기능을 가지는 단백질을 만들 수 있도록 하여 상업적으로 이용되고 있다.

20.1.6 친화력 정제를 위하여 말단 tag는 결합 자리를 가진다

친화력 크로마토그래피(affinity chromatography)는 단백질 정제를 위하여 효과적인 방법 중 하나이다. 많은 경우 단백질은 리간드를 모르기 때문에 크로마토그래피 상에 고정시킬

수 없다. 특정 리간드에 대한 친화성을 가지는 융합 단백질의 사용은 친화력 크로마토그래피에서 거의 모든 단백질의 정제를 가능하게 만든다.

표적 단백질의 유전자에 높은 친화력과 특이성을 가진 리간드가 결합할 수 있도록 펩타이드의 유전자를 융합시킨다. 이러한 목적을 위해, 아미노 말단이나 카복시 말단에 붙이는 것을 **말단 꼬리(end tag)** 또는 간단하게 **꼬리(tag)**라고 한다. 몇몇 단백질이나 펩타이드가 일반적으로 사용하는 꼬리의 종류가 표 20.2에 리간드와 함께 정리되어 있다.

표 20.2 주로 쓰이는 단백질 태그들

Tag 단백질/펩타이드	분자량(kDa)	고정 리간드
Protein A	59	Fc portion of IgG
$(His)_6$	0.8	Ni^{2+}
Glutathione-S-transferase(GST)	26	Glutatione
Maltose-binding protein	41	Maltose
β-Galactosidase	116	*p*-Aminophenyl-β-D-thiogalactoside(TPEG)
Chitin-binding domain	5.7	Chitin

글루타싸이온 S-전달효소
(glutathione S-transferase)
GST로 약기. 여러 화합물에 대하여 싸이오에스터 결합을 통한 글루타싸이온 복합체 형성을 촉매하는 효소의 총칭. 생체 내에서는 여러 가지 세포 독성물질의 무독화 작용이나 산화적 피해로부터의 세포방어 또는 지질, 헴, 스테로이드 등 광범위한 소수성, 양친매성 물질의 운반에 관여함.

히스티딘 꼬리 (histidine tag)
유전자 재조합으로 단백질의 말단에 6개의 히스티딘(Tag)을 부가한 단백질을 만들면, Ni 킬레이트 수지에 의해 히스티딘의 부분을 흡착할 수 있으므로 다른 흡착단백질로부터 목적단백질만을 정제할 수 있음.

일반적으로 사용되는 꼬리는 **글루타싸이온 S-전달효소(GST)**이다. GST는 글루타싸이온(glutathione) 분자에 단단하고 특이적으로 결합하는 작은 효소(M_r 26,000)이다. 만약 GST 유전자 서열이 표적 유전자에 융합되면, 융합 단백질은 글루타싸이온에 결합할 수 있는 능력을 얻는다. 융합 단백질은 박테리아나 다른 숙주 생물체에서 발현되며, 원래 모습 상태로 추출할 수 있다.

이 방법을 통하여 융합 단백질은 좋은 수율과 높은 순도를 가지고 정제될 수 있다. 대량 생산 시스템에서 정제된 융합 단백질로부터 꼬리는 떼어내어 제거될 수 있다.

또 다른 널리 알려진 여섯 개의 간단한 서열을 가지는 짧은 꼬리인 **히스티딘 꼬리(His tag)**는 니켈 이온과 강하게 결합한다. 크로마토그래피상에 Ni^{2+}를 고정시키면 일차 추출물에서 His tag 단백질을 분리해낼 수 있다.

꼬리 기술은 강력하고 편리한 기술이며, 연구에서 성공적으로 사용할 수 있는 기술이다. 그러나 실험에서 꼬리가 달린 단백질을 사용할 때는 단백질의 성질에 영향을 줄 수 있으므로 주의해야 한다.

20.2 유전체학

유전체학(genomics)은 세포 수준에서 DNA를 연구하는, 즉 개개의 유전자에서 한 개체의 전체 유전적 성분(유전체)을 연구하는 것이다. 유전체 데이터베이스의 증가량은 급성장하고 있으며 염기 서열 분석은 현대 생물학에 정보 자원의 공급과 함께 20세기에는 꿈도 꾸지 못했던 방향으로 나아가고 있다. 지금부터는 이러한 진보를 가져다주는 여러 가지 기술들에 대하여 살펴보기로 한다.

20.2.1 DNA 라이브러리는 유전 정보에 대한 특별한 목록을 제공한다

DNA 라이브러리는 염기 서열 분석, 유전자 발굴, 또는 유전자 기능 연구 등을 위하여 DNA 시료를 포함한 DNA 클론의 산물이다. DNA 라이브러리는 DNA의 유래에 따라 다양한 형태로 얻어질 수 있다. 가장 일반적인 것이 **유전체 라이브러리(genomic library)**이다. 이것은 특정한 생물체의 유전체 전체를 수천 개의 조각으로 절단하여 모든 조각을 클로닝 벡터에 삽입하여 클론을 만든다.

특정 개체 또는 그 개체에서 유래한 어떤 세포에서의 mRNA를 우선 추출하고 역전사효소(reverse transcriptase)로 여러 단계 반응을 거쳐서 **상보 DNA(complementary DNA, cDNA)**를 만들어낸다(그림 20.8). 그 결과 나온 쌍가닥의 DNA 조각들을 적당한 벡터에 삽입하고 클로닝하여 **cDNA 라이브러리(cDNA library)**라고 하는 클론의 집단을 생성한다. 특정한 유전자에 대한 검색은 그 유전자를 발현하는 세포의 mRNA에서 만들어진 cDNA 라이브러리에 집중함으로써 효율적으로 수행할 수 있다.

상보 DNA
(complenentary DNA, cDNA)
mRNA를 주형으로 역전사효소와 DNA 중합효소에 의하여 합성된 DNA. mRNA로부터 역전사된 DNA이므로 번역에 필요한 엑손만으로 이루어져 있음.

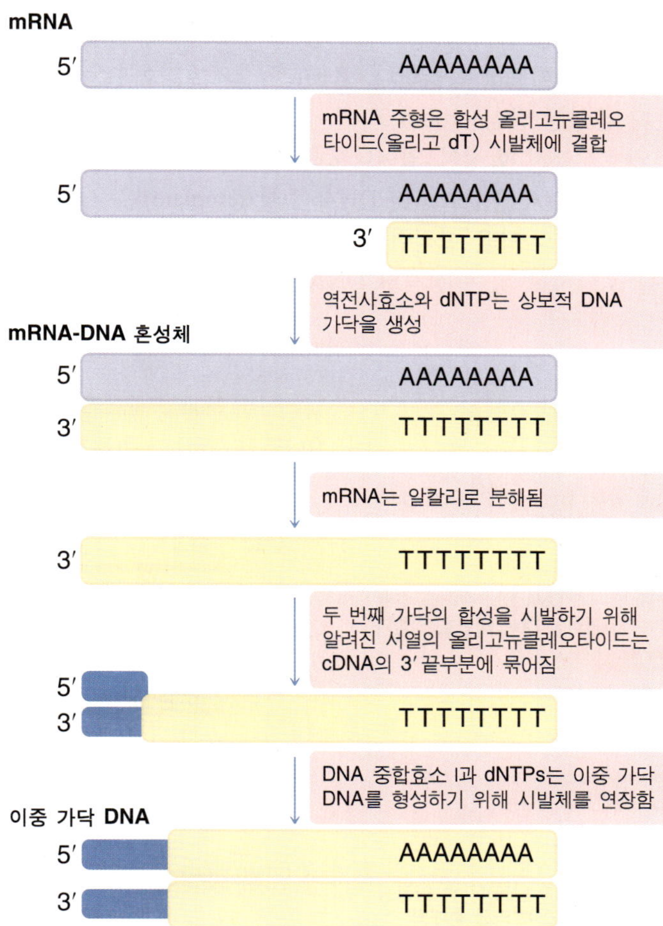

그림 20.8 | mRNA에서의 cDNA 라이브러리 구축

예를 들어, 글로빈 유전자의 경우 글로빈 mRNA 부호의 약 절반 정도를 함유하는 적혈구 전구세포로부터 cDNA 라이브러리를 만듦으로 효율적으로 클로닝할 수 있다. 거대한 유전체를 지도화하는 것을 도와주기 위하여 라이브러리 내의 cDNA는 무작위로 부분적인 염기 서열화가 되어 유용한 형태의 STS(sequenced tagged site)가 될 수 있는데, 이를 **발현서열 꼬리표(expressed sequence tag, EST)**라고 한다. 수십에서 수백 개의 염기쌍의 크기에 이르는 EST들은 좀 더 큰 유전체 지도에 위치할 수 있고 발현되는 유전자의 이정표를 제공한다. 수십만 개의 EST가 인간 유전체의 염기 서열 분석을 안내하기 위한 정교한 물리적인 지도가 이것들을 포함하고 있다.

20.2.2 중합효소 연쇄 반응은 특정한 DNA 서열을 증폭시킨다

모든 형태의 생명체의 유전체 염기 서열을 알기 위한 많은 노력의 결과로 인간 유전체지도 프로젝트는 유전자 서열 정보에 접근하는 아주 새로운 방법을 제공해 주고 있다. 유전체 염기 서열 분석(sequencing)을 위해 하나 또는 그 이상의 DNA 라이브러리 생성이 작업 중간 단계에서 필수적이지만, 일단 유전체 염기 서열 분석이 완료되면 라이브러리의 생성 없이도 쉽게 유전자의 클로닝이 가능하다. 클로닝하고자 하는 DNA 조각 서열의 일부라도 알고 있다면 1983년 Kary Mullis가 고안한 **중합효소 연쇄 반응(polymerase chain reaction, PCR)**을 이용하여 해당 DNA 조각을 엄청난 양으로 증폭할 수 있고 어떠한 시료에서도 DNA 한 분자 정도의 작은 양을 검출하고 증폭할 정도로 민감도가 아주 높다. 증폭된 DNA는 직접 클로닝하거나 다양한 분석법에 이용할 수 있다.

> **Kary Mullis**
> 1983년 시험관 내에서 특정 DNA 서열을 증폭하는 강력한 방법인 PCR법을 처음 고안하였고, 이 업적을 토대로 1993년 노벨화학상을 수상함.

PCR은 아주 간편한 방법이다. 증폭하기 위한 표지 DNA 조각의 끝에 그에 상보적인 두 개의 올리고뉴클레오타이드를 합성한다. 올리고뉴클레오타이드는 복제 시발체(primer)로 작용하게 되는데 혼성된 탐침(probe) 3′ 끝이 서로 마주보는 방향이 되도록 하여 원하는 DNA 조각을 가로질러서 합성이 일어나도록 복제 개시 위치를 정한다(그림 20.9a). 이와 같은 방법을 통해 DNA 중합효소는 DNA 주형(template)을 사용하여 데옥시리보뉴클레오타이드로부터 DNA 가닥을 합성한다.

증폭되는 조각을 포함하고 있는 정제된 DNA를 변성시키기 위하여 잠깐 열을 가하고,

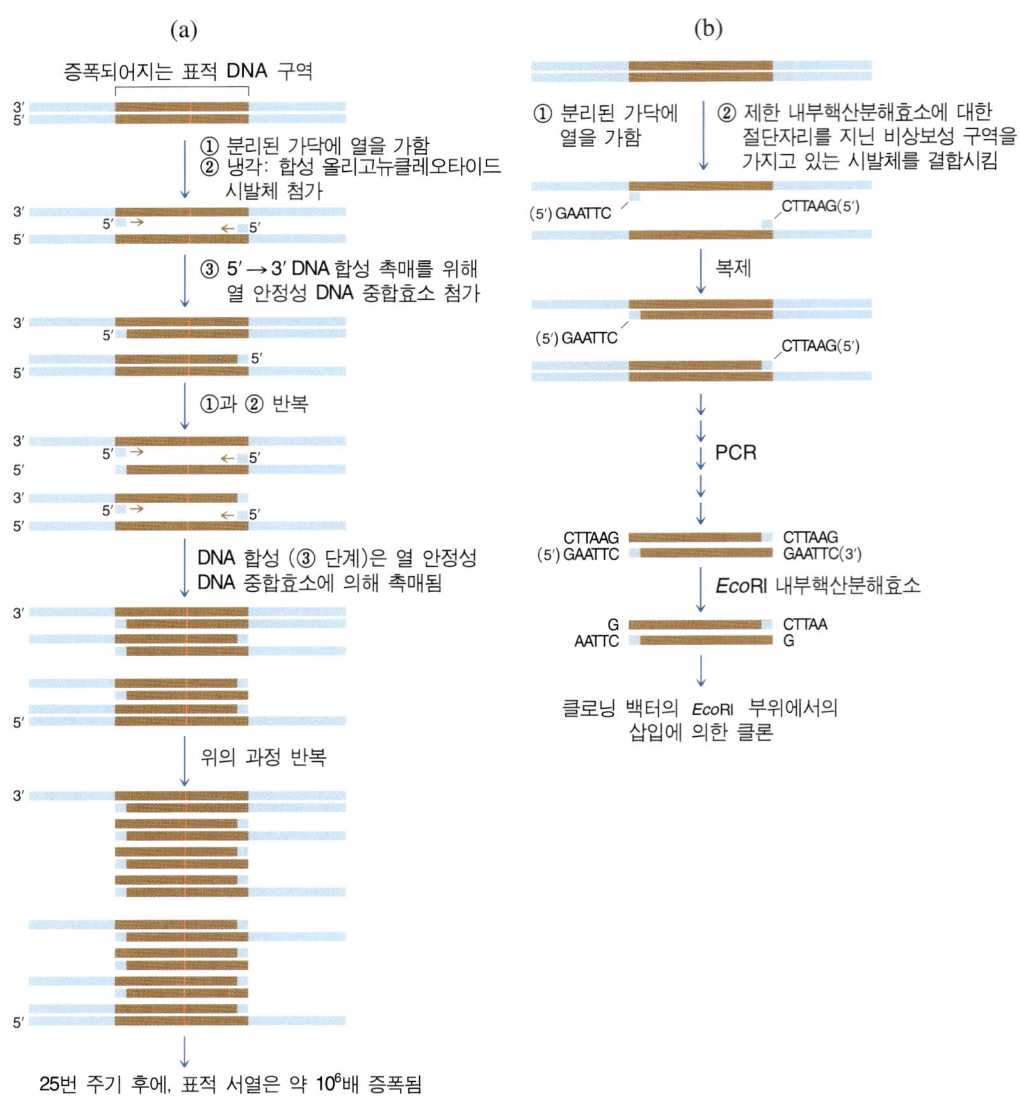

그림 20.9 | 중합효소 연쇄 반응을 이용한 특정 DNA 단편의 증폭 (a)와 (b) 방법

많은 양의 합성 올리고뉴클레오타이드 시발체가 존재하는 상태에서 냉각시킨다. 네 가지 삼인산 데옥시뉴클레오타이드를 넣어 준 이후에는 시발체가 붙어 있는 DNA가 선택적으로 복제가 된다. 가열, 아닐링(annealing), 그리고 복제 등의 순환을 자동화 과정으로 두세 시간 동안 25~30번 되풀이하여 시발체가 연장하는 DNA 조각을 증폭해서 분석이나 클로닝에 이용한다. PCR에서 이용되는 합성효소는 Taq 중합효소(90°C에서 생존하는 세균에서 유래)와 같이 열에 안정한 DNA 중합효소이다. 이 효소는 매번 열을 가하는 단계에서도 활성을 유지하므로 다시 보충할 필요가 없다. 제한 내부핵산분해효소의 절단 부위를 포함시키는 것과 같이 PCR에 사용되는 시발체를 신중하게 제작함으로써 PCR 후에 증폭한 DNA를 클로닝하는 작업을 손쉽게 할 수도 있다(그림 20.9b).

DNA가 시간이 지날수록 천천히 분해되기는 하지만 DNA는 40,000년이 지난 시료에서도 PCR을 통해서 성공적으로 클로닝할 수 있다. 이러한 기술은 맘모스와 같이 멸종된 동물에서 추출한 DNA 조각을 클로닝하는 데 이용되면서 분자고고학과 분자고생물학이라는 새로운 분야를 탄생시켰다. 질병역학자들은 인체 병원성 바이러스의 진화를 추적하기 위하여 현재까지 남아있는 인간의 조직에서 PCR에 의하여 증폭된 DNA를 이용할 수 있다. DNA를 클로닝하는 데 유용하게 이용된다는 점 외에도 PCR은 법의학에서도 사용되는 새로운 기술이다. 이것은 또한 증상을 일으키기 전에 바이러스 감염을 검출한다든지 여러 가지 유전병을 출생 전에 진단하는 데에도 이용되고 있다.

분자고생물학
(molecular archeology)
비교적 잘 보존된 화석에 잔류하는 단백질이나 탄화수소 등의 생명 관련 유기 화합물들을 분석하여 화석생물들의 계통유연관계나 진화 과정을 비롯한 생명 활동에 관한 연구를 하는 분야

콘티그 (contig)
염기 서열이 밝혀진 작은 DNA 조각. 이때 각 콘티그들과 동일한 염기 서열 부분을 함유해야 함.

BAC (박테리아 인공염색체, bacterial artificialchromosome)
대장균(*Escherichia coli*)의 F인자플라스미드를 single-copy로 갖는 인공염색체. 삽입할 수 있는 유전자의 크기는 최대 300만 염기쌍(300 kb) 이상이고, 평균은 약 12만5,000염기쌍(125 kb). BAC플라스미드는 박테리아 내에서 조제

20.2.3 유전체 서열은 궁극적인 유전학적 라이브러리를 제공한다

인간 유전체 약 30억 쌍의 염기 서열화는 인간 유전체 프로젝트(Human Genome project)를 통하여 1980년대 후반에 시작되었다. 미국, 영국, 일본, 프랑스, 중국, 독일 등 여섯 개국에 걸친 20개의 염기 서열 센터가 세워지고 초기에는 30억 쌍의 유전체를 염기 서열 분석하는 일이 매우 큰 일처럼 보였으나 기술의 발전에 의하여 완성되었다. 인간 유전체

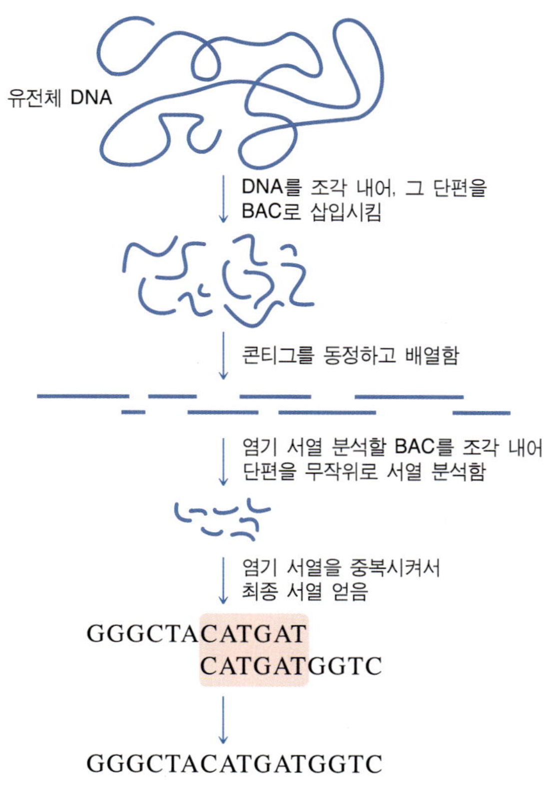

그림 20.10 | 인간 유전체 지도 작성 전략

서열의 완전한 분석 결과는 원래 계획보다 수년이 앞당겨진 2003년 4월에 출간되었다.

이런 발전은 14년간에 걸친 치밀하게 계획된 국제적인 노력의 산물로 연구팀은 초기에 각 염색체로부터 분리된 클론을 이용하여 정교한 인간 유전체의 물리적인 지도를 작성하거나 또는 긴 콘티그의 연속물을 구성하였다(그림 20.10). 각 콘티그는 매 100,000 염기쌍 또는 그 이하의 길이마다 STS의 형태로 이정표를 가지고 있다. 따라서 유전체는 국제 염기 서열 분석 센터 사이에 나누어지고 각 센터에서는 유전체의 특정한 부위에 대해 지도화된 BAC 또는 YAC 클론을 가지고 염기 서열 분석을 할 수 있었다. 각 클론은 100,000염기쌍 이상이고 최근 염기 서열 분석 기술은 단지 한번에 600~750 염기쌍만을 해결할 수밖에 없기 때문에 각 클론은 부분적으로 염기 서열이 분석되어야 했다. 염기 서열 분석법으로 숏건(산탄총) 방법을 사용했는데, 이는 주어진 클론은 무작위로 자동 염기 서열 분석기에 의하여 염기 서열을 분석한 후에 중복되는 부위를 컴퓨터에 의하여 찾아내어 전체 클론의 서열을 배열하는 방법이다.

서열이 분석된 DNA는 전 유전체를 포함하는 데이터베이스에 유용하게 축적되었다. 물리적 지도(physical map)의 구성은 매우 시간이 걸리는 작업이었는데, 이것의 발전 과정은 1990년대를 지나오면서 주요 저널에 실린 연간보고서에 나타나 있으며 결과적으로 거대한 유전체 지도가 자리 잡게 되었다.

인간 유전체 지도 작성 프로젝트는 21세기 생물학을 절정에 이르게 하고 새로운 세기를 위한 크게 변화된 과학적인 지평선을 약속해 준다. 인간의 유전체는 단지 그 전체의 일부분이며, 효모 Saccharomyces cerevisiae(1996년에 종료), 식물 Arabidopsis thaliana (2000), 생쥐 Mus musculus(2002), 소형어류(zebrafish), 그리고 수십 종의 박테리아와 원시박테리아를 포함하여 많은 다른 종들의 유전체의 서열이 분석 중이거나 분석되었다. 초기 이러한 시도는 대부분 실험실에서 흔히 사용되는 종류에 집중되었다. 그러나 기술이 계속 향상되고 1,200종 이상의 유전체 서열이 완성되었다. 유전자를 발굴하고자 하는 광범위한 노력, 새로운 단백질과 질환유전자의 동정, 그리고 많은 다른 시도들이 현재 진행 중이다(그림 20.11).

그림 20.11 | 유전체 서열 분석 연대표

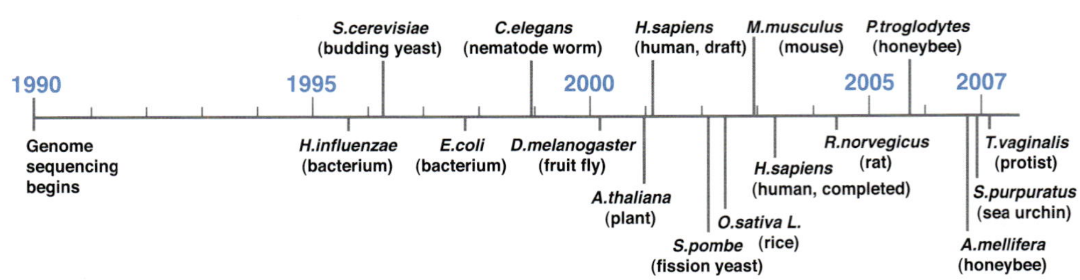

20.2.4 재조합 DNA 기술

전통적으로 범죄의 현장에서 범인을 식별하는 가장 정확한 방법 중의 하나가 지문이다. 재조합 DNA 기술을 기반으로 한 발전된 식별 기술이 **DNA 지문법(DNA fingerprinting, DNA 타이핑 또는 DNA 윤곽법이라고도 한다)**으로서 어떤 다른 방법보다 더 정확하다.

DNA 지문법은 염기 서열의 다형성(sequence polymorphism)에 기반을 둔다. 다형성은 개개인마다 평균적으로 500~1,000개 염색체마다 발생하는 약간의 서열 차이로서 보통 단 한 개의 염기쌍 변화이다. 공통적인 인간 유전체 염기 서열의 각 차이가 인간 개체군의 일부에서 나타나며 모든 개개인은 이들 중 일부를 가지고 있다. 일부 염기 서열 차이가 제한효소가 인지하는 부위에 영향을 주면 특정한 제한효소로 절단하였을 때 생기는 DNA조각의 크기에 개인과 개인 간의 차이가 나타나게 된다. 이러한 다형성을 **제한 조각 길이 다형성(restriction fragment length polymorphism; RFLP)**이라고 한다. 또한 서열 변화의 다른 종류, DNA 타이핑에서 현재 가장 일반적으로 사용되는 것은 짧은 연쇄 반복 염기 서열(STRs)이다.

더욱 민감한 DNA 지문법 방법들의 요구는 중합효소 연쇄 반응(PCR)과 STRs에 초점이 맞춰지게 되었다. STR 유전자는, 염색체에서 특별한 위치에 4bp 길이로 많은 횟수로 반복되는 짧은 DNA 서열이다. DNA 타이핑에 가장 유용한 염색체 내의 염색체좌는 4에서 50 반복되는 길이(16에서 200 총 염기쌍 테트라뉴클레오타이드 반복들)로 매우 짧고, 다양한 길이 변형을 가지고 있다. 20,000개 이상의 테트라뉴클레오타이드 STR 유전체좌는 인간 유전체에서 각 개인별 특정화되고, 모든 형태의 100만 STRs 이상은 인간 유전체에서 모든 인간 DNA의 약 3%에 해당한다.

측면의 STRs DNA 서열들은 STR의 서로 다른 형태에 유일하고 모든 인간들에서 개별적이다(아주 드문 변이를 제외하고). PCR 프라이머들은 이 측면 DNA에 표적되어졌고, 교차된 STR DNA 증폭을 위하여 디자인되어졌다(그림 20.12). PCR 산물의 길이는 그 시료 안의 STR의 길이를 반영한다. 각각의 인간은 각자의 부모로부터 하나의 염색체를 물려받기 때문에, 한 개체로부터 두 개의 신호들이 발생하면서 두 개의 염색체들의 STR길이는 자주 다르게 된다. PCR 증폭은 연구자들이 하나의 모공, 피 한 방울, 침대시트 적은 정액 샘플 또는 한달 또는 많은 세월이 흐른 샘플의 양인, 1ng보다 적은 부분적으로 파괴된 DNA로부터 DNA 지문법을 얻을 수 있도록 한다.

STR (short tandem repeat)
STR 좌위는 상염색체 상에 존재하며 2~4개의 염기가 반복되는 특성을 갖음. 이 부위는 다형성을 갖기 때문에 개인식별에 이용될 수 있음. 부자관계를 증명, 친형제 관계 여부 증명, 성범죄에서 남성의 유전자형만 검출해야하는 경우 등에 사용할 수 있음.

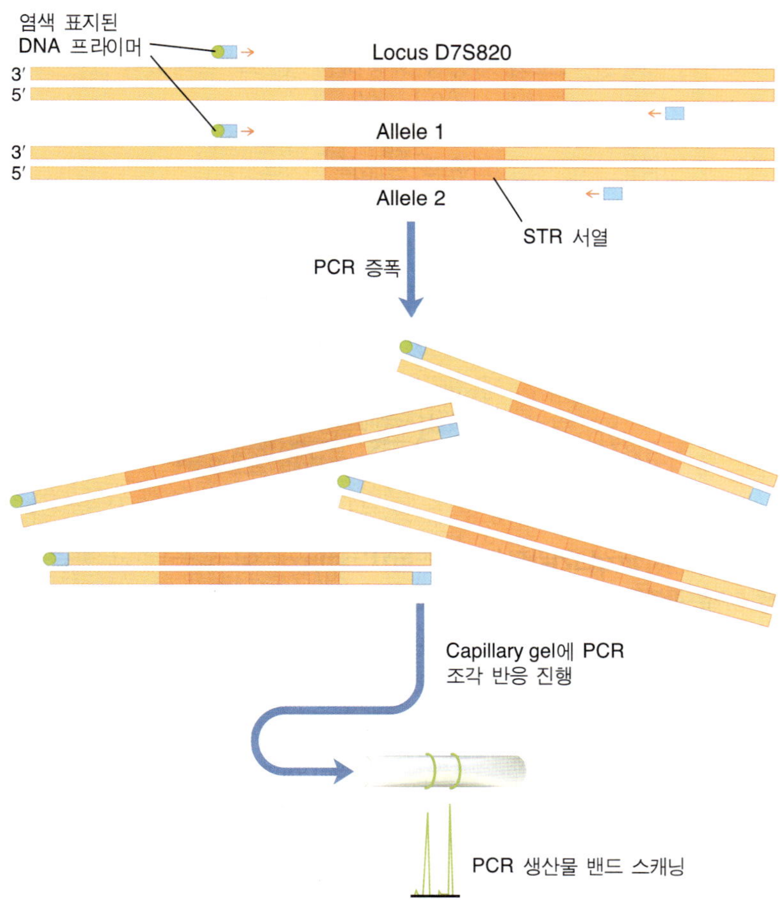

그림 20.12 | STR 유전체좌 위의 PCR 분석

이러한 DNA 지문법 결과는 용의자에게 유죄 또는 무죄를 선고하거나 높은 정확도로 부계를 증명하는 데에도 이용되고 있다. 재판에 계류된 사건에서 이런 방법의 영향력은 표준화가 개선되어지고 국제적인 DNA지문법 데이터베이스가 증가함으로써 계속 증진될 것이다. 이것은 심지어 수십 년 전의 의문의 살인사건에도 의용될 수 있는데, 1996년에는

니콜라이 2세
니콜라이 2세는 러시아 제국의 마지막 황제이다. 본명은 니콜라이 알렉산드로비치 로마노프. 로마노프 왕조의 14번째 군주로 1917년 혁명으로 퇴위했으며, 1996년 러시아의 한 숲에서 발견된 시신이 니콜라이 2세와 그의 가족이라는 것을 DNA 검사를 통해 밝혀냄.

DNA 지문법으로 1918년에 암살당한 마지막 러시아 황제인 니콜라이 2세와 그의 가족들의 유골을 확인하는 데 도움을 주기도 하였다.

인간은 32억 염기쌍 크기의 유전체에 100,000개의 유전자를 가지고 있을 것이라던 지난 수십 년간의 추정은 25,000에서 30,000개의 유전자를 가지고 있다는 것으로 바뀌었다. 이것은 단지 초파리(13,000개), 선충류(19,000개)보다 2배 정도 많은 수이다. 비록 인간이 최근에 진화되었다고 하지만 인간의 유전체는 매우 오래되었다. 1,278개의 단백질 그룹이 한 번의 초기 스크리닝에서 동정되었고 단지 94개만이 척추동물에 독특한 것이었다. 그러나 인간의 많은 단백질 영역(domain)이 식물, 선충, 그리고 파리 등의 것과 같다고 하지만 인간은 이러한 영역들을 좀 더 복잡한 배열로 사용한다. 이러한 유전자 발현 방법은 박테리아, 선충류 또는 다른 생명체 등보다 인간과 다른 척추동물에서 더 많이 일어나는 기전으로 단일한 유전자에서 한 개 이상의 단백질을 생산한다. 이것은 인간의 유전 물질 자체보다 그것으로부터 생산되는 단백질 내에서 더 큰 복잡성을 가지고 있다는 것을 의미한다.

인간 DNA의 단지 1.1%에서 1.4%만이 실제 단백질을 발현하기 위한 부호(code)를 가지고 있다(그림 20.13). 우리 유전체의 50% 이상이 짧고 반복된 서열로 구성되어 있고 상당한 부분(유전체의 45%)이 분자적 기생충인 작은 움직이는 DNA 형태로 구성되어 있다. 움직이는 DNA 중 많은 부분이 한곳에 오랫동안 존재하고 있고 변형되어 새로운 유전체 상의 위치로 이동할 수 없다. 일부는 낮은 빈도이지만 여전히 활동적이어서 유전체에 영원한 동력과 진화의 영역을 제공한다. 최소한 몇 개의 작은 움직이는 DNA는 숙주에 잘 적응되어서 유용한 세포의 기능을 제공하는 것으로 나타났다.

그림 20.13 | **인간 유전체의 대략 분포도**

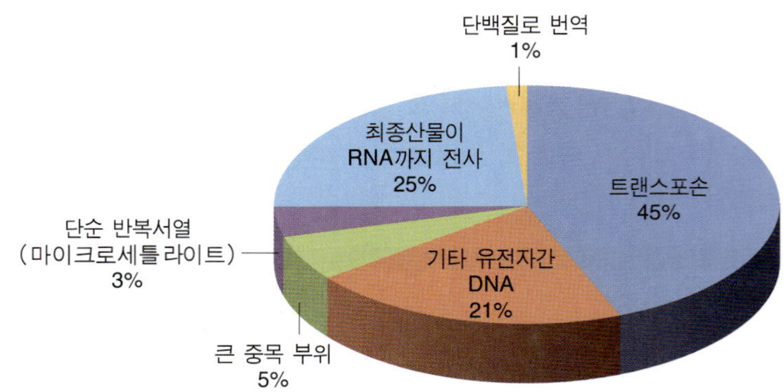

SNP (single nucleotidepolymorphism)
우리말로 '개체간 단일염기변이, 단일유전자변이, 단일염기다형성' 등으로 일컬어짐. SNP는 세포핵 속의 염색체가 갖고 있는 30억 개의 염기 서열 중 개인의 편차를 나타내는 한 개 또는 수십 개의 염기 변이를 말함.

인간의 집단 내에는 **단일염기다형성** 또는 **SNP**(snip이라고 발음)라고 하는 한 개 염기의 차이가 수백만 개 존재한다. 각 인간은 다른 사람과 1,000 염기쌍당 한 개 정도로 달라진다. 이러한 작은 유전적 차이는 모발 색깔, 눈동자, 약물에 대한 알레르기, 발 크기, 심지어는(어느 정도인지 알 수 없지만) 행동 등이 다르게 나타나는 인간의 다양성을 유발한다. 어떤 SNP들은 특정한 인간의 집단에 연결되어 수천 년 전에 일어난 인류의 이동 경로와 좀 더 먼 과거의 진화에 대한 중요한 정보를 제공한다.

20.3 단백질체학

유전체에 의하여 발현되는 단백질의 총체를 **단백질체(proteome)**라고 한다. 이 용어는 1995년 연구논문에 처음으로 소개되었다. 이러한 개념은 **단백질체학(proteomics)**이라고 하는 새로운 학문의 분야를 열어주었다. 각 유전체는 단백질을 부호화하고 있는 수천 개의 유전자를 가지고 있으며 우리는 이를 통하여 모든 단백질의 구조와 기능을 알기를 원한다. 수년간 많은 단백질들에 대한 연구는 놀라운 성과를 가져다주었다. 세포내 단백질 분포의 변화는 환경적 유전적 기능으로 생화학적 변화의 다양성을 연구하는 **시스템 생물학(system biology)** 분야의 발달로 보다 응용 가능한 연구로 이어질 것이다.

단백질의 기능을 연구하기 위한 세 가지 다른 주요한 경로가 있다. 1) 이미 기능을 알고 있는 유전자와 단백질의 서열과 구조에 대한 비교 분석, 2) 언제 어디에서 유전자가 발현되느냐에 대한 결정, 3) 다른 단백질과의 상호작용에 대한 연구들이다. 지금부터는 이러한 접근 방법에 대하여 살펴보고자 한다.

시스템 생물학(system biology)
인간 유전체 프로젝트의 완성을 시작으로 생물학의 다양한 분야에서 다양한 방법을 통해 얻은 생물학적 데이터를 서로 중첩시켜 연구해 총괄적 네트워크를 도출하고 생명현상의 모델링을 시도하는 생물학의 한 분야

20.3.1 서열과 구조의 연관성은 단백질의 기능에 대한 정보를 제공한다

유전체 서열 정보의 빠른 축적은 진화에 대한 우리의 이해를 매우 증진시켰다. 많은 유전체의 서열을 분석하는 주요한 이유 중의 하나는 유전체를 비교함으로써 유전자의 기능을 추정하는 데이터베이스를 제공하기 위한 것으로 이러한 연구 분야를 **비교유전체학(comparative genomics)**이라고 한다. 종종 새로이 발견된 유전자가 과거에 다른 종 또는 같은 종에서 발견된 유전자와 염기 서열이 연관되어 있는 경우가 있는데, 그 기능은 그들과의 상호관계에 의하여 전적으로 또는 부분적으로 알 수 있게 된다. 다른 종에서의 동일한 유전자는 상호간에 명백한 염기 서열과 기능적인 관계를 가지게 되는데 이를 **동일조상(ortholog)**이라고 한다. 한 가지 종에서 서로 연관되어 유사한 서열을 가지는 유전자를 **이원체(paralog)**라고 한다. 만약 한 가지 종에서 그 유전자의 기능이 밝혀졌다면, 이 정보는 두 번째 종에서 발견된 동일조상 유전자의 기능을 추정하는 데 사용된다. 이런 동정법은 비록 박테리아와 사람처럼 서로 먼 종간에도 많은 동일조상 유전자들이 발굴되지만 생쥐와 사람 간의 비교 등 서로 가까운 종끼리의 비교 시 훨씬 용이하게 된다. 때때로 심지어 염색체 상의 유전자의 순서가 매우 가까운 종 사이에서 큰 부분에 걸쳐 보존되어 있다(그림 20.14). 보존된 유전자의 순서를 **신테니(synteny)**라고 하는데, 관련된 부위 내에서 동일한 위치에 있는 유전자 간의 직접적인 관계에 대한 부가적인 정보를 제공한다.

비교유전체학(comparative genomics)
표준 염기 서열 결과를 바탕으로 인종, 질병 발병, 의약품 등에 대한 개개인의 차이를 규명하는 학문 분야. 최근에는 유전자 칩 기술이 개발되어 이를 이용한 돌연변이의 유전형을 분석하고 그 다형성을 발굴

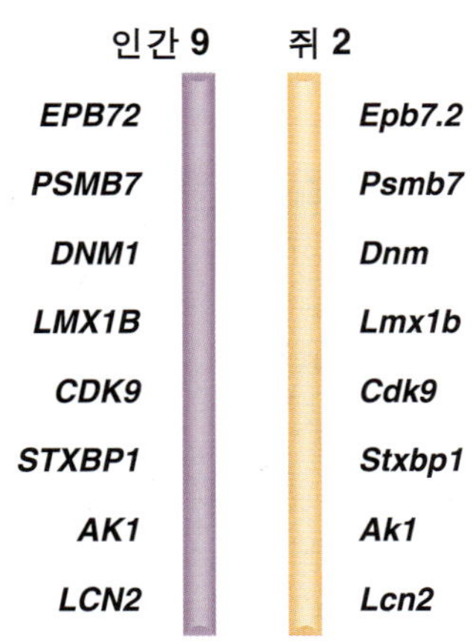

그림 20.14 | 생쥐와 인간 유전체의 신테니

단백질의 구조적인 연관성을 기반으로 기능을 추정하기 위하여 대규모의 **구조 단백질체 프로젝트(structural proteomics project)**가 진행되고 있다. 그 목적은 단백질에 대하여 알려진 기능이 거의 없거나 전혀 없는 경우에 있어서 가능한 한 많은 단백질과 단백질 영역(domain)을 결정화(crystallize)하고 구조를 밝혀내는 것이다. 새롭게 발견된 단백질이 데이터베이스 상에서 기능이 알려져 있는 구조 모티프와 명확하게 연관되어 있다면 이 정보는 단백질의 분자적 기능을 제시해 줄 것이다.

20.3.2 세포의 발현 양상은 유전자의 세포에서의 기능을 보여 준다

새롭게 서열이 분석된 모든 유전체에서 알려진 유전자나 단백질과는 전혀 관련이 없는 유전자가 발견될 경우 유전자의 기능에 대한 정보를 도출해 내기 위하여 다른 접근법들을 사용해야 한다. 어떤 조직에서 이 유전자가 발현되는지 또는 어떤 환경이 유전자 발현을 촉진하는지를 알게 되면 가치 있는 실마리를 제공해 줄 것이다. 이러한 현상을 연구하기 위한 다양한 방법들이 개발되고 있다.

1) **2차원 젤 전기영동(2D gel electrophoresis)**은 한 개의 젤 상에서 1,000가지의 서로 다른 단백질을 분리해 볼 수 있도록 해 준다. 그 후 질량 광도분석법은 각 단백질 점을 부분적으로 서열화하고 각 유전자에 배치시킬 수 있다. 서로 다른 조직, 다른 단계의 발달 과정에 있는 유사한 조직, 또는 다양한 생물학적 조건을 자극하여 처리된 조직 등으로부터 얻은 시료에서의 특정 단백질의 발현과 비발현은 세포의 기능을 밝히는 데 도움을 준다.

많은 단백질들은 젤 상에서 보이기 때문에, 기술은 역시 시스템 생물학에 적용될 수 있다. 예를 들어, 박테리아성 병원균은 하나 또는 그 이상의 항생제에 저항할 수 있도록 진화될 수 있다. 박테리아 계통에서의 단백질 발현의 형상은 종종 변화하고 다양한 단백질들은 영향을 받게 될 것이다.

> **포토리소그래피(photolithography)**
> 반도체 웨이퍼 위에 감광 성질이 있는 포토레지스트(photoresist)를 얇게 바른 후, 원하는 마스크 패턴을 올려놓고 빛을 가해 사진을 찍는 것과 같은 방법으로 회로를 형성하는 것. 이후, 빛을 이용해 기판에서 염기를 하나씩 단계적으로 반응시켜 올리고뉴클레오타이드(인공적으로 만든 DNA 조각)를 합성함.

2) **DNA 미세배열법(DNA microarray)**은 DNA 라이브러리, PCR 기술 및 혼성법 등이 함께 어우러져서 새로이 고안된 기술로 **DNA 칩(DNA chip)**이라고도 한다. 이 기술을 이용하면 수천 개의 유전자를 신속하고도 동시에 가려낼 수 있다. 길이 상으로는 수십에서 수백 개의 뉴클레오타이드로 구성된 알려진 유전자의 DNA 조각을 PCR을 이용하여 증폭하고 나노리터(nL) 정도의 적은 양의 DNA 용액을 정확하게 집적시킬 수 있는 로봇을 이용하여 고형 표면에 붙인다. 수천 개의 이러한 점(spot)이 단지 수 평방 센티미터 크기의 표면에 미리 설계되어 있는 배열 위에 놓이게 된다. 또 다른 기법은 포토리소그래피(photolithography)를 이용하여 고형표면에서 DNA를 바로 합성시키는 방법이다. 한 번 칩이 제작되면 그것은 mRNA, 특정한 세포들, 또는 그러한 세포들에서 발현되는 유전자 등을 동정하기 위하여 세포 배양으로부터 얻은 cDNA를 탐침으로 사용할 수 있다.

그림 20.15 | DNA 미세배열

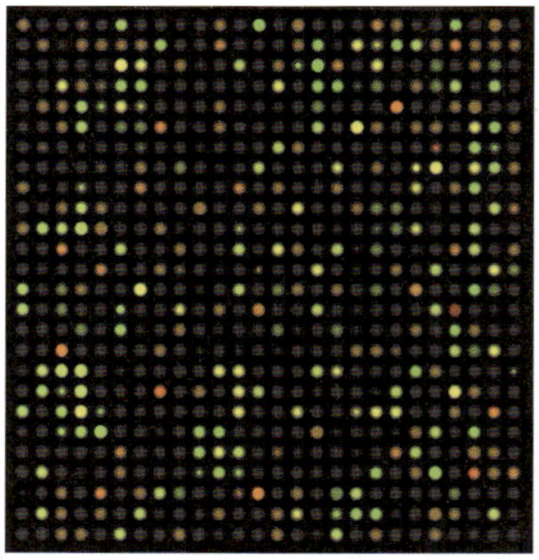

DNA 미세배열의 확대 영상

미세배열법은 시스템 생물학의 귀중한 도구이며, 유전자 발현에서 변형을 결정한다. 이 기술 또한 DNA에서 변형을 결정하는 데 사용되고, 한 개체에서 자연적인 선택이나 간단한 변이도 확인할 수 있다. 만약 한 박테리아 개체가 하나 또는 그 이상의 변이의 존재 신호인 새로운 표현형을 가지면, 그 변이는 미세배열법을 이용하여 빠르게 증명될 수 있다.

미세배열법의 의학적인 증명은 암 치료에서 중요한 역할을 한다. 인간의 암과 종양은

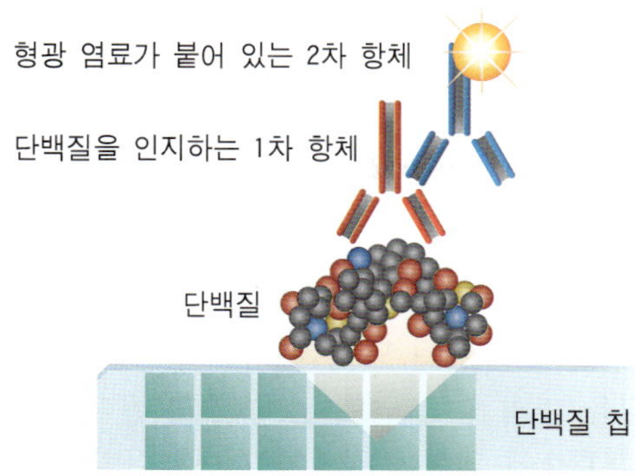

그림 20.16 | **단백질 칩**

많은 다른 타입이 있는데—미세조직 안에서—성장 속도에서 다양할 수 있으며, 전이의 경향에 따라 다양한 치료 방법을 제공한다. 종양 세포는 종양마다 다른 전사를 통하여 유전자 발현의 특성 패턴을 나타낸다. 미세배열법은 종양 지문의 종류를 나타낼 수 있다. 이 기술은 최근 10년 간 유방암의 진단과 치료에 이용되어 성과를 내어 왔다.

3) 단백질 칩(protein chip) 은 단백질을 고형표면 상에 고정시킴으로써 시료 내의 다른 단백질의 존재 유무를 알 수 있다. 예를 들어, 특정한 단백질에 대한 항체를 각각 고형표면 상에 고정하여 하나의 배열을 준비하고 단백질 시료를 첨가하게 되면, 어떤 항체에 결합된 단백질은 시료 내에 존재하는 것이 되고 그것은 ELISA 분석에 의하여 검출될 수 있다. 많은 다른 형의 단백질 칩들이 개발되고 있다.

ELISA (enzyme-linked immunosrbent assay)
효소를 표식자로 하여 항원-항체 반응을 이용한 항원 또는 항체량 측정 방법을 일반적으로 효소 면역 분석법으로 총칭. 보통 마이크로 플레이트의 웰 안에서 반응이 완결하므로 미량 분석이 가능

20.3.3 단백질-단백질 상호작용은 세포와 분자적인 기능을 밝히는 데 도움을 준다

어떤 단백질의 기능을 밝히는 데 있어서 열쇠는 그것이 무엇과 결합하는가를 밝히는 것이다. 단백질-단백질 상호작용의 경우 기능을 알고 있는 단백질과 기능을 모르는 단백질의 결합은 유용한 정보를 제공하며, 이러한 노력을 위한 기법은 매우 다양하다.

1) 유전체 성분의 비교는 특정한 유전체 내의 단백질의 기능에 대한 실마리를 제공한다. 단지 특정한 유전자를 위하여 유전체 데이터베이스를 찾는 것으로 같은 유전체 내에 존재하는 다른 유전자를 알 수 있게 해준다(그림 20.17). 한 유전체 내에서 두 유전자가 항상 같이 나타나면 그 유전자들이 발현하는 단백질의 기능은 서로 연관되어 있을 가능성이 높다. 이러한 상호작용은 최소한 한 개의 유전자의 기능을 알고 있는 경우에는 매우 유용한 정보가 된다.

	종			
단백질	**1**	**2**	**3**	**4**
P1	+	−	+	+
P2	−	−	+	−
P3	+	+	−	+
P4	+	−	+	−
P5	+	−	−	−
P6	+	+	−	+
P7	+	+	+	−

그림 20.17 | **기능적으로 연관된 유전자를 동정하기 위한 비교 유전체학의 이용**

2) 단백질 복합체의 분리를 위해서 항원결정인자 꼬리표와 융합되어 있는 cDNA 라이브러리로부터 발현된 단백질의 경우 항원결정인자 꼬리표와 결합하는 항체를 사용함으로써 면역 침전을 시킬 수 있다. 만약 표지된 단백질이 세포 내에서 발현되면 그것과 결합하는 다른 단백질도 역시 함께 침전될 것이다. 연관된 단백질의 동정에 의하여 표지된 단백질의 단백질–단백질 상호작용의 일부를 알 수 있다. 이런 과정에는 많은 다양성이 있다.

예를 들면, 유사하게 표지된 단백질을 발현하고 있는 세포 추출물을 항체가 단단하게 결합되어 있는 칼럼에 넣어 준다. 표지된 단백질은 항체와 결합하게 되고 표지된 단백질과 상호작용을 하는 단백질은 대개 칼럼 안에 남아 있게 된다. 단백질과 꼬리표 간의 결합은 특수한 단백질가수분해효소에 의하여 절단되고 단백질의 결합체는 칼럼으로부터 배출되어 분석된다. 이러한 방법은 세포 내에서 일어나는 상호작용의 복잡한 그물망을 밝히는 데 사용된다. 말단 꼬리의 종류는 표 20-3에서 보여 주고 있으며, 비슷한 크로마토그래피 방법에서 사용되고 있다.

3) 효모 이중 융합 분석(Yeast Two-Hybrid Analysis)은 단백질–단백질의 상호작용을 밝히기 위한 정교한 유전학적 접근법으로, 효모에서 어떤 유전자의 전사를 활성화시키는 Gal4 단백질(Gal4p)의 특성을 이용하는 것이다. Gal4p는 두 개의 영역을 가지고 있는데, 하나는 특정한 DNA의 서열과 결합하는 것이고, 다른 하나는 인접한 보고 유전자로부터 mRNA를 합성시키기 위하여 RNA 중합효소를 활성화시키는 것이다. 영역이 분리되어 있을 때는 안정하지만 RNA 중합효소가 활성화되기 위해서는 활성화 영역과의 상호작용이 필요하고, 이것은 DNA 결합 영역이 제자리를 찾도록 요구한다. 따라서 제대로 기능을 하기 위하여 두 영역이 같이 있어야 한다.

만약 DNA 결합 영역과 결합된 단백질이 활성화 영역과 결합된 단백질과 상호작용하게 되면 전사가 활성화된다. 이러한 활성화에 의하여 전사되는 보고 유전자는 성장에 필수적인 단백질이거나 색깔 있는 산물을 만드는 촉매 반응을 일으키는 효소이다. 따라서 적절한 배지에서 이것을 배양하면 상호작용하는 단백질 쌍은 그렇지 않은 것들과 쉽게 구분된다. 전형적으로 많은 유전자들이 한 효모주에서 Gal4p의 DNA 결합 영역과 융합되고 다른 많은 유전자들이 다른 효모주에서 Gal4p의 활성화 영역과 결합되어서, 두 개의 효모주가 서로 교배되어 집락 내에서 각자 이배체로 성장하게 된다(그림 20.18). 이 방법은 세포 내의 단백질 상호작용을 대규모로 검색할 수 있도록 해준다.

그림 20.18 | **효모 이중 융합 체계**

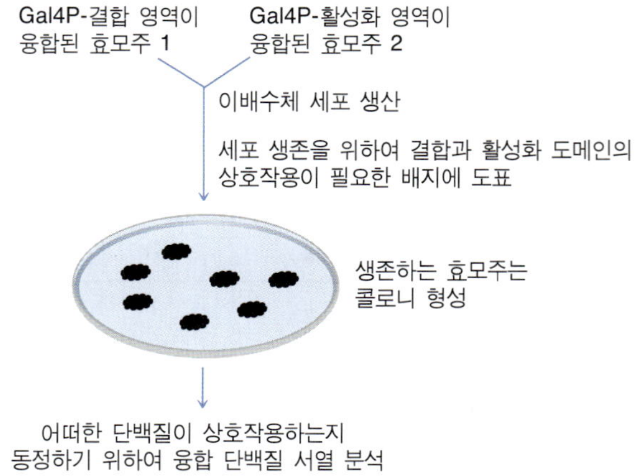

이런 모든 기법들은 단백질의 기능을 알기 위한 중요한 단서를 제공한다. 생화학과 분자생물학, 그리고 유전체학과 단백질체학의 혁신적인 방법들이 동시에 이용될 때에 새로운 단백질뿐만 아니라 새로운 생물학적 과정과 기전을 발견하는 데 가속도가 붙을 것이다.

연습 문제

1. DNA 클로닝 실험의 궁극적인 목표는 무엇인지 서술하시오.
2. 발현벡터란 무엇인지 설명하시오.
3. 제한효소(내부핵산분해효소)가 유전자 클로닝에 있어서 기여하는 역할은 무엇인지 설명하시오.
4. DNA 클로닝 과정에서 필요로 하는 효소의 종류와 각각의 역할을 서술하시오.
5. *Eco*R I 제한효소로 절단하여 생성되는 선형 DNA의 끝 구조를 그리시오(*Eco*R I이 인지하는 염기 서열로부터 남아 있는 서열을 포함하여 그리시오).
6. 문제 5에서 생긴 구조가 외가닥의 DNA만 분해하는 핵산가수분해효소를 처리하여 생기는 구조를 그리시오.
7. 문제 5에서처럼 *Pvu* II 제한효소로 절단하여 생기는 선형 DNA 조각의 끝 구조를 그리시오.
8. *Pst* I으로 절단하여 생긴 DNA 조각으로 문제 5의 구조와 연결 가능한 네 가지 서로 다른 짧은 합성 쌍가닥 DNA 조각을 제작하시오. 이들 합성 조각 중 한 개는 마지막 연결 부위에 *Eco*R I과 *Pst* I에 대한 인지 염기 서열을 포함한 염기 서열로 제작하시오. 두 번째와 세 번째 합성 조각에는 연결 부위가 *Eco*R I 또는 *Pst* I만 인지하는 서열을 포함하고, 네 번째 조각의 서열은 연결 부분에 *Eco*R I과 *Pst* I에 대해 인지하는 서열이 없도록 제작하시오.
9. PCR 방법으로 미량의 유전자 지문을 확인하고 있다. 유전자 지문의 여러 사용 가능성에 관하여 조사하시오.
10. 사람의 유전자 해독 프로그램(Human Genome Project)의 목적은 무엇이며, 왜 연구자들은 유전체의 자세한 내용을 알고 싶어하는지 서술하시오.

찾아보기

영문

ㄱ

ㄴ

ㄷ

ㄹ

ㅈ

ㅎ

| 저자 소개 |

윤문영

1980 한양대학교 화학과 학사
1982 한양대학교 화학과 석사
1989 미국 UNIV. OF N TEXAS 생화학 박사
1992 ~ 현재 한양대학교 화학과 교수

■ 연구활동: Univ. of Washington, UCLA, Texas College of Osteopathic Medicine

■ 학회활동: ACS, ASBMB, 대한화학회, 한국 생화학 분자생물학회, 한국바이오칩학회, 한국응용화학회, 한국미생물학회, 한국 MEMS 학회 등 회원, 아시아 나노학회(ANNA) 한국지역 대표, 한국 생화학 분자생물학 부회장, 대한화학회 생명화학분과회 회장 및 이사회 이사, 한국평가학회 부회장 등 역임

■ 대외활동: 한국연구재단 전문위원(RB), 한국학술진흥재단 프로젝트 매니저(PM), 교과부 BK 및 누리사업 관리 위원회 평가 및 운영위원장, 국회 신성장 동력산업 위원회 연구위원, 지식경제 기술 혁신 사업 평가위원, 지역혁신창의인력양성사업 추진위원, 한국교육개발원 대학구조개혁평가위원 등 역임

기초생화학 제2판

|저　　자　윤문영
|발 행 인　김지영
|발 행 처　자유아카데미
|주　　소　경기도 파주시 회동길 37-42 파주출판도시
|전　　화　031-955-1321
|팩　　스　031-955-1322
|전자우편　main@freeaca.com(대표)
editor@freeaca.com(편집)
crm@freeaca.com(영업)
|홈페이지　www.freeaca.com
|등　　록　제406-2003-017호, 1980. 7. 12
|제2판1쇄　2015년 12월 15일 발행
|제2판2쇄　2021년 8월 20일 발행
|정　　가　30,000원

저자와의 협의하에 인지생략

ISBN 979-11-5808-045-7 93430